Die Anatomie des Menschen

Die Anatomie des Menschen

von

Friedrich Merkel

Zweite Auflage, bearbeitet von

Erich Kallius
Prof. der Anatomie in Heidelberg

Erste Abteilung:

Einleitung, Allgemeine Gewebelehre, Grundzüge der Entwicklungslehre

Mit 295 zum Teil farbigen Abbildungen im Text

München · Verlag von J. F. Bergmann · 1927

ISBN-13:978-3-642-89338-4 e-ISBN-13:978-3-642-91194-1
DOI: 10.1007/978-3-642-91194-1

Softcover reprint of the hardcover 2nd edition 1927

Vorwort zur ersten Auflage.

Der Entschluß, den recht zahlreichen Büchern über menschliche Anatomie ein neues hinzuzufügen, war kein ganz leichter und es mußten mancherlei Umstände zusammenkommen, um mich zu der Arbeit zu veranlassen. Vielleicht erkennt man mir aber zu derselben eine gewisse Berechtigung zu, da mir eine lange Lehrerfahrung zur Seite steht, und da ich schon mehrfach auf gleichem Gebiete tätig war. Es ist selbstverständlich, daß in meinen früheren Schriften ähnlicher Art gelegentlich ein Satz steht, welcher am besten unverändert in die vorliegende übernommen wurde; ich habe dies immer kenntlich gemacht, indem ich solche Sätze für mein Handbuch der topographischen Anatomie, sowie für die von mir bearbeiteten Abschnitte des Handbuches der Anatomie, herausgegeben von Bardeleben und des Handbuches der Augenheilkunde, herausgegeben von Graefe-Sämisch mit (M.), für den Grundriß der Anatomie von Merkel-Henle mit (M.H.) bezeichnet habe.

Die vermittelnde Stellung, welche die menschliche Anatomie zwischen der Zoologie, der Physiologie und der praktischen Medizin einnimmt, ist die Ursache, daß in den Schriften, welche sie behandeln, bald die eine, bald die andere Seite des Gegenstandes mehr betont wird. Das vorliegende Buch beabsichtigt, dem Mediziner zu dienen, es ist deshalb bestrebt, die für ihn besonders wichtigen anatomischen Tatsachen in das rechte Licht zu rücken und auf die für die ärztliche Praxis in Betracht kommenden Seiten aufmerksam zu machen.

Der Stoff ist in einzelne Abschnitte gegliedert. Zuerst wird die allgemeine Gewebelehre und die Entwicklungslehre behandelt. Ihr folgt die Lehre vom passiven und aktiven Bewegungsapparat. Diesem wird sich die Lehre von den Eingeweiden, der Haut, den Sinnesorganen anreihen. Den Schluß bildet die Lehre von den Nerven und Gefäßen. Die einzelnen Teile des Körpers werden nach ihrem makroskopischen und mikroskopischen Bau und nach ihrer Lage geschildert werden, auf ihre Funktion und die anatomischen Grundlagen ihrer Erkrankungen ist, wenn auch in aller Kürze, Rücksicht zu nehmen.

Da ich selbst der pathologischen Anatomie und der ärztlichen Praxis ferner stehe, hatte ich für diese nicht nur die literarischen Hilfsmittel zu benützen, sondern mußte mich auch nach sachverständigem mündlichem Rat umsehen. Ich bin in der glücklichen Lage im Kreise der Fakultät, welcher ich angehöre, stets auf freundlichstes Entgegenkommen rechnen zu dürfen, zu ganz besonderem Dank bin ich meinem hochverehrten Kollegen und Freund Carl Hirsch für seinen unermüdlichen Rat und Beistand verpflichtet.

Viele Präparate, welche den Zeichnungen zugrunde liegen, verdanke ich den geschickten Händen meiner früheren und gegenwärtigen Helfer E. Kallius, F. Heiderich, E. Muthmann, M. Voit, W. Hauschild. Auch dem Präparator des Instituts, Herrn Oberdörfer habe ich zu danken.

Die vorliegende erste Abteilung enthält nächst der Einleitung den allgemeinen Teil der Anatomie, nämlich die allgemeine Gewebelehre und die Grundzüge der Entwicklungslehre. Um das Buch nicht allzu sehr anschwellen zu lassen, sind die Abbildungen auf eine möglichst geringe Zahl beschränkt.

Die allgemeine Gewebelehre umfaßt die Histologie der großen Systeme des Körpers, ob man bei ihnen von einfachen oder von zusammengesetzten Geweben spricht. Der Verlockung, die zugehörigen Bilder in den Farben der Präparate wiederzugeben, was die modernen Reproduktionsmethoden so sehr erleichtern, habe ich widerstanden, da die Färbung zwar ein für die Untersuchung oft notwendiges und unersetzliches Hilfsmittel ist, deren Resultate in ihrem eigentlichen Wesen aber nicht berührt. Die einfach graue Tönung konzentriert die Aufmerksamkeit des Beschauers ganz von selbst auf den eigentlichen Kern der Sache.

Die Entwicklung ist in der Art dargestellt, daß sie von den aufeinanderfolgenden Stadien jedesmal ein Gesamtbild entwirft, welches erkennen läßt, was immer neu hinzukommt und wie sich das vorhandene umgestaltet. Die Abbildungen aber sind, wo es wünschenswert erscheint, für einen längeren Zeitraum der Entwicklung zusammengefaßt und so nebeneinander gestellt, daß sie die Fortbildung im ganzen oder die einzelner Organe und Körperteile auf einmal überblicken lassen. Ich hoffe, daß diese Anordnung das Studium erleichtern wird.

Göttingen, Ostern 1913. **Fr. Merkel.**

Zur zweiten Auflage.

Es war der besondere Wunsch meines langjährigen, ehemaligen Chefs und Freundes Merkel, daß ich eine Neuauflage dieses ihm sehr am Herzen liegenden Lehrbuches besorgen sollte. Ich bin nicht leichten Herzens an die Aufgabe herangegangen, die mir der Herr Verleger nach Merkels Tode anbot. Die Aufnahme, die der ersten Auflage zuteil wurde, war zweifellos ungewöhnlich günstig. Je mehr man sich in das Werk vertieft, das ein erfahrener und für den Unterricht begeisterter, höchst erfolgreicher Lehrer am Ende seines reichen Lebens verfaßt hat, um so mehr bewundert man die reiche Erfahrung, die glänzende und doch schlichte Darstellung und die vollkommene Beherrschung des gewaltigen Stoffes mit der dies originelle, durchaus persönliche Werk geschrieben ist. Ich erachte es deswegen als meine höchste Aufgabe nur das zu ändern, was mir durchaus notwendig erscheint, und neue gesicherte Ergebnisse so kurz und präzise zu verwerten, wie es mein lieber Chef, den ich in 15jährigem, ungewöhnlich harmonischem Zusammensein bei der wissenschaftlichen Arbeit und beim Unterricht genau kennen und verehren lernte, getan hätte. Trotz dieser Achtung vor dem Geschriebenen sind natürlich viele Änderungen nötig gewesen, die aber hoffentlich den Gesamteindruck des Buches nicht ändern werden.

Gewöhnlich wurden, wie bei der ersten Auflage, die Autorennamen zitiert, sollte es gelegentlich unterlassen sein, so bitte ich es zu entschuldigen. Manche Hinweise von früher sind absichtlich fortgelassen worden. Ein großer Teil der Abbildungen, die jetzt aus äußeren Gründen alle als Textfiguren gebracht werden, namentlich im Abschnitt Bewegungsapparat, hat wenig Beifall gefunden. Durch das überaus großzügige Entgegenkommen des Herrn Verlegers können dafür neue Bilder gebracht werden. Aus begreiflichen Gründen hing Merkel an diesen Abbildungen allerdings besonders. Alle neuen Zeichnungen wurden von Herrn Oberzeichner Vierling angefertigt, dem ich für seine Leistung gar nicht genug danken kann. Ich hoffe, daß diese Bilder wenigstens als eine wesentliche Verbesserung in der neuen Auflage anerkannt werden. Für Hinweise auf Fehler und Vorschläge zu Verbesserungen werde ich stets dankbar sein, denn mein Streben ist einzig und allein im Sinne von Merkel das Buch möglichst brauchbar zu gestalten.

Heidelberg, Herbst 1926. **Kallius.**

Inhaltsverzeichnis.

Grundzüge der Entwicklungslehre.

Einleitung.

Zweck und Aufgabe der Anatomie des Menschen ist es, den Bau des menschlichen Körpers in allen seinen Teilen und in allen Stadien seines Lebens zu beschreiben. Dabei handelt es sich selbstverständlich um den lebenden Körper, um das Substrat der Physiologie, d. h. der Lehre von dessen Funktionen. Bau und Funktion stehen in unlösbarem Zusammenhang, und ändert sich bei einem Organ die Funktion, dann muß sich auch der Bau in zweckentsprechender Weise umformen, wenn die Integrität aufrecht erhalten bleiben soll. Die ungenügende Beachtung dieser Zusammengehörigkeit der beiden Disciplinen hat in der Forschung auf beiden Seiten schon gar manchmal Veranlassung zu Irrtümern gegeben. Man pflegt Anatomie und Physiologie unter dem Gesamtnamen „Biologie" zusammenzufassen.

Einer erschöpfenden Untersuchung des Baues des lebenden menschlichen Körpers stellen sich leider unüberwindliche Hindernisse in den Weg, so daß die anatomische Methode zum Studium der Leiche ihre Zuflucht nehmen muß. Da dies nun in vieler Hinsicht nur ein Notbehelf ist, so hat man sich nach Unterstützung umzusehen, wo man sie findet, man wird Vergleiche mit verwandten Formen vornehmen, man wird die Betrachtung der Erkrankungen des Körpers zur Aufhellung dunkler Punkte heranziehen, man wird die Entwicklungsfehler beachten, kurz man wird kein Mittel verschmähen, welches eine Förderung der Erkenntnis verspricht.

Bauplan und Organisation. Der Mensch steht inmitten der belebten Natur als ein Teil von ihr, und seine Organisation kann nur verständlich werden, wenn man dies stets im Auge behält und sie mit der Organisation der Tierwelt vergleicht. Er ist zu den Wirbeltieren zu stellen und in deren Bereich wieder zu den Säugern. Wie diese ist er bilateral-symmetrisch gebaut, das heißt, der Körper wird durch eine gedachte Medianebene, die ihn der Länge nach durchzieht, in zwei symmetrische Teile gespalten, die Spiegelbilder voneinander darstellen. Die beiden Körperhälften nennt man Antimeren (*τὸ μέρος* der Teil).

Außer der Wiederholung auf beiden Seiten des Körpers beobachtet man auch Wiederholungen in der Richtung der Längsachse in der Art, daß sich der Körper aus Segmenten aufbaut, welche wie die Münzen einer Geldrolle hintereinanderliegen (Metameren). Ebenso wie solche Münzen bei gleichem Grundwert eine sehr verschiedene Prägung haben können, so ist dies bei den Körpersegmenten der Fall, welche bei einem im Prinzip gleichartigen Bauplan, doch nicht selten eine große Mannigfaltigkeit in den Einzelheiten zeigen. Die Segmentation ist besonders scharf in der Körperwand ausgesprochen, und es verraten sie niedere Tiere, z. B. viele Würmer, schon auf den ersten Blick durch die äußere Körperform. Andere aber, zu denen der Mensch gehört, lassen ohne weiteres nur die bilaterale Symmetrie erkennen und zeigen erst bei genauer Untersuchung des fertigen und des embryonalen Zustandes die Metamerie deutlich, ja bei gewissen Organen ist sie auch dann nicht nachzuweisen. Wieder bei anderen, so bei einer Anzahl von Mollusken, ist selbst die bilaterale Symmetrie so verschleiert, daß es Mühe machen kann, sie herauszufinden.

Was die inneren Organe anlangt, so werden diese zwar vielfach ganz symmetrisch angelegt, geben dann aber früher oder später die schöne Symmetrie im Bau oder in der Lage auf, und man kann, ohne Widerspruch fürchten zu müssen, sagen, daß im ausgebildeten Körper kein einziges vollkommen symmetrisch ist, daß aber eine ganze Anzahl sehr große Störungen des symmetrischen Baues aufweist. Selbst in der äußeren Erscheinung des erwachsenen Körpers leidet die strenge Symmetrie Not. Die Nase ist wohl niemals ganz symmetrisch gebildet, ebensowenig sind es die Lippen. Die Augenspalten sind häufig verschieden lang. Die eine Gesichtshälfte ist oft im ganzen größer, als die andere. Die rechte Brusthälfte ist weiter, als die linke. Der rechte Arm ist meist kräftiger und geschickter als der linke, auch die beiden Beine sind nicht selten verschieden stark. Man ist an kleine, im einzelnen gar nicht beachtete Asymmetrien so gewöhnt, daß man sie förmlich fordert und daß ein Gesicht, welches ganz symmetrisch gebaut ist, für den Beschauer etwas Kaltes und gewissermaßen Unbewegliches hat.

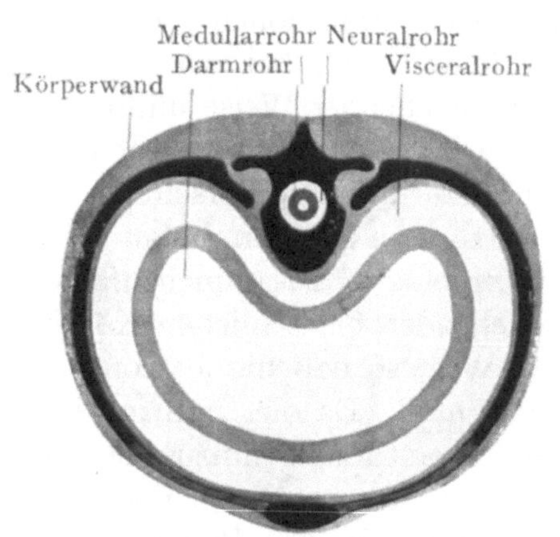

Abb. 1. Schematischer Querschnitt des Rumpfes.

Der in solcher Art aufgebaute Körper besteht nun aus einer Anzahl von einzelnen Abteilungen von verschiedenem Bau und mit spezifischen Funktionen. Ist eine solche Abteilung weithin durch den Körper verbreitet, dann spricht man von einem System (Nervensystem, Knochensystem), ist es auf eine räumlich enger umschriebene Stelle beschränkt, dann spricht man von einem Organ (z. B. Leber, Kehlkopf). Solche Organe vereinigen sich oft zu Verbänden, welche man dann mit dem Namen Apparate belegt (Sehapparat, Harnapparat). Der ganze Körper ist ein Organismus.

Die Organisation der Wirbeltiere, also auch des Menschen, ist im Hauptbauplan überall dieselbe. Man unterscheidet einen Stamm und vier Extremitäten. Der Stamm besteht aus dem Kopf und dem Rumpf; dieser letztere gliedert sich wieder in Hals, Brust, Bauch und Becken. Von Extremitäten sind bei keinem Wirbeltier mehr als vier vorhanden, gelegentlich aber weniger. Der Mensch besitzt sie in harmonischer Ausbildung.

Die fundamentalsten Gebilde, welche den Stamm zusammensetzen, treten auch bei der Entwicklung am ersten auf; es sind dies zwei parallel der Längsachse liegende Röhren von sehr ungleichem Kaliber, das dorsal gelegene zentrale Nervensystem, Medullarrohr, und das ventral gelegene Darmrohr. Zwischen beiden erscheint ein solider Strang, Chorda dorsalis, die erste Spur des Skeletes. Diese drei in der Längsachse des Körpers hintereinander liegenden Gebilde werden zusammengehalten und gedeckt durch die Körperwand, die sich dorsal am dicksten, ventral am dünnsten erweist. Sie ist die Ursprungsstätte höchst wichtiger Körpergebilde, des Skelett- und Muskelsystems, der Gefäße, des Blutes u. a. m. Die beiden erwähnten Rohre gewinnen zeitlebens keine feste Verbindung mit der Körperwand, mit welcher sie vielmehr nur locker in Verbindung stehen. In ihr sind deshalb ebenfalls zwei röhrenartige Hohlräume ausgespart, in denen jene liegen. Die röhrenförmigen Bildungen der Körperwand nennt man das Neuralrohr und das Visceralrohr (Abb. 1).

Medullarrohr und Neuralrohr schließen sich enge aneinander an und die Volumenschwankungen des ersteren spiegeln sich treu in dem Kaliber des letzteren ab. Man kann deshalb auch schon durch die Betrachtung des isolierten Neuralrohres, besonders des Schädels, mancherlei Schlüsse auf die Form des Medullarrohres ziehen. Anders ist es mit dem Visceralrohr; dasselbe ist weit geräumiger, als es das in ihm eingeschlossene Darmrohr verlangt. Das hat drei Ursachen: Erstens schlängelt sich das Darmrohr selbst in einem großen Teil seiner Länge stark, wodurch es mehr Platz braucht, als wenn es gestreckt verliefe; zweitens treibt es Sprossen, welche zu mehr oder weniger voluminösen Organen heranwachsen, ich nenne nur den ansehnlichen Respirationsapparat, die große Leber, die Bauchspeicheldrüse; drittens gelangen in das Visceralrohr Gebilde, welche dem Darmrohr genetisch nicht angehören, und zwar das Herz mit den großen Gefäßen und Teile des Urogenitalapparates (Abb. 2).

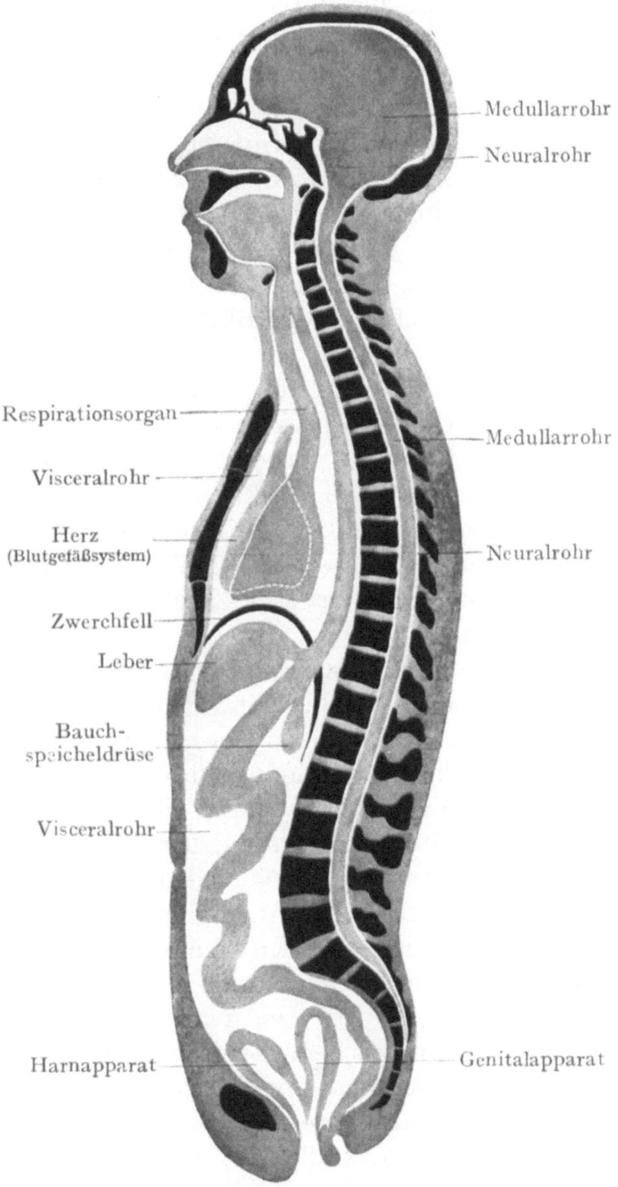

Abb. 2. Schematischer Medianschnitt des menschlichen Stammes.

Das Visceralrohr wird bei den Säugetieren und dem Menschen durch eine eingeschobene quere Scheidewand, das Zwerchfell, in zwei Teile geteilt, kranial die an Kopf und Hals ihm zuzurechnenden Teile und die Brusthöhle, kaudal die Bauch- und Beckenhöhle.

Medullarrohr und Darmrohr legen sich bei ihrer Entwicklung als vollkommen geschlossene Rohre an; das erstere verharrt in diesem Zustand, das letztere bricht an seinem kranialen und kaudalen Ende durch und öffnet sich nach außen. Beide Öffnungen scheiden sich in der Folge in zwei, und zwar kranial die primäre Mundöffnung in die sekundäre Mund- und die Nasenöffnung, kaudal die Kloakenmündung in Afteröffnung und Urogenitalöffnung.

Am kranialen Ende des Körpers sind neben den kranialen Enden des Medullar-

und Darmrohres noch die vier höheren Sinnesorgane angebracht, wodurch es sich zu einem besonders komplizierten Körperteil, dem Kopf, gestaltet.

Aufrechte Stellung. Die meisten Säuger gehen vierfüßig und kein einziges hält sich so rein aufrecht, wie der Mensch. Durch diese Haltung haben sich die beiden Extremitätenpaare zu verschiedenen Funktionen umgebildet, die obere (vordere) zum Greiforgan, die untere (hintere) zum Stützorgan. Die ganze Stellung der Extremitäten weist aber darauf hin, daß die Vorfahren des Menschen früher vierfüßig gegangen sind; die Beine befinden sich beim aufrecht stehenden Menschen in extremer Streckung, wie bei Tieren, welche sich auf die Hinterbeine aufrichten, die natürliche Haltung der Arme ist die Pronationsstellung, durch welche die Hohlhand dem Boden zugewandt wird. Die Ursache, welche den Menschen zwang, den aufrechten Gang anzunehmen, liegt nach mehrfach geäußerter Ansicht in der übermächtigen Ausbildung des Gehirns. Dasselbe macht eine Art Drehung um das kraniale Ende der Wirbelsäule, wodurch das Gesicht abwärts gedrängt wird. Es würde schließlich nicht möglich sein, den Blick vorwärts zu richten, wenn sich der Körper nicht aufrecht stellte.

Mit der Erlangung der aufrechten Stellung ist eine Anzahl von Modifikationen des menschlichen Körpers verknüpft. Das Gesicht wird im ganzen kleiner, die Nase verkleinert sich, die Augen rücken zusammen. Die Krümmung der Wirbelsäule wird eine schlangenförmige, der freie Schwanz verkümmert. Die veränderten Druckverhältnisse im Innern der Körperhöhlen bringen eine Verbreiterung der Darmbeinschaufeln mit sich. Wegen der Verlegung des Schwerpunktes flacht sich der Brustkorb ab und verbreitert sich. Die Brusteingeweide sind gezwungen, ihre Lage danach einzurichten.

Alters- und Geschlechtsverschiedenheiten. Im Leben des Menschen gibt es keinen Stillstand, es besteht vielmehr aus steter Bewegung und Umsetzung Von seinen ersten Anfängen an bewegt es sich in aufsteigender Richtung (Evolution). Dabei eilen die für das individuelle Leben wichtigsten Organe voran, so das Nervensystem, der Verdauungsapparat, die Sinnesorgane, während andere langsamer nachkommen, so die Extremitäten, der Respirationsapparat. Die Genitalorgane nehmen insofern eine Ausnahmestellung ein, als sie sich am Ende des Kindesalters in kurzer Zeit rasch zu ihrer vollen Ausbildung fortentwickeln, wobei sie auf den ganzen übrigen Körper einen tiefgreifenden Einfluß ausüben (s. unten). Endlich ist eine gewisse Gleichgewichtslage erreicht, auf der sich Aufnahme und Abgabe die Wage halten. Dann beginnt die Zeit, in der es mit dem Körper abwärts geht (Involution). Der Moment, in welchem dies geschieht, ist jedoch nicht für alle Organe der gleiche, er kann bei einzelnen Organen schon im Kindesalter, selbst schon vor der Geburt eintreten, bei anderen erst im höchsten Alter. Zum Schluß aber stellen lebenswichtige Organe den Dienst völlig ein, wodurch der Tod erfolgt. Dabei sehe ich davon ab, daß Krankheiten und andere Zufälle dem Leben oft genug weit früher ein Ziel stecken. Die anatomische Beschreibung, wie sie in folgendem gegeben wird, hält sich im allgemeinen an jenen Gleichgewichtszustand des Körpers, in welchem er auf der Höhe seiner Ausbildung steht. Dabei werden jedoch die Stadien der Evolution und Involution keineswegs ganz außer acht gelassen, sie finden ihre Berücksichtigung überall da, wo es nötig ist.

Besonderheiten in dem Zusammenwirken einzelner Teile des menschlichen Organismus, die sich in verschiedenem Habitus, in der wechselnden Reaktion auf äußere oder innere Einflüsse, in dem Verhalten bei Erkrankungen usw. zeigen, hat man als

Konstitution des Individuums bezeichnet. Gerade in neuerer Zeit ist mit Recht auf diese besondere Aufmerksamkeit gelenkt worden und diese Lehre verspricht wesentliche Erfolge, wenn sie mit großer Erfahrung und Vorsicht angewendet wird.

Bei beiden Geschlechtern findet man, außer der Verschiedenheit des Generationsapparates selbst, noch ausgedehnte Verschiedenheiten durch den ganzen Körper hin verbreitet. Man nennt dieselben die sekundären Geschlechtscharaktere. Beim Menschen handelt es sich dabei im wesentlichen darum, daß sich vom Kindesalter an gewisse Teile bei dem einen Geschlecht weiter entwickeln, als beim anderen, bei dem sie zurückbleiben, manche sogar rudimentär werden. Neugeborene Knaben und Mädchen gleichen sich in den Einzelheiten der Körperbildung noch sehr, wenn auch die Knaben 1—1,5 cm länger zu sein pflegen, als die Mädchen. Die Umwandlungen bereiten sich während des Kindesalters ganz allmählich vor und nehmen rasch überhand, wenn die Pubertätsentwicklung einsetzt. Der ausgewachsene weibliche Körper gleicht dem kindlichen in der stärkeren Entwicklung des subkutanen Fettpolsters, das beim männlichen mehr zurückgeht. Auch die geringere Ausbildung des ganzen Respirationsapparates vom Kehlkopf ab erinnert an das Kindesalter. Der Gaswechsel des männlichen Körpers ist ein lebhafterer, als der des weiblichen. In Verbindung damit steht es, daß der Mann mehr rote Blutkörperchen besitzt, wie die Frau, daß auch das männliche Herz größer und muskelkräftiger ist. Hände und Füße der Frau pflegen kleiner zu sein, wie die des Mannes. Skelet und Muskulatur des weiblichen Körpers sind graziler, wie die des männlichen. Die weibliche Haut ist zarter und weniger behaart, als die männliche, nur das Kopfhaar macht eine Ausnahme. Dafür besitzt der Mann den Bart, welcher der Frau abgeht. Die männlichen Brustdrüsen bleiben rudimentär, die weiblichen entwickeln sich zu funktionierenden Organen. Es wird sich im Laufe der Beschreibung noch manchmal Gelegenheit bieten, auf die sekundären Geschlechtscharaktere zurückzukommen.

Proportionen. Dieselben wechseln mit dem Alter und mit der Körpergröße. Man besitzt für sie ein feines Gefühl, und auch dem Laien fallen Abweichungen von der Norm auf, wie z. B. ein zu kleiner oder zu großer Kopf, zu kleine oder zu große Hände und Füße, zu lange oder zu kurze Arme und Beine und vieles andere. Es ist selbstverständlich, daß sich die äußeren Verhältnisse des Körpers eng an die innere Organisation anschließen, weshalb auch die Proportionen des Säuglings und Kindes andere sind, wie die des Erwachsenen. Wie schon erwähnt (S. 4), ist eine Anzahl von Körperfunktionen auch beim Neugeborenen schon unerläßlich, die ihnen dienenden Organe müssen deshalb auch in ihrer Organisation relativ weit fortgeschritten sein, andere sind noch weniger gut ausgebildet. Das voluminöse Gehirn und die schon gut ausgebildeten höheren Sinnesorgane verursachen es, daß der obere Teil des Kopfes relativ groß ist, während andererseits der untere Teil wegen des ganz unentwickelten Kauapparates relativ klein erscheint. Am Rumpf ist der Bauch, der den wichtigsten Teil des Verdauungsapparates beherbergt, lang, die Brust dagegen ist kurz, da der Respirationsapparat noch geringe Dimensionen zeigt. Die Extremitäten sind ziemlich zurück, nur Hand und Fuß sind relativ groß, da sie einem Sinnesapparat, dem Tastsinn dienen. Das den noch schwach entwickelten Generationsapparat enthaltende Becken ist klein. Im Laufe des Wachstums schreiten diejenigen Körperteile, welche schon frühzeitig eine gewisse Größe erlangt haben, langsam fort oder bleiben selbst ganz stehen, während die Teile, welche wenig entwickelt sind, das stärkste und stetigste Wachstum zeigen.

Im ausgewachsenen Körper haben Gehirn und Hirnschädel eine Größe erlangt, welche individuell in geringen Grenzen schwankt, da alle normalen Menschen für ihre nervösen Funktionen ungefähr die gleiche Hirnmasse benötigen. Auch das Becken muß, wenigstens beim weiblichen Geschlecht, bestimmte Ausmaße besitzen, wenn

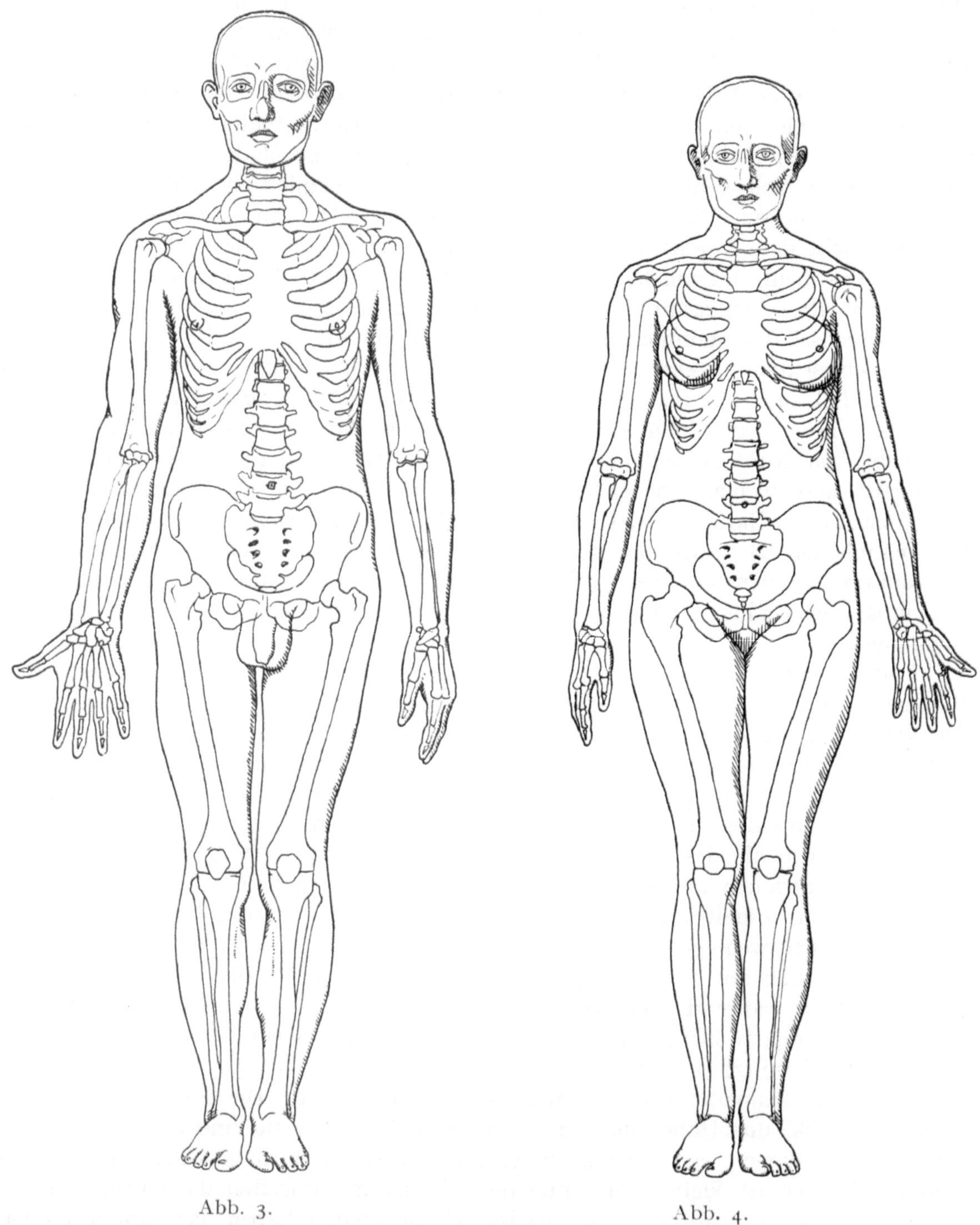

Abb. 3. Abb. 4.

Proportionen einer männlichen und einer weiblichen Person mittlerer Größe mit eingezeichnetem Skelet in zehnfacher Verkleinerung. Ein Millimeter der Zeichnung bedeutet also jedesmal einen Centimeter des Lebenden.

sich der Geburtsakt in normaler Weise abspielen soll. Hirnschädel und Becken bilden also gewissermaßen konstante Größen; große Leute werden daher einen relativ kleinen Oberkopf haben, an dem ein langes Gesicht hängt, da dieses in seinem Wachstum

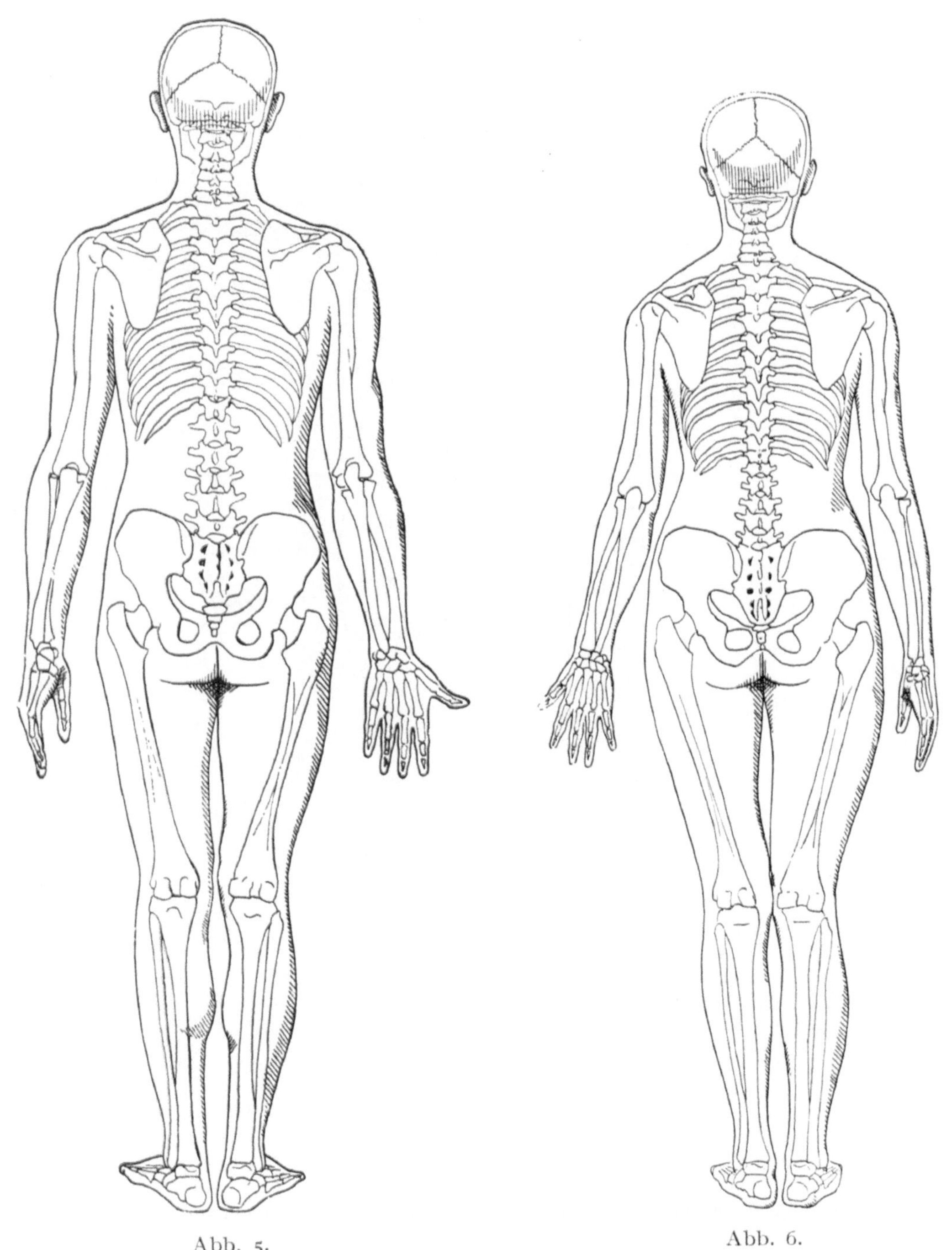

Abb. 5. Abb. 6.

Die Abbildungen 3 und 4 von der Rückseite.

dem übrigen Körper parallel geht. Die Hüftgegend ist relativ schmal. Die Extremitäten, welche besonders stetig wachsen, sind im Verhältnis zum Rumpf lang. Bei kleinen Leuten ist ganz das Gegenteil der Fall. Besser als eine Beschreibung zeigt die Betrachtung der Abb. 3, wie sich die Proportionen eines gut gebildeten männlichen nnd weiblichen Körpers mittlerer Größe verhalten. Die Abbildungen sind in ein

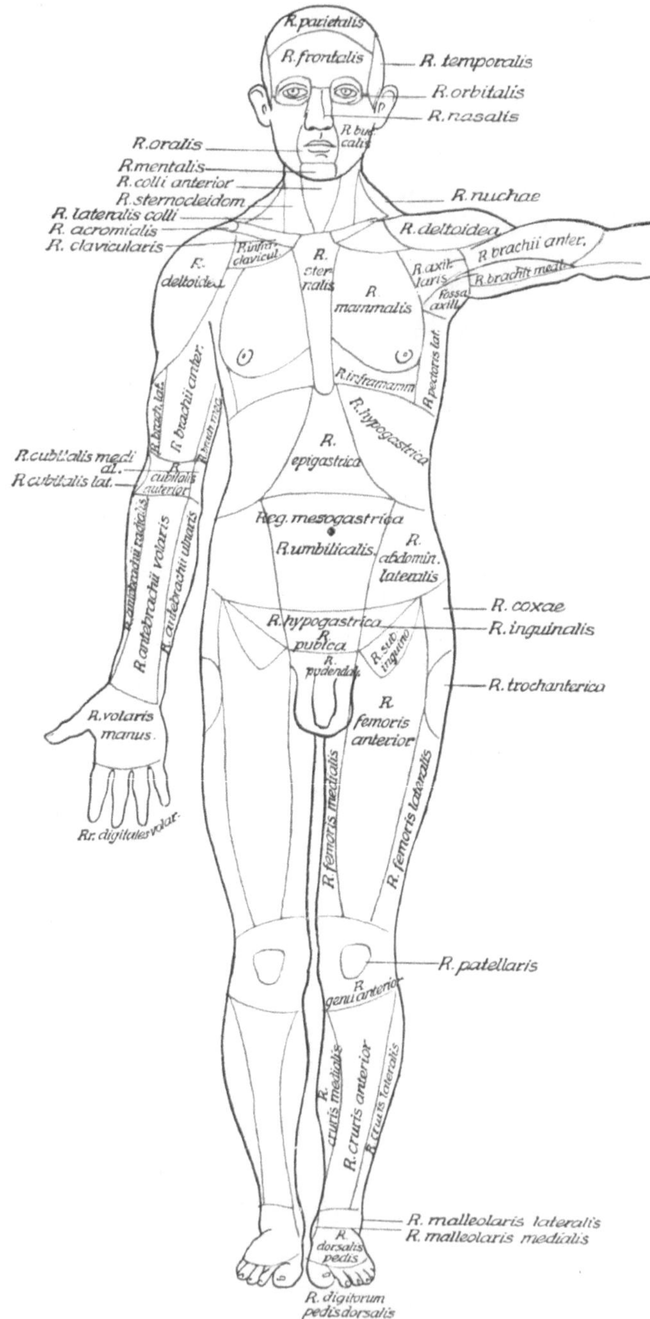

Abb. 7. Bezeichnung der Gegenden des menschlichen Körpers. (Nomina anatomica 1895.) Vorderseite.

Zehntel der natürlichen Größe entworfen, so daß ein Millimeter der Zeichnung immer einem Centimeter der wirklichen Größe entspricht.

Die mittlere Größe nimmt in der neueren Zeit bei allen europäischen Völkern zu, was auf bessere hygienische und Ernährungsverhältnisse zurückzuführen sein dürfte (Schwiening 1908).

Leute, die schon in der Jugend schwere körperliche Arbeit verrichten, besitzen einen relativ kürzeren Rumpf und relativ längere Extremitäten (Gould).

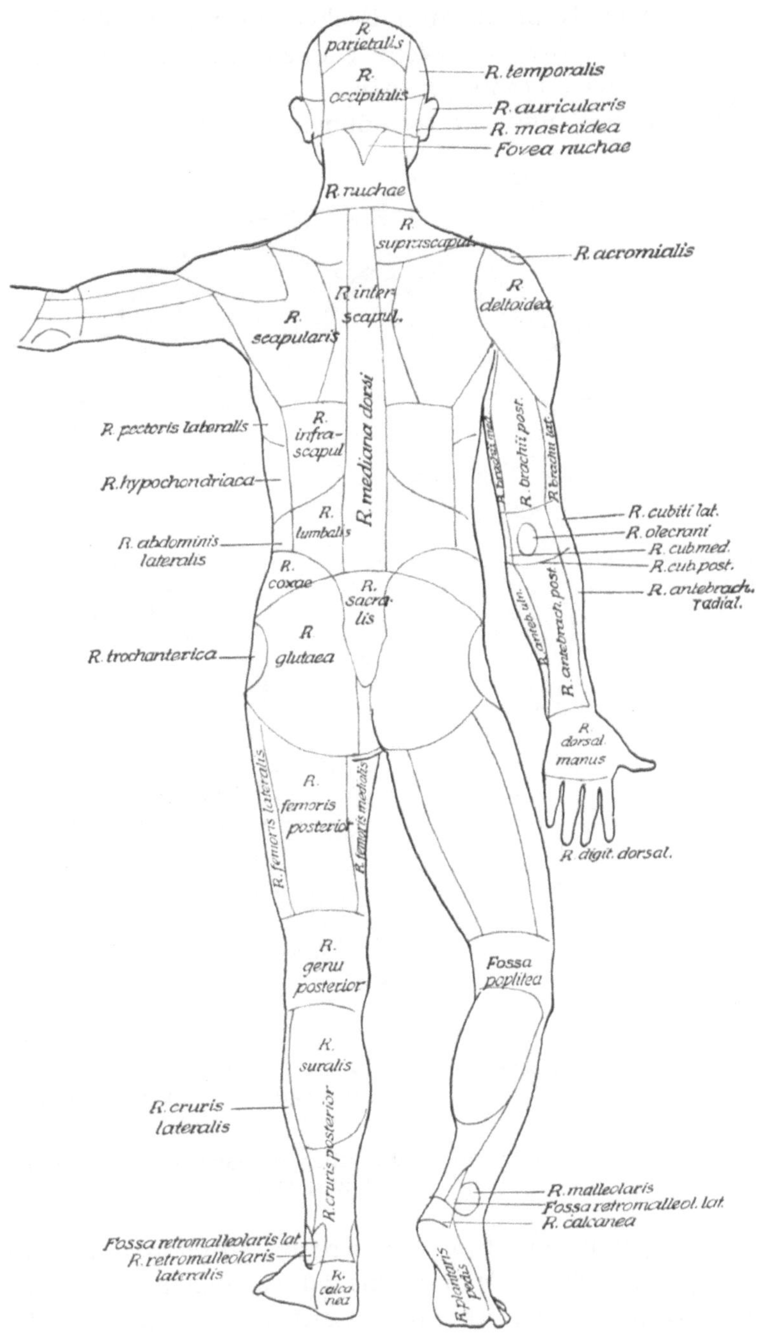

Abb. 8. Bezeichnung der Gegenden des menschlichen Körpers. (Nomina anatomica 1895.) Rückseite.

Achsen, Ebenen, Richtungen. Der Körper des Menschen, wie der der Wirbeltiere überhaupt, besitzt eine Längsachse, die mit der erwähnten Chorda dorsalis zusammenfällt. Dieselbe durchzieht das „Achsenskelet", nämlich die Wirbelkörper, bis in den Schädel hinein. Sie ist der feste Punkt, auf den man zahlreiche

Richtungen des Stammes bei der Beschreibung beziehen kann. Durch sie wird die Medianebene gelegt, die den Körper in eine rechte und linke Hälfte zerlegt. Ebenen, welche der Medianebene parallel liegen, heißen sagittale, solche, welche den Körper vom Kopf bis zum Becken im rechten Winkel zur Medianebene schneiden, nennt man frontale, solche endlich, welche den Oberflächen der Segmente entsprechen, heißen transversale.

Die Begriffe rechts und links können zu Mißverständnissen kaum Anlaß

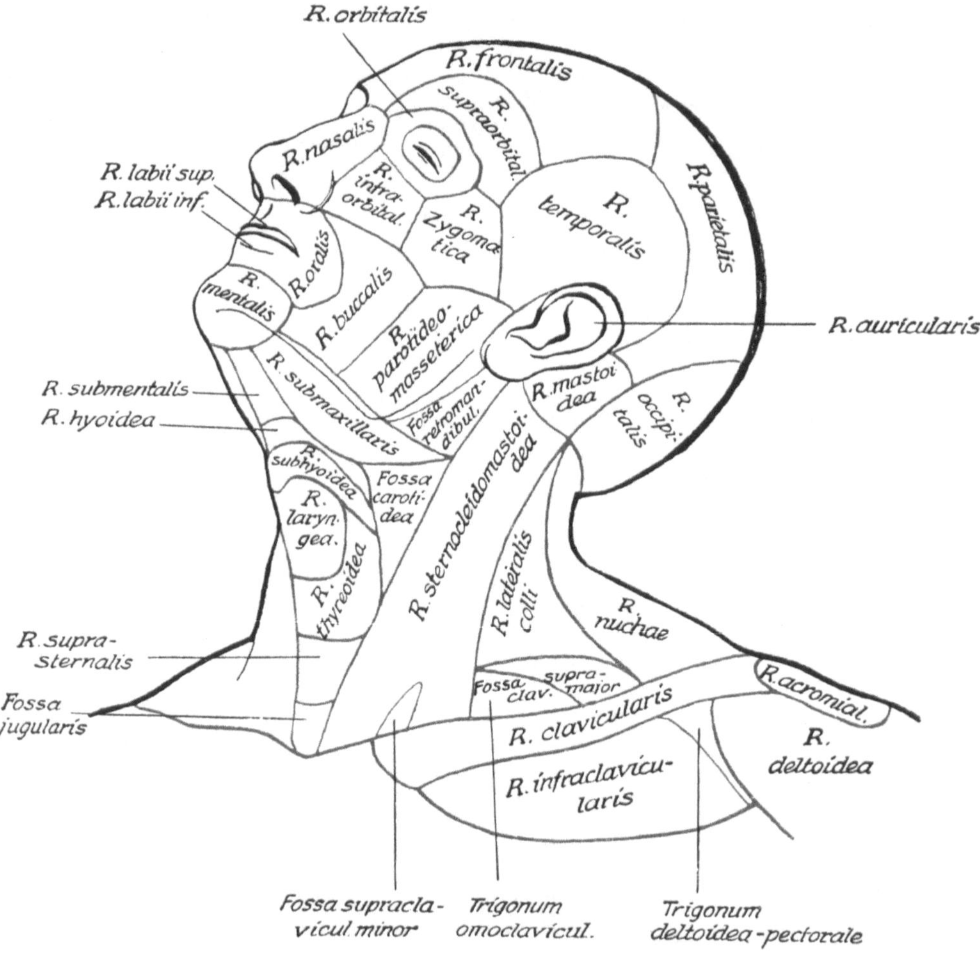

Abb. 9. Bezeichnung der Gegenden des menschlichen Körpers. (Nomina anatomica 1895.) Kopf- und Halsgegend.

geben, bei den Bezeichnungen oben und unten, vorn und hinten könnten aber gelegentlich Zweifel entstehen. Man vermeidet sie daher besser ganz und benützt die Worte kranial (rostral), kaudal, ventral, dorsal bei der Beschreibung. Lateral und medial sind Bezeichnungen, welche in Beziehung zur Medianebene stehen, das heißt also von ihr abgewandt oder ihr zugekehrt. Die ältere Anatomie hat dafür vielfach die Worte außen und innen verwendet, was aber ganz unzulässig ist, außen heißt dem allgemeinen Sprachgebrauch entsprechend: an der Oberfläche gelegen, innen aber dasjenige, was man im Innern einer Höhle oder eines Organs vorfindet. Will man Richtungen bezeichnen, dann tut man dies, indem man kranialwärts, kaudalwärts usw. sagt. Bei den Extremitäten sind die für den Rumpf geltenden Bezeichnungen nur zum Teil anwendbar. Man nennt bei ihnen das, was der Spitze der Extremität zugekehrt ist, distal, das, was sich nach dem Ansatz am Rumpfe wendet, proximal. Diese Bezeichnungen kann man auch am Rumpfe selbst gebrauchen, wobei man sie in Beziehung zur Körperachse bringt. Die beiden

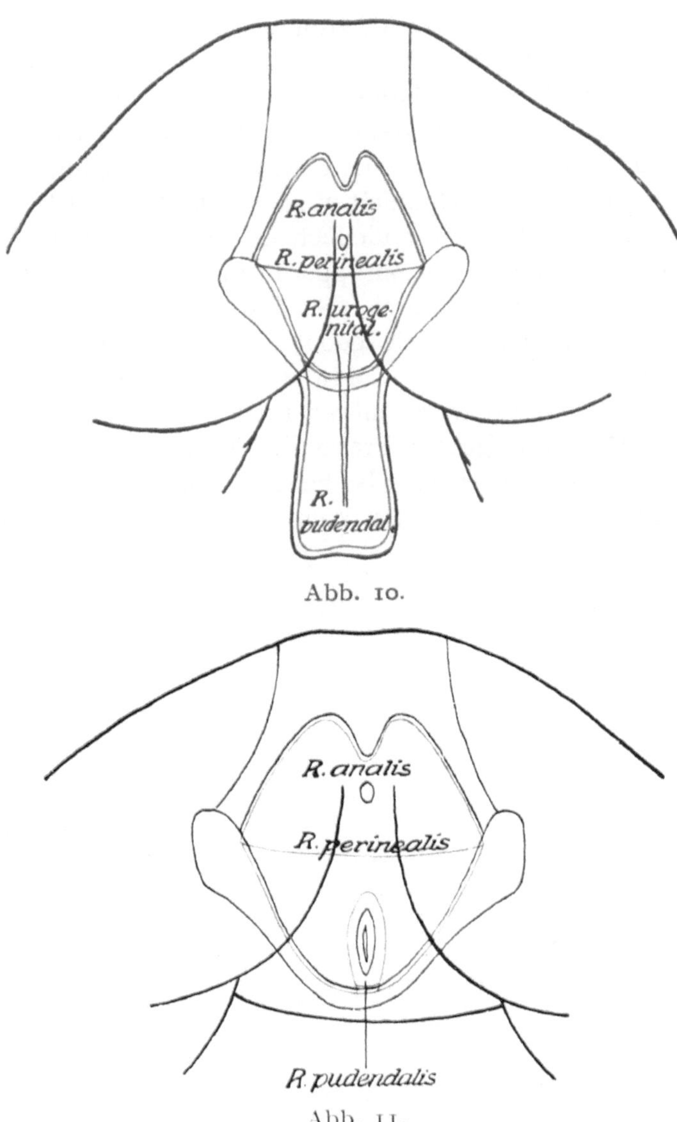

Bezeichnung der Gegenden des menschlichen Körpers. (Nomina anatomica 1895.)
10. Männliche, 11. Weibliche Genital- und Dammgegend.

Seiten der distalen Hälfte einer Extremität bezeichnet man nach den Knochen, welche sie enthalten, als radiale und ulnare, als tibiale und fibulare.

Einteilung der Beschreibung. Den ersten Abschnitt hat die Betrachtung der Bauelemente des Körpers zu bilden, die allgemeine Gewebelehre. Nach ihr ist der Entwicklungslehre ein Abschnitt zu widmen. Dann erst hat die systematische Anatomie zu folgen, d. h. die Betrachtung des Körpers nach seinen Systemen. Die einzelnen Organe sind dabei in ihrem ganzen Aufbau bis zu den histologischen Elementen hinab zu schildern. Die einzelnen Abschnitte sind die folgenden:

Der Abschnitt vom Bewegungsapparat gliedert sich in die Betrachtung des passiven und des aktiven Bewegungsapparates. Der erstere besteht aus dem Skelet und seinen Verbindungen; er wird in der Knochenlehre, Osteologie, der Gelenklehre, Arthriologie und der Bänderlehre, Syndesmologie behandelt. Der letztere umfaßt die Lehre von den kontraktilen Gebilden, den Muskeln, durch welche die je nach der Form der Knochen und der Anordnung der Bänder möglichen Bewegungen des Skeletes wirklich ausgeführt werden: Muskellehre, Myologie. Die Eingeweidelehre, Splanchnologie, behandelt Darm- und Respirationstraktus, sowie das Urogenitalsystem. Einige isoliert stehende Organe sind anzuschließen. Die Haut, Integumentum commune, nimmt eine gewisse Sonderstellung ein, sie wird nach der Betrachtung der Eingeweide behandelt werden. Die Nervenlehre, Neurologie, umfaßt das ganze Nervensystem einschließlich der Sinnesorgane. Die Gefäßlehre, Angiologie, behandelt den Cirkulationsapparat in allen seinen Teilen.

Wenn schon diese Einteilung durch die Zusammengehörigkeit der in den einzelnen Abschnitten vereinigten Gebilde geboten ist, so hält sich die Beschreibung doch keineswegs ganz genau an diese. Man weist z. B. manche Muskeln der Eingeweidelehre zu, zu den Sinnesorganen gehören auch nicht-nervöse Gebilde und anderes mehr. Die durch Jahrhunderte geübte Praxis hat eben eine Beschreibungsart herausgebildet, die sich für den Anfänger als bequem und besonders verständlich erwiesen hat, und dieses bewährte Muster kann auch hier nicht außer acht gelassen werden.

Allgemeine Gewebelehre.

Zelle und Gewebe.

1. Zelle.

Die Versuche, in die Kenntnis vom feineren Bau des Körpers und seiner Organe einzudringen, waren wenig erfolgreich, bis das achromatische Mikroskop (1816) sich als ein souveränes Hilfsmittel erwies, dem die histologische Forschung alles verdankt. Die letzten 70—80 Jahre haben so gewaltige Fortschritte gebracht, daß man fast glauben könnte, es seien nun mit den gebräuchlichen Methoden mikroskopischer Untersuchung keine Resultate von fundamentaler Tragweite mehr zu erwarten. Um in der Erkenntnis der lebenden Substanz weiter vorzuschreiten, muß neben den rein morphologischen Studien eine größere Beachtung der chemischen Konstitution und der physiologischen Funktion der kleinsten Teile des Körpers einsetzen, wovon man auch vielversprechende Anfänge bereits wahrnimmt.

Kurz nach dem Beginn der ernsten mikroskopischen Forschung hatten Schleiden (1838) für die Pflanzen, Schwann (1839) für die tierischen Organismen ausgesprochen, daß sie sich sämtlich aus kleinsten, bläschenförmigen Gebilden aufbauen, welche man Zellen nannte. Man verglich sie mit den Wachszellen einer Honigwabe und meinte, daß pflanzliche und tierische Zellen aus einer festen Hülle und einem flüssigen Inhalt bestünden. Diese Anschauung hat sich freilich in der Folge als keineswegs allgemein geltend herausgestellt, man hat vielmehr nachgewiesen (M. Schultze), daß bei den tierischen Zellen die Hülle gewöhnlich fehlt, doch hat sich der Name für die kleinen Gebilde bis heute unverändert erhalten. Die neuere Zeit geht noch weiter, indem sie erkannt hat, daß eine scharfe Scheidung der lebenden Substanz in einzelne voneinander getrennte Zellen nicht unbedingt nötig ist, wenn die Körpermasse nur die zum Leben notwendige molekuläre Zusammensetzung besitzt.

Freilich ist es eine sehr allgemeine Erscheinung, daß die Entwicklung der Lebewesen von einer einzigen Zelle, dem befruchteten Ei, anhebt. Die allerersten Umwandlungen, welche das Ei erfährt, lassen aus ihm eine Mehrheit von engverbundenen Zellen hervorgehen, die ein ziemlich gleichartiges Aussehen zeigen. Dies ändert sich dann sehr bald nach zwei Richtungen; erstens gestalten sich die späteren Zellgenerationen in Zusammenhang mit ihrer immer weiter spezialisierten Funktion in überaus verschiedener Weise und zweitens treten in die Gesamtorganisation noch andere nichtzellige Gebilde ein. Da diese jedoch in letzter Linie der Tätigkeit von Zellen ihre Existenz verdanken, bleiben die Zellen immerhin die wichtigsten Elemente in der Erscheinungsform der lebenden Masse. Die in dieser Art organisierten Lebewesen (Metazoen) können in ihrem Körper große Mengen von Zellen enthalten, bis zu vielen Millionen, es gibt aber auch solche, welche nicht über eine einzige Zelle hinausgehen

(Protozoen). Auch die ihrer extremen Kleinheit wegen so überaus schwierig zu untersuchenden Bakterien scheinen ausnahmslos die für eine Zelle charakteristischen Substanzen zu enthalten.

A. Teile der Zellen.

Lebenskräftige Zellen des Tierkörpers bestehen aus Protoplasma (*πρῶτος* das früheste, *τὸ πλάσμα* Gestaltung) (v. Mohl), einem Gemenge verschiedener Substanzen, unter welchen Eiweißkörper, Salze und Wasser die Hauptrolle spielen. Das Protoplasma ist aber durch den Körper hin keineswegs einheitlich gebaut, seine Zusammensetzung kann sehr verschieden sein, und außer den genannten Bestandteilen kann noch eine große Reihe anderer Stoffe in den Zellen vorkommen, die aber eben nicht allen gemeinsam sind, sondern sich immer nur in beschränkten Arten vorfinden.

Das Protoplasma tritt in zwei morphologisch verschiedenen Formen in den Zellen auf, als die Substanz des Zellkörpers, Cytoplasma (*τὸ κύτος*, Gefäß, Zelle), und die Substanz des Kernes, Karyoplasma (*τὸ κάρυον* Nuß, Kern). Dieses letztere kann in kleinsten Partikeln im Zellplasma verteilt sein, doch ist dies selten; in den menschlichen Zellen kommt so etwas niemals vor. Bei ihm und den höheren Tieren überhaupt ist die Kernsubstanz stets zu einem inmitten der Zellsubstanz liegenden Gebilde, eben dem Kern, zusammengehäuft, was ja auch gerade den treffenden Vergleich mit einer Kernfrucht, z. B. einer Kirsche, hervorgerufen hat. Fehlt einmal der Kern, wie es auch bei den höchsten Tieren und beim Menschen in gewissen Zellen vorkommt, dann ist es leicht nachzuweisen, daß er doch zu irgend einer Zeit vorhanden war und daß er der betreffenden Zelle nur verloren gegangen ist.

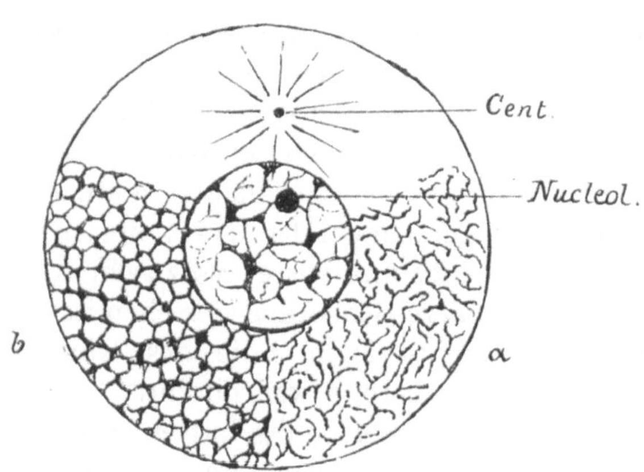

Abb. 12. Schema des Zellenbaues.
a Fadennetz. *b* Schaumige Struktur des Cytoplasmas. *Cent.* = im Centrosoma gelegenes Centralkorn. *Nucleol.* = im Kern liegendes Kernkörperchen.

a) Cytoplasma. Das Zellplasma ist eine mehr oder weniger zähflüssige, graue, halbdurchscheinende, klebrige und sehr dehnbare Substanz, etwas stärker lichtbrechend wie Wasser und mit diesem nicht mischbar. Sein spezifisches Gewicht ist etwas größer als das des Wassers. Für seine Struktur sind Albuminosen und Proteine unerläßlich, komplizierte chemische Körper von hochmolekulärem Bau und vielfach von kolloidalem Charakter. Außerdem enthält es 70—80% Wasser. Seine Reaktion ist alkalisch.

Die Untersuchung der Struktur des Cytoplasmas ist mit großen Schwierigkeiten verknüpft, da es im lebenden Zustand meist nur wenig davon erkennen läßt; man muß deshalb die meisten Gewebe einer vorausgehenden Behandlung unterwerfen, um sie überhaupt für die mikroskopische Betrachtung zugänglich zu machen. Dabei wird aber das Protoplasma getötet und außerdem noch durch die gebräuchlichen Fixationsmittel stark verändert, indem diese einzelne Teile lösen, andere zur Gerinnung bringen, ohne daß man bis jetzt darüber völlig im klaren ist, wie sich diese Wirkungen im einzelnen gestalten. Immerhin hat aber die Beobachtung am lebenden

Objekt ergeben, daß man es mit mindestens zwei verschiedenen Erscheinungsformen des Cytoplasmas zu tun hat, einer stärker lichtbrechenden, welche bald als ein Fadennetz (Flemming) (Abb. 3 a), bald als ein schaumartiges Gefüge (Bütschli) (Abb. 3b) aufgefaßt wird, oder noch anders strukturiert ist, und einer schwächer lichtbrechenden, welche die Zwischenräume des Netzwerkes ausfüllt. Die erstere hat man als Spongioplasma (ὁ σπόγγος, ἡ σπογγιά: der Schwamm), die letztere als Hyaloplasma (ὑάλινος, ὑαλοῦς, glasartig durchscheinend), bezeichnet (Flemming benützt die Bezeichnungen: Filarmasse und Interfilarmasse). In den Fäden des Spongioplasmas findet man bald mehr, bald weniger reichlich kleine Körnchen; Benda (1899) nennt sie Fadenkörner oder Mitochondrien (ὁ μίτος der Faden; ὁ χονδρός das Korn). Sind sie in größerer Menge vorhanhen, dann stehen sie reihenweise, sie können bei weiter fortschreitender Differenzierung sogar völlig zu stäbchenartigen Gebilden, Chondrikonten (ὁ κοντός die Stange) (Meves), zusammenfließen. Meves und seine Schule weist diesen Körnchen unter dem Namen „Plastosomen" eine wichtige Rolle in der Gestaltung der Körpergewebe zu, ob mit Recht, werden weitere Untersuchungen lehren. Ebenso ist noch festzustellen, inwieweit von anderen Seiten beschriebene Körnchen hierher gehören und ob sie miteinander identisch sind. Man liest von Bioblasten (Altmann), Plasmosomen (Arnold), Plasmomikrosomen (M. Heidenhain), Chondren (C. K. Schneider). Man wird wenigstens einem Teil der in dem Cytoplasma vorhandenen Körner andere Funktionen zuweisen müssen. Besonders ist hervorzuheben, daß die Vorstufen einer Reihe von Sekreten in der Form von Körnern auftreten. Auch die Rolle der sog. Nebenkerne, Gebilde von verschiedener Gestalt, welche dem Kern gelegentlich nahe anliegen, bedarf noch weiterer Untersuchung.

Durch die neueren Untersuchungen sind wir nun so weit gekommen, daß wir sagen können, die Struktur des lebenden Protoplasmas ist nicht mit dem Mikroskop erkennbar. Nach den Vorstellungen der Kolloidchemie ist das lebende System des Protoplasmas ein disperses System höherer Ordnung. Wichtige Teile dieses Systems entsprechen einer Gallerte in unmittelbarer Nachbarschaft des Umschlagepunktes zum Sol. Große Teile der Zelle sind sicher ein wahres Sol, andere festere Gallerten, noch andere irreversible Gele oder feste Körper verschiedener Art, die eventuell in der Zelle durch Fermente gelöst werden können. Zudem spielen Oberflächenhäutchen eine wesentliche Rolle und die sog. Lipoide. Ein dauernder Wechsel von Formzuständen und chemischen Aufbau ist notwendig, um die verschiedensten Lebenserscheinungen zustande kommen zu lassen. Durch alle unsere Konservierungs- und sog. Fixierungsmittel wird nun diese unsichtbare Struktur zerstört. Das Eiweiß wird ausgeflockt, oder bei stärkerer Koncentration erstarrt. Die Gallerten werden fest, und wenn auch die Form, Größe usw. der Zelle erhalten bleibt, so ist doch die nun färbbare, sichtbare Struktur kein Abbild der lebendigen unsichtbaren Struktur. Und doch können durch die Konservierung und Weiterbehandlung der Zellen, Fakta über die Organisation der Zelle erschlossen werden, zumal, wenn die Beobachtung der lebenden Zelle nicht außer acht gelassen wird, wenn die genaue Einwirkung der verwendeten Chemikalien auf die verschiedenen Zustände des Protoplasmas bekannt sind und wenn immer wieder konstante Bilder durch verschieden wirkende Medien entstehen (Petersen 1921).

Centriolum, Centrosoma. Unter den eben besprochenen Körnchen ragen die Centriolen durch eine besondere Bedeutung hervor, indem sie oft eine ganz bestimmte Beziehung zu Bewegungserscheinungen des Cytoplasmas, oder zur Form des Kernes und ganz besonders zur Zellteilung (s. unten) erkennen lassen. Abgesehen von sehr vereinzelten Fällen, in welchen sie sich im Kern vorfinden, haben sie ihre Lage im Cytoplasma, wo sie zwar an jeder beliebigen Stelle liegen können, wo sie jedoch die Zellenmitte oder die äußerste Oberfläche bevorzugen. Sie sind von verschiedener Größe, aber immer sehr kleine, oft an der Grenze der Sichtbarkeit stehende

Gebilde von kugelförmiger oder stäbchenförmiger Gestalt. „Sie besitzen die Fähigkeit zu assimilieren, zu wachsen und sich durch Teilung oder Knospung zu vermehren. Sie zeigen in hohem Grade die Neigung Gruppen zu bilden, wobei sie durch eine zwischen ihnen befindliche Substanz (Centrolinin) aneinander gekettet sind" (Heidenhain, 1907). Ihre Substanz scheint eine spezifische zu sein. Wie eine von Heidenhain aufgestellte Liste beweist, sind sie in den allermeisten Zellenarten nachgewiesen worden, ob sie aber ausnahmslos in jedem Zellenindividuum vorhanden sind, ist wegen der Schwierigkeit der Untersuchung noch nicht über allen Zweifel erhaben. Wäre dies nicht der Fall, dann müßten sie sich aus dem Cytoplasma nach Bedarf neu bilden können, was die Versuche von Wilson (1901) zu beweisen scheinen; wäre es der Fall, dann könnte man ihre Bedeutung doch noch nicht der des Kernes an die Seite setzen, da dieser letztere in allen Zellen der organischen Welt zu irgend einer Zeit vorhanden ist, während es zahlreiche Protozoen gibt, welche ein Centriol niemals besitzen. Weitere Untersuchungen werden, wie zu hoffen ist, noch größere Klarheit bringen.

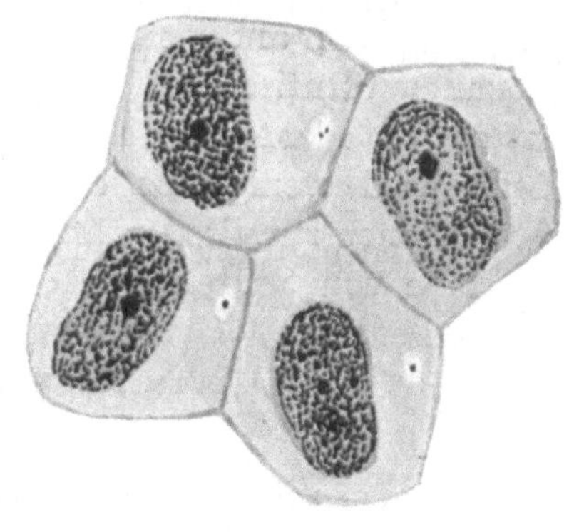

Abb. 13. Epithel der Descemetschen Membran der Hornhaut der Katze. In drei Zellen sind Centrosomen sichtbar, in einer nicht.

Die Centriolen können ohne weiteres in das Cytoplasma, wie es oben beschrieben wurde, eingebettet sein. In zahlreichen Fällen aber sind sie von einem Hof umgeben, welcher zwar auch aus Cytoplasma besteht, aber aus einem solchen, das sich durch sein Aussehen von dem übrigen abhebt. Entweder ist der Hof homogen oder netzförmig strukturiert; auch koncentrisch oder strahlenförmig kann er gebaut sein. Man bezeichnet ihn mit Van Beneden am besten als „Sphäre". Weitere Bezeichnungen dafür sind: Periplast, Centroplasma, Archoplasma, Idiozom. Centriol und Sphäre zusammen bilden den Centralkörper, Centrosoma[1]. Sehr häufig ist nachzuweisen, daß von dem Centriol und der Sphäre Fasern oder Strahlungen ausgehen, die das gesamte lebendige Plasma der Zelle durchziehen und bis an die äußere Grenze der Zelle zu verfolgen sind.

Das Cytoplasma enthält häufig Einschlüsse, welche seiner eigentlichen Struktur fremd sind, besonders Stoffwechselprodukte und Nahrungsbestandteile. Die ersteren treten nicht selten als gröbere oder feinere Körnchen auf und können dadurch, wie erwähnt, Anlaß zur Verwechslung mit den erwähnten Körnchen geben, die dem Protoplasma selbst angehören[2]. Man findet auch in Vakuolen eingeschlossene Flüssigkeitstropfen oder größere Flüssigkeitsansammlungen, welche selbst imstande sind, die Zellen auszudehnen. Was die Nahrungsbestandteile anlangt, so sind diese am massenhaftesten angehäuft und am leichtesten zu beobachten in den Eizellen. Der gewaltige Dotter eines Straußeneies ist auch nur eine einzige Zelle, in der das Cytoplasma nur ein winziges Fleckchen darstellt, während die ganze übrige Masse aus Nahrungssubstanzen besteht. So offensichtlich sind freilich in vielen anderen

[1] Zuweilen findet man das Centriol als Centralkörper bezeichnet. Dies ist irreführend; will man eine deutsche Bezeichnung gebrauchen, dann muß man das Centriol Centralkorn nennen.

[2] Ob die von Albrecht (1907) beschriebenen Liposome (s. unten S. 17 f.) Stoffwechselprodukte sind, oder ob sie zur Struktur der Zellen gehören, bedarf noch weiterer Untersuchung.

Zellen dieselben nicht. In jedem einzelnen Falle wird man sich darüber klar werden müssen, was gehört zum eigentlichen Cytoplasma und was sind fremde Einschlüsse.

b) Kern, Nucleus. Der Kern ist bei niederen Organismen zuweilen sehr abenteuerlich gestaltet, bei höheren Organismen und beim Menschen ist er meist ein im Cytoplasma liegendes Bläschen, das zwar am liebsten in der Mitte der Zelle seinen Platz hat, das aber auch an andere Stellen rücken kann, wenn es die im Cytoplasma vorhandenen Zug- und Druckverhältnisse verlangen. Das Cytoplasma ist plastischer als der Kern, der in den meisten Fällen unter einer gewissen Spannung steht. Seine Form ist deshalb auch ursprünglich die einer Kugel. Die Spannung ist freilich nicht so groß, daß sie nicht bis zu einem gewissen Grade von den im Cytoplasma vorhandenen Kräften überwunden werden könnte; in langgezogenen Zellen streckt er sich in die Länge, selbst bis zu stäbchenförmiger Gestalt. Wird aber die Zelle extrem dünn, oder ganz fadenförmig, dann ist die dünne Cytoplasmaschicht, welche den Kern deckt, nicht mehr imstande, seine Spannung zu überwinden, er nähert sich wieder mehr oder weniger seiner ursprünglichen Kugelgestalt und baucht dadurch das ihn deckende sehr dünne Cytoplasma aus. In Zellen, welche ihre Gestalt in unregelmäßiger Weise wechseln (Leukocyten), wird der Kern verdrückt und kann eine ganz unregelmäßige Form zeigen. Eine sehr energische Strömung oder Zugspannung im Cytoplasma kann dem Kern ebenfalls eine sehr unregelmäßige Gestalt verleihen; er sieht dann gelegentlich nierenförmig aus oder mit einem Loch versehen, selbst netzförmige oder verästelte Kerne werden beobachtet. Erscheint er gelappt oder rosenkranzförmig, dann deutet dies wohl auf einen unvollendet gebliebenen Zerfall hin (s. unten).

Der Kern ist in der Mehrzahl der Fälle von der Kernmembran umhüllt (Abb. 12), einer sehr dünnen Haut, die ihn gegen das Cytoplasma abgrenzt, die aber dem Kern selbst angehört. Nach Albrecht (1907) enthält sie lipoide Substanzen (s. unten S. 54 f.), welche für die osmotischen Vorgänge zwischen Kern und Cytoplasma von Bedeutung sind. Ihre Anwesenheit bedingt augenscheinlich die erwähnte Spannung. Sein Inneres ist erfüllt von dem Kerngerüst (Linin, Plastin). Dasselbe ist in Kernen solcher Zellen, welche lebhaft tätig sind (junge, embryonale Zellen), dichter, als in den Kernen älterer Zellen. Es zeigt eine ähnliche Struktur, wie das Wabenwerk des Cytoplasmas, ist möglicherweise sogar mit ihm identisch. Es hat an konservierten und gefärbten Präparaten wenig Affinität zu Farbstoffen und ist deshalb nicht immer leicht zu sehen. In dieses Gerüst eingelagert findet man feine Körnchen, welche in den dünnsten Bälkchen perlschnurartig, in den gröberen in Gruppen liegen. Sie sind in fixierten Präparaten zu einem Teil mit basischen, zu einem anderen mit sauren Farbstoffen lebhaft zu färben (Heidenhain). Die basophilen findet man mehr in den gröberen, die oxyphilen mehr in den feineren Netzbälkchen. Die Körnchen haben die Größe von mittleren Centriolen; sie sind also von beträchtlicher Kleinheit, weshalb man sie ohne besondere Vorsichtsmaßregeln nicht als isolierte Körperchen zu unterscheiden vermag. Bei gewöhnlicher Betrachtung eines gefärbten Präparates scheint es vielmehr, als enthielten die Kerne Stränge einer in sich homogenen gefärbten Substanz. Man hat sie Chromatin (χρῶμα, Farbe) genannt. Die leichte Färbbarkeit der Substanz erleichtert die Untersuchung und Erkennbarkeit der Kerne ganz hervorragend, verführt aber auch gelegentlich dazu, dieser auffallenden Substanz allerlei besondere Fähigkeiten beizulegen, die sie vielleicht nicht hat.

Chemisch besteht das Chromatin aus Nukleinen und Nukleinsäure und zeichnet sich durch seinen Gehalt an Phosphorsäure aus, die dem Cytoplasma abgeht.

Die Maschen des Kerngerüstes, die an der Kernmembran anliegen, ordnen sich häufig so, daß sie wie eine zweite, vielfach durchbrochene Membran aussehen.

In das Kerngerüst eingeschlossen findet man kleine, kugelige Körperchen von wechselnder Größe, die Kernkörperchen[1], Nucleoli (Abb. 12, 13). Ihrer starken Lichtbrechung ist es zu danken, daß man sie auch an lebenden und an ungefärbten Präparaten leicht sehen kann. Ihre Zahl wächst mit der Menge des Chromatins. Ihre Substanz bezeichnet man als Paranuklein. Eine Struktur ist in ihnen noch nicht mit Sicherheit nachgewiesen. Sie färben sich mit alkalischen Farbstoffen und quellen in Essigsäure. Über ihre Bedeutung herrscht bei den Untersuchern noch keine Übereinstimmung.

Die zwischen den Fäden des Kernnetzes bleibenden Räume werden von dem Kernsaft ausgefüllt. Da in ihm durch Reagentien, welche Eiweiß fällen, Niederschläge entstehen, scheint er Albuminate zu enthalten.

Die beschriebene Struktur des Kernes ist keine überall gleichmäßige, sie wechselt vielmehr nach den Zellarten und dem jeweiligen physiologischen Zustand einer und derselben Zelle, indem die Chromiolen bald in größerer Zahl basophil, bald oxyphil sind, indem bald mehr, bald weniger Chromatin vorhanden ist. Man findet selbst Kerne, welche von einer Netzstruktur gar nichts erkennen lassen, die vielmehr nur eine zusammengebackene Chromatinmasse zu enthalten scheinen (pyknotische Kerne [πυκνός dicht]). Freilich scheinen das keine normale Zustände des Kernes zu sein, sondern sie leiten gewöhnlich Zerfallserscheinungen der Kerne und der Zellen ein. Außerdem ist auch das Kerngerüst gegen viele Fixierungsmittel sehr empfindlich, so daß man statt des Netzes, das man unter günstigen Umständen in lebenden Zellen zu sehen bekommt, Schollen oder Brocken, oder grobe Balken findet.

Die Nukleoproteine der Kerne sind gegen verdünnte Essigsäure beständig. Da dies das Cytoplasma nicht ist, hat man neben vielen Farbstoffen in diesem Reagens ein besonders bequemes Mittel, die Kernstrukturen sichtbar zu machen, das, ehe die Färbemethoden ausgearbeitet waren, das wichtigste zur Zell- und Gewebeuntersuchung war.

B. Die Zelle im ganzen.

Cytoplasma und Kern in ihrer Vereinigung als Zelle sind Träger des Lebens. Über dieses aber sagt Verworn in seiner allgemeinen Physiologie (1909): „Der Lebensvorgang besteht im Stoffwechsel von Eiweißkörpern". Aus dieser ebenso kurzen, wie treffenden Definition geht vor allem hervor, daß das Leben ein Vorgang ist, das heißt, daß es sich um ein fortwährendes Geschehen handelt, einen steten Zerfall von Eiweißkörpern, dem ein Wiederaufbau auf dem Fuße folgt, um so die organische Substanz in die Möglichkeit zu versetzen, wieder aufs neue zu zerfallen. Diese Vorgänge sind freilich molekulare und als solche dem morphologischen Studium entrückt. Allein es wäre wunderbar, wenn sich dabei nicht doch auch Dinge ergeben sollten, welche der mikroskopischen Betrachtung und Beschreibung zugänglich wären. In der Tat kann man auch nicht selten ein durchaus wechselndes Auftreten der Zellen wahrnehmen, und man hat sich zu hüten, jede Zelle für etwas Unveränderliches von stets gleichbleibendem Bau anzusehen.

Die erste Frage, welche auftauchen muß, ist die: Warum kommt es überhaupt zur Teilung der lebenden Substanz in einzelne Zellen? Die spezielle Tätigkeit und

[1] Synon. Plasmosomen.

Struktur der lebenden Masse ist dafür nicht ausschlaggebend. Es kann an einer Stelle eine verdauende Tätigkeit ausgeübt werden, an einer anderen Bau und Funktion eines Muskels vorhanden sein, ohne daß es zu einer Trennung des Ganzen in verschiedene Zellen zu kommen braucht, wie man es bei höher organisierten Protozoen findet. Diese sind so klein, daß eine Fragmentierung nicht nötig ist und man kann sehen, daß ein solcher Zerfall sogar bis zur äußersten Grenze hinausgezögert wird. In einem in die Länge gezogenen Körper von solchen Protisten zieht sich der Kern gleichermaßen stab- oder wurstförmig in die Länge; will es nicht anders gehen, dann schnürt er sich zwar perlschnurartig ein, zerfällt aber immer noch nicht. Endlich aber wird dies unvermeidlich und dies ist der Fall, wenn eine gewisse Größe des Gesamtkörpers überschritten wird. Die Oberfläche wird in einem gegebenen Augenblick zu klein, um dem ungeteilten Kern, der seiner Lage wegen die Nahrung aus zweiter Hand, vom Cytoplasma her, beziehen muß, sein ungestörtes Leben zu garantieren. Er zerfällt demgemäß in einzelne Teilstücke, die nun ihrerseits den von außen her kommenden Einwirkungen neue Oberflächen bieten können. Das Cytoplasma braucht deshalb noch nicht ebenfalls in Teilstücke zu zerfallen. Befindet es sich nur in strömender Bewegung, wobei die Oberfläche in jedem Augenblick eine andere wird, wobei auch die Kerne rollen und ihren Platz wechseln, dann können ziemlich große Individuen noch immer ein ungeteiltes Cytoplasma behalten. Erst wenn die allgemeine Strömung aufhört und sich die Moleküle eines größeren Körpers für bestimmte, spezialisierte Funktionen festlegen, sieht man, wie auch das Cytoplasma zerfällt, zum Teil jedenfalls aus eigenem Bedürfnis, zum größeren Teil durch die Bedürfnisse des Kernes dazu gezwungen. Denn man sieht, daß sich das Cytoplasma auch jetzt noch solange wie möglich gegen einen vollständigen Zerfall wehrt, indem die einzelnen Zellen durch Brücken oder wenigstens lange Fortsätze miteinander in Verbindung bleiben, was natürlich für die Ernährung, wie für die Fortpflanzung von Reizen von der allergrößten Bedeutung ist. Zuletzt freilich gibt es ganz unzweifelhaft Zellen in großer Zahl, welche sich von allen anderen vollkommen isoliert haben.

Man hat, ausgehend von der Zellehre oder Zelltheorie behauptet, daß morphologische und physiologische Erscheinungen der Zelle eines Metazoon einem Protozoon verglichen werden können, weil es aus einer einzigen Zelle besteht. Damit hängt zusammen, daß die Einzelzellen eines Metazoon als Elementarorganismen für das Leben eines Tieres aufgefaßt werden. Das ist aber nur bedingt richtig: die eine Zelle des Protozoons ist ein ganzes Tier, die Gesamtmasse der Zellen eines Metazoon bildet aber auch erst ein ganzes Tier, und nur durch ihr Zusammensein und ihre Zusammenarbeit wird das Leben dieses Tieres bedingt und erhalten. Die Abhängigkeit der einzelnen Zellen und Zellgruppen von dem ganzen Wesen kann man sich kaum intensiv genug darstellen; das spielt in der normalen und pathologischen Physiologie eine ungemein wichtige Rolle, und das Leben kann nicht an die einzelne Zelle gebunden sein, sondern ist abhängig von dem zusammengefügten ganzen Organismus. Daher ist Vorsicht bei der Übertragung der Erfahrungen bei Protisten auf die Vorgänge in der Einzelzelle eines vielzelligen Tieres notwendig.

Derartige Betrachtungen führen dazu, die Bedeutung der Zelle als Elementarorganismus gegenüber den früheren Anschauungen sehr einzuschränken. Der Körper der Metazoen, der aus vielen Zellen zusammengesetzt ist, kann nicht als ein Konglomerat von Einzellebewesen erfaßt werden, denn wenn auch gelegentlich eine Zelle, oder Gruppen von wenigen Zellen eine Zeitlang getrennt vom Organismus (Explantation) unter besonderen Bedingungen ein eigenes Leben führen können, so ist doch ein wirklicher Bestand des Lebens nur im Zusammenhang mit dem Körper möglich. Diese Einwirkung des ganzen Organismus auf jede einzelne Zelle (Syntonie M. Heidenhain) und die innigen Beziehungen der benachbarten Zellen untereinander sprechen dafür, daß die Zelle eines Metazoon nicht ein selbständiger Elementarorganismus ist; man weiß jetzt, daß die Summe von Zellen in einem Lebewesen in Wirklichkeit ein Ganzes ist, ohne das die einzelnen Zellen nicht leben und wirken können.

a) Gegenseitiges Verhältnis von Cytoplasma und Karyoplasma. Die erste Beobachtung von fundamentaler Bedeutung, über welche zu berichten ist, ist die, daß das Cytoplasma ohne den Kern für sich nicht lebensfähig ist, was durch eine Reihe von Gelehrten (Nußbaum 1884, Gruber 1885, Verworn 1891 u. a.) festgestellt wurde. Umgekehrt kann auch der Kern kein isoliertes Leben führen; er erhält sich zwar in zerfallenden Zellen oft noch längere Zeit scheinbar intakt, ohne daß man aber jemals an einem ganz aus der Zelle herausgefallenen Kern irgend eine fruchtbringende Tätigkeit hätte wahrnehmen können (Verworn 1891). Es müssen also beide Zellenteile, Cytoplasma und Karyoplasma, auf das Innigste zusammenwirken, um einen ungestörten Ablauf der Lebensvorgänge zu garantieren. Dies kann man auch in einer Reihe von Fällen direkt beobachten, indem bei der Tätigkeit, z. B. der einer sezernierenden Drüsenzelle, sowohl das Cytoplasma wie der Kern, deutlich sichtbare Veränderungen erleiden.

Man hat öfters die Frage aufgeworfen, welcher Teil der Zelle der wichtigere sei, das Zellplasma oder der Kern, und hat sie verschieden beantwortet. Das eine Mal sollte das Cytoplasma, das andere Mal der Kern, dann sogar das Centrosoma das Ausschlaggebende sein. Die Teile der Zelle stehen in wechselseitiger Beziehung, es leistet bald dieser, bald jener Teil die Hauptarbeit. Der Kern ist insofern vom Cytoplasma durchaus abhängig, als alles, was von außen kommt, nur durch Vermittelung des Cytoplasmas zu ihm gelangen kann. Auf der anderen Seite bekommt, wie gesagt, das Cytoplasma vom Kern Stoffe geliefert, welche es erst zu seinen verschiedenen Tätigkeiten tüchtig machen. Diese Tätigkeiten aber bestehen in der Assimilierung von Nahrung, in der Beantwortung von Reizen, in Leistung verschiedener Arbeit, wie Ausführung von Bewegung, Sekretion, in Produktion von Skeletteilen, Cuticularmembranen und anderem. Bei all diesen Tätigkeiten liegt der Kern scheinbar ziemlich unbeteiligt inmitten der Zelle; so notwendig und wichtig sein Wirken ist, er läßt nur wenig davon erkennen. In lebhaftester Weise übernimmt er dagegen die Führung bei dem Fortpflanzungsgeschäft, wobei er Umwandlungen erfährt, die jedermann leicht in die Augen fallen. Das Cytoplasma vom Kern unterstützt, entfaltet seine Tätigkeit nach außen hin, der Kern dagegen waltet im Innern und gibt seine augenfälligste Tätigkeit bei der Fortpflanzung zu erkennen.

Wachsende Gewebe, bei denen es darauf ankommt, die Zahl der Zellen zu vermehren, weil die Zellen im großen und ganzen eine bestimmte Größe nicht überschreiten dürfen, besitzen stets eine große Zahl oft gedrängt stehender Kerne im Gegensatz zu einer geringen Cytoplasmamenge.

b) Die Aufnahme von Nahrung aus der Umgebung und ihre Assimilierung steht unter den Zelltätigkeiten obenan, sie ist auch deshalb die vornehmste, weil sie die lebende Substanz zu allen anderen Tätigkeiten befähigt. Diese setzen Stoffverbrauch voraus, durch den Zerfallsprodukte entstehen, die das Protoplasma verlassen und durch den Säftestrom fortgeführt werden. Die verbrauchten Stoffe aber müssen durch die Nahrungsaufnahme wieder ersetzt werden.

c) Unter Reizbarkeit des Protoplasmas versteht man dessen Fähigkeit, auf eine Veränderung der Lebensbedingungen zu reagieren. Die Reize können von verschiedener Art sein, mechanische, chemische, sie können durch Wärme (thermische), durch Lichtstrahlen (photische), durch Elektrizität (elektrische) gesetzt werden. Die Reize können die Lebensvorgänge steigern (Erregung) oder abschwächen, selbst aufheben (Lähmung). Wirkt ein Reiz nur einseitig, dann beeinflußt er die lebende Substanz in der Art, daß sie sich der Reizquelle zuwendet oder sich von ihr abkehrt. Man bezeichnet diese richtende Wirkung als Taxis (Richtung) und spricht von Barotaxis (Richtung durch die Schwerkraft), Chemotaxis, Thermotaxis, Phototaxis, Galvanotaxis u. a. Es ist nicht schwierig, die Wirkungen der Taxis am Protoplasma einfacher Lebewesen zu beobachten, bei höheren Organismen sind sie oft verschleiert, spielen aber auch da nicht selten eine sehr wichtige Rolle. Das eigentliche Wesen dieser Wirkung ist noch vollkommen unbekannt.

d) Die Bewegung besteht in ihrer einfachsten Art in einem langsamen Fließen des Protoplasmas, das man im Innern von Pflanzenzellen oft sehr gut beobachten kann, indem sich das Cytoplasma meist in gleichbleibender Richtung bewegt. Bei freilebendem Protoplasma beobachtet man das Aussenden von Pseudopodien (Scheinfüßen), Fortsätzen, welche durch ein Strömen der Zellsubstanz ausgesandt werden und welche die verschiedensten Formen zeigen können. Werden auf der einen Seite Pseudopodien ausgestreckt, während auf der anderen Protoplasma eingezogen wird, dann entsteht ein langsamer Ortswechsel, ein Fortkriechen. Man beobachtet dies besonders gut bei sehr niederstehenden Protozoen, die nur aus einem Kern und einem Stückchen einfach gebauten Protoplasmas bestehen, den Amöben, weshalb man diese Bewegung, wenn man sie an gewissen Zellen höherer Organismen findet, als amöboide bezeichnet (Abb. 95). Auch der Kern läßt zuweilen eine Formveränderung erkennen, die man für amöboide Bewegung angesehen hat, ob mit Recht, mag dahingestellt bleiben. In vielen Fällen könnte man die Gestaltsveränderung als eine passive ansehen, hervorgebracht durch besonders energische Strömungen des Cytoplasmas.

Eine Protoplasmabewegung ganz anderer Art ist die Flimmerbewegung, das energische rhythmische Schlagen haarförmiger Zellfortsätze.

Die Bewegung der Muskeln des Körpers ist am letzten Ende auch nichts anderes wie Protoplasmabewegung.

Von der durch Lebensvorgänge bedingten Bewegung der lebenden Substanz ist wohl zu unterscheiden die sog. Molekularbewegung (Brown). Sie besteht in einem unregelmäßigen Hin- und Herschwingen feinster Körnchen, die in einem flüssigen Medium suspendiert sind, also z. B. in Zellen mit verflüssigtem Inhalt (Speichelkörperchen). Es handelt sich dabei um Stöße, welche die Teilchen einer in Bewegung befindlichen Flüssigkeit auf die Körnchen ausüben. Ebenso, wie an Zellen, beobachtet man die Molekularbewegung an Pigment- oder Tuschekörnchen, welche in Wasser suspendiert sind. Je dickflüssiger das Medium ist, um so träger ist die Bewegung der Körnchen.

e) Die Sekretion im weitesten Sinne ist eine außerordentlich weit verbreitete Tätigkeit des Protoplasmas, und es gibt wenige Zellenarten, welche nicht wenigstens Spuren davon erkennen lassen. Ob es dabei zur Ausscheidung einer flüssigen, festen oder gasförmigen Masse kommt, ist im Augenblick gleichgültig. Festwerdende Ausscheidungen bilden Skelete und es gibt Gebirge, welche nur aus solchen Ausscheidungen von Zellen, den Skeleten niederer Lebewesen, bestehen. Flüssige Sekrete, wie Speichel, Galle und ähnliches haben zum Teil eine große Bedeutung für den Körperhaushalt, zum Teil sind sie bestimmt, den Körper zu verlassen (Harn), da sie schädliche Abfallprodukte enthalten, in welchem Fall man von Exkreten spricht. Gasförmige Ausscheidungen, im wesentlichen Kohlensäure, werden von mehreren Zellenarten geliefert.

Bei der Tätigkeit der Zellen kommt es vor, daß sich das Cytoplasma bei der mikroskopischen Betrachtung in den dem Kern benachbarten Teilen etwas anders aussehend erweist, als in der Peripherie, sei es ringsum, sei es nur einseitig. Dies hat Anlaß gegeben, ein Endoplasma von einem Exoplasma oder Ektoplasma zu unterscheiden. Ist der Übergang zur Außenschicht ein ganz unmerklicher, etwa so wie von der Krume des Brotes zur Rinde, dann nennt man die Außenschicht Crusta (F. E. Schultze 1896). In anderen Fällen ist die Abgrenzung etwas schärfer, niemals aber handelt es sich um eine strenge Scheidung. Ist eine ganz dünne, deutlich abgesetzte Oberflächenschicht des Protoplasmas vorhanden, dann bezeichnet man sie als Membran. Sie ist scharf zu trennen von der Cuticula und Pellicula, unter welchen Namen man eine Schicht versteht, welche nicht mehr zum Zellprotoplasma gehört, sondern ihm nur anliegt, die Cuticula einseitig, die Pellicula ringsum.

Auch wenn an einer Zelle mit unseren Beobachtungsmitteln eine differenzierte Oberflächenschicht nicht deutlich erkennbar ist, dürfte sie doch meist vorhanden sein und bei den für den Stoffwechsel so überaus wichtigen Diffusionsvorgängen nach Art einer Membran wirken.

Von manchen Autoren wird alles, was eine Zelle produziert und was man gewöhnlich als Intercellularsubstanz oder Grundsubstanz bezeichnet, als Exoplasma angesehen, jedoch, wie es scheint, mit Unrecht, da die Entstehung dieser Dinge durchaus einem Sekretionsvorgang entspricht. Wie bei einem solchen wird von den Zellen eine Substanz ausgeschieden, die aber nicht, wie ein echtes Sekret ausgestoßen wird, sondern die im Körperverband verbleibt und für ihn noch nutzbar, selbst unentbehrlich ist.

f) Die relative Größe von Zellsubstanz und Kern ist eine in den verschiedenen Zellen eines Individuums wechselnde. Sie regelt sich nach der molekularen Zusammensetzung der beiden und nach den Lebensbedingungen und der Tätigkeit, welche eine Zelle zu leisten hat. Das eine Mal wird, wie wir gesehen haben, mehr die Tätigkeit des Cytoplasmas, das andere Mal die des Kernes in Anspruch genommen, und so sieht man denn auch das eine Mal nur eine sehr geringe Menge von Zellplasma den Kern umgeben, das andere Mal eine reichliche. Von verschiedenen Seiten ist auf diese Kernplasmarelation großer Wert gelegt worden, und es scheint, daß damit ein fruchtbares Gebiet angegriffen ist, das noch manche wesentliche Ergebnisse fördern wird.

g) Auch die absolute Größe der Zellen richtet sich nach ihrer inneren Tätigkeit und den äußeren auf sie einwirkenden Umständen. Sie schwankt je nach der Zellenart und nach der Tierspezies; so sind z. B. Leberzellen immer voluminöser, als solche der Schilddrüse des gleichen Individuums, die meisten Gewebszellen eines kaltblütigen Salamanders mit seinem trägen Stoffwechsel größer, als die entsprechenden eines Menschen, dessen lebende Substanz ganz allgemein in kleinere Teile zerfallen muß, um die für den regeren Umsatz notwendige Oberfläche zu bieten. Es ist klar, daß die absolute Größe der Zellen im allgemeinen nur mit deren Lebenstätigkeit, nicht aber mit der Gesamtgröße des Organismus etwas zu tun hat. Ein großer Körper der gleichen Spezies hat mehr Zellen, aber nicht größere, als ein kleiner. Eine scheinbare Ausnahme machen nur die Ganglienzellen, welche sich, wenigstens in der

Säugetierreihe, nach der Körpergröße richten; die eines Pferdes sind größer, als die einer Maus (s. unten).

Die beiden Zellbestandteile regulieren sich durch gegenseitige Einwirkung aufeinander solange, bis das für die verlangte Funktion nötige Optimum erreicht ist. Sehr interessant ist die Tatsache, daß es gelingt, experimentell einer Zelle einerseits die doppelte Chromatinmenge einzuverleiben, andererseits ihr die Hälfte zu entziehen. In dem ersteren Fall sieht man, daß bei fortgesetzten Teilungen die Zellen die doppelte Größe, in letzterem Fall die halbe Größe der normalen haben (Boveri 1902, 1904), woraus hervorgeht, daß das Cytoplasma sich auf das Genaueste den veränderten Kernverhältnissen anpaßt.

h) Die Form der Zellen ist eine überaus mannigfaltige; auch sie ist das Resultat der äußeren und inneren Bedingungen, unter welchen sie stehen. Die ursprünglichste Form, die der Eizelle, ist fraglos die Kugelform. Schon wenn die Eizelle in zwei Furchungszellen zerfällt, geht aber die Kugelform dieser letzteren verloren und man findet in der Folge kurze und lange Prismen, welche man jedoch fälschlich als würfelförmige (kubische) und cylindrische Zellen zu bezeichnen pflegt, man findet Scheiben und Platten, spindelförmige, bandförmige und mit vielen Fortsätzen versehene Gebilde. Diese letzteren pflegt man sternförmig zu nennen.

i) Die Lebensdauer der Zellen ist eine je nach den Geweben überaus verschiedene. Die Nervenzellen leben solange, wie der ganze Organismus, andere haben eine Lebensdauer, welche nur nach Wochen zählt, wie die Zellen der Epidermis. Zwischen diese Extreme reihen sich alle anderen Zellen ein. Man kann im allgemeinen sagen, daß die vollsaftigsten Zellen, welche in ihrem ganzen Aufbau dem Typus des embryonalen Keimgewebes, dem Epithel, am nächsten stehen, eine kürzere Lebensdauer besitzen, als diejenigen, welche sich in ihrem Bau weiter von ihnen entfernt haben.

k) Die Alterserscheinungen der Zellen bestehen in ihrer einfachsten Art in einer Atrophie, bei der sie kleiner werden und träger funktionieren. Der Kern zeigt gelegentlich statt des Netzes der chromatischen Substanz eine zusammengebackene Masse ohne erkennbare Struktur. Außerdem aber kommt es auch zu Erscheinungen, bei denen sich die normale Lebenstätigkeit des Protoplasmas ändert, wodurch es entweder eine chemische Umsetzung erfährt oder wobei Zerfallsprodukte entstehen, die der normalen Lebenstätigkeit des Protoplasmas im engeren Sinne fremd sind. Es tritt Verhornung ein oder Verkalkung, man findet fettige, oder schleimige Degeneration oder Pigmentmetamorphose; es können Vakuolen im Cytoplasma und im Kern auftreten; alles Dinge, die in gewissen Zellen normalerweise vorkommen. Man hat sich oft die Frage vorzulegen, ob man es gegebenenfalls mit normal funktionierenden oder alternden Zellen zu tun hat. Hier ist auch die Stelle, wo Physiologie und Pathologie zusammenfließen und wo man erkennt, daß die pathologischen Vorgänge im Grunde physiologische sind, welche sich entweder in unzweckmäßiger Intensität oder an ungewohnter Stelle abspielen.

l) Der Tod der Zellen, welcher dem Altern folgt, besteht entweder in einem vollständigen Vertrocknen oder in einer Gerinnung des Protoplasmas, oder auch in seinem Zerfall, bei dem sich das Spongioplasma in einzelne Körnchen sondert, das Hyaloplasma ganz verflüssigt. Eine derartige Masse, in der sich die widerstandskräftigeren Kerne zuweilen noch nachweisen lassen, bezeichnet man als Detritus.

Beim Tode des Gesamtorganismus sterben die einzelnen Zellenarten nicht sämtlich zu gleicher Zeit ab, am raschesten verändern sich die stark modifizierten und

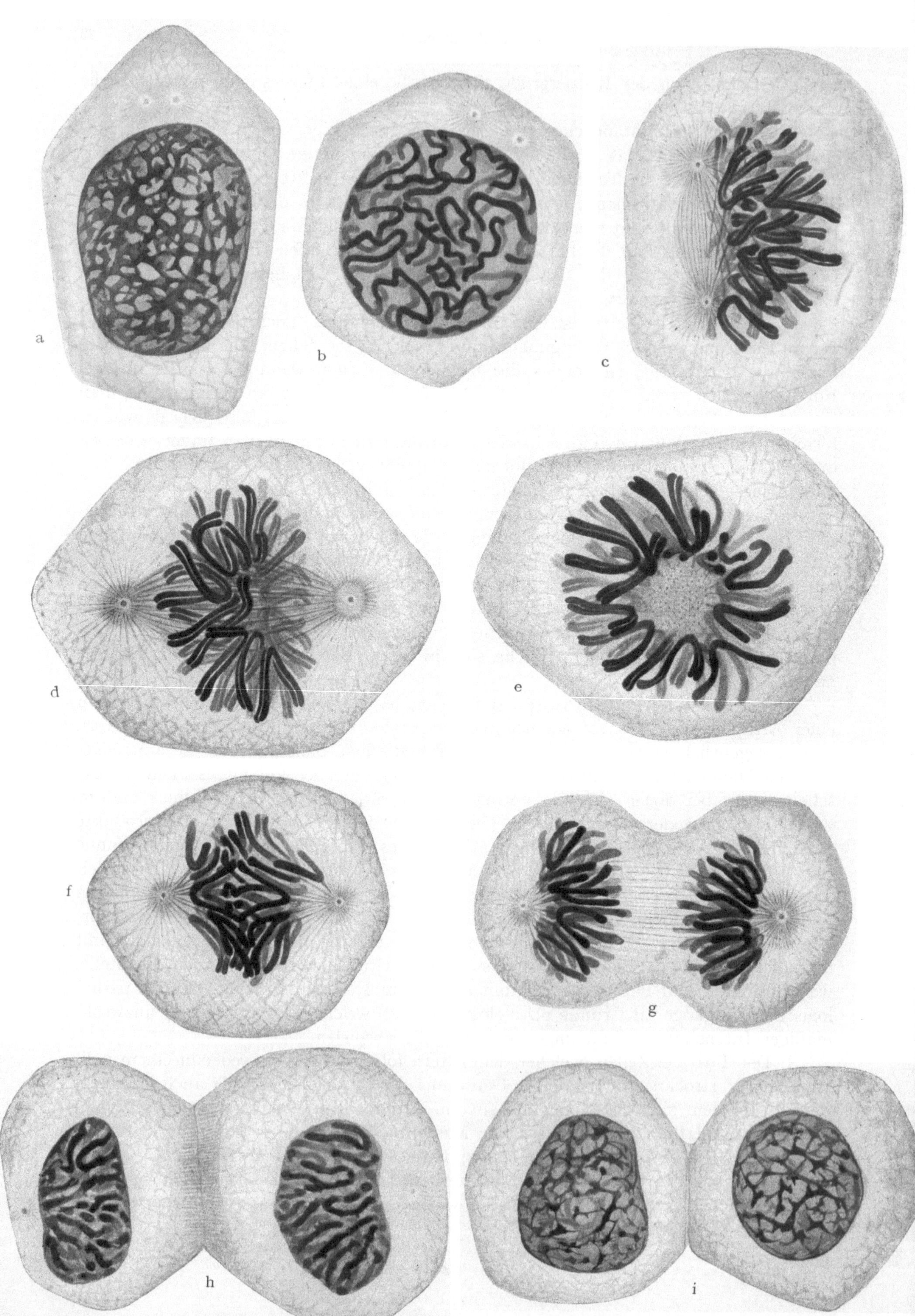
a
b
c
d
e
f
g
h
i

überaus sorgfältig ernährten Nervenzellen, wenn die Nahrungszufuhr ein Ende hat. Auch die Muskelzellen fallen schon sehr bald dem Tode anheim. Manche andere Zellen können durch erneute Zufuhr von Nährstoffen wiederbelebt und längere Zeit selbst im mikroskopischen Präparat lebend erhalten werden.

m) Regeneration. Die einzelnen Zellen vermögen sich nach Substanzverlusten zu regenerieren. Ebenso wie ein einzelliges Wesen, dem man einen Teil seines Cytoplasmas weggeschnitten hat, alsbald wieder zu einem unversehrten Individuum heranwächst, können auch bei den höchststehenden Tieren und dem Menschen Zellen, welche einen Teil des Cytoplasmas verloren haben, wieder nachwachsen. Es geschieht dies augenscheinlich oft bei solchen sezernierenden Zellen, bei den der distale Teil während der Sekretion verloren geht. Bleibt nur der kernhaltige Teil erhalten, dann steht einer vollständigen Regeneration nichts im Wege.

n) Zellteilung. Wie die lebende Substanz zuerst entstanden ist, wissen wir nicht und es existiert keine Beobachtung, welche es wahrscheinlich erscheinen ließe,

Abb. 14. Mitotische (indirekte, karyokinetische) Kernteilung und Zellteilung. Als Beispiel ist hier genommen die große Zelle der Larven vom Feuersalamander (Salamandra maculata). Die Bilder der Kerne sind nicht schematisch, sondern möglichst getreu nach den Präparaten gezeichnet. Gelegentlich sind die Zellgrenzen und Centralkörperchen schematisch angegeben, weil man diese an den Originalpräparaten nicht immer erkennen kann. Da bei allen Zellen immer gewisse Besonderheiten während dieses Vorganges festzustellen sind, kann man eigentlich überhaupt kein allgemeingültiges Schema für diesen Prozeß geben. Die Zahl der Chromosomen ist 24 (wie wahrscheinlich beim Menschen). Gezeichnet bei 1700facher Vergrößerung.

a) Kern in Ruhe, das Chromatinnetz mit den verdickten Knoten deutlich. In dem wabigen Protoplasma liegt das eben geteilte Centralkörperchen mit den Protoplasmastrahlungen.

b) Die Chromatinsubstanz hat sich in einem großen Faden umgewandelt, der in diesem sog. Spiremstadium keinen typischen Knäuel bildet, denn das Innere des Kernes ist fast leer von Chromatinfäden, diese liegen fast immer nur an der Oberfläche. Zerfall in einzelne Chromosomen beginnt. Die Centralkörperchen gehen etwas weiter auseinander. Häufig weichen die Chromosomen an der Stelle, wo ein Centralkörperchen der noch vorhandenen, aber bald vollständig schwindenden Kernmembran anliegt, etwas nach dem Kerninneren zu aus (Polfeld). Das ist hier nicht zu sehen.

c) Die einzelnen Chromosomen sind der Zahl nach fertig gebildet und beginnen sich der Länge nach zu spalten. Die konvexen Seiten der U-förmigen Chromosomen wenden sich dem nun deutlichen Polfeld zu. Dort liegen die beiden Centralkörperchen, von denen die Centralspindel und die peripherischen Protoplasmastrahlungen ausgehen.

d) Die Chromosomen ordnen sich nun in der Gegend der Mitte der die beiden weit auseinander gerückten Centralkörperchen verbindenden Centralspindel von achromatischer Substanz so, daß die konvexen Teile der U-förmigen Chromosomen der Achse der Spindel sich zuwenden. Deutliche Längsspaltung der Chromosomen. (Stadium des Muttersternes, der Äquatorialplatte.)

e) Fast ganz genau dasselbe Stadium, nur ist die Längsachse der Centralspindel um 90^0 gedreht, so daß ein Centralkörperchen dem Beschauer direkt zugewendet ist, man kann es aber nicht sehen, da die Äquatorialebene der Spindel scharf eingestellt ist. Die Fasern der Spindel sind in der Mitte der Scheitel der Chromosomen als feine Punkte zu sehen.

f) Ansicht der Zelle wieder wie in d. Die vollständig geteilten Chromosomen beginnen mit ihrem Scheitel voran aus der Äquatorialebene nach den Enden der Spindel, in denen die Centralkörperchen gelegen sind, hinzuwandern. Die eine Hälfte der nur in der ganzen Zelle 48 betragenden Chromosomen geht nach rechts, die andere nach links. Der Mutterstern wandelt sich in zwei Tochtersterne um. Die Wanderung ist die Metakinese.

g) Die je 24 Chromosomen sind beinahe bis zum Ende der tonnenförmigen Spindel von achromatischer Substanz gerückt, immer noch mit den Scheiteln voran. Beginnende Einschnürung der Zelle.

h) Die Chromatinfäden beginnen sich wieder in einen Kern umzuwandeln. Rückläufig genau dasselbe, was im Anfang der Kernteilung zu beobachten war. Die Einschnürung der Zelle geht weiter. Bestandteile der achromatischen Spindel werden zum Aufbau der Zellmembran an der Durchschnürungsstelle verwendet. Damit ist die im vorigen Stadium noch sichtbare achromatische Spindel fast verschwunden.

i) Die Tochterkerne sind im Begriff, sich zu ruhenden Kernen umzuwandeln. Die im vorigen Stadium noch wohl sichtbaren Polfelder des Kernes (s. o.), an denen die Centralkörperchen liegen, sind verschwunden. Vereinigung der Chromosomen. Netzbildung mit Netzknoten im Kern. Die noch dicht aneinanderliegenden Zellen sind vollkommen voneinander getrennt. (Sie können aber auch noch mit Protoplasmateilen verbunden bleiben. Entstehung der Intercellularbrücken.)

a—c = Prophase. d, e = Metaphase, Mesophase. f. g. = Anaphase. h. i. = Telophase.

daß sich solche in der Gegenwart aus ihren Urstoffen bilden könnte. Es muß immer ein, wenn auch noch so kleines, Stückchen Protoplasma vorhanden sein, um auf ihm fortzubauen. Das Stückchen lebender Substanz, das eine Zelle darstellt, hat, wie erwähnt, die Fähigkeit, Nahrung aufzunehmen und dadurch zu wachsen. Macht sie davon Gebrauch, dann wird sie schließlich so groß, daß das Verhältnis ihrer Oberfläche zur Masse ein so ungünstiges wird, daß Stoffwechsel und Leben gefährdet erscheinen. Es muß daher die Zelle in Stücke zerfallen, welche nun wieder ein für den ungestörten Ablauf der Lebensvorgänge geeignetes Verhältnis zwischen Oberfläche und Masse haben, die Zelle muß sich teilen. Normalerweise teilt sie sich in zwei Tochterzellen.

α) Amitotische Teilung. Früher glaubte man, daß sich bei jeder Teilung Cytoplasma und Kern immer weiter einschnüren, bis sie endlich in zwei Hälften zerfallen. Eine solche Teilung kommt in der Tat vor, und zwar schnürt sich dabei erst der Kern hantelförmig ein und zerfällt dann in zwei Stücke, worauf das Cytoplasma den gleichen Vorgang wiederholt. Beobachtungen an Pflanzen (Pfeffer 1899) haben gezeigt, daß eine solche Teilungsart eintritt, wenn das Protoplasma durch eine leichte Vergiftung geschädigt ist. Auch die Erfahrungen an tierischen Präparaten legen den Gedanken nahe, daß im allgemeinen nur solche Zellen, welche weniger lebenskräftig sind, sich amitotisch teilen.

Die Fragmentierung kann auf allen Stadien haltmachen. In gewissen Fällen schnürt sich nicht einmal der Kern ganz durch, sondern er erscheint kleeblattförmig oder gelappt, oder noch anders gestaltet. In anderen Fällen zerfällt zwar der Kern, aber nicht das Cytoplasma, dann können nicht nur zwei, sondern manchmal viele Kerne in einer gemeinsamen Plasmamasse liegen (Riesenzellen).

Die amitotische Teilung ist noch nicht genügend untersucht, um zur Zeit sicher zu entscheiden, ob nicht Dinge zusammengeworfen werden, welche nicht zusammen gehören.

β) Mitotische Teilung [Syn. Mitosis; *μίτος*, Faden. Karyokinesis (*κίνησις* Bewegung)]. Die meisten Zellen, welche mit anderen ihrer Art zusammenhängende Gewebe bilden, und dadurch mehr oder weniger dauernd an ihre Stelle gebannt sind, zeigen einen anderen, weit komplizierteren Teilungsmodus. „Mitotisch" nennt man ihn deshalb, weil es dabei zur Entstehung von Fadenbildungen kommt, wie sogleich beschrieben werden wird.

Die Veränderungen, welche dabei die Zelle erleidet, sind tiefgreifende und betreffen ihre sämtlichen Teile. Den Anfang macht das Centriol; war es einfach, dann zerfällt es jetzt zu einem Zwillingskorn (Diplosoma) (Abb. 14), ist es schon in der Ruhe doppelt gewesen, was vielfach vorkommt, dann ist dieser vorbereitende Schritt nicht mehr nötig. Auch der umgebende Hof, von dem oben die Rede war, entsteht jetzt in jedem Fall, so daß nun ein Centrosoma vorhanden ist. Die beiden Centralkörner rücken sodann auseinander, der Hof zieht sich demgemäß in die Länge, und von ihm aus gehen nach Art eines Stechapfels Fadengebilde (Polstrahlung) radienförmig in das Cytoplasma hinein. Mit dieser Darstellung soll freilich nicht gesagt sein, daß das Centrosoma die Strahlen aktiv aussendet, es ist sogar wahrscheinlich, daß sie im Cytoplasma entstehen und durch eine im Centrosoma wirkende Kraft, vielleicht Chemotaxis, an dieses herangezogen oder fortgestoßen werden. Rücken die Centrosomen weiter auseinander (Abb. 14c), dann hat jedes seinen Fadenstern für sich, nur diejenigen Fäden, welche gegen das andere Centrosoma hinlaufen, sind mit den von dorther kommenden verbunden. Bald rücken die beiden Centrosomen, welche bis dahin seitlich vom Kern lagen, in eine polare Lage ein, so daß sie den Kern zwischen sich fassen. Die Einstellung der beiden Pole zur Gesamtzelle wird entweder durch die Verteilung der Cytoplasmamasse in der Einzelzelle oder durch die physikalischen Verhältnisse (Zug und Druck) des ganzen Gewebes bedingt.

Der Kern hat mittlerweile ebenfalls beträchtliche Umwandlungen erfahren. Das Chromatinnetz, welches seinen Binnenraum erfüllte, hat sich zu einem feinen und außerordentlich stark gewundenen Faden (Spirem) [1] umgewandelt, von welchem es ungewiß ist, ob er ganz kontinuierlich ist oder aus mehreren Stücken besteht (Abb. 14b). An ihm kann man anfänglich noch die abgerissenen Netzmaschen als feine zackige Fortsätze erkennen, welche ihm ein rauhes Ansehen verleihen, bald aber wird er ganz glatt. Das Kernkörperchen ist verschwunden, wahrscheinlich in dem Faden

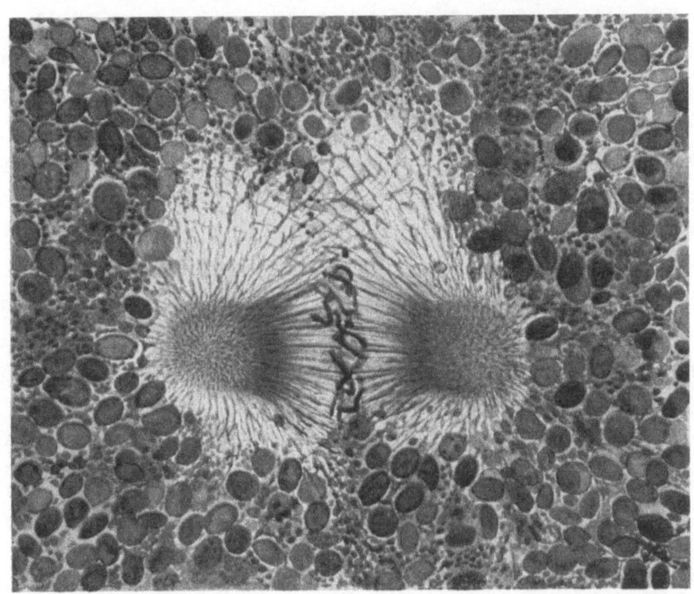

Abb. 15. Mitotische Kernteilung aus der Morula vom Triton cristatus. Es handelt sich dabei um große, ziemlich dotterreiche Zellen, die sich für die fortschreitende Entwicklung schnell teilen. Die Chromosomen stehen in der Äquatorialplatte, zu der die starren Fäden der Centralspindel gehen. Die Centralkörper sind in der Mitte der dicken Protoplasmasphären zu denken. Von ihnen aus gehen nach allen Seiten durch das Protoplasma der ganzen Zelle Strahlungen, die hier natürlich nur in der Ebene der Zeichnung gut zu sehen sind. In der Gegend über der Äquatorialplatte kommen im Anschluß an die Centralspindelfasern Überkreuzungen der Strahlungen zahlreich vor. Alsdann verschwinden nach der Peripherie zu die protoplasmatischen Bildungen unter den zahlreichen größeren und kleineren Dotterplättchen und -kugeln. Von der sich teilenden Zelle ist nur ein kleiner Ausschnitt gezeichnet. Vergrößerung 550fach.

aufgegangen. Dann zieht sich die Substanz des Fadens zusammen, wodurch er dicker und kürzer wird. Seine Windungen sind nicht mehr so eng gelagert, das Spirem wird also lockerer. Dabei ist der allergrößte Teil des Fadens an der Peripherie des Kernes angeordnet, so daß eine Hohlkugel entsteht, deren Wand die Hauptmasse des Fadens bildet. Zuletzt zerreißt der Faden in eine Anzahl von unregelmäßig gewundenen Stücken (Chromosomen), welche den Platz einnehmen, den vorher der Kern innehatte (Abb. 14c). Denn von einem in sich abgeschlossenen Kern kann man nicht mehr sprechen, weil mittlerweile auch die Membran verschwunden ist, welche ihn bis dahin gegen das Cytoplasma abgeschlossen hatte. Dieses Verschwinden der Kernmembran und das Zusammenfließen des Kernraumes mit dem Cytoplasma räumt

[1] σπείρημα die Windung.

auch das Hindernis hinweg, welches sonst der Verbindung der Polstrahlung von einem Centrosom zum anderen durch den Kernraum hindurch im Wege gestanden hätte. Die erst spärlichen Fäden werden sogar nun sehr zahlreich und bilden eine spindelförmige Figur, die Centralspindel (Abb. 14c—g). Die erhebliche Vermehrung der Spindelfasern legt es nahe, daran zu denken, daß das Liningerüst des Kernes sich an deren Aufbau stark beteiligt hat. Die Chromosomen ordnen sich nun in der Art, daß sich die unregelmäßigen Fadenstücke strecken und zu U-förmigen Schleifen umwandeln, welche nicht mehr den ganzen Kernraum erfüllen, sondern sich um die Mitte der Spindel in der Art gruppieren, daß ihre Scheitel nach deren Achse hin orientiert sind (Abb. 14d u. e).

Ehe die weiteren Schicksale der Schleifen verfolgt werden, ist erst noch ein Blick zurückzuwerfen. Wie oben (S. 17) beschrieben wurde, besteht das Kerngerüst aus Linin und den mit demselben verbundenen Chromatinkörnchen, den Chromiolen. Das Liningerüst geht, wie eben gesagt wurde, wahrscheinlich in der Bildung der Centralspindel auf, die Chromiolen aber bilden die Chromatinfäden, indem sie sich perlschnurartig aneinander reihen. Schon sehr frühe teilt sich jedes der kleinen Körner quer zur Längsachse des Fadens, so daß nun jedesmal zwei Perlschnüre parallel nebeneinander liegen. Bei der Kleinheit der Chromiolen ist es natürlich, daß man meist wenig oder nichts davon wahrnimmt, daß es vielmehr aussieht, als seien die beiden nebeneinander liegenden Fäden homogen. So bleibt dies nun, bis sich die U-förmigen Schleifen zu dem erwähnten, in der Äquatorialebene der Zelle gelegenen sternförmigen Gebilde angeordnet haben. Man nennt es Mutterstern (Monaster) oder Äquatorialplatte (Abb. 14d, e).

Besonders wichtig ist, daß die Zahl der Chromatinfädchen, die entstanden ist, für jede Art bestimmt ist, doch schwankt sie nach der Tierspezies in weiten Grenzen, ist aber in allen Zellen des Körpers immer fast genau die gleiche; beim Menschen beträgt sie 24.

Nehmen wir nun die Beschreibung wieder auf, dann ist zu sagen, daß Fäden, welche der Oberfläche der Spindel aufliegen (Mantelfasern, Zugfasern, Leitstrahlen), eine besondere Bedeutung gewinnen. Man hat die Vermutung ausgesprochen, daß sie nicht der Polstrahlung angehören, sondern aus dem Material der Kernmembran hervorgehen (Schneider 1902). Sie verbinden sich mit den Chromatinschleifen, und zwar besonders mit deren Scheitel. In der Folge verkürzen sie sich und ziehen dadurch die beiden Hälften des Doppelfadens der Schleifen, mit dem Scheitel voran, auseinander nach den beiden Centrosomen hin (Abb. 14f). Zuletzt liegen alle Schleifenhälften dichtgedrängt an den Centrosomen (Abb. 14g). Sie führen jetzt den Namen Tochtersterne (Dyaster). Damit ist die progressive Veränderung des Kernes zu Ende und es beginnt die regressive, das heißt, die Schleifen werden wieder unregelmäßige Fadenstücke (Abb. 14h), weiter bilden sie sich zum Fadenknäuel (Dispirem) um, es erscheint die Kernmembran, die Nukleolen treten auf, endlich ist das Kernnetz wieder gebildet und das Stadium des ruhenden Kernes ist in beiden Teilungshälften erreicht.

Was das Cytoplasma anlangt, so wird dasselbe bei der Teilung schon sehr bald dichter und stärker färbbar. In dem Stadium der Tochtersterne oder etwas später beginnt es, sich im Äquator ringsum einzuschnüren (Abb. 14g). Die Furche wird immer tiefer, bis schließlich die beiden Tochterzellen ganz voneinander getrennt sind. Die Durchschnürung wird augenscheinlich durch die Spannungsverhältnisse der Fäden der Polstrahlung bewirkt (M. Heidenhain).

Der Bequemlichkeit wegen teilt man den Teilungsvorgang in einzelne Phasen und bezeichnet ihn bis zur Bildung der Chromosomen als Prophase, von da ab bis zur Bildung des Muttersternes als Metaphase oder Mesophase, bis zur Bildung des Dispirems als Anaphase und den Rest als Telophase.

Abweichungen von den geschilderten Vorgängen kommen vor. Sie bestehen in kleinen Schwankungen des Zeitpunktes, in welchem die einzelnen Umwandlungen normalerweise nebeneinander auftreten, in rascherem Ablauf der Chromosomenbildung und in einer nicht ganz regelmäßig ausgebildeten Form der Chromosomenschleifen, welche auch stäbchen-, ring- oder kugelförmig erscheinen können. Von prinzipieller Bedeutung sind diese Verschiedenheiten wahrscheinlich nur bei den allerersten Entwicklungsvorgängen, wobei auch die variable Größe der Chromatinelemente eine Rolle spielen mag.

Die Zeitdauer, welche der Ablauf des ganzen Teilungsvorganges in Anspruch nimmt, beträgt nicht mehr als eine halbe bis vier oder fünf Stunden. Geht man bei der Fixierung von Geweben, welche in Teilung begriffene Zellen enthalten, nicht sehr rasch zu Werke, dann findet man besonders die späteren Stadien gar nicht mehr oder doch sehr verunstaltet vor; das Stadium des Fadenknäuels erhält sich am besten.

Während der Teilung scheinen die sonstigen Tätigkeiten der Zellen zu ruhen, was man z. B. an Flimmerzellen beobachten kann, welche die Flimmercilien einziehen und ein indifferentes Aussehen gewinnen (cf. auch Drüsenzellen Peter 1925).

Die Tochterzellen sind in allen ihren Teilen natürlich nur halb so groß, wie es die Mutterzelle war. Sie wachsen nun in Kern und Cytoplasma zu deren Größe heran und übernehmen wieder die ursprüngliche Funktion, bis vielleicht mit dem Einsetzen einer weiteren Teilung das Spiel von neuem beginnt.

Die Vorgänge bei der mitotischen Teilung üben ihre Wirkung dahin aus, daß durch die vorhandenen elastischen Kräfte sowohl die so wichtigen Chromosomen, wie die ganze Zelle in zwei gleiche Hälften geteilt werden. Man wird geneigt sein anzunehmen, daß bei der beschriebenen Längsspaltung der Chromosomenfäden nicht nur die gleiche Quantität, sondern auch die gleiche Qualität in die Tochterschleifen übergeht. Ist ein Mutterfaden seiner Länge nach auch noch so verschieden zusammengesetzt, so scheint es doch wegen der Art der Chromiolenteilung, als ob die Tochterfäden genau die gleiche Zusammensetzung haben müßten, wie der Mutterfaden. Doch darf man nicht vergessen, daß die Chromiolen noch längst nicht die kleinste Einheit darstellen, daß in einem solchen Körnchen Hunderte und Tausende von Molekülen vereinigt sind, die sich in ihrem Verhalten durch die anatomische Untersuchung nicht entfernt kontrollieren lassen. Die Teilungsart, durch die die beiden Zellhälften in genau gleichartige Stücke zerlegt werden, nennt man auch Äquationsteilung.

Die Entstehungsweise der Tochterschleifen erklärt es, warum in allen Zellen des Körpers (mit Ausnahme der Generationszellen, s. unten) normalerweise immer die gleiche Zahl der Chromosomen vorhanden ist; gehen solche einmal verloren, dann können in allen späteren Generationen die ausgefallenen Schleifen nicht ersetzt werden.

Atypische Teilungen kommen vor, besonders beobachtet man sie in rasch wachsenden pathologischen Neubildungen (z. B. Carcinomen), wobei drei-, vier- und mehrpolige Teilungsfiguren gefunden werden.

2. Gewebe.

Das Protoplasma der befruchteten Eizelle besitzt einen molekularen Bau, welcher ihr den Weg vorschreibt, den sie bei ihrem Heranwachsen zu beschreiten hat. Es enthält den Keim für die Fortbildung im ganzen und für die der Zellen im einzelnen. Dabei sind die verschiedenen Qualitäten nicht etwa jede an eine bestimmte Stelle gebunden, sondern sie durchsetzen das ganze Protoplasma. Dies geht daraus hervor, daß man an geeigneten Objekten ein in die Entwicklung eingetretenes Ei im Zweizellenstadium, selbst im Vierzellenstadium, in seine Zellen zerlegen kann, aus deren jeder sich dann ein normal ausgebildetes Individuum entwickelt. Die Qualität der einzelnen Teilstücke muß also die gleiche sein, nur die Quantität des vorhandenen Bildungsstoffes ist eine andere, da die Embryonen, welche aus einem halben Ei gezüchtet werden können, nur halb so groß sind, wie diejenigen, welche aus einem ganzen stammen.

Da bei dem weiteren Zerfall des Eies in einzelne Zellen augenscheinlich darauf Bedacht genommen ist, in die Tochterzellen immer genau die Hälfte der in den Mutterzellen vorhandenen Substanz überzuführen (S. 28), so ist nicht einzusehen, warum nicht ebenso in alle künftigen Zellgenerationen auch die gleichen Fähigkeiten übergehen sollten. In der Tat hat schon Joh. Müller angenommen, daß die einzelnen Körperzellen die Kraft zur Bildung des Ganzen enthalten. In Wirklichkeit aber bleibt diese Kraft nur in ganz bestimmten Zellen (Samen und Ei) lebendig, alle übrigen sind nicht imstande, sich zu einem ganzen und unversehrten Tochterindividuum zu entwickeln. Dies kommt daher, daß die verschiedenen Zellarten schon sehr frühe in Lebensbedingungen geraten, in denen gewisse Qualitäten latent werden, andere stärker hervortreten. Dadurch werden die Zellen auch in ihrer inneren Struktur erheblich verändert, so daß sie in der Norm nur an ihrer Stelle eine ersprießliche und dem Ganzen nutzbare Tätigkeit entfalten können. Treten aber einmal ungewöhnliche Verhältnisse ein, dann können die schlummernden Fähigkeiten des Protoplasmas wieder mehr oder weniger deutlich hervortreten und können dann zur Wiederherstellung des vom Ganzen verlorenen Gleichgewichtes beitragen. Man sieht dies besonders deutlich bei der Regeneration, aber auch in anderen weniger eklatanten Fällen; so sucht z. B. im Kindesalter ein verbogener Knochen seine normale Gestalt wieder zu gewinnen und die Chirurgen rechnen darauf, saß selbst nach eingreifenden Operationen Verhältnisse auftreten, welche sich der Norm nähern.

Wenn also auch die den Körper zusammensetzenden Protoplasmaarten ihre ursprünglichen Fähigkeiten nirgends ganz aufgeben, so verhalten sich doch die einzelnen Organismen verschieden. Je weniger das Protoplasma in seinen einzelnen Teilen nach bestimmten Seiten hin festgelegt ist, um so leichter lassen sich diese ursprünglichen Fähigkeiten wieder mobil machen und man beobachtet, daß niederstehende Geschöpfe mit einer weniger fein differenzierten lebenden Substanz weit leichter Störungen überwinden und Verluste ersetzen, als höherstehende; daß ferner das Protoplasma junger Individuen weit leichter anspricht, als solches älterer mit seinen ausgefahrenen Geleisen.

Die zu speziellen Tätigkeiten differenzierten Zellenkomplexe sondert man in große Klassen, welche man als Gewebe (Tela) [1] bezeichnet. Dies ist jedoch nur

[1] ὁ ἱστός das Gewebe, daher Histologie, Gewebelehre.

ein didaktischer Notbehelf, da jede kleinste Stelle ihren bestimmten Bau hat, welcher den ganz speziellen Verhältnissen und Bedürfnissen angepaßt ist und der sich ändert, wenn diese andere werden. Andererseits wirken die einzelnen Bauelemente des Körpers stets aufeinander, unterstützen sich hier und beschränken sich dort gegenseitig in ihren Tätigkeiten. Sie verkümmern bei Nichtgebrauch und bilden sich stärker aus bei dem Fortfall von vorhandenen Hemmungen. Es wird also in den Geweben ebensoviele Modifikationen geben, wie es Körperstellen gibt, welche eine verschiedene topographische Lage und eine verschiedene Beanspruchung zeigen. Dabei durchdringen sich die einzelnen Gewebearten und ergänzen sich gegenseitig, so daß von einem einfachen, von allen anderen scharf unterschiedenen Gewebe nur in beschränktem Maße gesprochen werden kann. Doch hat man in dem Bestreben, eine scharfe Klassifizierung durchzuführen, vier einfache Gewebe unterschieden:

1. Epithelium, Oberhautgewebe,
2. Gewebe der Bindesubstanzen,
3. Muskelgewebe,
4. Nervengewebe.

Nach dem Gesagten ist eine solche schematische Trennung aber nicht durchzuführen, wenn man nicht den Dingen Gewalt antun und Zusammengehöriges auseinander reißen will. Deshalb erscheint es hier richtiger, den genannten Geweben sogleich zuzufügen, was ihnen außerdem noch zukommt und die Elemente der großen Systeme im ganzen zusammenzufassen, während die Beschreibung der feineren Struktur der Organe bei diesen unterzubringen sein wird.

Diese durch den ganzen Körper verbreiteten Systeme sind danach:

1. Oberhautsystem und Drüsen,
2. System der Binde- und Stützsubstanzen,
3. Muskelsystem.
4. Nervensystem,
5. Gefäßsystem. Ernährungsflüssigkeiten.

A. Oberhautsystem.

Die äußere Oberfläche des Körpers und alle inneren Oberflächen, ob sie mit der Außenwelt in Verbindung stehen oder nicht, sind, abgesehen vom Gelenkknorpel, von einer lebenskräftigen und vollsaftigen, flächenhaft ausgebreiteten Protoplasmaschichte überzogen, dem Epithelium[1]. Dasselbe ist die ursprüngliche Erscheinungsform der lebenden Substanz, indem das befruchtete Ei, wenn es sein allererstes Stadium, die Furchung, durchgemacht hat, eine epitheliale Anordnung annimmt. Im späteren Leben verleugnet das Epithel seine primitive Beschaffenheit auch in physiologischer Hinsicht nicht, indem es dauernd in jugendlicher Kraft verharrt und erst dann in seinen wichtigen Funktionen nachläßt, wenn die Gesamternährung des Körpers und damit auch die der Epithelschichten zurückgeht.

Diese Funktionen sind sehr mannigfaltige. Zuerst ist hervorzuheben, daß sie ihrer Unterlage zum Schutze dienen, indem sie ein Eindringen von Schädlichkeiten aller Art verhindern; erst wenn das Epithel geschädigt oder verletzt ist, finden z. B.

---

[1] ἐπί und θηλή Warze. Ruysch (1708), welcher diesen Namen einführte, gebraucht ihn für die Bedeckung der Papillen (Wärzchen) an den Lippen und im Innern der Mundhöhle.

die meisten Bakterien ihren Weg in die Tiefe. Eine weitere überaus wichtige Funktion ist es, daß sich die Epithelien einer Verwachsung der von ihnen bekleideten Oberflächen widersetzen, und der Chirurg weiß sehr wohl, daß er von dem Versuch abstehen muß, zwei mit Epithel bedeckte Flächen zum Verwachsen zu bringen, falls nicht ein sehr starker Druck die Epithelien bald zerstört. Die Leistungen der Epithelien sind im übrigen meist physikalisch-chemischer Natur. Die kolloidale Beschaffenheit ihres Protoplasmas übt ihre Wirkung auf den Durchtritt von Flüssigkeiten aus, und der Chemismus ihrer Substanz verändert die zugeführten Nährflüssigkeiten und bereitet aus ihnen sehr verschiedene Stoffe fester, flüssiger oder gasförmiger Natur, welche für den Körperhaushalt von hoher Bedeutung sein können.

Die Beziehungen der Epithelien zum Nervensystem sind sehr innige und die meisten Empfangsapparate für die von außen kommenden Reize werden vom Epithel gestellt.

Wo es nötig ist, werden die Epithelschichten durch besondere Einrichtungen gegen Insulte geschützt, wovon unten die Rede sein wird.

Zum Verständnis des Baues der Epithelien hat man von den Kernen der Schichten auszugehen. Dieselben besitzen eine kugelige Grundform, welche von ihnen stets angenommen wird, wenn sich das umgebende Cytoplasma in einem gewissen Gleichgewichtszustand befindet. Werden die Druck- und Zugverhältnisse desselben einseitig, dann ändert sich auch die Form der Kerne, sie verlängern sich das eine Mal zu Ellipsoiden, das andere Mal sind sie zur Linsenform abgeplattet.

Die Umwandlung der Form hat aber gewisse Grenzen (vgl. oben S. 17) und man sieht, daß die Kerne, wenn sie sehr eng nebeneinander stehen, sich lieber in eine unregelmäßige Reihe stellen, obgleich sie ihre ursprüngliche regelmäßige Stellung beibehalten könnten, wenn sie nur noch dünner und länger werden würden. In extrem dünnen Oberhautschichten platten sie sich nicht zu ganz flachen Scheiben ab, sondern überragen das Cytoplasma einseitig oder doppelseitig, indem sie es in dünnster Schicht vorwölben. Die gleichmäßige Beschaffenheit und Dicke der Schichten bringt es mit sich, daß die Kerne meist in einer regelmäßigen und gleichmäßigen Entfernung voneinander stehen. Denn es besitzt ja jeder Kern eine bestimmte Wirkungssphäre, über welche er nicht hinausgreifen kann, ohne in die Wirkungssphäre der benachbarten Kerne einzudringen. So halten sie sich gegenseitig in Schach.

Das die Kerne umgebende Cytoplasma ist in primärem Zustand nicht in einzelne Abteilungen geteilt (Merkel 1909). Kommt aber die Schicht in Verhältnisse, welche spezielle Leistungen von ihr verlangen, oder welche sehr stabil sind, dann können sich in der an sich einfachen und gleichmäßigen Struktur mehr oder weniger tiefgreifende Änderungen vollziehen und es kann sich das Cytoplasma Hand in Hand mit einer nach bestimmter Richtung geregelten Ernährung und Funktion, dem Gebiete der einzelnen Kerne entsprechend, scharf in einzelne Zellen teilen. Dies ist jedoch ein Zustand, welcher sich sofort wieder ändert, wenn sich die Verhältnisse der Schicht im ganzen ändern (Löb 1898, Regeneration der Epidermis).

Die Ernährung einer Oberhaut wird, abgesehen von sehr vereinzelten Ausnahmen, nicht durch Blutgefäße, sondern lediglich durch den Säftestrom bewirkt. Sie geht von den breiten Flächen der Schichten aus vor sich. Wird aber in einer stabilen Oberhautschichte die Ernährung aus irgend einem Grunde schwieriger, dann müssen sich noch andere Wege öffnen (Merkel 1904). Dies geschieht in der Art, daß sich die ursprünglich gleichmäßige Schicht an den Grenzen der Einflußsphären der einzelnen Kerne lockert, um dem Säftestrom auch von den Seiten her eine Angriffsfläche zu bieten. Sie zerfällt in Zellen. Eine vollständige Trennung der einzelnen Territorien einer in Zellen geteilten Epithelschicht voneinander oder gar die Einschiebung einer dem Cytoplasma fremden Substanz (der immer wieder beschriebenen „Kittsubstanz") findet nicht statt. Geht die Lockerung sehr weit, dann werden die Zellen so weit auseinander gedrängt, daß sie nur noch durch zarte Intercellularbrücken miteinander verbunden sind, zwischen welchen relativ geräumige Intercellularlücken dem Säftestrom geöffnet sind (Abb. 27). Geht sie weniger weit, dann erkennt man die Lücken des gelockerten und schwammigen Cytoplasmas an den Zellgrenzen auch mit den stärksten mikroskopischen Linsen nicht gesondert, es zeigt sich nur eine optisch von der übrigen Zellsubstanz verschiedene Schicht. Werden die Lücken noch feiner, dann hört jede Möglichkeit auf, von ihnen etwas wahrzunehmen. Daß sie aber doch noch bestehen, läßt sich aus einer Reihe von Beobachtungen mit Sicherheit erschließen, in welchen scheinbar fehlende Zellgrenzen durch Färbung dargestellt, oder wobei durch die Behandlung die vorhandenen Lücken erweitert wurden.

Die feinen Brücken, welche die Zellen der Epithelien miteinander verbinden, sind so zart, daß sie Macerationsversuchen nur wenig Widerstand leisten, weshalb es oft leicht gelingt, die Zellen voneinander zu isolieren.

Die Dicke der einzelnen Oberhautschichten ist, wie schon erwähnt, eine verschiedene. Sie wird in erster Linie von ihren physiologischen Leistungen beeinflußt, außerdem kann sie auch temporär wechseln, indem ein seitlicher Zug die sehr elastische Masse verdünnt, ein seitlicher Druck sie verdickt. Die Ursache mag sein, welche sie wolle, immer steht die Form der einzelnen Epithelzellen in engem Zusammenhang mit der Dicke der Schichte im ganzen, da das Verhältnis der Masse des Cytoplasmas zu der des Kernes in den verschiedenen Epithelschichten eines Individuums nur in sehr engen Grenzen schwankt. Ist also die Schicht sehr dünn, dann muß die Masse der einzelnen Zellen stark in die Breite gehen, wird sie dicker, dann bilden die Zellen kleinere, aber dafür dickere Platten, dann kürzere, endlich längere Stäbchen. Das Cytoplasma ersetzt eben das, was es in horizontaler Richtung verliert, in vertikaler und umgekehrt.

Man unterscheidet danach gewöhnlich Plattenepithel (Pflasterepithel), kubisches Epithel und Cylinderepithel. Die beiden letzteren Bezeichnungen sind, wie oben (S. 23) erwähnt wurde, eigentlich unrichtig, da es sich nicht um Würfel und Cylinder, sondern um kürzere und längere Prismen handelt, die aber auch keine regulären mathematischen Körper sind.

Zu diesen Formen kommen noch solche, bei welchen die Zellen nicht in einfacher Schicht nebeneinander, sondern in mehrfacher übereinander liegen, weshalb man sie als geschichtete Epithelien bezeichnet. Sie erklären sich durch die speziellen Aufgaben, welche ihnen gestellt sind.

Die Dicke einer Oberhaut und damit die Form ihrer Zellen ist nicht ein für allemal durch Erblichkeit fixiert, sie kann auch, wenn das Bedürfnis vorliegt, sich ändern, was man besonders während der Entwicklung und bei pathologischen Epithelien beobachtet. Daß trotzdem an den gewohnten Stellen immer die gleiche Form der Epithelzellen wiederkehrt, hat seinen Grund darin, daß die Tätigkeit der Schichten an diesen Stellen bei allen Individuen die gleiche ist.

a) Isomorphe Epithelien.

Epithelien mit im wesentlichen gleichhohen und gleichgestalteten Zellen.

α) Einfaches Plattenepithel

(dünnstes Plattenepithel). Dasselbe kommt vor in allen gegen außen abgeschlossenen Hohlräumen des Körpers [1], nämlich in der Pleura- und Peritonealhöhle, auf den Hüllen des Centralnervensystems, in den geschlossenen Räumen des Seh- und Gehörorgans, im Innern des ganzen Gefäßsystems, in Gelenkhöhlen, Schleimbeuteln und Sehnenscheiden, dann auch in den Lungenalveolen und in gewissen Teilen der Harnkanälchen.

Die Zellen des Epithels sind meist so außerordentlich dünn, daß ihr Protoplasmaleib auf dem optischen Querschnitt wie eine Faser erscheint (Abb. 17), in welcher der vorgewölbte Kern liegt. Von der Fläche gesehen erscheinen die Zellen ohne weitere Behandlung als eine homogene Haut, in welche die Kerne in regelmäßiger Entfernung voneinander eingelagert sind. Übergießt man eine derartige Schicht mit dünner Höllensteinlösung, dann treten auf der Oberfläche der Zellgrenzen schwarze Linien eines Silberniederschlages auf (Abb. 16), der dort entsteht, wo der stärkste Säftestrom vorhanden ist. Die Linien schließen die vieleckigen Zellenterritorien voneinander

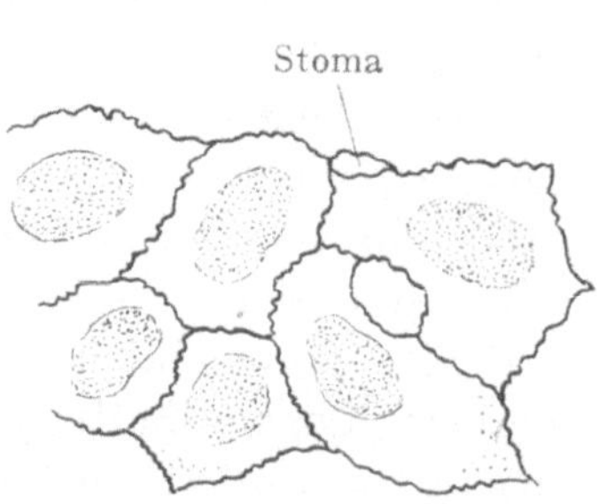

Abb. 16. Flächenansicht des Epithels vom Froschmesenterium. Die Zellgrenzen sind durch Silberbehandlung deutlich gemacht.

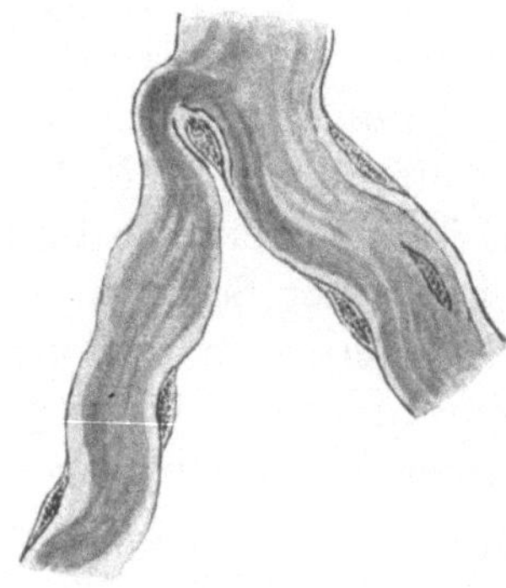

Abb. 17. Bindegewebsbalken vom Hundenetz, Kantenansicht der bedeckenden Epithelzellen.

ab, sie verlaufen entweder gerade gestreckt oder mehr oder minder stark geschlängelt. In den Silberlinien sieht man nicht selten größere und kleinere Öffnungen auftreten, welche als Stomata und Stigmata bezeichnet werden. Sie entstehen durch irgendwelche Einflüsse normaler oder abnormer Art, welche einerseits die Zellen schrumpfen lassen, oder die andererseits eine stärkere Dehnung der ganzen Oberhautschichte bewirken.

Der Zellkörper ist sehr durchsichtig; von einer Struktur ist meist nichts zu sehen.

Die physiologische Funktion besteht darin, daß die Zellen, je nach ihrer Eigenart, Teile der Ernährungsflüssigkeiten entweder von innen nach außen oder umgekehrt passieren lassen, oder ihren Durchtritt verhindern. An einer Stelle (Leber) nehmen sie sogar geformte Teile des Blutes, nämlich Erythrocyten, zu weiterer Verarbeitung in sich auf.

[1] Dort wurde es von His als Endothel bezeichnet, ein Name, der immer mehr verlassen wird, da er sprachlich und anatomisch unrichtig ist. Wegen seines besonderen Verhaltens bei Entzündungen, können die pathologischen Anatomen die Bezeichnung noch nicht aufgeben.

β) Niederes Epithel.

Entweder dickere Platten oder kubische Formen (Abb. 18). Es ist weit verbreitet. Man beobachtet es in den Sinnesorganen, in den Hirnventrikeln und in sehr vielen Drüsen, entweder im Endteil oder in den Ausführungsgängen. In den letzteren verjüngen sich öfters die einzelnen Zellen in Cytoplasma und Kern gleichmäßig. Die Struktur des Cytoplasmas ist eine sehr verschiedene, wie es eben die so

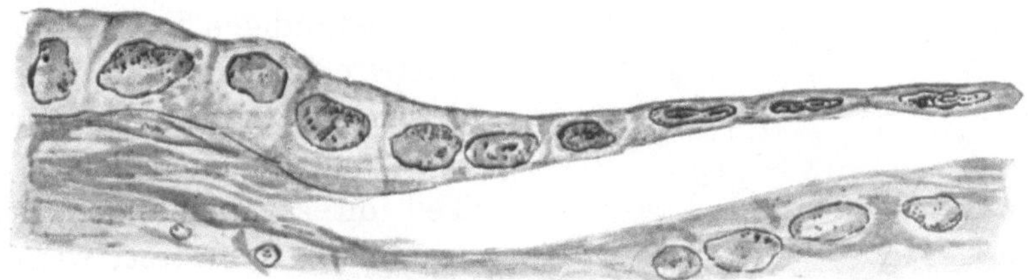

Abb. 18. Querschnitt des Ductus deferens vom Hingerichteten. Das kubische Epithel flacht sich nach rechts hin ab, wo es von der Unterlage abgehoben ist.

verschiedene Funktion der Schichten mit sich bringt. Man findet zahlreiche Mitochondrien, stäbchenförmige Chondriokonten (S. 15), Sekretkörnchen und Vakuolen, auch Pigmentkörnchen kommen vor.

γ) Cylinder-Epithel.

Als einfaches Cylinderepithel (Abb. 19) bezeichnete Prismen. Es kleidet den Darmkanal von der Cardia bis zum After aus und findet sich an einzelnen Stellen der Sinnesorgane, in den Geschlechtsorganen, in zahlreichen Drüsenausführungsgängen. Die Zellen besitzen im Darm eine längsstreifige Struktur und enthalten Körnchen verschiedener Art. Holmgren (1902) beschreibt in ihnen kanälchenartige Hohlräume (Trophospongien), welche für die Säftecirkulation in Anspruch genommen werden. In den Ausführungsgängen besitzen die Cylinderzellen meist ein helles Cytoplasma, in welchem außer einer nicht sehr ausgesprochenen Granulierung nur wenig Struktur nachweisbar ist.

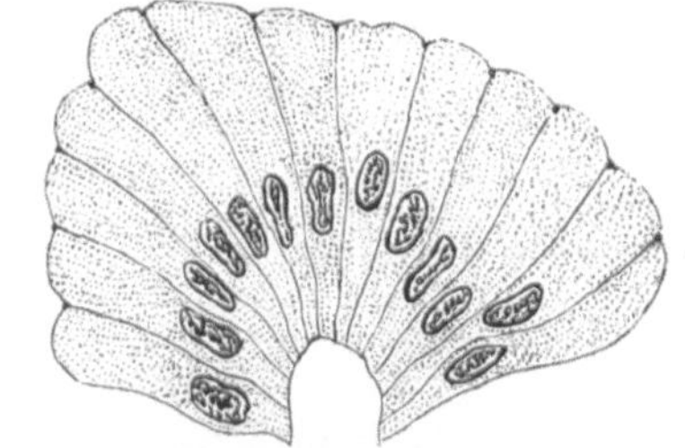

Abb. 19. Einfaches Cylinderepithel aus dem menschlichen Magen.

b) Anisomorphes, geschichtetes Epithel.

Epithelien mit ungleich gestalteten Zellen.

α) Bodenständiges Epithel

(geschichtetes Cylinderepithel, mehrreihiges Epithel, Schiefferdecker 1891 [1]). Ein Epithel, dessen Zellen zwar sämtlich auf der Grundlage aufruhen, welche aber nicht alle die freie Oberfläche erreichen (Abb. 20, 21). Die ganze Schicht wird so hoch, daß sie in eine größere Anzahl von Zellen zerfallen muß, als es bei dünneren Schichten der Fall ist. Wird an irgend einer Stelle die ganze Schicht dünner, dann tritt sogleich ein isomorphes Cylinderepithel an die Stelle des in Rede stehenden Vorkommen: In dem Respirationstraktus, dem Ductus naso-lacrimalis und der Tuba

[1] Von Böhm und Davidoff wird auch ein „mehrzeiliges" Epithel beschrieben. In ihm durchsetzen die Zellen die ganze Schicht, es liegen nur die Kerne in verschiedener Höhe.

auditiva, im Nebenhoden und Ductus deferens, in einigen Drüsenausführungsgängen. Die Zellen, welche die Oberfläche erreichen, sind schlanke Cylinder, welche sich nach innen unregelmäßig verjüngen und schließlich in einen dünnen Faden ausgehen, der auf der Unterlage haftet. Meistens tragen sie Wimpercilien, über welche nachher noch mehr zu sagen sein wird. Die zweite Schicht ist im ganzen spindelförmig gestaltet; die tiefste Schicht besteht aus kurzen Zellen von rundlicher Grundform. In gewissen bodenständigen Epithelien fehlt auch die mittlere Schicht, und es sind nur cylindrische und kurze Zellen vorhanden. Soweit die cylindrischen Zellen in ihrem äußeren Teil direkt aneinander liegen, sind sie regelmäßig gestaltet; wenn sich aber nach innen die verschieden geformten Elemente zwischeneinander schieben, verdrücken sie sich gegenseitig, so daß oft unregelmäßige, vom Schema nicht unerheblich abweichende Formen entstehen.

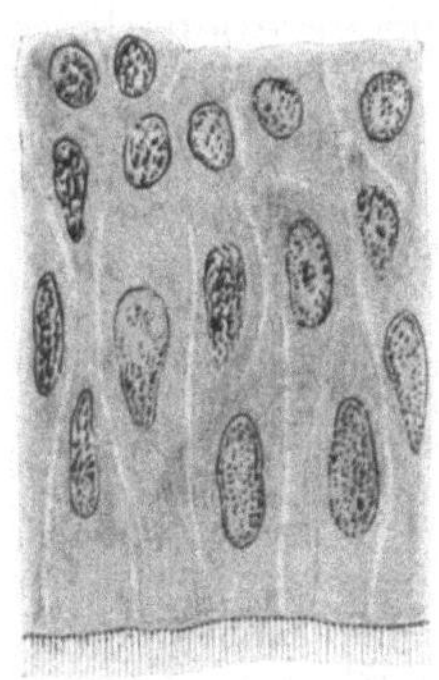
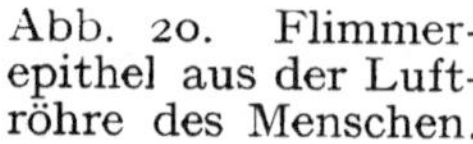

Abb. 20. Flimmerepithel aus der Luftröhre des Menschen.

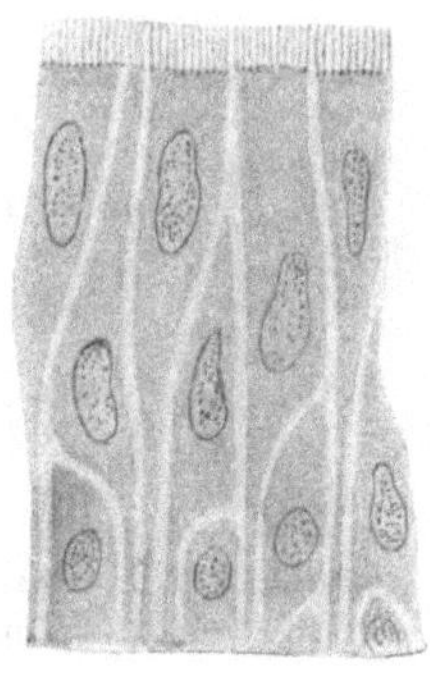

Abb. 21. Schema des mehrreihigen Cylinderepithels; mit Benutzung der Zellen der Abb. 21.

Die Struktur der mit Wimpern versehenen Cylinderzellen ist eine eigentümliche, sie wird unten zu besprechen sein. Die Struktur der anders gestalteten Zellen bietet nichts Spezifisches, nur besitzen die kurzen Zellen ein besonders dichtes Protoplasma und erscheinen demnach dunkler als die übrigen.

β) Geschichtete Epithelien.

Es wird als „Übergangsepithel" und geschichtetes Plattenepithel beschrieben. Das erstere findet sich in den Harnwegen (Abb. 22), das letztere deckt

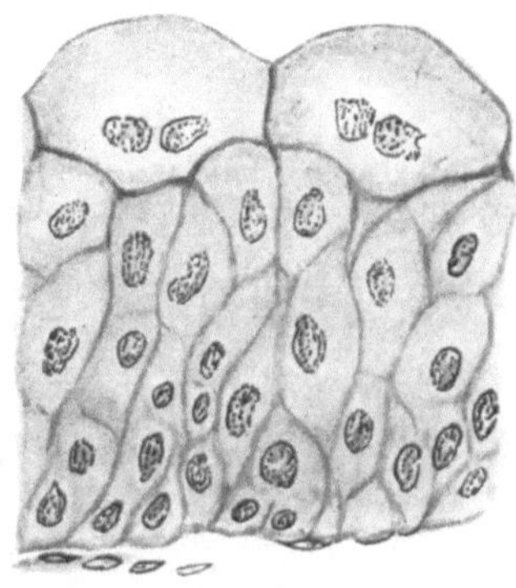

Abb. 22. Übergangsepithel aus der Harnblase des Menschen.

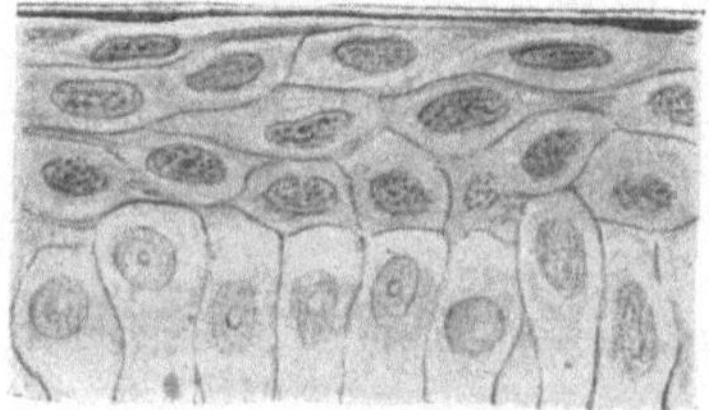

Abb. 23. Geschichtetes Plattenepithel von der menschlichen Hornhaut.

die äußere Körperoberfläche (Abb. 23, 24) und setzt sich von da aus fort in den Verdauungskanal bis zur Cardia, in das Vestibulum nasi, in die Tränenkanälchen, in die Scheide und die Cervix uteri. Das geschichtete Epithel schließt sich unmittelbar an das ungeschichtete an. Im frühesten entwicklungsgeschichtlichen Stadium besteht die äußere Körperbedeckung aus einer einfachen Lage von Zellen; sehr bald wird sie von einer zweiten bedeckt. Im weiteren Verlauf der Entwicklung schichtet sich die Epidermis in mehrere Lagen. Die tiefste Schicht besteht stets aus kubischen oder cylindrischen Zellen, auf sie folgen solche von polyedrischer Gestalt, welche entweder durch deutliche Intercellularbrücken oder nur durch Linien gegenseitig voneinander abgegrenzt werden. Nach außen folgen die Deckzellen. Diese sind entweder ganz platt (Epidermis und ihre Fortsetzungen) und ihre Kerne verkümmern (Abb. 24) oder schwinden ganz (Abb. 26), oder sie bleiben dicker (Harnwege) (Abb. 22). Die stark abgeplattete Form der Deckzellen der Epidermis ist nur bei luftlebenden Wirbeltieren vorhanden, bei wasserlebenden sind sie ähnlich gestaltet, wie die der Harnwege. Über Abschlußvorrichtungen nach außen hin wird nachher zu sprechen sein. Die Schichtung erklärt sich durch den Vorgang der Abschuppung. Diese besteht darin, daß die äußersten Zellen immer wieder verloren gehen, weshalb sie durch Nachschub von innen her, wo die Proliferation stattfindet, ersetzt werden müssen.

Die Struktur der Zellen der geschichteten Epithelien weicht in den Harnwegen

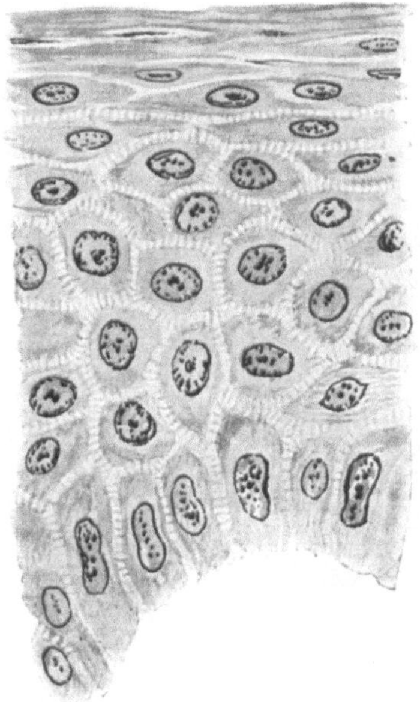

Abb. 24. Geschichtetes Plattenepithel. Menschliche Epidermis.

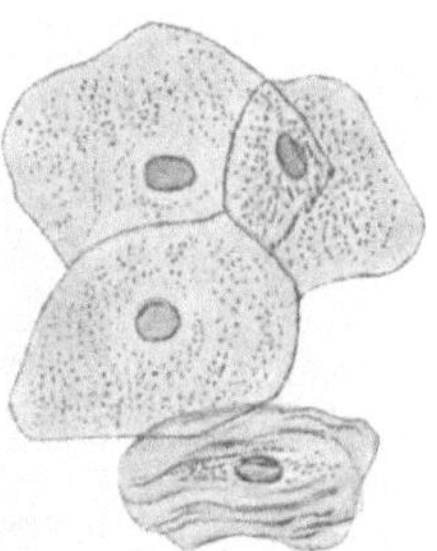

Abb. 25. Abgeplattete Deckzellen des menschlichen Mundepithels. Die Kerne sind verkümmert.

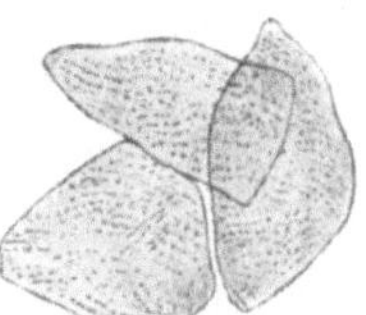

Abb. 26. Äußerste Zellen (Schüppchen) der menschlichen Epidermis. Die Kerne sind ganz geschwunden.

nicht von der anderer Epithelzellen ab, in der Epidermis aber begegnet man einer Protoplasmafaserung (Abb. 27), welche nicht selten durch Vermittelung der Intercellularbrücken von einer Zelle auf die Nachbarzellen und auf weiter entfernte übergehen. Diese Brücken besitzen hier in ihrer Mitte oft deutlich vortretende Knötchen, über deren Entstehung und Bedeutung die Untersuchungen noch nicht abgeschlossen sind.

c) Innere Abgrenzung der Epithelschichten.

Die Basis der Epithelzellen ruht auf dem Bindegewebe, das den ganzen Körper durchdringt. Dieses aber wird durch eine meist sehr zarte Haut (Basalmembran) gegen das Epithel abgeschlossen. Diese ist das eine Mal homogen, ein anderes Mal mit feinen parallelen Streifen versehen. Sie ist nicht immer solid, sondern in einer Reihe von Fällen durchlöchert, um Fortsätzen der Epithelzellen den Durchtritt zu gewähren. Meist ist die Basalhaut gegen das Epithel hin glatt abgeschlossen, in gewissen Fällen aber zeigt sie kleine Vertiefungen, in welche Zähne der ihr aufliegenden Epithelzellen eingreifen, jedoch ohne sie zu durchbohren. Die Festigkeit des Zusammenhaltes zwischen Epithel und Unterlage wird dadurch beträchtlich erhöht. Die Basalmembranen stammen teils von den Epithelzellen, teils von dem darunter gelegenen Bindegewebe ab.

d) Äußere Oberfläche der Epithelschichten.

In den einfachsten Fällen bemerkt man daselbst nichts von Bedeutung, weitaus häufiger aber ist es, daß dort Einrichtungen vorhanden sind, die entweder der ganzen Schicht zum Schutze dienen, oder die bestimmt sind, eine besondere Funktion

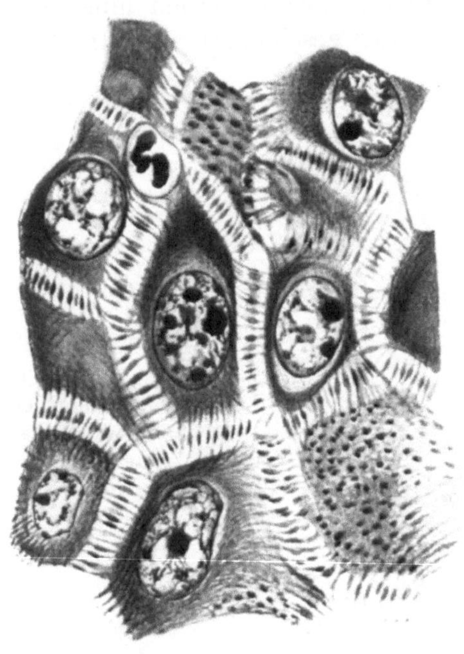

Abb. 27. Zellen aus dem Stratum germinativum der Epidermis (spitzes Kondylom). In den Zellen sind die Protoplasmafasern zu erkennen, die die intercellularen Spalträume überbrücken und dort sehr deutlich werden. Hier zeigen sie die vielbeschriebenen, in ihrer Deutung noch unklaren Knötchen und spindelförmigen Anschwellungen. Rechts unten im Bilde sind diese Fortsätze und Fasern an einer Zelle zu sehen, die ihre Oberfläche dem Beschauer zukehrt. Prinzipiell ebenso, meist aber nicht so deutlich, sind diese Bildungen auch an der normalen Epidermis zu sehen. Gezeichnet bei 1250facher Vergrößerung. Zur Reproduktion etwa um $^1/_{10}$ verkleinert.

auszuüben. Es handelt sich um Verhornung, um Schlußleisten, um eine Crusta, um eine Cuticula, um Bürstensäume, um einfache Geißeln, um einen Besatz von Wimperhaaren.

Die Verhornung ist eine sehr wichtige und eigenartige Schutzeinrichtung der Körperoberfläche luftlebender Wirbeltiere. Sie besteht in einer chemischen Umwandlung des vollsaftigen Protoplasmas der Zellen des geschichteten Plattenepithels. Dieselbe geht jedoch nicht plötzlich vor sich, sondern durch eine Reihe von Zwischenstufen, von welchen bei der speziellen Betrachtung der Haut Näheres berichtet werden wird. Das Horn erfährt in der Tierreihe eine weitgehende Benutzung zur Bildung von Organen, welche als Verteidigungs- oder Angriffswaffen u. a. dienen, wie Haare, Nägel, Klauen, Hörner, Zähne usw. Auch an inneren Oberflächen kann es bei gewissen Tieren zur Verhornung kommen, wenn es die mechanischen Verhältnisse verlangen

(Magenepithel). Es gibt auch Epithelien, bei denen es nicht zu einer regulären Verhornung kommt, bei denen die äußersten Zellschichten nur einen mehr sklerotischen Charakter annehmen.

α) Schlußleisten (M. Heidenhain 1892, Bonnet 1895) nennt man scharf konturierte Linien, welche sich mit Eisenhämatoxylin schwarz färben, wodurch sie sehr deutlich hervortreten (Abb. 28, 29). „Es nimmt sich so aus, als ob die Zellen mit ihren freien Köpfen in ein genau entsprechendes, feines polyedrisches Fadennetz eingespannt wären." Sie finden sich an der freien Oberfläche aller daraufhin untersuchten Oberhäute mit Ausnahme des geschichteten Plattenepithels. Man hat sie für einen Kitt gehalten, welcher die Intercellularlücken gegen die Oberfläche abschließt, doch scheint dies ihre physiologische Funktion nicht zu erschöpfen, da man Schlußleisten auch an Stellen findet, wo die Köpfe der Epithelzellen nicht frei liegen, sondern an andere Zellschichten angrenzen (Linse, Ursegmente).

β) Eine Crusta, das heißt eine modifizierte und verdichtete Grenzschicht der Oberfläche der Epithelzellen, beobachtet man in einer Reihe von Fällen. Sie kann sehr zart sein, was oft zur Verwechslung mit einer Cuticula Anlaß gegeben hat, sie

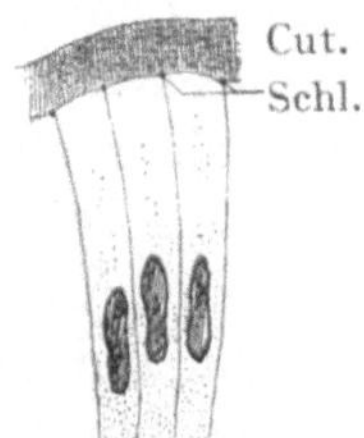

Abb. 28. Epithelzellen aus dem Dickdarm des Menschen.
Schl. = Schlußleisten im optischen Durchschnitt; Cut. = Cuticula (Eisenhämatoxylin).

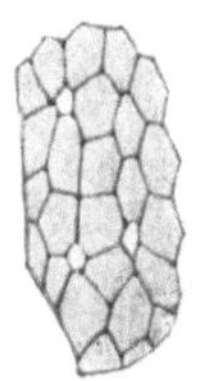

Abb. 29. Schlußleistennetz von der Fläche aus dem menschlichen Dünndarm. Die ausgesparten Löcher sind die Mündungen von Becherzellen (Eisenhämatoxylin).

kann auch dicker erscheinen. An der Epidermis wasserlebender Wirbeltiere und an der von Embryonen ist sie weit verbreitet. Sie ist zuweilen von komplizierterem Gefüge, sie kann Pigmentkörnchen oder Körnchen anderer Natur oder Sekret enthalten, sie kann einen senkrecht zur Oberfläche gestreiften Saum darstellen, sie kann allmählich in das innere Zellprotoplasma übergehen, sie kann sich auch mehr oder weniger scharf gegen dasselbe absetzen.

γ) Eine Cuticula (Abb. 28) ist, wie erwähnt (S. 38), eine Ausscheidung an der Oberfläche einer Epithelschicht. Vor der Verwechslung mit einer Crusta schützt die Beachtung der Schlußleisten. Da diese die Köpfe der Zellen miteinander verbinden, muß eine Crusta nach innen von ihnen, eine Cuticula nach außen gelegen sein. Cuticularbildungen sind zwar häufig bei Wirbellosen, im Bereich der Wirbeltiere aber sind sie nicht eben weit verbreitet. Man findet sie an dem Epithel des Darmkanals, der gewundenen Harnkanälchen und an der Oberfläche der Deckschicht der Chorionzotten. Sie zeigt sich daselbst als eine helle Masse, welche die Epithelschicht im ganzen überzieht und nicht nach den einzelnen Zellen in Abteilungen geteilt ist. In der Membran sind Löcher ausgespart, welche Fortsätze der Zellen enthalten.

δ) Bürstensaum. Diese ebengenannten Fortsätze sind es, welche den Bürstensaum bilden, indem sie wie die gleichmäßig abgeschnittenen steifen Borsten einer Bürste aussehen, besonders dann, wenn die Cuticula, in die sie eingelassen sind, durch die Behandlung geschwunden ist. Bei sehr starker Vergrößerung und an besonders günstigen Präparaten sieht man, daß die Stäbchen einen knötchen- oder stäbchenförmigen basalen Teil besitzen.

Die große Vergänglichkeit der in Rede stehenden Säume hat bis jetzt eine Einigung über sie verhindert. Die einen halten sie für konstante Gebilde, die anderen glauben, daß sie mit den Funktionszuständen der Zellen kommen und gehen, dicker oder dünner werden. Die letztere Ansicht hat manches für sich, doch muß man mit einer Erklärung der Bedeutung der Bürstensäume noch zurückhalten.

ε) Wimpersaum. Die Wimpersäume sind ein sehr altes Attribut des Tierkörpers, da sie schon bei den niedersten Organismen in weiter Ausdehnung vorkommen. Bei den höheren Tieren und dem Menschen haben sie ihre Verbreitung beträchtlich eingeschränkt. Bei ihm werden sie in den Epithelien der Luftwege und ihrer Fortsetzung in die Tuba auditiva, dem Tränennasenkanal und den Nebenhöhlen der Nase beobachtet. Ferner findet man sie im männlichen und weiblichen Genitalkanal und in den Höhlen des Centralnervensystems, sowie im Gehörorgan. Einzelne Geißeln (Centralgeißeln) kommen beim Menschen in einigen Drüsen vor (Zimmermann 1898). Die letzteren sind am einfachsten gebaut. Von dem Centrosom, welches dicht am freien Ende der Zelle liegt, ragt ein äußerst feines Fädchen frei hervor. Ein ausgebildeter Wimpersaum überzieht die ganze Oberfläche der Epithelschicht wie ein Rasen. Die Cilien sind alle gleich lang (Abb. 30). Sie können eine Cuticularmembran durchsetzen oder auch ohne eine solche frei über die Zellenoberfläche hervorragen. „In den einfachsten Fällen erscheinen die Cilien als direkte Verlängerungen des Protoplasmas oder sind doch wenigstens der oberflächlichen Schichte desselben unmittelbar aufgesetzt“ (Engelmann 1880). In anderen Fällen, und diese sind bei höheren Tieren und beim Menschen in der Mehrzahl, wird das Cytoplasma von fädigen Strukturen durchsetzt, den Wimperwurzeln, welche meist nach dem Innern der Zelle zu einem Wimperkegel zusammenstrahlen. Die Spitze des Kegels kann schon oberhalb des Kernes stehen, sie kann sich auch bis zum basalen Ende der Zelle erstrecken. Nach außen hin setzt sich jeder Faden in ein Basalkörperchen fort, eine knötchenförmige Anschwellung, welche entweder noch im Innern des Cytoplasmas liegt (Abb. 30, 1, 2), oder genau an den Rand der Zelle gerückt ist (3), oder an deren Oberfläche gelangt (4, 5, 6). In letzterem, sehr häufigen Fall erscheinen die gedrängt stehenden Basalkörperchen bei unzureichender mikroskopischer Vergrößerung oder ungeeigneter Färbung wie ein zusammenhängender Streifen, welcher früher meist für eine Cuticularmembran gehalten wurde. In Gruppe 3 folgt dann unmittelbar die Cilie selbst, welche mit einer kleinen Anschwellung (Bulbus) dem Basalkörperchen aufsitzt. In Gruppe 4 ist zwischen Basalkörperchen und Bulbus noch ein Fußstück eingeschoben. In Gruppe 5 ist am oberen Ende des Fußstückes noch ein Knöpfchen zu finden, in Gruppe 6 ist außerdem noch das Basalkörperchen in zwei Teile zerfallen. Man sieht, daß der ganze Apparat zu sehr komplizierten Formen aufsteigen kann. Bei der Kleinheit der Strukturen ist es überaus schwierig, an Wimperzellen der Säugetiere und des Menschen die Einzelheiten wahrzunehmen, am besten wendet man sich an die großen und leicht zu beobachtenden Zellen von Muscheln.

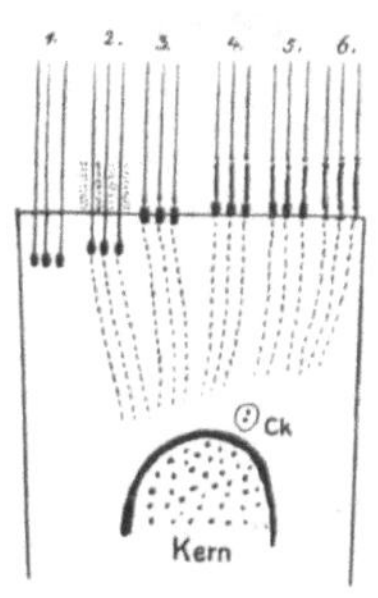

Abb. 30. Schematische Darstellung der verschiedenen Arten der Flimmercilien.
Ck = Centralkörper. Die Erklärung der Zahlen s. im Text (Merkel 1910).

Der Wimperapparat hat beim Menschen weder mit dem Kern, noch mit den Centriolen etwas zu tun. Von manchen Seiten (Lenhossék, Henneguy 1898) wurde angenommen, daß die Basalkörperchen eine Umbildung der Centriolen darstellen, was naheliegt, da die Centralgeißeln, wie erwähnt, von denselben ausgehen. In der Folge hat sich dies jedoch nicht bestätigt und man hat in den Wimperzellen echte Centriolen und Centrosomen ebenso wie in anderen Zellen nachzuweisen vermocht. Nach einer anderen Ansicht ließen sich die Basalkörperchen doch in letzter Linie vom Kern ableiten (Erhard 1911).

Bei der Entwicklung entstehen nach Gurwitsch (1900) bei der Salamanderlarve zuerst die Cilien selbst, denen die Basalkörperchen erst später folgen, bei Muscheln nach Wallengren (1905) zuerst die Basalkörperchen, von welchen die Wurzelfäden nach innen sich ausbilden, während die Cilien als letzter Teil des Wimperapparates auftreten. Nach diesen sich widersprechenden Angaben ist ein sicheres Urteil noch nicht zu gewinnen.

Die physiologische Funktion des Wimperapparates ist eine verschiedene. Es gibt Cilien, welche unbeweglich sind, wie bei den Sinnesorganen. Sie dienen dort der Aufnahme des Reizes. Die Mehrzahl aber ist beweglich, und zwar führen sie lebhafte und energische Bewegungen aus, welche so rasch sind, daß man die einzelnen Cilien gar nicht erkennt, sondern nur ein Flimmern an der Oberfläche der Epithelien wahrnimmt. Deshalb bezeichnet man auch die Bewegung als Flimmerbewegung, die Zellen als Flimmerzellen. Erst wenn die Bewegung langsamer wird, kann man Einzelheiten erkennen und sieht, daß sich die Bewegung etwa in der Art über die Schleimhautoberfläche hin erstreckt, wie bei einem vom Winde bewegten Kornfeld. Aus diesem Vergleich geht hervor, daß man es nicht mit einem einfachen Hin- und Herpendeln der Flimmercilien zu tun hat, sondern daß ein Umlegen nach einer Seite geschieht, dem ein Wiederaufrichten folgt. Es wird aber dadurch ein Nutzeffekt erzielt, der darin besteht, daß auf der Oberfläche der Flimmerschicht befindliche Flüssigkeiten oder auch kleine feste Körper nach einer bestimmten Richtung hin fortbewegt werden. Die Flimmerbewegung fördert stets nach den Eingängen der mit Flimmerepithel ausgekleideten Kanäle und Höhlen hin und dient also dazu, die darin enthaltenen Dinge nach außen zu befördern.

e) Die Sinnesepithelien

sind nur in der Haut von rundlicher Form, im übrigen sind sie sämtlich langgestreckt. Sie schließen sich insofern an die eben betrachtete Epithelgruppe an, als sie zum Teil ebenfalls einen Wimperapparat besitzen, welcher mit dem der Flimmerepithelien auf das Nächste verwandt ist (Fürst 1900). Doch fehlt ihm, wie erwähnt, die Flimmerbewegung. Andere Sinnesepithelien aber besitzen keine Cilien, sondern Cuticularaufsätze. Der ganze Bau der Epithelschichten hat in jedem Sinnesorgan eine ganz spezifische Eigenart, wovon jedesmal an seiner Stelle gesprochen werden wird.

Ebenso werden die zu ganz speziellen Zwecken modifizierten Epithelien, wie sie in der Augenlinse und im Zahnschmelz vorkommen, später beschrieben werden.

f) Drüsen.

Als Drüsenfunktion bezeichnet man es, wenn Zellen die zugeführte Nährflüssigkeit nicht nur zum Aufbau des eigenen Protoplasmas verwenden, sondern auch noch dazu, um durch den Chemismus der lebenden Substanz Stoffe zu bilden und abzugeben, die dann zumeist dem Körperhaushalt zugute kommen, sei es, daß sie für denselben direkt nutzbar gemacht werden (Sekrete), sei es, daß ihre Ausscheidung und Entfernung für Gesundheit und Leben notwendig ist (Exkrete). In der Tierreihe können die Produkte der Drüsenfunktion auch noch andere Bedeutung haben, indem sie für die Ergreifung und Sicherung der Beute, für Schutz und Verteidigung, oder für die Liebeswerbung von Nutzen sind. Eine Drüsentätigkeit kann von den Oberhautschichten im ganzen ausgeübt werden, sie kann auch an besonderen Stellen lokalisiert sein. Ist letzteres der Fall, dann senken sich die zur Sekretion bestimmten Zellen als röhrenförmige Kanäle mehr oder weniger weit in die bindegewebige Unterlage ein und bilden damit scharf begrenzte Drüsen. Phylogenetisch und ontogenetisch kann man es verfolgen, wie die Einsenkungen erst ganz oberflächlich sind, und wie sie dann tiefer und tiefer werden. Die Entwicklung kann auf den verschiedensten Stufen haltmachen. Das eine Mal wird eine fertige Drüse nur von wenigen und sehr oberflächlich liegenden Zellen gebildet, ein anderes Mal kommt es zur Bildung sehr voluminöser Organe, welche sich weit von der Oberhautschicht entfernen, der sie ihr Dasein verdanken und mit der sie nur durch einen langen Gang in Verbindung bleiben. Jede mit der Außenwelt in Zusammenhang stehende Oberhautschicht kann Drüsen bilden, ihre entwicklungsgeschichtliche Herkunft mag sein, welche sie wolle; Oberhautschichten, die allseitig abgeschlossene Höhlen auskleiden, bilden niemals Drüsen.

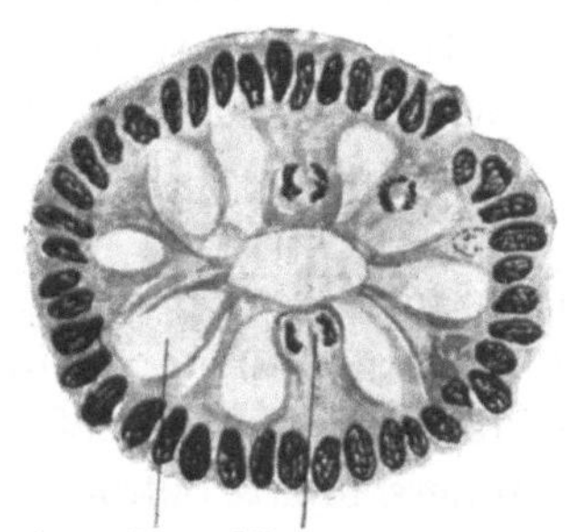

Abb. 31. Becherzellen in einer Drüse d. menschlichen Caecum. Mitotische Zellteilungen.

Daß es bei der Drüsentätigkeit keiner Einsenkung in die Tiefe bedarf, beweisen sog. einzellige Drüsen. Einzelne Zellen einer Epithelschicht unterscheiden sich von der Umgebung durch ihre spezifische Funktion, die man an manchen schleimproduzierenden besonders leicht erkennt. Sie blähen sich in ihrer äußeren Hälfte auf, während die innere, welche den Kern enthält, ihre ursprüngliche Beschaffenheit behält. Ihrer Form wegen werden sie als Becherzellen bezeichnet. Der in dem Becher gebildete Schleim wird durch eine ringförmig begrenzte Öffnung der Zellenoberfläche (Abb. 31) ausgestoßen. Die Entstehung des Schleimpfropfes aus kleinen im Protoplasma auftretenden Sekrettröpfchen ist sehr genau beobachtet worden. Besonders sorgfältig sind dabei auch die Bedingungen der Färbbarkeit untersucht (von Möllendorff).

In die Tiefe dringende Drüsen sind von verschiedener Form; entweder bleibt das Kaliber gleichmäßig, nach Art eines Handschuhfingers, oder es erweitert sich im blinden Ende nach Art einer mehr oder weniger ausgebauchten Flasche. Die ersteren heißen tubulöse, die letzteren alveoläre Drüsen. Beide Formen können einfach sein, sie können sich auch mehr oder weniger reich verästeln (zusammengesetzte Drüsen). Bei zusammengesetzten tubulösen Drüsen kommt es vor, daß die sonst blinden Enden durch Anastomosen netzartig verbunden sind (Abb. 33—37).

Daß der Unterschied von tubulös und alveolär kein prinzipieller ist, geht daraus hervor, daß man Zwischenformen begegnet, welche man weder dem einen, noch dem anderen Typus anreihen kann, man hat für sie den Ausdruck alveolotubulöse Drüsen eingeführt. Die Übergänge sind oft so unmerklich, und die Formen sind dann so wenig bestimmt, daß man sieht, wie gewisse Drüsenarten bald in die eine, bald in die andere Abteilung gestellt werden. Sehr mit Recht nimmt Schiefferdecker (1891) an, daß die erweiterten Drüsenenden sich dort finden, wo entweder ein dickeres und schwerer bewegliches Sekret vorhanden ist, oder wo das Sekret sich bis zum

Moment des Gebrauches in größeren Mengen anhäuft. Es handelt sich demnach um eine funktionelle Anpassung.

Bei der Beschreibung der Organe wird jedesmal gesagt werden, welcher der genannten Formen jede Drüse einzureihen ist.

Außer diesen auf Oberflächen mündenden Drüsen (exokrin) gibt es auch solche ohne Ausführungsgang (endokrin). Die Entstehung einer Anzahl von ihnen ist die gleiche, wie die der Drüsen, welche mit einem Ausführungsgang versehen sind. Sie haben nur ihren Zusammenhang mit der erzeugenden Oberhautschicht früher

Abb. 32. Einfache tubulöse Drüse.

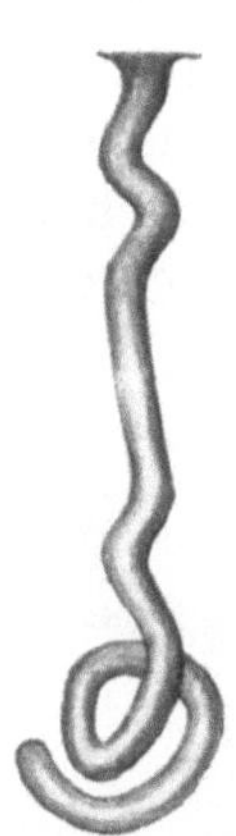

Abb. 33. Einfache tubulöse Drüse, knäuelförmig gewunden.

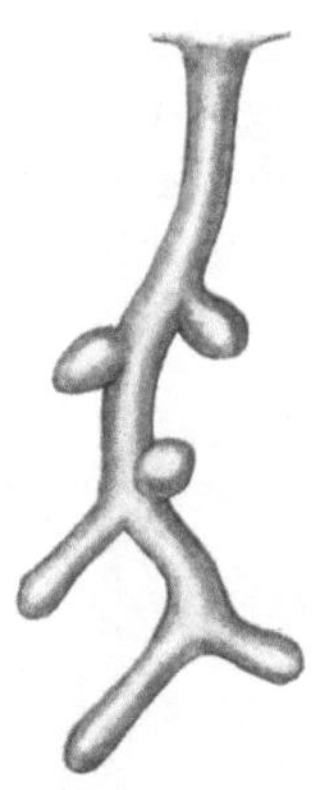

Abb. 34. Zusammengesetzt-tubulöse Drüse.

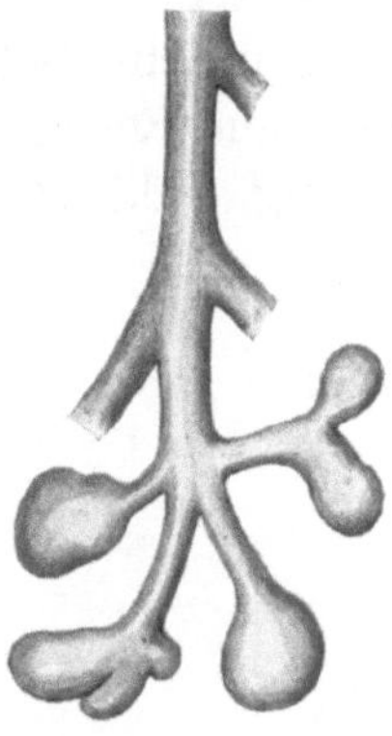

Abb. 36. Zusammengesetzt-alveoläre Drüse.

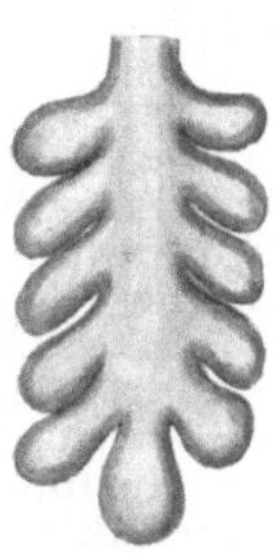

Abb. 35. Alveoläre Drüse.

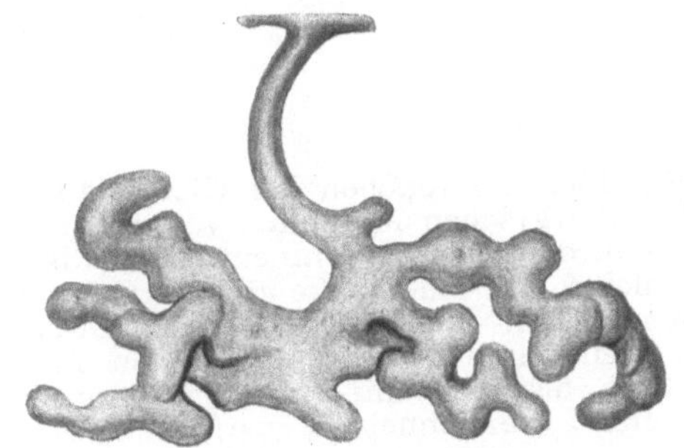

Abb. 37. Alveolo-tubulöse Drüse.

Abb. 33—38. Halbschematische Abbildungen verschiedener Drüsenformen.

oder später verloren. Ihr Sekret entleeren sie natürlich nicht mehr nach außen, sondern geben es an den Cirkulationsapparat ab. Erst die letzte Zeit hat gelehrt, daß sie eine hohe Bedeutung haben, welche derjenigen der nach außen secernierenden Drüsen in keiner Weise nachsteht, sie im Gegenteil oft übertrifft. Allerdings können auch exokrine Drüsen wichtige endokrine Funktionen haben.

Ihrem Bau nach bestehen die Drüsen aus dem secernierenden Epithel, einer Bindegewebsumhüllung, einem Gefäßnetz und Nerven. In einer Reihe von Fällen kommen auch noch Muskeln hinzu.

Das Epithel setzt sich nach dem Gesagten aus der Oberhautschicht, auf der die Drüsen münden, direkt fort. Deshalb findet man auch in einer Reihe von Fällen die Zellen des Anfangsteiles noch wenig verändert. Doch ist dies keineswegs die Regel, meist modifizieren sie sich vielmehr sogleich am Beginn des Kanales in ihrer Form, ihrem Bau und ihrer Bedeutung. Am häufigsten erscheinen sie dann cylindrisch oder kubisch. Ihr Protoplasma zeigt zuerst keine besonderen Eigentümlichkeiten, weshalb man sie als indifferent bezeichnet findet, nur dazu bestimmt, den Ausführungsgang, der das in der Tiefe der Drüse gebildete Sekret fortzuleiten hat, auszukleiden. Eine vollsaftige Protoplasmaschicht kann aber nicht wohl ganz indifferent sein, sie muß irgend eine Funktion haben; diese besteht hier offenbar darin, dem im Gange befindlichen Sekret die Diffusion in das umgebende Gewebe zu verwehren, das Sekret einzudicken oder auch noch durch besondere, hier produzierte Stoffe zu ergänzen.

Weiter nach dem blinden Ende der Drüsen hin übernimmt dann das Epithel die eigentliche Sekretionstätigkeit, was natürlich wieder mit einer Umwandlung des Zellenbaues verknüpft ist. Die Stelle, an der dies geschieht, ist bald weiter nach dem Ausgang, bald weiter nach dem blinden Ende hin gerückt. Da die Drüsen in ihren

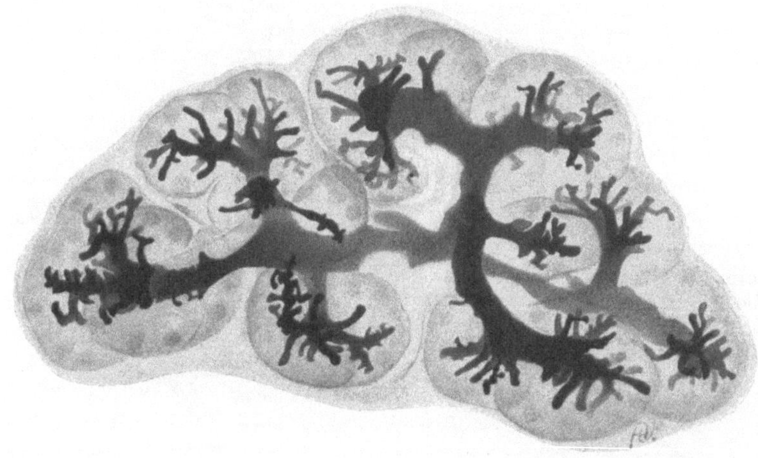

Abb. 38. Ein kleines Läppchen der Glandula submandibularis des Kaninchen. Behandelt nach der schnellen Golgischen Methode, wodurch ein Silberniederschlag in den Ausführungsgängen der Drüse bis in die Endstücke hinein erzeugt ist, der in der Abbildung als tief dunkel gefärbtes Astwerk erscheint. Die Endstücke und die Kerne ihrer Zellen sind bei dieser Methode nur undeutlich zu erkennen. In den Endstücken der Drüse bezeichnen die zahlreichen von einem dicken Zweig, zum Teil büschelförmig abgehenden Fäden, die zwischenzelligen Sekretcapillaren. So wirkt das Bild, als wäre mit einer Injektionsmasse das gesamte Ausführungsgangsystem im Läppchen gefüllt. Gezeichnet bei 700facher Vergrößerung, zur Reproduktion um $^1/_4$ verkleinert.

einzelnen Abschnitten vielfach nur Teile des Sekretes liefern, welche erst in ihrer Gesamtheit das fertige Sekret darstellen, so ist auch das secernierende Epithel keineswegs immer ein gleichartiges, sondern kann vielmehr in dem Verlauf eines und desselben Kanälchens wechseln, da eine Epithelschicht, welche z. B. Wasser liefert, natürlich anders gebaut sein muß, als eine solche, welche Schleim oder Harnstoff oder Fett oder irgend etwas anderes bereitet. Die Größe der Drüsenzellen und ihre Gestalt wechselt damit auch in weiten Grenzen.

In Verbindung mit dem Wechsel des Epithels können in den Drüsenkanälchen auch Kaliberschwankungen einhergehen. Wollte man aber glauben, daß etwa die Sekretionstätigkeit nur an die weitesten Teile des ganzen Systems gebunden wäre, dann wäre dies irrig, die engeren Teile können ebensogut das ihrige tun, sie liefern nur ein anderes Sekret, wie die weiten (Abb. 38).

Das Drüsenepithel läßt Spuren seiner Tätigkeit vielfach erkennen. Man findet in ihnen zuweilen sehr deutlich ausgesprochene stäbchenartige Differenzierungen des

Protoplasmas selbst, man sieht Bürstensäume, die, wie oben bemerkt, von vielen Seiten als Ausdruck einer Sekretionstätigkeit gedeutet werden. Man begegnet fertigen Sekreten in den Zellen, wie Schleim oder Fett, welche der Ausstoßung harren, man findet besonders Vorstufen derselben, in denen Vakuolen und Körnchen eine hervorragende Stelle einnehmen. Besonders die kugelig gestalteten Körnchen, welche in wechselnder Anzahl und Größe in das Protoplasma eingestreut sind, spielen eine wichtige Rolle. Meist lassen sie den vom Lumen abgewandten kernhaltigen Teil der Zellen oder doch wenigstens eine Zone um den Kern frei, wodurch bewiesen wird, daß dort das Cytoplasma unter dem Einfluß des Kernes seine ursprüngliche Beschaffenheit bewahrt hat.

Wenn schon die wichtigsten Veränderungen im Cytoplasma wahrzunehmen sind, so ist doch der Kern am Sekretionsvorgang keineswegs ganz unbeteiligt, was man oft direkt beobachten kann, indem seine Struktur oder die Zahl oder Größe der Nukleolen sich ändert, und der Kern im ganzen eine zackige Form annimmt.

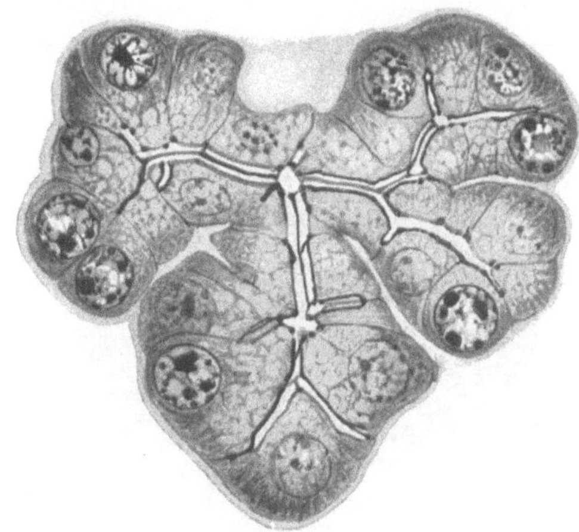

Abb. 39. Eine Gruppe von Endstücken einer Glandula submandibularis. In den Drüsenzellen sind die Kerne rund und liegen meist ungefähr in der Mitte der Zellen. Am äußeren Umfang der Zellen sind teilweise stäbchenartige Protoplasmastrukturen zu sehen. Die Ausführungsgänge sind hell, von schwarzen Kittlinien begrenzt und gehen auch zwischen die Drüsenzellen als zwischenzellige Sekretcapillaren. Färbung mit Eisenhämatoxylin, so daß die Farbe des Präparates genau der Farbe der Zeichnung entspricht. Gezeichnet bei 1120facher Vergrößerung.

Auch die Centriolen und Centrosomen scheinen nicht unbeteiligt zu sein; im Gegensatz zum Kern findet man sie meist an der Stelle der stärksten Sekretionstätigkeit.

So füllt sich die Zelle immer mehr mit Sekret an; endlich wird dieses in das Lumen entleert, und nun beginnt der ganze Vorgang von neuem damit, daß die zusammengefallene oder verkleinerte Zelle unter dem Einfluß des erhalten gebliebenen Kernes wieder zu ihrer primären Größe heranwächst, um dann ihre Tätigkeit von neuem zu beginnen. Wie oft eine Zelle für die Sekretion benützt werden kann, ehe sich ihre Fähigkeit dafür ganz erschöpft, läßt sich nicht sagen. Doch hat es den Anschein, als wenn dies bei vielen Epithelien recht oft der Fall sein könnte; andere freilich scheinen sich rasch zu verbrauchen. Ja es ist festgestellt, daß einige Drüsen ihr Sekret nur liefern können, indem die ganze arbeitende Zelle, wenn sie ein Maximum von Sekret produziert hat, in toto abgestoßen wird, und dann im Ausführungsgang zerfällt. Hier müssen rege Zellteilungen für den Ersatz der Zellen auftreten. Man nennt sie holokrine Drüsen, im Gegensatz zu den merokrinen, deren Zellen nicht bei der Arbeit zugrunde gehen, also auch nach intensivster Arbeit keine Zellteilungen zeigen.

Keineswegs immer wird das Sekret nur an der dem Lumen zugewandten Kopfseite der Zellen ausgestoßen, oft senken sich zwischen die Zellen kleine Sekretkanälchen ein, welche es aufnehmen. Dieselben besitzen keine eigene Wand, sondern bestehen aus korrespondierenden Rinnen der Zelloberflächen, welche sich zu einem feinen Röhrchen zusammenlegen. Da, wo die beiden Zellen zusammenstoßen, findet man die gleichen Schlußleisten, welche auch an der freien Oberfläche der Zellen vorkommen (Abb. 39). Auch ins Innere des Cytoplasmas einer Zelle können Sekretröhrchen vordringen, wo dann natürlich Schlußleisten fehlen (Abb. 40).

Die Zellen der Drüsen ohne Ausführungsgang lassen ganz die gleichen Spuren

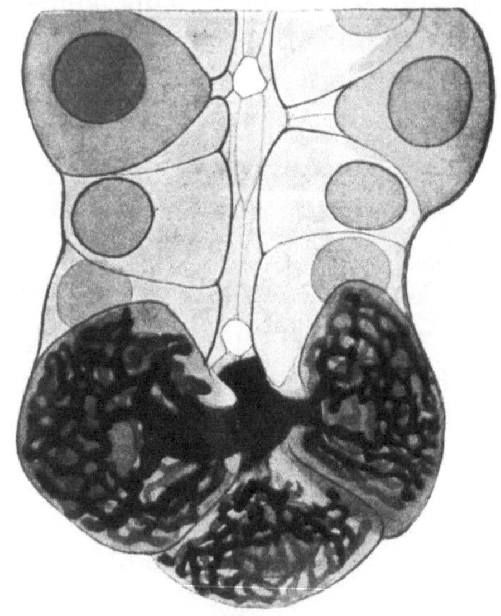

Abb. 40. Ende einer Fundusdrüse vom Magen. Das der Länge nach getroffene Lumen der Drüse, das im ungefüllten Teile zwei Löcher erkennen läßt, die zu den dahinter gelegenen Belegzellen führen, ist im unteren Ende nach dem schnellen Golgischen Verfahren mit schwarzem Silberniederschlag gefüllt; von dem Gangstück gehen drei Äste ab, die zu den dort liegenden drei Belegzellen gehen, in die je ein reicher Korb von binnenzelligen Sekretcapillaren mit sehr engen Maschen hineingehen, die den in der Mitte liegenden Kern umspinnen. Gezeichnet bei 1000facher Vergrößerung, zur Reproduktion etwa um $^1/_3$ verkleinert.

der Sekretbildung erkennen, wie die mit Ausführungsgang, nur fehlen die für Ableitung des Sekrets bestimmten Einrichtungen, da sie dieses direkt in das Blut oder die Lymphe der benachbarten Gefäße abgeben.

In seltenen Fällen kommen sowohl bei den exokrinen (Leber) wie bei endokrinen Drüsen sog. netzförmige (Schaffer) Typen vor, bei denen die Gänge netzartig anastomosieren.

Bindegewebe, Gefäße und Nerven der Drüsen. Bei der Entwicklung wächst ein Epithelzapfen von der Oberfläche her in die Tiefe, wobei er die Grenzschicht der Bindegewebsunterlage, die sog. Basalhaut, vor sich hertreibt. Dieselbe bleibt auch in der Folge erhalten, so daß alle Drüsen unter ihrem Epithel eine solche besitzen. Durch den Reiz des in die Tiefe dringenden Epithelzapfens wird ferner das Bindegewebe der Umgebung zur Proliferation angeregt, was man daraus erkennt, daß es eine beträchtliche Kernvermehrung zeigt. In der ausgebildeten Drüse ist dieses Bindegewebe zu einer Umhüllung geworden, die sich mehr oder minder deutlich von dem der Umgebung abhebt. Bei den zusammengesetzten Drüsen hat jede Endverzweigung des Gangsystems ihre eigene Umhüllung, wodurch die Drüse in einzelne Läppchen zerfällt, die an der fertigen Drüse meist schon ohne Präparation zu erkennen sind, da sie nur durch lockeres Bindegewebe zusammengehalten werden.

Sind glatte Muskeln vorhanden, dann liegen sie entweder in dieser Bindegewebshülle oder in deren nächster Umgebung. Sie können aber auch zwischen der Basis der Epithelzellen und der Basalmembran Platz finden, in welchem Falle sie sich nicht, wie sonst, aus dem Mesoderm, sondern aus dem Ektoderm entwickeln. In einigen Drüsen liegen an der gleichen Stelle „Korbzellen", das heißt sternförmige Zellen, welche miteinander anastomosierend nach Art eines Korbes die Drüsenepithelien umschließen. Sie werden von manchen Seiten (Unna, Renaut 1897) ebenfalls für kontraktile Elemente gehalten.

In der Bindegewebsumhüllung der Drüsen findet man stets ein reiches Netz von Blutgefäßen, das dem Epithel die Nährstoffe zuzuführen hat, die es zu seiner sekretorischen Tätigkeit befähigen. Ebenso treten an die einzelnen Zellen der Drüsen Nerven heran, die den Epithelzellen den für ihre Funktion nötigen Reiz zuleiten.

Die Drüsen ohne Ausführungsgang verhalten sich in bezug auf Bindegewebsumhüllungen ebenso wie die mit einem Ausführungsgang versehenen. Blut- und Lymphgefäße sind in besonders reicher Zahl vorhanden, ebenso Nerven. Nur Muskeln scheinen allgemein zu fehlen.

B. Binde- und Stützsubstanzen.

Die Binde- und Stützsubstanzen stellen die am weitesten verbreitete Gewebsart dar, sie vermitteln den Zusammenhang und Zusammenhalt sämtlicher Organe, sie geben dem Körper Stütze und Festigkeit und bedingen seine Form. Von weichster, fast flüssiger Konsistenz des Gallertgewebes durchlaufen sie im menschlichen Körper die ganze Scala der Härtegrade bis zum Knochen und Zahnbein. Die große Verschiedenheit ihrer Erscheinungsweise hat es verschuldet, daß man ihre Zusammengehörigkeit zuerst nicht klar erkannte; erst Reichert (1845) hat sie sämtlich unter dem gemeinsamen Namen der Bindesubstanzen zusammengefaßt. Ihre Zusammengehörigkeit wird dadurch erwiesen, daß sie sich in der Tierreihe gegenseitig vertreten und daß selbst im Einzelindividuum sich oft die eine Modifikation durch die andere ersetzt zeigt; so wird gelegentlich ein Strang, welcher sonst aus Bindegewebe zu bestehen pflegt, zu einer Knochenspange oder umgekehrt bleibt ein sonst knöcherner Teil bindegewebig. An einer anderen Stelle lagert sich vielleicht in Bindegewebe Knorpel ein, wo man ihm sonst nicht begegnet. Auch sind die Übergänge von der einen Art der Bindesubstanzen in die anderen oft ganz allmählich. Wie groß die Wandlungsfähigkeit der Bindesubstanzen ist, lehren besonders pathologische Fälle, in welchen mitunter die überraschendsten gegenseitigen Vertretungen vorkommen.

In ihrem Bau stehen die Bindesubstanzen im schärfsten Gegensatz zu den Epithelien. Während diese nur aus Zellen bestehen, die sich unmittelbar aneinanderreihen, meist auch direkt miteinander zusammenhängen, sind die Zellen hier auseinandergerückt und es liegt der Schwerpunkt in der Intercellularsubstanz (Grundsubstanz), einem Produkt der Zellen, das sich in seinem anatomischen und chemischen Bau von der unveränderten Protoplasmastruktur recht weit entfernt. Im Epithel findet eine äußerst rege Reproduktionstätigkeit statt, wobei die abgenützten Teile durch neue ersetzt werden, so daß sich die ganze Schicht stets jugendlich und zu intensiver Stoffwechseltätigkeit geschickt erhält; die Bindesubstanzen sind dagegen äußerst stabil und ihr Stoffwechsel ist träge, wodurch sie einer langsamen Involution und Verschlechterung anheimfallen. Das Altern des Gesamtkörpers beruht in erster Linie auf dem Altern der Bindesubstanzen und dem zu ihnen gehörigen Blut; erst sekundär üben diese einen unheilvollen Einfluß auf andere Gewebe aus.

Die erste Entstehung der in Rede stehenden Gewebsart geht auf das Mesoderm und das zwischen den Primitivorganen ausgebreitete Mesenchym zurück. Im Anfang gleichartig, spaltet sich die Anlage bald in verschiedene Entwicklungsreihen, die schließlich zu den einzelnen Endabteilungen führen.

Die Zellen der Bindesubstanzen sind am Beginn ihrer Entwicklung aus dem Mesoblast netzförmig verbunden. Unmittelbar vor der Umwandlung in die Spezialformen des Gewebes stehen sie dann häufig dicht gedrängt und werden nachher erst durch die in immer größerer Menge entstehende Intercellularsubstanz auseinander geschoben, wobei sie in dem einen Fall ihre ursprüngliche Form bewahren, in anderen unter dem Einfluß der Intercellularsubstanz mehr oder weniger stark verändern. In der Zusammensetzung ihres Protoplasmas sind tiefergreifende Veränderungen nicht wahrzunehmen.

Die Intercellularsubstanzen sind im Anfang ohne erkennbare Struktur. Bald aber stellt sich ein Zerfall in Fibrillen ein, die jedoch vielfach nicht ohne eine Behandlung mit Reagentien zu erkennen sind. Diese Intercellularsubstanzen sind in so großer Menge vorhanden, daß sie die Zellen, denen sie doch ihr Dasein verdanken, in den meisten Fällen ganz in den Hintergrund drängen. Sie sind es auch, an die die funktionellen Leistungen der Bindesubstanzen geknüpft sind. Ihr ganzer Bau steht damit in engstem Zusammenhang und es ist nicht nur ihre Konsistenz so verschieden, wie es erwähnt wurde, sondern man begegnet auch in einer und derselben Abart Verschiedenheiten der Architektur, welche die feinste Einstellung für die lokalen Aufgaben erweisen, was man ihre funktionelle Differenzierung genannt hat (Roux).

Die Ernährung der Bindesubstanzen wird in erster Linie durch die Blutgefäße geregelt, die mit ihnen eng zusammengehören. Im einzelnen aber kann ihre Ernährung keine ganz gleichartige sein; es wird dies durch die Verschiedenheit des Baues und der Konsistenz verhindert. Bald begegnet man einem Säftestrom, welcher ohne geformte Bahnen die Intercellularsubstanz durchzieht, bald geht der Säftestrom an den Zellen und ihren Ausläufern entlang, bald benützt er Lücken des Gewebes (Saftlücken, Saftkanälchen).

Das Wachstum der Bindesubstanzen erfolgt in verschiedener Weise, bei den weichen interstitiell, bei den harten und starren, welche sich nicht von innen her ausdehnen können, appositionell.

Die Einteilung hält sich, wie dies natürlich ist, hauptsächlich an die so übermächtige Intercellularsubstanz und man unterscheidet:

a) Retikuläres Bindegewebe.
   α) Gallertgewebe,
   β) Adenoides Gewebe.
b) Fibrilläres Bindegewebe.
   α) Lockeres Bindegewebe,
   β) Verfilztes Bindegewebe,
   γ) Parallelfaseriges Bindegewebe.

c) Elastisches Gewebe.
d) Fettgewebe.
e) Pigmentiertes Bindegewebe.
f) Knorpel.
 α) Vesikuläres Stützgewebe,
 β) Echter Knorpel.
  αα) Bindegewebsknorpel,
  ββ) Hyaliner Knorpel,
  γγ) Elastischer Knorpel,
  δδ) Verkalkter Knorpel.
g) Knochen.
h) Zahnbein.

a) Retikuläres Bindegewebe.

α) Gallertgewebe.

Das Gallertgewebe (Abb. 41) bildet den embryonalen Ausgangspunkt aller der Modifikationen, die das Bindegewebe in seiner späteren Entwicklung erfährt, und

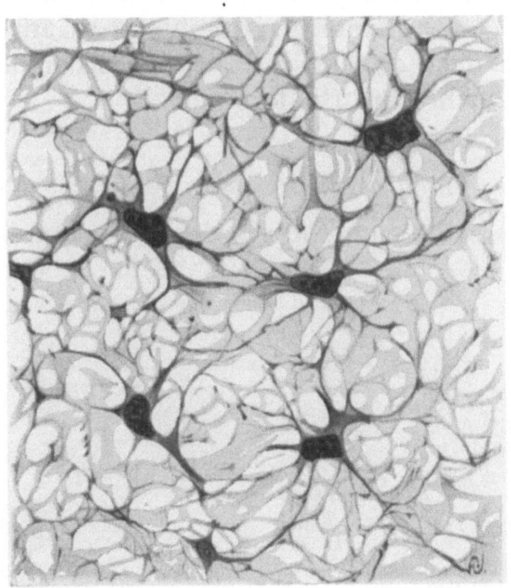

Abb. 41. Embryonales Bindegewebe aus dem Schwanz einer 33 cm langen Axolotllarve. Präparat von A. Vierling. Gezeichnet bei 620facher Vergrößerung, zur Reproduktion um $^1/_3$ verkleinert. Die zahlreichen, teilweise membranartig verbreiterten Fortsätze der Bindegewebszellen stehen reichlich untereinander in Verbindung, so daß von den Fortsätzen ein dreidimensionales Netz gebildet wird, in dessen Lücken die hier unsichtbare Grundsubstanz liegt. Auch Fasern sind in unmittelbarer Zellnähe zu erkennen. Dies Bild soll vor allem den Typus des embryonalen Bindegewebes zeigen, indem durch zahllose Zellausläuferverbindungen ein ganz zusammenhängendes protoplasmatisches Netz gebildet wird. Ähnlich ist es auch in dem Nabelstrang des Menschen, nur daß hier je nach dem Graviditätsmonat die Fasern eine mit dem Alter immer größer werdende Rolle spielen.

muß deshalb an die Spitze gestellt werden. Es besteht aus einem Netz sternförmiger Zellen, deren Ausläufer miteinander anastomosieren. Eine von ihnen produzierte amorphe und stark mucinhaltige Gallerte erfüllt die zwischen ihnen vorhandenen Räume. Je größer die Menge der Gallertsubstanz ist, um so weiter werden die Zellen auseinander gedrängt, wobei jedoch der Zusammenhang ihrer Fortsätze erhalten bleibt. Die Intercellularsubstanz kann sich gelegentlich relativ weit über das Zellnetz hinaus erstrecken, ohne daß dieses ihr folgt.

Überall da, wo die Gallerte mit anderen Geweben zusammenstößt (Epithelien und ihre Derivate, Muskeln, Nerven) verdichtet sie sich zu einer zarten amorphen Grenzschicht (Basalhaut, Glashaut, Grundmembran), Sarkolemm, Neurilemm). Die Basalhäute bleiben bei der Weiterentwicklung nicht überall in ihrer ursprünglichen Gestalt bestehen, sie können sich stark verdicken, oder wieder verschwinden, sie können eine streifige oder faserige Struktur annehmen, sie können auch eine chemische Umwandlung erfahren, indem sie sich später bald mehr, bald weniger dem elastischen Gewebe nähern.

Schon in sehr früher Zeit treten in der Gallertsubstanz Fasern auf, welche in der Folge zur Bildung fibrillären Gewebes führen, aber in dem typischen jugendlichen Gallertgewebe sind zunächst keine Fasern, sondern nur sehr zellreiche Fortsätze der miteinander anastomosierenden Zellen. Erst in dem reifen Gallertgewebe (Schaffer) sind Fasern deutlich zu erkennen.

Im ausgebildeten Körper kann das Gallertgewebe bei gewissen niederen Tieren eine bedeutende Rolle spielen (Medusen), bei den höheren und beim Menschen tritt es ganz zurück. Es erhält sich bis zur Geburt im Nabelstrang (Whartonsche Sulze), und hier ist es eben reichlich mit Fibrillen durchsetzt. Ganz allgemein hat man auch den Glaskörper des Auges dazu gerechnet, doch nach neueren Untersuchungen handelt es sich hier überhaupt nicht um Bindegewebe.

β) Adenoides Gewebe[1].

Das zarte Zellennetz, wie es im Gallertgewebe vorkommt, ist im Jugendzustand des adenoiden Gewebes ebenfalls vorhanden. Seine Lücken sind aber neben der

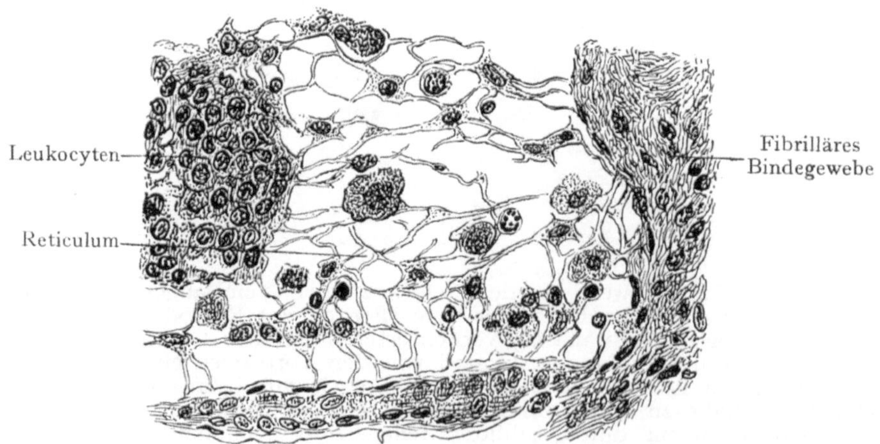

Abb. 42. Adenoides Gewebe. Lymphdrüse vom Hund.

Gallerte, reichlich von Leukocyten ausgefüllt, den farblosen Elementen der Lymphe und des Blutes. Die Ausscheidung homogener Substanz beschränkt sich hier auf eine ganz geringe Quantität, die die Zellen und ihre Fortsätze entweder mantelartig umhüllt oder ihnen einseitig anliegt (Laguesse 1903, Balabio 1908).

[1] Cytogenes, lymphoides Gewebe. ἀδήν Drüse, adenoid also drüsenartig.

Beim Fortschreiten des Alterns werden die anastomosierenden Fortsätze an Zahl geringer, schließlich kann eine Anzahl der Zellen selbst zugrunde gehen (Thomé 1902). Die ausgeschiedene Substanz bildet ein reiches Netz von dickeren und dünneren Bälkchen, das jedoch durch die massenhaft vorhandenen Leukocyten so vollständig verdeckt wird, daß man kaum etwas davon wahrnimmt. Man muß diese letzteren durch Auflösen in verdünnter Ätzkalilösung, oder durch Auspinseln oder Ausschütteln erst entfernen oder das Netz durch Färbung stark hervorheben, wenn man es sichtbar machen will. Die anfänglich homogenen Netzbälkchen zerklüften sich in Fasern. Zuerst geben sie die Reaktionen des kollagenen (siehe unten) Gewebes, bei älteren Individuen reagieren sie träger, so daß sie zwischen diesem und dem elastischen Gewebe in der Mitte stehen. Da aber diese Entscheidung fast nur durch färberische Reaktionen gemacht wird, die nicht als beweisende chemische Reaktionen aufzufassen sind, ist diese Angabe mit Vorsicht aufzunehmen.

Ein großer Teil des adenoiden Gewebes steht in nächster Beziehung zu den Ernährungsflüssigkeiten, an die es die in den Netzmaschen befindlichen Leukocyten abgibt; es sind dies die Lymphknoten, Thymus und Milz (Abb. 42). Ein anderer Teil des adenoiden Gewebes hat eine andere Bestimmung, und zwar das in den Tonsillen und Lymphknötchen des Darmkanales und an anderen Stellen vorkommende, von denen bei den einzelnen Organen zu berichten sein wird. Immer aber sind nur die Leukocyten an der eigentlichen Funktion beteiligt, das Reticulum bleibt davon unberührt.

b) Fibrilläres Bindegewebe.

Aus Vorstehendem erhellt, daß auch das retikuläre Gewebe der Fasern nicht entbehrt, doch nehmen sie nur einen bescheidenen Platz ein. In dem speziell als fibrillär bezeichneten Bindegewebe dagegen spielen sie die führende Rolle. Ihr Ursprung ist im wesentlichen der gleiche, wie der der Fasern des retikulären Gewebes. Sie entstehen aus der Gallertsubstanz direkt oder aus strukturlosen Lamellen, welche sich in Anlehnung an die flach ausgebreiteten Zellen entwickeln. In beiden Fällen erscheint in der homogenen Substanz ein sehr zartes, an der Grenze der Sichtbarkeit stehendes Netz, welches sich in der Folge durch Zerreißen der mechanisch weniger beanspruchten Fäden zu glatten unverzweigten Strängen umwandelt. Diese verdicken sich im Laufe der Zeit und zerfallen dann sekundär in der Richtung der mechanischen Beanspruchung in gleichdicke, aber feinste und unverzweigte Fibrillen, die die definitiven Elemente darstellen. Der zwischen den Fibrillen befindliche unverbrauchte Rest der ursprünglichen Substanz wird beim fertigen Bindegewebe als Kittsubstanz bezeichnet. Sie ist so stark lichtbrechend, daß die Fibrillen von ihr meist verdeckt werden und es bedarf erst der Behandlung mit Reagentien (Kalk- oder Barytwasser, Pikrinsäure u. a.), um diese einzeln sichtbar zu machen. Die Entstehung der Fibrillen erklärt es, daß sie niemals isoliert, sondern stets in Bündeln zusammengefaßt sind und daß die Fibrillen eines und desselben Bündels immer in paralleler Richtung angeordnet sind. Je nachdem ein solches Bündel gespannt oder entspannt ist, verlaufen seine Fibrillen entweder ganz straff oder in Wellenlinien, weshalb man auch von „lockigem" Bindegewebe spricht.

Es darf nicht verschwiegen werden, daß die Entstehung des kollagenen Gewebes nicht von allen Autoren in der gleichen Weise geschildert wird. Eine nicht geringe Anzahl ist der Meinung, daß die Fibrillen einzeln aus dem Protoplasma der Zellen entstünden und sich von diesem erst in der Folge lösten. Über die Verhältnisse des fertigen Bindegewebes herrscht Übereinstimmung der Meinungen. Allgemein ist jetzt auch anerkannt, daß die Zwischensubstanz und die Fasern nicht etwa tote Gebilde sind, sondern durch die Vermittelung der Zellen Stoffwechsel und andauernde Umbildungsfähigkeiten besitzen.

Was die Reaktionen der Bindegewebsbündel und seiner Fibrillen anlangt, so ist die wichtigste die, daß es sich beim Kochen in Leim umwandelt. Man nennt deshalb das fibrilläre Bindegewebe auch kollagenes oder leimgebendes Gewebe [1]. Bei Zusatz von verdünnten Säuren und Alkalien quillt das Gewebe zu einer durchsichtigen Gallerte auf, nach Entfernung dieser Reagentien treten aber die Fibrillen wieder unverändert hervor. Durch saure Anilinfarben wird die kollagene Substanz lebhaft gefärbt. Die Anfangsstadien der kollagenen Substanz zeigen die Reaktionen noch nicht so deutlich, wie später, weshalb man sie auch als „präkollagen" bezeichnet.

Unter dem Polarisationsmikroskop erweist sich das fibrilläre Bindegewebe als

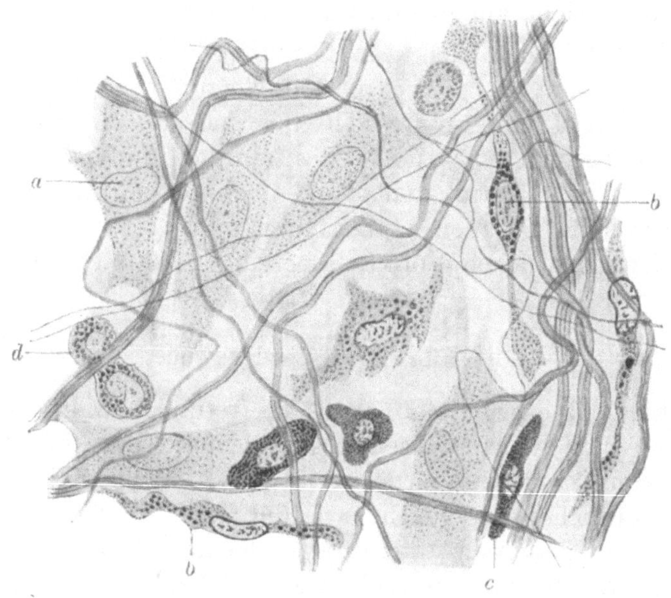

Abb. 43. Zellen des fibrillären Bindegewebes (Maximow 1906).
a Fibroblast; *b* ruhende Wanderzelle; *c* Mastzelle; *d* eosinophile Zelle.

positiv einachsig doppelbrechend; die optische Achse liegt in der Längsrichtung der Fibrillen.

Überall sind dem kollagenen Gewebe elastische Fasern beigemischt, über welche unten in einem besonderen Abschnitt gesprochen werden wird.

Die Zellen, welche als die eigentliche Matrix der fibrillären Substanz anzusehen sind, nennt man Fibroblasten (Abb. 43, 44). Sie müssen ihrer Funktion wegen überall vorhanden sein, wo sich fibrilläres Bindegewebe findet. Doch treten sie gegen die Grundsubstanz, wie gesagt, stark zurück. Sie fallen auch deshalb nicht gleich in die Augen, weil sie meist sehr platt und durchsichtig sind. Von ihrem Körper gehen Fortsätze der verschiedensten Gestalt ab, die vielfach miteinander anastomosieren, so daß ein kontinuierliches protoplasmatisches Netz auch dieses Bindegewebe durchzieht.

Außer den Fibroblasten kommen noch andere Zellen im kollagenen Gewebe vor, die mit der Entstehung der fibrillären Grundsubstanz nichts zu tun haben, sondern anderen Zwecken dienen. Sie stehen wohl sämtlich mit den aus den blutbildenden

[1] κόλλα Leim. Lat. gluten; daher für die in Leim umgewandelte Substanz der Name Glutin.

Organen stammenden Wanderzellen in Zusammenhang und stellen Umwandlungsformen von ihnen dar (Maximow 1906). Es sind die folgenden (Abb. 44):

1. Zuerst sind die Leukocyten mit amöboider Bewegung selbst zu nennen. Sehr verschieden groß. Wie im Blut, so ist auch im Bindegewebe eine Anzahl der Leukocyten eosinophil, d. h. sie färben sich mit Eosin lebhaft.

2. Ruhende Wanderzellen (Maximow)[1]. Größere Zellen, polymorph, mit scharf begrenztem Zelleib und dunkleren Kernen, die kleiner sind, wie die der Fibroblasten. In ihrem Protoplasma enthalten sie mehr oder weniger zahlreiche Körnchen. Die Zellen sind unregelmäßig verteilt, häufen sich aber besonders in der Umgebung der Blutgefäße und der Fettzellen an.

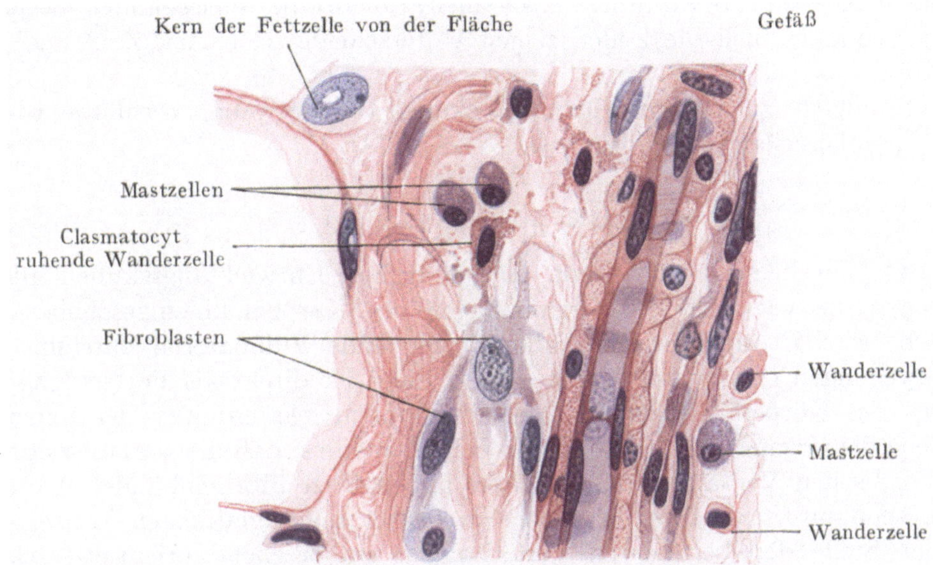

Abb. 44. Schnitt durch das lockere Bindegewebe der Subkutis in der Kopfhaut des Menschen. Eosin-Hämatoxylinfärbung. Präparat von A. Vierling. Gezeichnet bei 1000facher Vergrößerung, zur Reproduktion um $^1/_3$ verkleinert. Links im Präparat ist eine Gruppe von Fettzellen angeschnitten, ein Kern ist von der Fläche, oben, ein anderer von der Kante zu sehen. Rechts im Präparat ist eine kleine Arterie fast genau der Länge nach getroffen. In dem Zwischenraum liegen Fibroblasten, Mastzellen und ruhende Wanderzellen; letztere sind an dem rotgranulierten Protoplasma mit zahlreichen zerbröckelnden Fortsätzen leicht zu erkennen. Unter dem Fibroblasten, der spindelförmige Gestalt hat, liegt eine Mastzelle. An der rechten Seite sind zwei Wanderzellen und eine Mastzelle zu sehen.

3. Plasmazellen (Unna). Scharf konturiert, von rundlicher Form mit kleinem excentrisch liegenden Kern. Protoplasma durch basische Anilinfarbstoffe dunkel färbbar, ohne ausgesprochene Granulierung. Abgesehen von entzündlicher Reizung des Bindegewebes sind sie nur in geringer Anzahl vorhanden.

4. Mastzellen (Ehrlich). Sie stammen entweder aus dem Blut (hämatogene Mastzellen, Mastleukocyten) oder vermehren sich durch Teilung im Bindegewebe selbst, wo sie schon in frühen Entwicklungsstadien auftreten (histiogene Mastzellen). Ihr Cytoplasma ist mit sehr zahlreichen groben Körnern erfüllt, welche wasserlöslich sind und sich mit basischen Anilinfarben lebhaft färben. Sie finden sich am reichlichsten in der Nähe der Blutgefäße. Der Name stammt daher, daß die ersten Beschreiber glaubten, daß sich die Zellen einer ganz besonders sorgfältigen Ernährung erfreuten. Dies hat sich nicht bewahrheitet und man ist noch völlig im unklaren über ihre

[1] Clasmatocyten. Ranvier.

Bedeutung. Maximow denkt an eine drüsenähnliche Funktion, wobei die Körnchen das aufgespeicherte Sekret darstellen würden, das nach Bedürfnis in die Umgebung abgegeben würde.

5. Fettzellen und Pigmentzellen seien nur erwähnt, sie sind unten noch im besonderen zu betrachten.

Nicht überall kann das Bindegewebe von gleichem Bau sein, da es bei seiner großen Verbreitung über den ganzen Körper hin in der verschiedensten Weise zu wirken hat und die mechanische Beanspruchung ist es ja, welche die Textur des Bindegewebes ausschlaggebend beeinflußt. Aber nicht allein die Faserbündel wechseln in Dicke und Verlauf, auch die Zellen zeigen Unterschiede nach Art, Zahl und Anordnung.

Man hat danach zu unterscheiden: Lockeres Bindegewebe, verfilztes Bindegewebe und parallelfaseriges Bindegewebe.

a) Lockeres Bindegewebe[1].

Es ist das Gewebe, das sich schon in den frühen Entwicklungsstadien allenthalben zwischen die verschiedenen Organanlagen des Körpers hineingeschoben hat und das auch beim Erwachsenen das alles verbindende Füllmaterial darstellt. Es folgt den Bewegungen der Organe und regelt sie, und ist direkt als Fortsetzung des Skeletsystems des Körpers aufzufassen. Bei der großen Vielseitigkeit der Verschiebungen, welche die Organe erleiden können, versteht man es, daß die Verlaufsrichtung der den mechanischen Verhältnissen des Zuges angepaßten Fibrillenbündel eine sehr verschiedene sein muß. Sie durchkreuzen sich in der mannigfaltigsten Weise, sind aber an jeder Stelle den besonderen Verhältnissen entsprechend orientiert. Dabei kann es natürlich zu einer festen Verbindung der Fibrillenbündel untereinander nicht kommen. An Stellen, an denen besonders starke Verschiebungen stattfinden, wie z. B. zwischen Speiseröhre und Wirbelsäule, ist das Bindegewebe auch besonders locker gebaut, an anderen, wie z. B. in der Umhüllung der Nerven und Gefäße ist es von festerem Gefüge. Auf der Oberfläche der Organe verdichtet es sich zu häutigen Platten, auch auf und zwischen den Muskeln kann es sich, ihren regelmäßigen und stets in gleicher Weise wiederkehrenden Bewegungen entsprechend, zu membranösen Bildungen zusammenschieben, welche man, wenn sie dicker und im ganzen präparierbar sind, als Fascien (Binden) bezeichnet. Daß aber diese Fascien doch nichts anderes sind, als lockeres Bindegewebe, geht, abgesehen von der Struktur, auch daraus hervor, daß diese Blätter sich erst im Laufe der Jugend durch die immer wiederkehrende Aktion der bedeckten Muskeln ausbilden.

Seiner vielseitigen Bedeutung entsprechend enthält das lockere Bindegewebe die sämtlichen oben aufgeführten Zellenarten, an vielen Stellen besonders zahlreiche Fettzellen, und ist Träger zahlreicher Gefäße und Nerven, welche zum Teil ihm selbst zugute kommen, zum Teil zu den von ihm umschlossenen Organen gelangen. In den Räumen, die zwischen seinen Fibrillenbündeln bleiben, cirkuliert lymphatische Flüssigkeit. Das lockere Bindegewebe hat demnach eine hohe nutritorische Bedeutung.

---

[1] Syn. Interstitielles Bindegewebe. Formloses Bindegewebe. Alveoläres Gewebe. Zellgewebe; diese letztere vormikroskopische Bezeichnung versteht unter Zellen nicht das, was man heute mit diesem Namen belegt, sondern die Spalträume zwischen den Bündeln des Gewebes.

Die Verteilung und Struktur des lockeren Bindegewebes bringt es mit sich, daß es auch in pathologischer Hinsicht von Wichtigkeit ist. Dadurch, daß es sich in alle Wunden eindrängt, bildet es die Narben, die den gestörten Zusammenhang provisorisch oder definitiv wieder herstellen. Durch entzündlichen Reiz können sich die von ihm gebildeten Häute schwielig verdicken.

β) Verfilztes Bindegewebe.

Es steht dem lockeren Bindegewebe in seinem Bau sehr nahe und geht auch oft so unmerklich in dieses über, daß man im Zweifel sein kann, wo das eine aufhört, das andere beginnt. Schon in der ersten Entwicklung aber ist es insofern von jenem verschieden, als seine Bildungszellen dichter stehen.

Auch bei ihm kreuzen sich die Bündel in verschiedenen Richtungen, sind aber fester gefügt (Abb. 45). Die Verfilzung kann eine immerhin noch weniger innige sein, wie es in den serösen Häuten der Fall ist; sie kann aber auch so fest werden, daß die ganze Masse eine fast knorpelige Konsistenz annimmt (Tarsus der Augenlider). Die Spalträume zwischen den Bündeln werden je nach dem Grad der Verfilzung immer enger. Das verfilzte Bindegewebe ist niemals „formlos“, sondern tritt stets in membranöser Gestalt auf. Es bildet die Unterlagen aller Epithelien und trägt dann an seiner Oberfläche die schon erwähnten (S. 40) Basalmembranen. An einzelnen Stellen ist es von extremer Dünne, an anderen wieder außerordentlich dick. Sämtliche seröse Membranen, manche Schleimhäute und die Lederhaut bestehen aus ihm. Aber auch Häute anderer Art bildet es, wie die äußere Augenhaut, Scheiden aller Art, Kapseln vieler Organe, die Hirnhäute, das Periost, Perichondrium u. a. m. Seine Faserbündel sind ganz ebenso nach den mechanischen Bedürfnissen orientiert, wie die des lockeren Bindegewebes, was man oft aus dem Verlauf deutlich erkennen kann (z. B. Sclera). Aber auch da, wo die Bündel ganz regellos verfilzt zu sein scheinen, weist eine genauere Beobachtung doch bestimmte Verlaufsrichtungen nach (z. B. Lederhaut). Überall herrscht das wunderbare Prinzip exaktester funktioneller Differenzierung.

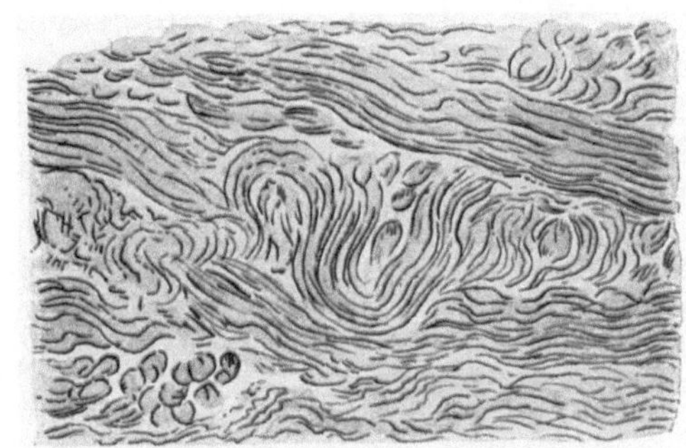

Abb. 45. Verfilztes Bindegewebe. Durchschnitt der gegerbten menschlichen Haut.

Was die Zellen des verfilzten Bindegewebes anlangt, so fehlt stets eine der oben aufgeführten Arten, nämlich die Fettzellen. Beginnen sie zu erscheinen, dann ist auch der Übergang zum lockeren Bindegewebe erreicht.

γ) Parallelfaseriges Bindegewebe.

Der Hauptrepräsentant ist die Sehne und es unterscheidet sich diese durch ihre rein weiße Farbe und ihren Atlasglanz schon bei flüchtiger Betrachtung von den anderen Bindegewebsarten. Wenn es auch an Übergängen zu diesen nicht fehlt, so stellt das parallelfaserige doch eine ganz spezifische Modifikation des Bindegewebes dar. Es spricht sich dies schon in der ersten Entwicklung aus. Untersucht man die Anlage einer Säugetiersehne, dann findet man, daß sie aus dicht aneinanderlegenden Zellen besteht, deren elliptische Kerne mit ihrer Längsachse in der Richtung der späteren

Fasern orientiert sind. Zwischen den Zellen tritt dann eine amorphe Substanz auf, welche jene auseinander drängt. In ihr entstehen sogleich Längsfasern, ohne daß es zuvor zu einem netzartigen Stadium käme. Sie unterscheiden sich deutlich von denen der anderen Bindegewebsarten durch ihre stärkere Färbbarkeit in sauren Anilinfarben. Von der immer massenhafter gebildeten Intercellularsubstanz werden die anfänglich spindelförmigen Zellen verdrückt, so daß sie in der ausgebildeten Sehne zu äußerst dünnen Platten geworden sind, welche mehrere ebenfalls platte Fortsätze besitzen (Flügelzellen) (Abb. 46), die mit den Fortsätzen benachbarter Zellen reichlich zusammenhängen, so daß sie geradezu ein Zellensyncytium bilden. Die Zelle mit ihren Fortsätzen läßt sich nachahmen durch ein aufgeschlagenes Buch, dessen mittlere Blätter man im Winkel von den flach auf dem Tisch liegenden abhebt.

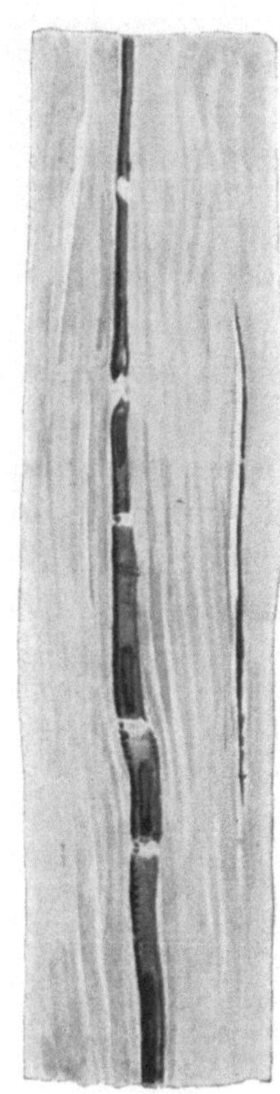

Abb. 46. Sehne vom Rattenschwanz, gequetscht. Flügelzellen von der Fläche und der Kante.

Die Zellen sind in Längsreihen durch die ganze Sehne hin angeordnet und sind sowohl in der Längsrichtung, wie auch durch ihre Fortsätze der Quere nach verbunden. Dadurch wird die fibrilläre Intercellularsubstanz in unvollkommen voneinander gesonderte Bündel geteilt (primäre Bündel), die man am leichtesten auf dem Querschnitt der Sehne erkennt. Die Querschnitte der Zellen (Abb. 47) gleichen hier sternförmigen Gebilden, für welche sie auch in der Frühzeit der mikroskopischen Forschung von manchen Seiten gehalten wurden. Zellen anderer Art kommen in der eigentlichen Substanz der Sehnen nicht vor.

Durch eingeschobenes lockeres Bindegewebe wird die Sehnensubstanz in einzelne Abteilungen zerspalten (sekundäre Bündel), die ähnlichen Abteilungen der mit den Sehnen zusammenhängenden Muskeln entsprechen. Durch weitere Septa werden die

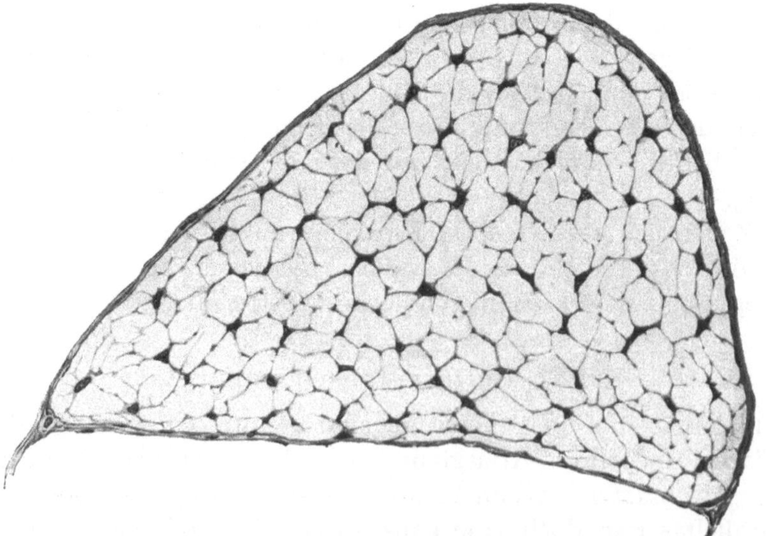

Abb. 47. Ein Bündel der Sehnen vom Rattenschwanz im Querschnitt. Die Flügelzellen sind quergetroffen, mit ihren Fortsätzen hängen sie größtenteils zusammen. In den grauen Zwischenräumen zwischen den Zellen sind die Sehnenfaserbündel, von denen Einzelheiten nicht zu erkennen sind. Gezeichnet bei 400facher Vergrößerung. Zur Reproduktion um etwa $^1/_5$ verkleinert.

sekundären Bündel dann zu solchen höherer Ordnung zusammengefaßt und die ganze Sehne erhält endlich einen Überzug des gleichen Gewebes (Peritenonium)[1].

Es kommen Sehnen vor, die scheinbar nicht parallelfaserig sind, wie das Centrum tendineum des Zwerchfelles oder die Sehne des M. obliquus abd. externus. Dabei handelt es sich aber lediglich um verschiedene übereinander liegende, an sich parallelfaserige Sehnenzüge verschiedener Richtung, die durch lockeres Bindegewebe eng miteinander verbunden sind.

Die Sehnen mit dem verfilzten Bindegewebe zusammenzustellen, wie es zuweilen geschieht, ist nicht angängig, da in der Entwicklung und im anatomischen Bau durchgreifende Verschiedenheiten vorhanden sind.

In die eigentliche Sehnensubstanz dringen Blutgefäße nicht ein, diese bleiben auf die aus lockerem Bindegewebe bestehenden Septa beschränkt und sind auch da nur in geringerer Menge vorhanden. Die Säftecirkulation im Innern geschieht in den engen Spalträumen, die zwischen den Zellen und der Intercellularsubstanz vorhanden sind. Dieser spärlichen Ernährung wegen unterscheidet sich die Sehne auch in pathologischer Beziehung erheblich vom lockeren und verfilzten Bindegewebe. Sie ist bei entzündlichen Vorgängen nicht geneigt sich zu verdicken, sie fällt vielmehr leicht der Nekrose anheim. Die Nerven bilden in ihr besondere Endorgane, welche bei Betrachtung der Sinnesapparate zu beschreiben sein werden.

Die Verbindung mit den Enden der Muskeln geschieht in der Art, daß die Sehnenfasern direkt durch das Sarkolemm der einzelnen Muskelfasern in die Myofibrillen übergehen (O. Schultze), oder daß sie in das Bindegewebe zwischen ihnen übergehen. Mit dem Skelet setzen sie sich durch Übergang in das Periost oder Perichondrium in Zusammenhang.

Die gleiche Struktur wie die Sehnen besitzen sehnige Häute, die man Aponeurosen nennt, ferner viele Bänder in der Umgebung der Gelenke.

Eine scharfe Trennung der Fascien und Aponeurosen, welche doch anatomisch, physiologisch und pathologisch verschiedene Dinge sind, wird in der Literatur bis jetzt leider nicht streng durchgeführt.

c) Elastisches Gewebe.

Man darf nicht annehmen, daß an das speziell sog. elastische Gewebe allein die physikalischen Eigenschaften der Elastizität im Körper gebunden sei, ihm ist dieselbe nur in besonders hohem Grade eigen. Man begegnet ihm in allen Arten der Bindesubstanzgruppe, dem kollagenen Gewebe sind sie überall beigemischt, dasselbe mag vorkommen, wo es will, doch ist es an einer Stelle nur sehr spärlich, an einer anderen mehr, an einer dritten sogar in so großer Menge vorhanden, daß jenes dagegen stark zurücktritt. Die Fasern, aus welchen es besteht, verlaufen zum Teil in und mit den Bindegewebsbündeln, zum Teil durchaus selbständig. Besonders eigenartig sind die umspinnenden Fasern, welche entweder wie Ringe oder auch wie mehr oder weniger regelmäßige Spiralfäden um manche Bindegewebsbündel herumgelegt sind (Arachnoides) (Abb. 48).

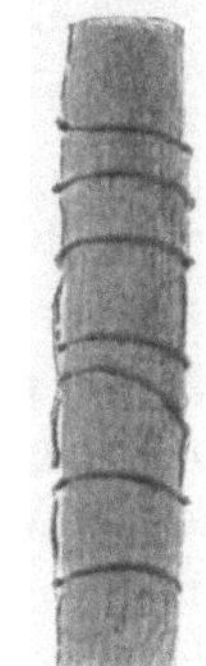

Abb. 48. Menschliche Hirnbasis. Bindegewebsbündel mit umspinnenden elastischen Fasern.

Es ist bei allen Wirbeltieren weit verbreitet, bei Wirbellosen kommt es nur selten, vielleicht gar nicht vor. Ist das elastische Gewebe verhältnismäßig unvermischt, wie im Nackenband großer Säugetiere, oder in den Ligg. flava der Wirbelbogen, dann erscheint es im Gegensatz zu dem rein weißen kollagenen

[1] περί um, herum; ὁ τένων die Sehne.

Gewebe von gelblicher Farbe. Außer Fasern bildet es auch Membranen durch fast vollkommene Verschmelzung der Fasern.

Die elastischen Fasern stehen in ihrem ganzen Verhalten in Gegensatz zu den kollagenen. Die kollagenen Fasern verlaufen immer in Bündeln, die elastischen immer einzeln. Die kollagenen sind immer unverzweigt, die elastischen verzweigt und fast stets Netze bildend, hier mit weiteren, dort mit engeren Maschen. Die kollagenen sind immer gleich dick, die elastischen sehr verschieden, von den allerfeinsten bis zu sehr starken und plumpen (Abb. 49). Die kollagenen Fasern besitzen geringere Lichtbrechung, die elastischen so starke, daß sie makroskopisch die erwähnte gelbe Farbe zeigen, unter dem Mikroskop grau und scharf konturiert erscheinen. Dicke elastische Fasern können dadurch an Glasfäden erinnern. Die elastischen Fasern sind ferner spröde; sind sie dick, dann kann man sehen, daß sie nicht reißen, sondern quer abbrechen (Abb. 49). Erfolgt der Bruch an einer Teilungsstelle, dann bildet das abgebrochene Ende einen konsolartigen Vorsprung.

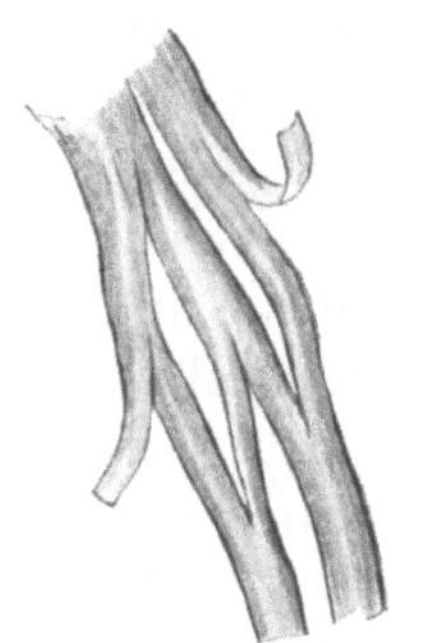

Abb. 49. Sehr dicke elastische Fasern aus dem Nackenband des Rindes. Frisch zerzupft.

Prüft man chemisch, dann kann man Fasern finden, in welchen die Reaktionen des kollagenen Gewebes versagen, die des elastischen aber noch nicht voll ausgebildet sind; man hat es dann mit Zwischenformen zu tun. Wohl charakterisierte elastische Fasern bestehen aus Elastin, sie geben beim Kochen keinen Leim. Von Pepsin und Trypsin werden sie angegriffen; man sieht an den starken Fasern des Nackenbandes, daß sie der Quere nach zerfallen und schließlich ganz zerstört werden. Gegen verdünnte Säuren und Alkalien erweisen sie sich unempfindlich, weshalb man sie mit diesen Mitteln in dem gequollenen Bindegewebe überall leicht nachweisen kann. Manche Farbstoffe wirken spezifisch; die Fasern färben sich isoliert mit Orcein und mit Weigertscher Fuchsin-Resorcinlösung.

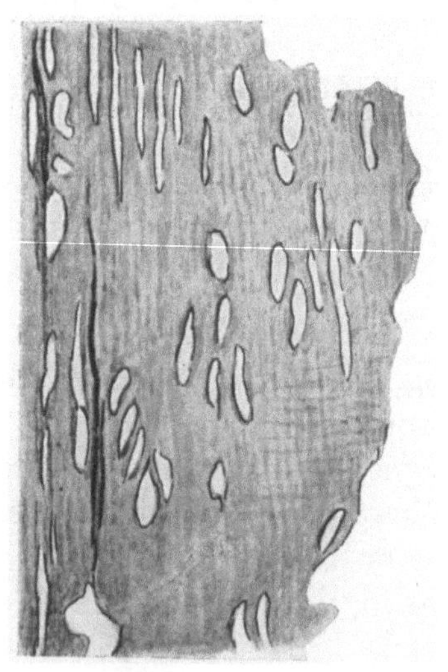

Abb. 50. Gefensterte Haut aus einer menschlichen Arterie.

Eine feinere Struktur der elastischen Fasern scheint vorhanden zu sein. Zwar existiert ein fibrillärer Zerfall niemals; bei den starken Fasern des Nackenbandes hat man aber eine scheidenartige Hülle (Schwalbe 1877) nachzuweisen vermocht; der peripherische Teil scheint eine festere Konsistenz zu haben, wie der centrale.

Was die Entstehung der elastischen Fasern betrifft, so weiß man, daß sie beim Embryo später auftreten, als das kollagene Gewebe. Über die Art der Entwicklung aber sind die Meinungen ebenso geteilt, wie über die der Bindegewebsfasern. Nach der einen Ansicht sollen sie sich direkt im Zellprotoplasma bilden, nach der anderen sollen sie in der Intercellularsubstanz entstehen. Eine Ansicht geht dahin, daß sich erst Körnchen bilden, welche nachher zu Fasern zusammenfließen, eine andere läßt sie sogleich als fertige Fasern auftreten. Sicher nachgewiesen ist, daß sie gelegentlich aus einer von Zellen secernierten Substanz durch bestimmte Zugrichtung also mechanische Inanspruchnahme gebildet werden, gewissermaßen auskristallisieren. Ihnen wie den kollagenen Fasern kommt im Röntgenspektrum erkennbare kristallartige Struktur zu.

In gewissen Fällen platten sich enge Netze elastischer Fasern stark ab, wodurch sie einer durchbrochenen Membran ähnlich werden. In anderen Fällen geht eine der

Abb. 51. Querschnitt durch die äußere Haut der Ohrmuschel vom Menschen. Die elastischen Fasernetze sind durch ein Elastinfärbungsverfahren (Weigert) deutlich geworden. In dem Bilde sind alle schwarzen Fasern in dem Corium und dem undeutlich abgrenzbaren Subkutangewebe elastische Fasern, die sehr verschieden an Dicke sind. Gezeichnet bei 315facher Vergrößerung. Zur Reproduktion um etwa $^1/_3$ verkleinert.

erwähnten Basalmembranen aus dem kollagenen in den elastischen Zustand über (Merkel 1909). Auch in diesen Fällen findet man die Membran meist durchbrochen (gefensterte Häute) (Abb. 50).

d) Fett.

Das Fett ist für den Körperhaushalt von großer physiologischer Bedeutung. Es stellt die Nahrungsreserve dar, welche verbraucht wird, wenn die Nahrungszufuhr von außen her aus irgendwelchem Grund nicht ausreicht. Jedermann weiß, daß bei Tier und Mensch der Fettgehalt des Körpers je nach der Ernährung ein sehr wechselnder sein kann und daß er bei einem und demselben Individuum selbst in gesunden Tagen gelegentlich beträchtlich schwankt. Über die Herkunft des Fettes gehen die Meinungen auseinander. Während die einen es durch Zerfall des Eiweißes entstehen lassen, sind die anderen — wohl die Mehrzahl — der Ansicht, daß das Fett entweder in fertigem Zustand oder doch in einem Material, aus welchem Fett gebildet werden kann (Kohlehydrate), zugeführt wird. Dies mag sein, wie es will, in jedem Fall hat doch das Zellprotoplasma speziell dazu geeigneter Zellen in Tätigkeit zu treten, entweder um das fertige Fett an sich heranzuziehen, oder um aus dem zugeführten Material Fett zu bereiten. Typische Fettzellen aber sind nur dem Knochenmark und dem lockeren Bindegewebe eigen als deutlich präformierte Steatoblasten. Lasse ich das erstere im Augenblick ganz beiseite, dann findet man, daß in letzterem die ersten ganz kleinen Fetttröpfchen im Cytoplasma von Zellen auftreten, welche den Fibroblasten in ihrer Form gleichen oder ihnen sehr ähnlich sind (Abb. 52 a). Sehr bald runden sich die zuerst membranlosen Zellen unter Einziehung der Fortsätze ab und die Fetttröpfchen vermehren sich (b, c) und vergrößern sich dadurch, daß eine Anzahl von ihnen zu einem größeren Tropfen zusammenfließt (d). Der Kern, welcher sich nicht selten verdoppelt hat, wird durch diesen Tropfen immer weiter zur Seite gedrängt und das Cytoplasma wird mehr und mehr gedehnt. Schließlich bildet es nur eine dünne membranartige Haut, welche den abgeplatteten Kern enthält und die einen einzigen gewaltigen Fetttropfen umschließt. Die Zelle wird dadurch so groß, daß man sie an Zerzupfungspräparaten sogar mit unbewaffnetem Auge als einen kleinen glänzenden Punkt wahrnehmen kann (Abb. 53, 54).

Geht bei der Abmagerung das Fett wieder verloren, dann verschwindet es aus den Zellen wieder mehr und mehr, sie werden kleiner, und der einfache große Tropfen teilt sich in mehrere kleine Tröpfchen, welche durch Koncentration des Fettfarbstoffes (Lipochrom) eine lebhaft gelbe Farbe zeigen, endlich kehrt die Zelle in ihren ursprünglichen Zustand zurück. In den rückgebildeten Fettzellen marastischer Individuen bleibt das Protoplasma nicht unversehrt, es enthält vielmehr eine schleimige Flüssigkeit. In Verkennung des Inhaltes belegte man solche Zellen mit dem Namen seröse Fettzellen.

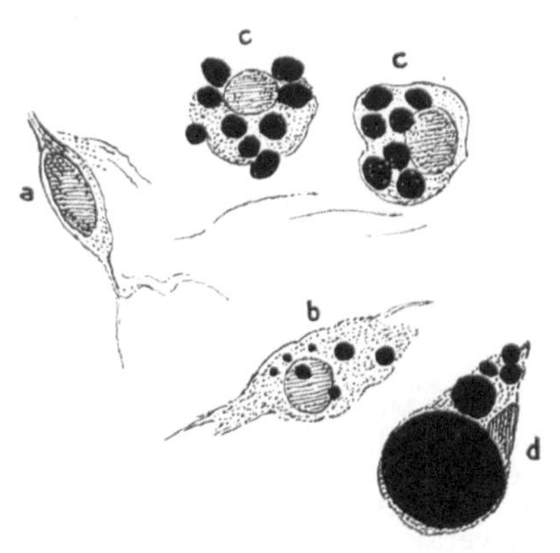

Abb. 52. Fettzellenbildung bei einem menschlichen Fetus von 17 Wochen.
a Fibroblast. *b* Erstes Auftreten von Fettkörnchen. *c* Größere Fetttropfen. *d* Zelle mit einem großen und mehreren kleineren Fetttropfen (Sudanfärbung).

Beim Fettschwund kommt es zuweilen zur Bildung einer Kolonie junger Zellen im Raume der alten Fettzelle (Wucherungsatrophie; Flemming).

Nicht alle Zellen des lockeren Bindegewebes, welche nach Bau und Herkunft befähigt zu sein scheinen, sich in Fettzellen umzuwandeln, sind dazu tatsächlich imstande. Es gibt vielmehr Stellen, welche niemals Fett enthalten, wie das Unterhautbindegewebe des Penis, das lockere Bindegewebe zwischen Ösophagus und Wirbelsäule. Auch bleiben bei stärkster Fettentwicklung zahlreiche Zellen in nächster Nähe der fetthaltigen fettfrei. Andererseits gibt es Stellen, welche auch bei stärkster Abmagerung ihr Fett nicht verlieren, so die Augenhöhle, der Fettpfropf der Wange, die Kniekehle. Viele Fettzellen kommen zwar einzeln oder in ganz kleinen Gruppen im lockeren Bindegewebe vor, die meisten aber sind in Läppchen vereinigt, welche sich bei der Entwicklung von gewissen Ausgangspunkten über den Körper hin ausbreiten. Man wird deshalb geneigt sein, gewissen Zellen eine besondere Anlage zur Fettaufnahme zuzuschreiben, wenn man sie auch durch die mikroskopische Beobachtung nicht oder nur schwer von den gewöhnlichen Fibroblasten zu unterscheiden vermag.

Die werdenden Fettläppchen verraten sich zuerst dadurch, daß ein glomerulusartiges Capillarnetz entsteht, in dessen Maschen sogleich eine Anhäufung von Zellen auffällt. Sehr bald beginnen sich diese mit Fett zu füllen. Blutgefäße und Zellen werden immer zahlreicher, wodurch das Läppchen heranwächst. Es kann über ein halbes Centimeter groß werden. Ist es ausgewachsen, dann besteht es lediglich aus den prall gefüllten Fettzellen, welche rundlich oder oval sind, oder auch sich durch gegenseitigen Druck polygonal abplatten. Eine kleine Arterie führt hinein, zwei Venen heraus. Die Capillaren sind so zahlreich, daß sie fast jede Zelle ringförmig einschließen.

Jedes Fettläppchen wird umgeben von einer Umhüllung lockeren Bindegewebes, von der aus sich spärliche Fortsätze ins Innere hinein erstrecken.

In lebendem Zustand ist das Fett flüssig. Nach dem Absterben und Kaltwerden der Gewebe wird es schnell oder langsam fest, kann aber selten auch dickflüssig bleiben. Bald treten in ihm lange Nadeln von Margarinkristallen auf (Abb. 54).

Das Fett ist löslich in warmem Alkohol, in Äther, Benzol, und den ätherischen Ölen, welche man zum Aufhellen mikroskopischer Präparate gebraucht. Man hat sich deshalb immer daran zu erinnern, daß in Balsampräparaten die Fettzellen leer sind, nur ihre protoplasmatischen Teile sind erhalten geblieben. Osmiumsäure wird durch Fett reduziert und schlägt sich auf ihm in metallischer Form nieder, wodurch das Fett erst eine braune, endlich tintenschwarze Farbe annimmt. Da sich aber auch andere Gewebsbestandteile durch Osmium schwärzen, ist die Reaktion für kleinste Fettkörnchen nicht ganz spezifisch, so charakteristisch sie auch für größere Tropfen erscheint. Alkoholischer Alkannaextrakt färbt das Fett rot, indifferente Teerfarben färben es in verschiedener Weise; hervorgehoben sei die sehr lebhafte orangegelbe Färbung durch Sudan.

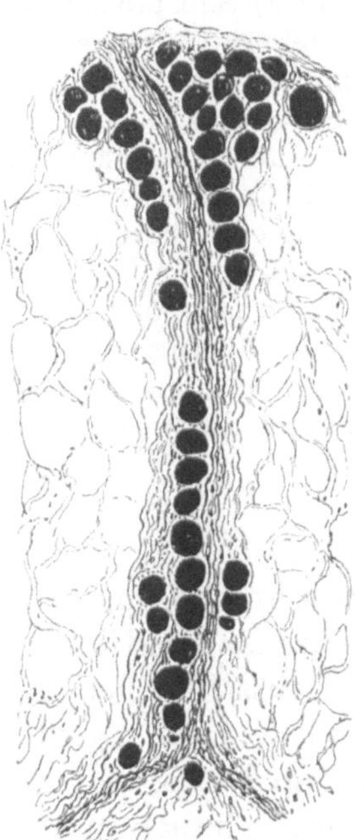

Abb. 53. Fettzellenläppchen und vereinzelte Fettzellen an einem Blutgefäß des Mesenteriums der Katze. Schwache Vergrößerung (Sudanfärbung).

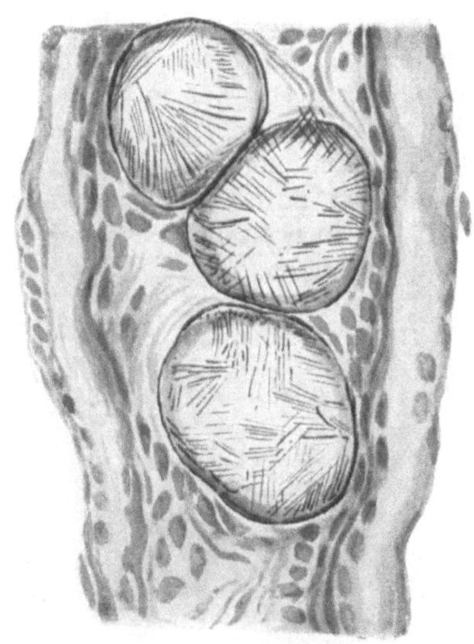

Abb. 54. Menschliche Fettzellen, Margarinekristalle enthaltend. Starke Vergrößerung.

Das Fett ist nicht auf die beschriebenen Zellen des lockeren Bindegewebes beschränkt, auch in Zellen vieler anderer Gewebe kann es auftreten, in Epithelzellen, in Drüsen (Milch- und Talgdrüsen, Rinde der Nebenniere usw.), in Muskeln, in Knorpelzellen. Doch kommt es hier normalerweise niemals zu einer so prallen Füllung der Zellen, wie in den eigentlichen Fettzellen, es bleibt vielmehr immer bei kleineren und größeren Körnchen. Eine solche Aufspeicherung kann aber unter pathologischen Umständen besonders bei verminderter Sauerstoffzufuhr einen erheblichen Grad erreichen und auch an Stellen auftreten, welche unter normalen Umständen niemals Fett enthalten (fettige Degeneration und Infiltration).

Neben seiner Funktion für den Stoffwechsel hat das Fettgewebe noch andere Funktionen. So dient es als Wärmeschutz und man findet demgemäß, daß Menschen und Tiere in polaren Klimaten weit mehr Fett zu genießen und aufzuspeichern vermögen, wie in wärmeren. Weiter hat es auch eine Bedeutung, die man als ästhetische bezeichnen könnte. Es rundet solche Stellen, welche ohne dasselbe eckig erscheinen würden (z. B. Hals). Ferner findet man es auch mehrfach an solchen Stellen als Füllmaterial verwendet, die einem raschen Wechsel der Form unterworfen sind. Das weiche Fett bequemt sich den immer wieder veränderten Verhältnissen auf das leichteste und vollkommenste an (z. B. Fettfalte des Kniegelenkes).

Überschreitet die Aufnahme fettbildender Nahrung den Verbrauch, dann entsteht bei Menschen und Tieren Fettleibigkeit (Mästung), welche die Gesundheit schädigen, selbst das Leben gefährden kann.

In neuerer Zeit haben die lipoiden (fettartigen) (τὸ λίπος Fett) Substanzen (Overton) eine erhöhte Beachtung gefunden. Sie sollen nicht nur in den unzweifelhaft als Fette charakterisierten Substanzen, sondern in erheblich größerer Verbreitung vorkommen. Wie oben (S. 14 u. 15) bemerkt wurde, glaubt Albrecht sie im Cytoplasma, als Liposome, und in der Hülle des Kernes nachweisen zu können. Daß es oft schwierig ist, die lipoiden Substanzen zu erkennen, liegt daran, daß sie eine verschiedene chemische Konstitution haben, weshalb sie makro- und mikrochemisch verschieden reagieren. Das im subkutanen Bindegewebe vorkommende Fett ist ein Neutralfett, welches Glyzerinester der Palmitin-, Stearin- und Oleinsäure darstellt. Außerdem aber werden Cholesterinester der gleichen Säuren beobachtet. Die im Cytoplasma und der Kernhülle beobachteten Liposome sind phosphatidhaltig. Endlich hat man freie Fettsäuren und Seifen beschrieben, diese beiden in pathologischen Geweben (Achoff 1909). Die Forschung ist eifrig damit beschäftigt, die interessanten Körper nach ihrer chemischen und morphologischen Seite hin genauer zu ergründen.

e) Pigment.

Das Pigment ist nicht bloß auf das Bindegewebe beschränkt, man findet es auch in Epithelzellen, Nervenzellen und glatten Muskeln. Wenn es also auch nicht ausschließlich hierher gehört, so mag doch erlaubt sein, es jetzt sogleich im ganzen zu besprechen. Es tritt im Körper an einer einzigen Stelle in diffuser Form auf, nämlich in der Retina, bei deren Beschreibung darauf zurückzukommen sein wird; im übrigen findet man es als kleine Körnchen, welche entweder kugelig oder mehr stäbchenartig erscheinen. Ihre Farbe ist immer eine Abart von braun, bald sehr hell, mehr gelb, bald sehr dunkel, fast schwarz, bald auch mehr ins Rötliche spielend. Isoliert in Wasser schwimmend zeigen die Körnchen lebhafte Molekularbewegung (S. 21).

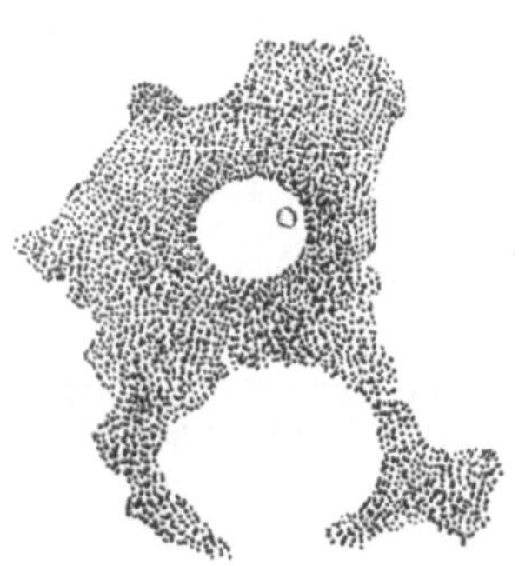

Abb. 55. Pigmentzelle aus der menschlichen Suprachorioidea.

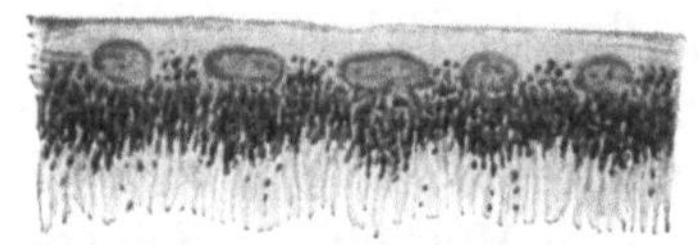

Abb. 56. Pigmentepithel der menschlichen Netzhaut.

Das im Bindegewebe vorkommende Pigment erfüllt das Cytoplasma spindel- oder sternförmiger Zellen mit oft plumpen Fortsätzen, und zwar zuweilen in so großer Menge, daß der Kern davon verdeckt wird. Ist er sichtbar, dann findet man ihn stets völlig frei von Pigmentkörnchen (Abb. 55, 57). Nicht immer enthalten die spezifischen Pigmentzellen auch Pigment, es kommt in ihnen gelegentlich nicht zur Entwicklung.

Im menschlichen Körper ist die Verbreitung der Pigmentzellen des Bindegewebes keine sehr große; in erster Linie ist der Uvealtraktus des Auges zu nennen, dann die Bindegewebsauskleidung des Gehörlabyrinthes, die weiche Hirnhaut. In der äußeren

Haut sind sie gewöhnlich nicht in großer Menge vorhanden, nur bei gefärbten Rassen und in Muttermalen (Nävi) Weißer findet man sie zahlreicher. In pathologischen Fällen können sie sich bedeutend vermehrt zeigen.

In ausgedehntem Maße findet man die Pigmentzellen des Bindegewebes in der Wirbeltierreihe entwickelt (Chromatophoren, Farbträger). Sie enthalten dort keineswegs immer nur braunes Pigment, wie der Anblick jedes Frosches dartut. Die Chromatophoren sind oft außerordentlich groß, mit vielen weithin ausgestreckten Fortsätzen versehen, welche unter dem Einfluß eines Nervenreizes eingezogen werden können (Farbenwechsel der Haut). Auch eine zeitweise stärkere und schwächere Pigmentbildung wird beobachtet (Hochzeitskleid vieler Tiere) (Abb. 57).

Die Pigmentierung von Epithel- und Drüsenzellen ist weit verbreitet. Die Färbung der farbigen Menschenrassen beruht auf einer stärkeren Pigmentierung der

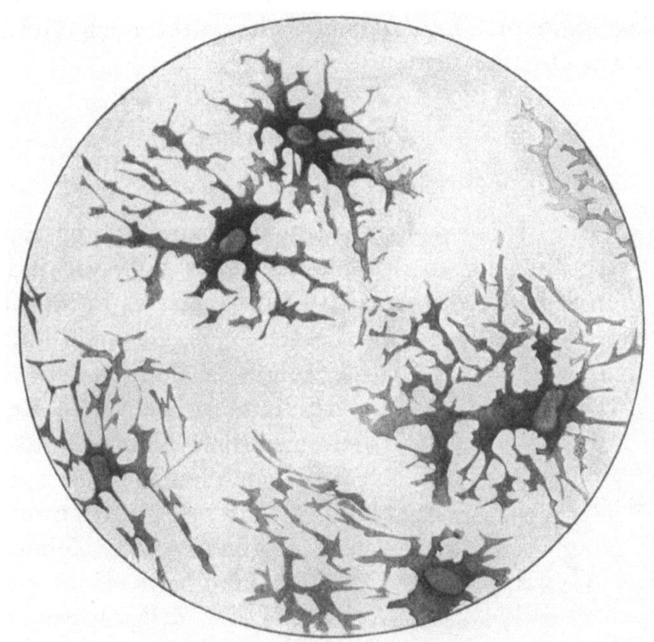

Abb. 57. Pigmentierte Bindegewebszellen (Chromatophoren) aus dem Peritoneum eines Amphibium (Triton cristatus). Die sehr stark verästelten Zellen sind fast ganz gefüllt mit bräunlichen bis schwarzen (in der Zeichnung schwarzen) Pigmentkörnchen. Der Kern ist immer frei von dem Pigment, hier hellgrau. Gezeichnet bei etwa 100facher Vergrößerung von stud. med. Walter Tews.

Epidermis, auch die Färbung der Haare ist eine epidermoidale. Das Pigmentepithel der Retina enthält große Mengen der Farbstoffkörnchen (Abb. 56), ebenso die glatten Muskeln des Dilatator pupillae, welch letztere genetisch mit dem Pigmentepithel zusammengehören.

Mit zunehmendem Alter tritt in gewissen Zellen eine Pigmentierung auf; in der Leber, im Genitaltraktus, in vielen Nervenzellen, im Herzmuskel, in anderen schwindet umgekehrt das Pigment (z. B. Haare).

Gelegentlich soll im Epithel das Pigment in feinen Körnchen sich auch außerhalb der Zellen in den Lücken zwischen den Zellen ansammeln und dann zusammenhängende Pigmentfiguren bilden, die dann, wenn sie eine etwa eingewanderte Leukocyte umfassen, richtigen Pigmentzellen täuschend ähnlich sehen. (Haare des Menschen, Zungenepithel der Haustiere.)

Die Herkunft der Pigmente ist keine einheitliche. Manche stehen in genetischer Beziehung zum Blutfarbstoff, was daraus hervorgeht, daß sie Eisen enthalten; man bezeichnet sie als Melanine. In anderen ist Eisen nicht nachweisbar, sie scheinen lediglich durch Umwandlung des Zellprotoplasmas selbst zu entstehen. Wieder andere zeigen eine Verwandtschaft mit Fett (Lipochrome oder Luteine; in Nervenzellen und Corpus luteum). Sie sind in Alkohol, Äther und Chloroform löslich, während die anderen Pigmente sich gegen diese Lösungsmittel absolut unempfindlich erweisen.

Bei Tieren kommen auch noch die sog. Guanophoren vor, die feinkörnige oder kristallinische Guanineinschlüsse enthalten, die nur durch Interferenz Farben erzeugen, stark doppeltbrechend sind und sich in Alkohol nicht, dagegen in Formalin, Säuren und Alkalien lösen (W. O. Schmidt 1917).

Leider ist die Herkunft des Pigmentes, das eine enorme biologische Bedeutung hat, noch durchaus unklar. Fast noch größere Schwierigkeit macht die Frage nach dem Schwunde des Pigment. Es ergeben sich später noch Gelegenheiten auf diese Fragen bei einzelnen Organen einzugehen.

f) Knorpel.

α) Vesikulöses Stützgewebe[1].

Dasselbe schlägt die Brücke vom Bindegewebe zum echten Knorpel. Bei niederen Tieren beteiligt es sich am Aufbau des Skeletes, bei höheren und beim Menschen ist es ausschließlich in und auf Sehnen zu finden, denen es an den betreffenden Stellen eine knorpelartige Härte verleiht. Es besteht aus glasartig durchsichtigen blasenförmigen Zellen, welche in ihrem Verhalten gegen mikrochemische Reagentien von denen des echten Knorpels abweichen (Abb. 58). Sie liegen einzeln oder in Nestern vereinigt in fibrilläres Bindegewebe eingebettet, das im übrigen keine Zellen besitzt. Einzelne Zellen sind von je einer dünnen Kapsel umgeben, bei Zellgruppen fließen die Kapseln zu einem Wabenwerk zusammen, in welchem die einzelnen Zellen eingeschlossen sind. Eine größere Menge von Grundsubstanz vermögen die Zellen nicht auszuscheiden. Besonders bei höheren Tieren bietet es durch funktionelle Anpassung Übergänge zu echtem Knorpel. Gelegentlich können die Zellen des vesikulösen Stützgewebes sich in echte Knorpelzellen verwandeln und Knorpelgrundsubstanz erzeugen (Schaffer 1903).

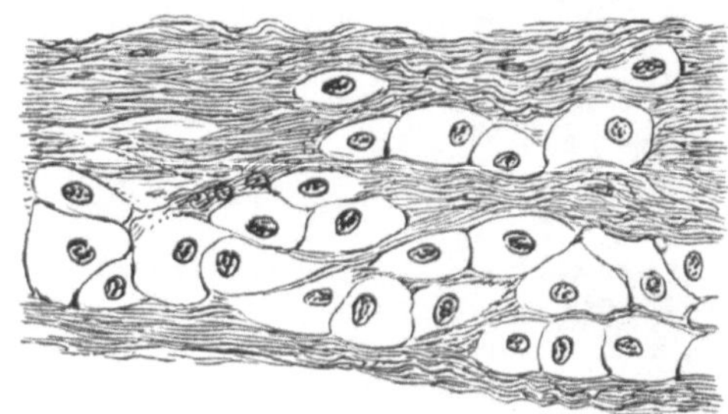

Abb. 58. Vesikulöses Gewebe vom Daumenballen des Frosches.

Eine Abart des beschriebenen vesikulösen Stützgewebes von chondroidem Typus ist das von chordoidem Typus, welches bei höheren Tieren und dem Menschen ausschließlich in der Chorda dorsalis (s. weiter unten) vorkommt. Seine Zellen sind ganz besonders großblasig und die Grundsubstanz tritt ganz zurück.

β) Echter Knorpel.

Der Knorpel besitzt eine Konsistenz, welche ihn zur Skeletbildung geeignet macht. Er wird auch in ausgedehntem Maße dazu verwandt, und das Skelet niederster Wirbeltiere (Cyklostomen, Knorpelfische) besteht ausschließlich aus solchem; aber

[1] Schaffer, 1897, 1903. Chondroides Bindegewebe.

auch bei höheren bis herauf zum Menschen wird das Skelet in seinen wesentlichsten Teilen rein knorpelig angelegt. Erst in der Folge wird dann der Knorpel durch den noch widerstandskräftigeren Knochen ersetzt, doch verharren auch dann noch wichtige Teile des Stützgerüstes für immer in dem ursprünglichen knorpeligen Zustand.

Aller Knorpel ist ursprünglich hyalin; entweder bleibt er dauernd in diesem Zustand, oder seine Grundsubstanz nimmt später Einlagerungen auf, die seine Konsistenz und sein Aussehen mehr oder weniger verändern.

αα) Bindegewebsknorpel (Faserknorpel).

Ist dem vesikulösen Stützgewebe sehr ähnlich, indem auch bei ihm das echte kollagene Bindegewebe die Hauptmasse bildet. In ihm findet man einzelne Zellen oder Zellennester, die, wie die des vesikulösen Stützgewebes, von einer Ausscheidung umgeben werden, die bei den Gruppen zu einer allen ihren Zellen gemeinsamen Grundsubstanz zusammenfließen (Abb. 59). Dieselbe pflegt in weit größerer Menge vorhanden zu sein, wie die dünnen Kapseln des vesikulösen Gewebes. Zellen und Grundsubstanz zeigen die charakteristischen Eigenschaften des hyalinen Knorpels, von dem sogleich zu sprechen sein wird.

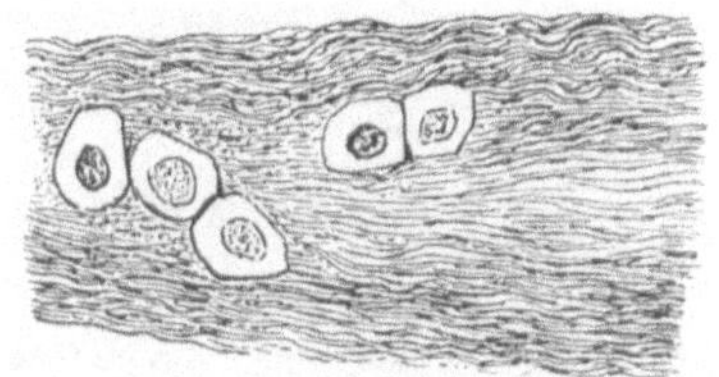

Abb. 59. Bindegewebsknorpel von dem Annulus fibrosus einer Wirbelbandscheibe des Menschen.

Der Bindegewebsknorpel ist zu finden in den Bandscheiben der Wirbelkörper, in der Schambeinsymphyse, im Kiefer- und Sternoklavikulargelenk, an den Rippenknorpelgelenken, in den Disci interarticulares und an manchen Stellen, an welchen sich bindegewebige Züge an hyalinen Knorpel anheften.

ββ) Hyaliner Knorpel (ὑάλινος gläsern, durchsichtig).

Der hyaline Knorpel, der im Bindegewebsknorpel nur zerstreut in kleinen Nestern vorkommt, bildet auch für sich allein ansehnliche Organe und Organteile. Er besitzt einen ihm eigentümlichen Festigkeitsgrad, den man als „Knorpelhärte“, „knorpelige Konsistenz“, bei anderen Dingen als Vergleich herbeizuziehen liebt. Er ist ohne weitere Behandlung in feinste Schnitte zu zerlegen, was sein Studium sehr erleichtert. Seine Farbe ist milchweiß mit bläulichem Schimmer, wenn er auf dunklem Grunde betrachtet wird. Er ist sehr elastisch. Man findet ihn an den Synchondrosen, den Gelenkenden der Knochen, an den Stellen des Skeletes, über die die Sehne eines M. trochlearis gleitet, an den Rippen, der Nase, in den meisten Knorpeln des Respirationsapparates, in den knorpelig angelegten, späteren Knochen des Fetus.

Seine erste Spur bei der Entwicklung besteht aus einem Syncytium dicht gedrängt liegender Zellen, welche sich in lebhafter mitotischer Teilung begriffen erweisen. Die Zellen werden größer und bald ergießt sich zwischen sie eine gleichmäßige und zusammenhängende Masse, die sie auseinander drängt. Sie bildet ein Wabenwerk, in dessen Höhlen die Zellen liegen (Vorknorpel). Im Laufe des weiteren Wachstums wird dann die Grundsubstanz immer reichlicher.

Die Zellen des fertigen Knorpels sind bei niederen Tieren häufig sternförmig und bilden ein anastomosierendes Netz. Bei höheren Tieren (Abb. 60) und dem Menschen kommen sternförmige Zellen in pathologischen Knorpeln öfter vor, in normalen aber bilden sie die Ausnahme, meist ist die Grundform rundlich oder oval. In wachsendem Knorpel können die Zellen, wegen der Festigkeit der Grundsubstanz, in die sie eingebettet sind, nach ihren Teilungen nicht sofort auseinanderrücken, sie liegen daher oft in kleinen Gruppen nahe zusammen, wobei sie sich gegenseitig in ihrer Form beeinflussen (Abb. 60). Diese Gruppen erhalten sich oft auch noch deutlich in einem völlig ausgewachsenen Knorpel. An der Oberfläche des vom Perichondrium (s. unten) überzogenen Knorpels sind die Zellen kleiner und mehr abgeplattet, in der Tiefe werden sie größer und dicker. Das Cytoplasma ist in überlebendem Zustand sehr hell, nur wenig granuliert und füllt die Höhle der Grundsubstanz vollkommen aus. Beim Absterben wird es dunkel und körnig und da es sehr wasserreich ist, zieht es sich unter Wasserabgabe von der Wand der Knorpelhöhle zurück, das eine Mal gleichmäßig, so daß die Zelle einem Klümpchen gleicht, welches die Form der Höhle wiedergibt (Abb. 62), ein anderes Mal ungleichmäßig in der Art, daß einzelne Fäden des Cytoplasmas mit der Höhlenwand in Verbindung bleiben; die Zelle macht dann den trügerischen Eindruck, als sei sie sternförmig. Das Cytoplasma enthält häufig kleine Fetttröpfchen und Glykogen in kleinen Brocken.

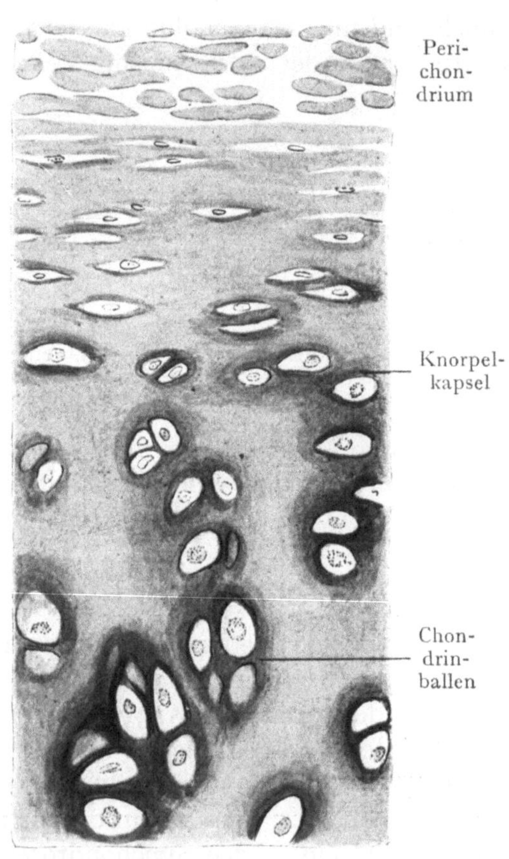

Abb. 60. Hyalinknorpel vom Schildknorpel des Kalbes (Vesuvinfärbung).

Der Kern ist rund mit deutlich sichtbarem Kerngerüst, einer deutlichen Membran und mehreren Kernkörperchen. Es gibt kein besseres Objekt für das Studium des lebenden Kernes als den Hyalinknorpel.

Die Intercellularsubstanz (Grundsubstanz) des Hyalinknorpels erscheint ohne weitere Behandlung ziemlich gleichartig, an manchen Stellen leicht körnig und zeigt nur die Knorpelhöhlen ausgespart, in denen die Zellen liegen. Bei genauerer Untersuchung, besonders unter Anwendung mikrochemischer Reagentien, zeigt sich aber, daß diese Gleichartigkeit nur eine scheinbare ist, hervorgerufen durch die Gleichartigkeit der Lichtbrechung an sich verschiedener Dinge. Man findet dann unmittelbar um jede Zelle einen schmalen Saum, welcher deren Form wiederholt; er wird als Knorpelkapsel bezeichnet. Nach außen davon folgt ein Hof, welcher sich nicht ganz scharf gegen die übrige Grundsubstanz absetzt. Liegen mehrere Zellen nahe zusammen, dann ist dieser Hof der ganzen Gruppe gemeinsam; es können sogar die Höfe mehrerer Gruppen zusammenfließen (Abb. 60). Mörner (1888) bezeichnet die Zellgruppe plus Hof als Chondrinballen. Dann kommt die eigentliche Grundsubstanz, welche sich nicht an einzelne Zellen und Zellgruppen hält, sondern sich einheitlich durch den Knorpel im ganzen erstreckt. Man hat in diesen verschiedenen Abteilungen der Grundsubstanz die aufeinander folgenden Stadien der Zellausscheidung zu sehen. Die eigentliche Grundsubstanz ist die älteste; sie entspricht der Substanz, die bei der ersten Entwicklung gleichmäßig zwischen die einzelnen Zellen ergossen wird. Die Zellenhöfe sind ein späteres Produkt der Zellen und die Kapseln sind das jüngste. Nicht verwundern kann es dabei, daß die Zellenhöfe, entsprechend den verschiedenen Phasen ihrer Bildung, oft mehrere hintereinander folgende Zonen zeigen, welche sich gegen Farbstoffe verschieden verhalten, daß auch die Knorpelkapseln nicht immer die gleiche Färbung annehmen, da sie sich eben keineswegs alle in dem gleichen Entwicklungszustand befinden, ja daß man sie gelegentlich ganz vermißt.

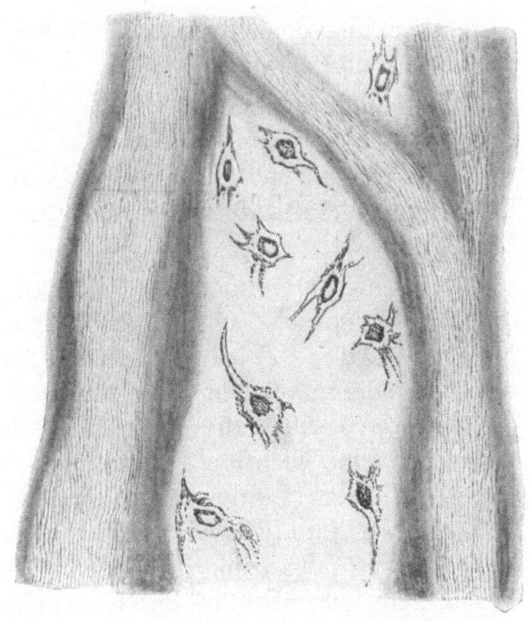

Abb. 61. Hyalinknorpel von der Luftröhre des Rindes. Bindegewebsfaserzüge nach Hansen deutlich gemacht.

Die Grundsubstanz besitzt noch eine weitere Struktur, welche ebenfalls erst durch genauere Untersuchung klarzulegen ist. Ganz wie beim Bindegewebe sind auch bei ihr kollagene Fibrillen in eine homogene Kittsubstanz eingeschlossen. Diese letztere besteht aus einer chondroitinschwefelsäurehaltigen amorphen Mischung verschiedener Eiweißstoffe (Hansen 1905). Gerade diese Kittsubstanz ist es, welche dem Knorpel seine Konsistenz verleiht; sie ist es auch, welche durch ihre Lichtbrechung die Fibrillen vollständig verdeckt und unsichtbar macht. Entfernt man sie, z. B. durch schwache Alkalien, dann treten die Fibrillen bei geeigneter Färbung so deutlich hervor, wie beim Bindegewebe (Abb. 61). Wie bei diesem aber ist auch hier die homogene Zwischensubstanz das Primäre, aus der sich erst sekundär die Fibrillen differenzieren. Man versteht deshalb, daß diese sich in ihrem Verlauf keineswegs an die Zellterritorien halten, da sie eben nur das Resultat der Spannungsverhältnisse sind, welche im ganzen Knorpel herrschen; man versteht es auch, daß das eine Mal mehr, das andere Mal weniger Fibrillen zur Ausbildung kommen. Im Alter vermehren sich in den centralsten Teilen des Knorpels der Rippen und des Kehlkopfes die Fibrillen und werden dann ohne weiteres sichtbar; der hyaline Knorpel nimmt ein Aussehen an, welches an dasjenige des Asbestes erinnert. Man findet zuweilen, daß diese Altersveränderung des Hyalinknorpels mit dem Bindegewebsknorpel zusammengeworfen wird. Dies ist jedoch ganz unrichtig, da man in beiden eine ganz verschiedene Struktur und verschiedene Entwicklungsvorgänge vor sich hat.

Abb. 62. Elastischer Knorpel von der Cartilago arytaenoidea des Kalbes (Weigerts Fuchsinfärbung). Unten wenigere und dünnere, oben zahlreichere und dickere Fasern.

Im Gegensatz zum Bindegewebe, das beim Kochen Leim (Glutin) gibt, hat man das aus dem Knorpel darstellbare chemische Produkt als Knorpelleim (Chondrin) bezeichnet. Dasselbe ist jedoch keine einheitliche Substanz, sondern besteht aus einer Mischung von Glutin und löslichen Verbindungen der Chondroitinschwefelsäure mit Leim- und Eiweißstoffen.

Blutgefäße besitzt die eigentliche Knorpelsubstanz nicht. Gelangen in den Knorpel Gefäße hinein, dann liegen diese in ausgesparten Kanälen in Bindegewebe eingeschlossen, sie gehören also auch dann nicht der eigentlichen Knorpelsubstanz an. Die Wege der Saftströmung, welche den Knorpel durchzieht, sind noch nicht einwandfrei dargestellt.

An seiner Oberfläche ist der Knorpel, abgesehen von der nackten Oberfläche des Gelenkknorpels, von einer ihm zugehörigen Bindegewebsschichte bedeckt, der Knorpelhaut, Perichondrium. Dasselbe besteht aus dicht verflochtenen Bindegewebsbündeln, welchen elastische Fasern beigemischt sind. In ihm liegen die Blutgefäße, von welchen die Saftbahnen der Knorpelsubstanz ihre Ernährungsflüssigkeit beziehen. Eine wichtige Tätigkeit des Perichondriums ist es, daß sich seine innersten Lagen zu Knorpel umwandeln können (Abb. 60). Um die Zellen tritt Knorpelgrundsubstanz auf, und die Zellen selbst nehmen Aussehen und Beschaffenheit der Knorpelzellen an. In Ergänzung des im Inneren des Knorpels vor sich gehenden interstitiellen Wachstums geht also von der Knorpelhaut aus ein appositionelles Wachstum vor sich. Dadurch, daß Knorpelzellen sich ganz in Knorpelsubstanz umwandeln können, findet auch eine Massenzunahme des Knorpels statt (S. Schaffer).

$\gamma\gamma$) Elastischer Knorpel (Netzknorpel).

Der elastische Knorpel ist hyaliner Knorpel, in dessen Grundsubstanz elastische Netze eingelagert sind. Die starke Lichtbrechung der elastischen Fasern bringt es mit sich, daß sie, anders wie die Bindegewebsfibrillen, leicht zu sehen sind; sie bedingt es auch, daß der elastische Knorpel weniger durchsichtig ist wie der hyaline und eine rein weiße, selbst gelbliche Farbe zeigt. Er findet sich an dem Eingang des Kehlkopfes (Cart. epiglottica, corniculata, oberer Teil und Proc. vocalis der C. arytaenoides (Abb. 62). Cart. cuneiformis, sesamoides), an den Eingängen des Ohres (Ohrmuschel und äußerer Gehörgang, Tuba auditiva).

Die elastischen Fasern erscheinen erst um die Mitte der Fetalzeit und bilden sich in der Grundsubstanz aus; wenn auch die ersten sehr feinen Fäserchen um die Zellen herum auftreten, so haben sie doch mit ihnen direkt nichts zu tun. Sie sind bei Erwachsenen sowohl individuell, wie der Spezies nach sehr verschieden dick, sie können sich sogar zu Platten verbreitern. Grenzen elastischer und hyaliner Knorpel aneinander, wie im Gießbeckenknorpel, dann sieht man, wie die elastischen Netze erst spärlich und aus feinen Fasern zusammengesetzt sind; weiter hinein werden die Netze dichter, die Fasern dicker. In der Ohrmuschel sind die Netze so dicht, daß die hyaline Grundsubstanz ganz in den Hintergrund tritt und nur unmittelbar um die Zellen herum als schmaler, von elastischen Elementen freier Saum erkennbar ist. In die elastischen Fasern des Perichondriums gehen die des Knorpels direkt über.

In der Ohrmuschel alter Personen können die elastischen Fasern und die Zellen stellenweise schwinden; sie werden dann durch eine homogene Substanz ersetzt, welche von Bindegewebszügen durchsetzt ist.

δδ) Verkalkter Knorpel.

Besteht in einer Einlagerung von Kalkkrümeln im hyalinen Knorpel. Bei Knorpelfischen kommt der verkalkte Knorpel in ausgedehntem Maße bei der Skeletbildung zur Verwendung, bei höheren Tieren tritt er immer mehr zurück. Verkalkter Knorpel ist hart wie Knochen, aber weniger elastisch, daher brüchiger. Kohlensaurer Kalk lagert sich in kleinsten Körnchen zuerst in den Höfen der Knorpelzellen ab, sie gruppieren sich dann in Häufchen und schließen endlich die Zellen in kompakteren Massen vollständig ein (Abb. 63).

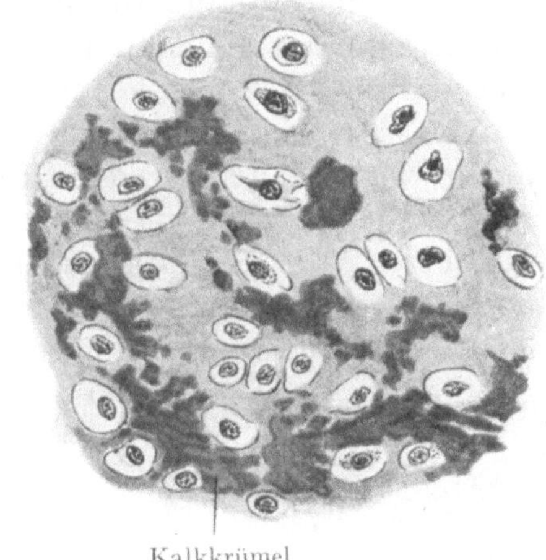

Abb. 63. Knorpel von der Daumenschwiele des Frosches.

Beim Menschen treten Kalkkrümel in dem Knorpel auf, der sich zur Verknöcherung anschickt, ohne daß jedoch der verkalkte Knorpel sich direkt in Knochen umwandelte. Er ist auch fast immer dort zu finden, wo Knorpel und Knochen zusammenstoßen. Im übrigen ist sein Auftreten häufig eine Alterserscheinung. Man beobachtet ihn in fortgeschrittenerem Lebensalter in den Knorpeln des Kehlkopfes und der Luftröhre, sowie in den Rippenknorpeln. Elastischer Knorpel ist nicht geneigt zu verkalken.

g) Knochen.

Abgesehen von Zahnbein und Zahnschmelz ist der Knochen die härteste Substanz des Körpers. Er bildet den wesentlichsten Teil des Skeletes, wozu er ausgezeichnet befähigt ist, weil ihm neben seiner Festigkeit auch eine nicht geringe Elastizität zukommt.

Die langen Röhren der Extremitätenknochen werden von einer festen, scheinbar homogenen Substanz, Substantia compacta, gebildet. Die verdickten Enden der Röhren, sowie alle kurzen und platten Knochen bestehen zumeist aus dünnen Plättchen und Bälkchen von schwammigem Gefüge (Substantia spongiosa). Einzelne komplizierte Knochenformen lassen sich ungezwungen weder der einen noch der anderen Art einreihen, sie bilden eine in der Mitte stehende Mischung beider.

In seinem histologischen Bau weicht der Knochen insofern nicht von den anderen Bindesubstanzen ab, als er, wie sie, aus Zellen und einer Intercellularsubstanz besteht. Diese letztere wird aber durch die Aufnahme einer reichlichen Menge anorganischer Bestandteile so wenig durchlässig, daß die Ernährung nicht durch einen Säftestrom geregelt werden könnte, welcher die Grundsubstanz weithin durchzieht, wie es noch beim Knorpel der Fall ist, sondern daß sie Einrichtungen verlangt, welche dem Stoffwechsel in ihr nur kleine Einzelgebiete zuweist. Der ganz eigenartige Bau des Knochens erklärt sich durch dieses Postulat.

Während der Knorpel entweder gar keine oder nur wenige Gefäßkanäle besitzt, ist der Knochen von solchen allenthalben durchsetzt. Nur die sehr zarten Knochen kleiner Tiere und die dünnsten Knochenplättchen größerer besitzen solche nicht. Die plasmatische Cirkulation schließt sich den Knochenzellen an, die in den Knochenhöhlen der starren Grundsubstanz liegen. Mit ihren zahlreichen Fortsätzen bilden sie ein Anastomosennetz, welches dem Säftestrom seinen Weg vorschreibt (Abb. 67, 68). Hierin erinnert der Knochen in gewisser Weise an das parallelfaserige Bindegewebe (s. oben S. 55), wenn auch allerdings bei diesem letzteren das Cirkulationssystem weit weniger ausgebaut ist, wie beim Knochen.

Die Grundsubstanz ist nicht homogen, sondern setzt sich aus einzelnen Lamellen zusammen, die in ihrer Entwicklung und Lagerung von der Gestalt des Knochens im ganzen und von den Gefäßkanälen im speziellen abhängig sind.

Von den Einzelheiten des Knochenbaues überzeugt man sich am leichtesten an dem Querschnitt der kompakten Substanz eines Röhrenknochens. An ihm fallen zuerst die Gefäßkanäle in die Augen. Sie werden als Haverssche Kanäle (Havers 1731) bezeichnet. Sie sind zumeist im Querschnitt getroffen, da sie in den Röhrenknochen der Längsrichtung derselben parallel verlaufen und nur durch verhältnismäßig spärliche Queranastomosen miteinander verbunden sind (Abb. 64, 66, 67). Sie enthalten meist eine sehr starke Vene, daneben eine kleine Arterie, Nerven und

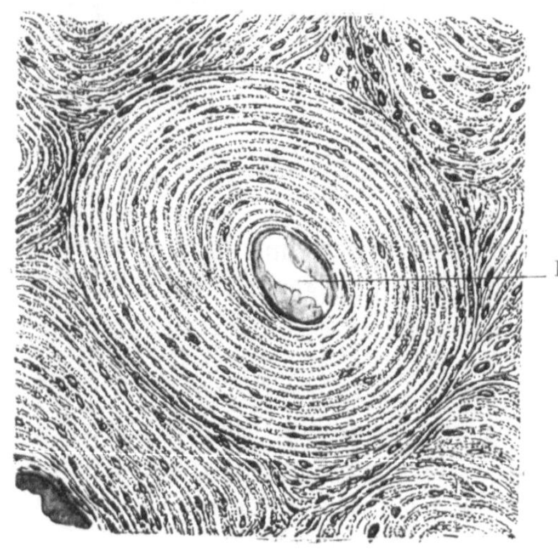

Abb. 64. Querschnitt eines menschlichen Röhrenknochens. Lamellensystem.

Abb. 65. Das Präparat der Abb. 64 in polarisiertem Licht.

Lymphgefäße, eingeschlossen in ein ganz lockeres Bindegewebe (Abb. 66). Ganz große Haverssche Kanäle können ein dem Knochenmark entsprechendes Gewebe enthalten, auch mit Osteoblasten (s. unten) besetzt sein. Ganz kleine sieht man nur von einer Vene ausgefüllt.

Die Knochenzellen sind von kürbiskern- oder pflaumenkernartiger Gestalt. Sie besitzen ein gleichmäßiges, nur wenig granuliertes Cytoplasma. Die zahlreichen Fortsätze, die von ihnen ausgehen, hängen in frühen Stadien miteinander zusammen, so daß ein Anastomosennetz entsteht, das den Knochen durchzieht. Später gehen die Verbindungen vielleicht teilweise verloren. Die Zellen können auch Fettkörnchen aufnehmen, wohl auch vereinzelt zugrunde gehen, so daß also im Alter Degenerationserscheinungen an ihnen wahrzunehmen sind. Zwischen der Wand der Knochenhöhlen und Knochenkanälchen und den Zellen bleibt wohl noch Platz für den Säftestrom oder dieser geht durch das Protoplasma selbst.

Die Knochenhöhlen (Lakunen) mit ihrem Inhalt liegen in und zwischen den Lamellen, und zwar sind sie so orientiert, daß die breite Fläche der pflaumenkernförmigen Räume ihren Oberflächen zugewandt ist. Hat man also die Flächenansicht einer Lamelle vor sich, dann erscheinen die Höhlen breiter; auf einem Querschnitt sind sie schmal (Abb. 68). Obgleich die feinen Kanälchen, die von den Knochenhöhlen ausgehen, nach allen Seiten verlaufen, so steht doch die Mehrzahl im rechten Winkel zu der Oberfläche der Lamellen; um die Haversschen Kanäle sind sie so geordnet, daß ihre überwiegende Zahl radiär zu ihnen orientiert ist, was ein sehr charakteristisches Bild gibt (Abb. 64, 67). Die kleinen Kanälchen öffnen sich frei sowohl in die Haversschen Kanäle hinein, wie auch an der äußeren und inneren Oberfläche des Knochens im ganzen.

Ein Haversscher Kanal mit den ihn umgebenden System von Lamellen wird ein Osteon genannt. Man hat dabei die Vorstellung, daß dieses Osteon wie ein Hohlcylinder mit dicker Wand gebildet ist. Dies findet sich aber recht selten, da die Osteone starke Deformierungen erleiden entsprechend ihrer mechanischen Inanspruchnahme (Gebhardt).

Was die Lamellen der Grundsubstanz anlangt, so sind diese in ihrem Verlauf, wie erwähnt, von der Gestalt des Knochens im ganzen und von der der Haversschen Kanälchen im speziellen abhängig. Man unterscheidet danach Generallamellen[1] und Speziallamellen[2]; zu ihnen kommen noch Schaltlamellen[3], welche jedoch nur Reste von teilweise untergegangenen Lamellensystemen der beiden erstgenannten Arten darstellen. Die Generallamellen gehen um den Umfang des Knochens im ganzen herum. Sie sind am deutlichsten ausgeprägt an der äußeren Oberfläche, oft weniger deutlich an der inneren, der Markhöhle zugekehrten, da von ihr aus kleine Bälkchen in den Markraum vorzuspringen pflegen, die Störungen verursachen. Kommt es nicht zur Ausbildung von Gefäßkanälen im Knochen (z. B. Amphibien oder in ganz dünnen Knochenplättchen, oder in den Überzügen ganz winziger Knöchelchen des Menschen und der Säuger), dann ist damit die Lamellenbildung überhaupt beendigt. Die Speziallamellen umgeben die queren oder ovalen Durchschnitte der Haversschen Kanälchen in wechselnder Anzahl. Sie erscheinen wie die Querschnitte von ineinander gesteckten Röhren (Abb. 64).

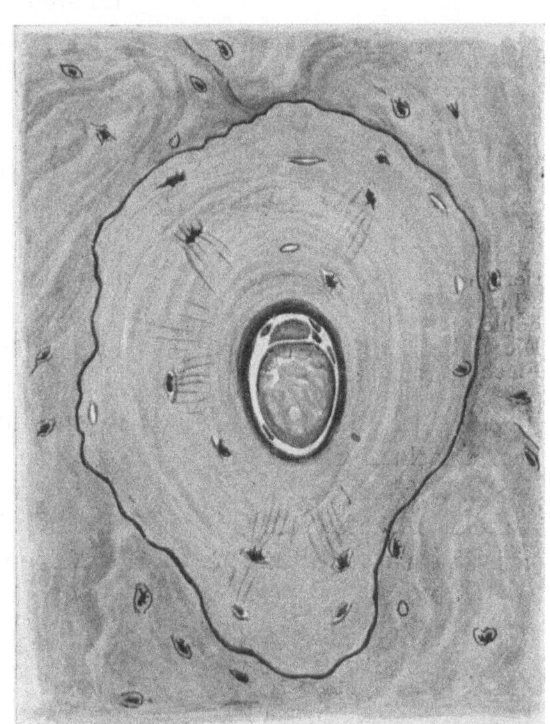

Abb. 66. Querschnitt eines entkalkten Röhrenknochens. Das Haverssche Kanälchen enthält Gefäße.

Es muß hervorgehoben werden, daß eine Anzahl von Gefäßen, die vom Periost her in den Knochen eindringen, nicht von Speziallamellen umgeben sind, daß sie vielmehr die Lamellensysteme durchsetzen, ohne sich um sie zu kümmern. Sie münden schließlich in die Gefäße der Haversschen Kanäle ein. Man nennt sie

[1] Grundlamellen.
[2] Haverssche Lamellen.
[3] Intermediäre Lamellen.

Volkmannsche Kanäle (Volkmann 1864) (Abb. 69). Sie werden von elastischen Fasern begleitet.

Bei dem jungen Knochen findet in seinem Innern ein fortwährender Umbau statt, es werden Teile der beiden genannten Lamellensysteme resorbiert und durch neugebildete Systeme ersetzt. Das was von der ursprünglichen Grundsubstanz in den Zwischenräumen der letzteren übrig bleibt, sind die Schaltlamellen, aus deren Verlaufsweise man meist erschließen kann, ob sie Reste von General- oder von Speziallamellen sind. Es stellt also der Knochen des erwachsenen Menschen eine Art Breccie dar, welche aus unzähligen Gewebsstücken zusammengekittet ist, wie es v. Ebner (1875) treffend ausdrückt.

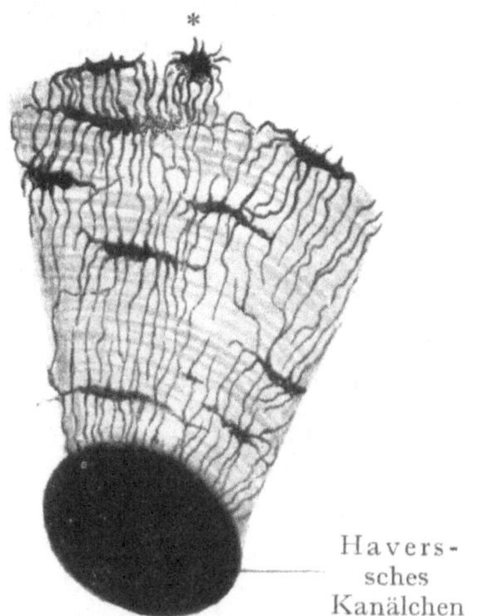

Abb. 67. Querschliff eines macerierten Röhrenknochens. Haverssches Kanälchen und Knochenhöhle sind mit Fuchsin gefärbt. Die mit * bezeichnete Höhle in Flächenansicht, alle anderen in Kantenansicht.

Bei einer genaueren Betrachtung der Lamellen sieht man, daß ihre Dicke von 3—12 μ und mehr schwankt. Sie bestehen aus einer homogenen Grundsubstanz, die die Knochenerde enthält und eingelagerten unverkalkten Fibrillen. Die Fibrillen bilden Bündel von etwa 3 μ Durchmesser, die in einfacher Lage, oder nur wenige übereinander, durch zahlreiche spitzwinkelige Anastomosen eine dichtgewebte Platte aus kleinen rhombischen Maschen darstellen. Die einzelnen Lamellen hängen durch schief abtretende Bündel miteinander zusammen (v. Ebner 1875). In der unmittelbaren Umgebung der Haversschen Kanäle verlaufen die Fibrillen außerordentlich unregelmäßig. Im übrigen kreuzt sich die Faserrichtung in den aufeinander folgenden Lamellen teils rechtwinklig,

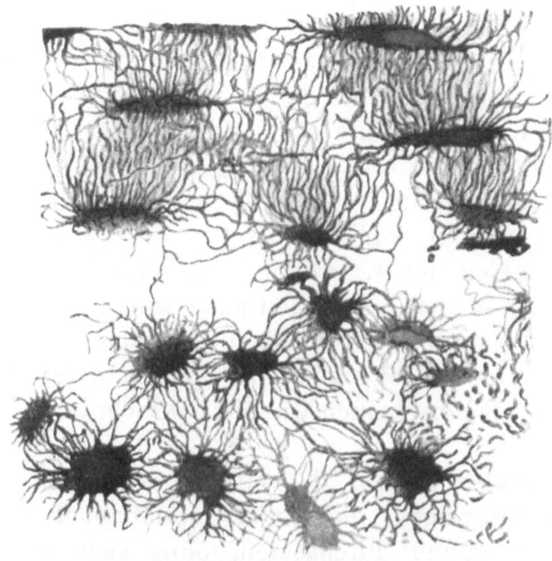

Abb. 68. Knochenlücken im macerierten Knochen (Teil einer menschlichen Siebbeinlamelle) mit Fuchsin gefüllt (Methode von Ruprecht). Im oberen Teil des Bildes sind die Knochenlücken mit ihren zahlreichen zusammenhängenden Ausläufern von der Kante zu sehen. Im unteren Teil des Bildes von der Fläche. Rechts sind einige der feinen Kanälchen im Querschnitt zu sehen. Gezeichnet bei 520facher Vergrößerung, bei der Reproduktion um etwa $^1/_{10}$ verkleinert.

teils schräg (Abb. 64). Die Folge davon ist, daß man dann an Durchschnitten des Knochens streifig erscheinende Lamellen, in denen die Fibrillen im Längsschnitt getroffen sind mit punktiert erscheinenden, in denen sie quer durchschnitten sind, abwechseln sieht.

Kreuzen sich die Faserrichtungen in aufeinander folgenden Lamellen einmal nicht, dann ist es schwierig, sie gegeneinander abzugrenzen.

Da die kollagenen Fibrillen doppeltbrechend sind (S. 52), erscheint der Knochen unter dem Polarisationsmikroskop oft zierlich hell und dunkel gestreift, je nachdem ihre Längsansicht oder ihr Querschnitt vorliegt (Abb. 65).

Die Ursache des Auftretens und der verschiedenen Verlaufsweise der Fibrillenbündel in den einzelnen Lamellen ist in lokal wirkenden mechanischen Kräften zu suchen, die zur Zeit der Entstehung der letzteren tätig waren (Gebhardt 1905,

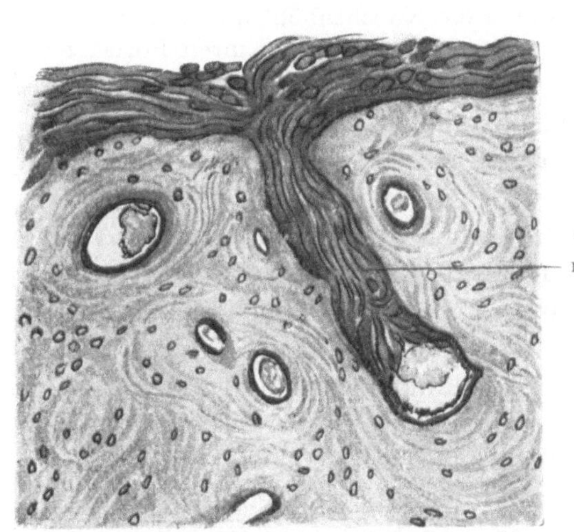

Abb. 69. Querschnitt einer Fingerphalanx, entkalkt. Vom Periost aus dringt ein Volkmannscher Kanal in den Knochen ein; daneben Querschnitte Haversscher Kanälchen.

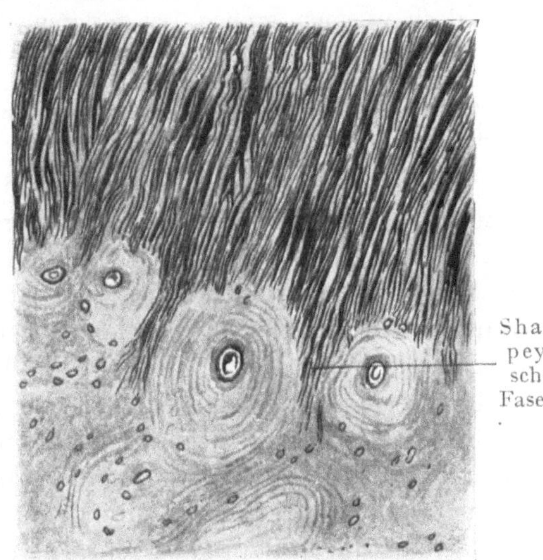

Abb. 70. Querschnitt einer Fingerphalanx, entkalkt. Vom Periost aus dringen Sharpeysche Fasern in den Knochen ein.

Triepel 1907). Ist erst die Zwischensubstanz durch Verkalkung hart und starr geworden, dann kann offenbar eine Änderung in der Verlaufsrichtung nicht mehr eintreten.

Der äußere Umfang der Haversschen Lamellensysteme zeigt keine lamellöse Struktur mehr, die Fibrillenbündel verflechten sich dort unregelmäßig, und man findet statt der regelmäßigen Schichtung vorspringende Buckel und einspringende Buchten, die in die Oberflächen der teilweise resorbierten Schaltlamellen eingreifen und mit diesen durch eine homogene Kittmasse verlötet sind; sie erscheint auf dem Durchschnitt als scharf abgesetzte Linie (Kittlinie v. Ebner) (Abb. 66).

Gegen die Haversschen Kanäle hin, wie auch gegen die Knochenhöhlen (Lakunen) und ihre Ausläufer ist die Grundsubstanz durch eine besonders widerstandskräftige glashelle Schicht abgegrenzt, die z. B. um die Knochenhöhlen durch Behandlung entkalkter Knochenschnitte mit Säuren, Alkalien und Verdauungsflüssigkeiten isoliert werden kann.

Außer den bis jetzt erwähnten Fasern kommen im Knochen noch Faserbündel vor, die, von der Knochenhaut ausgehen und in querer oder schräger Richtung in die äußeren Generallamellen eindringen (Abb. 70). Man nennt sie Sharpeysche Fasern (Sharpey 1856). Sie sind nur zum Teil von Kalksalzen umgeben und können von elastischen Fasern begleitet sein.

Wie der Längsschnitt der kompakten Substanz eines Röhrenknochens aussehen muß, kann man sich leicht nach dem Querschnittsbild konstruieren.

Die feinen Bälkchen und Plättchen der spongiösen Knochensubstanz sind ganz ebenso gebaut, wie die kompakten; fehlen Haverssche Kanäle, dann sind natürlich nur Generallamellen vorhanden.

Verzichtet man auf die Weichteile, dann kann man die Knochenstruktur am besten an Dünnschliffen studieren, die man von macerierten Knochen anfertigt und ohne Zusatzflüssigkeit betrachtet. Die Höhlen und Kanälchen sind an ihnen mit Luft gefüllt, die diese Räume durch totale Reflexion tief schwarz erscheinen läßt, so daß man ausgezeichnete Bilder erhält. Verdrängt man die Luft durch Balsam oder andere Zusätze, dann geht die Deutlichkeit ganz oder doch zu einem großen Teil verloren. Man kann auch die Wände des Kanalsystems färben, was nicht weniger schöne Präparate gibt, die man dann ohne Schaden für die Deutlichkeit in passende Zusatzflüssigkeiten einlegen kann. Auch kann man die Knochenhöhlen ganz mit Farbstoffen füllen, wodurch man die allerklarsten Bilder von der Höhle und von ihren Fortsätzen erhält (cf. Abb. 68).

In chemischer Hinsicht setzt sich die Grundsubstanz des Knochens aus organischen und anorganischen Bestandteilen zusammen. An die ersteren ist die Elastizität des Knochens gebunden. Sie stellen das beim Kochen leimgebende Ossein dar. Es besteht zum größten Teil aus Glutin, dem jedoch noch ein Mukoid und ein Albuminoid beigemengt ist, die denen der Knorpelgrundsubstanz gleichen. Das Ossein macht kaum ein Drittel des ganzen Knochens aus. Die anorganischen Bestandteile verleihen dem Knochen seine Festigkeit. Man bezeichnet sie als Knochenerde; sie besteht hauptsächlich aus Kalciumphosphat, Kalciumkarbonat und Magnesiumphosphat, wozu noch ganz geringe Mengen von Chlor, Fluor und Eisen kommen. Ossein und Knochenerde durchdringen sich außerordentlich innig und wenn man die letztere durch Säure auszieht, bleiben die Formen durchaus erhalten, der Knochen wird nur sehr biegsam und außerordentlich elastisch. Entfernt man umgekehrt die organischen Bestandteile durch Glühen, dann gibt die zurückbleibende Knochenerde ebenfalls die Form des unverletzten Knochens wieder, doch ist er so brüchig geworden, daß er bei der geringsten Gewaltanwendung in Stücke geht. An solchen Knochenstückchen kann man bei sehr starker Vergrößerung die feinen Röhrchen feststellen, in denen die verbrannten, also unverkalkten Fasern lagen.

In der Jugend ist die Menge des Osseins größer als später, im Alter nimmt die Menge der Knochenerde zu. Das spezifische Gewicht der Compacta beträgt in der Jugend 1,675, beim Erwachsenen 1,859 (Hülsen). Bei gewissen Krankheiten (Rachitis und Osteomalacie) ist der Gehalt an erdigen Bestandteilen abnorm gering, so daß sich die Knochen stark verbiegen können.

Periost. Die Knochenhaut, Periosteum, bedeckt mit Ausnahme der Gelenkenden die Oberflächen sämtlicher Knochen (Abb. 69). Sie ist eine weißliche, gefäßreiche Membran von verschiedener Stärke, oft von sehnigem Gefüge und dick da, wo sich Sehnen und Bänder anheften und wo sie unmittelbar unter der Haut liegt; im übrigen ist sie dünner. Sie besteht aus zwei Schichten; die äußere setzt sich aus derben verflochtenen Bindegewebsbündeln zusammen, zwischen denen Fettzellen nicht fehlen. Sie beherbergt eine große Menge von Blutgefäßen. Die innere Schicht ist zarter, enthält mehr elastische Elemente und weniger Gefäße. Die Verbindung mit dem Knochen ist nicht überall gleich innig. Sie wird hergestellt durch die zahlreichen feinen ein- und austretenden Gefäße und durch die beschriebenen Sharpeyschen Fasern (Abb. 69, 70).

Knochenmark (Medulla ossium) ist eine sehr weiche Masse, die die Röhren der Röhrenknochen und die Räume in der schwammigen Knochensubstanz ausfüllt; man begegnet ihm auch in weiteren Haversschen Kanälchen, selbst in engeren hat das die Gefäße begleitende Bindegewebe ganz den Habitus des im Mark vorkommenden. Im Anfang zeigt es in allen Knochen eine rote Farbe, schon bei Kindern aber beginnt es in den Röhren der langen Extremitätenknochen eine gelbe Farbe anzunehmen, die von den Fingern und Zehen aus proximalwärts fortschreitet. Das gelbe Mark (Fett) greift bei fortschreitendem Alter auch auf die Epiphysen über. In den spongiösen Knochen erhält sich das rote Knochenmark zwar während des ganzen Lebens, doch fehlen auch in ihm kleine Fetttröpfchen nicht vollständig (Jackson 1904).

Das Knochenmark steht in der Fetalzeit zur Bildung des Knochens in nächster Beziehung, schränkt aber später seine Tätigkeit nach dieser Richtung mehr und mehr ein und übernimmt eine andere höchst wichtige Funktion, die Bildung der gefärbten Elemente des Blutes.

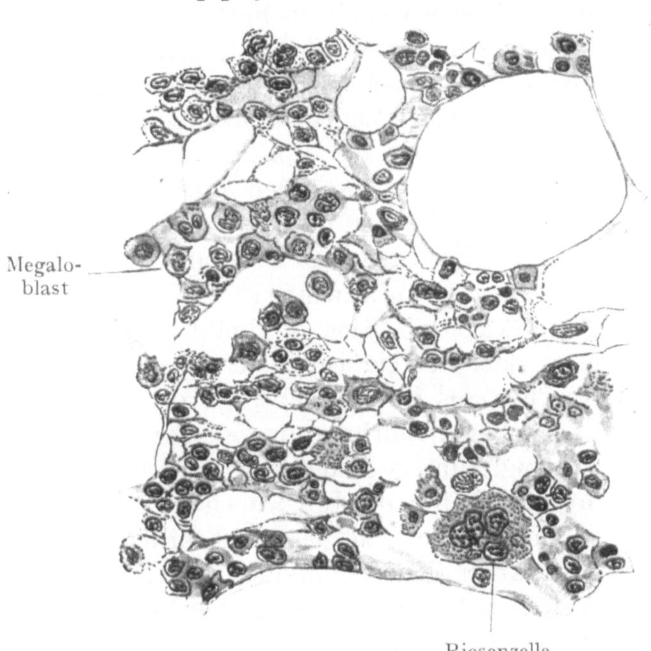

Abb. 71. Knochenmark. Katze.

Für beide Zwecke bedarf es einer reichen Vaskularisation, und man sieht dann auch, daß die Oberfläche der kurzen und platten Knochen von einer ganzen Anzahl von Löchern durchbohrt wird, welche die Blutgefäße in das Mark hinein und aus ihm heraustreten lassen. In den Diaphysen der langen Knochen ist meist ein einziger größerer Kanal, Canalis nutricius, vorhanden, welcher dem in der Röhre befindlichen Mark das Blut zuführt. Im Mark selbst bilden die Blutgefäße ein reiches Netz weiter und dünnwandiger Capillaren.

Was die anderen Bauelemente anlangt, so findet man die Oberfläche des Marks gegen den Knochen hin durch eine nicht ganz ununterbrochene zarte Schicht fibrillären Bindegewebes, Endosteum (inneres Periost), abgegrenzt, von dem aus sich auch Bindegewebsbündel ins Innere des Markraumes hinein abzweigen. Im übrigen wird es von einem sehr zarten Netz retikulären Bindegewebes durchzogen (Abb. 71). In dessen Maschen liegen Zellen von verschiedener Form und Bedeutung. Einige von ihnen sind schon vom Bindegewebe her bekannt (S. 53), nämlich Mastzellen, Plasmazellen, eosinophile Zellen. Sie sind nicht in größerer Zahl vorhanden. Zahlreich sind dagegen Leukocyten und besonders die an sie sich anschließenden sog. Markzellen (Myelocyten), Zellen mit großem, kugeligem Kern und feinkörnigem Protoplasma. Aus den Leukocyten gehen ferner Zellen hervor, die ein klares, homogenes Cytoplasma besitzen (Megaloblasten). Bei der Teilung werden sie kleiner (Normoblasten) und ihr Cytoplasma wandelt sich mehr und mehr in Hämoglobin um, wodurch es sich immer deutlicher gelb färbt. Durch Verlust des Kernes (s. unten) werden aus ihnen die definitiven Erythrocyten. Auf der anderen Seite schließen sich an die Leukocyten die sog. Riesenzellen[1] an, die durch starkes Heranwachsen aus ihnen hervorgehen (Abb. 71). Ihr Kern kann sehr groß und einfach sein, er kann sehr ungewöhnliche Formen annehmen, er kann auch in eine mehr oder weniger große Anzahl von Teilkernen zerfallen. Ihr Cytoplasma gliedert sich in mehrere übereinander gelagerte Zonen. Man findet sie einzeln zwischen den Markzellen zerstreut. Nach der Meinung Heidenhains (1894) besteht ihre Funktion darin, daß sie einen Einfluß auf die Zusammensetzung des Blutplasmas ausüben.

Das gelbe Knochenmark unterscheidet sich von dem roten durch einen immer stärker werdenden Gehalt an Fettzellen, die aus den Zellen des Reticulum entstehen. Die Elemente des roten Markes gehen dabei keineswegs völlig zugrunde, sie erhalten sich vielmehr in einzelnen Partien zwischen den Fettzellen und es kann nach starken Blutverlusten von ihnen aus eine mehr oder weniger weitgehende Regeneration der ursprünglichen Form des Markes ausgehen.

In marastischen Zuständen erleidet das Fett des Knochenmarkes eine schleimige Umwandlung in der Art, daß die Zellen ihr Fett verlieren, während in ihrer Umgebung eine gallertartige Grundsubstanz auftritt (Jackson 1904). Man spricht dann von gelatinösem Knochenmark.

Ossifikation. Eine direkte Umwandlung von Knorpel in Knochen soll vorkommen, doch ist sie jedenfalls eine seltene Ausnahme. Im allgemeinen entsteht der Knochen aus Bindegewebe. Je nachdem die erste Bildung in einer Bindegewebshaut, vom Perichondrium aus, oder an Stelle der knorpelig vorgebildeten Skeletteile selbst erfolgt, unterscheidet man Bindegewebsknochen, periostalen (perichondralen) und enchondralen Knochen; doch ist die Entstehung im wesentlichen allenthalben die gleiche. Sie geschieht unter Zuhilfenahme von Zellen, welche man als Osteoblasten (Knochenbildner) bezeichnet.

Am einfachsten spielt sich der Vorgang ab in dem phylogenetisch primitivsten Knochen, dem Bindegewebsknochen (Hautknochen), das heißt in dem, der keinen knorpeligen Vorläufer hat. Es sind dies z. B. die Knochen des Schädeldaches. In gewöhnlichem fibrillären Bindegewebe treten zuerst mit Fortsätzen versehene Zellen in größerer Zahl auf, von gedrungener Gestalt, bei denen der Kern meist nach einer Seite hin verschoben ist, die erwähnten Osteoblasten. Bald nachdem sie sich eingefunden haben, nehmen die von ihnen umgebenen Bindegewebsbündel Kalk auf und verknöchern auf diese Art, sei es daß die Osteoblasten den Kalk selbst abscheiden, sei es daß sie eine Substanz produzieren, die fähig ist, Kalk aufzunehmen.

Das Gewebe, in dem sich diese Vorgänge abspielen, ist von Anfang an reich mit Blutgefäßen versehen. In den daneben liegenden Zellen tritt eine reichliche, mitotische Zellvermehrung auf. Ein lebhafter Stoffwechsel ist also für die Knochenbildung notwendig. Nachdem einige der Osteoblasten in die neugebildete Knochensubstanz eingeschlossen sind und so zu Knochenzellen werden, zeigen die am Rande der zarten Knochenbälkchen liegenden Osteoblasten eine fast epithelartig regelmäßige Anordnung. Von ihnen geht dann die Abscheidung einer Grundsubstanz weiter, in der sich Kalksalze und Fasern ausscheiden. Auch sollen einige der im neugebildeten Knochen eingeschlossenen Zellen sich allmählich ganz in Knochensubstanz umwandeln (vgl. Knorpel). Im weiteren Wachstum der Anlage bildet sich der Knochen zu einem netzartigen Gewebe um, das in drei Dimensionen ausgedehnt ist, und in Lücken Gefäße

[1] Megakaryocyten.

und Bindegewebe enthält. Bis auf wenige Ausnahmen sind alle diese Netzbälkchen des Knochens mit den erwähnten Osteoblasten besetzt. Hand in Hand mit dem Anbau der Knochensubstanz geht ein Abbau vor sich, der bei späteren Formationen zu beschreiben ist.

Der *periostale Knochen* an der Oberfläche der Diaphyse der Knorpel, die beim Embryo als Platzhalter für den späteren Knochen bei dem größten Teil des Skeletes vorhanden sind (eigentlich müßte man sagen, der perichondrale Knochen) entsteht ganz in der gleichen Weise; auch hier erscheinen die Osteoblasten und bringen die innersten, der Knorpeloberfläche anliegenden Bindegewebsbündel zur Verknöcherung, wodurch sich ein erst dünner, dann dicker werdender Knochenmantel auf die knorpelige

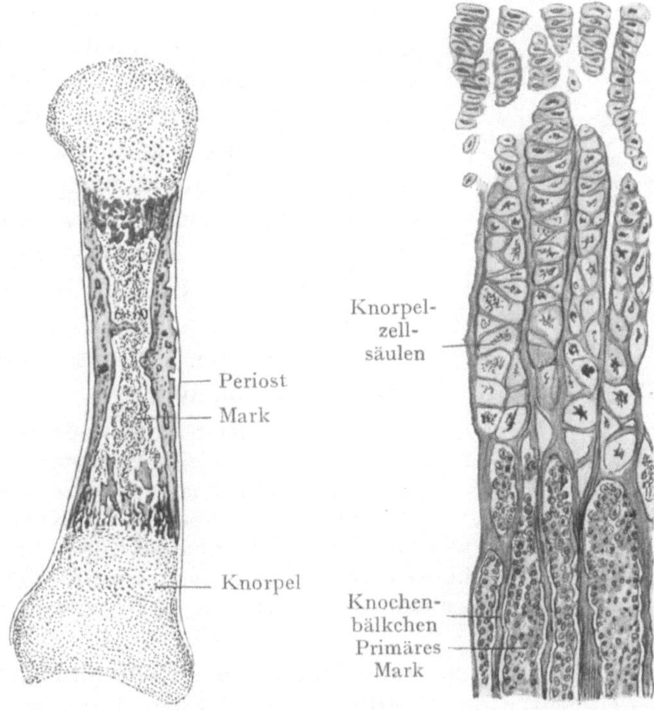

Abb. 72. Längsschnitt einer embryonalen Fingerphalanx.

Abb. 73. Ossifikationsgrenze. Schafsfetus.

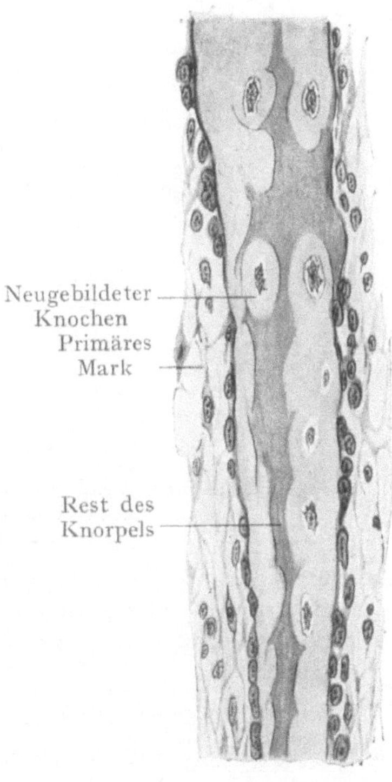

Abb. 74. Ein in Bildung begriffenes Knochenbälkchen der Abb. 69 stärker vergrößert.

Anlage auflegt. Dieser periostale Knochen kann eine röhrenartige Hülle rings um die mittlere Gegend eines etwa länglichen Knorpels beim Embryo bilden. Er stellt dann allmählich die Compacta eines späteren Röhrenknochens dar. Legt sich eine derartige bindegewebige Knochenbildung *von einer Seite* her auf einen beim Embryo vorhandenen Knorpel auf, ohne daß dieser Knorpel *zunächst* durch die Knochenbildung in Mitleidenschaft gezogen wird, dann nennen wir einen solchen Knochen *einen Belegknochen* (z. B. *Vomer*, Teile des Unterkiefers).

Bei der Art der Knochenbildung, wie sie sich im Bindegewebs- und Periostknochen abspielt, erklärt sich ohne weiteres die Möglichkeit der gar nicht oder nur unvollkommen verknöcherten *Sharpeyschen* Fasern, welche man auch bei jungen Knochen in weit größerer Zahl wie bei alten findet.

Der *enchondrale Knochen* ist ein direkter Abkömmling des periostalen. Ehe er auftreten kann, muß, wie erwähnt, der Knorpel verschwinden. Bei einem Röhrenknochen, z. B. einer Fingerphalanx, beginnt dies in der Art, daß die in der Mitte seiner

Länge liegenden Knorpelzellen sich augenscheinlich durch Wasseraufnahme vergrößern. Die Grundsubstanz, die benachbarte Höhlen trennt, schwindet, so daß dann mehrere Zellen in einer Höhle liegen. In die Grundsubstanz lagert sich Kalk in feinen Körnchen ein. (Dies ist jedoch kein Knochen, sondern verkalkter Knorpel, s. oben S. 71.) Daß man es dabei mit einer regressiven Umwandlung des Knorpelgewebes zu tun hat, geht daraus hervor, daß dessen Wachstum an dieser Stelle aufhört (Ossifikationspunkt). Vom Periost aus dringen nun Knospen in den Knorpel ein, welche sowohl die verkalkte Grundsubstanz des Knorpels, wie die von ihnen umschlossenen, bereits geschwächten, Zellen zerstören. Die Knospen enthalten Blutgefäße, die von zartem embryonalem Bindegewebe begleitet sind. Die kleinen Höhlen, in denen sie liegen, nennt man primordiale Markräume und ihren Inhalt primäres Mark (Abb. 73). Dieses unterscheidet sich von dem späteren sekundären durch den Mangel an Leukocyten und deren Abkömmlingen. Auf der dem Markraum zugewandten Oberfläche des Knorpels lagert sich nun eine Schicht weicher kollagener Substanz ab, in der Fibrillen auftreten. Diese Substanz verknöchert sodann.

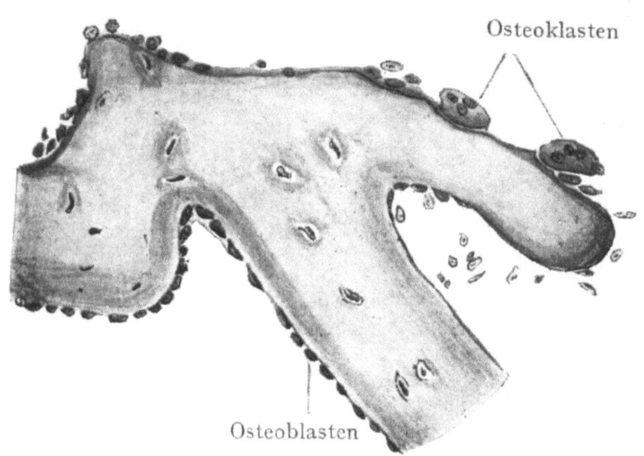

Abb. 75. Knochenbälkchen mit Osteoblasten und Osteoklasten.

Wie die zuerst auftretende unverknöcherte fibrilläre Grundsubstanz entsteht, ist schwierig zu entscheiden. v. Korff (1909) läßt die in den Knorpelbälkchen vorhandenen kollagenen Fibrillen erhalten bleiben; Gardner (1906) läßt die Fibrillen aus Fibroblasten entstehen, welche von den Osteoblasten verschieden sind; Spuler (1899) nimmt Fibroblasten und Osteoblasten für die Fibrillenbildung in Anspruch; Disse (1908) nur die Osteoblasten.

Schon vor dem Eindringen der Periostknospen in die Anlage eines Röhrenknochens haben sich die Knorpelzellen zu beiden Seiten des Ossifikationspunktes in Längsreihen geordnet. Nachdem die eigentliche Ossifikationstätigkeit begonnen hat, werden diese Reihen immer ausgesprochener, so daß jetzt auf einem Längsschnitt Zellsäulen und zwischen ihnen Säulen von Grundsubstanz miteinander abwechseln (Abb. 76). In den letzteren werden die vorhandenen Bindegewebsfibrillen sehr deutlich, und die erwähnten Kalkkrümel fehlen in nächster Nähe der Ossifikationsgrenze nicht. Die Aufblähung der Knorpelzellen, die Zerstörung der sie voneinander trennenden Grundsubstanz und dann der Zellen selbst geht in gleicher Weise vor sich, wie im ersten Anfang der Ossifikation. In den neugeschaffenen Räumen dringt sodann das primäre Mark immer weiter vor und bildet auf der Oberfläche der Säulen der Grundsubstanz den ersten Knochen (Abb. 76). Daher kommt es, daß die fertigen Knochenbälkchen, wenn erst die Knorpelgrundsubstanz gänzlich verschwunden ist, ebenfalls der Längsrichtung des Knochens parallel stehen. Bei der Ossifikation in kurzen und platten Knochen und in allen Epiphysen kommt es nicht zu solcher Säulenanordnung, die Markräume bleiben rundlich und die neugebildeten Knochenbälkchen besitzen ein schwammiges Gefüge.

Die eben erwähnten Epiphysen werden von accessorischen Ossifikationspunkten (s. Atlas zur 2. Abt. Abb. 10) aus gebildet, die an den meisten Knochen, auch an kurzen

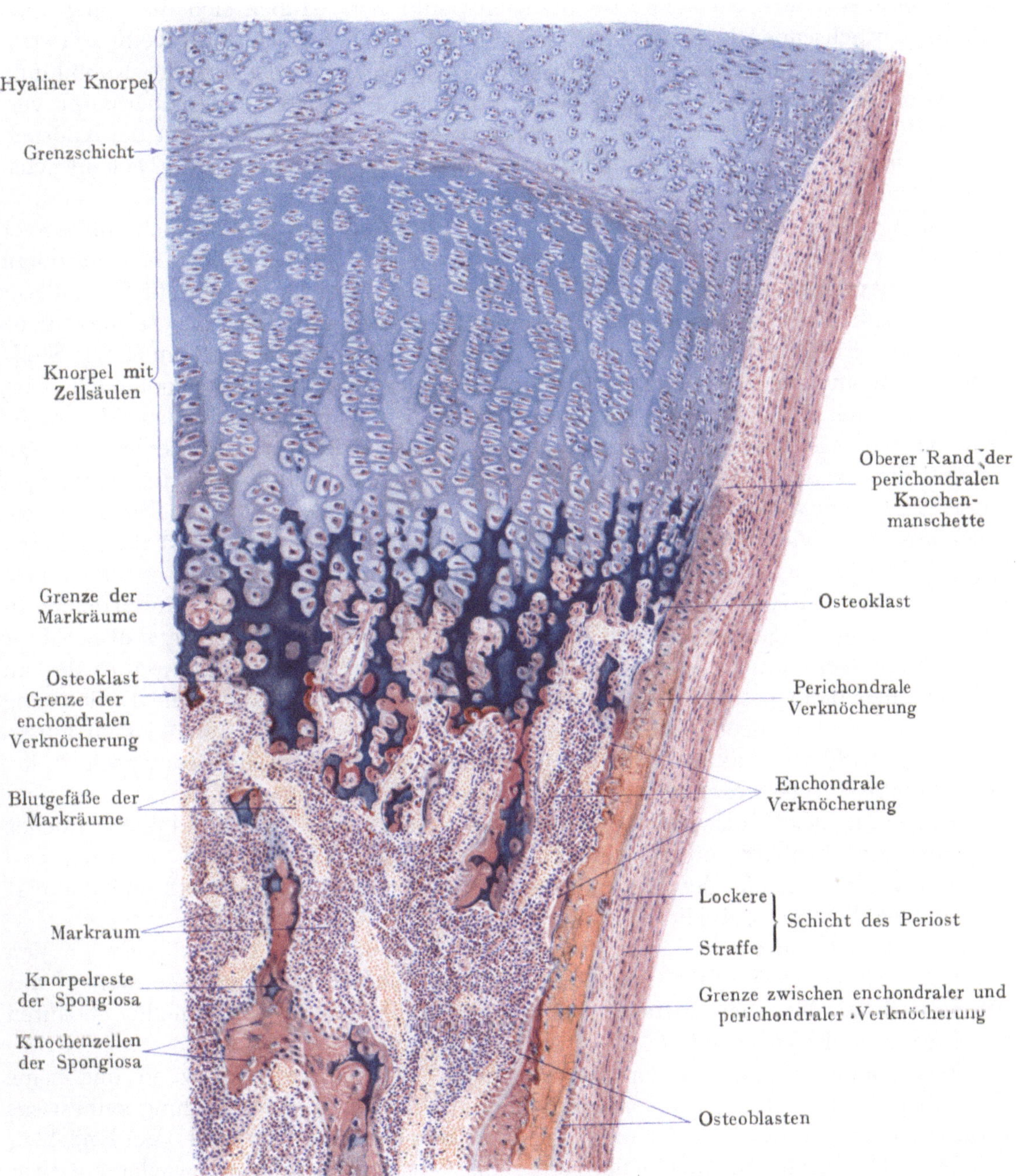

Abb. 76. Verknöcherung. Längsschnitt durch einen Röhrenknochen (Teil). Vergrößerung fast 100fach. Eosin-Hämatoxylinfärbung. Oben ist die Epiphyse noch ganz knorpelig. Die Grenzschicht zeigt die spätere Epiphysenlinie. In der darauffolgenden Knorpelzone sind die Knorpelzellen säulenartig angeordnet. Darauf folgt der verkalkende Knorpel, der dunkler gefärbt ist. Es erfolgt eine Aufblähung der Knorpelzellen und allmähliche Zerstörung durch die eindringenden Blutgefäße der Markhöhle. Von diesen nach unten folgen die ersten enchondralen Knochenteile (rot), die den Knorpelbälkchen (blau) aufliegen. Osteoblasten bauen die Spongiosabälkchen an, Osteoklasten bauen sie ab. In dem Markraum zahlreiche Gefäße, Zellen und Riesenzellen. Am rechten Rande ist die periostale Seite. Das Periost besteht aus einer zellreichen, lockeren, inneren Schicht, und aus einer strafferen äußeren Schicht. Der periostal gebaute Knochen (Knochenmanschette) ist hellrot. Die Grenze gegen den enchondralen Knochen ist deutlich. Dieser wird gegen die Markhöhle hin abgebaut.

und platten, auftreten. Von ihnen breitet sich die neugebildete Knochensubstanz ganz ebenso aus, wie vom Hauptossifikationspunkt her. Haben sich die von beiden Seiten her wachsenden Knochen fast bis zur Berührung genähert, dann bleibt zwischen ihnen noch eine dünne Knorpelplatte übrig, von welcher aus sich die Neubildung von Knochen in der beschriebenen Weise vollzieht, so lange er sich überhaupt vergrößert (Ossifikationsgrenze, s. Atlas zur 2. Abt. Abb. 11). Verschwindet die Knorpelplatte zum Schluß, dann ist das Längenwachstum abgeschlossen. Das Dickenwachstum geschieht lediglich durch Knochenbildung vom Periost aus.

Diese dem Knochen ganz eigentümliche Bildungsweise erklärt sich aus seiner Starrheit, welche ein interstitielles Wachstum, das ihn von innen heraus vergrößern würde, nicht erlaubt, sondern nur ein appositionelles Wachstum an den Oberflächen zuläßt.

Während des Wachstums der Knochen ändert sich ihre Gestalt, oft sogar ganz bedeutend. Eine solche Umformung ist nur dadurch möglich, daß an einer Stelle zugetan, an anderer abgenommen wird, etwa so wie man an dem Tonmodell eines Bildwerkes hier Ton aufträgt, dort wegnimmt. Das Auftragen geschieht durch die Osteoblasten, das Wegnehmen unter Mithilfe der Osteoklasten[1] (Knochenbrecher). Es sind dies große Zellen mit einem Haufen von Kernen, die den oben geschilderten Riesenzellen sehr ähnlich sind (Abb. 71). Sie entstehen jedoch von den Bindegewebszellen aus, nicht wie die Riesenzellen im Anschluß an die Leukocyten (Jackson 1904). Sie resorbieren den Knochen, fressen sich sozusagen in ihn hinein und erzeugen Vertiefungen (Howshipsche Lakunen). Die Osteoklasten können auch unmittelbar an feinsten Gefäßen liegen, so daß die Möglichkeit nicht auszuschließen ist, daß bei ihrer Bildung die Gefäßwandzellen (Endothelien) beteiligt sind. Die Kohlensäure des an den Knochen dann besonders nahe herankommenden Blutes bedingt die Entkalkung des Knochens, und die bleibenden Reste werden dann von den Osteoklasten aufgefressen. Benachbarte Lakunen fließen zusammen und im Laufe der Zeit verschwinden immer größere Teile des Knochens.

Im Anfang der Knochenbildung stehen weite Markräume zarten und nicht lamellös gebauten Knochenbälkchen gegenüber; später ändert sich das Bild dadurch, daß sich von der Oberfläche der Markräume aus die Lamellen bilden, während der erst entstandene Knochen gänzlich verschwindet.

Verkalkendes Bindegewebe (Sehnen) und verkalkter Knorpel können an den lamellös gebauten Knochen angefügt werden, dienen aber gewissermaßen nur provisorisch als Knochensubstanz und werden allmählich in den lamellös gebauten Knochen (Schalenknochen, Weidenreich) umgewandelt.

Wenn auch das Wachstum des Knochens schließlich abgeschlossen und seine Form definitiv festgelegt ist, geht ihm doch die Fähigkeit einer Neubildung keineswegs verloren, da das Periost in seiner ursprünglichen Beschaffenheit verharrt. Bei Knochenwunden und Knochenbrüchen lebt dann seine Ossifikationstätigkeit wieder auf, was für deren Heilung unerläßlich ist. Auch bei Operationen am Knochen macht man sich diese Tatsache zunutzen; man erhält das Periost in der Erwartung, daß von ihm aus ein Ersatz weggenommener Knochenstücke in die Wege geleitet wird.

C. Muskeln.

Die Bewegungsmöglichkeit, die jedem lebenskräftigen Protoplasma in geringerem oder größerem Grade zukommt, ist bei den Muskeln ganz einseitig und in hervorragender Weise ausgebildet. Die Bewegungen können sich langsam abspielen,

[1] Polykaryocyten, Myeloplaxen.

sie können auch rascher und energischer sein; danach ist auch der histologische Bau der Muskeln ein verschiedener. Die glatten Muskeln ziehen sich langsamer zusammen, entfalten aber eine erhebliche Kraft und verharren verhältnismäßig lange in kontrahiertem Zustand. Ihr Bau weicht nicht sehr augenfällig von dem des gewöhnlichen Protoplasmas ab, während der der rascher arbeitenden, aber leichter ermüdenden quergestreiften Muskeln eine ganz spezifische Differenzierung erfährt. Der Grund für die Verschiedenheit des histologischen Baues ist demnach ein rein physiologischer und nicht etwa ein phylogenetischer; denn auch ganz niederstehende Tiere besitzen quergestreifte Muskeln, wenn es die auszuführenden Bewegungen verlangen. Auch die Lokalität ist für den Bau der Muskeln nicht ausschlaggebend; es kann an einer bestimmten Stelle bei der einen Art glatte Muskulatur vorhanden sein, wo man bei einer anderen gestreifte findet. Bei den Säugern und dem Menschen gehören die glatten Muskeln denjenigen Organen an, deren Bewegungen dem Willenseinfluß entzogen sind, man begegnet ihnen also in der äußeren Haut, in allen Eingeweidesystemen an einigen Stellen des Sehorgans, im ganzen Gefäßsystem mit Ausnahme des Herzens. Die quergestreiften Muskeln findet man im Herzen, wo sie einen Bau zeigen, welcher ihnen eine Art von Übergangsstellung anweist, ferner in allen willkürlich zu bewegenden Muskeln, also solchen, die Teile des Skelets unter sich und mit der Haut in Verbindung setzen, sowie solchen, die auf die Öffnungen der Eingeweiderohre wirken und solchen, die an Gehör- und Sehorgan angebracht sind.

Was ihre entwicklungsgeschichtliche Herkunft betrifft, so entstehen die glatten Muskeln aus Mesenchymzellen, denen Zellen anderer Bedeutung beigemischt sind. Einige wenige (Muskeln der Knäueldrüsen, Irismuskulatur) sind ektoblastischen Ursprungs. Die gestreiften Muskeln des Rumpfes und der Extremitäten entwickeln sich aus bestimmten Primitivorganen, nämlich den Myomeren des Rumpfes; die Herkunft der Muskeln des Kopfes bedarf noch weiterer Aufklärung, ebenso diejenige der Muskeln an den Öffnungen der Eingeweiderohre. Die Herzmuskulatur bildet sich aus der Herzplatte des visceralen Mesoblasts.

a) Glatte Muskeln (kontraktile Faserzellen).

Die glatten Muskeln erscheinen in dünner Schicht gallertartig durchscheinend, in dickerer leicht rötlich, „fleischfarbig“. Ihre langsame und stetige Zusammenziehung ist eine sehr kräftige und andauernde. Die Mesenchymzellen, aus denen ihre einzelnen Elemente entstehen, sind anfänglich von indifferenter Form. Sie strecken sich in die Länge und sind im ausgebildeten Zustand an beiden Enden zugespitzte, spindelförmige Faserzellen von je nach der Lokalität verschiedener Länge (45—200 μ und mehr lang, 4—7 μ breit). Zuweilen teilt sich ihre Spitze gabelig. Der stäbchenförmige Kern ist in der Regel gestreckt, manchmal auch geschlängelt; er liegt in der Mitte der Länge der Faser, in ihrem breitesten Teil. Er besitzt ein wohlausgeprägtes Chromatinnetz und einen oder mehrere Nukleolen. An der Längsseite des Kernes findet man ein Centrosoma mit Doppelcentriolen (Diplosoma).

Das Cytoplasma erhält sich in unverändertem Zustand nur für eine kurze Strecke an beiden Kernpolen (Abb. 77). Es wird als Sarkoplasma (σάρξ, Fleisch) bezeichnet. Im übrigen ist es der speziellen Funktion entsprechend differenziert.

In ruhenden Faserzellen erscheint es hell und besteht aus dicht liegenden feinen Längsfibrillen, die in eine homogene Masse eingebettet sind, in kontrahierten ist es stark lichtbrechend und die Fibrillierung ist, wenigstens an fixierten Präparaten, verschwunden. Ruhende Faserzellen sind im frischen Gewebe dünner, kontrahierte dicker. In fixierten Präparaten verhält sich dies meist umgekehrt, da die kontrahierten Fasern stärker schrumpfen, als die ruhenden. Dies ist die Veranlassung zu mancherlei Verwechslungen gewesen (Heiderich 1902). Die Kerne nehmen an der Kontraktion wohl nicht aktiv teil, doch erscheinen die schlanken Stäbchen der ruhenden Fasern bei der Kontraktion verkürzt und gedrungener.

In seltenen Fällen (Samenbläschen, Iris) ist das Cytoplasma pigmentiert.

Häufig findet man in der Gefäßmuskulatur ruhende und kontrahierte Fasern gemischt, was den Gedanken aufkommen läßt, daß erschlaffte Fasern erst eine Zeitlang ausruhen, ehe sie wieder in eine neue Zusammenziehung eintreten (Schichtenarbeit; Benedikt, Henneberg 1901). In der Muscularis des Darmes begegnet man an fixierten Präparaten häufig fixierten Kontraktionswellen, bei denen gewisse Faserstrecken in kontrahiertem, andere in erschlafftem Zustand festgehalten sind.

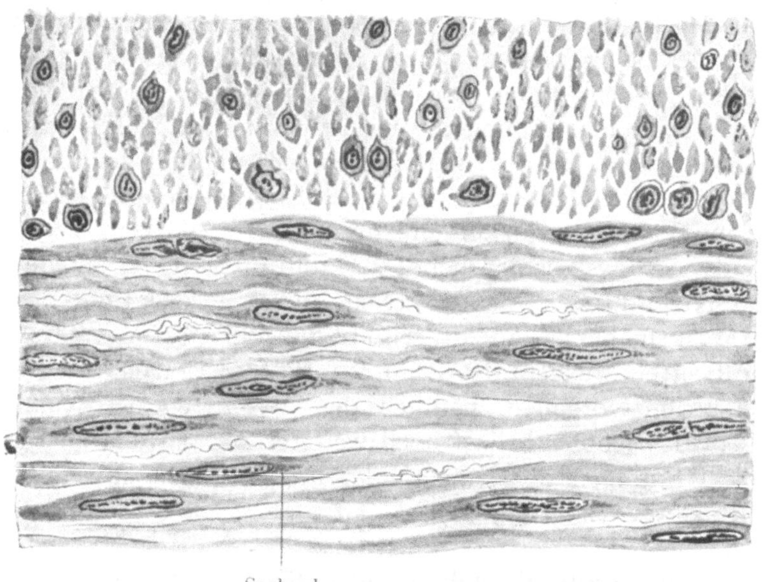

Abb. 77. Glatte Muskeln aus dem Darm der Katze. Oben Querschnitte, unten Längsschnitte; die Fasern sind durch ein kollagenes Wabenwerk voneinander getrennt.

In polarisiertem Licht erweisen sich die Faserzellen parallel der Längsachse positiv einachsig doppelbrechend.

Die glatten Muskelfasern verlaufen selten isoliert, meist sind sie zu Gruppen vereinigt; sie bilden Bündel, Platten und Netze von einer oft beträchtlichen Dicke. Die Gruppen werden durch lockeres Bindegewebe voneinander getrennt, in dem die Gefäße enthalten sind, deren Capillaren zwischen die Fasern selbst eindringen. Diese letzteren sind in ein kollagenes Wabenwerk von in sich zusammenhängenden zarten, durchlöcherten Häutchen eingelassen, die mit Längsstreifen versehen sind (Schaffer 1898, Henneberg 1900), die manche auch für dickere kontraktile Fibrillen der Faseroberfläche halten (Heidenhain 1901). Das Wabenwerk enthält weder Zellen noch Kerne; es entsteht von dem Bindegewebe der größeren Septen aus (Merkel 1909). Ist die trennende Bindesubstanz in etwas größerer Menge vorhanden, dann besitzen die Faserzellen einen rundlichen oder ovalen Durchschnitt, ist sie sehr dünn, dann platten sich die Zellen gegenseitig zu unregelmäßigen Prismen ab und der Querschnitt erscheint polygonal.

Intercellularbrücken der Muskelzellen werden dadurch vorgetäuscht, daß beim Schrumpfen durch fixierende Mittel stellenweise fadenartige Verbindungen des Cytoplasmas mit dem Wabenwerk bestehen bleiben.

Basal von den secernierenden Zellen mancher Drüsen kommen mitunter stark verästelte Muskelzellen vor.

b) Herzmuskeln.

Die Muskulatur des Herzens schließt sich insofern unmittelbar an die glatte Muskulatur an, als ihre Zellen bei kaltblütigen Wirbeltieren ganz die gleiche Spindelform zeigen, wie dort. Der — allerdings sehr wichtige — Unterschied ist der, daß sie außer der Längsstreifung auch eine Querstreifung zeigen, die jedoch nicht immer gleich scharf ausgeprägt ist. Bei Warmblütern ändert sich das Bild. Man findet eine Art Plexus, von verhältnismäßig dicken cylindrischen Balken, die durch ganz enge schlitzförmige Zwischenräume voneinander getrennt werden. Der Plexus hat den Wert eines Syncytiums.

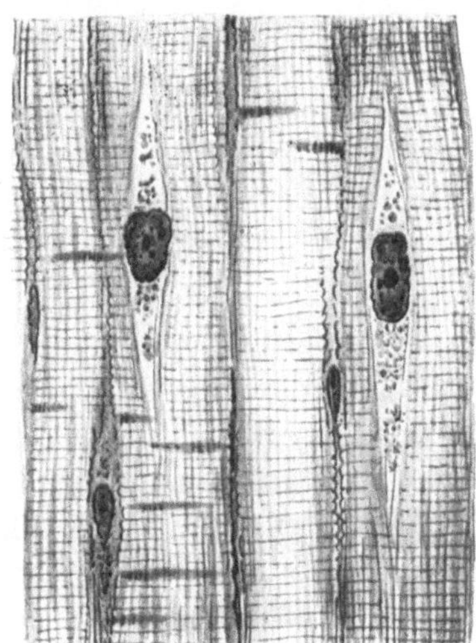

Abb. 78. Menschlicher Herzmuskel. Längsschnitt.

Die Kerne liegen zumeist in der Achse der Muskelbalken, gelegentlich sind sie auch nach der einen oder der anderen Seite verschoben, ohne jedoch die Oberfläche zu erreichen (Abb. 78, 79).

Wie bei den glatten Muskelfasern schließt sich an beide Kernpole eine Sarkoplasmamasse an, die jedoch weit ausgedehnter ist, wie dort. Sie ist von cylindrischer Gestalt und von ihr gehen septenähnliche radiär gestellte Platten aus, von denen sich immer feinere abzweigen, die die kontraktile Substanz in fibrilläre Säulchen zerspalten. Man erkennt diese auf der Längsansicht der Muskelbalken als Längsstreifung, auf dem Querschnitt als punktförmige Querschnitte. An der Oberfläche der Muskelbalken breitet sich das Sarkoplasma zu einer äußerst feinen Hülle aus, welche von einigen Autoren als Sarkolemma (s. unten) beschrieben wird, mit einem solchen aber nicht identisch ist.

Abb. 79. Menschlicher Herzmuskel. Querschnitt.

Der Bau der kontraktilen Substanz ist im wesentlichen derselbe, wie der der Skeletmuskeln, es wird von ihm unten die Rede sein.

Gewisse Farbenreaktionen lassen an der Längsansicht der Fasernetze der Herzmuskulatur an vielen Stellen stärker vortretende Querlinien erkennen, welche die regelmäßige Querstreifung unterbrechen (Kittlinien, Kittstreifen, Verdichtungsstreifen, Schaltstücke) (Abb. 78). Es sind dies Platten, die entweder durch die ganzen Balken hindurchgelegt sind, oder die nur einen Teil von ihnen durchsetzen, oder sie sind auch treppenförmig abgestuft. Über ihre Bedeutung ist eine Einigung noch nicht erzielt. Eine Ansicht hält sie für eine Kittsubstanz, die die aneinanderstoßenden Enden zweier Zellen verbindet (Eberth 1866), eine zweite sieht in ihnen beim Absterben der Fasern auftretende abnorme Kontraktionsstreifen (Wagner 1872, Schaffer 1893), eine dritte glaubt sie für Stellen ansehen zu sollen, von welchen das Längenwachstum der Muskelfasern ausgeht (Heidenhain 1901). Ebner (1914) nennt diese Linien Glanzstreifen, um einen indifferenten Namen zu haben. Oberhalb eines solchen Streifens kann die Faser kontrahiert, unterhalb erschlafft sein.

Das Sarkoplasma kann mehr oder minder zahlreiche kleine Fetttröpfchen aufnehmen; in höherem Alter enthält es Farbstoffkörnchen, durch die das Herzfleisch eine bräunliche Färbung annimmt, wenn sie in größerer Menge vorhanden sind.

Die Herzmuskelfasern sind, ganz wie die glatten Muskelfasern in ein Wabenwerk zarter Häutchen eingelassen, die in sehr schmalen Spalträumen einfach und den beiden angrenzenden Faseroberflächen gemeinsam sind, während sie sich in weiteren Spalträumen in der Art teilen, daß nun jeder Oberfläche eine eigene feine Membran zukommt (Heidenhain 1911). Wie bei den Skeletmuskeln das Sarkolemm fester an den Zwischenscheiben haftet, so ist es auch bei den Membranen des Herzmuskels der Fall.

Das fibrilläre Bindegewebe im Innern der Muskelnetze ist überaus spärlich; zwischen größere, meist lamellös gestaltete Partien des Herzfleisches schieben sich Züge lockeren Bindegewebes ein.

c) Quergestreifte Muskeln.

Abgesehen von dem Herzmuskel sind, wie schon erwähnt, diejenigen Muskeln quergestreift, die die Teile des Skeletes untereinander und mit der Haut verbinden, sowie diejenigen, die an den Ein- und Ausgängen der Eingeweiderohre angebracht sind. Bis auf ganz wenige Ausnahmen am Intestinalkanal sind sie sämtlich dem Willen unterworfen. Sie stellen das dar, was man als „Fleisch" zu bezeichnen pflegt. In dickeren Schichten besitzen sie die für das Fleisch charakteristische rote Farbe, in sehr dünner Lage erscheinen sie farblos und gallertartig. Bei manchen Tieren findet man verschieden gefärbte Muskeln, hellere (weiße) und dunklere (rote), deren Fasern sich auch in ihrem Bau einigermaßen voneinander unterscheiden. Beim Menschen existiert ein solch scharfer Unterschied ganzer Muskeln nicht, bei ihm sind vielmehr die beiden Faserarten in den einzelnen Muskeln gemischt.

Ein schlaffer Muskel fühlt sich weich an, ein kontrahierter wird hart.

Die einzelnen Muskelfasern sind cylindrische oder prismatische Gebilde, die an den Enden abgerundet, zugespitzt oder schräg abgeschnitten sind. Man könnte sie am besten wurstförmig nennen. Nur in seltenen Fällen (Zunge, Gesichtsmuskeln) laufen sie Enden in mehrere Spitzen aus. Die Fasern besitzen eine Dicke von 10—100 μ, man kann also die dickeren sehr wohl mit bloßem Auge sehen. Ihre Länge kann 12 cm und mehr betragen. In kurzen Muskeln durchsetzen sie deren ganze Länge, in solchen, die länger als die einzelnen Fasern sind, erreicht eine Anzahl von ihnen das Sehnenende nicht.

Entwicklungsgeschichtlich entstehen die Fasern der quergestreiften Muskulatur aus Spindelzellen, zu denen sich die epithelartig angeordneten Zellen der Muskelplatten umwandeln. Sie sind in ihrem Aussehen den glatten Muskelzellen sehr ähnlich. Der erst einfache Kern teilt sich mitotisch, jedoch ohne daß darauf der Zerfall des Cytoplasmas in Tochterzellen folgte. Es entsteht also eine vielkernige Riesenzelle. Später macht die mitotische Kernteilung einer amitotischen Platz. Das Cytoplasma ändert sich schon frühzeitig in der Art, daß sich seine Teilchen in äußerst regelmäßiger Weise zu Fibrillen ordnen, in welchen sich alternierend die gleichen Strukturelemente immer wiederholen. Zuerst sind nur wenige Fibrillen modifizierten Cytoplasmas vorhanden, nach und nach werden ihrer immer mehr, ohne daß es jedoch jemals zu einer vollständigen Verdrängung der ursprünglichen Struktur käme, diese bleibt vielmehr als das nun sog. Sarkoplasma bei Bestand, und in ihm sind stets die Kerne enthalten, während die fibrillär umgewandelte Substanz kernlos ist.

Die zu Anfang vorhandenen vielkernigen Muskelzellen sind noch nicht die definitiven Muskelfasern, sie müssen sich erst der Länge nach spalten, um zu diesen zu werden, wobei sich die Kerne in Längsreihen stellen. Ist eine Muskelfaser erst definitiv gebildet, dann umgibt sie sich mit einer von dem interstitiellen Bindegewebe abstammenden, zarten, kernlosen Begrenzungshaut, dem Sarkolemma[1].

In ausgebildeten Muskelfasern mancher Tierarten sind die Kerne rundlich und liegen in einer Längsreihe in deren Achse, bei anderen sind sie länglich und erscheinen durch die ganze Dicke hindurch zerstreut, wieder bei anderen sind sie, ebenfalls länglich, ganz an die Oberfläche gedrängt. Zu diesen letzteren gehören die meisten Muskelfasern der Säuger und des Menschen. Sie häufen sich an den Enden der Fasern besonders an. Das Sarkoplasma, in dem die Kerne liegen, ist in verschiedener Menge vorhanden, je nachdem es eine mehr oder weniger weitgreifende Umwandlung in quergestreifte Substanz erfahren hat. Bei den Säugern und dem Menschen enthalten die roten Fasern mehr, die weißen weniger Sarkoplasma, die letzteren sind also als die am stärksten differenzierten und am meisten fortgebildeten Fasern anzusehen. Immerhin aber ist auch in ihnen noch so viel Sarkoplasma vorhanden, daß es die Fasern in allen ihren Teilen durchzieht. Die fibrilläre Beschaffenheit der eigentlichen kontraktilen Substanz erkennt man auf der Längsansicht nur dadurch, daß die Fibrillen durch minimale Mengen von Sarkoplasma voneinander getrennt sind. Auf dem Querschnitt sieht man außer den Querschnitten der Fibrillen auch noch größere Felder (Cohnheimsche Felder), die von etwas größeren Mengen von Sarkoplasma umgeben sind (Abb. 81). Die kleinen, aus einigen wenigen Fibrillen der kontraktilen Substanz bestehenden Abteilungen, die den Feldern entsprechen, werden Muskelsäulchen genannt.

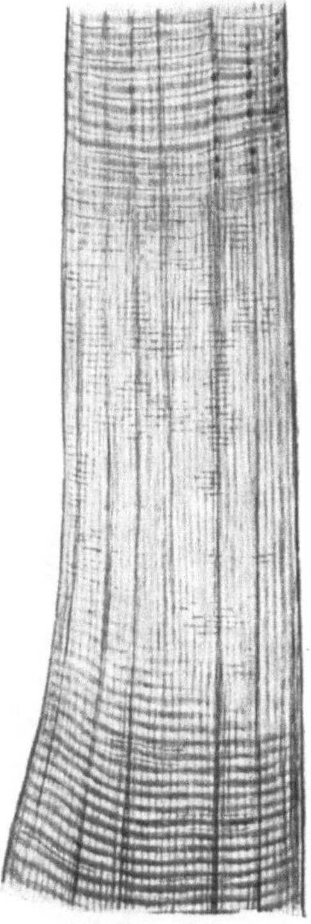

Abb. 80. Muskelfaser vom Menschen. Oben Ruhe, dann Zwischenstadium mit undeutlicher Querstreifung, unten Kontraktion.

Das Sarkoplasma enthält krümelige Körnchen, die Sarkosomen, von denen noch die Rede sein wird, außerdem Fettkörnchen in wechselnder Zahl. Sind Muskeln längere Zeit untätig, dann können sich die letzteren außerordentlich vermehren.

Daß die eigentlich kontraktile Substanz aus Fibrillen besteht, kann man an vielen lebenden Muskeln ohne weiteres sehen, man kann die Fibrillen auch durch Zerzupfen oder passende Macerationsmittel (z. B. verdünnte Chromsäure) voneinander isolieren. Betrachten wir sie erst in der Ruhe. Es wechseln immer stärker und weniger stark lichtbrechende Abschnitte sehr regelmäßig miteinander ab. Durch die ganze Breite der Faser hindurch stehen diese Abschnitte der Fibrillen, von dem umgebenden Sarkoplasma in ihrer Lage gehalten, sämtlich genau in gleicher Höhe, wie in Reih und

[1] Von manchen Seiten wird, ebenso wie beim Herzmuskel (s. oben) die sehr dünne Sarkoplasmaschicht, welche die Faseroberfläche überzieht, als Sarkolemm bezeichnet.

Glied stehende Soldaten, wodurch eine Querstreifung der ganzen Faser entsteht, welche diese als aufeinander folgende helle und dunkle Bänder der Quere nach durchsetzt (Abb. 80). Um Beobachtungsfehler zu vermeiden, hat man sich stets daran zu erinnern, daß die Streifen, die bei tiefer Einstellung des Mikroskopes dunkel erscheinen, bei hoher hell werden und umgekehrt. Unserer Darstellung ist stets die tiefe Einstellung zugrunde gelegt. Nicht allein in gewöhnlichem Licht unterscheiden sich die Querbündel optisch voneinander, sondern auch in polarisiertem, indem sich das dunkle Querband doppelbrechend (anisotrop), das helle einfach brechend (isotrop) erweist (Abb. 84).

Abb. 81. Muskelfasern vom Menschen, Querschnitt. Fibrillenquerschnitte, Cohnheimsche Felder, Kerne, Sarkolemm.

Nach den älteren Untersuchungen Brückes (1858) einerseits und nach einer der neuesten (Hürthle 1909) andererseits kommt der Muskelfaser eine weitere im Leben vorhandene Struktur nicht zu. In dem langen Zeitraum von 50 Jahren aber, der zwischen diesen beiden Arbeiten liegt, wurde eine Fülle von Beobachtungen gemacht, die einen weit komplizierteren Bau wahrscheinlich machen wollen. In Abb. 83 sind alle Streifen und Linien eingetragen, die von den verschiedenen Autoren beschrieben worden sind. Die der Zeichnung zugrunde liegenden Beobachtungen

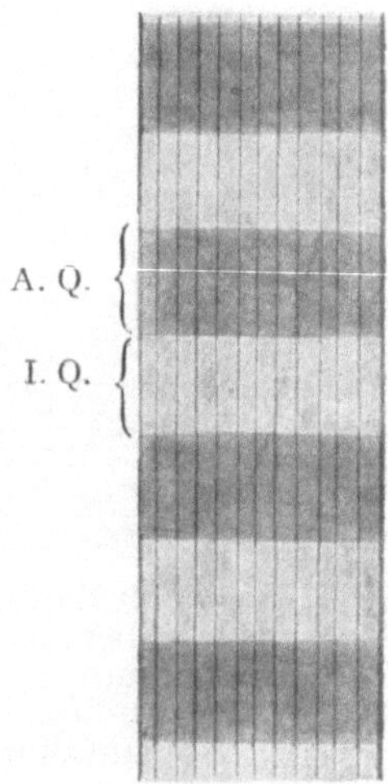

Abb. 82. Schema einer ruhenden quergestreiften Muskelfaser. Einfache Ansicht.
A. Q. = Anisotropes Querband.
I. Q. = Isotropes Querband.

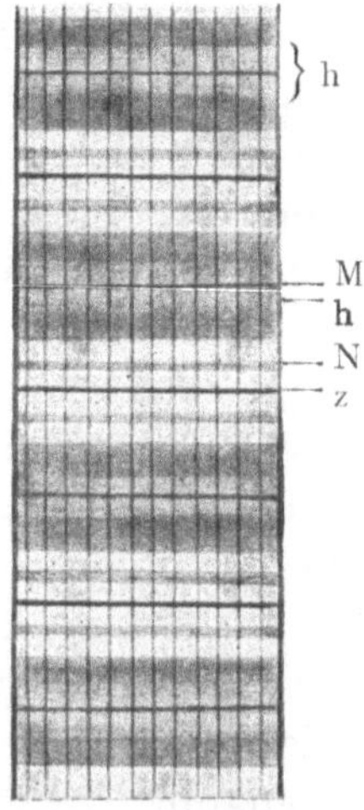

Abb. 83. Schema einer ruhenden Muskelfaser, in die die Streifen und Linien eingetragen sind, die von den verschiedenen Autoren beschrieben worden sind. Bezeichnungen s. im Text.

wurden fast nur an fixierten Objekten vorgenommen, und es wäre wohl möglich, daß das in seiner Zusammensetzung sicherlich sehr labile Protoplasma der Muskelfibrillen im Moment der Fixation von der physiologischen Funktion abweichende Verschiebungen erlitte. Der Einwand, daß es sich bei einzelnen der gezeichneten Strukturen um Unzutreffendes handelt, ist deshalb so lange nicht ganz von der Hand zu weisen, bis sie an lebenden und vollkräftigen Fasern beobachtet sind. Die Existenz der Linie M wird von manchen Seiten angezweifelt, doch ist sie wohl sicher vorhanden (Heidenhain 1911); eine Verdichtung des anisotropen Querbandes an seinen beiden Säumen im Gegensatz zu einem helleren Mittelteil (h) erkennt man oft. Nach Retzius (1890) gehört der an Arthropodenmuskeln nicht selten sehr schön zu beobachtende Streifen N gar nicht den Fibrillen an, sondern vielmehr dem sie umgebenden Sarkoplasma. Es bleibt somit für die menschliche Muskelfaser das anisotrope Querband, eventuell mit einem helleren Mittelteil (h) und der Mittelscheibe (M), sowie das isotrope Querband mit der Linie z. Das helle Querband ist gegen macerierende Mittel weniger widerstandskräftig, wie das dunkle; es kann (z. B. durch verdünnten Alkohol) gänzlich zerstört werden, so daß die dunklen Querbänder der Muskelfasern wie die Münzen einer Geldrolle lose aufeinander liegen (Bowmans Discs). Das dunkle Querband läßt sich mit Hämatoxylin färben, das helle nicht. Die Linie z ist dadurch bemerkenswert, daß sie der Essigsäure Widerstand leistet, während die übrigen Teile der Fibrillen quellen und sich zwischen den Linien z ausbauchen.

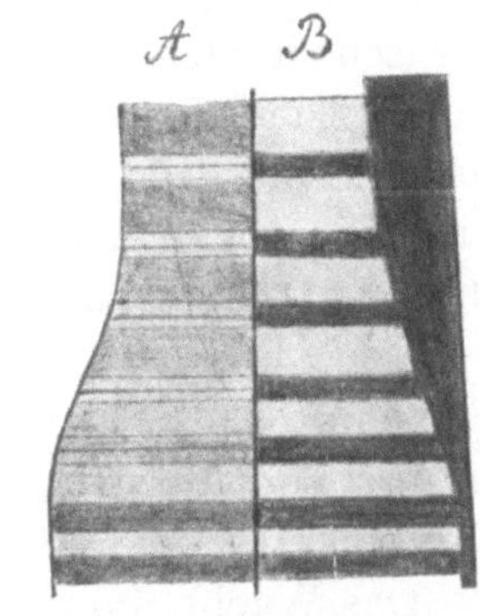

Abb. 84. Schema einer Muskelfaser während des Kontraktionsvorganges. A in gewöhnlichem, B in polarisiertem Licht.

Die Kontraktion geschieht in der Art, daß sich die Fibrillen verkürzen und verdicken, wobei in ihrem Innern gewisse Umlagerungen stattfinden. Zugleich tritt das umgebende Sarkoplasma in regen Stoffaustausch mit der Fibrille, und zwar sind es besonders die erwähnten krümeligen Körner, die Sarkosomen, die dabei eine Rolle spielen. Das dunkle Querband nimmt an Höhe ab, an Breite zu; zugleich wird es hell, ohne jedoch die Eigenschaft der Doppelbrechung zu verlieren. Man kommt dadurch zu der Annahme, daß es außer der anisotropen Substanz noch eine andere enthält, die bei dem Kontraktionsvorgang das Querband verläßt, sei es, daß sie in das isotrope Band, sei es, daß sie in das Sarkoplasma übertritt. Das helle Querband ändert bei der Kontraktion seine Höhe nicht wesentlich, wohl aber wird es im gewöhnlichen Licht dunkel, so daß die Linie z für die Beobachtung vollständig verschwindet. Das ganze Bild hat sich also für die Betrachtung in gewöhnlichem Licht umgekehrt und es ist das, was vorher dunkel war, jetzt hell geworden, das was hell war, ist zu einem dunklen Streifen umgewandelt (Kontraktionsstreifen) (Abb. 80, 84). Die Umkehrung geht jedoch, wenigstens in langsam sich zusammenziehenden Fasern, nicht plötzlich vor sich, sondern unter Einschaltung eines Zwischenstadiums, in dem die eine Streifung verschwunden, die andere noch nicht eingetreten ist, so daß also jetzt für eine kurze Zeit jede Querstreifung fehlt (Abb. 80).

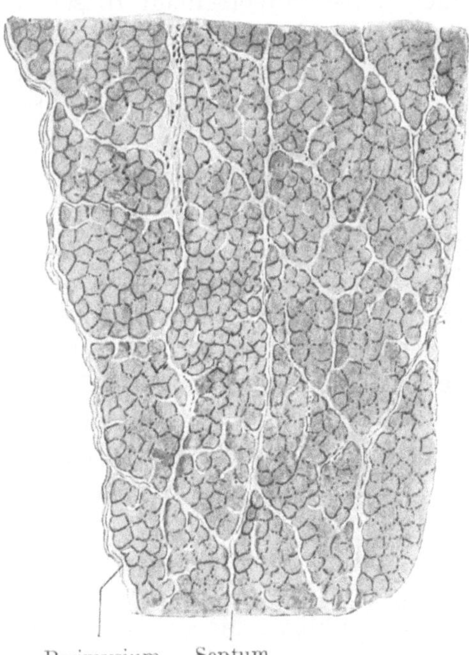

Abb. 85. Querschnitt eines Teiles eines menschlichen Muskels. Bindegewebssepta und Perimysium.

Daß die Sarkosomen bei dem Kontraktionsvorgang eine wichtige Rolle spielen, geht daraus hervor, daß man an ihnen dabei Veränderungen wahrnimmt, die färberisch sichtbar gemacht werden können (Holmgren 1907, 1908). Vielleicht beruht die Umkehrung des Bildes des kontrahierten Muskels nur auf einer Anhäufung der Sarkosomen an der Zwischenscheibe z. Man kann auch daraus auf eine innige Verbindung des Sarkoplasmas mit der tätigen Fibrille schließen, daß sich kontrahierte Fasern weit schwieriger zerzupfen lassen, wie ruhende, und daß man an ihnen die Längsstreifung mehr oder weniger vollständig verschwinden sieht. Die Notwendigkeit des Sarkoplasmas für die Funktion der eigentlichen kontraktilen Substanz geht ferner daraus hervor, daß die Sarkosomen in Muskeln, die eine sehr intensive Tätigkeit entfalten, in ganz besonders reichlicher Menge vorhanden sind (z. B. Flügelmuskeln der Insekten, Brustmuskeln der Fledermäuse, Herzmuskel).

Künftige Untersuchungen werden noch mancherlei Rätsel im Bau der ruhenden und besonders in dem der tätigen Muskelfaser zu lösen haben, ehe es möglich sein wird, eine befriedigende Theorie des Kontraktionsvorganges aufzustellen.

Das Wachstum der Muskeln geschieht nach der Geburt, wie es scheint, nur durch Verlängerung und Verdickung der einzelnen Fasern, und nicht mehr, wie in der Fetalzeit, durch Längsspaltung (Schiefferdecker 1891). Nach Verletzungen erfolgt die Regeneration unter Kernvermehrung vom Sarkoplasma aus.

Die einzelnen Muskelfasern werden durch lockeres Bindegewebe zu primären Bündeln zusammengefaßt, mehrere von diesen wieder zu sekundären usf., bis schließlich eine den Muskel im ganzen umfassende Haut (Perimysium) ihn gegen die Umgebung abschließt (Abb. 85). Je nach der Menge und Stärke der den Muskel durchziehenden Bindegewebssepta erscheint dieser feinfaserig (z. B. M. sartorius, psoas) oder grobfaserig (z. B. M. glutaeus maximus, deltoides).

Der Zusammenhang der Muskeln mit den Sehnen geschieht in der Art, daß sich die Sehnenfasern direkt mit dem Sarkolemm der an sie angrenzenden Muskelfasern in Verbindung setzen. In einer Reihe von Fällen kommt es an der Stelle des Zusammenhanges zwischen Muskelfaser und Sehnenbündel überhaupt nicht zur Ausbildung eines Sarkolemms, und es gehen die Enden der Muskelfibrillen direkt in die Sehnenfibrillen über (O. Schultze 1912). Die im Innern eines Muskels endenden Fasern stehen mit den zwischen den Bündeln vorhandenen Bindegewebssepten in nahe Verbindung und da auch diese mit den Sehnen zusammenhängen (S. 57), so ist der Effekt der gleiche, als wenn sich die Sehnenfasern direkt an sie ansetzten. Muskeln, die sich ohne Dazwischentreten einer sichtbaren Sehne unmittelbar an den Knochen anheften, sind mit dem Periost durch mikroskopisch kurze Bindegewebszüge verbunden, die sich in ihrer Anordnung von längeren makroskopisch präparierbaren Sehnen nicht unterscheiden.

Die Muskeln werden von zahlreichen Blutgefäßen durchzogen, die in den Bindegewebssepten verlaufen. Ihre Verästelungen liegen zumeist rechtwinklig zur Längsrichtung der Muskelfasern. Die Capillaren umspinnen die einzelnen Muskelfasern mit rechtwinkligen Maschen. Anastomosen sind in großer Anzahl vorhanden. Möglichste Gleichmäßigkeit von Blutdruck und Geschwindigkeit des Blutstroms wird durch die Anordnung der Gefäße gesichert. Jeder Muskel bildet für den Blutstrom ein für sich abgeschlossenes Ganzes. Anastomosen mit den Gefäßen der umgebenden Gewebe sind nur fein (Spalteholz 1888).

Von den Lymphgefäßen ist nichts Genaueres bekannt.

Die Nerven sind sensibel und motorisch. Die größeren Stämmchen verlaufen, wie die Blutgefäße, im rechten Winkel zur Faserrichtung; an sie schließen sich Plexus an. Über die Nervenendigungen wird unten Näheres zu berichten sein.

D. Nerven.

Ein lebendes Wesen ist um so höher organisiert, je weiter die Spezialisierung der den Körper zusammensetzenden Systeme und Organe zu einseitig wirksamer Tätigkeit fortgeschritten ist. Unter diesen ragt das Nervensystem ganz besonders hervor, da es den Pflanzen fehlt und nur den Tieren eigen ist. Man bezeichnet es deshalb auch als animalisches System im Gegensatz zu den vegetativen Organen, die der Erhaltung des Individuums und der Art gewidmet sind und deshalb allen Lebewesen, ob Tier oder Pflanze, gemeinsam sein müssen.

Das Nervensystem dient der Erregbarkeit und der Reizleitung; es regelt die Ernährung des ganzen Körpers direkt oder indirekt, regt die Organe zu der ihnen eigenen Tätigkeit an und verknüpft die gesetzten Reize miteinander. Es nimmt daher im Körper eine überragende und beherrschende Stellung ein, steht aber in seiner Ausbildung doch wieder zu den Organen, die es innerviert, in enger Abhängigkeit. Mit dem Aufsteigen in der phylogenetischen Reihe werden die an das Nervensystem gestellten Anforderungen durch die stetig fortschreitende Ausarbeitung der Gesamtorganisation immer vielseitiger und damit werden seine Erscheinungsformen immer mannigfaltiger.

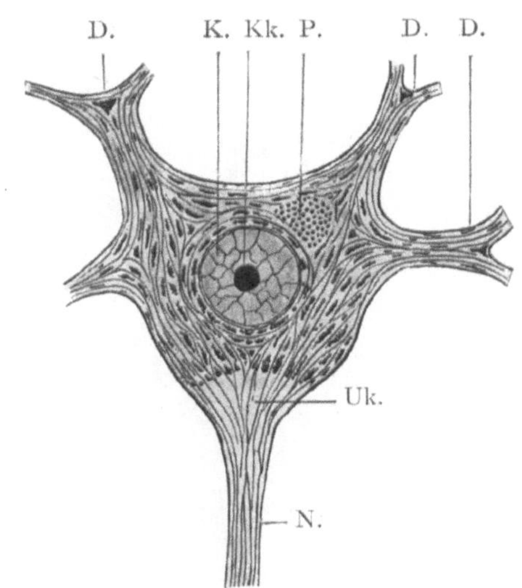

Abb. 86. Schema einer Nervenzelle. K. Kern. Kk. Kernkörperchen. D. D. Dendriten. N. Neurit. Uk. Ursprungskegel. P. Pigment.

Das gesamte Nervensystem bildet sich von der Wand des embryonalen Medullarrohres aus. Die Keimzellen, die sie zusammensetzen, unterscheiden sich im Anfang nicht von allen anderen. Man hat rundliche Gebilde vor sich, die aus den bekannten Konstituentien der Zellen, Cytoplasma, Kern und Centralkörper bestehen und welche sich lebhaft teilen. Aus ihnen entstehen dann einerseits die nervösen Elemente, andererseits die Elemente des Stützgerüstes der Nervensubstanz. Lasse ich die letzteren vorerst beiseite, dann ist von den ersteren, den Neuroblasten, zu sagen, daß sie je einen einfachen, fadenförmigen Fortsatz aussenden, der sie birnförmig erscheinen läßt. Er wird immer länger, umgibt sich in der Folge mit Scheiden und wandelt sich dadurch zu einer Nervenfaser um. Man nennt den Fortsatz Neurit (Achsencylinderfortsatz). Außer ihm treiben die Zellen sodann noch einen oder mehrere Fortsätze, welche sich nicht zu den charakteristischen Nervenfasern umwandeln, sondern in ihrer Struktur im ganzen dem Zellkörper gleichen und sich nach kurzem Verlauf in eine größere oder geringere Zahl von baumförmigen Verästelungen auflösen, die Dendriten (Protoplasmafortsatz) (Abb. 86). In manchen Zellen tritt der im allgemeinen durchaus deutliche Unterschied zwischen den beiden Arten der Fortsätze weniger scharf hervor. Die Dendriten sind immer nur relativ kurz, die Neuriten aber können je nach Bedürfnis außerordentlich lang werden, sie können sich über große Teile des Centralnervensystems und der Körperperipherie erstrecken.

Senden die Zellen, wie beschrieben, mehrere Fortsätze aus, dann bezeichnet man sie als multipolare. Es gibt jedoch Zellen, welche nur zwei einander gegenüberstehende Fortsätze besitzen, sie werden bipolar genannt. Endlich kommen auch unipolare Zellen vor, welche nur einen einzigen Fortsatz abgeben. Meist ist dies jedoch nur scheinbar der Fall, indem sich die Zelle im Laufe der Entwicklung nach Art eines Fortsatzes auszieht, von dem dann erst in winkligem Verlauf zwei Fortsätze abgehen, die die Zelle doch zu einer bipolaren gestalten. Funktionierende Zellen, welche fortsatzlos (apolar) sind, gibt es nicht.

Die Gesamtheit einer Nervenzelle und aller ihrer Fortsätze, als entwicklungsgeschichtliche Einheit betrachtet, bezeichnet man als Neuron (Waldeyer 1891).

Form und Größe der einzelnen Neurone ist überaus verschieden. Die primitivste Form des Zellkörpers ist die rundliche, man findet sie beim Menschen in den Spinalganglien, doch fehlen sie auch im Centralorgan nicht ganz. In letzterem sind

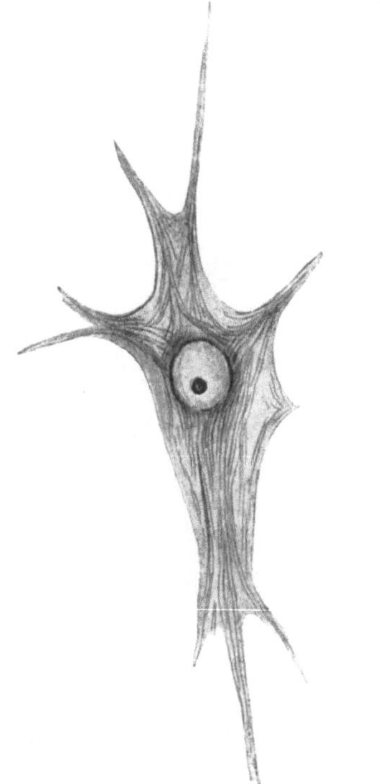

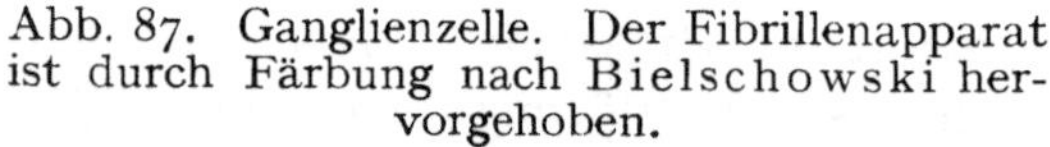

Abb. 87. Ganglienzelle. Der Fibrillenapparat ist durch Färbung nach Bielschowski hervorgehoben.

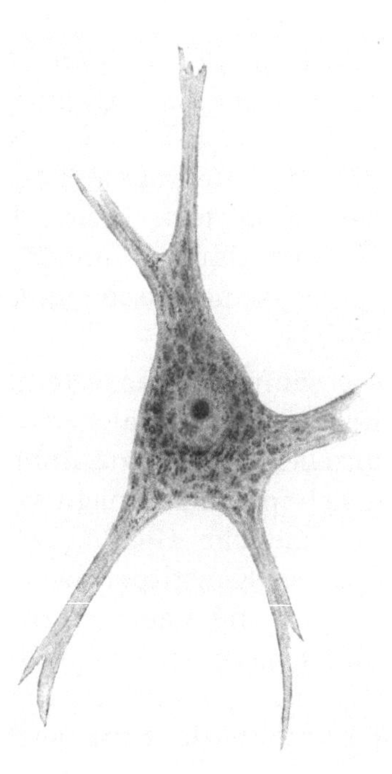

Abb. 88. Ganglienzelle. Die Tigroidsubstanz mit Toluidinblau gefärbt.

die Zellen aber meist anders gestaltet, pyramidenartig, spindelförmig oder ganz unregelmäßig. Die Dendriten sind das eine Mal in geringer, das andere Mal in überaus reichlicher Menge vorhanden; die Reichhaltigkeit ihrer Verästelung und die Art ihres Verlaufes ist nach Ausweis der Abb. 87 und 88 sehr verschieden, für die einzelnen Formen aber konstant. Der Neurit ist besonders durch seine schon erwähnte ungemein wechselnde Länge ausgezeichnet; aber auch durch die Verschiedenheit in der Zahl und in dem Verhalten von ihm ausgehender Seitenzweige, der Collateralen. In dem einen Fall ist er sehr lang und sendet nur wenige Collateralen ab, wie man es bei den aus dem Centralnervensystem austretenden Fasern beobachtet, aber auch bei solchen, die während ihres ganzen Verlaufes in diesem letzteren verbleiben [Zellen des ersten Typus (Golgi)]. Im Centralnervensystem kommen jedoch auch Zellen mit kurzen Neuriten vor, welche selbst ganz ohne Collaterale bleiben (Kleinhirn). In dem anderen Fall verästelt sich der kurze Neurit reich, oft in außerordentlich komplizierter Art [Zellen des zweiten Typus (Golgi)], er bleibt stets im Centralnervensystem selbst.

Die Größe der Ganglienzellen schwankt außerordentlich; ihr Körper ist das eine Mal kaum größer, wie der von Leukocyten, das andere Mal kann er so groß werden, daß man ihn mit bloßem Auge unterscheiden kann. Die größten Nervenzellen von Wirbeltieren sind die für die elektrischen Organe der Fische bestimmten. Nach Pierret (1878) steht beim Menschen die Größe der Ganglienzellen in direktem Verhältnis zu den Strecken, die die von ihnen ausgehenden Fasern zu durchlaufen haben. Diese Beobachtung läßt sich auf die Säugetiere im ganzen ausdehnen und man findet, daß Tiere mit größerem Körper ceteris paribus auch größere Nervenzellen besitzen, so müssen also z. B. diejenigen Zellen des Rückenmarkes, welche die Fußmuskeln innervieren, bei dem Elefanten weit größer sein, als bei der Maus.

a) Nerven- oder Ganglienzellen (γαγγλίον knotenförmige Anschwellung an einem Nerven).

In funktionsfähigem Zustand unterscheidet sich der Bau der Nervenzellen beträchtlich von dem der ursprünglichen Keimzellen. Was zuerst den Kern anlangt, so ist er meist rundlich, in gewissen Zellen mehr oval. Er wird von einer relativ starken, auf dem optischen Querschnitt doppeltkonturierten Membran umschlossen. Von ihr gehen Balken aus, die im Innern des Kernes ein ziemlich weitmaschiges Netz bilden. In ihm liegt ein Nucleolus von einer Größe, welche die der Nukleolen aller übrigen Körperzellen übertritt. Neben ihm können noch kleinere Kernkörperchen vorkommen. Das Netzgerüst unterscheidet sich von dem aller anderen Kerne dadurch, daß es zum weitaus größten Teil gegen die Einwirkung der Essigsäure nicht beständig ist, da es sich in der Hauptsache aus oxyphiler Substanz (S. 17) zusammensetzt. Nur in den Kernen der allerkleinsten Nervenzellen (Körnerschichte des Kleinhirns, Bipolare der Retina) steht das Kerngerüst in seinen chemischen Reaktionen den Kernen anderer Zellen nahe. Das Kernkörperchen unterscheidet sich weniger von dem anderer Zellen, doch ist es mit ihm in seinen Reaktionen nicht vollständig identisch. Die Maschen des Kerngerüstes sind von flüssigem Kernsaft ausgefüllt. Mit der Änderung der chemischen Struktur ist dem Kern der Ganglienzellen die Fähigkeit, sich zu teilen, verloren gegangen; an einer ausgebildeten Ganglienzelle beobachtet man niemals Mitosen.

Der Kern ist in vielen Nervenzellen scheinbar unverhältnismäßig groß; man muß sich dabei aber daran erinnern, daß zu dem Zellkörper auch die teils vielverzweigten, teils überaus langen Fortsätze gehören. Durch sie wird die Zellmasse im ganzen sehr bedeutend, so daß sie auch einen sehr großen Kern verlangt. Bedenkt man dies, dann könnte der Kern eher relativ klein genannt werden, weswegen im Protoplasma der Zellen verkommende färbbare Substanzen als Kernäquivalente aufgefaßt werden (Heidenhain 1924) (cf. unten).

Das Cytoplasma soll nach den Angaben von Cajal (1906) durch eine überaus feine Membran gegen die Umgebung abgeschlossen sein, was jedoch keineswegs von allen Beobachtern zugegeben wird. Es beherbergt ein Centrosoma. Von einer Struktur ist bei lebenden Nervenzellen so gut wie nichts zu sehen. An gehärteten und gefärbten Präparaten erweist sich die Zellsubstanz sehr kompliziert, und es ist natürlich keineswegs mit Sicherheit zu behaupten, daß alles, was man sichtbar machen kann, in gleicher Form auch in der lebenden Zelle vorhanden ist, sondern es ist dies nur das eine Mal mit größerer, das andere Mal mit geringerer Wahrscheinlichkeit anzunehmen. Daß aber in der Tat der Bau der Nervenzellen kein einfacher sein kann, geht aus der sehr komplizierten und fein abgestimmten Funktion der Nervenzellen ohne weiteres hervor. Zuerst ist eine Grundsubstanz von wabiger Struktur zu nennen. Sie besitzt in den verschiedenen Zellen eine verschiedene Dichtigkeit und zeigt eingelagerte Körnchen. Zweifellos hat sie einen in den verschiedenen Zellen wechselnden molekularen Bau, der sich jedoch der mikroskopischen Betrachtung entzieht.

In die Grundsubstanz sind Fibrillen eingelagert, die schon von M. Schultze (1868) gesehen worden sind, die jedoch erst mit Hilfe der neueren Methoden (Vergoldung, Versilberung, Toluidinblau) genauer studiert werden konnten (Abb. 87). Sie differenzieren sich im Protoplasma der Neuroblasten bereits in der Zeit, in der sie noch keine Fortsätze besitzen (Held 1909) und wachsen mit der Grundsubstanz in allen Fortsätzen weiter. Sie sind durch Anastomosen mit teils kürzeren, teils sehr langgezogenen Maschen netzförmig miteinander verbunden (Abb. 86). In ihrem Kaliber und in ihrer Form werden sie im Verein mit den übrigen Teilen der Zelle durch Einwirkungen verschiedener Art beeinflußt (Temperatur, Winterschlaf, pathologische Zustände, wie Hundswut, Verletzungen der Nerven, Dementia praecox, paralytica, senilis u. a. m.). Der Fibrillenapparat der Nervenzellen und ihrer Fortsätze ist widerstandskräftiger, als die weiche Grundsubstanz, in die er eingebettet ist, und gibt dem ganzen Neuron eine gewisse Festigkeit; er befähigt die Fortsätze während des Wachstums, ihren Weg ungehindert von den umgebenden Geweben, zu verfolgen und übt auch im fertigen Neuron eine nicht zu unterschätzende Stützfunktion aus (Lenhossék 1910).

Die physiologische Funktion von Grundsubstanz und Fibrillenapparat wird verschieden beurteilt. Während die einen (Apáthy, Bethe) den Fibrillen allein die Funktion der Nervenleitung vindizieren, sind andere geneigt, diese der Grundsubstanz zuzuschreiben und die Fibrillen nur als eine Art Stützgerüst für diese anzusehen (Nansen, Schaffer, M. Wolff, Straßer, Verworn). Eine dritte Anschauung geht dahin, daß beide Modifikationen des Zellprotoplasmas, Grundsubstanz und Fibrillen, an der Nervenleitung beteiligt sind, daß also die Gesamtheit des Neurons dieser Funktion vorsteht (Kolmer, Fragnito, Joris, Obersteiner, Lenhossék, Schiefferdecker, Heidenhain). Diese letztere Ansicht hat die größte Wahrscheinlichkeit für sich.

Ein dritter Bestandteil der Nervenzellen ist die Tigroidsubstanz[1] (v. Lenhossék). Sie ist „ein Nukleoproteid, welches in der Färbbarkeit und in seinen sonstigen Eigenschaften den Chromatinen nahe steht und deswegen als ein Cytochromatin bezeichnet werden kann. Es kommt im Zellenkörper meist in Form von Körnern, Klumpen, Schollen, Spindeln usw. vor, welche interfibrillär angeordnet sind. Alle gröberen chromophilen Körperchen stellen sich als Apparate feinster Mikrosomen dar" (Heidenhain 1911). Ob die Formen, in denen die Tigroidsubstanz auftritt, nicht vielleicht der Einwirkung der angewandten Reagentien zuzuschreiben sind, bedarf noch der Sicherstellung. Kleinste Nervenzellen lassen die Tigroidsubstanz vermissen, je länger der von ihnen ausgehende Achsencylinder ist, um so mehr Tigroidsubstanz ist in den Zellen angehäuft. Heidenhain kommt zu der Annahme, daß das Tigroid den relativ kleinen Kern (S. 93) in seiner Tätigkeit unterstützt, da es im chemischen Verhalten und in der Färbbarkeit, wie erwähnt, den Chromatinen nahe steht.

[1] τιγροειδής wie ein Tiger gestreift; so erscheint die Zelle durch diese Substanz. Syn. Nißlschollen, Chromatinschollen, basophile Körner.

Bei der Arbeit der Neurone wird Tigroidsubstanz verbraucht, die sich in der Ruhe wieder ersetzen kann. Auch bei einer Verstümmelung des Neurons verändert sich die Tigroidsubstanz, indem sie zerfällt und aufgelöst wird.

In dem Cytoplasma einer Reihe von Nervenzellen findet man Pigment (Abb. 86), das zu den Lipochromen (S. 64 f.) zu rechnen ist, zumeist in einem kleinen Häufchen in der Nähe des Kernes. Es entwickelt sich erst nach der Geburt und tritt in einzelnen Zellengruppen in großer Menge auf (z. B. Locus coeruleus, Substantia nigra). In höherem Alter nimmt es an Menge bedeutend zu und erscheint auch in solchen Zellen, die in der Jugend davon frei waren. Auch bei pathologischen Zuständen kann sich das Pigment vermehren. Welchen Stoffwechselvorgängen es sein Dasein verdankt, ist zur Zeit noch unbekannt.

Bei Anwendung gewisser Methoden treten in den Nervenzellen netzförmige Zeichnungen auf [Golginetze, Apparato reticolare (Golgi)], Trophospongium (Holmgren), deren Bedeutung noch nicht sicher festgestellt ist; man weiß noch nicht, ob es sich um ganz verschiedene oder überall um die gleichen Bildungen handelt, ob man sie als präformiert oder als Kunstprodukte anzusehen hat; so viel dürfte jedoch sicher sein, daß sie, wenn im Leben vorhanden, nichts mit der Nervenleitung zu tun haben, sondern nur eine trophische, mit dem Stoffwechsel zusammenhängende Bedeutung besitzen. Sie sind nicht nur auf die Nervenzellen beschränkt, auch von anderen Körperzellen wurden sie beschrieben.

b) Dendriten oder Protoplasmafortsätze.

Diese gehen vom Körper der Nervenzellen in ähnlicher Weise ab, wie die Fortsätze anderer sternförmiger Zellen; sie verzweigen sich zumeist dichotomisch und verjüngen sich allmählich. Ihrer Struktur nach sind sie mit dem Zellkörper identisch, indem sie aus Grundsubstanz und Fibrillen bestehen. Je dünner die Verzweigungen werden, um so mehr reduzieren sich die letzteren, bis in den feinsten nur eine einzige übrig bleibt. Die Tigroidsubstanz setzt sich nur in die stärksten Anfangsäste fort; in den Teilungswinkeln pflegt jedesmal eine dreieckige Tigroidscholle zu stehen (Abb. 86).

Man kommt bei der Betrachtung der Dendriten zu dem Schluß, daß es sich in ihnen lediglich um eine Vergrößerung der Oberfläche der Ganglienzellen handelt, was für die Ernährung von schwerwiegender Bedeutung ist, aber nicht nur für sie, sondern auch für die spezifische Tätigkeit der Neurone, da durch die Ausbreitung der Zellmasse für die mit ihr in Konnex tretenden Endorgane anderer Zellen eine bedeutend vergrößerte Fläche geboten wird. An einer Zelle sind die Dendriten überaus reichlich, an einer anderen spärlich, wieder an einer anderen (Spinalganglienzellen) fehlen sie ganz. Zu der so verschiedenen Zahl kommt noch, daß die Zellkörper und ihre Dendriten sehr verschieden und überaus charakteristisch geformt sind. Man wird sich dies kaum anders erklären können, als dadurch, daß die Verknüpfung mit anderen Neuronen bei den einzelnen Zellarten eine spezifisch verschiedene ist. Eine solche Annahme wird noch dadurch unterstützt, daß nicht selten bei der Entwicklung anfänglich mehr Dendriten ausgesandt werden, wie später Verwendung finden; die unnötigen gehen in der Folge wieder verloren.

c) Neurit. Nervenfaser.

Der erste Fortsatz, welchen die Nervenzelle aussendet, ist, wie gesagt, der Neurit. Er ist, abgesehen von den Zellen der Cerebrospinalganglien nur in der Einzahl vorhanden. Daß er mit den Dendriten nicht zusammenzuwerfen ist, geht schon daraus hervor, daß die Stelle, an welcher er die Nervenzelle verläßt, besondere Verhältnisse zeigt. Die Zelle spitzt sich dort kegelförmig zu (Ursprungskegel) (Abb. 86) und besitzt eine ziemlich homogene, leicht längsgestreifte Beschaffenheit; Tigroidschollen fehlen. Der Fortsatz verdünnt sich rasch, behält dann aber das gleiche Kaliber. Nach mehr oder minder kurzem Verlauf umgibt er sich in typischen Fällen mit Scheidenbildungen und wird dadurch zur Nervenfaser. Nißl benennt die Strecke vom Ursprungskegel bis zum Beginn der Scheiden als Schaltstück.

Der wesentlichste Teil der Nervenfasern ist die Fortsetzung des Neuriten, den man nunmehr als Achsencylinder (Achsenfaser, Axon) bezeichnet. Er steht als eigentlicher Fortsatz der Nervenzelle mit dieser im Zusammenhang und ist deshalb von den Teilen der Nervenfaser auch allein für die Nervenleitung in Anspruch zu nehmen. Sein Kaliber nimmt in dem Augenblick, in dem er sich mit seiner Scheide umgibt, zumeist etwas zu, bleibt aber dann, abgesehen von periodischen Einschnürungen (s. unten), bis gegen das Ende der Faser hin unverändert. Seine Struktur ist im wesentlichen die gleiche, wie die der Zelle, von der er abgegeben wird, doch sind die Fibrillennetze außerordentlich langgestreckt, so daß man oft Mühe hat, ihre Verbindungen zu Gesicht zu bekommen. Die Fibrillen sind in eine Grundsubstanz eingebettet, die der der Ganglienzellen vollständig gleicht; sie ist im ganzen wasserhaltiger als diese, verdichtet sich jedoch an der Oberfläche zu einer Art Crusta. Tigroidsubstanz ist ebensowenig vorhanden, wie im Ursprungskegel. Die starke Wasserhaltigkeit des Achsencylinders verschuldet, daß er sehr leicht schrumpft, weshalb man ihn an den mit Reagentien behandelten Objekten meist nicht in seinem ursprünglichen Zustand zu sehen bekommt, nur Überosmiumsäure erhält seine Dimensionen unverändert.

Die Scheiden der Nervenfasern sind zwei an Zahl, die Markscheide und die Schwannsche Scheide (Neurilemm). Die peripherischen Nerven des cerebrospinalen Systems besitzen beide, die Fasern des Centralnervensystems nur die Markscheide, die Fasern des sympathischen Systems meistens nur die Schwannsche Scheide, und an ihren letzten Enden verlieren alle Nervenfasern beide Scheiden, die Achsencylinder erscheinen dann scheidenlos, „nackt".

Peripherische, cerebrospinale Nerven.

Die Markscheide ist eine röhrenförmige Umhüllung des Achsencylinders, die so stark lichtbrechend ist, daß der letztere optisch vollkommen verdeckt wird und unsichtbar ist; die Nervenfaser gleicht einem homogenen Glasstab. Die Masse, aus der die Markscheide besteht, kann man als Myelin bezeichnen. Es enthält ein Gemenge verschiedener Substanzen, die in ihrer Zusammensetzung im lebenden Nerven noch sehr des Studiums bedarf, aus dem man jedoch Protagon, Lecithin, Cholesterin, Fettsäuren und Neutralfett, Neurokeratin gewinnen kann. Das Nervenmark reduziert Osmiumsäure und färbt sich dadurch schwarz, durch Extraktion mit Fettlösungsmitteln kann man ein Neurokeratingerüst (Abb. 89) darstellen, dessen Maschen zum Teil radiär angeordnet sind, was aus dem Querschnitt der Nervenfasern hervorgeht. Das Neurokeratinnetz darf man jedoch nicht als präformiert ansehen, es entsteht postmortal und kann in seiner Erscheinungsform durch eine verschiedene Behandlung der Nervenfasern modifiziert werden.

Das Nervenmark ist von rein weißer Farbe. Es ist außerordentlich empfindlich und verändert in kürzester Zeit nach dem Absterben seine Struktur. Die scharfen Konturen werden doppelt und wenn aus einer angeschnittenen Faser die zähflüssige

Myelinmasse austritt, zeigt jedes Stückchen ebenfalls doppelte Konturen; ist ein solches von kugeliger Gestalt, dann kann es dem Ungeübten leicht eine Zelle, die einen Kern enthält, vortäuschen. Wegen dieser optischen Eigenschaft des Myelins nennt man die markhaltigen Nervenfasern auch doppeltkonturierte Nervenfasern. Dünne Fasern zeigen bei der Leichenveränderung des Myelins auch von Strecke zu Strecke auftretende knotige Verdickungen, Varikositäten[1], an deren Entstehung jedoch Veränderungen des Achsencylinders nicht unbeteiligt sein dürften.

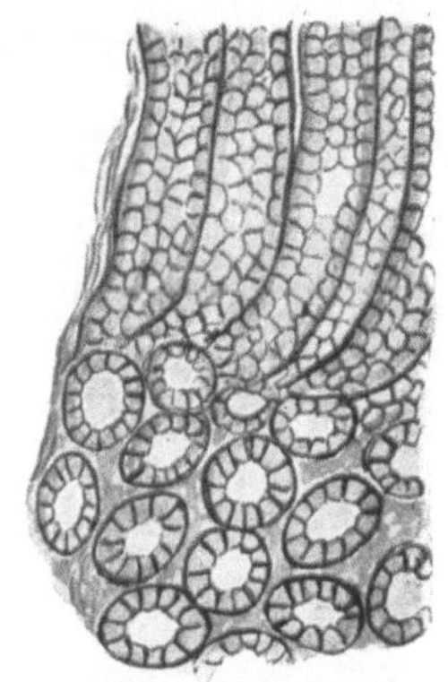

Abb. 89. Neurokeratingerüst des Nervenmarkes. N. ischiadicus des Menschen.

Oben Längsansichten, unten Querschnitte (Ponceaufärbung).

Schon an lebenden Fasern erkennt man, daß die Markscheide nicht lückenlos den Achsencylinder überzieht, sie setzt sich vielmehr aus Abteilungen zusammen, zwischen denen sie auf einer ganz kurzen Strecke fehlt. Diese Strecke erscheint verschmälert, wie eingeschnürt und man nennt sie nach ihrem ersten Beschreiber die Ranvierschen Einschnürungen (Abb. 90). Dieselben sind an den dicksten Fasern bis zu 1 mm voneinander entfernt, an dünneren Fasern werden ihre Abstände geringer, zuweilen erheblich geringer. An der Einschnürungsstelle bleibt aber der Achsencylinder nicht völlig unbedeckt, er ist vielmehr von einem Schnürring umgeben (Abb. 91, 92), der jedoch seiner Substanz nach mit dem Mark nichts zu tun hat. Behandelt man Nervenfasern mit Höllensteinlösung, dann wird das Silber auf dem Schnürring zu allererst reduziert. Schon nach wenig verlängerter Einwirkung färben sich auch die angrenzenden Teile des Achsencylinders schwarz, so daß sehr charakteristische kreuzförmige Figuren entstehen (Abb. 91). Längerdauernde Einwirkung des Silbersalzes färbt zuweilen den Achsencylinder in größerer Ausdehnung und kann auf ihm querverlaufende Linien (Fromann) hervorrufen, die jedoch offenbar einer präformierten Struktur nicht entsprechen, sondern dem Phänomen der Liesegangschen Ringe zu entsprechen schienen. Dieses Eindringen des Reagens von den Einschnürungen aus beweist, daß man es in ihnen mit Stellen zu tun hat, an denen während des Lebens ein Säfteaustausch vor sich gehen kann. Der Achsencylinder ist an der Stelle der Einschnürung verschmälert, die Fibrillen sind zusammengedrängt, zum Teil sogar zusammengeflossen, dadurch an Zahl verringert und verdickt. Nach dem Passieren der Einschnürung weichen die Fibrillen wieder zu einer größeren Zahl auseinander. Die Grundsubstanz des Achsencylinders vermindert sich zwar an den Einschnürungen an Menge, ohne jedoch ganz zu verschwinden.

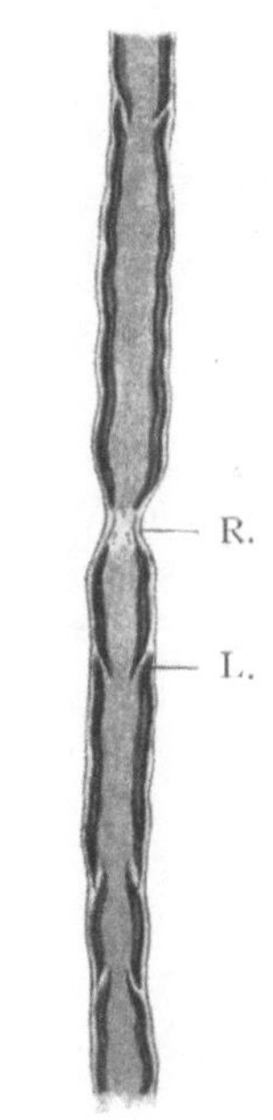

Abb. 90. Nervenfaser vom N. ischiadicus des Frosches. Nervenmark mit Osmium schwarz gefärbt.

R. Ranviersche Einschnürung. L. Lantermansche Einkerbung.

An überlebenden Nerven werden oft schon wenige Augenblicke nach der Ent-

[1] Weil sie in ihrem Aussehen den Varizen, knotenartigen Erweiterungen der Venen ähnlich sind.

nahme aus dem Körper an der Markscheide dickerer Fasern, wie sie z. B. in der unversehrten Nickhaut des Frosches leicht aufzufinden sind, schräge strichartige Zeichnungen (Schmidt-Lantermansche Einkerbungen) sichtbar, die die Markscheiden in kurzen Abständen durchsetzen (Abb. 90). Die Anwendung von geeigneten Fixierungsmitteln zeigt, daß sie die Grenzen von kurzen cylindrischen Teilstücken sind, in die die Markscheide zerfällt (Abb. 92). Ihr eines Ende ist konisch zugespitzt und paßt in eine trichterförmige Vertiefung des angrenzenden Endes des nächsten Teilstückes. Zuweilen besitzt ein solches an beiden Enden einen Trichter, dann kehrt sich von ihm aus die Richtung der Einkerbungen um (Abb. 90, 92). Den ganzen Aufbau des Nervenmarkes könnte man mit den ineinander gesteckten Stücken vergleichen, aus welchen die Röhren des Kanalisationssystems einer Stadt zusammengefügt sind.

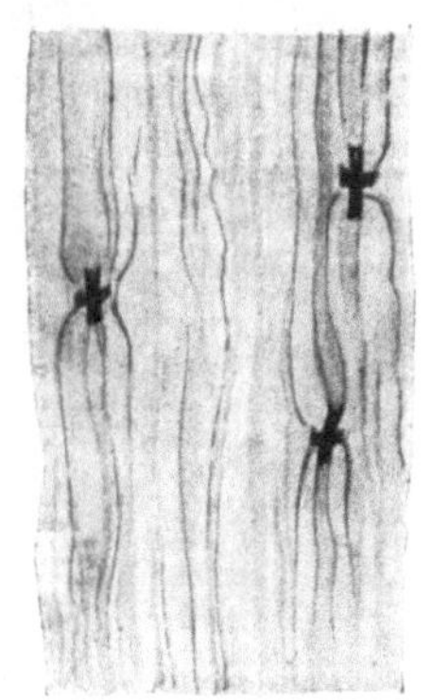

Abb. 91. Nervenfasern vom Frosch, mit Höllenstein behandelt. Schnürringe; Ranviersche Kreuze.

Golgi (1880) und seine Schüler beschreiben nach Silberpräparaten an der Grenze zweier Teilstücke feine Fäden, die in spiraligem Verlauf die trichterförmigen Einsenkungen des Markes umkreisen. Die aufeinander folgenden Fadentrichter sollen durch Längsfäserchen miteinander verbunden sein (Sala).

Daß die Teilstücke des Nervenmarkes an Stelle der Einkerbungen nicht fest miteinander verbunden sind, wird dadurch bewiesen, daß auch in diesen letzteren bei Höllensteinbehandlung oft Niederschläge auftreten, woraus hervorgeht, daß man es mit Spalten zu tun hat, die einem Säftestrom zugänglich sind. Trotzdem aber wird man die Markscheiden im ganzen doch als einen wirksamen Schutz für den zarten Achsencylinder ansehen müssen, der auch der Isolation der Nervenleitung zu dienen hat.

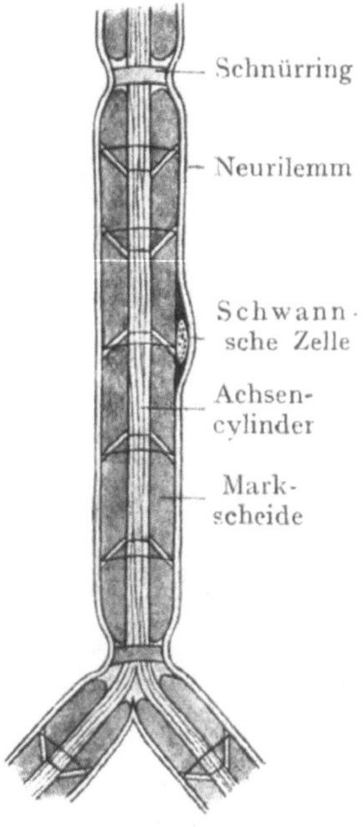

Abb. 92. Schematische Darstellung einer cerebrospinalen Nervenfaser.

In jeder Abteilung zwischen zwei Schnürringen der cerebrospinalen Nerven findet man beim Menschen und den höheren Wirbeltieren je eine platte, langgestreckte Zelle mit Kern, die zwischen Nervenmark und Schwannscher Scheide ihren Platz hat (Schwannsche Zellen, Lemmoblasten) (Abb. 92). Bei Fischen kommen in jedem Segment mehrere solche Zellen vor. Sie scheinen, wie die Nervenfasern selbst, teilweise ektodermaler Herkunft zu sein. Über ihre Bedeutung in der normalen Nervenfaser ist nichts Sicheres auszusagen, bei der Regeneration durchschnittener Nerven aber spielen sie eine bedeutsame Rolle, indem sie bandartig auswachsen und dadurch den langsamer nachfolgenden Achsencylindern, welche sich an ihnen hinschieben, die Bahn vorzeichnen.

Mit der ersten Entwicklung des Nervenmarks können die Schwannschen Zellen nichts zu tun haben, da sie an den markhaltigen Fasern des Centralnervensystems völlig fehlen. Von vielen Seiten werden sie mit der Entwicklung der Schwannschen Scheide in Zusammenhang gebracht, was deshalb nicht angeht, weil diese ein Produkt des umgebenden Bindegewebes ist (s. unten).

Die Schwannsche Scheide oder das Neurilemm ist eine dünne strukturlose und homogene Scheide, die den gleichen Ursprung und die gleiche Bedeutung hat, wie das Sarkolemm (S. 85), mit dem sie auch bei dem Übergang der Nervenfaser auf die Muskelfaser zusammenfließt. Sie schließt sich der Nervenfaser allenthalben eng an, ist also an Stelle der Schwannschen Zellen meist leicht ausgebuchtet, an Stelle der Ranvierschen Einschnürungen eingezogen. Dort ist sie auch mit dem Schnürring besonders nahe verbunden.

Die Schwannsche Scheide erscheint in dem Augenblick, in dem die aus dem bindegewebslosen Centralnervensystem austretenden Fasern sich mit Bindegewebe umgeben. In den ersten Entwicklungsstadien werden die Nervenstämmchen von einer zwischen sie eindringenden homogenen Masse umschlossen, die sich erst in der Folge in Scheiden für die einzelnen Fasern sondert; auch in den Nerven Erwachsener kommen noch Nervenbündelchen vor, deren Fasern in ein zusammenhängendes bindegewebiges Wabenwerk und nicht in getrennte Einzelscheiden eingeschlossen sind (Merkel 1909).

Die Schwannsche Scheide wird, wie oben bemerkt, von vielen Beschreibern als ein Produkt der Schwannschen Zellen angesehen, was auch zu der Bezeichnung dieser letzteren als „Lemmoblasten" Veranlassung gegeben hat. Da man diesen eine ektodermale Herkunft zuschreibt, wäre dann folgerichtig auch die Schwannsche Scheide ein ektodermales Gebilde. Der Wunsch, die Umhüllungen der peripherischen Nerven mit denen der centralen in vollständigen Einklang zu bringen, hat dazu geführt, einen direkten Zusammenhang der Schwannschen Scheide mit der Neuroglia (s. unten) anzunehmen (Schiefferdecker). An günstigen Objekten soll sogar eine kernhaltige Substanz an der Oberfläche der Markscheiden der Fasern des Centralnervensystems sichtbar sein, die, abgesehen von geringen Abweichungen im Detail, alle wesentlichen Eigenschaften mit der Schwannschen Scheide teilt (Gegenbaur - Fürbringer 1909).

Die im Gehirn und Rückenmark befindlichen markhaltigen Nervenfasern verhalten sich in bezug auf den Achsencylinder genau ebenso wie die peripherischen Fasern. Auch die Markscheide ist in lebenden Fasern nicht anders. Zerzupft man aber frische oder mit macerierenden Flüssigkeiten behandelte Präparate, dann sieht man, daß sie oft sehr unregelmäßige Formen angenommen hat, weil das veränderte und geronnene Myelin nicht durch die Schwannsche Scheide zusammengehalten wird und deshalb an der einen Stelle sich zu unregelmäßigen, knorrigen Verdickungen zusammenballt, an einer anderen sich verdünnt oder den Achsencylinder selbst ganz unbedeckt läßt, der dann auf eine kürzere oder längere Strecke ganz freiliegt. Schwannsche Zellen existieren an den Fasern des Centralnervensystems nicht.

Die entwicklungsgeschichtliche Herkunft des Nervenmarkes ist noch vollkommen unbekannt. Es wird von manchen Seiten als ein Produkt des Achsencylinders angesehen; wäre dies der Fall, dann müßte noch erklärt werden, warum das auf den Ursprungskegel folgende Schaltstück einer Markscheide entbehrt.

Fasern des sympathischen Systems.

In den sympathischen Nerven entbehren die Fasern meistens einer Markscheide; im Grenzstrang des Sympathicus besitzen viele von ihnen eine solche, die jedoch häufig nur unvollkommen ausgebildet ist. Ob vereinzelte markhaltige Nervenfasern, die zwischen den marklosen vorkommen, als sympathische anzusprechen sind und ob es sich in ihnen nicht nur um cerebrospinale Nerven handelt, die die Bahn der sympathischen Nerven benützen, wäre noch festzustellen. Das Fehlen der Markscheide bedingt es, daß die sympathischen Nerven keine weiße, sondern eine graue Farbe zeigen, daß sie auch der doppelten Konturen entbehren, weshalb man sie auch im Gegensatz zu den weißen, doppeltkonturierten als graue oder einfach konturierte (Remaksche Fasern) bezeichnet. Sie stehen ihrer ganzen Ausbildung nach auf einer weniger hohen Entwicklungsstufe, wie die markhaltigen Fasern, was daraus hervorgeht, daß diese letzteren in der ersten Zeit ihres Daseins ebenfalls des Markes entbehren und daraus, daß die am niedersten stehenden Wirbeltiere während des ganzen Lebens mit einem großen Teil ihres Nervensystems auf der Stufe der marklosen Fasern stehen bleiben. Die sympathischen Fasern sind sämtlich dünn und von rundlichem Querschnitt. Der Achsencylinder zeigt im ganzen das gleiche Verhalten, wie der der markhaltigen Fasern. Auf ihm liegen ovale Kerne, die nur von geringen Spuren unveränderten Cytoplasmas umgeben sind. Ein zerzupfter sympathischer Nerv sieht, besonders nach Behandlung mit verdünnter Essigsäure einem gleichbehandelten Bündelchen glatter Muskelfasern oft außerordentlich ähnlich; dieselbe unbestimmte Längsstreifung, dieselben längsgerichteten Kerne, nur sind die letzteren bei den Muskeln mehr in die Länge gezogen, stäbchenförmig. Die Schwannsche Scheide ist auf der frühesten Stufe der Scheidenbildung bei markhaltigen Fasern (S. 96) stehen geblieben (Sandberg 1912).

Teilungen der Nervenfasern.

Diese spielen im ganzen Nervensystem eine überaus wichtige Rolle; sie erscheinen in zwei verschiedenen Typen, entweder so, daß sich eine Faser in gleichwertige und gleichstarke Äste teilt, oder so, daß eine Faser Seitenzweige (Collaterale) abgibt. Die erstere Teilungsart, welche man besonders an den peripherischen Nerven allenthalben beobachtet, läßt aus einer Faser gewöhnlich durch dichotomische Teilung zwei entstehen, doch fehlt es auch nicht an solchen, bei denen sich eine Faser in drei,

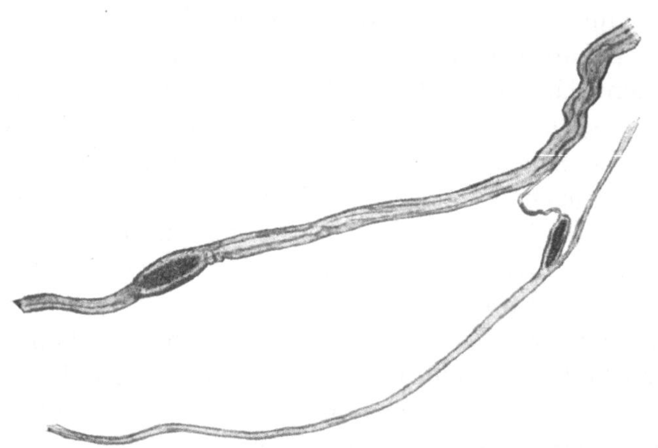

Abb. 93. Marklose Nervenfasern aus einem Zerzupfungspräparat.

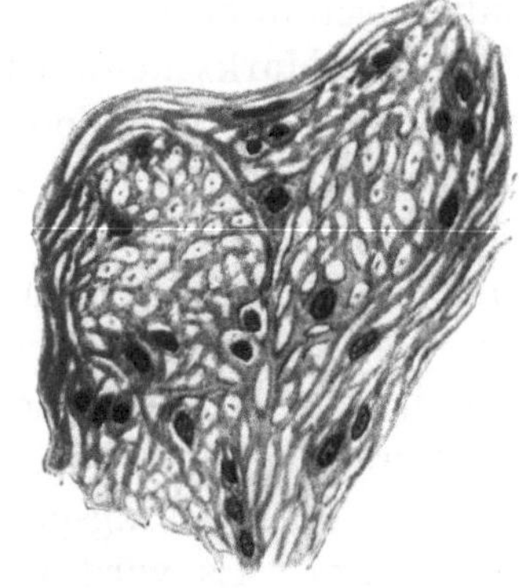

Abb. 94. Markloser Nerv aus dem Mesokolon des Menschen. Die meisten Fasern sind im Querschnitte getroffen; rechts einige Längsschnitte.

vier und mehr Fasern teilt. Zumeist erfolgen die Teilungen nicht im Verlauf des Nervenstammes, sondern dann, wenn er sich auflöst, um die einzelnen Fasern ihren Endigungen entgegen zu senden. An Stelle der Teilungen ist die Markscheide ausnahmslos durch eine Ranviersche Einschnürung unterbrochen, während der Achsencylinder natürlich ohne Unterbrechung in die Teilungsäste übergeht (Abb. 92); dabei verringert sich aber sein Kaliber in den letzteren wenig oder gar nicht, so daß also die Summe ihrer Querschnitte bedeutend wächst. Die Teilungen können sich nach kürzerer oder längerer Strecke wiederholen, so daß aus einer Faser schließlich viele, selbst hunderte und tausende (elektrisches Organ von Malapterurus) entstehen. Die

Untersuchungen von Tergast (1873) haben für die Nervenversorgung von Muskeln ergeben, daß deren Funktion dabei den Ausschlag gibt; je feiner sie eingestellt werden können, um so weniger Teilungen unterliegen ihre Nervenfasern oder mit anderen Worten, um so mehr Fasern enthält ihr Nervenstamm (Augenmuskeln des Menschen eine Nervenfaser auf zwei Muskelfasern, dagegen Biceps brachii des Hundes 1 : 83). Man wird diese Beobachtung, ohne einen Fehlschluß fürchten zu müssen, auch auf sensible Nerven ausdehnen können, da die Tastkreise um so kleiner werden, je feiner das Gefühl einer Oberfläche ist.

Die Collateralen haben eine ganz andere Bedeutung; sie werden vielleicht ausschließlich im Centralnervensystem abgegeben und können ihrerseits wieder Teilungen unterliegen. Nach einem relativ kurzen Verlauf treten sie an andere Neurone heran und setzen also ihre Stammfaser mit diesen in Verbindung.

d) Nervenendigungen.

Die Nervenfasern zerfallen, wie es scheint, ausnahmslos an ihrem letzten Ende in bäumchenförmige Verzweigungen (Endbäumchen, Telodendrien). Betrachte ich zuerst die peripherischen Endigungen, dann kann es bei ihnen mit den Endbäumchen sein Bewenden haben. Die einzelnen Reiser des Bäumchens hören einfach abgeschnitten auf, oder man findet sie leicht kolbenförmig verdickt oder zu unregelmäßigen eckigen oder mehr abgerundeten Gebilden verbreitert. Ob diese Verdickungen und Verbreiterungen dem Leben entsprechen oder auf die Einwirkung der Fixierung und sonstigen Behandlung zurückzuführen sind, ist noch klarzustellen. In anderen Fällen splittern sich die allerletzten Enden der Nervenfasern auf und bilden geschlossene Netze, die in eine helle Zwischensubstanz eingebettet sind (Netzkörperchen, Heidenhain 1911) (Abb. 98). Das eine Mal sind sie sehr klein und erscheinen nur wie einfache Schleifen, das andere Mal sind sie überaus weit verzweigt. Nicht immer stehen sie nur terminal, zuweilen zerfällt der Achsencylinder schon vor seinem Ende netzförmig, um sich für eine kurze Strecke wieder zu konsolidieren und dann erst sein definitives Terminalnetz zu bilden.

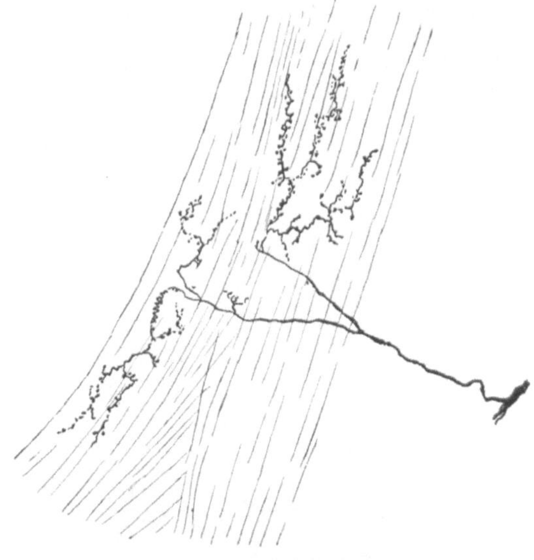

Abb. 95. Nervenendigung an glatten Muskeln des Kaninchens (Retzius 1899).

Was im speziellen die Endigungen der centrifugalen Nerven anlangt, so findet man in den Drüsen die einfachsten Verhältnisse; die Fasern, welche erst einen Plexus gebildet haben, schließen zwischen den Drüsenzellen mit einer Endanschwellung oder auch ohne eine solche ab (Abb. 96). An den glatten Muskelfasern enden die motorischen Fasern ebenfalls sehr einfach mit keulen- oder birnförmigen Verdickungen (Abb. 95). Neuerdings (Bocke, Stoehr 1925) wird angegeben, daß die Nervenfaser mit kleinen Endnetzen oder -bäumchen unmittelbar bei dem Kern der Muskelfaser endet. Im Herzmuskel, welcher zwischen den glatten und den gewöhnlichen gestreiften Muskeln in der Mitte steht, lassen sich deutliche Netzkörperchen nachweisen, welche allerdings sehr klein sind und entweder nur aus einfachen Schleifen oder aus wenigen Maschen zusammengesetzten Netzen bestehen. In den quergestreiften Skeletmuskeln sind die Verhältnisse bei den niedersten Wirbeltieren (Amphioxus, Cyklostomen) zwar ebenfalls noch einfach, bei den höheren aber werden die Netze komplizierter.

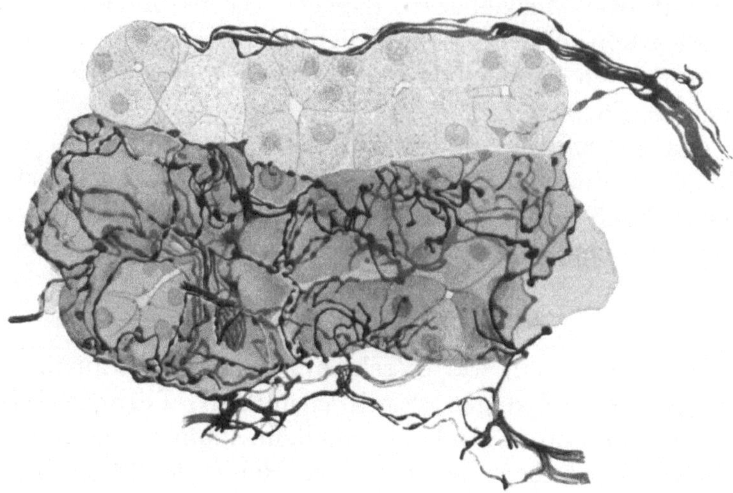

Abb. 96. Drüsenendstücke der Glandula submandibularis vom Kaninchen. Die Nerven, die als sekretorische Nerven die Drüsenzellen teilweise recht vollständig umspinnen, sind nach der schnellen Golgischen Methode durch einen Silberniederschlag tiefschwarz gefärbt. Im Verlauf der Nerven sind zahlreiche Anschwellungen als kleine Knötchen (Varikositäten) zu sehen, mit denen die Nerven auch an den Drüsenzellen endigen. Die Nerven sind besonders reich an den serösen Partien dieser Drüse zu sehen. Gezeichnet bei 820facher Vergrößerung; zur Reproduktion um $^1/_4$ verkleinert.

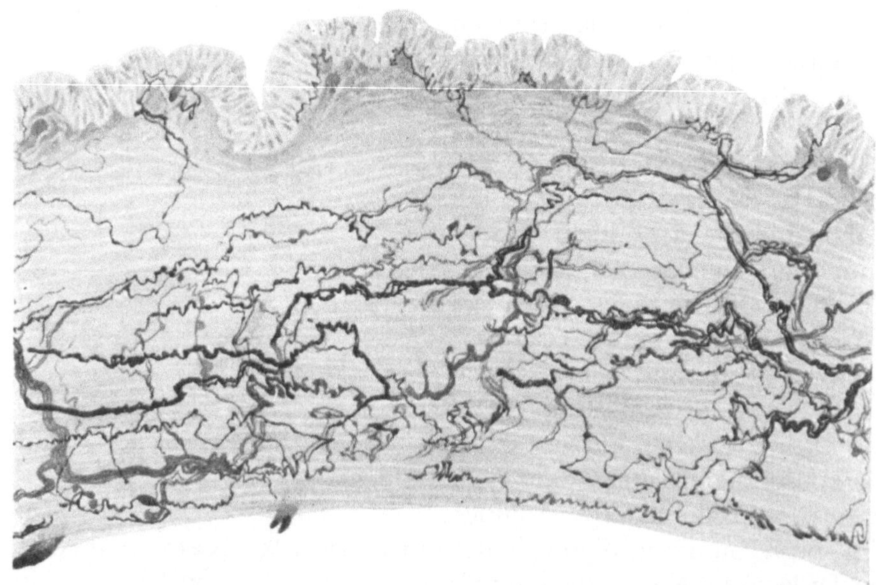

Abb. 97. Querschnitt durch die Muscularis des Magens vom Frosch (oben die Längsmuskulatur, unten die viel breitere Ringmuskulatur). In dieser sind die Nervenfasern nach der schnellen Golgischen Methode dargestellt. An dem geschlängelten Verlauf zahlreicher Nervenfasern erkennt man, daß die Muskulatur größtenteils kontrahiert ist. Einzelne Enden, die durch ein Knötchen markiert sind, können wohl als Endigung der motorischen Nervenfaser an der Muskelfaser gedeutet werden. Im Verlauf der Nervenfasern, die sich vielmals decken und Netze vortäuschen, deren tatsächliches Vorhandensein nur an Flächenpräparaten sicherzustellen ist, sind zahlreiche Verdickungen, Varikositäten, zu erkennen. Gezeichnet bei 250facher Vergrößerung. Zur Reproduktion um etwa $^1/_4$ verkleinert.

Bei den Säugern und dem Menschen tritt eine markhaltige Nervenfaser an die Muskelfaser heran, wobei die Schwannsche Scheide mit dem aus gleicher Quelle stammenden Sarkolemm zusammenfließt. Nun verliert die Faser ihr Mark und geht in ein Endbäumchen über, dessen Zweige aus mehr oder minder reichen Netzen bestehen. Es ist eine protoplasmatische Masse mit Kernen eingebettet. Man bezeichnet das Ganze als Endplatte (Abb. 98). Sie bildet eine hügelartige Erhebung [1], die das Sarkolemm einigermaßen ausbuchtet. Nach dem Inneren der Faser zu berührt sie die kontraktile Substanz direkt, die Masse, in welche das Endbäumchen eingelagert ist, hängt vielleicht mit dem Sarkoplasma unmittelbar zusammen. Die Endplatten haben beim Menschen zumeist eine rundliche Form, die Endbäumchen aber sind außerordentlich verschieden gestaltet. Bei niederer stehenden Tieren sind sie sehr oft in die Länge gestreckt, ohne jedoch prinzipiell von dem Typus der Telodendrien höherer Tiere abzuweichen. Boeke (1909) findet noch je eine marklose Nervenfaser, welche neben der markhaltigen in die Endplatte eintritt und in ein kleines Netzkörperchen übergeht; ihre Bedeutung ist noch nicht aufgeklärt (Abb. 98), gehört aber wahrscheinlich dem sympathischen Nervensystem an.

Die centripetalen Nerven endigen je nach ihrer physiologischen Bestimmung in sehr verschiedener Art. Neben ganz einfachen Endbäumchen kommen außerordentlich komplizierte vor, manche Endigungen sind von besonders organisierten Hüllen umgeben, die jedenfalls von Bedeutung für die Aufnahme der einwirkenden Reize sind, und in allen Sinnesorganen trifft man Sinneszellen, welche verschiedene und in den einzelnen Sinnesorganen charakteristische und konstante Formen haben. Sie nehmen den adäquaten Reiz zuerst auf und übertragen ihn auf die Endigung der Nervenfasern. Im einzelnen werden diese Dinge bei der Spezialbetrachtung der Sinnesapparate zu besprechen sein. Auch hier sollen Verschmelzungen der Nervenmasse mit dem Protoplasma gewisser Sinneszellen zu beobachten sein.

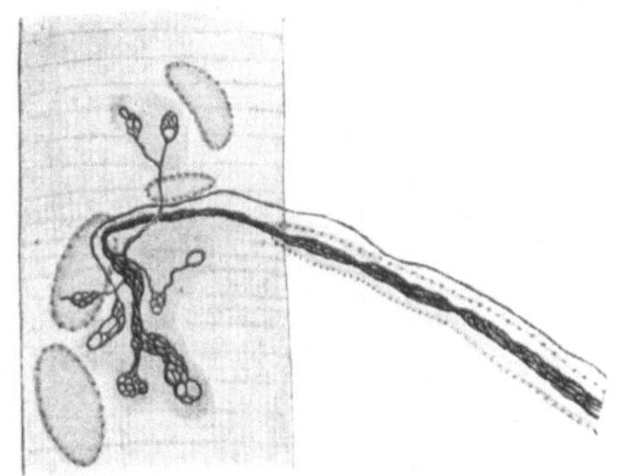

Abb. 98. Nervenendigung an einer gestreiften Muskelfaser (Boeke 1909).

Die letzten Endigungen im Centralnervensystem und den peripherischen Ganglien setzen die Nervenfasern mit den Zellkörpern und Dendriten anderer Neurone in Verbindung. Sie gehen wie die der Peripherie, in Endbäumchen über, deren Verhältnisse sich von diesen nicht wesentlich unterscheiden. Die weiteste Verbreitung besitzen die „Endfüßchen" (Held 1897), nichts anderes als kleine Netzkörperchen, die mit der Oberfläche der Zellen und ihrer Fortsätze verlötet sind. Sie sind so zahlreich, daß die meisten Nervenzellen einen dichten Pelz von solchen tragen (Heidenhain). Neben ihnen kommen auch korbartige Bildungen vor, die den Körper einer Ganglienzelle umgreifen, und endlich einfache Endigungen (Kletterfasern), die sich an den Verzweigungen der Dendriten emporranken und mit ihnen in innigem Kontakt stehen. Näheres wird bei der Besprechung des Centralnervensystems mitgeteilt werden, da diese Einrichtungen prinzipielle Bedeutung für die Lehre von Reizleitung im Nervensystem haben.

Die Leitung des Nervenstromes findet in den peripherischen Nervenfasern entweder cellulifugal statt, um die Tätigkeit peripherischer Organe (z. B. Muskeln,

[1] Doyèrescher Hügel.

Drüsen) anzuregen, oder cellulipetal, um die in der Peripherie einwirkenden Reize dem Centralnervensystem zuzuführen. Im Centralnervensystem selbst scheint die Leitung immer von der Zelle aus auf die Neuriten sich fortzupflanzen, also cellulifugal vor sich zu gehen. Da nun die überaus zahlreichen Endigungen der Telodendrien, die sich mit anderen Zellen und deren Dendriten in Verbindung setzen, nicht etwa von einem einzigen Achsencylinder, sondern von einer größeren oder kleineren Anzahl solcher herstammen, so ist leicht einzusehen, daß die Ganglienzellen bald von dieser, bald von jener Seite erregt werden, und es erklärt sich dadurch die unendliche Mannigfaltigkeit der im Centralnervensystem sich abspielenden Vorgänge, je nachdem die eine oder die andere Bahn benützt wird. So verketten sich die unbewußten und bewußten Operationen, welche ohne Unterlaß im Nervensystem vor sich gehen, bald in der einen, bald in der anderen Art.

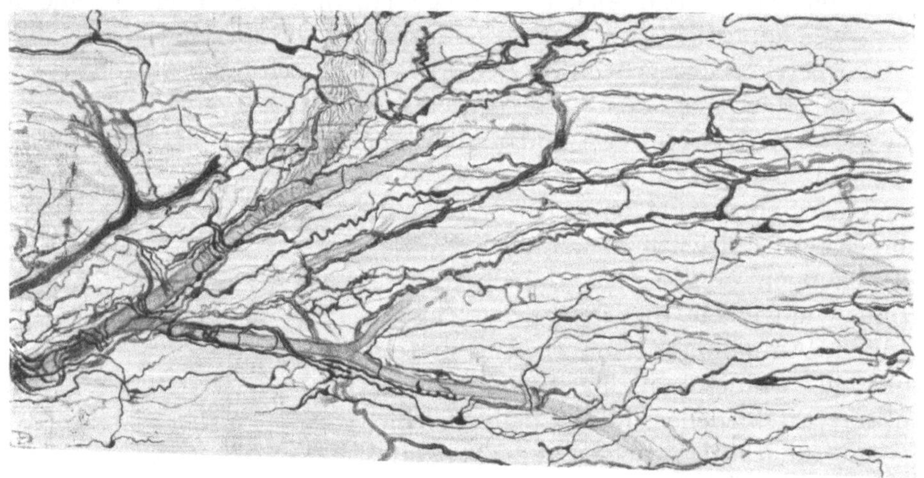

Abb. 99. Herznerven vom Igel, dargestellt nach der schnellen Golgischen Methode. Die Nerven sind durch die mit Hydrochinon zu metallischem Silber reduzierten Silberniederschläge schwarz gefärbt. Im wesentlichen verlaufen an dieser Stelle die nicht wiedergegebenen Muskelfasern in der Längsrichtung (von links nach rechts in der Abbildung). Der unendliche Reichtum an Nerven zeigt im Präparate deutlich, daß die Muskelfasern in kurzen Strecken reichliche Nerven erhalten. Links im Bilde ist ein sich teilendes Blutgefäß zu sehen, das ebenfalls durch reichliche Nerven umsponnen wird. Da die Endigungen der Nerven an den Muskelfasern nicht ohne weiteres zu erkennen sind, dient das Bild hauptsächlich dazu, die enorme Zahl von Nervenfasern und den Verteilungsmodus zu zeigen. Gezeichnet bei 140facher Vergrößerung. Zur Reproduktion um etwa $^1/_4$ verkleinert.

Wir wissen, daß die chemische Struktur der Nervenzellen nicht überall die gleiche ist, so sei nur angeführt, daß die einen mehr Kalium enthalten als die anderen (Macallum), und daß sie sich auch gegen die Einwirkung von Giften ganz verschieden verhalten. Diese Verschiedenheit muß sich natürlich auch in der Funktion äußern und man kann sich sehr wohl vorstellen, daß eine Zelle auf den einen Reiz besser anspricht, als auf den anderen.

Bei der Geburt dürften wohl alle Ganglienzellen schon vorhanden sein, wenigstens begegnet man bei ihnen im extrauterinen Leben keinen Mitosen mehr, ihre Ausbildung aber ist keineswegs vollendet. Einzelne können sich noch im Neuroblastenstadium befinden, andere sind schon mehr oder weniger weit in ihrer Entwicklung fortgeschritten, am weitesten diejenigen, die für die Funktionen des kindlichen Körpers unmittelbar notwendig sind. Im Laufe der ersten Lebensjahre verzweigen sich die Dendriten und Collateralen immer mehr, und es hypertrophiert der Zellkörper bei vermehrter Tätigkeit; andererseits können auch vorhandene Teile der Zellen durch Nichtgebrauch atrophieren. Alle diese Vorgänge legen es nahe anzunehmen, daß in ihnen das anatomische Substrat für die Möglichkeit und die Resultate der Erziehung gegeben ist, in der Art, daß gewisse Bahnen immer mehr ausgeschliffen werden, während andere weniger gebraucht werden oder ganz veröden. Über die von Anfang an vorhandene Anlage hinaus kann freilich keine Erziehung wirken und man weiß ja auch, daß gar oft jede Einwirkung, die eine unerwünschte Eigenschaft des Charakters oder anderer geistiger Funktionen zu beseitigen strebt, erfolglos bleibt. Während der vollentwickelten Lebensjahre bleibt das Neuronensystem relativ konstant, im Alter setzen deutlich nachweisbare Rückbildungen ein, welche die immer geringer werdende geistige Regsamkeit und Produktivität des Greisenalters erklären.

e) Stützgewebe des Nervensystems.

Um seiner Tätigkeit ungestört obliegen zu können, benötigt das Nervensystem Vorrichtungen, die die leitenden Elemente in ihrer Lage erhalten, sie gegen die Umgebung isolieren und sich an der Regelung der nicht ganz einfachen Ernährung beteiligen. Soweit sie im Inneren des Nervensystems liegen, sind sie wie dieses ektodermaler Herkunft, soweit sie die Oberfläche umgeben oder von ihr ausgehen, werden sie vom Bindegewebe geliefert.

Neuroglia (Nervenkitt). Bindegewebsscheiden.

Oben (S. 91) wurde gesagt, daß aus den ursprünglichen Keimzellen, die das Medullarrohr zusammensetzen, sowohl die nervösen, wie die Stützelemente entstehen. Diese letzteren ordnen sich sogleich zu einem Epithel, das die innere Oberfläche des Rohres auskleidet. Es führt den Namen „Ependym“[1]. Die Ependymzellen sind von cylindrischer Gestalt, tragen an ihrer freien Oberfläche Flimmercilien und gehen peripherisch in einen geteilten, fadenförmigen Fortsatz über, der beim Embryo die ganze Wand des Medullarrohres bis an seine äußere Oberfläche durchsetzt. Schon frühe wird eine Anzahl von Zellkörpern vom Kanallumen abgedrängt und kommt in das Innere der Substanz des Centralnervensystems zu liegen. Diese vermehren sich in der Folge bedeutend. Im ausgebildeten Zustand erreichen die fadenförmigen Fortsätze der Ependymzellen die Oberfläche nicht mehr, die im Inneren liegenden Zellen des Stützgewebes besitzen einen oder mehrere Kerne von sehr wechselnder Form; sie sind sternförmig mit einer meist großen Zahl von fadenartigen Fortsätzen (Astrocyten, Spinnenzellen) (Abb. 100). Die Zellen sind so reichlich vorhanden, daß ihre Fortsätze die nervösen Teile vollständig umspinnen und einhüllen. Sie halten dadurch dieselben in ihrer Lage fest und isolieren sie voneinander. Ob sie auch für die Cirkulation der Ernährungsflüssigkeit von Bedeutung sind, muß erst durch weitere

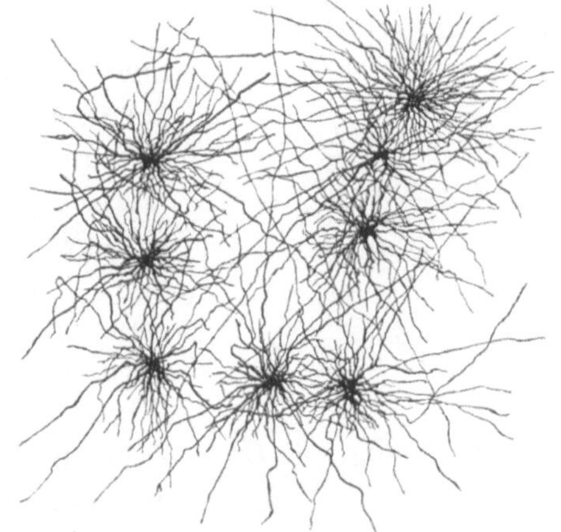

Abb. 100. Neurogliazellen aus der menschlichen Hirnrinde (Koelliker 1906).

[1] ἐπένδυμα Oberkleid.

Untersuchungen festgestellt werden. In der grauen Substanz sind die Zellfortsätze kürzer (Kurzstrahler), in der weißen länger, oft sehr lang (Langstrahler) (Abb. 100). Während Golgi und mit ihm eine Reihe von Untersuchern den Ausläufern der Gliazellen keine weiteren Besonderheiten zuschreiben, ist Weigert, dem ebenfalls viele Beschreiber zustimmen, auf Grund einer besonderen Färbungsmethode zu dem Resultat gekommen, daß sie nur die Fortsetzung von Faserbildungen sind, welche in dem Zellkörper entstehen und aus ihm heraustreten. Sie sollen sich sogar zum Teil ganz von den Zellen loslösen können. Die bindegewebige Umhüllung des Centralnervensystems, die weiche Hirnhaut, sendet plattenförmige Fortsätze in dessen Inneres hinein, die die Blutgefäße eine Strecke weit begleiten; die feineren Verzweigungen dieser letzteren, besonders die in der grauen Substanz, sind jedoch nicht mehr von Bindegewebe bekleidet, an sie setzen sich vielmehr Ausläufer der Astrocyten an.

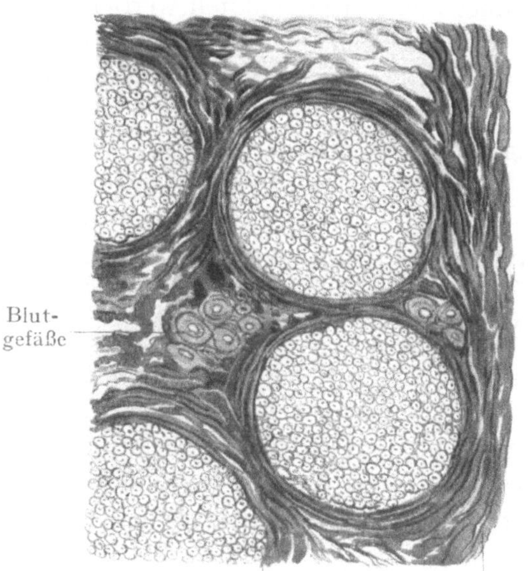

Abb. 101. Querschnitt des menschlichen N. ischiadicus. Schwache Vergrößerung.

Als ektodermale Umhüllung, welche der Glia vergleichbar wäre, kommen bei den peripherischen Nerven nur die Schwannschen Zellen in Betracht, wenn sich diese definitiv als Abkömmlinge des äußeren Keimblattes herausstellen sollten. Schon die Schwannsche Scheide ist ja bindegewebiger Herkunft und außer ihr werden die Nerven noch von einem System bindegewebiger Hüllen umgeben, die viele Ähnlichkeit mit denen der quergestreiften Muskeln zeigen. Sie sind sehr fest und verleihen dem lebenden Nerven eine fast knorpelige Härte. Die sehr verschieden dicken Fasern eines Nervenstranges werden von lamellös gebauten bindegewebig-elastischen Scheiden (Perineurium) zu Bündeln zusammengefaßt, die einen gerundeten Querschnitt besitzen. Von den Perineuralscheiden aus dringen Septa in das Innere der Bündel ein, welche sie durchsetzen und sich so fein verzweigen, daß sie vielen einzelnen Nervenfasern, besonders den dickeren, lamellöse Umhüllungen geben (Endoneurium)[1]. Die Perineuralscheiden der einzelnen Nervenbündel stoßen keineswegs allenthalben aneinander; der zwischen ihnen bleibende Raum wird von fetthaltigem Bindegewebe ausgefüllt, das die größeren Gefäße enthält, während die feineren, wie gesagt, mit den vom Perineurium abgegebenen Septen in die einzelnen Bündelchen selbst eindringen. An der Oberfläche des ganzen Nervenzweiges verdichtet sich das Zwischengewebe wieder zu einer kräftigen, lamellösen Hülle, dem Epineurium (Abb. 101).

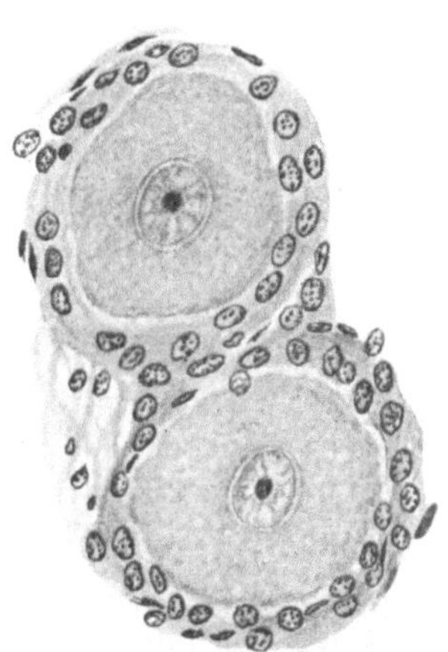

Abb. 102. Zwei Zellen eines Spinalganglions mit ihren Hüllen.

Auf die Cerebrospinalganglien, die in dem Verlauf der sensiblen Nervenfasern

[1] Henlesche Scheide (Ranvier).

eingeschaltet sind, setzen sich deren Perineuralscheiden fort. Sie bilden um jede einzelne Zelle eine Kapsel, deren Innenfläche durch epithelartig angeordnete flache Zellen ausgekleidet ist (Abb. 102). Zwischen ihr und der Oberfläche der Nervenzelle schieben sich Zellen von verschiedener Gestalt ein (Mantelzellen), die den Schwannschen Zellen der Nervenfasern an die Seite zu setzen sind. Auch die Zellen der sympathischen Ganglien sind von je einer bindegewebigen Kapsel umgeben; Mantelzellen scheinen zu fehlen. So werden für die Ganglienzellen, nicht nur hier, sondern auch im Centralnervensystem Gewebs- und Flüssigkeitsspalten geliefert, die mit dem Lymphgefäßapparat in Verbindung stehen und so für die Aufnahme von Nahrung und für die Abgabe von Stoffwechselprodukten besonders günstige Gelegenheit schaffen.

Die große Wichtigkeit des Nervensystems und die Kompliziertheit seines Aufbaues bringen es mit sich, daß seine Histologie von jeher eines der anziehendsten Objekte der Forschung war, die Literatur ist deshalb auch eine ganz gewaltige. So verdienstvoll auch die älteren Untersuchungen waren, so waren ihre Resultate doch verhältnismäßig gering. Erst die achtziger Jahre des vorigen Jahrhunderts brachten Methoden, welche ungeahnte Einblicke in die Histologie und die feineren Zusammenhänge im Nervensystem ermöglichten. Zuerst lehrte Golgi (1873 bis 1886) in den Zellen und Fasern einen Silberniederschlag zu erzeugen, der sie schwarz färbt und sie dadurch in überraschender Deutlichkeit hervortreten läßt. Dann veröffentlichte Weigert (1884) ein Verfahren, durch das mittelst Hämatoxylin alle markhaltigen Nervenfasern in ausgezeichneter Weise blauschwarz gefärbt wurden, und weiter hat Ehrlich (1886) gezeigt, daß man am absterbenden Tiere Nervenzellen und Nervenfasern durch Methylenblau zu färben und auf weite Strecken sichtbar zu machen vermag. Diese Verfahren wurden in der Folge sehr vervollkommnet, und es haben sich hierin außer den Schülern von Golgi besonders Cajal, Cox, Marchi, Bielschowski, Retzius, Apathy, Bethe, Dogiel, Donaggio, Pal und viele andere Verdienste erworben. Apáthy (1892, 1897) verbesserte die schon seit längerer Zeit bekannte Methode der Vergoldung des Nervensystems. Weiter ist Nißl (1894) zu nennen, der eine Methode erfand, die es erlaubt, die nach ihm benannten Schollen der Nervenzellen sichtbar zu machen; auch sie wurde in der Folge weiter verbessert. Die in den letzten Jahrzehnten vom Bau und dem Zusammenhang der nervösen Elemente erworbenen Kenntnisse sind, wie gesagt, zum allergrößten Teil der Anwendung dieser Methoden zu danken. Die Gelehrten, die sich mit der Untersuchung beschäftigten, sind so zahlreich, daß es hier nicht angeht, sie alle aufzuzählen. Ohne die Verdienste anderer schmälern zu wollen, seien hervorgehoben die Namen von R. y Cayal und seinen Schülern, Retzius, v. Lenhossék, van Gehuchten, Dogiel, Holmgren, Held, Apáthy, Bethe, Harrison. Eine verdienstvolle historisch-kritische Studie über Nervenzellen und Nervenfasern verdanken wir Stieda (1899), ausgezeichnete Schriften über den Gegenstand mit ausführlichen Literaturangaben haben in der letzten Zeit Schiefferdecker (1906) und Heidenhain (1911) veröffentlicht.

E. Dem Stoffwechsel dienende Flüssigkeiten und ihre Gefäße.

Alles Leben wird aufrecht erhalten durch den Stoffwechsel. Dieser aber besteht darin, daß die bei der Tätigkeit der Gewebe entstehenden Zerfallsprodukte abgegeben und durch neue Gewebssubstanz ersetzt werden, die sich durch Vermittlung von zugeführter Nahrung bildet. Zerfallsprodukte und Nahrungsstoffe aber befinden sich in flüssiger Form. Es handelt sich also beim Stoffwechsel um Flüssigkeiten, die in beständigem Strom alle Teile des Körpers durchfluten. Für Zuführung und Ableitung besteht die überaus reichhaltig verzweigte Kanalisation des Gefäßsystemes, in den Geweben selbst ist es der Gewebssaft, der alles durchfeuchtet, etwa so, wie das Wasser einer sumpfigen Wiese alle festen Teile umspült. Die beim Stoffwechsel eine Rolle spielenden gasförmigen Stoffe, nämlich Sauerstoff und Kohlensäure, sind zwar im Gewebssaft suspendiert, in dem Gefäßsystem aber an feste Körperchen gebunden.

Die Flüssigkeit, welche den Körper durchströmt, das Plasma, ist im Prinzip überall die gleiche, doch wechselt ihre Zusammensetzung in Wahrheit nach Zeit und

Ort, je nachdem sie mehr frische Nahrung oder mehr Zerfallsprodukte enthält. Soweit sie im Gefäßsystem cirkuliert, sind in ihr feste Körperchen enthalten, die ihre besondere hohe Bedeutung für den Stoffwechsel haben. Auch bei ihnen wechselt je nach den augenblicklichen Ernährungsverhältnissen Zahl und Beschaffenheit.

a) Blut.

Das Hauptkanalsystem für Zu- und Abfuhr enthält das Blut, ein Nebensystem, das wie die Drainageröhren der als Beispiel gewählten Wiese den alles durchfeuchtenden Gewebssaft aufnimmt und ableitet und im wesentlichen als eine Ausstülpung des Blutgefäßsystemes aufzufassen ist, enthält die Lymphe (und den Chylus). Man unterscheidet danach Blutgefäßsystem und Lymphgefäßsystem.

Die Gesamtmenge des Blutes beträgt nach Bischoff ein Dreizehntel des Körpergewichtes. Es ist von heller oder dunkler roter Farbe, undurchsichtig („deckfarbig"), von salzigem Geschmack und eigentümlichem, nach den Spezies wechselndem Geruch.

Es besteht aus dem Plasma und den in diesem suspendierten Körperchen, den Erythrocyten (ἐρυθρός rot), den Leukocyten (λευκός klar, hell, weiß), den Blutplättchen und den Elementarkörnchen.

Man liest öfter, das Blut sei ein Gewebe mit flüssiger Intercellularsubstanz; dies trifft jedoch nicht zu. Alle Intercellularsubstanzen sind in letzter Linie Produkte der Zellen der betreffenden Gewebe; die Blutflüssigkeit aber kommt durch die Nahrungsaufnahme in den Körper. Da auch die korpuskulären Teile, wenigstens im ausgebildeten Organismus von verschiedenen Seiten her beigesteuert werden und verschiedene physiologische Bedeutung haben, so ist das Blut ein Gebilde, das sich aus einer Reihe durchaus ungleichartiger und ungleichwertiger Komponenten zusammensetzt, weshalb man nicht berechtigt ist, es ein Gewebe zu nennen. Es ist nebst Lymphe und Chylus nach Zusammensetzung und Funktion ein ganz isoliert stehender, mit keinem anderen vergleichbarer Bestandteil des Organismus.

Das Blutplasma (Blutflüssigkeit, Liquor sanguinis) ist eine farblose, klare, leicht opalisierende Flüssigkeit, welche zu 90 Prozent aus Wasser besteht. Die übrigen Teile sind wesentlich Eiweißkörper verschiedener Art, unter welchen das Fibrinogen besonders hervorzuheben ist, sodann Fett, Zucker, Extraktivstoffe. Unter den anorganischen Bestandteilen ist Chlornatrium der wichtigste, außerdem sind Kalksalze und noch andere Salze in geringer Menge vorhanden.

Erythrocyten (rote Blutzellen, rote Blutkörperchen).

Die roten Blutkörperchen haben in der ganzen Wirbeltierreihe die Funktion, dem Gaswechsel zu dienen. Sie nehmen je nach dem Wasser- oder Luftleben der Tiere, aus dem Wasser oder der Luft den Sauerstoff auf und bringen ihn zu den Geweben, sodann beladen sie sich mit der von den Geweben beim Stoffwechsel produzierten Kohlensäure, die nach außen abgegeben wird. Die Erythrocyten verhalten sich in der Wirbeltierreihe morphologisch nicht gleichmäßig. Bis zu den Säugern herauf findet man ovale oder besser elliptische (nur bei den Petromyzonten runde), leicht bikonvexe Zellen, die mit einem Kern versehen sind, der verhältnismäßig klein ist und ein zierliches Chromatingerüst zeigt (Abb. 103). Bei den Säugetieren sind die Erythrocyten durchweg kernlos. Eine ovale Form zeigen nur noch die der Tylopoden (Kamel, Lama), alle übrigen Säuger und der Mensch besitzen runde Erythrocyten. Im entleerten Blut, das man auf dem Objektträger betrachtet, zeigen sie sich in der

Regel als runde, bikonkave Scheiben (Abb. 104a), jederseits mit einer Delle in der Mitte und mit einem gewulsteten Rand versehen. In der Kantenansicht erscheinen sie biskuitförmig (Abb. 104b). Vor einer Verwechslung der Dellen mit einem Kern schützt die Drehung der Mikrometerschraube; bei tiefer Einstellung ist die Mitte der Körperchen heller, bei hoher dunkler als der Rand, bei keiner Einstellung aber ist es möglich, sie durch einen scharfen Kontur abgegrenzt zu sehen.

Neuere Untersuchungen (Dekhuizen, Weidenreich 1905) geben an, daß im strömenden Blut die Gestalt der Erythrocyten napf- oder schüsselförmig sei (Abb. 104c). Es kann keinem Zweifel unterliegen, daß es schüsselförmige Blutkörperchen gibt; trotzdem wird von v. Ebner die frühere Ansicht aufrecht erhalten, daß die bikonkave Form die normale ist. Erneute Untersuchungen (Löhner) zeigen, daß beide Formen als physiologische anzusehen sind, daß die Glockenform zwar vereinzelt im normalen Blute vorkommen, aber die typische Form die der bikonkaven Scheibchen ist.

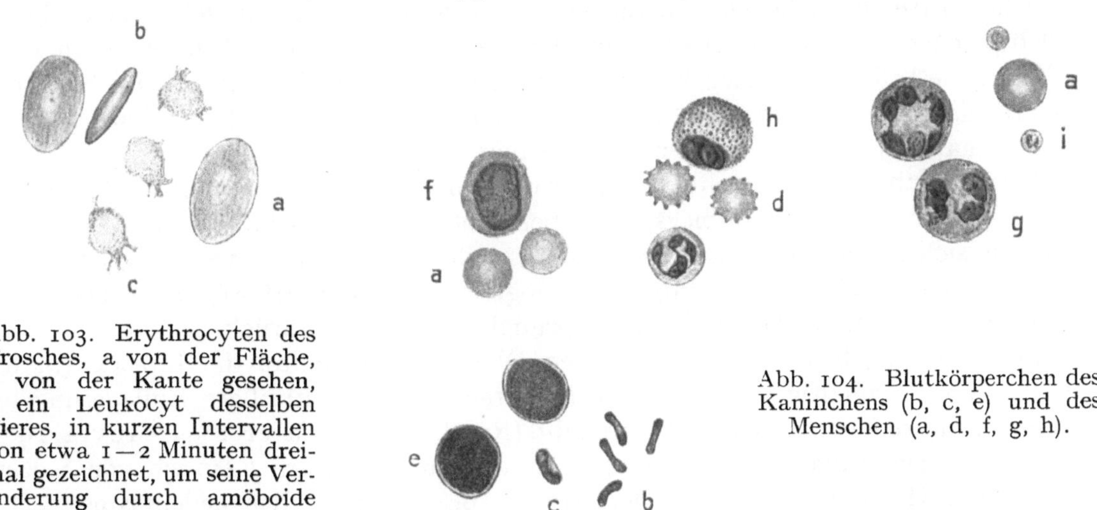

Abb. 103. Erythrocyten des Frosches, a von der Fläche, b von der Kante gesehen, c ein Leukocyt desselben Tieres, in kurzen Intervallen von etwa 1—2 Minuten dreimal gezeichnet, um seine Veränderung durch amöboide Bewegung zu zeigen.

Abb. 104. Blutkörperchen des Kaninchens (b, c, e) und des Menschen (a, d, f, g, h).

Wenn die Erythrocyten in etwas dickerer Schicht unter dem Deckglase liegen, haben sie die Neigung, sich geldrollenförmig aneinander zu legen, eine Eigentümlichkeit, die man jedoch in strömendem Blute niemals beobachtet. Die Ursache dieser Erscheinung ist in der Capillarattraktion (Sympexis) zu suchen (Heidenhain); nach längerem Stehen des Präparates verschwinden die Geldrollen.

Die Größe der roten Blutkörperchen ist in der Wirbeltierreihe außerordentlich verschieden. Die größten elliptischen und kernhaltigen Blutkörperchen besitzt, soweit es bekannt ist, Amphiuma mit einem Längsdurchmesser von 80 μ, während die des Sperlings nur 11,9 μ lang sind. In der Säugetierreihe besitzt die größten der Elefant mit 9,4 μ Durchmesser, die kleinsten Moschus javanicus mit 2,5 μ. Die roten Blutkörperchen des Menschen sind relativ groß, sie haben einen mittleren Durchmesser von 7,5 μ. Die Größe der Erythrocyten eines Individuums ist jedoch nicht völlig gleich; 12,5 Prozent überschreiten die Mittelgröße (7,8—7,9 μ), ebensoviel bleiben unter ihr (7,2—7,6 μ), wenige Riesenformen sind bis zu 10 μ groß, wenige Zwergformen besitzen nur einen Durchmesser von 2,5 μ.

Es ist klar, daß mit der Größe der roten Blutkörperchen auch die Größe ihrer Oberfläche wechselt und daß sie um so größer werden muß, je kleiner das Volumen ist. Je größer aber die Oberfläche ist, um so leichter und lebhafter wird der Gaswechsel von statten gehen. Man sieht denn auch, daß Tiere mit einem trägeren Stoffwechsel große Erythrocyten mit kleinerer Oberfläche besitzen, als solche mit einem rascher sich abspielenden. Die Oberfläche der roten Blutkörperchen von Proteus mit größter Länge von 58,2 μ wurde zu 3444 Millionstel eines Quadratmillimeters berechnet, die des Buchfinken mit größter Länge von 12,4 μ aber zu 162 Millionstel (Welcker 1872). Für die roten Blutkörperchen des ganzen Körperblutes eines Mannes berechnet Welcker eine Gesamtoberfläche von 2816 Quadratmeter, das ist eine Quadratfläche von 80 Schritt Seitenlänge.

Die Farbe des Blutes ist an die Erythrocyten gebunden. Die einzelnen Blutkörperchen sind jedoch in der ganzen Wirbeltierreihe nicht rot, sondern vielmehr gelbgrünlich. Die rote Farbe erscheint erst, wenn eine dickere Schicht vorliegt. Bei größeren kernhaltigen Blutkörperchen, z. B. denen des Frosches, genügt schon die Betrachtung der Kantenansicht, um eine rötliche Färbung wahrzunehmen. Beim Menschen brauchen nur wenige Blutkörperchen übereinander zu liegen, um die rote Farbe hervortreten zu lassen. In dickeren Schichten wechselt dieselbe, je nachdem die Körperchen mit Sauerstoff oder mit Kohlensäure beladen sind, in ersterem Falle erscheinen sie heller, mehr ziegelrot, in letzterem dunkler, mehr blaurot. Im Spektralapparat zeigen die Erythrocyten charakteristische Absorptionsstreifen, die sich je nach ihrem Gehalt an Sauerstoff oder Kohlensäure ändern.

Ihrer Beschaffenheit nach sind die roten Blutkörperchen homogen und durchsichtig. Sie sind weich und biegsam, dabei ungemein elastisch. In engen Passagen ziehen sie sich in die Länge, auf der Teilungsstelle eines Gefäßes werden sie vielleicht quersackähnlich; sobald ihnen aber die Möglichkeit freierer Bewegung gegeben ist, schnellen sie augenblicklich in ihre ursprüngliche Gestalt zurück.

Sie sind umgeben von einer festeren Oberflächenschichte, die Lipoide (S. 62) enthält. Von kernhaltigen, ovalen Erythrocyten wird eine fibrilläre Einlagerung beschrieben, die reifenartig den Rand umgibt (Randreifen; Dehler 1895, Meves 1903, 1905 u. a.). Der Inhalt ist mehr flüssig, er besteht aus einem Gemisch von Salzen, Eiweiß und Hämoglobin. Dieses letztere ist physiologisch der bedeutsamste Teil, da er begierig Sauerstoff aufnimmt. Er gehört in die Gruppe der Proteide, enthält Eisen und ist kristallisierbar. An das Hämoglobin ist die rote Farbe der Blutkörperchen gebunden. Die Kerne der elliptischen Erythrocyten enthalten kein Hämoglobin, sie sind daher farblos.

Sticht man ein rotes Blutkörperchen an, so fließt der Inhalt aus; man darf aber nicht glauben, daß dann die leere Hülle nur übrig bleibt, sondern im Innern des Körperchens ist ein feinstes Wabenwerk, in dessen Maschen die Flüssigkeit ist, und dessen Außenschicht die äußere Begrenzung bildet, die als Plasmahaut die Einführung und die Ausgabe von Stoffen reguliert.

Das Hämoglobin nimmt außer Sauerstoff und Kohlensäure noch eine Anzahl anderer Gase auf, unter denen besonders Leuchtgas und Kohlenoxydgas hervorzuheben sind, da sie häufig Veranlassung zu Vergiftungen geben. Das Kohlenoxyd verbindet sich fester mit dem Hämoglobin als der Sauerstoff und verdrängt ihn, wodurch sich seine giftige Wirkung erklärt.

Die roten Blutkörperchen sind, aus den Gefäßen entnommen, außerordentlich empfindlich. Sie verlieren rasch ihre Elastizität und werden klebrig. Von Zusatzflüssigkeiten hält sie eine 0,6prozentige Kochsalzlösung intakt, hypertonische (koncentriertere) Lösungen verschiedener Salze bewirken Schrumpfung; es genügt sogar die Verdunstung am Rande des Deckglases, um eine solche hervorzurufen. Die kernhaltigen elliptischen Erythrocyten erscheinen dann wie verknittert, die kernlosen nehmen eine sehr charakteristische Stechapfelform an (Abb. 104d). Hypotonische (verdünnte) Lösungen bewirken Quellung, durch die die Blutkörperchen eine kugelige Gestalt annehmen. Sehr leicht kann man Quellung durch Wasserzusatz hervorrufen; dabei wird zugleich das Hämoglobin ausgelaugt, und die Membranen bleiben als ganz helle schattenhafte Gebilde (Blutschatten) übrig. Da nun der Blutfarbstoff im Plasma gelöst ist, wird das Blut durchsichtig und man bezeichnet es im Gegensatz zu der früheren deckfarbigen Beschaffenheit, als „lackfarbig“. Man kann das Blut auch durch andere Manipulationen lackfarbig machen, so durch Erwärmen, durch Frieren und Wiederauftauenlassen, durch Entladungen einer Leydener Flasche, durch Zusatz von Galle und zahlreichen chemischen Reagentien. Die Tatsache, daß auch ein Zusatz von Blutserum anderer Tiere das Blut lackfarbig macht (Landois), hat in neuerer Zeit Veranlassung zu interessanten Untersuchungen gegeben, da sich gezeigt hat, daß bei nahe verwandten Spezies die Reaktion ausbleibt (Friedenthal).

Die zahllose Untersuchungen der Erythrocyten mit den verschiedensten Behandlungsweisen hier im einzelnen zu besprechen, würde den Rahmen der vorliegenden Darstellung weit überschreiten.

Die Lebensdauer der roten Blutkörperchen ist eine geringe, sie überschreitet 3—4 Wochen nicht. Sie gehen dann wahrscheinlich schon im strömenden Blut, ferner in der Leber, der Milz, vielleicht auch an anderen Orten zugrunde und müssen durch neue ersetzt werden. Die Bildungsstätte ist das Knochenmark. Im Beginn der intrauterinen Entwicklung jedoch, wenn ein Knochenmark noch nicht existiert, aber gerade ein sehr großer Bedarf an Erythrocyten vorhanden ist, sieht man sie erst in dem Gefäßen der Area vasculosa entstehen, sodann in der Leber, wo sich zwischen den Leberzellenbalken Zellnester vorfinden, die den Bau des später auftretenden Knochenmarkes besitzen, und in der Milz, vielleicht auch in der Urniere. An allen diesen Stellen geht die Ausbildung der Erythrocyten stets in der gleichen Weise vor sich.

In Zellnestern, die Anhängsel von Capillaren bilden, sind die oben erwähnten Myelocyten der wichtigste Bestandteil. Nach ihrer Umwandlung zu Normoblasten wird das Chromatinnetz des Kernes dichter, das Cytoplasma homogen. In diesem letzteren tritt dann das Hämoglobin auf, was sich durch eine erst ganz leichte, in der Folge immer stärker werdende Gelbfärbung kundgibt (S. 75). Die Zellnester kanalisieren sich, treten mit der Gefäßbahn in Verbindung und geben in sie die neugebildeten Erythroblasten ab (Weidenreich 1905). Im fetalen Blut der Säuger geht zuerst die Entwicklung der Blutzellen nicht weiter, und es enthalten auch im strömenden Blut die großen, nahezu kugeligen Erythrocyten Kerne, wie die elliptischen Blutkörperchen der Nichtsäuger. Sie vermehren sich durch mitotische Teilung. In den späteren Monaten der Entwicklung wird die Zahl der kernlosen Erythrocyten immer größer und vom siebenten Fetalmonat ab sind die kernhaltigen aus der Cirkulation völlig verschwunden. Nur in pathologischen Fällen können selbst bei Erwachsenen wieder kernhaltige Erythrocyten auftreten.

Das Verschwinden des Kernes geht in der Art vor sich, daß er sich erst fragmentiert; die Fragmente verklumpen und werden immer homogener, endlich werden sie ausgestoßen und zerfallen (Weidenreich 1905). Manche Autoren vertreten die Ansicht, daß der Kern nicht ausgestoßen wird, sondern im Innern der Zellen degeneriert und sich schließlich auflöst.

Im postfetalen Zustand reicht bei starken Blutverlusten das vorhandene rote Knochenmark für die notwendig gewordene stürmische Neubildung von Erythrocyten nicht aus, es wird ein Teil des gelben wieder in rotes zurückverwandelt, und es entsteht in der Milz und in den Lymphdrüsen Erythroblastengewebe, um den Bedarf zu decken. Geschieht dies nicht, dann entstehen Blutkrankheiten, die dem Organismus schwere Schädigung zufügen.

Die Leukocyten (weiße, farblose Blutkörperchen oder Blutzellen) haben mit den Erythrocyten gar nichts gemein. Sie sind völlig ungefärbt und heben sich auf dem Objektträger aus der Masse der Erythrocyten durch den Glanz ihres Protoplasmas hervor, der sie leicht kenntlich macht. Ein Kern ist stets vorhanden, doch wird er von dem stärker lichtbrechenden Cytoplasma meist verdeckt. In der Ruhe von kugeliger Form, sind sie amöboider Bewegung fähig, die ihre Gestalt zuweilen in bizarrer Weise verändert (Abb. 104c, 105). Bei den amöboiden Bewegungen ändert sich auch die Form des Kernes, ob rein passiv oder auch aktiv, muß dahingestellt bleiben. Sie sind klebrig und haften gern an der Unterlage oder den Wänden der Blutgefäße fest. Im Blutstrom bewegen sie sich am liebsten den Gefäßwänden entlang. Sie sind spezifisch leichter als die Erythrocyten und steigen in ruhig stehendem defibriniertem Blut an die Oberfläche auf, während die Erythrocyten zu Boden sinken.

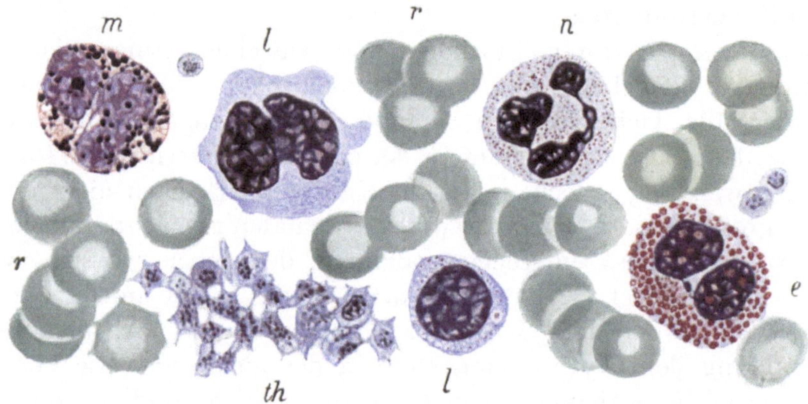

Abb. 105. Blutbild vom Menschen. Präparat von Fr. Weidenreich. Zum größten Teil gefärbt nach v. Giemsa.
r Erythrocyten. n neutrophiler Leukocyt. l Lymphocyt. e eosinophiler Leukocyt (azidophil). m sog. Mastleukocyt. Th Thrombocyten. Vergrößerung 1300 fach.

Ihre Größe wird vom Sauerstoffbedürfnis des Individuums nicht beeinflußt, wie es bei den Erythrocyten der Fall ist, sie ist vielmehr im Mittel durch die ganze Wirbeltierreihe die gleiche; bei den Säugern übersteigt sie die der Erythrocyten, bei den Kaltblütern mit ihren großen roten Blutkörperchen bleibt sie dahinter zurück. Im einzelnen freilich wechselt die Größe bedeutend; auch der Bau ist ein wechselnder.

Sie stammen aus dem adenoiden Gewebe, den Lymphfollikeln, Lymphknoten, den Tonsillen, der Milz, dem Thymus.

Die kleinsten im Blut vorkommenden Leukocyten sind Zellen, deren Durchmesser (etwa 6 μ) den der Erythrocyten nicht überschreitet. Ihre Zahl beträgt im höchsten Fall 25 % der vorhandenen farblosen Blutzellen. Sie besitzen einen relativ großen Kern, der von so wenig Cytoplasma umschlossen wird, daß es oft aller Aufmerksamkeit bedarf, um es wahrzunehmen; es ist von undeutlich netzartiger Struktur. Da sie aus der Lymphe (s. unten) stammen, nennt man sie Lymphocyten (Abb. 104c, 105l). Die anderen Formen sind größer und man gewinnt den Eindruck, als seien die Lymphocyten die Ausgangsform, von welcher die anderen abstammen, obgleich man natürlich aus dem Nebeneinander durchaus keinen zwingenden Schluß auf das Nacheinander ziehen kann. Es werden denn auch die verschiedenen Leukocytenformen von den einen für verschiedene Funktionszustände der gleichen Grundform gehalten, während andere meinen, man habe bleibende Formen vor sich, welche nicht ineinander übergehen. Ist die erstere Annahme richtig, dann schlägt die Weiterbildung zwei etwas verschiedene Wege ein. In dem einen Fall vergrößert sich der Kern ein wenig (Abb. 104f), er kann auch aus der kugeligen oder ovalen Gestalt in eine nierenförmige übergehen. Das Cytoplasma vermehrt sich beträchtlich und zeigt sich fein granuliert. Die Zahl dieser Zellen ist nur gering (1%). Im anderen Fall wird die ganze Zelle ebenfalls immer größer, sie kann bis zu 12 μ anwachsen; ihre Struktur ändert sich. Der Kern erscheint polymorph (vielgestaltig), entweder nierenförmig oder hufeisenförmig oder kleeblattförmig oder ringförmig. Sehr oft findet man größere Klumpen von Kernsubstanz nur durch feine Fäden miteinander verbunden, die sich der Beobachtung leicht entziehen können (Abb. 104g u. 105n), und schließlich beobachtet man in der Tat Kerne, welche in einzelne Fragmente zerfallen sind. Das Protoplasma zeigt sich fein, aber deutlich granuliert. Diese Zellen sind es besonders, die mit amöboider Beweglichkeit ausgestattet sind. Sie bilden den weitaus größten Teil der im Blut cirkulierenden Leukocyten (etwa 70%). Eine geringe Anzahl von Zellen (2—4%) unterscheidet sich von diesen zwar nicht in der Größe und in dem Verhalten des Kernes, wohl aber in der Art der Granulierung, die aus groben Körnchen besteht (Abb. 104h u. 105e, m).

Man kann in den Leukocyten Centralkörper mit zwei oder drei Centriolen nachweisen. Die Leukocyten sind fähig, sich im strömenden Blut mitotisch zu teilen.

Was die mikrochemischen Reaktionen der in Rede stehenden Zellen anlangt, so wirken verdünnte Säuren und Alkalien in der gleichen Art auf sie ein, wie auf andere mit einem vollsaftigen Protoplasma ausgestattete. Wasser bläht sie zu regelmäßigen Kugeln auf und bewirkt an der Oberfläche eine membranartige Verdichtung, während das Innere sich zu einer Flüssigkeit umwandelt, in welcher feinste Körnchen suspendiert sind; diese führen lebhafte Molekularbewegungen aus.

Das Verhalten der Leukocyten gegen Farbstoffe wurde besonders von Ehrlich (1891) genau studiert. Derselbe teilt sie in basophile und oxyphile ein, je nachdem sie sich mit basischen oder sauren Farbstoffen färben lassen. Neutrophil nennt man diejenigen, welche sich mit Triacid, einer Mischung von Orange G, Säurefuchsin und Methylgrün, violett färben. Basophil sind die kleinen Lymphocyten und die großen einkernigen Leukocyten. Neutrophil erweisen sich die polymorphkernigen, die den größten Teil der Leukocyten ausmachen. Oxyphil sind in ihrer überragenden Zahl die erwähnten grobkörnigen Zellen, und da sie sich lebhaft mit Eosin färben, nennt man sie speziell auch eosinophile Zellen. Vereinzelte grobkörnige Zellen zeigen sich auch basophil; sie stimmen ganz mit den oben (S. 53) erwähnten Mastzellen des Bindegewebes überein und können wohl auch in diese übergehen.

Die physiologische Funktion der Leukocyten ist weder so durchsichtig, noch so einheitlich, wie die der Erythrocyten. In erster Linie muß die amöboide Bewegung auffallen, die auf eine intensive Lebenstätigkeit hinweist. Durch sie sind sie befähigt, die Gefäßwände zu passieren und in das umgebende Gewebe zu gelangen, in dem sie nun als Wanderzellen ihren Weg antreten. Außer den kompakten Gewebsarten, wie Knorpel und Knochen, gibt es kaum eine Stelle des Körpers, wo man ihnen nicht begegnet. Natürlich sind sie auch in den Körperflüssigkeiten zu finden, in Perikardial- und Peritonealflüssigkeit, im Liquor cerebrospinalis, im Kammerwasser, dem Glaskörper, in Galle, Harn, Speichel, Schleim und in der Milch. Sie stammen freilich nicht immer aus dem Blut, sondern werden auch von den lymphoiden Organen direkt geliefert. Da man früher die unmittelbare Zusammengehörigkeit aller Wanderzellen noch nicht erkannt hatte, wurden sie je nach der Stelle ihres Vorkommens verschieden benannt, und man sprach von Schleimkörperchen, von Speichelkörperchen und von Kolostrumkörperchen, letztere in der Milch. Die Speichelkörperchen zeigen besonders deutlich die erwähnten Veränderungen, die durch Wasserzusatz hervorgerufen werden. Endlich bilden die Leukocyten die korpuskulären Elemente einer pathologischen Flüssigkeit, des Eiters. Sie sammeln sich an den Stellen, an denen Eiterkokken liegen, durch die von diesen ausgeübte Chemotaxis. Aber auch die fixen Bindegewebszellen der befallenen Gewebe können sich in geringem Maße bei der Bildung der Eiterkörperchen beteiligen.

Daß die Leukocyten einen kräftigen Stoffwechsel besitzen, geht daraus hervor, daß man in ihnen schon in der Norm, noch mehr aber in pathologischen Fällen (Diabetes mellitus) Glykogen auftreten sieht, daß man in ihnen zuweilen Vakuolen wahrnimmt, und weiter daraus, daß sich augenscheinlich ein lebhafter Säftestrom auf sie zu bewegt. Sie ziehen kleinste im Blut suspendierte Partikel an sich heran und nehmen sie in ihr Cytoplasma auf. So verschwinden feinste Körnchen von Tusche oder Zinnober oder von anderen Dingen, die man in ein Blutgefäß eingespritzt hat, nach kurzer Zeit aus der Blutflüssigkeit; sie sind sämtlich von den Leukocyten aufgenommen, „gefressen“ worden. Man nennt diesen Vorgang Phagocytose (Metschnikoff), die Zellen selbst, soweit sie diese Tätigkeit ausüben, Phagocyten (Freßzellen). In der Norm nehmen sie allerlei Zelltrümmer auf, auch Trümmer von Erythrocyten; ferner scheint es, als ob die erwähnten Körner der eosinophilen Zellen nichts anderes wären, als durch Phagocytose von außen her in die Leukocyten gelangte Eiweißsubstanzen. Auch die kleinen Fetttröpfchen der Kolostrumkörperchen sind nur durch Phagocytose von ihnen aufgenommene Milchkügelchen. In das Blut gelangte Krankheitskeime können, wenn sie nur zu bewältigen sind, ebenfalls von den Leukocyten gefressen werden. Sie werden von ihnen dann dadurch unschädlich gemacht, daß ihre löslichen Bestandteile vom Cytoplasma ausgezogen und verdaut werden. Dies wird von gewissen, in ihnen enthaltenen Eiweißkörpern (Alexine; Buchner) besorgt. Sie geben diese letzteren auch an die Blutflüssigkeit ab. Daß die Phagocytose danach eine höchst segensreiche Tätigkeit für den Organismus ist, bedarf keiner weiteren Ausführung. Freilich kommen auch Krankheitskeime von verschiedener Art in das Blut, die von den Leukocyten nicht bewältigt werden können.

Die Phagocyten können sich so stark mit Fremdkörpern beladen, daß sie beträchtlich anschwellen und daß ihre amöboide Beweglichkeit Not leidet.

Die Blutplättchen (Blutscheibchen) (Abb. 104i, 105th) sind kleine, unregelmäßig geformte oder runde Scheiben von nicht ganz gleichmäßiger Größe (2—4 μ). Sie enthalten kein Hämoglobin und zeigen im Centrum oft eine kleine Anhäufung von Körnchen; gewisse mikrochemische Reaktionen lassen erkennen, daß man in diesen keinen Kern zu sehen hat, wie es von manchen Seiten angenommen wird. Sie sind also nicht als typische Zellen anzusehen. Die Blutplättchen sind die spezifisch leichtesten Formbestandteile des Blutes. Ob die von Detjen beschriebene amöboide Bewegung der Blutplättchen eine physiologische Erscheinung ist, bedarf noch weiterer Untersuchung.

Die Blutplättchen sind außerordentlich empfindlich. Sie intakt zu beobachten gelingt am besten in Ausstrichpräparaten, die man rasch über Osmiumdämpfen trocknet. Ohne diese Vorsichtsmaßregel erscheinen sie als spindelförmige oder zackige Körperchen, welche ihre ursprüngliche Gestalt nicht mehr erkennen lassen. Sie sind jetzt auch ungemein klebrig, haften fest an der Unterlage an und sind geneigt, durch Verklebung kleine Häufchen zu bilden. Es ist zweifellos, daß die Blutplättchen in dem aus den

Gefäßen entnommenen Blut insoferne zur Blutgerinnung in Beziehung stehen, als sich die Fibrinfäden an sie anheften und strahlenförmig von ihnen ausgehen. Auch im lebenden Organismus sind sie dabei von Bedeutung, indem sie sich ihrer Klebrigkeit wegen an die Wände verletzter Blutgefäße anheften und so die Ausgangspunkte für die Thrombenbildung darstellen, die für die Blutstillung nötig ist. Trotzdem aber kann man die Blutplättchen nicht für die unmittelbare Ursache der Fibringerinnung ansehen, da eine solche auch erfolgt, wenn Blutplättchen fehlen (Lymphe).

Die Herkunft der Blutplättchen wird von Wright (1910) und Ogata (1911) auf die Riesenzellen des Knochenmarkes zurückgeführt. Von ihnen schnüren sich Protoplasmateile ab, die mit den Blutplättchen identisch sind. Doch sind auch noch andere Anschauungen über die Entstehung geäußert worden, die sich aber nicht bewährt haben. Daß sie Vorstufen für die Entwicklung der roten Blutkörperchen sind, ist sicher abzulehnen.

Tiere mit kernhaltigen Erythrocyten besitzen Blutplättchen, wie die beschriebenen, nicht. Bei ihnen sind aber kernhaltige Zellen vorhanden, die den Erythrocyten zwar in ihrer Form gleichen, aber um ein Drittel kleiner sind und kein Hämoglobin enthalten (Thrombocyten, Dekhuizen) und beim Frosch zum Teil spindelförmige Gestalt haben. In ihrem Verhalten sind sie den Blutplättchen durchaus ähnlich.

Elementarkörnchen kann man kleinste Körnchen nennen, welche von sehr verschiedener Herkunft und Bedeutung sind. Man begegnet aus dem Chylus herrührenden feinsten Fetttröpfchen, die allerdings rasch aus der Cirkulation verschwinden. Außerdem kann man auch andere stark lichtbrechende, in Essigsäure unlösliche feinste Körnchen beobachten (Hämokonien, Blutstäubchen; H. F. Müller).

Bei einem gesunden, erwachsenen Mann enthält ein Kubikmillimeter Blut im Mittel etwas über fünf Millionen Erythrocyten ($5^1/_5$ Mill.), bei der Frau nicht ganz fünf Mill. (4 900 000) (Vierordt 1893). Doch kommen selbst im Verlaufe eines Tages beträchtliche Schwankungen vor. Höhenklima, vielleicht auch Seeklima befördert die Bildung von Erythrocyten. Im Alter werden sie weniger, bei Krankheiten, wie Bleichsucht und schweren Anämien kann die Zahl um mehr als die Hälfte sinken. Die Zahl der Leukocyten ist erheblich geringer, sie beträgt im Mittel beim Mann 6000, bei der Frau 6500 in einem Kubikmillimeter. Die Schwankungen sind sehr beträchtlich. Sie vermehren sich während der Nachtruhe, sowie durch die Nahrungsaufnahme und Verdauung. Ihre Zahl ist größer in der Jugend und während der Menstruation, also zu Zeiten erhöhter Lebenstätigkeit. Auch in den verschiedenen Blutgefäßen schwankt ihre Menge, weitaus die größte Zahl findet man in der Milzvene; auch die Pfortader und die Hautvenen sind reicher an Leukocyten.

Die Zahl der Blutplättchen schwankt so sehr, daß man in der einen Blutprobe fast gar keine solchen findet, in der anderen ihnen in großer Menge begegnet. (Im Durchschnitt 300 000 im Kubikmillimeter.)

Beim Absterben und unter abnormen Bedingungen sieht man sowohl an dem Plasma, wie auch an dem Hämoglobin der roten Blutkörperchen Veränderungen vor sich gehen, die noch einer Erwähnung bedürfen.

Gerinnung.

In Blutgefäßen mit pathologisch veränderter Wand und in denen von Leichen gerinnt das Blut, ebenso auch, wenn man es dem Körper entnimmt. Fängt man es z. B. in einem Glase auf, dann erstarrt sein Plasma innerhalb von zehn Minuten zu einer gallertartigen Masse, die sich bald in einen festen Teil von der Form des benützten

Gefäßes und eine gelbliche Flüssigkeit sondert. Ersteren nennt man Blutkuchen, Placenta sanguinis, letztere Serum. Das Serum ist also Blutplasma minus festgewordenem Teil. Der erst homogen erscheinende Blutkuchen läßt sehr bald einen Filz feiner Fäserchen erkennen, den Faserstoff, Fibrin. Die meisten Formelemente des Blutes werden von dem Faserfilz mechanisch festgehalten. Finden aber die roten Blutkörperchen Zeit, sich zu Boden zu senken, ehe die Gerinnung vor sich geht, dann ist der Fibrinfilz von weißer Farbe. Dies findet man oft in den größten Körperarterien von Leichen (Abb. 106), auch an dem Blutkuchen des dem Körper entnommenen Blutes sieht man gelegentlich eine oberste weiße Schicht. Die alte Medizin nannte sie „Speckhaut" und war der irrigen Meinung, sie sei für das Blut fieberhaft Kranker charakteristisch. Das Fibrin entsteht durch chemische Umsetzung des Fibrinogens, eines Teiles des im Blutplasma enthaltenen Eiweißes, unter dem Einfluß eines Fermentes, dessen Herkunft noch nicht sichergestellt ist. Die mikrochemischen Reaktionen gleichen denen der Bindegewebsfasern, doch gelingt es, durch eine bestimmte Färbung mit Hämatoxylin oder Gentianaviolett (Weigert) das Fibrin von ihnen zu unterscheiden.

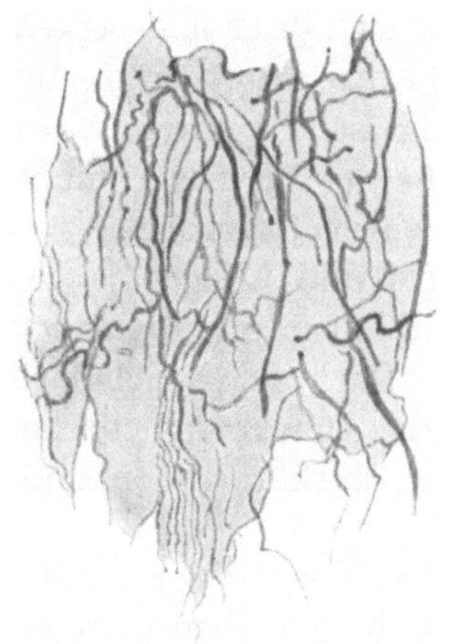

Abb. 106. Fibringerinnsel aus der Aorta einer menschlichen Leiche.

Von der Rolle der Blutplättchen bei der Gerinnung war oben (S. 113) die Rede.

Blutkristalle.

Geht das Hämoglobin der Erythrocyten in Lösung, dann bildet es beim Menschen Kristalle des rhombischen Systems. Mittel, die das Blut lackfarbig machen, also das Hämoglobin den Erythrocyten entziehen und lösen, können beim Verdunsten die Kristalle entstehen lassen. Diese Hämoglobinkristalle sind bei den verschiedenen Tierarten verschiedenen Systemen angehörig. In Blutergüssen innerhalb des Körpers scheidet das Hämoglobin die sog. Hämatoidinkristalle aus, die in ihren chemischen Eigenschaften mit dem aus der Galle darstellbaren Bilirubin identisch sind. Verreibt man getrocknetes Blut auf dem Objektträger mit Kochsalz und Eisessig und trocknet rasch über der Gasflamme, dann entstehen braune Kristalle in Form von rhomboidischen Stäbchen, Häminkristalle, die man zum forensischen Nachweis von Blut in suspekten Flecken auf Kleidern und Wäsche benutzen kann (Abb. 107). Menschen- und Tierblut läßt sich aber damit nicht unterscheiden; dazu dienen die sog. biologischen Methoden.

Abb. 107. Häminkristalle.

b) Lymphe und Chylus.

Die Lymphe (Lympha, klares Wasser) ist eine ganz farblose Flüssigkeit, mit ihr gefüllte Gefäße sehen aus, wie Glasfäden. Ihre Beschaffenheit läßt sich in folgender Gleichung ausdrücken: Lymphe = Blut — (Erythrocyten + Blutplättchen). Sie besteht danach aus Blutplasma und Leukocyten, speziell den oben erwähnten Lymphocyten. Gelegentlich kommen in der Lymphe auch wenige Erythrocyten vor.

Chylus (χύλος Saft; Syn. Milchsaft) = (Lymphe + Fettkörnchen). Er ist die aus dem Darmkanal stammende Lymphe, die das durch die Verdauung in die Lymphbahn gelangende Fett enthält. Dasselbe ist in staubförmig kleinsten Körnchen im Plasma enthalten. Die Körnchen zeigen die tanzende Molekularbewegung. Sie sind von einer Eiweißhülle umgeben, die man durch Zusatz von Essigsäure lösen kann. Die Chyluskörnchen fließen dann zu größeren Tröpfchen zusammen. Die Natur des Chylusfettes hängt von der Art des Fettes in der Nahrung ab. Zum allergrößten Teil besteht es aus Neutralfett, auch wenn die Nahrung reichliche Mengen freier Fettsäuren enthalten hat (Munk).

Das Plasma von Lymphe und Chylus ist eiweißärmer als das des Blutes und gerinnt langsamer, wie dieses.

c) Blutgefäße.

Bei ihrer ersten Entwicklung stellen die Blutgefäße Röhren dar, die nur aus äußerst dünnen Epithelzellen bestehen. Diese bleiben auch später nahezu der einzige Bestandteil der Wand der Capillargefäße, in denen der eigentliche Säfte- und Gasumtausch zwischen Blut und Geweben vor sich geht. Diejenigen Gefäße aber, die lediglich als Leitungsrohre dienen, umgeben dieses Epithel noch mit weiteren Schichten, deren Bau je nach der Art und der Örtlichkeit Verschiedenheiten zeigt. Die das Blut vom Herzen nach der Peripherie führenden Arterien besitzen eine dickere und muskelreichere Wand, die zum Herzen zurückkehrenden Venen eine dünnere und muskelärmere; dabei sind diese letzteren sehr häufig mit Klappen ausgestattet, die den Rücklauf des Blutes verhindern.

Capillaren.

Da diese die Gefäße sind, die den Stoffwechsel vermitteln, schließt sich ihr ganzes Verhalten auf das engste den physiologischen Bedürfnissen der von ihnen versorgten Körpergebilde an. Sie pflegen miteinander zu anastomosieren und Netze zu bilden, die je nach dem Bedarf an Blut bald enger, bald weiter sind. Die Netzmaschen sind rundlich oder langgestreckt oder noch anders geformt, oft von sehr regelmäßiger und zierlicher Gestalt (Abb. 109), wie es eben die Organe, welchen sie dienen, verlangen. Die Capillaren eines und desselben Netzes pflegen im allgemeinen das gleiche Kaliber zu besitzen, in den Netzen verschiedener, oft selbst nahe benachbarter Stellen, schwankt es in weiten Grenzen. Zuweilen ist es so gering, daß die kleinen Gefäße nicht einmal für die Breite eines Erythrocyten Platz gewähren, so daß sich diese in die Länge strecken müssen, um sie überhaupt passieren zu können.

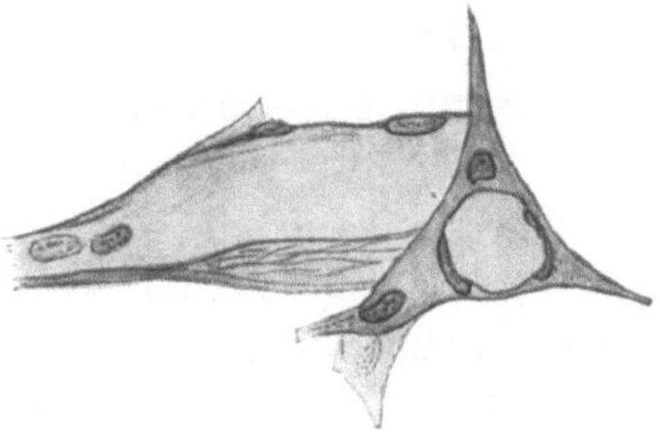

Abb. 108. Capillargefäß aus dem Mesocolon des Menschen. Rechts Querschnitt, links Längsschnitt. Nur die das Lumen begrenzende Linie ist die Gefäßwand, die übrigen Teile gehören dem umgebenden Bindegewebe an.

Die dünnen, breiten, transparenten Platten, aus denen die meisten Epithelzellen der Capillargefäße bestehen, sind nach der Fläche gebogen, etwa so, wie die Blechplatten der Dachrohre. Sie zeigen sich parallel der Gefäßachse in die Länge gestreckt. Ihre Kerne sind meist von elliptischer Form und so orientiert, daß ihre Längsachse ebenfalls der Gefäßachse parallel steht. Sie pflegen in der Mitte der Zellen zu liegen und prominieren häufig über deren Fläche in das Lumen der Gefäße hinein. Zellgrenzen sieht man für gewöhnlich nicht, doch lassen sie sich durch Höllensteinlösung, die man in die Capillaren einspritzt, deutlich machen (Abb. 109). Die Silberlinien erscheinen das eine Mal gestreckt, das andere Mal mehr oder weniger geschlängelt. Stomata und Stigmata (S. 34) werden von manchen Autoren angenommen, doch ist ihre Anwesenheit nicht über allen Zweifel erhaben.

Nicht allenthalben aber sind die Zellen der Capillarwand ganz gleichartig gebaut, was sich durch die Verschiedenheit der physiologischen Funktion der Organe, welche sie versorgen, erklärt. An der einen Stelle (Leber) erscheinen sie sternförmig, an einer anderen (Glomeruli der Niere) bilden sie eine Art von schwammigem Protoplasmanetz, sie können auch dicker als gewöhnlich sein (Lymphknoten). An manchen Stellen lassen sich durch Höllensteinlösung keine Silberlinien darstellen (z. B. Leber, Nierenglomeruli, Choriocapillaris u. a.). Eine ins einzelne gehende Untersuchung wird zweifellos noch manches Hierhergehörige aufdecken.

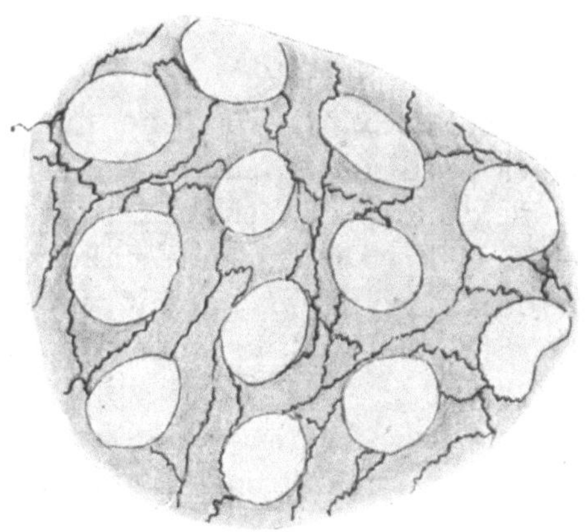

Abb. 109. Capillaren der Froschlunge. Die Zellgrenzen sind durch Einspritzen von Höllensteinlösung deutlich gemacht.

Zu den Zellen, die im wesentlichen die Capillarwand bilden, kann noch anderes hinzukommen. An manchen Capillaren ruht das Epithel auf einer strukturlosen Membran, andere werden von den Fortsätzen sehr reich verzweigter Zellen umsponnen (Iwanoff, Eberth 1868), die von Rouget und S. Mayer (1902) als kontraktile Elemente gedeutet werden. Da sie sich an die unzweifelhaften Muskelzellen der größeren Gefäße unmittelbar anschließen, und da sich die Capillaren im Leben bis zum völligen Verschluß ihres Lumens verengern können, ist die Deutung sehr wahrscheinlich geworden (Krogh, K. W. Zimmermann). Findet man gelegentlich in den Capillaren fast kubische Zellen das Lumen begrenzen, dann ist eventuell daran zu denken, daß die Kontraktion der Capillare diese Zellform veranlaßt hat.

Nicht nur während der Embryonalzeit werden Capillaren neugebildet, sondern auch während des späteren Lebens; es braucht z. B. ein Erwachsener nur mehr Fett anzusetzen, um zu dessen Ernährung neuer Capillaren zu bedürfen. Dies geschieht stets so, daß aus einem bereits tätigen Capillargefäß durch Zellteilung ein kegelförmig gestalteter solider Fortsatz hervorsproßt, der sich verlängert und schließlich mit einer ähnlichen, von einem anderen Gefäß ausgehenden Sprosse vereinigt. Während in den Sprossen sich ein Lumen bildet, teilen sich die Zellen mitotisch und bilden dann die Wand des Zellrohres.

Arterien.

Verfolgt man ein Capillargefäß nach der Seite der Arterien hin, dann findet man, daß nun zu dem ganz unverändert bleibenden Epithelrohr noch Schichten hinzukommen, die von den umgebenden Bindesubstanzelementen geliefert werden. Zuerst bemerkt man eine zarte, wenig differenzierte Umhüllung. Ziemlich gleichzeitig mit ihr tritt unmittelbar unter dem Epithel eine sehr dünne elastische Lamelle auf; zwischen ihr und der äußeren Umhüllung schieben sich vereinzelte, quergestellte, glatte Muskelfasern ein. Damit ist der Anfang der Häute gegeben, die von nun ab das Arterienrohr in seiner ganzen Länge umscheiden, der Tunica intima, media und adventicia[1]. Mit der Zunahme des Kalibers wachsen diese Anfänge immer mehr heran und bilden eine widerstandskräftige Wand, deren Dicke im allgemeinen der Weite des Arterienrohres parallel geht (Abb. 110).

Die unter dem Epithel gelegene Intima verdickt sich und wandelt sich meist zu einer Haut um, die von unregelmäßig stehenden und verschieden großen Löchern durchsetzt ist und eine fibrilläre Längs- und Querstreifung zeigt. Man nennt sie gefensterte Haut (Abb. 50), Membrana fenestrata. Der Blutstrom, der die Arterien durchfließt, hält sie glatt ausgespannt; in leeren Arterien legt sie sich in Längsfalten. Werden die Arterien stärker, dann treten zu der gefensterten Haut noch elastische Netze hinzu, deren Fasern vorwiegend längsgerichtet verlaufen. Die Media nimmt immer mehr Muskelfasern auf, die bald in mehreren Schichten die Arterien umgeben. Die Adventicia wird fibrillär; die Fibrillen bestehen aus leimgebendem Gewebe und verlaufen der Gefäßachse parallel.

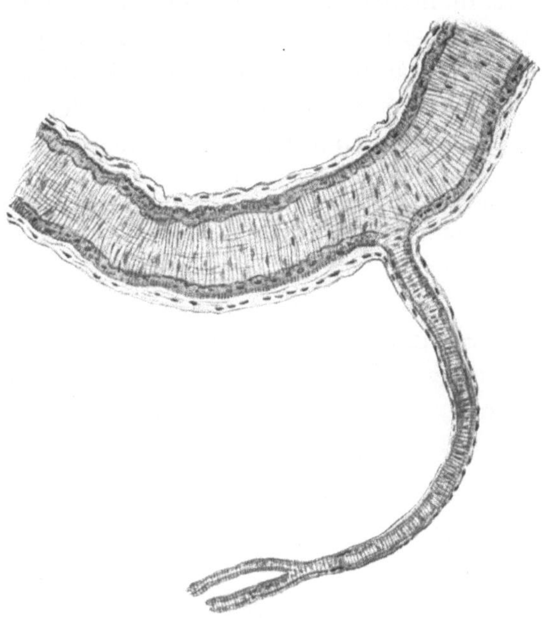

Abb. 110. Arterie aus der Pia mater des Menschen. Schwache Vergrößerung.

In Arterien von mittlerer Stärke nimmt das elastische Gewebe immer mehr zu. Die Intima wird dicker und umgibt auf einem Querschnitt das Arterienrohr in Form eines welligen Bandes, als Ausdruck der Längsfalten, in die sie gelegt ist (Abb. 50). An ihrer Innenseite erscheinen noch Netze feiner elastischer Fasern und dicht unter dem Epithel eine Schicht längsverlaufender kollagener Fasern, die platte Zellen enthält. Von der Intima aus erstrecken sich elastische Netze und Platten durch die Media hindurch und sammeln sich an deren Außenseite zu einer Grenzlamelle. Man kann daher auch mit Bonnet von einer Elastica interna und externa sprechen, die die Muskelhaut zwischen sich einschließen. Die in wenig fibrilläres Bindegewebe eingebetteten Muskelfasern der Media verlaufen nicht mehr alle rein cirkulär, sondern vielfach in schrägen Zügen, an einzelnen Stellen kommen sogar längsgerichtete Fasern vor. Auch die kollagene Adventicia erweist sich von elastischen Netzen durchsetzt und enthält einzelne längsverlaufende Muskelzüge. Man kann also sagen, daß nunmehr das Arterienrohr, abgesehen von der Epithelauskleidung, von einem mehr oder minder weitmaschigen elastischen Gerüst umsponnen wird, das sich an zwei Stellen als Elastica interna und Elastica externa besonders verdichtet und in das einerseits die Muskelelemente der Media, andererseits die Bindegewebselemente der Adventicia eingelagert sind.

In den stärksten Arterien wird das elastische Gewebe immer reichlicher; die

[1] Tunica externa. — Bonnet (1896) bezeichnet das Epithelrohr als Intima und faßt die übrigen Schichten als peritheliale Gefäßwand zusammen. Unter Media versteht er die innere und äußere elastische Schichte nebst der von ihnen eingeschlossenen Muskelschichte. Schiefferdecker (1896) nennt die das Epithelrohr umgebenden Schichten „Accessoria"; für ihre einzelnen Teile behält er die alten Namen bei.

elastische Lamelle der Intima verdoppelt sich, und in der Media wechseln elastische Platten und Netze mit Muskelplatten ab. Am Abgang der allerstärksten Arterien, Aorta und A. pulmonalis, vom Herzen, verdrängt es die beiden anderen Gewebsarten nahezu vollständig, so daß sie im wesentlichen nur aus elastischen Elementen bestehen (Abb. 113).

Im einzelnen schwankt die Beteiligung der drei verschiedenen Bildungselemente, welche am Aufbau des Arterienrohres beteiligt sind, beträchtlich, je nach der Lage und der physiologischen Beanspruchung; so sieht man, daß die Arterien in der Schädelhöhle im ganzen weniger elastische Elemente zeigen, daß sich an den Teilungsstellen der Arterien längsverlaufende Muskelfasern an der inneren Seite der Media finden, daß in manchen Arterien (z. B. A. femoralis) das Muskelgewebe, in anderen (z. B. A. carotis) das elastische Gewebe überwiegt. In den Arterien der kavernösen Körper des Genitalapparates kommen klappenartige Verdickungen der Intima mit Längsmuskeln vor, in kleineren Arterien der Retina besitzt die Media keine Muskeln u. a. m.

Die Elasticität der Arterien nimmt im Alter ab, dieselben verlängern und schlängeln sich und die mikrochemische Reaktion der degenerierenden elastischen Elemente wird eine andere, als in der Jugend. Damit ist der Beginn der in höheren Lebensjahren individuell bald früher, bald später eintretenden Arteriosklerose gegeben.

Venen.

Sie unterscheiden sich von den Arterien in wesentlichen Punkten. Sie sind dünnwandiger und erscheinen auf Durchschnitten gewöhnlich kollabiert, während die Arterien ein klaffendes Lumen zeigen (Abb. 111). Meist enthalten sie in den Präparaten eine größere Menge von Blut, was bei den Arterien nur in geringem Maße

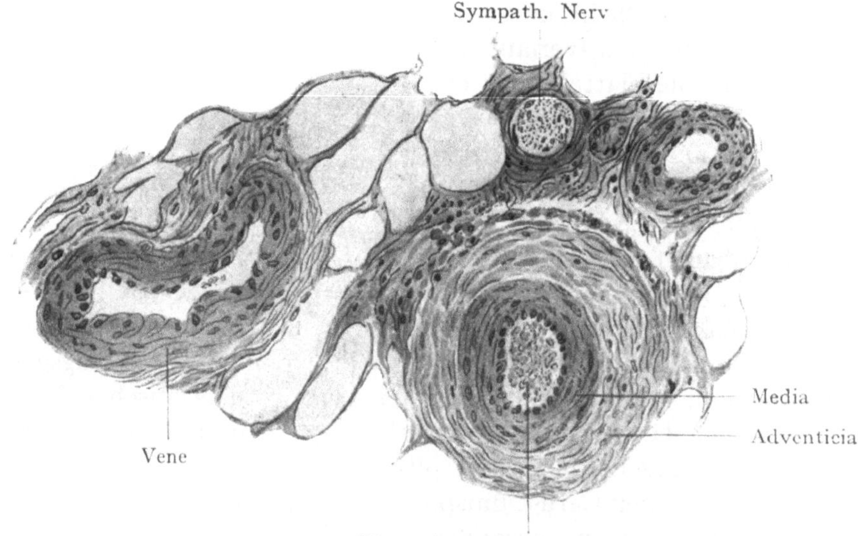

Abb. 111. Kleine Arterie und Vene aus dem Mesocolon des Menschen.

oder gar nicht der Fall ist [1]. Endlich zeichnen sie sich, wie oben schon erwähnt, dadurch aus, daß sie mit Klappen ausgestattet sind. Die Zusammensetzung ihrer Wand ist weniger regelmäßig, wie die der Arterienwand und es zeigt sich die Abhängigkeit des Baues von den Bedürfnissen der physiologischen Funktion noch weit deutlicher

[1] In Abb. 111 ist es zufällig umgekehrt.

als bei den Arterien. Im allgemeinen kann man sagen, daß das kollagene Bindegewebe eine größere Rolle spielt, als bei diesen, während elastisches und Muskelgewebe mehr zurücktreten; auch sind die drei Abteilungen der Wand weniger deutlich voneinander getrennt, wie bei den Arterien.

Die kleinsten Venen unterscheiden sich anfänglich in ihrem Bau nur wenig von den Capillaren, an die sie sich anschließen. Die Zellen ihres Epithelrohres sind weniger stark in die Länge gezogen, wie die der entsprechenden Arterien, ihre Kerne nähern sich mehr der rundlichen Form. Erst ist das Epithelrohr nur von einem undeutlich faserigen kernhaltigen Bindegewebe umgeben, und es dauert länger, bis sich Muskel-

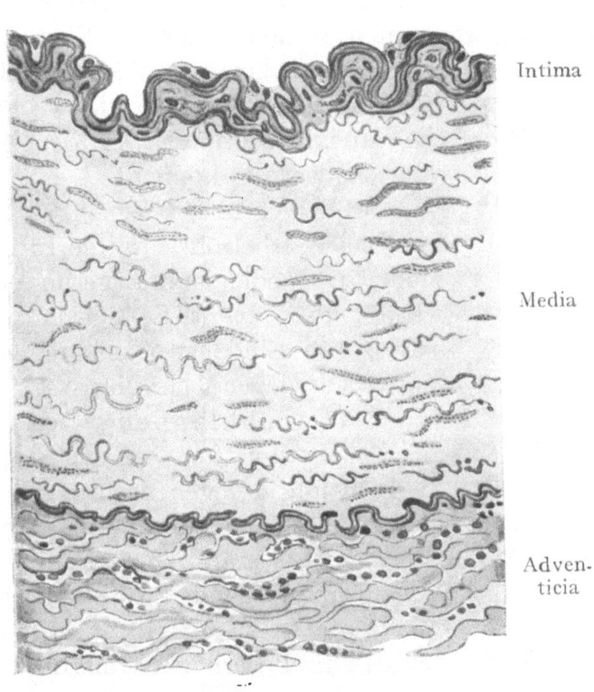

Abb. 112. Querschnitt einer menschlichen Armarterie. Die Media zeigt stäbchenförmige Muskelkerne und geschlängelte elastische Fasern. Die dunklen Punkte in der Adventicia sind Querschnitte elastischer Fasern.

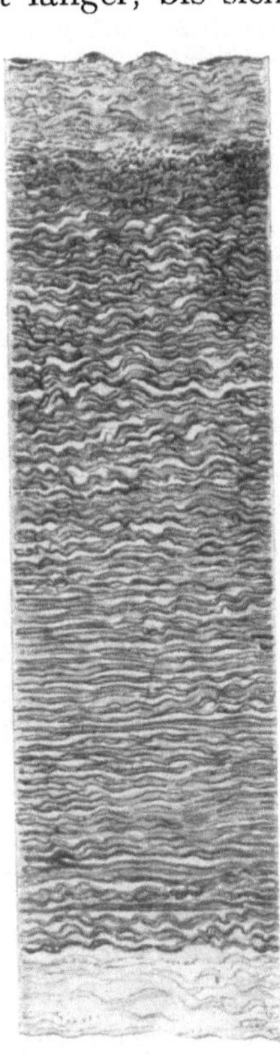

Abb. 113. Querschnitt der Aorta ascendens des Menschen. Muskelfasern fehlen.

zellen einstellen. Diese sind kürzer wie bei den Arterien, auch ist ihr Kern weniger langgestreckt. Zuletzt treten an Stelle der Intima feine elastische Netze auf.

In den Venen mittleren Kalibers sind die Zellen des Epithelrohres von polygonaler Form; ihre Intima ist relativ schwach entwickelt, sie kann sogar nahezu vollständig fehlen. Im allgemeinen besteht sie aus einer streifigen zellhaltigen Bindegewebslage, auf die eine elastische Haut folgt, die jedoch zumeist nur aus elastischen Netzen und nicht aus einer Fenstermembran besteht. In der Media ist der Gehalt an Muskelzellen sehr schwankend, sogar im Umfang einer und derselben Vene. Sie können auch ganz fehlen, so daß nur Bindegewebe und elastische Fasern vorhanden sind (die tiefen in die Vena cava superior mündenden Venen des Stammes, insbesondere die Vv. jugulares interna und externa, die Vv. mammariae internae und die Venen der Schädelhöhle (Henle), die Blutleiter der Dura mater u. a. m.). Die Media anderer Venen enthält cirkuläre Muskelfasern, die durch longitudinale elastische Lamellen und Bindegewebszüge voneinander getrennt werden (Venen der oberen Extremität (Abb. 114), V. facialis und ihre Zweige, Henle); wieder andere besitzen außerdem noch Längsmuskelbündel, die mit ringförmig verlaufenden Bindegewebsbündeln alternieren (z. B. V. azygos, renalis) und endlich kann die Muskulatur nicht nur auf die Media beschränkt sein, sondern noch einerseits auf die Intima, andererseits auf die Adventicia übergreifen, was besonders bei den Venen der unteren Extremität (V. poplitea) der Fall ist. Weitaus die stärkste Muskelentwicklung besitzen die Venen des schwangeren Uterus. Die Adventicia ist stärker als die Media, oft doppelt so dick, sie nimmt im allgemeinen proportional dem Kaliber der Gefäße zu. Ihre Bindegewebsbündel verlaufen keineswegs alle longitudinal, oft gekreuzt oder rein cirkulär. Ihr Gehalt an elastischen Netzen ist nicht bedeutend; die erwähnten von der Media auf sie übertretenden Längsmuskeln finden sich an den Teilungsstellen der Extremitätenvenen, in den Venen der Niere und Nebennieren, in der Vena spermatica; in der letzteren bilden sie eine kompakte Schicht. Es ist ganz auffallend, wie mächtig die Muskelfaserbündel in der Adventicia werden können.

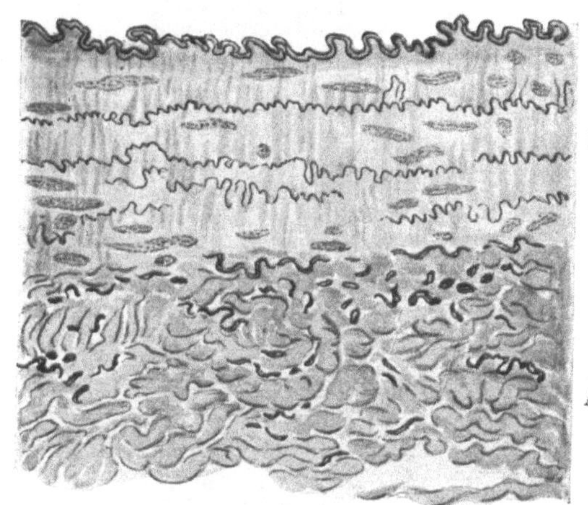

Abb. 114. Armvene des Menschen, mittleren Kalibers. Querschnitt.

In den größten Venen ändert sich das Epithelrohr und die Intima nicht, die Media ist nur gering entwickelt, die Adventicia dagegen sehr stark; ihre Bindegewebsbündel verlaufen vorwiegend cirkulär.

Die Venenklappen setzen sich aus der Intima fort; an der gegen die Lichtung des Venenrohres sehenden Seite zeigen sie eine elastische Faserschichte, an der gegen die Venenwand sehenden Bindegewebszüge, die dem freien Rand der Klappen parallel verlaufen und denen spärliche elastische Fasern beigemischt sind (v. Ebner).

Daß die Arterien und Venen nur Leitungsrohre sind, die das in ihnen cirkulierende Blut nicht oder nur teilweise zur Ernährung ihrer eigenen Wand heranziehen können, wird dadurch bewiesen, daß sie zu diesem Zweck besondere Gefäße (Vasa vasorum) aus ihrer Umgebung erhalten. Dieselben bilden besonders in der Adventicia reiche Capillarnetze, in den Venen mehr, wie in den Arterien. In den Arterien, die ja sauerstoffreiches Blut enthalten, gehen die kleinen Gefäße nur bis in die äußeren Lagen der Media, in den Venen aber bis an die Intima heran.

Lymphgefäße fehlen der Gefäßwand nicht, sie erstrecken sich bis dicht unter das Epithelrohr.

Nerven dringen in alle Häute der Gefäße ein, in denen sie Plexus bilden. Soweit sie vom Sympathicus stammen, sind sie zur Innervation der Muskulatur bestimmt, soweit sie von Spinalnerven abgegeben werden, sind sie sensibel. Auch die Capillaren werden von Nerven umsponnen. Über die Herkunft der zweifellos vorhandenen Vasodilatatoren und Vasokonstriktoren herrscht noch keine Sicherheit der Anschauungen.

Die Auskleidung der Herzhöhlen, das Endocardium, setzt sich aus den großen Gefäßen direkt in sie fort. Das Epithel ist ganz das gleiche, wie in diesen, die unter demselben liegende Schicht stimmt mit der Intima der Gefäße überein. In den Vorhöfen ist das Endokard stärker, als in den Ventrikeln. Unter dem Epithel trifft man zumeist eine Lage kollagenen, zellhaltigen Bindegewebes, dann folgt eine Schicht, die außer diesem zahlreiche elastische Netze und Platten enthält, auch zerstreute Züge von glatten Muskelzellen werden beschrieben. Die Klappen des Herzens besitzen den gleichen Bau, wie das Endocardium. Eigentümlich modifizierte Muskelzellen (Purkinjesche Fäden), die eine gewisse Ähnlichkeit mit den Formen der embryonalen quergestreiften Muskulatur haben, schließen sich bei Huftieren regelmäßig an die äußerste Schicht des Endokards an, beim Menschen sind sie nicht regelmäßig vorhanden. Sie gehören bereits zum Herzmuskel (cf. auch His-Tawarasches Bündel).

d) Lymphgefäße und Lymphknoten.

Lymphgefäße.

Die Lymphgefäße haben die die Gewebe durchfeuchtende Flüssigkeit zu sammeln, etwa so, wie ein System von Drainageröhren das Wasser aus einer feuchten Wiese ableitet. Sie besitzen daher keinen Kreislauf, wie das Blutgefäßsystem, sondern beginnen allenthalben in der Peripherie und ergießen ihren Inhalt schließlich in die größten Venen. So können sie also als blind endende Ausstülpungen des Venensystems aufgefaßt werden. Über ihre Anfänge sind die Meinungen noch geteilt; während die einen annehmen, daß die Lymphgefäße allenthalben geschlossen sind, so daß die Lymphe von außen her nur durch Diffusion in sie gelangen kann, sind die anderen der Ansicht, daß ihre Wurzeln offen sind, um die Flüssigkeit frei einströmen zu lassen. Wahrscheinlich existieren diese sog. Saftlücken aber nicht im lebenden Gewebe; erst wenn die Zellen abgestorben sind, zeigen sich zwischen ihnen und der Grundsubstanz Spalten (Cornea), die also Kunstprodukte sind, oder auch durch die Gewalt etwa eingespritzter Injektionsmassen zustande kommen. Gewiß ist nur, daß bei Fröschen aus dem Pleuraperitonealraum die in ihm enthaltene lymphatische Flüssigkeit durch offene Poren in die Lymphgefäße aufgenommen wird; ob aber die allenthalben in den Geweben vorfindlichen Spalten und die um manche Blutgefäße gelegten sog. perivaskulären Lymphräume in offener Kommunikation mit solchen stehen, ist zum mindesten noch unsicher. Jedenfalls kann man sehen, daß die Lymphgefäße an vielen Stellen mit handschuhfingerartig abgerundeten Enden oder mit sinusartig erweiterten Räumen beginnen. Die zahlreichen sog. Lymphspalten (Schleimbeutel, Sehnenscheiden, vordere Augenkammer, Arachnoidalraum, seröse Höhlen) haben keine direkte Beziehung zum Lymphgefäßsystem. Die besondere Zusammensetzung der in ihnen enthaltenen Flüssigkeiten spricht schon dagegen. (Näheres darüber beim Gefäßsystem und bei den einzelnen Organen.)

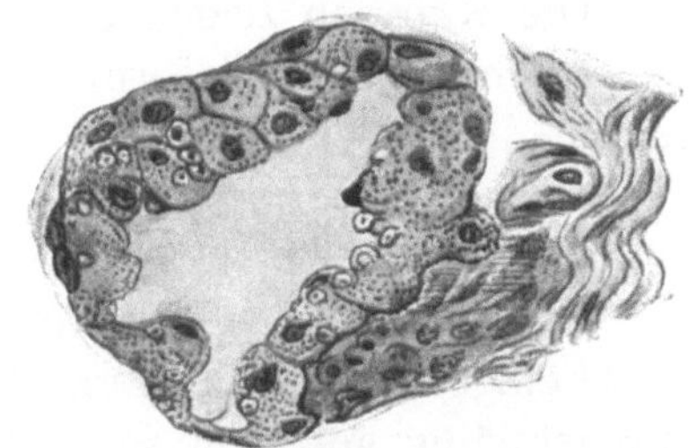

Abb. 115. Kleines Lymphgefäß aus dem Mesenterium des Menschen. Querschnitt.

Die Lymphgefäße schließen sich in ihrem Bau auf das engste an die Blutgefäße an, vielleicht auch in ihrer noch nicht ganz klaren Entwicklung. Das Epithel ist ganz das gleiche, wie das der Blutgefäße. Die feinsten Lymphgefäße (Lymphcapillaren) besitzen, wie die Blutcapillaren, keine andere Wand. Sie sind weiter wie diese, jedoch von ganz unregelmäßigem Kaliber und bilden engere Netze. Die Blutgefäße begleiten sie nicht; an diese schließen sich dagegen vielfach die größeren Lymphgefäße an, welche sogleich mit sehr zahlreichen, dicht stehenden Klappen ausgestattet sind, die an den

Capillaren nie zu finden sind. Sie besitzen eine bindegewebige Intima, die elastische Netze mit längsgerichteten Maschen enthält. Auf sie folgt eine aus cirkulären glatten Muskelfasern bestehende Media mit spärlichen elastischen Fasern. Die Adventicia, die das Rohr nach außen abschließt, besteht aus längsgerichteten Bindegewebsbündeln,

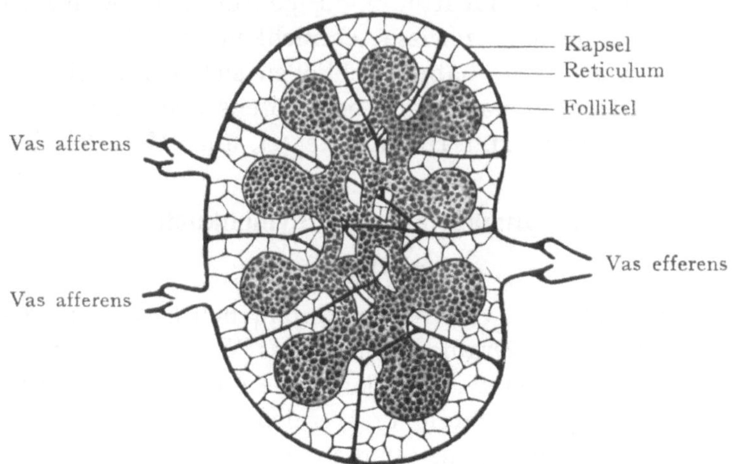

Abb. 116. Schematische Zeichnung des Durchschnittes eines Lymphknotens.

denen ebenfalls längsgerichtete Muskelzellen und elastische Fasern beigemischt sind. Das stärkste Lymphgefäß, der Ductus thoracicus, gleicht in seinem makroskopischen Aussehen ganz einer Vene, unterscheidet sich aber mikroskopisch von einer solchen durch seine relativ starke Ringmuskulatur.

Die Klappen zeigen die gleiche Struktur, wie die der Venen.

Auch die Vasa vasorum und Nerven unterscheiden sich nicht von denen der Blutgefäße.

Lymphknoten (Lymphdrüsen. Nodi lymphares. Lymphoglandulae).

In das Lymphgefäßsystem sind eigentümliche Organe von Hirsekorn- bis Bohnengröße eingeschaltet, die Lymphknoten. Sie können rundlich, bohnenförmig, auch ganz unregelmäßig gestaltet sein. Die zuführenden Lymphgefäße treten an verschiedenen Seiten ein, die abführenden verlassen die Knoten meist an einer leicht eingezogenen Stelle, an der auch die Blutgefäße sowohl ein- wie austreten. Man bezeichnet die Stelle deshalb als Hilus. Die Lymphknoten sind von einer Kapsel aus kollagenem Bindegewebe umhüllt, dem elastische Fasern und glatte Muskelzellen beigemischt sind. Die Kapsel setzt sich ohne Abgrenzung in die Intima der zu- und abführenden Lymphgefäße fort. Von ihr geht ein Netz von Balken oder Trabekeln aus, das den ganzen Knoten durchsetzt und ähnlich wie die Kapsel gebaut ist. Die Hauptmasse der Lymphknoten besteht aber aus adenoider Substanz (s. oben S. 50) (Abb. 42), die im Inneren ebenfalls netzförmig angeordnet ist, unter der Kapsel aber zu rundlichen Knötchen anschwillt. In ihrer Gesamtheit werden letztere als Rinde bezeichnet, während man das Netz im Inneren Mark nennt. In den Knötchen oder Follikeln fallen vielfach rundliche, helle Stellen auf, die ein plumperes weitmaschiges Reticulum zeigen. In ihm liegen weniger leukocytäre Elemente, als im übrigen Follikel; sie besitzen größere Kerne, die sich mit Kernfärbemitteln weniger lebhaft färben, wie die der anderen Lymphocyten. Die ganze Stelle zeigt sich stark durchfeuchtet und steht unter einem gewissen Druck, der die kleineren, dunkler tingierten Zellen in der nächsten Umgebung aneinander drängt. Die auffallendste und wichtigste Erscheinung dieser Stellen ist, daß ganz besonders viele Mitosen den Beweis liefern, daß man es mit Bildungsstätten der Lymphocyten zu tun hat. Dies hat ihnen den Namen Keimcentren eingetragen.

Die Kapsel und die bindegewebigen Trabekeln einerseits, die Lymphknötchen und Netze der adenoiden Substanz anderseits berühren sich nirgends, sie sind vielmehr allenthalben durch Räume getrennt, die nur von dem bindegewebigen Reticulum durchzogen sind. Dieses geht in das der Markstränge und Follikel über und verbindet sich mit den Trabekeln und der Kapsel. In diese Räume ergießen sich die zuführenden Lymphgefäße, und es gehen aus ihnen die abführenden ab; es bewegt sich in ihnen also der Lymphstrom. Dieser kann aus der adenoiden Substanz leicht Lymphocyten mit fortreißen, und man sieht in der Tat stets eine größere oder geringere Menge von ihnen in den Netzmaschen der Lymphbahnen liegen und kann auch konstatieren, daß sie in den Gefäßen, die einen Lymphknoten verlassen, reichlicher sind als in den eintretenden. Außer Lymphocyten findet man in den Räumen der Lymphknoten in geringerer Zahl auch die anderen Formen der farblosen Körperchen, wie sie oben (S. 110) beschrieben wurden.

Mit der Lieferung von leukocytären Elementen in den Lymphstrom und mittelbar in den Blutstrom ist jedoch die Tätigkeit der Lymphknoten noch nicht erschöpft. Eine weitere äußerst wichtige Funktion ist die als Filtrierapparate. Wie bei den Sandfiltern städtischer Wasserwerke fließt die Flüssigkeit zwischen den kleinen Körnchen und Bälkchen durch und setzt dabei die in ihr suspendierten Stoffe ab. Sind diese aber Krankheitserreger, dann macht sich dies durch Schwellung der Knoten bemerkbar und die überaus kräftige Lebenstätigkeit der jungen Lymphocyten versucht nun mit den Eindringlingen fertig zu werden. In vielen Fällen gelingt dies, und dann wird der Krankheitsstoff unschädlich gemacht, in anderen gelingt es nicht, was dann für den ganzen Körper deshalb die ernstesten Folgen haben kann, weil nun die Krankheitserreger in immer höhere Gebiete des Lymphgefäßsystemes und schließlich in die allgemeine Cirkulation gelangen.

Die Blutgefäße der Lymphknoten benützen die Trabekel für ihren Verlauf. Von ihnen aus dringen die feinsten Zweige in die Markstränge ein, in denen sie sich capillar verästeln.

Die Nerven sind wenig zahlreich; sie begleiten die Arterien.

Längs der Vorderseite des Lumbalteiles der Wirbelsäule kommen Lymphknoten vor, deren Räume nicht Lymphe, sondern Blut enthalten (Blutlymphknoten) (Hämolymphdrüsen). Ihr Bau ist mit dem der echten Lymphknoten identisch. Zerstörungsformen der Erythrocyten erweisen, daß solche in ihnen zugrunde gehen, ähnlich wie in der Milz. Ihre Capillaren gestatten nicht ein Durchschlüpfen von roten Blutkörperchen durch die Wand (Diapedese).

Grundzüge der Entwicklungslehre[1].

Die belebte Welt befindet sich sowohl im ganzen, wie in ihren einzelnen Individuen in einem unaufhörlichen Bildungsprozeß.

Die paläontologischen Forschungen haben ergeben, daß in der Frühzeit des organischen Lebens nur einfache Formen existiert haben, denen sich in der Folge immer kompliziertere anreihten. Man darf daraus den Schluß ziehen, daß eine Fortentwicklung in aufsteigender Richtung stattgefunden hat. Diese Beobachtungen werden dadurch gestützt, daß man auch heute noch allenthalben auf Wesen stößt, deren Organisation den Weg erkennen läßt, auf dem der Fortschritt vor sich ging. Die fortschreitende Entwicklung der Tier- und Pflanzenstämme bezeichnet man als Phylogenie (*φῦλον* Stamm, Sippe; *γενεά* Abkömmling). In einem gewissen Gegensatz zur Stammesentwicklung steht die Entwicklung der Einzelindividuen, welche man Ontogenie (*ὄντος*, das Wesen) benennt. Da sich aber die Stämme aus Einzelindividuen zusammensetzen, stehen natürlich doch Phylogenie und Ontogenie in unlösbarem Zusammenhang und man begegnet auch in letzterer vielfach den Spuren der ersteren in der Art, daß gewisse Stufen der Organisation niederer stehender Wesen in den embryonalen Stadien höher stehender mehr oder weniger deutlich wiederkehren. Es wäre aber sehr fehlerhaft, wenn man annehmen wollte, daß in einem gegebenen Augenblick der Entwicklung eines Tieres seine Organisation dem fertigen Zustand eines anderen niederer stehenden völlig entspräche, daß also z. B. ein menschlicher Embryo einem Fisch oder einem Amphibium gliche; daran ist nicht zu denken. Die Wiederholung der phylogenetischen Entwicklung erfolgt im Einzelindividuum nur in den großen Zügen, stark abgekürzt, unvollständig und oft verwischt, indem zumeist nur das zur Anlage kommt, was im gegebenen Fall noch verwendbar ist. Ein menschlicher Embryo ist in jedem Augenblick seines Werdens ein Mensch.

Bei den Umformungsvorgängen in der ganzen Tierreihe spielen zwei Dinge eine ausschlaggebende Rolle, das konservative Prinzip der Vererbung und das fortschrittliche der Variation in ihren verschiedenen Erscheinungsarten. Ersteres ist bestrebt, in den Nachkommen die elterliche Organisation festzuhalten, letzteres sucht umgekehrt

[1] Der obige Titel soll anzeigen, daß beabsichtigt wird, in folgendem nur diejenigen entwicklungsgeschichtlichen Tatsachen zu geben, die für das Verständnis der Anatomie und der Mißbildungen des menschlichen Körpers unumgänglich nötig sind. Eine erschöpfende Darstellung findet man im „Handbuch der vergleichenden und experimentellen Entwicklungslehre" herausgegeben von O. Hertwig, sowie im „Handbuch der Entwicklungsgeschichte des Menschen" herausgegeben von F. Keibel und F. P. Mall 1910/11; kürzere in den „Elementen der Entwicklungslehre" von O. Hertwig, im „Lehrbuch der Entwicklungsgeschichte" von R. Bonnet, im gleichbetitelten Werk von Corning und von Broman (Grundriß der Entwicklungsgeschichte), J. Broman, „Normale und abnormale Entwicklung des Menschen", berücksichtigt, wie der Titel sagt, auch die Pathologie der Entwicklung. Diese Schriften wurden auch vielfach bei der Abfassung der folgenden Seiten benützt.

Veränderungen herbeizuführen. So lange eine Tierart unter äußeren und inneren Bedingungen lebt, die ihr in jeder Weise zusagen, sind Gründe, die zu einer gewichtigen Änderung ihrer Organisation führen könnten, nicht vorhanden und es vererbt sich ihr Bau unverändert von Generation zu Generation fort, wennschon die den Lebewesen innewohnende Variationskraft niemals gänzlich ruht und bewirkt, daß ein Individuum dem anderen derselben Art niemals in allen Stücken ganz genau gleicht. Ändern sich aber die Lebensbedingungen so weit, daß sie in irgend einer Weise bedrohlich werden, dann müssen sich ihnen die Tierarten durch Entfaltung und energische Betätigung ihrer Variationsfähigkeit so weit anpassen, daß ihre Existenzmöglichkeit erhalten bleibt, oder sie sind dem Untergang verfallen. Der Untergang erfolgt jedoch nicht plötzlich, sondern die Tierstämme „altern" erst, indem sie erworbene Eigenschaften, die anfänglich vielleicht durchaus zweckmäßig waren, in einseitiger Weise fortbilden, bis sie endlich im Existenzkampf unterliegen und aussterben. Je weniger also die Organisation nach einer ganz bestimmten Richtung festgelegt ist, um so besser sind die Aussichten für ein Erhaltenbleiben des Tierstammes; in vielen Teilen seiner Organisation befindet sich der Mensch in dieser günstigen Lage, nur das Centralnervensystem macht durch seine besonders hohe Ausbildung eine bemerkenswerte Ausnahme und gerade dies sichert die überragende Stellung, die er in der Tierwelt einnimmt.

Zu den Umwandlungen der Tierstämme im ganzen liefert die Einzelentwicklung jedes Individuums ihren Beitrag in der Art, daß bei ihm die Betätigung der vorhandenen Variationskraft kleine Änderungen bewirkt. Diese summieren sich gegebenenfalls in den aufeinanderfolgenden Generationen und geben dadurch schließlich einen beträchtlichen Ausschlag. Die Individuen aber, die die zweckmäßigsten Variationen zeigen, werden sich beim Existenzkampf am besten bewähren und werden am leichtesten zur Fortpflanzung und damit zur Vererbung der gewonnenen Veränderungen kommen. Daß Modifikationen der Organisation, die postfetal erworben wurden, auf die Nachkommen übertragbar sind, hat gewisse Wahrscheinlichkeit für sich, wenn es auch oft als zweifelhaft bezeichnet wird.

Wie erwähnt, begegnet man in der Ontogenie vielfach Spuren der Umbildungsvorgänge, die während der phylogenetischen Entwicklung stattgefunden haben. Organe werden gelegentlich in alter Weise angelegt, obwohl sie ihren ursprünglichen Zwecken nicht mehr dienen können. Sie verhalten sich in der Folge verschieden. Entweder finden sie eine von der früheren Art abweichende Verwendung, sie erleiden einen Funktionswechsel (z. B. Teile des Respirationsapparates, des Urogenitalapparates) oder sie kommen überhaupt nicht mehr dazu, eine erkennbare Funktion zu übernehmen, sie bleiben rudimentär (z. B. Jacobsonsches Organ). Trotzdem hält aber der Organismus meist sehr zähe an ihrer Anlage fest. Sie zeigen eine große Neigung zu erkranken, was sie für den Arzt besonders beachtenswert macht. Bedeutungslos können sie nicht sein, sonst würden sie nicht immer wieder gebildet werden. Man hat in neuerer Zeit sich bemüht ihre Funktionen zu erkennen, was aber meist sehr große Schwierigkeiten macht (cf. Peter).

Im Laufe der Entwicklung treten gar nicht selten Störungen auf, die zu Entwicklungsfehlern führen; ihre Beschreibung bildet den Gegenstand der Teratologie (τεράς, Wunderbildung, Mißbildung). Sie können das Leben des Embryo bedrohen, selbst vernichten, sie können aber auch weniger schwer sein, so daß sie einem Heranwachsen und Altwerden des Individuums kein Hindernis in den Weg legen. Auch sie führen oft zu ärztlichen, besonders zu operativen Eingriffen.

I. Geschlechtszellen.

Die Fortpflanzung geschieht bei den niedersten einzelligen Lebewesen in der Art, daß sie sich mitotisch oder amitotisch teilen. Aus dem Erzeuger entstehen also zwei Nachkommen halber Größe, welche dann wieder zur Größe des ursprünglichen Wesens heranwachsen; hierbei bleibt also kein elterlicher Organismus übrig. Bei anderen Protozoen geschieht die Fortpflanzung in der Art, daß sich von einem größeren Teil ein kleinerer abschnürt (Knospung, Sprossung), so daß man hier von dem Erhaltenbleiben eines Mutterorganismus sprechen kann. Es gibt auch mehrzellige Organismen, bei denen sich Teile spontan ablösen oder künstlich abgetrennt werden können, die die Fähigkeit haben, zu einem Vollorganismus heranzuwachsen. In der Regel lösen sich aber nicht Zellkomplexe, sondern nur einzelne dazu bestimmte Zellen vom elterlichen Organismus ab, die dann heranwachsen (Sporenbildung).

Die Teilung geht eine Zeitlang ungestört weiter, dann kommt aber, wie es scheint, überall (R. Hertwig, Schaudinn), ein Moment, in dem, im direkten Gegensatz zur Teilung, zwei Individuen zusammentreten und sich zu einem einzigen vereinigen (Kopulation). Die Kopulation wirkt verjüngend und es gewinnt durch sie das neu entstandene Wesen frische Kraft zu den nun wieder aufs neue einsetzenden Teilungen.

Bei den höher organisierten Tieren findet man, daß diese Verbindung zweier Generationszellen zu einer einzigen, die dann in die Entwicklung eintritt, die Regel wird, wenn es auch allerdings bei ihnen, und zwar bei wirbellosen Tieren, nicht ganz an Fällen fehlt, in welchen eine solche Vereinigung für eine Anzahl von Generationen vorhält (Parthenogenesis). Die beiden Fortpflanzungszellen sind nicht gleichartig, sondern von verschiedenem Bau und werden als Eizelle, Ovium und Samenzelle, Spermium[1] bezeichnet. Nur bei niederen Organismen entstehen sie zerstreut im Körper, schon frühe ist ihre Ausbildung auf besondere Drüsen beschränkt. Bei gewissen Arten bringt ein Individuum die beiden Formen von Generationszellen hervor (Hermaphroditen), bei den meisten aber bildet je ein Individuum nur die eine der beiden Formen (Gonochoristen (*γόνος*, die Brut, *χωριστός* getrennt), wonach man die Träger der Eier als weibliche, die der Spermien als männliche unterscheidet. Die Geschlechtsdrüsen üben auf den Gesamtorganismus einen so tiefgehenden Einfluß aus, daß sich die beiden Geschlechter bei einer sehr großen Menge von Arten, ebenso wie beim Menschen, schon durch den äußeren Habitus voneinander unterscheiden (sekundäre Geschlechtscharaktere).

a) Samenzelle.

Die Samenelemente entstehen in der Hodendrüse, Testis. In ihren Kanälchen kann man schon bei Neugeborenen lange und runde Zellen unterscheiden. Beim geschlechtsreifen Manne wandeln sich nur die runden zu Spermien um, während die langen lediglich eine nutritive Bedeutung für erstere besitzen. Die zunächst der Kanälchenwand liegenden Rundzellen werden als Spermatogonien bezeichnet (Abb. 117); sie teilen sich mitotisch und ihre Tochterzellen rücken in das Innere der

[1] Spermatosoma, Samenkörper, Spermatozoon, Samentierchen. Der Name rührt daher, weil der erste Beobachter Leeuwenhoek (1677) sie ihrer Beweglichkeit wegen für Parasiten hielt, welche dem Samen beigemischt sind.

Kanälchen vor, wobei sie sich vergrößern; sie heißen nun Spermatocyten. Auch sie teilen sich wieder und bilden dadurch die noch weiter nach dem Kanälchenlumen hin liegenden Präspermatiden. Die letzte Generation stellt die Spermatiden dar. Dieselben entstehen in einer Zahl von je vier durch zwei rasch hintereinander folgende Teilungen der Präspermatiden, wobei jedoch die sonst bei der mitotischen Teilung gewöhnliche Längsspaltung der Chromatinschleifen ausbleibt, so daß in jedem Spermatiden nur die Hälfte von ihnen vorhanden ist. Die Spermatiden lagern sich nun in die Köpfe der langen Zellen ein und erhalten von diesen ihre Ernährung, die sie befähigt, sich zu Spermien umzuwandeln. Zuerst rückt der in der Mitte der Zelle liegende Kern an ihre der langen oder Fußzelle zugekehrte Oberfläche, wobei er kleiner und dichter (pyknotisch) wird; eine Struktur ist nicht mehr zu erkennen. Im Cytoplasma finden sich zwei Centriolen, die dem Kern gegenüber dicht am Rand der Zelle liegen (Abb. 118a). Von dem ganz an der Peripherie liegenden distalen Centriol wächst ein Fädchen aus, welches sich in der Folge zum Schwanz des Spermiums ausbildet (a). Das nach innen davon liegende proximale Centriol wird stäbchenförmig (b). Beide rücken nun nach dem Kern hin, mit dem sich das proximale eng verbindet (c). Das distale wird konisch (d) und zerfällt in ein kernwärts gelegenes Knöpfchen und einen distalen Ring, der den Schwanzfaden umfaßt (e) und an ihm nun wieder bis zur äußersten Peripherie der Zelle hingleitet (f). Damit sind im wesentlichen die Anlagen vorhanden, die für die weitere Ausbildung der einzelnen Teile des Spermiums nötig sind.

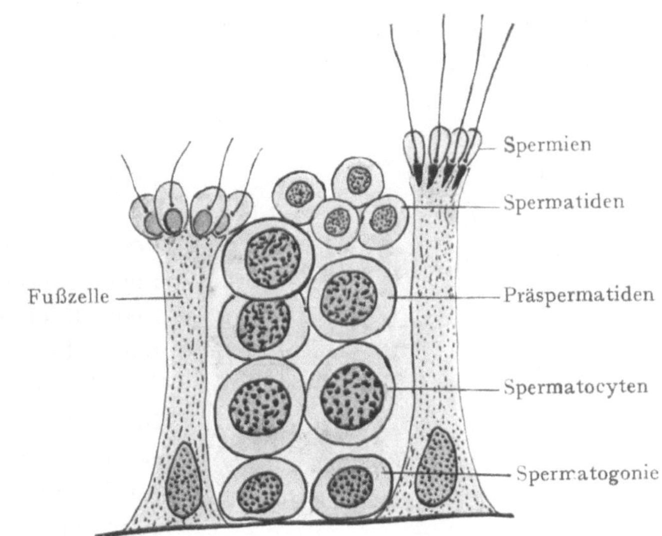

Abb. 117. Schema der Spermienbildung.

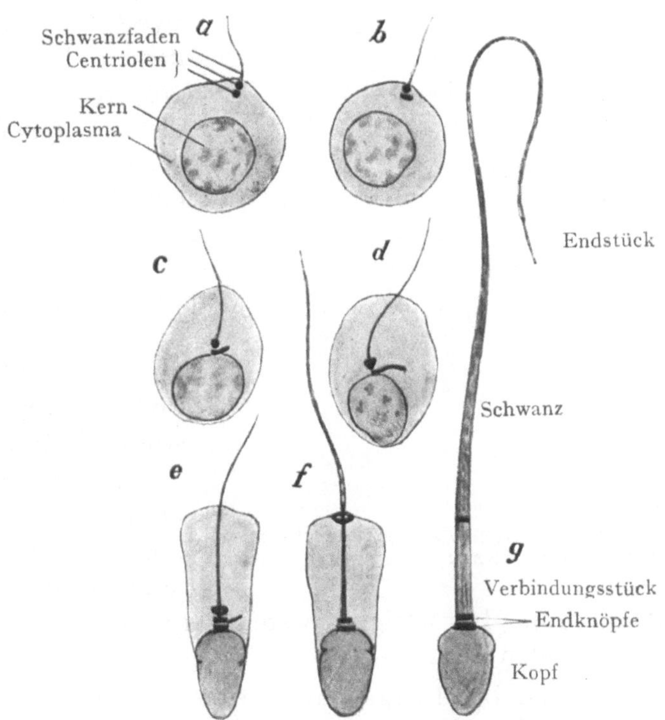

Abb. 118. Bildung der menschlichen Spermien (Szymonowicz 1909).

In den Zellen, welche sich zu Spermien umwandeln, wurden bei verschiedenen Tieren spezielle

Strukturen beobachtet. 1. Eine kapselartige Hülle um das Centrosoma; in Verbindung mit der davon ausgehenden Protoplasmastrahlung wird es als Idiozoma (ἴδιος eigen; ζῶμα Gürtel) (Meves) bezeichnet. 2. Sog. Nebenkerne, welche aus Mitochondrien bestehen. 3. Kleine Körperchen und Körner verschiedener, zum Teil noch unbekannter Bedeutung im Cytoplasma und Kern.

Ein fertiges Spermium (g) besteht aus Kopf, Hals, Verbindungsstück und Schwanz (Abb. 118).

Der Kopf ist in der Hauptsache der umgewandelte Kern der Spermatide. Derselbe hat sich noch weiter verkleinert und verdichtet und hat eine für die Tierart spezifische Form angenommen. Er kann kolbenförmig, korkzieherartig, scheiben-, löffel-, säbelartig und noch anders gestaltet sein. Der Kopf der menschlichen Spermien besitzt die Form einer nach der Basis zu verdickten ovalen Scheibe. Die Verschiedenheit der Formen weist darauf hin, daß auch der innere Bau bei den verschiedenen Tierarten ein verschiedener sein muß, und erklärt es, daß nur bei einander sehr nahe stehenden Spezies mit ganz ähnlich geformten Spermien und nahe verwandter molekularer Zusammensetzung ihrer lebenden Substanz eine wirksame Befruchtung stattfinden kann. Der Kopf wird in seiner vorderen größeren Hälfte von der Kopfkappe gedeckt, die am freien Rand eine schneidende Kante besitzt, um das Eindringen des Spermiums in das Ei zu erleichtern. Bei manchen Tieren zieht sie sich in einen spießartigen Fortsatz (Perforatorium) aus. Die Form der Spermien variiert so enorm, daß man an ihnen die Tierspezies vielfach diagnostizieren kann. Der hintere, nicht von der Kopfkappe überzogene Teil des Kopfes färbt sich mit basischen Farbstoffen stärker als der vordere.

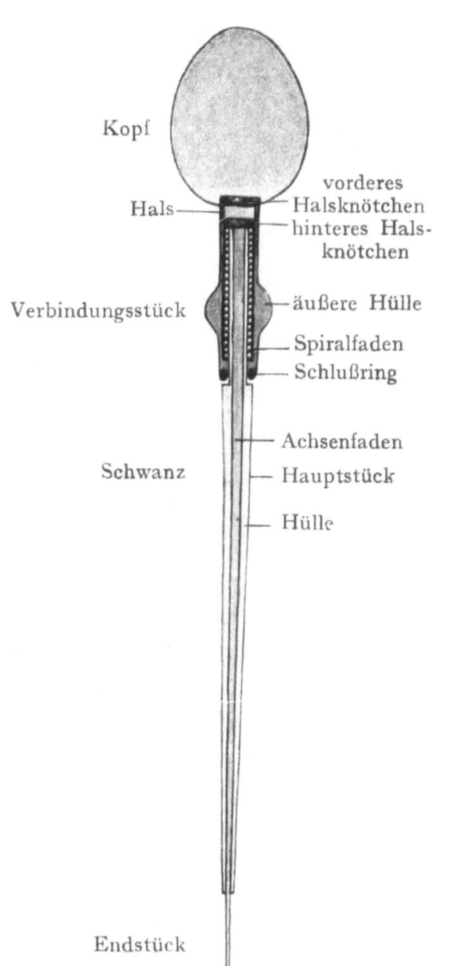

Abb. 119. Schema eines menschlichen Spermiums (Szymonowicz 1909).

Der Hals ist mit dem Kopfe nur locker verbunden; er enthält das diesem letzteren unmittelbar anliegende proximale Centriol, jetzt als vorderes Halsknötchen bezeichnet (Abb. 119). Im übrigen besteht er aus einer homogenen, dem Protoplasma zuzurechnenden Masse.

Das Verbindungsstück ist die Strecke zwischen den beiden Teilen des distalen Centriols. Der kopfwärts gelegene Teil wird hinteres Halsknötchen genannt, von ihm geht nach wie vor der Anfang des Schwanzes aus. Der schwanzwärts gelegene Teil des Centriols bildet noch immer einen Ring, Schlußring, der den Schwanz am Ende des Verbindungsstückes umschließt. Zwischen hinterem Halsknötchen und Schlußring erstreckt sich eine Röhre, die den Anfang des Schwanzes enthält. Das Cytoplasma, aus dem sie besteht, enthält in seinem peripherischen Teil (äußere Hülle) Mitochondrien, während sich nach innen aus ihm ein Spiralfaden differenziert, der den Beginn des Schwanzfadens in engen Windungen umkreist (Abb. 118).

Der Schwanz ist 41—52 μ lang (Krause); er besteht aus einem Achsenfaden, der in dem größten Teil seiner Länge von einer zarten Hülle umgeben ist (Hauptstück). Diese soll sich nach Meves kopfwärts durch das ganze Verbindungsstück fortsetzen (innere Hülle des Verbindungsstückes). Distal hört die Hülle vor dem Ende des Schwanzfadens auf; das kurze Endstück ist nackt. Bei Urodelenspermien beobachtet man eine undulierende Membran, die der Länge nach an der Hülle des Schwanzes befestigt ist; sie führt am lebenden Spermium wellenförmige Bewegungen aus. Ob sie auch dem menschlichen Spermium zukommt, ist fraglich.

Die Kompliziertheit des Baues der Spermien hängt damit zusammen, daß sie dazu bestimmt sind, das Ei aufzusuchen und in dasselbe einzudringen. Sie haben zu diesem Zweck sehr energische und kräftige Bewegungen auszuführen, die jedoch erst im fertigen Samen beginnen und in den weiblichen Genitalien, in die sie durch die Begattung eingeführt werden, am lebhaftesten werden. Der komplizierte Bau verschuldet es, daß man nicht selten Mißbildungen begegnet; so findet man Riesen- und Zwergspermien, doppelt- und mehrschwänzige, auch zweiköpfige wurden beschrieben (Broman 1902). Ob solche Formen zur Befruchtung tauglich sind, ist nicht festgestellt.

Aus der Beschreibung des Baues und der Entwicklung der Spermien erkennt man, daß alle wesentlichen Bestandteile der Zelle in ihnen, wenn auch in reduzierter Form, enthalten sind.

Der erheblichen Kleinheit der menschlichen Spermien wegen sind die Einzelheiten ihres Baues nur schwer zu sehen und man verwendet zum Studium mit Nutzen größere Spermien, z. B. die von Amphibien.

Die Lebensdauer der ejakulierten Spermien ist je nach der Spezies der Wirbeltiere eine sehr verschiedene, sie schwankt zwischen einigen Minuten und mehreren Monaten (Fledermaus). Menschliche Spermien können sich in den weiblichen Genitalien jedenfalls länger als eine Woche lebend und befruchtungsfähig erhalten.

Die Köpfe der Spermien besitzen einen hohen Kalkgehalt, weshalb sie selbst nach dem Glühen ihre Form behalten. Sie halten sich auch in eingetrockneten Spermaflecken lange unverändert, so daß dort ihr Nachweis gelingt. Dies kann in forensischen Fällen bei Notzuchtsdelikten von Bedeutung sein.

Sperma. Der ejakulierte männliche Samen, Sperma, der zum Zweck der Befruchtung in die weiblichen Genitalien eingeführt wird, ist eine Flüssigkeit von milchiger Farbe, von dünn-gallertartiger Konsistenz und von eigentümlichem Geruch. Er besitzt eine komplizierte Zusammensetzung, indem er außer den allein wirksamen Spermien aus einer Reihe von Sekreten besteht, die den Samenelementen auf ihrem Weg bis zur Ejakulation beigemischt werden. Schon im Lumen der Hodenkanälchen sind die Spermien in einer eiweißhaltigen Flüssigkeit suspendiert, die sie in den Nebenhodenkanal begleitet; dieser liefert ein weiteres Sekret. Dann wird das Sekret der Ampulle des Ductus deferens und der Samenbläschen beigemischt, ferner dasjenige der Prostata, endlich noch das Sekret der Glandulae bulbourethrales. Von geformten Bestandteilen findet man im Samen außer den Spermien noch Leukocyten, rundliche Zellen unbestimmter Herkunft und mehr oder weniger veränderte Epithelzellen der Samenwege; auch Eiweiß-, Fett-, Pigmentkörnern und Amyloidkörpern begegnet man. Wird ejakulierter Samen kalt, dann bilden sich in ihm Kristalle von prismatischer, doppelt pyramidenförmiger oder sternförmiger Gestalt.

Unwirksames Sperma, d. h. solches, das gar keine oder nur wenige und verkrüppelte Spermien enthält, unterscheidet sich für Gesicht und Geruch meist gar nicht von wirksamem, da es die Sekrete der Samenwege in gleicher Menge und Mischung enthält wie wirksames. Erst die mikroskopische Untersuchung ergibt das Fehlen usw. der Spermien.

b) Eizelle.

Der in die Entwicklung eintretende weibliche Keim besteht, wie der männliche, aus einer einzigen Zelle mit allen Attributen einer solchen. Es zeigen jedoch die Eier in der Tierreihe eine sehr verschiedene Erscheinungsform, je nachdem sie bestimmt sind, sich im mütterlichen Organismus zu entwickeln, oder je nachdem sie in das Wasser, in die Erde oder in die freie Luft abgelegt werden. Besonders wichtig ist die Frage, wie sich die Ernährungsbedingungen für die sich entwickelnde Eizelle gestalten. Davon hängt ihre Größe bzw. ihr Gehalt an Dotter ab (cf. unten). Eine Hülle besitzen sie fast sämtlich; dieselbe ist aber, je nach den Umständen, in die die Eier während ihrer Entwicklungszeit kommen, sehr verschieden ausgebildet. Sie kann einfach oder mehrfach sein, sie kann gallertartig, hornartig, mit Mineralsubstanzen imprägniert sein. Nach der Art der Hüllen und nach dem Ort, an dem sich die Eier entwickeln, beziehen sie die für ihre Weiterbildung nötigen Nahrungsstoffe von außen her, oder es ist dies nicht möglich. In ersterem Fall bekommen sie nur das für die erste Zeit nötige Nahrungsmaterial mit auf den Weg, in letzterem muß ihnen von Anfang an alles mitgegeben sein, was sie bis zur Ausbildung des fertigen Tieres nötig haben. Als Beispiel eines einfach gebauten Eies kann das menschliche angeführt werden (Abb. 120), als Beispiel eines kompliziert gebauten das Hühnerei (Abb. 121). In ersterem ist nur eine geringe Menge von Nährsubstanz dem Keim beigemischt. Die Eizelle wird von einer kapselartigen Hülle, (dem **Oolemma**), umgeben. Das Hühnerei besteht, wie jedermann bekannt ist, aus dem gelben Dotter, dem Eiweiß und der Schale. Nur der Dotter ist die eigentliche Eizelle und in ihr wieder ist nur eine kleine runde Scheibe von weißlicher Farbe, Hahnentritt oder Narbe (**Cicatricula**) genannt, der eigentliche

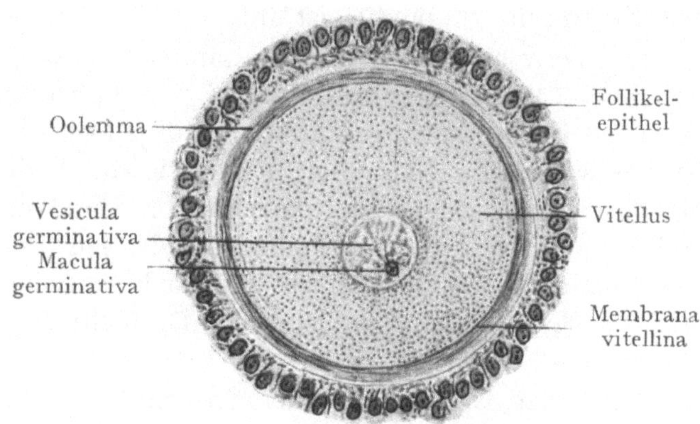

Abb. 120. Fast reifes Ei aus dem menschlichen Eierstock.

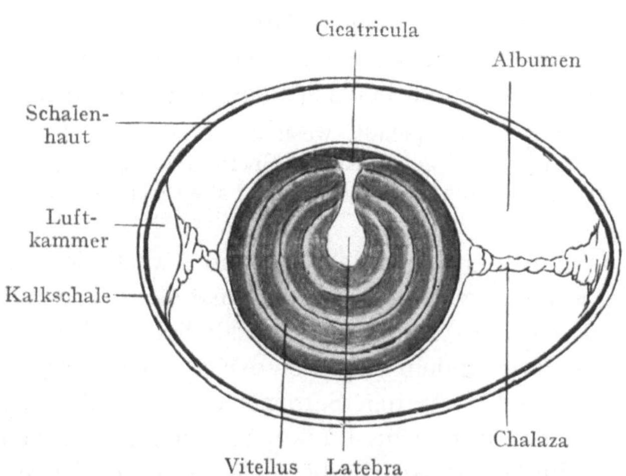

Abb. 121. Schematischer Längsschnitt eines Hühnereies. Mit Benutzung zweier Figuren von Duval (1889).

Keim. Sie liegt bei jeder beliebigen Stellung des ganzen Eies immer auf der Oberseite des Dotters, weil sie spezifisch am leichtesten ist. Die ganze übrige Eizelle besteht zum größten Teil aus Nahrungsmaterial, Dotterkügelchen, die durch spärliches Protoplasma zusammengehalten werden. Von der Narbe aus dringt ein keulenförmiger Zapfen weißer Dottersubstanz (Latebra, Schlupfwinkel) in den gelben Dotter (Vitellus) vor. Dieser letztere besteht aus zwiebelartig um die Latebra gelegten Schichten. Das Ganze wird von einer zarten Eimembran zusammengehalten; verletzt man sie, dann fließt der Dotter aus.

Die übrigen Teile des Hühnereies gehören der Eizelle nicht mehr an, sie werden vom Eileiter geliefert; zuerst das Eiweiß (Albumen). Dasselbe umgibt den Dotter in mehreren Schichten und enthält zwei aus etwas festerer Substanz bestehende, spiralig gewundene Stränge, die Hagelschnüre, Chalazae (χάλαξα Hagelkorn, da sie einer Reihe von durchsichtigen Hagelkörnern gleichen), die sich vom Dotter nach den beiden Eipolen erstrecken; sie stellen eine Art Aufhängevorrichtung für den Dotter dar.

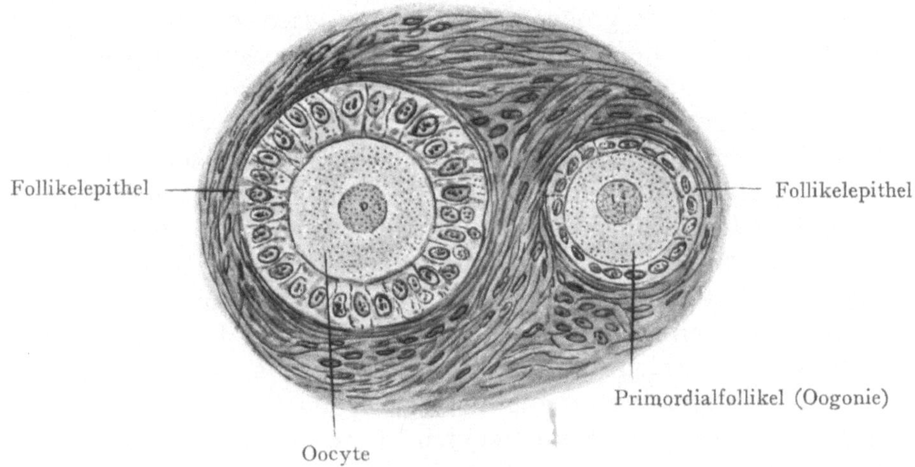

Abb. 122. Oogonie und Oocyte aus dem Eierstock eines siebenjährigen Mädchens.

Nach außen vom Eiweiß folgt die dünne, aber feste, faserig gebaute Schalenhaut. Sie besteht aus zwei Blättern, welche am stumpfen Eipol auseinanderweichen, um einen linsenförmigen Raum, die Luftkammer, zu umschließen, dazu bestimmt, dem Ei Sauerstoff zuzuführen, das einzige, was es während seiner Entwicklung von außen beziehen kann. Zuletzt folgt die poröse Kalkschale.

Je größer bei einem hartschaligen Ei das ausgeschlüpfte Tier ist, um so massenhafter muß natürlich die ihm mitgegebene Nahrungssubstanz sein, weshalb auch ein Straußenei so außerordentlich viel größer ist als das eines Sperlings. Der zum Aufbau des Tieres verwendete eigentliche Keim wächst keineswegs in der gleichen Proportion.

Der so verschiedene Bau der Eier und außerdem noch gewisse Nachlässigkeiten und Inkonsequenzen haben es verschuldet, daß man mit dem Namen Ei, Ovum, durchaus ungleichwertige Dinge bezeichnet und zwar 1. unreife Vorstufen der Eizellen, 2. die reifen, zur Befruchtung geeigneten Eizellen, 3. die nach außen abgelegten Eier mit allen Hüllen und mitgegebenen Nährstoffen, gleichgültig, ob sie schon in die Entwicklung eingetreten sind oder nicht, 4. sogar den im Uterus befindlichen, von seinen Hüllen umschlossenen menschlichen Embryo. Waldeyer schlägt deshalb vor, die eigentliche zur Befruchtung reife Eizelle mit dem Namen Ovium (ᾤιον Ei, statt des gewöhnlichen ᾠόν) zu belegen, während man die unreifen Eier als Voreier bezeichnen könne. Der gewöhnliche Name Ovum könnte den nach außen abgelagerten Eiern mit allen ihren Hüllen verbleiben, der im Uterus sich entwickelnde Embryo mit seinen Hüllen soll Fruchtblase heißen.

Bei der embryonalen Anlage des menschlichen Eierstockes wachsen von dem die Ureier enthaltenden Keimepithel der Oberfläche aus Zellenstränge in das Stroma des Organs hinein; dort werden sie durch einwucherndes Bindegewebe in einzelne Abteilungen zerlegt, in denen je eine Zelle, das Urei, stark heranwächst, während die anderen kleiner bleiben und das Urei als Epithelschicht umgeben. Vor dieser Durchschnürung machen die Ureier zahlreiche mitotische Teilungen durch. Die Eianlage und ihr Epithel bilden zusammen den Eifollikel. Das Entwicklungsstadium, in dem sich die Eizellen jetzt befinden (Primordialfollikel) entspricht dem der Spermatogonien, sie können daher Oogonien heißen (Abb. 122). In diesem Stadium bleiben nun viele Follikel vorerst stehen, und zwar oft viele Jahre lang. Doch begegnet man auch in kindlichen Eierstöcken solchen, die bereits in die weitere Entwicklung eingetreten sind, ohne jedoch zu vollständiger Reife zu gelangen, was erst nach dem Eintritt der Pubertät geschieht. Die Fortbildung verläuft in der Art, daß die Eizellen solcher Follikel allmählich zu größeren Zellen heranwachsen, den Oocyten, jedoch ohne sich zu teilen, was bei dem entsprechenden Stadium der Samenelemente der Fall ist. Der Follikel wächst auch im ganzen immer mehr heran, bis er endlich über die Oberfläche des Ovariums prominiert.

Die zur Ausstoßung reife Eizelle ist nach wie vor ein Oocyt und unterscheidet sich daher auch prinzipiell in keiner Weise von anderen Zellen, nur hat man für die einzelnen Teile besondere Namen eingeführt (Abb. 120), die aus der Zeit vor der Begründung der Zellenlehre stammen, durch die erst gemeinsame Bezeichnungen für alle Zellen üblich wurde. Den Kern bezeichnet man als Keimbläschen (Vesicula germinativa), das Kernkörperchen als Keimfleck (Macula germinativa), das Cytoplasma wird von vielen Autoren Dotter, Vitellus, genannt, die Zellmembran Dotterhaut, Membrana vitellina, die Kapsel des Centriols und seine Sphärenstrahlung heißt, wie bei den Spermatocyten, Idiozoma (Meves).

Die menschliche Eizelle hat nun ihre definitive Größe mit einem Durchmesser von 0,22—0,32 mm erreicht. Sie ist von rein kugeliger Form und so durchsichtig, daß man am lebenden Objekt die Einzelheiten im Inneren sehr wohl erkennen kann. Das Cytoplasma ist in zwei Schichten gelagert, von denen die peripherische durchsichtiger, die centrale trüber erscheint. Die erstere ist feinkörnig, sie besteht im wesentlichen aus keimfähigem Protoplasma, das man auch als Ooplasma (Bildungsdotter) bezeichnet. Die letztere besteht im wesentlichen aus einer Aufspeicherung von Nähr- und Reservestoffen, dem Dotter (Nahrungsdotter, Deuteroplasma) im eigentlichen Sinn. Man findet in ihm größere und kleinere Krümel und Plättchen, teils stark lichtbrechend, teils mattglänzend, welche aus Eiweißsubstanzen, Fett u. a. bestehen. Der Kern, das Keimbläschen, ist aus dem Centrum der Zelle in die peripherische Zone vorgerückt, es ist kugelig und von relativ bedeutender Größe. In frischem Zustand ist es scheinbar homogen, in gehärtetem kann man in seinem Inneren durch Färbung ein spärliches Chromatingerüst sichtbar machen. Auch der Keimfleck ist groß und von kugeliger Gestalt.

Das Ei wird von dem Oolemma (Membrana pellucida, Chorion) umgeben, welches, wie oben schon erwähnt, von dem Follikelepithel abstammt. Auf dem optischen Querschnitt erscheint es als ein breites, sehr helles Band mit radiärer Streifung [1]. Durch die dadurch angedeuteten Poren können Eiepithelzellen in das Ei eindringen, werden

[1] Die Vergrößerung der Abb. 120 ist zu schwach, um die radiäre Streifung zu zeigen.

also von dem Ei gefressen und dienen so zur Ernährung des Eies. Die Membrana pellucida ist bei den verschiedenen Spezies sehr verschieden dick. Sie ist wasserreich und sehr elastisch. Zwischen ihrer Innenseite und der Oberfläche des Ooplasmas wird von manchen Autoren ein äußerst feiner perivitelliner Spaltraum beschrieben, von anderen bezweifelt. Nach außen zu hängt die Membran unmittelbar mit den umgebenden Follikelepithelzellen zusammen, diese stellen sich um das Ei in einer radiären Schicht (Corona radiata Eiepithel) (Abb. 120). Nach dem Eindringen des befruchtenden Spermium kann das Ei eine Membran abscheiden, die das Eindringen von weiteren Spermien hindert.

Die Eizellen der Säuger gleichen denen des Menschen keineswegs in allen Stücken genau; sie zeigen Größenunterschiede, manche besitzen gewisse Einschlüsse, welche eine Bedeutung haben, wenn sie auch nicht allgemein verbreitet sind. Die einen sind dotterreicher als die anderen, auch liegt die Hauptmasse des Dotters nicht immer an der gleichen Stelle, im allgemeinen aber kann man doch sagen, daß er mehr oder minder gleichmäßig im Ooplasma verteilt ist. Man nennt diese Eier deshalb isolecithal (ἴσος, gleichmäßig; λέκιθος, Dotter; auch alecithal genannt). Außer den Eiern der Säuger zeigen nur die des Lanzettfisches, Amphioxus, eine ähnliche Struktur.

In den Eiern von Amphibien, Cyklostomen, Ganoiden sind die Nährstoffe mehr nach dem vegetativen Pol hin konzentriert, während der dotterärmere animalische Pol dagegen oft stärker pigmentiert ist. Bei den Selachiern, Teleostiern, Reptilien und Vögeln ist die Trennung noch schärfer und es hat sich ein rein protoplasmatischer, formativer Teil von einem ernährenden, nutritiven völlig gesondert. Man nennt alle diese Eier telolecithale (τέλος, Ende).

Bei gewissen Wirbellosen (Arthropoden) findet man wieder eine andere Anordnung der Eisubstanzen, hier ist das Ooplasma gleichmäßig über die ganze Eioberfläche verbreitet, während der Dotter das Centrum einnimmt: centrolecithale Eier.

Die Lage und die Menge des Nahrungsdotters hat Einfluß auf die Art, wie sich die frühen Entwicklungsstadien abspielen.

Varietäten. Es kommen im Eierstock von Neugeborenen und von erwachsenen Frauen Follikel vor, welche mehr als ein Ei enthalten (Abb. 123). Man hat dies in verschiedener Weise erklärt und zwar in der Art, daß im Beginne der Entwicklung die Trennung der Eistränge durch einwucherndes Bindegewebe in eineiige Abteilungen gelegentlich ausbleibt und in der Art, daß ursprünglich getrennte Follikel in der Folge sich vereinigen. Auch mehrkernige Eier wurden beobachtet, was man einerseits damit erklärte, daß der normalen Teilung des Kernes eines Ureies nicht die normale Teilung des Ooplasmas folgt, andererseits damit, daß die amitotische Teilung eines Kernes vorläge. Auch daran wurde gedacht, daß ursprünglich getrennte Eier später miteinander verschmelzen. In einer Anzahl von Fällen waren die Anomalien nicht vereinzelt, sondern fanden sich in einem und demselben Eierstock in größerer Zahl, was den Gedanken nahe legt, daß man es mit dem Stehenbleiben auf einer sonst vorübergehenden Zwischenstufe, also mit einer Art von Hemmungsbildung zu tun hat. Ob die naheliegende Annahme, daß derartige Fälle Veranlassung zu Zwillingsschwangerschaften geben, zutrifft, muß dahingestellt bleiben; in einem Fall von Schumacher und Schwarz (1900), in welchem das Ovarium einer 41jährigen Frau viele mehreiige Follikel und mehrkernige Eier zeigte, waren zehn Geburten einzelner Kinder vorausgegangen; Zwillingsgeburten hatten nicht stattgefunden.

Ovulation, Corpus luteum, Menstruation.

Ovulation. Unter dem Namen Ovulation versteht man die Ausstoßung eines Eies aus dem geplatzten Follikel; bei multiparen Tieren treten mehrere Eier aus mehreren Follikeln nacheinander in einem kürzeren oder längeren Zeitraum aus. Im menschlichen Ovarium, das hier im wesentlichen zu betrachten ist, hat sich nicht nur die Eizelle in der beschriebenen Weise zur Ausstoßung vorbereitet, sondern der Follikel hat auch seinerseits dahin zielende Veränderungen erfahren. Er hat sich schon früher mit einer bindegewebigen Umhüllung umgeben, Theca folliculi, welche aus einer äußeren fibrösen (Tunica externa) und aus einer inneren weicheren, von vielen Zellen durchsetzten Schicht (Tunica interna) besteht. Beide Schichten sind sehr gefäßreich. Auf sie folgt eine strukturlose Haut, der wieder das Follikelepithel aufruht. Die Zellen dieses letzteren haben sich durch fortgesetzte Teilung vermehrt und es entsteht in ihm, sei es durch Ausscheidung seitens der Follikelzellen, sei es als Transsudat von den umgebenden Gefäßen, eine eiweißhaltige Flüssigkeit, Liquor folliculi, welche einen Spaltraum ausfüllt, der in dem nach der Oberfläche des Eierstockes gelegenen Teil des Follikels auftritt. Dieser führt jetzt den Namen

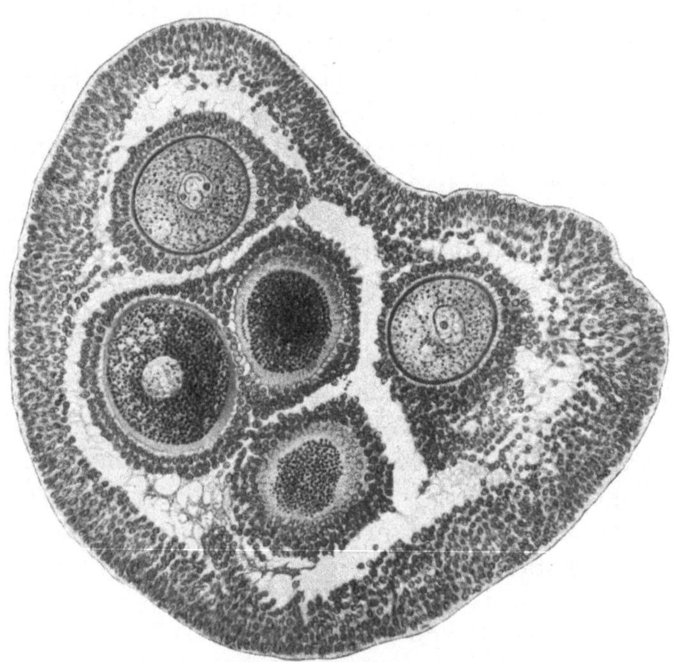

Abb. 123. Schnitt durch einen Graaffschen Follikel vom Eierstock einer Hündin, in dem fünf Eier getroffen sind. Drei sind so getroffen, daß der Kern deutlich zu sehen ist, in dem in der Mitte liegenden Ei ist der Kern nur angeschnitten, in dem links oben liegenden Ei ist der Kern nicht getroffen. Da der Eierstock mit osmiumsäurehaltiger Flüssigkeit konserviert ist, sind alle fettähnlichen Deuteroplasmatröpfchen intensiv schwarz gefärbt. Gezeichnet bei 150facher Vergrößerung, zur Reproduktion um $^1/_{10}$ verkleinert.

Folliculus vesiculosus[1] (Abb. 124). Zuletzt schwillt er zu einem Bläschen von 10—15 mm Durchmesser an, das die Oberfläche des Eierstockes kuppelförmig vorwölbt. Das Epithel eines solchen zum Platzen reifen Follikels bekleidet die Wand in dünner Schicht; es wird jetzt Stratum granulosum genannt; an einer in der Regel nach dem Hilus des Eierstockes zu gelegenen Stelle aber häufen sich die Zellen hügelförmig zu dem eitragenden Haufen, Cumulus oophorus, an, in den das Ei eingebettet ist. Eine Ernährung der Eizelle kann nur durch Vermittlung der umgebenden Epithelzellen vor sich gehen, was diese mit den langen Hodenzellen gleichwertig erscheinen läßt. An einem sprungreifen Follikel verdünnt sich der Gipfel seiner nach außen vorragenden Kuppe, er enthält auch weniger Blutgefäße, wie die Umgebung. Steigert sich nun der Druck im Innern des Follikels durch erneute Zunahme des Liquor,

[1] Graafscher Follikel.

dann reißt endlich diese Stelle ein. Die Spannung war im Follikel zuletzt so groß, daß beim Platzen der Wand nicht nur die Flüssigkeit abfließt, sondern daß auch das Ei mit seiner Corona radiata aus dem Cumulus oophorus herausgerissen und nach außen befördert wird. Es wird nun von dem Trichter des Eileiters, welcher die Oberfläche des Eierstockes umfaßt, aufgenommen.

Gleichzeitig mit diesen Vorgängen spielt sich die Eireifung ab, denn bis jetzt ist die Eizelle noch immer eine Oocyte und als solche nicht befruchtungsfähig; sie muß erst den Spermatiden und Spermien gleichwertig werden. Dies geschieht in der Art, daß der Kern, welcher ja schon vorher an die Oberfläche der Eizelle, und zwar an den animalen Pol gelangt war, in die für eine mitotische Teilung (S. 27) charakteristischen Veränderungen eintritt. Der Kern teilt sich und ihm folgt das Ooplasma nach. Unmittelbar danach teilt sich der Eikern nochmals, und zwar jetzt ohne Längsspaltung der Chromatinschleifen. Auch die zuerst abgeschnürte Zelle

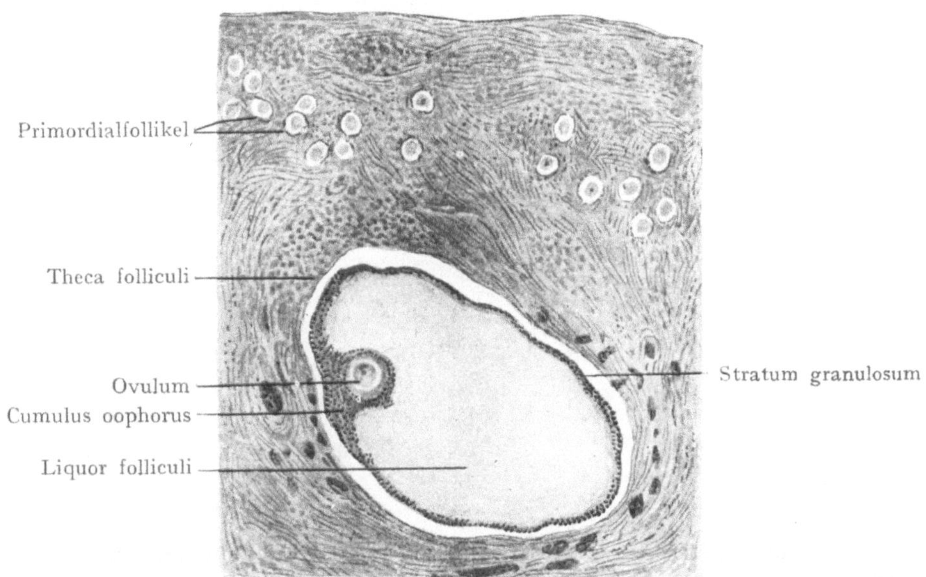

Abb. 124. Folliculus vesiculosus aus dem Eierstock eines siebenjährigen Mädchens. Schwache Vergrößerung. Der epitheliale Follikel ist bei der Fixierung des Präparates etwas geschrumpft.

kann sich in gleicher Weise nochmals teilen. Der im Ei zurückbleibende Kern (weiblicher Vorkern) rückt nun wieder mehr in das Innere des Ooplasmas hinein. Vor der Bildung dieser Vorgänge kann man gelegentlich in den Geschlechtszellen beider Geschlechter, wie bestimmt orientierte Chromatinschleifen je zwei miteinander verschmelzen, um sich dann wieder zu trennen. Dabei wird vorübergehend in der Zelle die Zahl der Chromosomen reduziert, und bei der Verschmelzung (Synapsis) sollen die Chromatinfäden imstande sein Partikel miteinander zu vertauschen. Danach findet wieder eine Längsteilung der Fäden statt und dann beginnen die eben erwähnten Reifeteilungen resp. die Ausbildung der Spermien mit den der Zahl nach reduzierten Chromosomen.

Mat hat diese Beobachtungen sofort ausgebeutet, um weitgehende Schlüsse zur Erklärung der Vererbung (s. u.) zu ziehen, indem in den Chromosomen mütterliche und väterliche Abkömmlinge diese Evolutionen ausführen. Dabei sollen vererbbare Eigenschaften durch die Chromosomen übertragen und ausgetauscht werden, ja man glaubt sogar in den Chromosomen eine streng innegehaltene Topographie der elterlichen Eigenschaften feststellen zu können. Damit ist die Annahme von der ausschließlichen Bedeutung der Kernfäden für die Vererbung auf die Spitze getrieben. Man vernachlässigt die wichtige Tatsache, daß weder das Ei noch das Spermium nur aus Chromatin besteht.

Mit diesen Teilungsprozessen ist also die Chromosomenzahl auf die Hälfte reduziert, wie bei den Spermatiden; Spermium und Ovium stehen sich jetzt gleich, wie es das Schema, Abb. 125, wiedergibt. Der große und bedeutungsvolle Unterschied zwischen beiden Geschlechtern ist der, daß die Teilung des Cytoplasmas des Spermatocyten gleichmäßig[1], die des Oocyten ungleichmäßig, nach Art einer Knospung vor sich geht. Von den Tochterzellen ist nur eine einzige, die große Eizelle, das Ovium, zu weiterer Entwicklung befähigt; die kleineren Zellen werden nicht weiter verwendet,

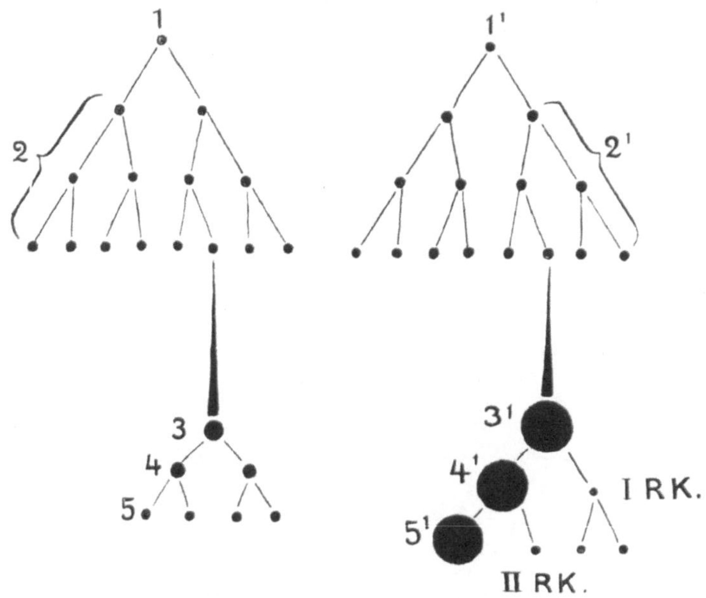

Abb. 125. Schema der Bildung von Spermium und Ovium (Boveri 1892.)
1, 1' Urgeschlechtszelle. 2. Spermatogonien. 2' Oogonien. 3 Spermatocyte. 3' Oocyte. 4 Präspermatiden. 4' Oocyte zweiter Ordnung. 5 Spermatide (Spermium). 5' Ovium. I Rk. Erstes Richtungskörperchen. II Rk. Zweites Richtungskörperchen.

sie gehen zugrunde. Man nennt sie Polzellen oder Richtungskörperchen. Der erstere Namen ist daher genommen, weil sie am animalen Pol der Eizelle austreten, der letztere daher, weil man glaubte, daß sie die Richtung der ersten Furche des befruchteten Eies andeuten sollten.

Von nicht geringer Bedeutung ist es, daß das Centriol und sein Sphärenapparat bei der Bildung der Polzellen verschwindet, so daß also im Ovium ein solches nicht mehr existiert, vielleicht bei der Bildung des Dotters verbraucht wird.

Die Reifung des Eies und die unten zu besprechende Befruchtung sind nicht scharf voneinander getrennt, sie greifen vielmehr häufig ineinander. Bei Wirbeltieren pflegt das Spermium zwischen dem Austritt der ersten und zweiten Polzelle in das Ei einzudringen.

[1] Doch hat man auch bei der Spermiogenese (Biene, Meves) gelegentlich die Bildung von Polzellen gesehen, so daß von vier Abkömmlingen der Spermiocyte I. Ordnung nur ein wirkliches Spermium geliefert wird.

Menstruation (Regel, Periode, Menses). Ovulation und Menstruation gehen miteinander; werden einer geschlechtstätigen Frau die Eierstöcke weggenommen, dann hört auch die Menstruation auf. Sie entspricht z. T. der Brunst der Tiere, ist aber wie bei einigen domestizierten Tieren nicht an die Jahreszeit gebunden. Die Menstruation tritt in einem 28tägigen Zyklus auf; sie besteht in einem stärkeren Blutandrang zu den Genitalien, dazu bestimmt, die Uterusschleimhaut zur Aufnahme des befruchteten Eies vorzubereiten. Dabei übt sie auf die Ovulation einen gewissen Einfluß aus, indem der stärkere Blutzufluß auch dem Eierstock zugute kommt.

Durch verstärkte Transsudation liefert er vielleicht dem reifen Follikel die letzten Tropfen des Liquor folliculi, welche noch zur Sprengung fehlten.

Die Tunica propria der Uterusschleimhaut einer geschlechtstätigen Frau zeigt auch während der jedesmal etwa 14 Tage dauernden Ruheperiode einen Bau, der durch den Zellenreichtum, die Durchfeuchtung, die schlechte Abgrenzung der Zellen an embryonale Verhältnisse erinnert. Der Ruhe folgt ein 6—7 Tage dauernder prämenstrueller Zeitraum, der sich durch immer stärkere Gefäßfüllung, auftretendes Ödem, starke Schwellung der Schleimhaut bis zu 2—3facher Dicke charakterisiert. Die Drüsen erweitern und verlängern sich namentlich im unteren Teile und sind strotzend mit Sekret gefüllt. Schließlich kommt es zu Blutungen. Damit hat die eigentliche Menstruation begonnen, die drei bis fünf Tage dauert. Das Ödem geht während dieser Zeit zurück, die Schleimhaut schwillt ab und die Drüsen entleeren ihr Sekret. Das Oberflächenepithel kann erhalten bleiben, doch geht es wohl zumeist zugrunde, ebenso wie Teile der unmittelbar unter ihm liegenden Schicht der Propria mit Gefäßen. In den nächsten 4—8 Tagen regeneriert sich die Schleimhaut vollständig, um dann nach der Ruhepause den Zyklus von neuem zu beginnen. Ist ein befruchtetes Ei in die Gebärmutter gelangt, dann nimmt der ganze Vorgang einen Verlauf, von dem später noch zu sprechen sein wird: es beginnt die Schwangerschaft, die Menstruationen hören auf, um bei der Geburt als eine Art von Generalmenstruation wieder zu erscheinen (Waldeyer).

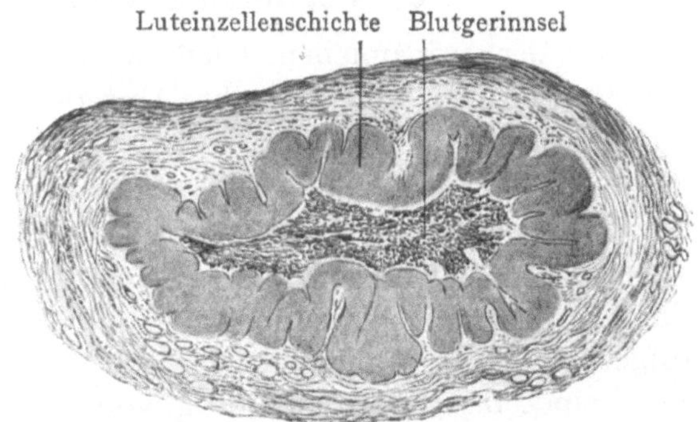

Abb. 126. Corpus luteum aus dem Eierstock einer 24jährigen Frau. (Schwache Vergrößerung.)

Corpus luteum. Hat der geplatzte Follikel das Ei entleert, dann sinkt er zusammen, und es erfolgt in die noch vom Stratum granulosum ausgekleidete Höhle aus den zerrissenen Gefäßen der Theca ein Bluterguß. Dieser wandelt sich zu dem Kern des gelben Körpers um, der aus Fibrin, Pigment, Leukocyten, degenerierten Zellen, hyalinen Massen und Gallertgewebe besteht. Die Zellen des Stratum granulosum hypertrophieren bedeutend zu plasmareichen, polygonalen Luteinzellen, die gelb gefärbte Fettkörnchen enthalten (Sobotta). Sie liegen in einem Bindegewebsgerüst, das aus der Theca stammende Blutgefäße enthält. Erfolgt keine Befruchtung des ausgetretenen Oviums, dann bildet sich der gelbe Körper bei Eintritt der nächsten Menstruation meist rasch zurück, Corpus luteum menstruationis (Corpus luteum spurium). Die Luteinzellen verkleinern sich, das Bindegewebe des Kernes des gelben Körpers wird fibrillär, zuletzt bleibt nur eine gefäßarme Narbe übrig, Corpus albicans.

Einlagerung von Pigment kann die Narbe auch grau oder schwärzlich erscheinen lassen (Corpus nigrum).

Bei eingetretener Schwangerschaft verzögert sich die Rückbildung oft bis zur Geburt (Corpus luteum gravitatis) (Corpus luteum verum), da der Stoffwechsel des Eierstocks erheblich herabgesetzt erscheint, weil alles Blut der Gebärmutter und ihrem Inhalt zuströmt (Bonnet).

Die eigentümliche Luteinzellenschicht, welche in ihrem Aussehen ein wenig an die Rinde der Nebenniere erinnert, wurde für die innere Sekretion in Anspruch genommen (Born). Man hat die Ansicht ausgesprochen, daß ihre Ausscheidung dem Blutkreislauf Stoffe liefert, welche die Anheftung des Eies im Uterus begünstigen.

Bei Erwachsenen und bei Kindern bilden sich Follikel ohne zu bersten in großer Zahl und in allen Entwicklungsstadien zurück (Follikelatresie). Bei den Primordialfollikeln degeneriert die Eizelle und ihr folgt das Follikelepithel. Bei den vesikulösen Follikeln geht erst der Kern, dann das Cytoplasma der Follikelepithelien zugrunde, weiter degeneriert auch die Eizelle, und ihre definitive Zerstörung besorgen Wanderzellen. Eine dicke hyaline Membran, welche an der inneren Grenze der Theca auftritt, legt sich in Falten und hält sich noch lange als letzter Rest des im übrigen verschwundenen Follikels.

c) Verhältnis von Ovium und Spermium.

Bei der prinzipiellen Gleichwertigkeit der reifen weiblichen und männlichen Geschlechtszellen sind doch ihre Unterschiede in den Einzelheiten, wie aus vorstehendem hervorgeht, sehr bedeutend. Dies erklärt sich aus den physiologischen Aufgaben der beiden. Die Eizelle ist dazu bestimmt, die Bildung des Embryos von Anfang an zu übernehmen; sie hat keine Veranlassung, die typische Zellstruktur zu modifizieren, ihr Erhaltenbleiben erleichtert im Gegenteil die ihr zufallende Aufgabe. Um ihr aber nachkommen zu können, muß sie mindestens so viele Nährstoffe aufgespeichert enthalten, wie zur Durchführung der allerersten Umformungen nötig sind, bis dann der Bezug von Nährsubstanzen von außen her eingeleitet ist. Erfolgt in den Eiern einer Spezies dieser Bezug erst später oder gar nicht, dann wächst der von Anfang an mitgegebene Bestand an Nährsubstanzen im Verhältnis. Das Spermium entfaltet seine formbildenden Eigenschaften erst später, jetzt hat es nur zum Beginn der Entwicklung den Anstoß gegeben. Daß dies in der Tat seine Aufgabe ist, ergibt sich schon daraus, daß dem Ovium sein kinetischer Apparat, Centriole und Idiozom, bei der Polzellenbildung verloren gegangen ist, während beim Spermium das Centriol auf das sorgfältigste in der Form der Halsknötchen konserviert ist. Das Spermium ist das aktive Element, es hat das durchaus passiv sich verhaltende Ovium aufzusuchen. Um ihm dies zu ermöglichen, ist alles darauf eingerichtet, ihm freieste Beweglichkeit zu garantieren. Kern und Cytoplasma sind auf ein äußerst geringes Volumen vermindert und der Schwerpunkt liegt lediglich in einem minutiös ausgebildeten Bewegungsapparat. Einer einzigen, verhältnismäßig sehr großen Geißel mit ihren wirksamen Hilfseinrichtungen wird es leicht, die kleine Zelle zu bewegen und dem Ei entgegen zu führen. Da diese Bewegungen aber natürlich nicht zielbewußt ausgeführt werden, hängt es von allerlei Zufälligkeiten ab, ob Spermium und Ovium sich begegnen; je größer die Zahl der zur Verfügung stehenden Spermien ist, um so größer ist auch die Wahrscheinlichkeit, daß eines seinen Zweck erreicht. Die Zahl der bei einer Ejakulation entleerten Spermien beträgt rund zwei Millionen (Lode 1891), deren Ziel beim Menschen normalerweise ein einziges Ei ist.

Die Zahl der befruchtungsfähigen Eier, welche eine Frau während ihres ganzen Geschlechtslebens produziert, kann auf etwa 200—300 veranschlagt werden; ihnen stehen immer neue und ungezählte Millionen von Spermien gegenüber. Bei der Reifung des Eies gehen immer drei der vorhandenen Zellen als Polzellen verloren, bei der Reifung der Spermien werden alle vier Spermatiden voll ausgebildet; im weiblichen Eierstock sind alle Eizellen schon zur Zeit der Geburt vorhanden, im männlichen Hoden gehen die zur Neubildung von Spermien führenden Zellteilungen während des ganzen geschlechtstätigen Zustandes in nie erlöschender, geradezu stürmischer Weise vor sich.

Die so geringe Zahl der zur Reife gelangenden Ovien gegenüber den Spermien, wie sie beim Menschen vorhanden sind, trifft freilich keineswegs für alle Wirbeltiere zu; schon bei mehrgebärenden Säugern ist sie größer, um so größer, je kürzer die Trächtigkeitsperioden und die sie trennenden Intervalle sind. Sind aber die abgelegten Eier vielen Fährlichkeiten ausgesetzt, besonders gilt dies für viele in das Wasser abgelegte, dann kann auch ihre Zahl enorm wachsen; so beträgt die Menge der alljährlich zur Reife gelangenden Eier bei manchen Fischen mehrere Millionen, was allerdings an die Zahl der Spermien noch immer nicht heranreicht.

II. Befruchtung.

Ist die Eizelle nach der Ruptur des Follikels in den Eileiter gelangt, dann wird sie vom Flimmerstrom des ihn auskleidenden Flimmerepithels erfaßt und gegen die Gebärmutter hingeführt, wobei sie bald die sie umgebende Corona radiata verliert.

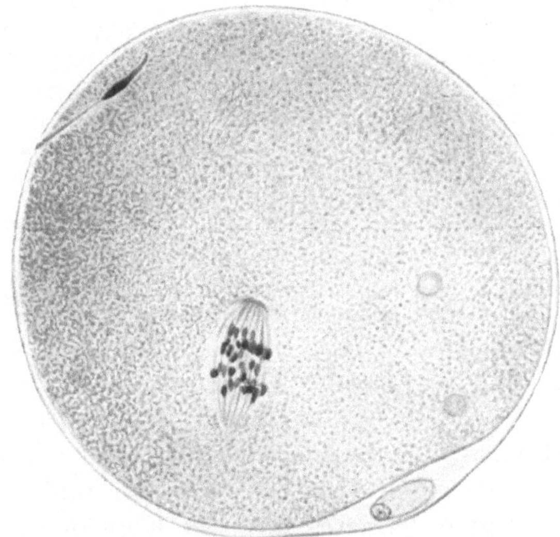

Abb. 127. Ei der Maus. Gezeichnet bei 1200facher Vergrößerung, zur Reproduktion um $^1/_{10}$ verkleinert. Das Ei ist frei von Follikelzellen und nur von der Membrana pellucida umgeben, unter der ein angeschnittenes, nicht im größten Durchmesser getroffenes Richtungskörperchen liegt (rechts). An dem entgegengesetzten Pole (links) ist soeben das Spermium in das Ei eingedrungen, das mit seinem charakteristischen Kopf noch wohl zu erkennen ist. In dem Ei ist eine annähernd radiär gestellte Richtungsspindel zu erkennen, die nicht ganz genau in der Längsachse getroffen ist. Die einzelnen Chromosomen sind in ihrer kurzen, etwa elliptischen Form gut zu erkennen. Eine Polstrahlung ist an der achromatischen Spindel kaum nachzuweisen, ein Centralkörperchen ist nicht zu sehen. Die rechts von der Teilungsspindel liegenden kleinen Kugeln im Eiprotoplasma sind wohl Niederschläge vom Konservierungsmittel.

Die durch den Geschlechtsverkehr in den Uterus eingebrachten Spermien gehen dem Flimmerstrom entgegen nach dem Eileiter hin und dringen in ihn vor (Roth 1904, Adolphi 1905). Ihr ganzer Bau zwingt sie dabei, in der Strömungsrichtung zu bleiben und verhindert sie, sich quer oder schief dazu zu stellen. Sie bewegen sich mit einer Schnelligkeit von 23—27 μ in der Sekunde und gelangen schon 1—2 Stunden nach der Begattung in den Eileiter hinein.

Die Ampulle des Eileiters ist offenbar die Stelle, an der wegen der so überaus reich ausgebildeten Faltungen die Fortbewegung des Eies sowohl wie der Spermien verlangsamt ist, wodurch ein Zusammentreffen beider in hohem Grade begünstigt wird, so daß gerade dort meistens die Befruchtung erfolgt. Sie kann aber auch noch höher oben im Bereich der Fimbrien, selbst im geplatzten Follikel stattfinden, was dadurch bewiesen wird, daß zuweilen ein befruchtetes Ei nicht in den Uterus gelangt, sondern an diesen Stellen in die Entwicklung eintritt (Extrauterinschwangerschaft).

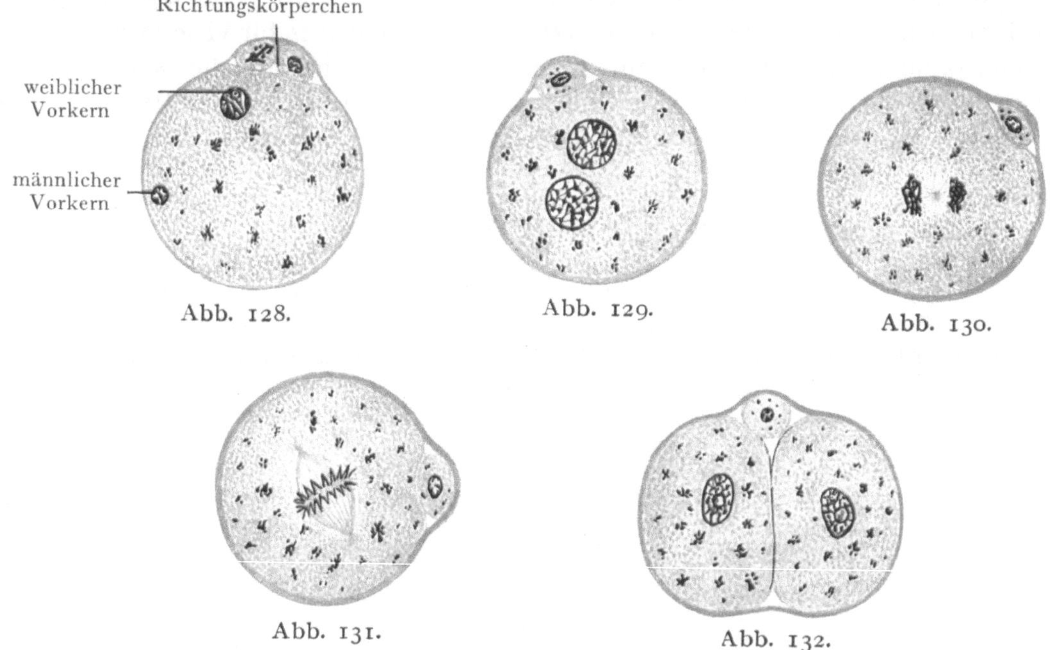

Abb. 128—132. Befruchtetes Ei der Maus (Sobotta 1895). Erste Entwicklungsstadien bis zu den ersten Furchungszellen.

Daß bei der Fortbewegung des Eies die Tubenmuskulatur mithelfen kann, ist sehr wahrscheinlich.

Die Eizelle ist auf ihrer Wanderung vielleicht von vielen Spermien umgeben, möglicherweise gelangen auch einige zwischen Oolemma und Ooplasma, aber nur ein einziges Spermium dringt in letzteres ein. Der Kopf dieses Samenelementes stellt sich radiär zum Umfang der Eizelle und das Ooplasma erhebt sich an dieser Stelle zu einem kleinen Hügel (Empfängnishügel). Ist das Spermium erst eingedrungen, dann zieht sich die Eizelle ein wenig zusammen, wodurch ein schmaler Raum zwischen ihr und dem Oolemma (perivitelliner Spaltraum, vgl. S. 138) entsteht. Nun verschwindet der Schwanz und das wenige Cytoplasma des Spermiums der mikroskopischen Beobachtung, weil es vom Ooplasma nicht mehr zu unterscheiden ist. Sein Kopf aber dreht sich um 90°, verliert seine Form und schwillt zu einem länglich ovalen Körper an. Er liegt immer noch nahe der Eioberfläche in einer kleinen Hervorwölbung, umgeben von einem hellen Protoplasmahof. Die Centriolen des Spermiums (Halsknötchen) haben sich mittlerweile von dessen Kopf gesondert, sind an seine, dem Innern des Eies zugewandte Seite getreten und bilden nun ein Centrosoma mit Sphäre und Strahlung. Der Kopf des Spermiums wird immer größer und wandelt sich in einen kugeligen Kern mit allen Bestandteilen eines solchen um (männlicher Vorkern). Anfänglich ist er kleiner, als der reduzierte Eikern, der mehr im Inneren des Ooplasmas liegt (Abb. 128, 133), bald aber erreicht er die gleiche Größe wie dieser (Abb. 129) und nähert sich ihm fast bis zur Berührung, so daß nun beide Kerne nebeneinander im Centrum der Eizelle liegen. Das Centrosoma hat sich geteilt und bildet eine Spindel, wie sie zu Beginn jeder mitotischen Kernteilung (S. 26) sich einstellt (Abb. 131). Die Kerne selbst produzieren ihre Chromatinschleifen (Abb. 130, 131), die sich so ordnen, daß nach jedem der beiden Centrosomen genau die Hälfte der vom väterlichen und ebenso der vom mütterlichen Kern stammenden gelangt. Die sämtlichen übrigen Vorgänge, die sich bei Zellteilungen abspielen, folgen einander auch hier. Der einzige, allerdings ausschlaggebende Unterschied gegen die gewöhnlichen Zellteilungen ist der, daß der Ausgangspunkt nicht ein Kern ist, sondern ihrer zwei sind, ein mütterlicher und ein väterlicher, oder besser zwei der Quantität nach halbe Kerne, da ja bei den Reduktionsteilungen jeder die Hälfte seiner Chromosomen, wohl auch der anderen wich-

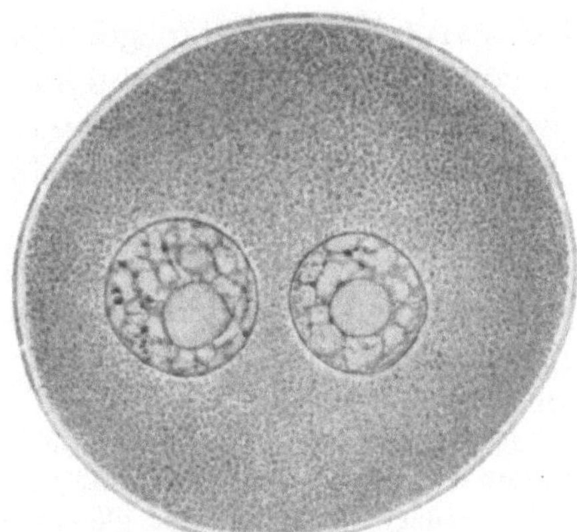

Abb. 133. Ei der Maus mit männlichem und weiblichem Vorkern. Das Ei liegt in der stark erweiterten Tube, die Follikelzellen sind nicht mehr dem Ei anliegend, das ganz nackt, nur von der sehr dünnen Membrana pellucida bekleidet, in Flüssigkeit schwimmt. Gezeichnet bei 1000facher Vergrößerung; zur Reproduktion um $^1/_{10}$ verkleinert. Der kleinere Kern ist der männliche Vorkern (Spermakern). Winzige Deuteroplasmagranula sind gleichmäßig durch das ganze Ei verteilt.

tigen Teile, verloren hat. Die beiden Kerne, die das Endprodukt des ganzen Vorganges darstellen, sind also zwei Vollkerne, von welchen jeder eben so viel mütterliche wie väterliche Chromosomen enthält.

Da nun die Kerne aller Zellen, welche in der Folge den ganzen Körper aufbauen, von diesen beiden ersten Kernen (Furchungskernen) abstammen, muß bei dem bekannten Ablauf der Teilungsvorgänge in allen Kernen eines erwachsenen Körpers stets die gleiche Zahl mütterlicher und väterlicher Chromosomen vorhanden sein. Dies legte nahe, die Vererbung mütterlicher und väterlicher Eigenschaften mit den Chromosomen in Zusammenhang zu bringen. Man ist dazu, wie mir scheint, vollauf berechtigt und es ist mit großer Genugtuung zu begrüßen, daß es gelungen ist, in dieser so überaus wichtigen und interessanten Frage einen ersten Schritt zu tun. Etwas ganz anders ist es, ob man berechtigt ist anzunehmen, daß die Chromosomen allein die Vererbungssubstanz enthalten. Dies ist nichts weniger als erwiesen. Das befruchtete Ei enthält noch andere Teile des väterlichen Kernes, es enthält auch väterliches Cytoplasma. Daß dies im Anfang nur sehr wenig ist, spielt dabei keine Rolle. Nährsubstanzen sind genug vorhanden, um ihm ein beträchtliches Wachstum zu gewährleisten;

man kann sich davon nur nicht durch direkte Beobachtung überzeugen. Daß das Centriol ganz der väterlichen Geschlechtszelle angehört, sei nur erwähnt; es scheint nur eine cytomechanische Bedeutung zu haben.

Obwohl sich die Spermien, wie gesagt, in den weiblichen Geschlechtswegen lange Zeit lebend erhalten können, darf man doch wohl annehmen, daß für gewöhnlich spätestens 24 Stunden nach der Begattung die Befruchtung vollendet sein wird. Es kommt eben darauf an, an welcher Stelle des Eileiters sich die beiden Geschlechtszellen begegnen, ob höher oben oder weiter unten. Wird das Ei nicht während seines Vorrückens durch die Ampulle des Eileiters befruchtet, dann stirbt es ab, noch ehe es den Uterus erreicht hat. Daß dies so rasch geschieht, hat seinen Grund darin, daß nach der Kernreduktion das Gleichgewicht zwischen Cytoplasma und Kern der Eizelle empfindlich gestört ist und sich wegen des Fehlens des Centrosomas, das für eine Fortbildung nötig ist, nicht wieder herzustellen vermag. Die Befruchtung ist also für das reife Ei geradezu „lebensrettend“ (J. Löb).

Man hat sogar die Beobachtung gemacht, daß auch ohne Beteiligung des Samenkernes die Entwicklung beginnen kann, wenn nur sein Centrosoma die Verbindung mit dem Eikern erreicht (Boveri). Ferner ist es gelungen, durch chemische Agentien in unbefruchteten Eiern von Seeigeln eine Neubildung von Centrosomen hervorzurufen, welche dann den Eintritt in die Zellteilung und die Entstehung parthenogenetischer Eier zur Folge hat, die auch normalerweise in der Tierwelt vorkommen. Hier unterbleibt dann die Reduktionsteilung des Eies.

Durch Anstechen der Eier des Frosches mit einer feinen Nadel kann auch die parthenogenetische Entwicklung angeregt werden. (Bataillon 1910, Voß 1923).

Beobachtungen über die Befruchtung des menschlichen Eies liegen bis jetzt nicht vor und es würde nur ein besonderer Glücksfall solche möglich machen. Auch von anderen Geschöpfen mit innerer Befruchtung lassen sich immer nur einzelne Stadien auffinden. Lückenlose Beobachtungen aber lassen sich anstellen bei geeigneten Eiern mit äußerer Befruchtung, und da der Befruchtungsvorgang zweifellos im ganzen Tierreich der gleiche ist, war es erlaubt, die obige Schilderung zu geben, da auch das menschliche Ei unmöglich eine Ausnahme machen kann, wenn auch gewisse Einzelheiten von geringerer Bedeutung (Empfängnishügel, perivitelliner Spaltraum) vielleicht etwas modifiziert sein mögen.

Ist die Hülle eines Eies für die Spermien undurchlässig, wie es bei gewissen Tierarten vorkommt, dann wird sie von einer in radiärer Richtung verlaufenden Öffnung durchbohrt (Mikropyle), durch welche das befruchtende Spermium eindringen kann. Das Oolemma des menschlichen Eies ist allenthalben für das Spermium durchgängig, es bedarf daher einer Mikropyle nicht.

Wenn oben gesagt wurde, daß immer nur ein Spermium mit einem Ovium sich vereinigt, so scheint es ein Widerspruch zu sein, wenn man doch von physiologischer Polyspermie spricht. Bei vielen Eiern beobachtet man in der Tat, daß mehrere Spermien eindringen, aber es kopuliert trotzdem immer nur ein einziger Spermakern mit dem Eikern, die anderen gehen, soviel man weiß, sämtlich früher oder später zugrunde, ohne sich am Aufbau des Embryos zu beteiligen. Pathologische Polyspermie kann bei Eiern niederer Tiere dadurch hervorgerufen werden, daß sie zu spät besamt werden, wenn ihre Lebenskraft schon geschwächt ist, oder daß die Eier mit lähmenden Giften behandelt worden sind.

III. Vererbung.

Unter Vererbung verstehen wir die Beobachtung, daß die Nachkommen bei geschlechtlicher Fortpflanzung den Eltern gleichen oder doch in vielen Eigenschaften ähnlich sind. Aber die Eigenschaften als solche werden nicht von den Eltern auf die Kinder übertragen, sondern nur die Anlagen dazu, die sog. Gene. Die Nachkommen können ferner durch bestimmte Umweltsbedingungen geformt werden, so daß ein Kind sowohl einen Genotypus durch die Vererbung, als einen Phänotypus durch die Umweltseinflüsse zur Erscheinung bringt. Was ein Mensch an ererbten Eigenschaften besitzt, kann mit einiger Sicherheit nur erkannt werden, wenn man seine Vorfahren oder seine Kinder, womöglich in mehreren Generationen genau durchforscht. Da aber die Gene durch die Befruchtung zahlreiche neue Bindungen und Koppelungen eingehen, wodurch sie verschwinden können, um erst nach Generationen plötzlich wieder aufzutreten, so sind die Schwierigkeiten auch nur den größten Teil der ererbten Besonderheiten zu erkennen, unendlich groß.

Eine Reihe wichtiger Regeln, nach denen die Vererbung vor sich gehen kann, ist von Mendel (1865) erkannt worden bei Versuchen, die an Pflanzenbastarden angestellt sind. Erst am Anfang des 20. Jahrhunderts ist allgemein der Wert dieser Beobachtungen anerkannt worden. Um die beobachteten Tatsachen richtig zu verwerten, sind verschiedene Begriffe und Bezeichnungen eingeführt worden, die für das Verständnis notwendig sind. Die reifen Geschlechtszellen werden Gameten genannt. Die befruchtete Geschlechtszelle und das daraus entstehende Individuum heißt Zygote. Unter einer reinen Linie versteht man die Nachkommenschaft eines sich selbst befruchtenden Individuums, z. B. einer Bohnenblüte. Sowohl die männlichen wie weiblichen Gameten haben dieselbe Erbmasse in einfacher, die Zygoten in doppelter Dosis (Broman); diese sind dann homozygotisch, weil ihre Konstitution gleichartig-doppelt ist. Phänotypisch können die Nachkommen, namentlich, wenn sie verschiedenen Umweltsbedingungen ausgesetzt sind, nicht unwesentlich variieren. Derartige Verschiedenheiten werden Modifikationen oder Paravariationen genannt und sind nicht erblich. Kreuzt man nun Individuen von verschiedenen reinen Linien (eine rotblühende Pflanze mit einer weißblühenden Pflanze) dann sind die Zygoten Heterozygoten, da ihre Erbmasse ungleich doppelt ist. Die Nachkommen können dann bei dem genannten Beispiel rosablühend sein. Die Gameten dieser Generation sind heterozygotisch und bei der Nachkommenschaft dieser Pflanzen findet man 50% rosablühende, 25% weiß- und 25% rotblühende. Diese letzteren beiden Farben entsprechen also denen der Großeltern, man sagt, daß sie „mendeln" und durch „Spaltung" die Urfarbe wieder erlangen. Ferner stellt sich heraus, daß diese roten und weißen Pflanzen wieder rote und weiße Nachkommen haben, während die 50% rosablühenden wieder nach dieser Mendelschen Regel 50% rosa-, 25% weiß- und 25% rotblühende Nachkommen haben. Machen sich aber aus irgendwelchen unbekannten Gründen solche Rot- und Weißfaktoren in einer Nachkommenschaft nicht gleichmäßig geltend, unterdrückt einer die Wirkung eines anderen, so nennt man dieses Überwiegen Dominanz und die unterdrückte Eigenschaft ist rezessiv geworden. Natürlich können Individuen gekreuzt werden, die sich durch mehrere oder sehr viele Eigenschaften unterscheiden. Dann entstehen zahlreiche Kombinationen nach bestimmten Regeln. Ist die Zahl der verschiedenen Eigenschaften n, dann ist die Zahl der verschiedenen Arten von Gameten bei der ersten Kindergeneration (F_1, 2 n, und die Zahl der möglichen Kombinationen der Geschlechtszellen $(2\ n)^2$. Bei den Experimenten und Beobachtungen stellt sich heraus, daß gewisse Eigenschaften miteinander verbunden sind und immer gebunden wiederkehren, so können dann auch eine oder mehrere Eigenschaften an das Geschlecht gebunden sein; solche geschlechtlich gebundene Eigenschaft ist z. B. die Bluterkrankheit, die nur bei Männern auftritt, aber durch bestimmte Frauen vererbt wird, die selbst niemals daran leiden. Beim Menschen gelten sicherlich auch die Mendelschen Regeln, aber zweifellos gibt es auch Unterschiede, die sich nach anderen noch fast ganz unbekannten Gesetzen vererben.

Gerade die gekoppelten Eigenschaften sind in letzter Zeit sorgfältig untersucht worden und sie sind besonders interessant, weil man bei ihnen glaubt die Lokalisation in der Zelle, in dem Erbplasma (Idioplasma) bestimmen zu können. Wie schon gesagt, gehen die Vorstellungen davon aus, daß die Erbfaktoren abhängig sind von der Lage, dem Bau und dem Chemismus der Chromatinsubstanz des Kernes, die bei der mitotischen Teilung in eine bestimmte Zahl von Fäden zerfällt, die aus kleinsten Teilstücken (Chromomeren) zusammengesetzt sind. Vor der Reduktionsteilung findet wahrscheinlich zwischen den beiden Chromosomen eines Paares eine Art Austausch von Stücken der Chromomerenkette statt. „Daß bei der Geschlechtszellenbildung eines in n-Faktoren heterozygotischen Bastards so viele verschiedene Arten von Zellen gebildet werden, als Kombinationen zwischen den n-Faktoren möglich sind, hat in dieser Vorstellungsweise seine Ursache darin, daß erstens die beiden Chromosomensätze völlig frei durcheinander — d. h. in allen überhaupt möglichen Kombinationen väterlicher und mütterlicher Chromosomen — bei der Reduktionsteilung verteilt werden, und daß zweitens auch Stücke zweier homologer Chromosomen gegeneinander ausgetauscht werden."

Es ist also gewissermaßen für die Verteilung beiderlei Erbmaßen, für die Erzielung aller überhaupt möglicher Kombinationen durch einen doppelten Mechanismus gesorgt. Während nun aber die einzelnen Chromosomen eines Satzes untereinander im allgemeinen nicht zusammenhängen, bei der Reduktionsteilung völlig frei und unabhängig voneinander auf die Tochterzellen verteilt werden, hängen die einzelnen Chromomeren eines Chromosomes mehr oder weniger fest zusammen. Es zerfällt nicht etwa ein Chromosom in alle seine Chromomeren, die dann mit den Chromomeren des homologen Chromosomes frei ausgetauscht werden, sondern es werden nur größere oder kleinere Stücke, d. h. ganze Reihen von Chromomeren ausgewechselt („crosing over Morgan"). Das muß zur Folge haben, daß zwei mendelnde Erbfaktoren, die in zwei verschiedenen Chromosomen liegen, frei und unabhängig voneinander mendeln, d. h. daß die vier Geschlechtszellen, welche die vier möglichen Kombinationen darstellen, in gleicher Zahl gebildet werden, daß aber zwei mendelnde Erbfaktoren, die auf Verschiedenheiten im Bau zweier Chromomerenpaare des gleichen Chromosoms beruhen, nicht frei mendeln, sondern daß von den vier möglichen Geschlechtszellen diejenigen in größerer Zahl vorkommen, in denen die beiden Erbfaktoren in der Kombination zusammen liegen, in der sie in die Kreuzung hineingekommen sind. So müssen zwei Erbfaktoren, die im gleichen Chromosom liegen, die Erscheinung der Faktorenkoppelung zeigen (Baur, Morgan, Wilson).

Zu dem Chromomerenaustausch, der in den ersten Stadien der Zellteilung wahrscheinlich geschieht, kommt noch später der Austausch ganzer Chromosomen; so ist durch einen doppelten Mechanismus, wie gesagt, für die Verteilung der Einzelunterschiede gesorgt. Demnach glaubt man annehmen zu dürfen, daß bei jedem Organismus so viele Gruppen von untereinander mehr oder weniger gekoppelten Erbfaktoren vorkommen müssen, als dieser Organismus haploide Chromosomen hat. In der Tat scheint dies für die aufs sorgfältigste von Morgan und seinen Schülern untersuchte Taufliege, Drosophila einigermaßen zu stimmen, da man an ihr rund 100 mendelnde Erbfaktoren kennt, die in vier Gruppen von Faktoren zerfallen, die untereinander Faktorenkuppelung zeigen, und dies Tier vier Chromosomen hat. Trotzdem sind aber alle diese auf feinste ausgedachte und aufs sorgfältigste durchforschte Deutungen und Erscheinungen nicht beweiskräftig, denn man darf unter keinen Umständen vernachlässigen, daß bei der Befruchtung zwei ganze Zellen zur Vereinigung kommen, nicht nur die färbbaren Kernsubstanzen. Sind auch, wie schon angegeben, die protoplasmatischen Bestandteile im Spermium gering, so dürfen sie nicht als Erbsubstanz unterschlagen werden, sie können sehr wohl das Wesentliche enthalten und den verführerischen Tanz der Chromosomen veranlassen, der nur ein Ausdruck der Wirkung des Plasmas sein kann, das doch bei allen Lebenserscheinungen immer die wesentliche Rolle spielt. Man kann wohl mit Sicherheit annehmen, daß so grob mechanisch, wie es die Amerikaner in den bewundernswerten Arbeiten dargestellt haben der Vorgang der Erbübertragung von Eigenschaften nicht zu lösen ist. Auch hier wird die ganze Zelle ihr Recht bekommen, wie auch jetzt schon von einer ganzen Reihe von Forschern angenommen wird (Fick, Stieve). Daß für den Menschen die Mendelschen Anschauungen und Regeln auch gelten, ist bei einer ganzen Reihe von Stammbäumen in sorgsamen Beobachtungen festgestellt. Daß auch der Geschlechtsunterschied nach den Spaltungsgesetzen vererbt wird, ist sicher. Das eine Geschlecht ist immer heterozygotisch, das andere homozygotisch. Daher entstehen bei der geschlechtlichen Fortpflanzung ungefähr zu gleichen Teilen Männchen und Weibchen. Und es bestehen auch Koppelungen von anderen Erbfaktoren mit dem geschlechtsbestimmenden Faktor, wie oben gesagt. Beim Menschen ist, wie bei Drosophila das männliche Geschlecht heterozygotisch, und es muß das Geschlecht im Augenblick der Befruchtung bestimmt werden. Die Eier sind alle geschlechtlich gleich veranlagt und beim Menschen überträgt die eine Hälfte der Spermien die Veranlagung für weiblich, die andere für männlich; da aber beim Menschen nicht unbeträchtlich mehr Knaben geboren werden als Mädchen, müssen noch andere Faktoren dabei eine Rolle spielen, die aber noch unbekannt sind. Bei den Tieren liegen aber in vielen Fällen diese Dinge ganz anders, indem hier z. B. die gechlechtsbestimmenden Einflüsse sich viel später geltend machen können (Frosch).

Die Chromosomentheorie erklärt die geschlechtsgebundenen Erbübertragungen leicht, indem angenommen wird, daß die gekoppelten Eigenschaften als Anlagen (Gene) in demselben Chromosom liegen; je näher sie liegen, um so fester sind sie gekoppelt. Daher müssen dann die geschlechtsgebundenen Gene in dem Geschlechtschromosom dicht neben den geschlechtsbestimmenden Genen in den Gameten liegen.

Das Vererbungsproblem ist ein Geschenk des Darwinismus (Schaxel). Deswegen haben auch alle Forscher, die ihre Lebensarbeit besonders diesem Abstammungsproblem gewidmet haben, wesentliche Beiträge für diese Fragen geliefert (Weismann). Besonders wichtig ist dabei die Frage, inwiefern überhaupt Eigenschaften auftreten können, die vererbbar für die Artbildung von Bedeutung sind. Wie schon angedeutet, unterscheidet man die Verschiedenheiten, die bei den einzelnen Individuen einer Sippe auftreten, als Modifikationen (Paravariationen), Kombinationen (Mixovariationen), und Mutationen (Idiovariationen). Die ersten berühren das Idioplasma nicht, sind also nicht vererbbar. Daher meint man auch, daß erworbene Eigenschaften nicht vererbbar sind. In die augenblicklich herrschenden Vorstellungen von der Vererbung paßt die Annahme der Vererbbarkeit erworbener Eigenschaften in der Tat nicht hinein. Daß aber eine Zeit kommen wird, in der man daran glaubt, daß erworbene Eigenschaften übertragbar sind, oder in der Stammesgeschichte ehemals waren, dafür sprechen schon manche gewichtige Anzeichen. Die Mixovariationen, die durch die geschlechtliche Vereinigung verschiedener Idioplasmen entstehen, sind das eigentliche Gebiet der Vererbungslehre. Bei den zahllosen Kombinationsmöglichkeiten, die bei der Kreuzung mehrfacher Heterozygoten entstehen können, hat man gemeint, daß alle erblichen Variationen Mixovariationen sein müssen. Das ist aber nicht der Fall, denn es entstehen auch bei ungeschlechtlich sich fortpflanzenden Individuen plötzlich neue Rassen, die ihre Eigenschaften vererben. Und so nimmt man an, daß auch bei geschlechtlich sich fortpflanzenden Lebewesen aus ganz unbekannten Ursachen und in sehr wechselnder Häufigkeit ein neuer mendelnder Unterschied auftritt. Natürlich kann nur eine außerordentlich lange Generationskette zur wirklichen Feststellung einer neuen Eigenschaft verwendet werden. Diese neuen Eigenschaften müssen dann vererbbar sein. Die Chromosomfanatiker müssen diese Neubildungen auf Störungen der Teilungsvorgänge in den Gameten z. B. bei der Produktion der Chromosomen zurückführen, wobei dann unregelmäßige Teilungen einer Zelle zu viel oder zu wenig Chromomeren übermitteln (Gewinn- und Verlustmutationen). Beim Menschen wissen wir von diesen Vorgängen in den Gameten nichts. Daß diese Mutationen für die Abstammung, in dem sie neue Biotypen liefern, von Bedeutung sind, nahm man früher an. Ihre Rolle dabei ist aber nicht sehr bedeutend, falls immer den heutigen ähnliche Lebensbedingungen geherrscht haben, da sie meist nicht lebensfähige Individuen liefern, die während der Entwicklung oder nach der Geburt zugrunde gehen. Bei der Seltenheit, mit der diese Idiovariationen auftreten, darf man vielleicht annehmen, daß die meisten Individuen beim Menschen, die wohl mehrfache Heterozygoten sein müssen, doch für überaus viele Erbfaktoren Homozygoten sind. „Besonders diejenigen Gene, welche die konstanten Arteigenschaften hervorrufen, bleiben wohl meistens in allen fertilen Gameten bestehen. Dieselben Entwicklungsstadien, die sie bei unseren Vorfahren hervorbrachten, zwingen sie noch heute bei uns selbst hervor. So erklären sich die Rekapitulations-Phänomene in der Ontogenie ganz einfach daraus, daß es identische Gene sind, die bei Vorfahren und Nachfahren wirksam sind." So können die sonst ganz rätselhaften Embryonalorgane und manche seltsamen Erscheinungen in der Entwicklung und Ausbildung der Lebewesen erklärt werden (Broman).

Wenn man die hier nur ganz kurz entwickelten Prinzipien der Vererbung überdenkt, dann wird man namentlich für die Vererbbarkeit von Krankheiten nicht entscheiden können, ob es sich um wahre Vererbung oder nur um Wirkung von Intoxikationen usw. während der Entwicklung und später handelt. Ferner sind in jedem Merkmal eines Menschen mindestens zwei erbliche Anlagen vorhanden, deren eine vom Vater, die andere von der Mutter stammt. Eine von diesen Anlagen gibt er weiter an das Kind, aber es ist zufällig, ob er seine väterliche oder mütterliche Anlage weiter gibt.

Wenn auch in neuester Zeit vielfach mit einem gewissen Stolz von den Ergebnissen der experimentellen Vererbung gesprochen wird, so muß man immer bedenken, daß oft nur das Nichtwissen von wirklich kausal erklärten Geschehen verborgen wird hinter Worten und Bezeichnungen, die an sich nichts weniger als eine Erklärung sind. Es ist aber zu hoffen, daß wir doch allmählich zu einem wirklichen Verstehen kommen werden, soweit es überhaupt erreichbar ist, da viele bedeutende Forscher gerade hier am Werke sind.

IV. Entwicklung.

Die Entwicklung wird bei der Beschreibung der Vorgänge im ersten Monat in aufeinanderfolgende Stadien eingeteilt werden, wobei aber sogleich hervorzuheben ist, daß sich diese natürlich keineswegs scharf voneinander trennen, sondern im Gegenteil vielfach ineinander greifen. Auch spielen sich die Entwicklungsvorgänge durchaus nicht bei allen Klassen und Ordnungen ganz in der gleichen Folge ab; selbst einander nahestehende Spezies können hierin bemerkenswerte Unterschiede zeigen. Hier werden die Stadien so aufgestellt, wie sie bei der Entwicklung des menschlichen Eies aufeinander folgen und auseinander hervorgehen.

Erstes Stadium.

Furchung, Morula, Blastula.

Vor langer Zeit schon hatte man bemerkt, daß die Oberfläche eines Froscheies, das in die Entwicklung eingetreten ist, aussieht, als seien Furchen in ihm eingeritzt (Abb. 142—146). Später hat man dann erkannt, daß die Furchen nur die leicht gerundeten, aneinander stoßenden Ränder der Zellen sind, in die das befruchtete Ei zerfallen ist. Der Ausdruck Furchung ist aber für den Vorgang, der sich im ganzen Tierreich in ähnlicher Weise abspielt, in Gebrauch geblieben.

Die Furchung verläuft bei den sehr dotterarmen Eiern des am niedersten stehenden Wirbeltieres, des Amphioxus, sehr einfach. Die höher stehenden Wirbeltiere bekommen für ihre Entwicklung eine kleinere oder größere Menge von Dottermaterial

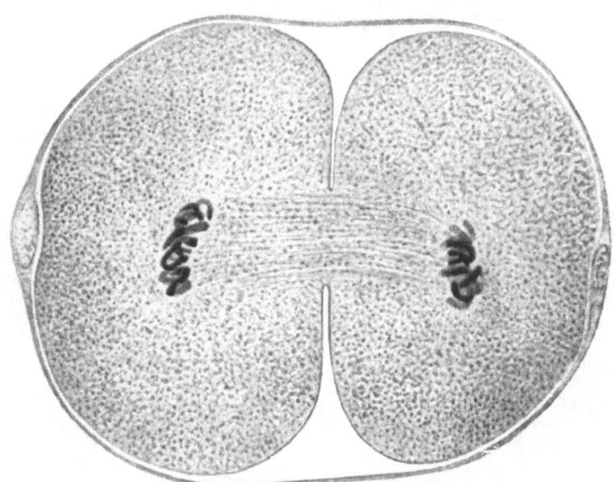

Abb. 134. Ei der Maus, erste Teilung. Gezeichnet bei 1200facher Vergrößerung; zur Reproduktion um etwa $^1/_{10}$ verkleinert. Unter der Membrana pellucida sind rechts und links Teile der Richtungskörperchen sichtbar. Die breite achromatische Spindel hat in dieser Ebene fast nur parallel verlaufende Fäden. Die Membran der Zellen ist bis auf ein kleines Stückchen im Gebiet der achromatischen Spindel gebildet. (Feine Verunreinigungen, die im Präparat selbst von Niederschlägen der Konservierungsflüssigkeit herrühren, sind in der Zeichnung fortgelassen.)

mit, wodurch der Ablauf ihrer Furchung beeinflußt wird. Unter den Säugetiereiern sind aber nur diejenigen der Monotremen, da sie gleich nach dem Beginn der Entwicklung abgelegt werden, dotterreich geblieben, die anderen, die intrauterine Entwicklung durchmachen, haben infolgedessen den Dotter wieder verloren, wodurch ihre Furchung eine Einfachheit zurückgewonnen hat, welche die des Amphioxus in gewissen Punkten übertrifft. Obwohl sie also am Ende der Reihe stehen, ist man deshalb doch berechtigt, hier mit ihnen zu beginnen.

Totale und äquale Furchung; so nennt man die Furchung der Säugetiereier, weil sie sich in ihrer Totalität teilen und dabei ungefähr gleich große Teilzellen produzieren.

Die beiden ersten Embryonalkerne, die sich aus väterlicher und mütterlicher Substanz zu gleichen Teilen zusammensetzen, sind so entstanden, wie es oben beschrieben wurde. Nun folgt die Teilung des Cytoplasmas des befruchteten Eies, so daß dieses dann aus zwei gleich großen Zellen, auch Blastomeren (βλαστός Keim; μέρος Teil) genannt, besteht, die sich einigermaßen aneinander abplatten (Abb. 134, 136). Der ersten Teilung folgen weitere mit nur kurzen Zwischenpausen. Das Endresultat ist ein Haufen kleiner, aber ziemlich gleichgroßer kugeliger Zellen, der vom Oolemma und der inzwischen auf diesem niedergeschlagenen Gallerthülle umschlossen wird. Die Kugelform der Zellen bringt es mit sich, daß die Oberfläche des Zellenhaufens höckerig erscheint. Man verglich ihn deshalb mit einer Maulbeere und nannte ihn Morula (Abb. 138, 141). Zwischen den Blastomeren bleiben kleine Spalträume, die mit Flüssigkeit gefüllt sind. Dieselben fließen miteinander zusammen und bilden endlich eine größere Höhle, die Furchungshöhle, Blastocöl (κοῖλος hohl) (Abb. 139).

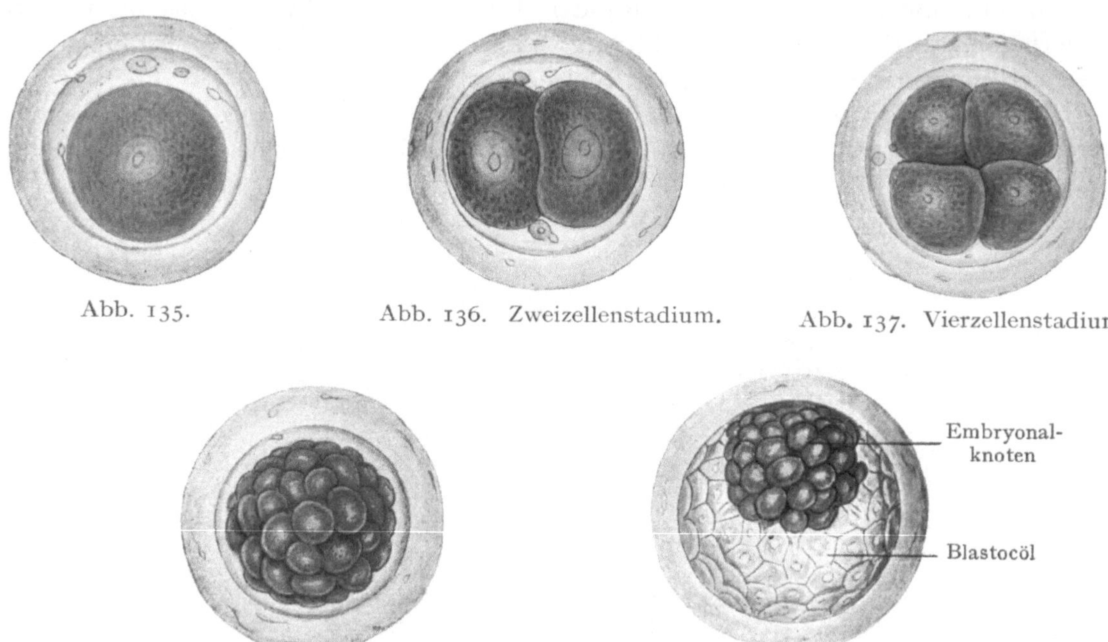

Abb. 135. Abb. 136. Zweizellenstadium. Abb. 137. Vierzellenstadium.

Abb. 138. Morula. Abb. 139. Blastula.

Abb. 135—139. Erste Entwicklungsstadien des Kanincheneies (Coste 1859).

Die in ihr enthaltene Flüssigkeit übt einen Druck auf die sie umgebenden Zellen aus, so daß sich diese nach Art einer einfachen Epithelschicht aneinander abplatten. Es ist damit die Keimblase, Blastula (Vesicula blastodermica) entstanden. Vom animalen Pol aus ragt ein Häufchen rundlicher Blastomeren in die Höhle hinein (Embryonalknoten) (Abb. 164). Gerade er aber ist von höchster Bedeutung, denn er enthält das Material zur Entstehung des Embryos.

Totale, adäquale Furchung. Bei den Eiern des Lanzettfisches, welche wie die der Säugetiere isolecithal sind, sind die Blastomeren, die bei der Furchung entstehen, nicht gleich groß, sondern es sind die der vegetativen Seite etwas größer, die der animalen etwas kleiner, was zu der Bezeichnung „adäqual" Veranlassung gegeben hat. Die Furchung spielt sich in sehr regelmäßiger Weise ab (s. unten). Die als Endresultat der Furchung entstehende Blastula ist einfacher gebaut wie die der Säugetiere, ihr fehlt der Embryonalknoten, und ist ihr deswegen, wie die spätere Entwicklung ergeben wird, nicht ohne weiteres vergleichbar oder homolog.

Totale inäquale Furchung. Wie bei den Eiern des Lanzettfisches, so ist auch bei denen der Cyklostomen, Ganoiden und Amphibien der Ablauf der Furchung insofern ein sehr regelmäßiger, als die einzelnen Zellteilungen in einer weit bestimmteren

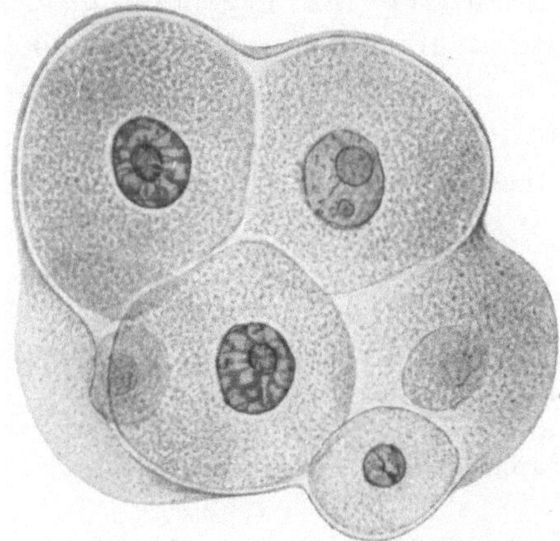

Abb. 140. Schnitt durch ein Ei der Maus, das etwa in zwölf Zellen gefurcht ist. Die Membrana pellucida legt sich den einzelnen Zellen außen dicht an. Ein Richtungskörperchen ist unten mit einem sehr kleinen Kern deutlich zu sehen, ein anderes liegt etwas tiefer als die Schnittebene und ist deshalb nur undeutlich zu erkennen. Gezeichnet bei 1000facher Vergrößerung und zur Reproduktion um $^1/_{10}$ verkleinert.

Reihe aufeinander folgen wie bei den Säugern. Die Furchung beginnt am animalen Pol, also da, wo am meisten Ooplasma und am wenigsten Dottersubstanz vorhanden ist (daher: Keimpol). Von da aus schneidet sie nach dem vegetativen Pol durch. Die

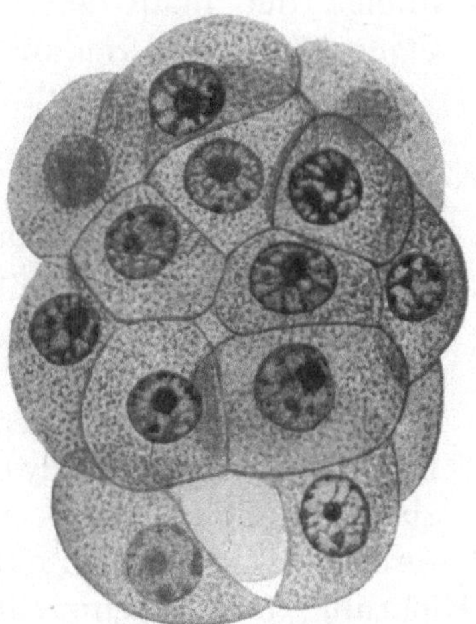

Abb. 141. Teilungsstadium des Eies der Maus. Medianschnitt durch den Keim. Gezeichnet bei 1000facher Vergrößerung, zur Reproduktion etwa um $^1/_{10}$ verkleinert. In diesem Stadium gelangt der Keim in den Uterus. Die Membrana pellucida ist verschwunden. Ein Richtungskörperchen ist hier nicht getroffen. Am unteren Pol des Keimes ist der Beginn der Höhlenbildung zu sehen. Damit würde der Keim etwa dem Ende der Morulabildung entsprechen, es ist aber ein Unterschied zwischen den Zellen, die den Keimling und denen, die nur zur Ernährung des späteren Embryo dienen, nicht zu erkennen.

beiden ersten Blastomeren sind gleich groß und platten sich, abgesehen von der Randfurche, aneinander ab. Nach kurzer Ruhe folgt eine zweite Teilung in einer Ebene, die gegen die erste um einen rechten Winkel gedreht ist, so daß vier Quadranten nach Art einer Apfelsine entstehen (Abb. 143). In den Schnittpunkten der Teilungsebenen sind jetzt zwei Pole festgelegt, von denen der eine der animale, der andere der vegetative ist. Man kann diese Teilungen in Vergleichung mit dem Erdglobus meridionale nennen. Jetzt folgt eine Teilung in äquatorialer Richtung (Abb. 144), die aber nach dem animalen Pol hin verschoben ist, so daß die nach diesem hin gelegenen Zellen kleiner, die nach dem vegetativen hin liegenden größer sind (Mikromeren und Makromeren). Die ungleichmäßige Teilung ist aber nicht etwa auf Rechnung eines ungleichartigen Verhaltens des Cytoplasmas zu setzen, sondern kommt lediglich daher, daß dem der vegetativen Eihälfte mehr Dotterelemente beigemischt sind, die bei der Teilung eine rein passive Rolle spielen, aber die Masse der Zellen, in die sie

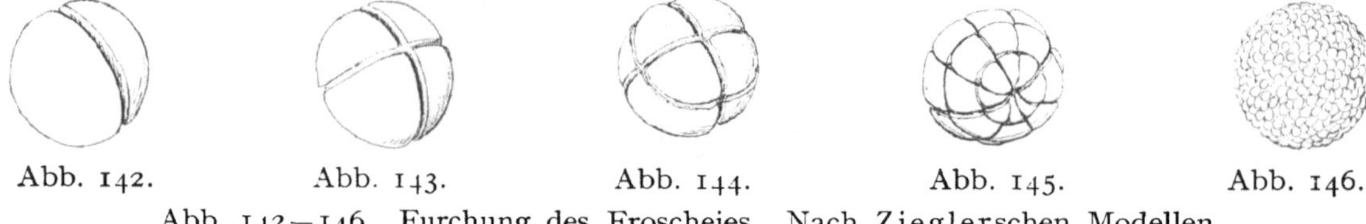

Abb. 142. Abb. 143. Abb. 144. Abb. 145. Abb. 146.

Abb. 142—146. Furchung des Froscheies. Nach Zieglerschen Modellen.

eingeschlossen sind, vergrößern. Das Dottermaterial behindert auch die Teilung des Cytoplasmas, so daß schon die ersten Furchen am vegetativen Pol langsamer durchschneiden als am animalen. Die vierte und fünfte Teilung ist wieder meridional, die sechste und siebente der Äquatorialebene parallel (latitudinal). Die Teilungen gehen nun alternierend weiter (Abb. 145), bis eine Morula (Abb. 146) entstanden ist, die aus Mikromeren der animalen und Makromeren der vegetativen Hälfte der Eier besteht.

Das Blastocöl, dessen erste Spuren schon im Achtzellenstadium auftreten als sog. Furchungshöhle, ist infolge der inäqualen Furchung exzentrisch gelegen. Seine Wand ist am animalen Pol am dünnsten und verdickt sich allmählich nach der vegetativen Seite hin.

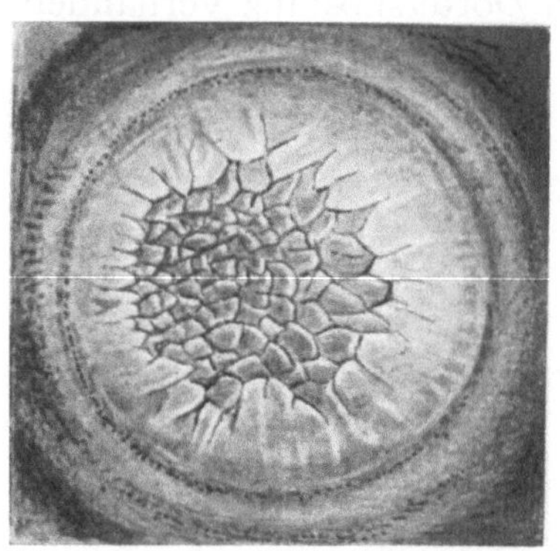

Abb. 147. Furchung des Hühnereies, von oben gesehen. (Duval 1889.)

Diskoidale, inäquale Furchung. Bei den Eiern mit scheibenförmig angeordnetem Ooplasma und großem, sehr protoplasmaarmem Dotter, wie sie den Selachiern, Teleostiern, Reptilien, Vögeln und Monotremen zukommen, geht die Furchung nur in dem ersteren vor sich, während der letztere ungefurcht bleibt. Man nennt deshalb diese Eier auch meroblastische (teilweise gefurchte) im Gegensatz zu den anderen holoplastischen (im ganzen gefurchten). Die Zellteilungen erfolgen in radiärer, cirkulärer und tangentialer Richtung, und es entsteht keine kugelförmige Morula, wie bei den anderen Wirbeltieren, sondern ein flächenhaft ausgebreiteter Keim (Abb. 147), der jedoch seiner Bedeutung nach einer Morula entspricht. Die oberste Zellenschicht ist epithelial angeordnet und setzt sich aus central gelegenen Mikromeren und peripherisch gelegenen Makromeren zusammen. Unter ihr liegen locker zusammenhängende, rundliche, größere Zellen. Die bedeutendere Größe der peripherischen Makromeren und der tiefer gelegenen Zellen (Dotterzellen) erklärt sich dadurch, daß sie sich mit Dotterelementen beladen; sie entsprechen dadurch den Makromeren des Amphibieneies (Abb. 148). Das Blastocöl tritt als Spalte zwischen den tiefen, locker miteinander verbundenen Dotterzellen und dem Dotter selbst auf (Abb. 149). In die oberflächlichen Schichten des Dotters sind vom Keim her Zellen eingewandert, die ein Syncytium (Dottersyncytium) bilden. Das entspricht im wesentlichen den dotterreichen Zellen des vegetativen Poles eines Amphibieneies. Es nimmt aus dem Dotter das Nährmaterial auf, das die uhrglasförmige Keimhaut zu ihrer Entwicklung bedarf.

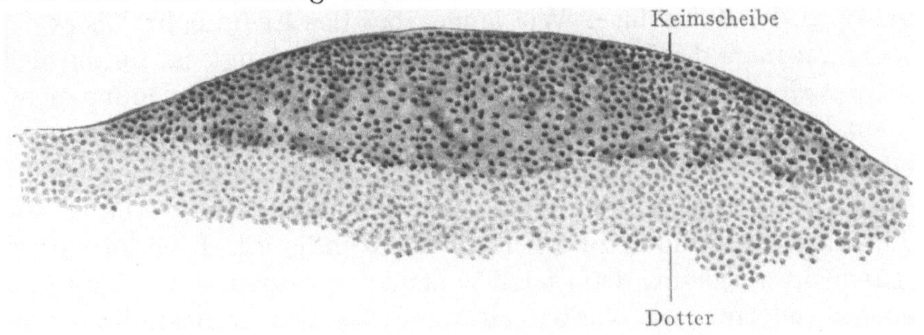

Abb. 148. Morula des Sperlings. Durchschnitt.

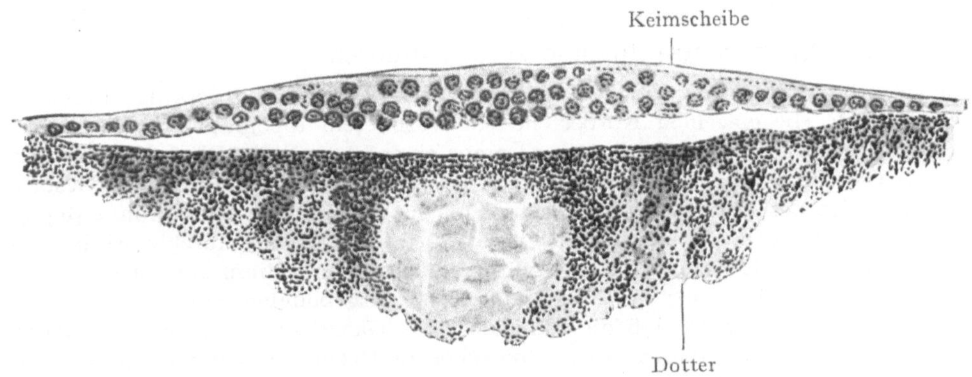

Abb. 149. Blastula des Sperlings. Durchschnitt.

Betrachtet man die abgelöste Keimhaut eines Vogels von oben her bei durchfallendem Licht, dann erscheint der mittlere Teil hell und durchscheinend, heller Fruchthof, Area pellucida. Er ist umgeben von einer weniger durchscheinenden Schicht, dem dunklen Fruchthof, Area opaca. Der letztere entsteht dadurch, daß die tiefere Schicht des Keimes, die Dotterzellen, sich daselbst wulstförmig zum Randwulst (Keimwulst, Keimwall) anhäufen, was die Durchsichtigkeit beeinträchtigt.

Die Regelmäßigkeit in der Folge der Zellteilungen im Verlauf der Furchung, die besonders bei den Amphibieneiern sehr leicht zu beobachten ist, wird allem Anschein nach von der jedesmaligen Form der einzelnen Zellen bedingt. Die Pole der Kernspindel stellen sich immer in der Richtung der größten Cytoplasmamasse ein (O. Hertwig) und da die Teilung stets im rechten Winkel auf die Achse der Kernspindel erfolgt, wird die Zelle jedesmal in die für ihre eigene Masse und für die Form der Tochterzellen günstigsten Weise in ihre beiden Hälften zerlegt. Man kann also „den Furchungsprozeß als eine Sukcession aufeinander folgender Zellteilungen auffassen, von denen eine jede in ihrem Charakter durch die Konstellation von Kernprotoplasma und Nahrungsdotter bestimmt wird, wie sie sich aus dem Ablauf der vorangegangenen Teilung ergeben hat" (R. Hertwig 1903). Daß gewisse Teilungsformen vorkommen, die einer Erklärung Schwierigkeiten verursachen, kann nicht überraschen, da die Anordnung der einzelnen Zellenbestandteile eine komplizierte und keineswegs immer vollkommen durchsichtige ist.

Der Ablauf der Furchung ist ein verschieden rascher, er richtet sich danach, wie viel Dottermaterial von dem Teilungsvorgang zu überwinden ist. Bei Säugern verläuft sie während des Durchtrittes durch den Eileiter; im Uterus angelangt, bildet das abgefurchte Ei die Keimblase. Wie lange aber das Ei braucht, bis es nach der Befruchtung, oder gar nach der Begattung, in den Uterus gelangt, ist für die meisten Arten unbekannt. Speziell vom menschlichen Ei weiß man in dieser Beziehung nichts Näheres, denn weder ein Furchungs- noch ein Blastulastadium ist von ihm bekannt geworden.

Die Bedeutung der Furchung ist in erster Linie darin zu sehen, daß das Kernmaterial des befruchteten Eies eine ganz gewaltige Vermehrung erfährt, was als Vorbedingung für seine Umformung zum Embryo notwendig ist. Eine formative Tätigkeit wird dabei gar nicht ausgeübt, denn nach vollendeter Furchung ist das Ei noch ebenso groß und ebenso geformt, wie vorher. Erst mit dem Blastulastadium tritt eine beträchtliche Vergrößerung ein. Das reife Ei eines Säugetiers besitzt einen Durchmesser von 0,1—0,2 mm, die Säugetierkeimblase einen solchen von 1,25 bis 2,0 mm. Auch jetzt noch ist aber die Vergrößerung nicht auf eine solche des eigentlichen Keimes, sondern nur auf Flüssigkeitsaufnahme zurückzuführen.

Eine höchst interessante, vielfach ventilierte und experimentell geprüfte Frage ist es, ob im befruchteten Ei die einzelnen Körperteile von vornherein topographisch festgelegt sind, so daß aus einem gegebenen Stück Ooplasma oder aus einer bestimmten Blastomere immer nur ein und dasselbe Gebilde entstehen kann (Evolution), oder ob die Fähigkeit zur Gestaltung des Ganzen allen Teilen des Eies und allen Blastomeren in gleicher Weise innewohnt (Epigenese). Es gelang bei Wirbellosen, bei Amphioxus und beim Seeigel das gefurchte Ei im Zweizellenstadium, in manchen Fällen auch im Vier-, selbst im Achtzellenstadium in seine einzelnen Blastomeren zu zerlegen und aus jeder von ihnen einen voll ausgebildeten Embryo zu züchten. Dies liefert den vollgültigen Beweis, daß die Fähigkeit, das Ganze zu gestalten, jeder dieser Zellen in gleicher Weise zukommt, daß also die Epigenese zu Recht angenommen werden muß. Da nun sämtliche Zellen des Körpers aus den Blastomeren hervorgehen, so ist der Schluß erlaubt, daß eigentlich jede derselben auch die Fähigkeit haben müßte, einen ganzen Embryo zu bilden. Dies ist bekanntlich nicht der Fall und es versagt das Experiment der Isolierung der Blastomeren schon sehr bald. Man wird also annehmen müssen, daß die besonderen Verhältnisse, in die die einzelnen Zellen bei ihrer gegenseitigen Gruppierung geraten, ihre Gestaltungskraft unterdrücken, latent werden lassen. Die Blastomeren halten sich gegenseitig in Schach und jede einzelne wird von ihren Partnern gezwungen, ihren molekularen Bau soweit zu modifizieren, daß sie sich harmonisch dem ganzen Bauplan einfügt. Wird eine Blastomere von ihren Partnern befreit und sich selbst überlassen, dann können sich auch die ihr innewohnenden Kräfte frei und ungehemmt entfalten. Ist einmal das Cytoplasma so starr, daß es sich nicht sogleich den veränderten Verhältnissen anbequemt, dann beharrt auch eine isolierte Blastomere auf dem einmal eingeschlagenen Weg und liefert bei ihrer weiteren Entwicklung nicht einen ganzen Organismus, sondern nur einen Teil desselben (Ctenophoren). Auch wenn man die beiden Blastomeren der ersten Furchung nicht voneinander trennt, sondern nur die eine von ihnen abtötet, sie aber in ihrer Lage beläßt, so genügt dies schon, die Entstehung eines Halbembryos zu veranlassen, während bei einer vollständigen Trennung aus den isolierten Blastomeren ein ganzer entsteht (Amphibien).

Die ursprüngliche Gestaltungskraft bleibt im späteren Leben nur den Generationszellen ungeschmälert erhalten, und sie sind es, welche sich auf der primitiven und undifferenzierten Stufe der ersten Furchungszellen erhalten. Ihr Cytoplasma enthält einfach körnige Chondriosomen. Wenn die Zellen durch die Keimblattbildung erst in die Bildung des Körpers selbst eintreten, werden die Chondriosomen fadenförmig differenziert. Man kann nun verfolgen, wie die im hintersten Abschnitt des Embryos liegenden Zellen, ohne eine solche Differenzierung des ursprünglichen Zustandes zu erleiden, aus dem Entoderm durch das Mesenterium in das Keimepithel der Urniere wandern, wo sie sich nach einer Reihe von Generationen in Oogonien und Spermatogonien umwandeln (Rubaschkin 1912). Bei den Pflanzen besitzt oftmals ein ganz kleiner Teil der fertigen Individuen (Stücke eines Blattes usw.) die Fähigkeit eine ganze Pflanze mit allen ihren Teilen zu erzeugen.

Auch den somatischen, (Körper-)Zellen der Tiere geht jedoch die Gestaltungskraft nicht gänzlich verloren; die Möglichkeit der Regeneration verlorener Körperteile, die bei der einen Tierart in höherem, bei der anderen in geringerem Grade vorhanden ist, die selbst dem hoch differenzierten menschlichen Körper nicht völlig fehlt, ist nur ein teilweises Wiederaufleben der latenten Fähigkeiten, die alle Zellen von Haus aus besitzen.

Die Zahl der Forscher, welche sich mit Experimenten an Eiern im Furchungsstadium beschäftigt haben, ist sehr groß; es seien genannt: Pflüger, Born, O. Hertwig, Driesch, Roux, O. Schultze, Chabry, Wilson, Chun, Fischel, Morgan u. a.

Zweites Stadium.

Gastrula. Keimblätter.

Mit der Ausbildung der Blastula ist die Wandlung des Eies, so weit sie die eigentliche Entwicklung vorbereitet, beendet und es beginnt jetzt die Umformung zum Embryo[1]. Bei der Mehrzahl der Wirbellosen und bei dem niedrigsten Wirbeltier, dem Amphioxus, hat sich die Larve durch Aufnahme der Nahrung von außen her zu erhalten, zu welchem Zwecke sich die schon von Anfang an nicht ganz gleichartigen Zellen der Blastulawand in zwei funktionell scharf voneinander unterschiedene Lagen trennen. Dies geschieht in der Art, daß sich die Blastula vom vegetativen

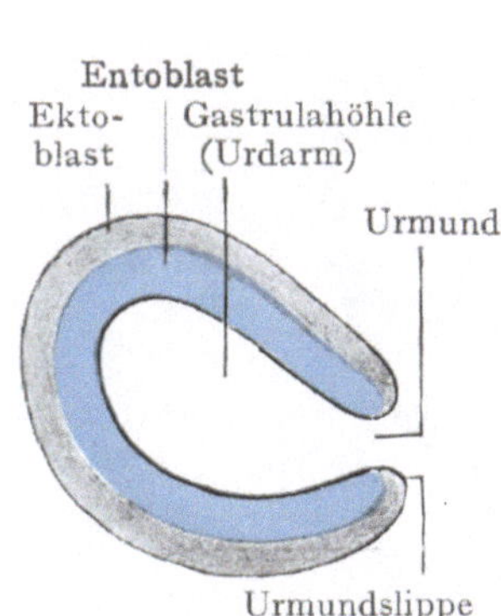

Abb. 150[2]. Gastrula des Amphioxus. Schematisch.

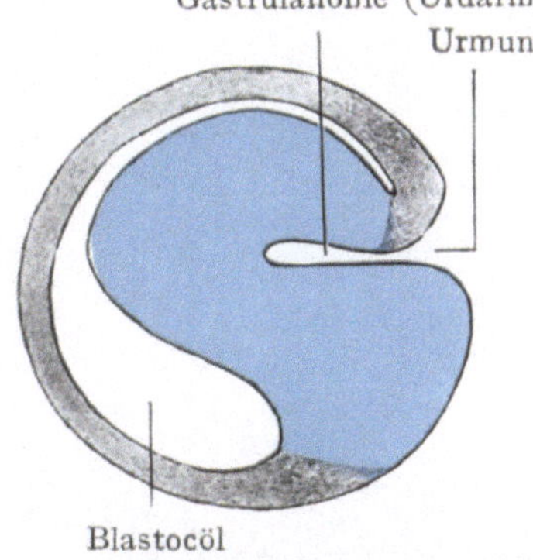

Abb. 151. Gastrula des Frosches. Schematisch.

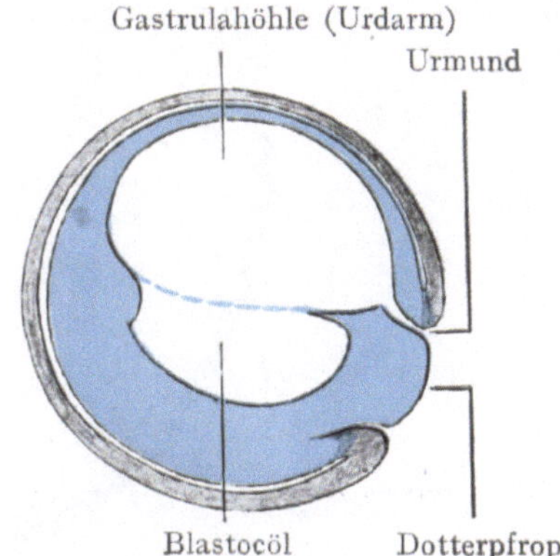

Abb. 152. Gastrula der Kröte Schematisch.

Pol aus in sich selbst einstülpt, wodurch sie sich in einen säckchenartigen, zweischichtigen Hohlkörper umwandelt, mit einer Öffnung, die in den Hohlraum hineinführt (Abb. 150). Die äußere Lage, der Ektoblast (Ektoderm, äußeres Keimblatt), bildet die äußere Körperbedeckung, die innere Lage, der Entoblast (Entoderm, inneres Keimblatt), übernimmt die Verdauungstätigkeit und durch die Öffnung, die in den Hohlraum führt, den Urmund, treten die Nahrungsmittel in den Hohlraum ein, das Unverdauliche auch wieder aus ihm aus. Eine indifferente Stelle, weder vollständig Ektoblast, noch vollständig Entoblast, ist der Rand des Urmundes, den man als die Urmundslippen bezeichnen kann. Das Blastocöl ist zu einer linearen Spalte zwischen Ektoblast und Entoblast verengt.

Da die ganze Larve eigentlich nichts weiter darstellt, wie einen kleinen Magen, nennt man sie Gastrula (γαστήρ Magen). Den Hohlraum, den sie umschließt, bezeichnet man als Gastrulahöhle oder Urdarm.

[1] ἔμβρυον von ἐν und βρύω wachsen; das in einem anderen Wachsende.

[2] In dieser und einer Anzahl späterer Abbildungen ist immer der Ektoblast grau, der Entoblast blau und der Mesoblast rot gezeichnet.

Bei der weiteren Entwicklung haben sich nun die beiden Blätter und die Umgrenzung des Urmundes in die Bildung sämtlicher Gewebe und Organe des Körpers zu teilen, wodurch sie eine fundamentale Bedeutung gewinnen; deshalb ist auch die Entstehung der beiden Keimblätter, Ektoblast und Entoblast, ein Stadium, das alle Wirbeltiere durchlaufen müssen; da sie aber sämtlich ihre Ernährung in anderer Weise finden wie der Lanzettfisch, so verliert die Gastrulahöhle stark an Bedeutung und tritt mehr und mehr zurück, während die beiden Keimblätter, bis zum Menschen hinauf, immer wieder angelegt und zur Bildung der Gewebe und Organe benützt werden. Wenn nun also zwar bei den höheren Wirbeltieren ein gleichartiges Resultat erzielt wird, so ist doch schon der ursprüngliche Bau der Eier und der Blastula bei den verschiedenen Klassen und Arten ein so verschiedener, daß die Einzelheiten der Gastrulation ganz erhebliche Unterschiede von der des Amphioxus und auch unter

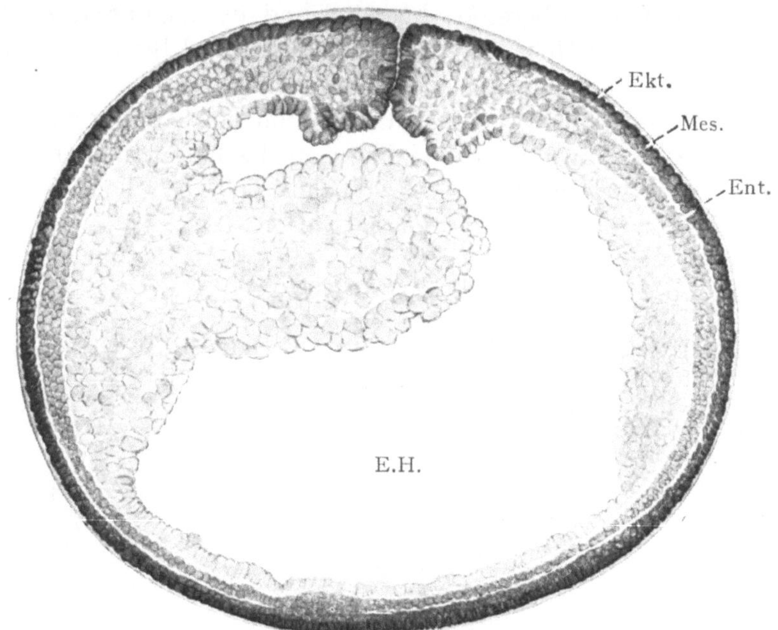

Abb. 153. Schnitt durch den Urmund des Frosches quer zur Medianebene der Larve. Vergleiche das Bild vom Säugetier Abb. 169. Die Ektoblastzellen sind ganz schwarz gefärbt durch natürliches Pigment. Da das Präparat ungefärbt ist, sind Kerne nicht zu erkennen. Die Urdarmhöhle ist mit der Ergänzungshöhle vereinigt (E.H.). Die Bezeichnungen sind sonst dieselben wie in Abb. 169. Vergrößerung etwa 42fach.

sich zeigen. Sie ist oft so verwischt, daß eine Einigung in der Deutung gar mancher schwieriger Bilder noch nicht erzielt werden konnte.

Lasse ich alles beiseite, was nicht zum Verständnis der einschlägigen Verhältnisse beim Menschen nötig ist, dann ist mit den Amphibien zu beginnen. Bei ihnen sind, wie erwähnt, die Eier von Anfang an mit einer größeren Dottermenge ausgestattet, die in der in Rede stehenden Zeit eine Ernährung von außen her unnötig macht. Trotzdem aber bildet sich eine Gastrulahöhle, die durch einen schlitzförmig verlängerten Urmund zugänglich ist (Abb. 151). Der Urdarm erstreckt sich bei den einen mehr, bei den anderen weniger weit in die Tiefe und ist anfänglich sehr eng, während das Blastocöl eine geräumige Höhle darstellt. In der Folge weitet sich die Urdarmhöhle aus und verdrängt dadurch das Blastocöl, ähnlich wie bei Amphioxus, in anderen Fällen (z. B. Kröten) (Abb. 152, 174) verengt sich das Blastocöl nicht, sondern es wird als geräumige Höhle von dotterhaltigen Zellen (blau) ganz umwachsen. Diese Höhle kann natürlich nicht mehr als Blastocöl bezeichnet werden, da diese auf der einen Seite von dotterarmen, auf der anderen Seite von dotterreichen Zellen begrenzt ist. Man hat deswegen diese ganz von dotterreichen Zellen ausgekleidete Höhle als Ergänzungshöhle bezeichnet; sie ergänzt die Urdarmhöhle nach Durchreißung der Grenzschicht zu der definitiven Darmhöhle (Enteroderm). Bei der Erweiterung der Urdarmhöhle verdünnt sich die Trennungsschicht zwischen beiden Höhlen und reißt schließlich durch, so daß jetzt Urdarmhöhle und Blastocöl zusammenfließen. Dabei

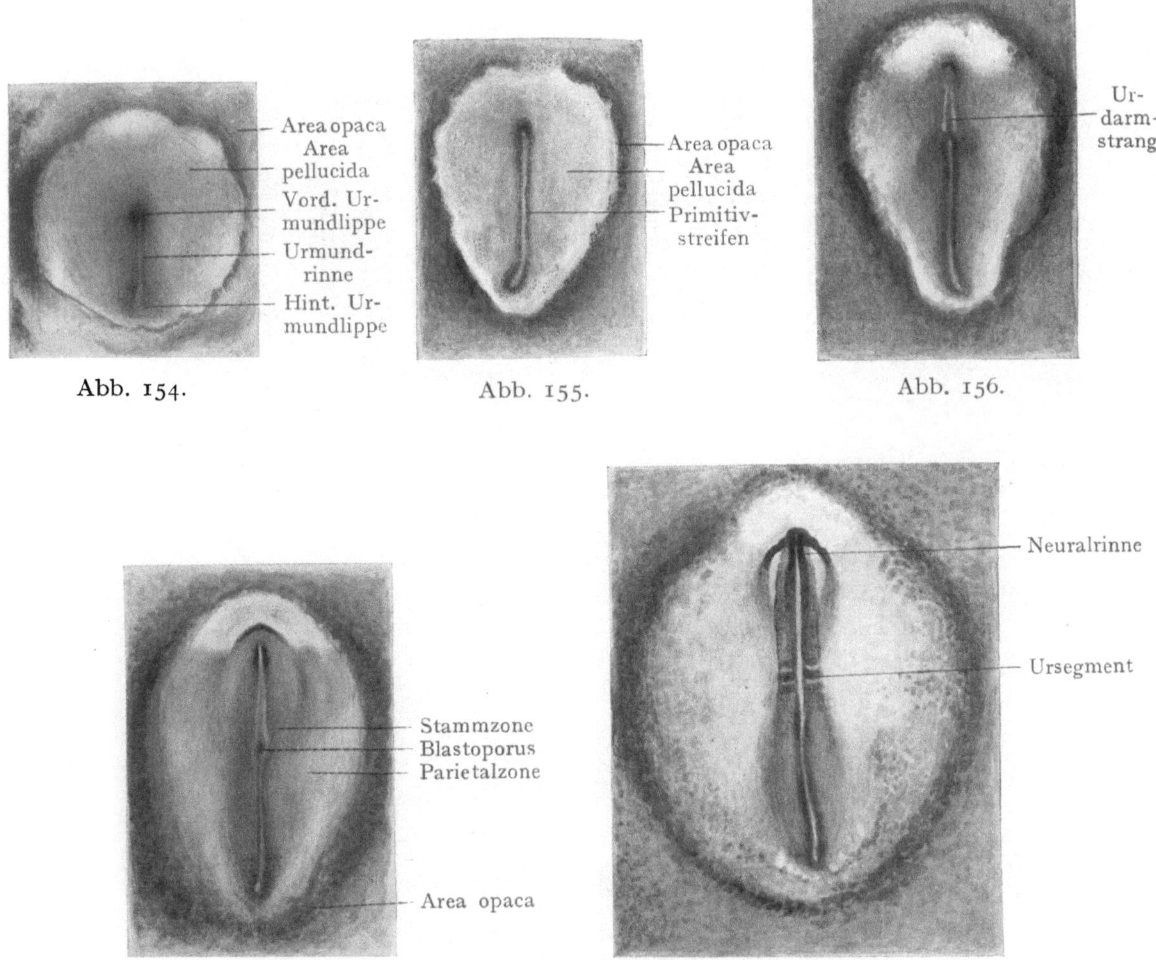

Abb. 154. Abb. 155. Abb. 156.

Abb. 157. Abb. 158.

Abb. 154—158. Keimscheiben vom Huhn. Verschiedene Entwicklungsstadien.

kann einmal der von der Urdarmhöhle, ein anderes Mal der vom Blastocöl gelieferte Anteil geräumiger sein. Die Wand des primitiven Darmes besteht also in diesen Fällen aus einer Decke, die von der ursprünglichen Wand der Gastrulahöhle und einem Boden, der von den dotterhaltigen nährstoffreichen Zellen des vegetativen Poles geliefert wird (Protentoblast und Dotterentoblast).

Die vordere Lippe des Urmundes wird von Anfang an von den Mikromeren des animalen Poles erreicht. Nach der anderen Seite schieben sich dieselben immer weiter um die Makromeren des vegetativen Poles herum, bis sie zur hinteren Lippe des Urmundes gelangen, aus dem noch eine Zeitlang die dotterhaltigen Zellen des Dotter-

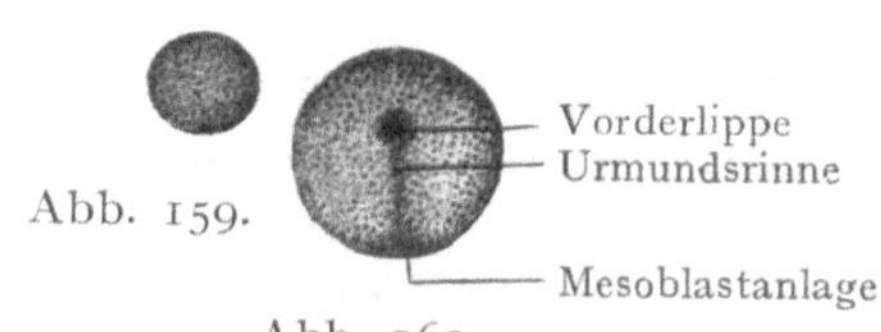

Abb. 159. Abb. 160.

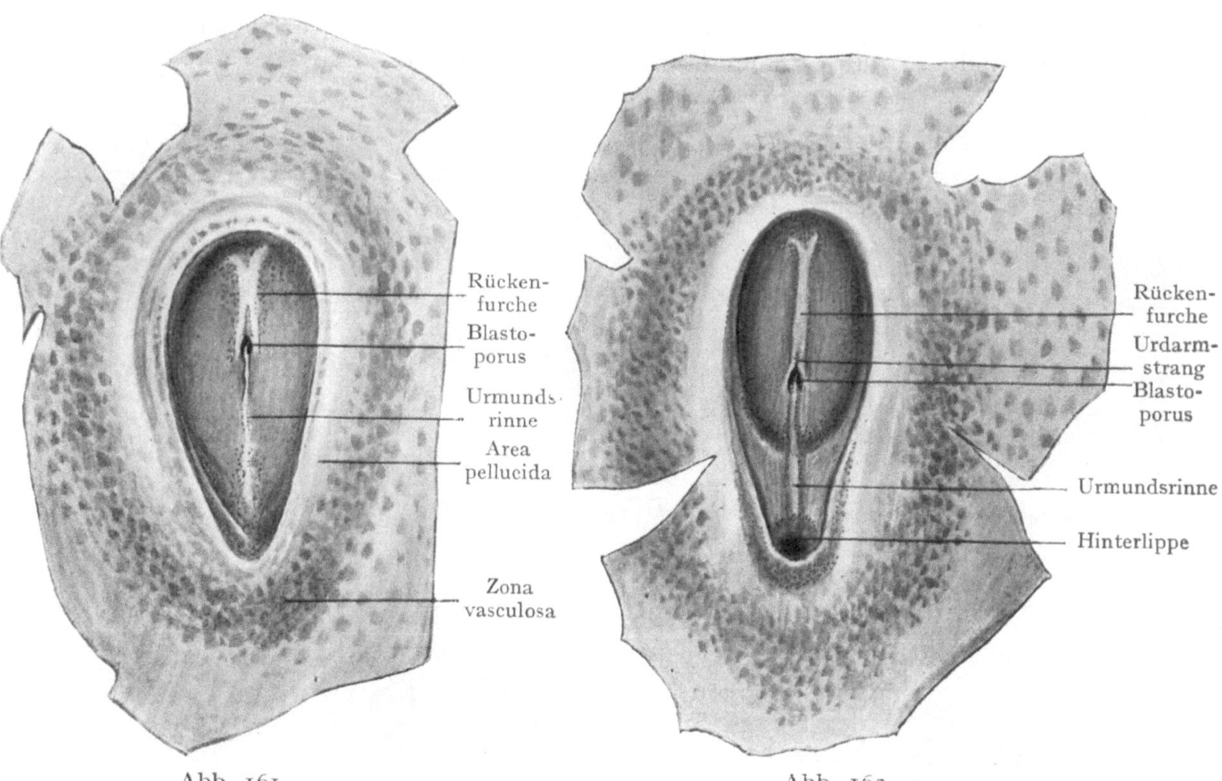

Abb. 161. Abb. 162.

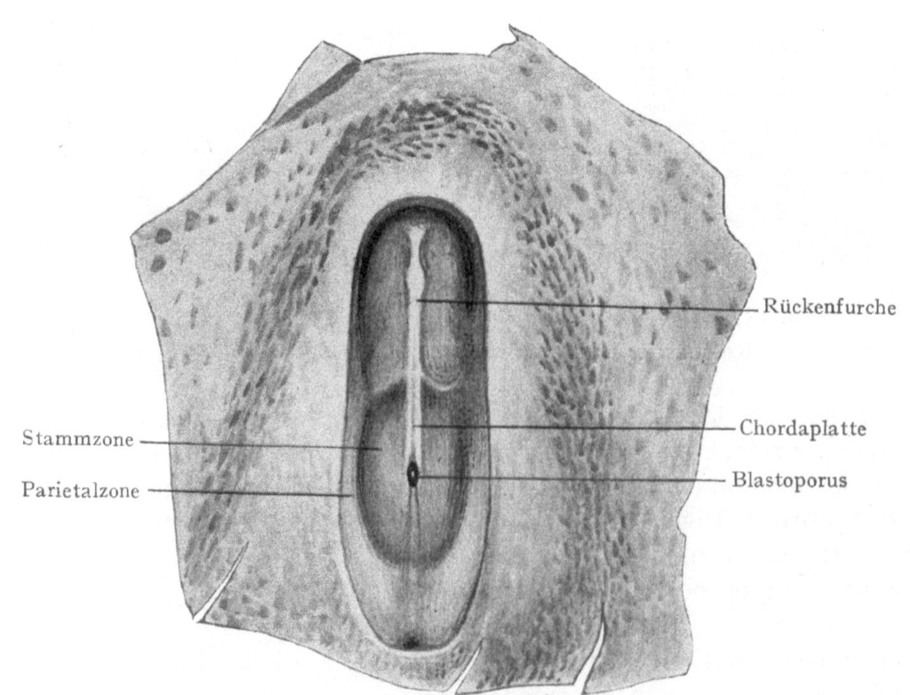

Abb. 163.

Abb. 159—163. Keimscheiben vom Hund. Verschiedene Entwicklungsstadien. (Bonnet 1897.)

entoblastes als Dotterpfropf (Abb. 152) hervorragen. Damit ist das Ei zweischichtig geworden und es stehen den dotterarmen Zellen des Ektoblasts die mit reichlichen Dottermengen beladenen des Entoblasts gegenüber.

Die Amnioten[1] erweisen sich in der Bildung ihrer Keimblätter als verwandt miteinander, obgleich die Eier der Reptilien und Vögel (Sauropsideneier) sehr dotterreich, die Säugetiereier, abgesehen von den eierlegenden Monotremen, sehr dotterarm sind. Das ganze Verhalten der Säugetiereier deutet jedoch darauf hin, daß sie früher ebenfalls dotterreich waren. Der Verlust des Dotters ist zweifellos auf ihre durchaus veränderte Entwicklungsweise, die sich intrauterin abspielt, zurückzuführen. Die Säugereier werden auch als tertiär dotterarm bezeichnet. Dies bringt es auch mit sich, daß sie keineswegs zu den einfachen Verhältnissen des Amphioxus zurückkehren, sondern daß sie sich so verhalten, als besäßen sie statt der mit Flüssigkeit gefüllten Blastulahöhle eine Dotterkugel, wie die Sauropsiden.

Bei den Sauriern ist noch eine Gastrulation zu beobachten, die sich der der Anamnier anschließt. Die Gastrulahöhle ist jedoch sehr klein und ihre untere Wand bricht bald durch, so daß jetzt die Gastrulahöhle und die Blastulahöhle einen gemeinsamen Raum, die Darmhöhle, bilden, wie es bei gewissen Anamniern (s. oben) der Fall ist. Wie bei ihnen wird nun das Dach der Darmhöhle vom Protentoblast, der übrige Teil der Wand vom Dotterentoblast gebildet. Bei Vögeln und Säugetieren ist der Vorgang noch weniger deutlich wie bei den Sauriern, überdies verspätet sich die Gastrulabildung und kommt erst zustande, wenn schon andere wichtige Umänderungen des Eies eingetreten sind. Am bequemsten studiert man zum Verständnis dieser den Keim eines Vogeleies, da sein Verhalten dem des Säugetiereies, also auch dem des menschlichen Eies, in diesem Stadium eng verwandt ist.

Untersucht man die Keimhaut eines dotterreichen Eies, z. B. eines Hühnereies, flach ausgebreitet in durchfallendem Licht, dann erscheint der eigentliche Keim als eine weniger durchsichtige Stelle, Embryonalschild genannt. Er ist umgeben von dem hellen Fruchthof, Area pellucida; nach außen von diesem folgt wieder ein Ring von trüberem Aussehen, der dunkle Fruchthof, Area opaca (Abb. 157). Die ganze Anlage ist in den ersten Stunden der Bebrütung von runder, nachher von ovaler und endlich von birnförmiger Gestalt. Die spitze Seite entspricht dem späteren Kaudalende des Embryos. Bei Säugetieren ist das Aussehen ganz ähnlich (Abb. 159 bis 163), doch ist die Bedeutung des dunklen Fruchthofes in beiden Fällen eine verschiedene. Beim Hühnchen wird er durch den unter der Keimhaut liegenden syncytialen Randwulst (S. 151) hervorgerufen, bei Säugetieren ist dagegen eine Verdickung des Ektoblasts seine Ursache.

Anfangs findet man am hinteren Ende des runden Embryonalschildes eine knopfförmige Verdickung (Gastrulaknoten) (Primitivknoten. Hensenscher Knoten), von der nach beiden Seiten eine sichelförmige Rinne ausgeht, die jedoch nicht immer vorhanden ist, und in jedem Fall bald schwindet. Der Knopf aber ist die Stelle des Urmundes, der jedoch erst nachträglich als kraterförmige Grube entsteht. Das Wachstum des Schildes erfolgt von seinem hinteren Umfang aus, was Veranlassung zu der Entstehung seiner erst ovalen, dann birnförmig zugespitzten Gestalt gibt. Die Urmundsgrube nimmt an der Verlängerung teil, indem sie sich nach hinten zu einem

[1] Die Sauropsiden (Reptilien und Vögel) und die Säugetiere besitzen im Gegensatz zu den niederer stehenden Wirbeltieren eine als Amnion bezeichnete Eihaut (s. unten). Man bezeichnet sie deshalb in ihrer Gesamtheit als Amnioten, im Gegensatz zu den amnionlosen Tieren, den Anamniern (Fische, Amphibien).

weißlichen Streifen auszieht. Dieser erweist sich leicht rinnenförmig vertieft und stellt die Urmundsrinne (Primitivrinne) dar, die beiderseits von den gewulsteten Urmundslippen flankiert wird; sowohl vorn wie hinten gehen diese durch eine gerundete Kommissur ineinander über (vordere und hintere Urmundslippe) (Abb. 154, 155, 160).

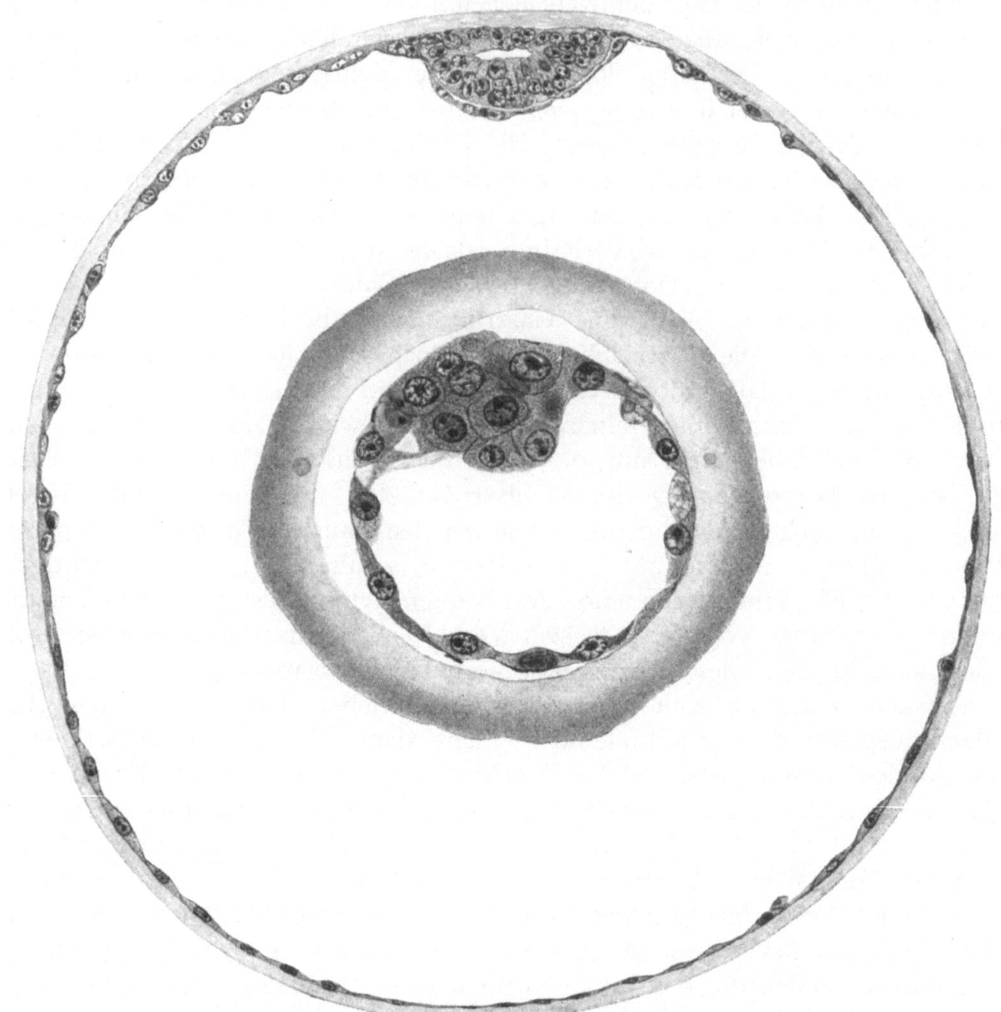

Abb. 164. Zwei Keimblasen vom Maulwurf (Talpa europ.). Um Platz zu sparen, ist die jüngere Keimblase in die ältere hineingezeichnet worden. Vergrößerung etwa 250fach. Zur Reproduktion sind die Bilder ein klein wenig verkleinert. An dem jüngeren Keim ist die Membrana pellucida des Eies ein wenig gequollen. Der Embryonalknoten ragt in das Innere der Höhle des Keimes hinein. Seine unmittelbar an dem Lumen liegenden Zellen beginnen sich allerdings noch undeutlich epithelial zu ordnen und hängen mit der Trophoblastschicht der dünnen Keimblasenwand, die aus einer Lage von Zellen besteht, zusammen. Um den stark gewachsenen, älteren Keim ist auch noch die stark gedehnte Membrana pellucida vorhanden. Die ganze Blase liegt vollkommen frei in einer entsprechenden Höhle des Uteruslumens. An dem Embryonalknoten ist eine kleine Höhle aufgetreten (Embryocystis), um deren Lumen die Zellen sich epithelial zu ordnen beginnen. An der in das Lumen der großen Blase hineinragenden Seite des Embryonalknotens liegt eine Schicht platter Zellen, die als Dotterentodermzellen anzusehen sind. Die Trophoblastlage liegt ganz kontinuierlich als dünne Schicht platter Zellen der Membrana pellucida an.

Die Öffnung des Urdarmes ist mehr oder weniger reduziert, bei manchen Spezies geht sie sogar fast ganz verloren. Sie steht, wie gesagt, dicht hinter der vorderen Urmundslippe und man nennt sie jetzt Blastoporus (Abb. 157, 162, 167). Vom vorderen Umfang des Primitivstreifens aus erstreckt sich ein weiterer weißlicher

Zellenstrang nach vorne, der Urdarmstrang (Kopffortsatz) (Abb. 156). Auch am Hinterende des Primitivstreifens erscheint eine stark ausgesprochene halbmondförmige Trübung. Die sie zusammensetzenden Zellen sind bestimmt, die ersten Anlagen der Blutgefäße zu liefern. Eine solche Trübung verbreitet sich im weiteren um die ganze

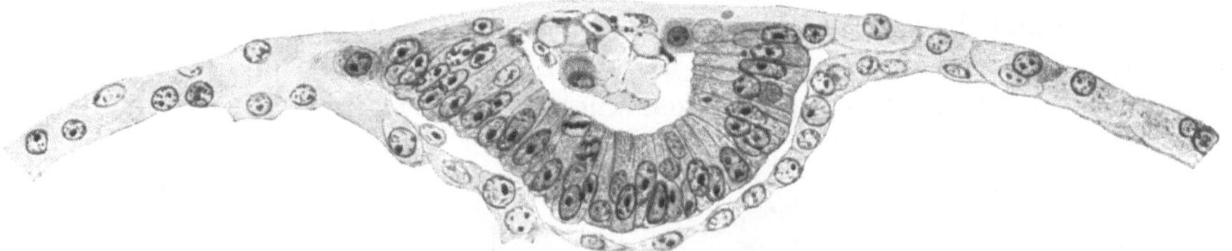

Abb. 165. Embryonalknoten vom Maulwurf. Man vergleiche das Stadium der äußeren Figur von Abb. 164. Hier ist von einem etwas älteren Stadium nicht das ganze Ei, sondern nur die Embryonalanlage bei 315facher Vergrößerung gezeichnet. Die Höhle in dem Knoten (Embryocystis) ist durch Zerstörung der Deckschichtzellen im Begriff sich zu öffnen. Die Zellen zeigen deutliche Zerfallserscheinungen (Blasenbildungen [Verfettung?], Kernzerfall [Chromatolyse]). Die Zellen in dem übrigen Teil der Wand der Embryocystis sind schöne hohe Epithelzellen, künftiger Ektoblast des Embryo. Am Rande verdünnen sich die Zellen plötzlich und gehen in die äußere Lage dünner Zellen über, die den Trophoblast darstellen. Unter dem hohen Epithel liegen die nun ganz deutlich gewordenen platten Zellen des Dotterentoblastes. Die Membrana pellucida um das Ei ist im Schwinden begriffen.

Embryonalanlage herum und man bezeichnet nun diese letztere als Stammzone, den umgebenden, weniger durchsichtigen Saum als Parietalzone (Abb. 157).

Bei Säugetieren verhält sich dies im wesentlichen ebenso, nur sind die Dinge wegen der Kleinheit der Eier weniger bequem zu beobachten (Abb. 159—163). Das

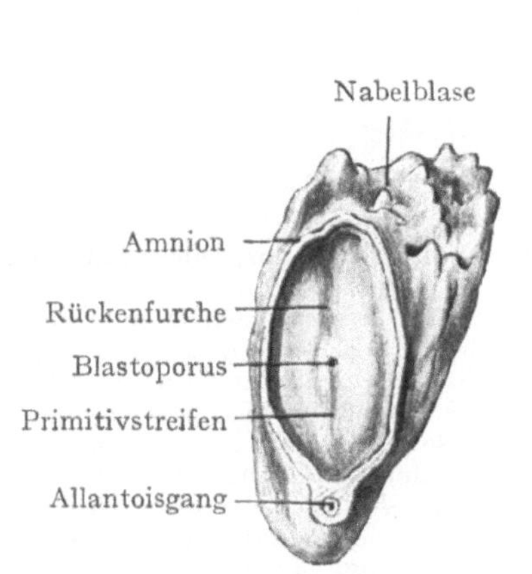

Abb. 166. Keimscheibe vom Menschen (Frassi 1907).

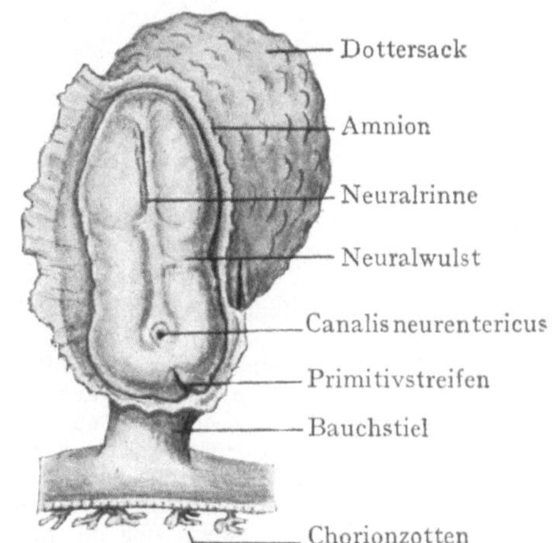

Abb. 167. Keimscheibe vom Menschen (Graf Spee 1889).

jüngste bisher beschriebene menschliche Ei, an dem eine Keimscheibe zu beobachten ist, ist nur wenig älter als das in Rede stehende Stadium, es beweist, daß bei ihm die gleichen Verhältnisse obwalten; der Blastoporus ist bei ihm verhältnismäßig gut ausgebildet (Abb. 166).

Ergänzt man die Flächenbeobachtung durch eine genauere Untersuchung an Schnitten, dann findet man, daß der Urdarmstrang der Amnioten sich anfänglich als eine vom Ektoblast ausgehende solide Zellwucherung anlegt, die erst später ein enges Lumen erhält. Diese rudimentär gewordene Gastrulaeinstülpung tritt spät auf und ist unbedeutend, bildet aber wie bei niederen Wirbeltieren ein inneres Blatt, das sich in der weiteren Entwicklung wie der Urdarm der niederen Wirbeltiere verhält.

Bei den Sauropsiden sieht man, wie sich die in der Tiefe der Keimscheibe liegenden, entweder nur lose oder auch gar nicht miteinander verbundenen Zellen zu einem fester in sich zusammenhängenden Blatt (Dotterentoblast) vereinigen, welches zuletzt den ganzen Dotter umwächst (S. 152). Bei den Säugern geht die Bildung des Entoblasts von den innersten Zellen des Embryonalknotens aus. Sie umwachsen das Blastocöl

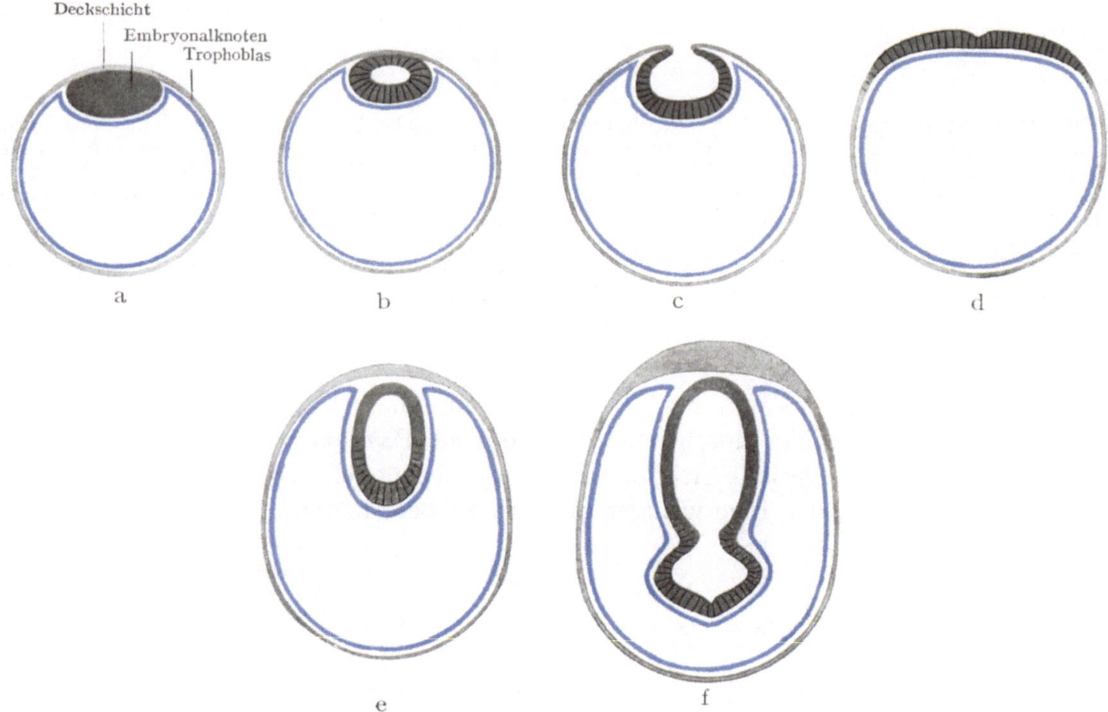

Abb. 168.

a—d) Säugetierkeimblase mit Deckschicht, Trophoblast und Entstehung der Keimscheibe nach Eröffnung der Embryocystis.

b) In dem Embryonalknoten ist eine Höhle entstanden, um die sich die Zellen epithelartig zu ordnen beginnen. Grau = die Lage der Trophoblastzellen, blau = Entoblast.

c) Die Höhle hat sich nach oben hin eröffnet, die Trophoblastschicht vergeht an der Öffnungsstelle. In d hat sich die Ektoblastlage, die die Höhle auskleidete, in der Oberfläche der Keimblase ausgebreitet. Der Einschnitt zeigt die Stelle der sich dort ausbildenden Primitivrinne. Mesoblastbildung ist nicht gezeichnet.

e) Die Höhle in dem Embryonalknoten hat sich nach unten hin ausgedehnt. Die Höhle eröffnet sich nicht nach außen, sondern der untere Teil der epithelialen Höhlenwand (f) liefert die Keimscheibe, in der der mediane Einschnitt auch die spätere Primitivrinne andeutet. Die untere Abteilung der Höhle wird zur Amnionhöhle abgegrenzt, wenn sich die hineinragenden Grenzfalten vereinigt haben.

bis zum vegetativen Pol hin, ganz eben so, wie die gleichen Zellen bei den Sauropsideneiern. Obgleich kein Dotter vorhanden ist, könnte man sie, der Analogie wegen, doch auch als Dotterentoblast bezeichnen. Hat sich dieser bis zum vegetativen Pol ausgebreitet, dann ist das Ei, wie bei allen anderen Wirbeltieren, zweiblätterig geworden.

Wie bei einer Anzahl von Amphibien, so bricht auch bei den Amnioten, wenn es überhaupt zu beobachten ist, die Gastrulahöhle in die vom Dotterentoblast umwachsene Ergänzungshöhle durch, so daß, wie dort, das Dach des nunmehrigen primitiven Darmes aus dem Protentoblast, der Boden aus dem Dotterentoblast besteht. Der Anteil des ersteren ist naturgemäß sehr klein, der des letzteren sehr groß.

Die Zellen des Ektoblasts verhalten sich währenddessen nicht untätig. Sie bilden sich bei den Sauropsiden zu einem hohen Cylinderepithel um, und dieses ist es, das durch eine geringere Durchsichtigkeit die Trübung des Embryonalschildes hervorruft. Bei den Säugetieren ist es nicht das Oberflächenepithel, das sich zum Schild gestaltet, sondern es sind dies die unter diesem liegenden Zellen des Embryonalknotens, deren

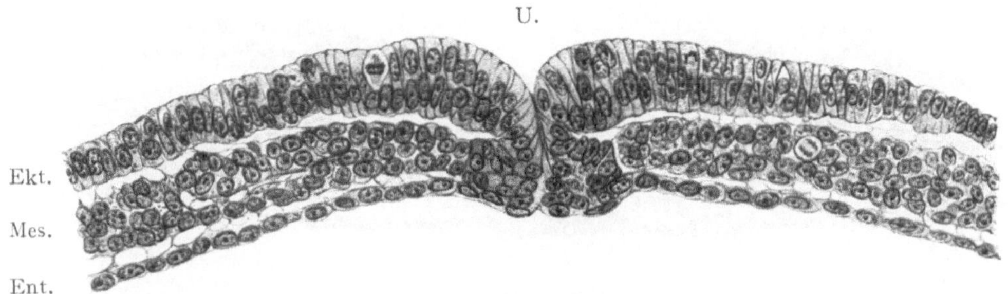

Abb. 169. Querschnitt durch eine Keimscheibe des Maulwurfes (Talpa europ.). Der Schnitt geht gerade durch den Urmund. Man vergleiche damit die entsprechende Stelle an dem Ei vom Frosch (Abb. 153). An dem aus hohen cylindrischen Zellen gebildeten Ektoblast ist in der Mitte eine tiefe Einziehung, die in einer dünnen Spalte bis zum Entoblast zu verfolgen ist; der Schnitt ist also der Beweis, daß man beim Säugetier eine Urmundspalte von äußerster Feinheit von außen bis zu der Dotterentodermhöhle (Ergänzungshöhle) verfolgen kann, in die sich die Gastrulationshöhle (Urdarm) eröffnet hat. Die Mesoblastzellen hängen teilweise untrennbar mit Bande des Urmundes zusammen (peristomaler Mesoblast). Ekt. = Ektoblast, Mes = Mesoblast, Ent = Dotterentoderm, U = Urmund. Gezeichnet bei 250facher Vergrößerung.

Hauptmenge sich zu einem hohen Cylinderepithel umwandelt. Denn in dem von einer dünnen Deckschicht von Zellen bedeckten Embryonalknoten bildet sich eine kleine, allmählich immer größer werdende Höhle, deren Zellen epithelial angeordnet sind. Diese Höhle bricht nach außen durch und die epithelialen Zellen, die an der Wand der Höhle lagen, breiten sich an der Oberfläche des Eies als Embryonalschild aus (Abb. 164—68).

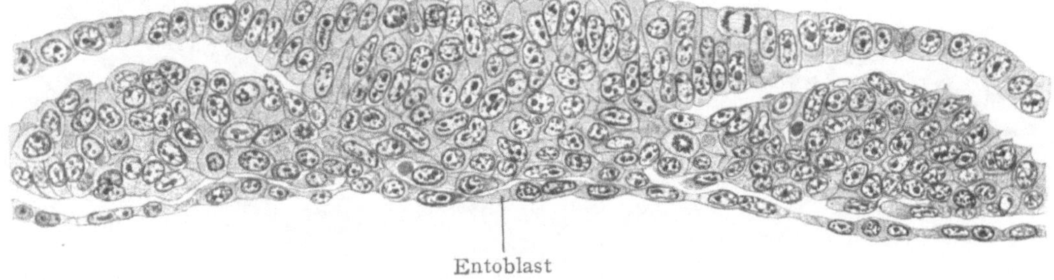

Abb. 170. Querschnitt durch den Primitivstreifen (Urmundsrinne) eines Katzenembryo. Aus den stark verdickten Zellmassen der medianen Teile der Keimscheibe entwickeln sich große Mengen von Mesoblast, der sich seitlich zwischen Ektoblast und Entoblast ausbreitet. Gezeichnet bei 450facher Vergrößerung. Zur Reproduktion ungefähr um $^1/_4$ verkleinert.

Die Deckschicht ist dabei, wie Abb. 165 zeigt, im Gebiet des Schildes verloren gegangen. Am Rand des Schildes setzt sich die in den Abbildungen 168 a—f grau gezeichnete Schicht, die aus einer Lage von Zellen besteht, fort. Diese wird als Trophoblast (τροφή Ernährung) bezeichnet. Da im Innern der Säugetierkeimblase kein Dotter vorhanden ist, und die dort vorhandene Flüssigkeit nur ganz geringe Mengen von Nährmitteln enthält, muß diese äußere Zellage von dem mütterlichen Organismus her Nahrungsstoffe aufnehmen, die durch Zelltransport dem wachsenden Schild, der Embryonalanlage zugeführt werden. Die auf dem Embryonalknoten liegende, nachher den Schild nicht mehr bedeckende Lage wird Raubersche Deckschicht genannt.

Mesoblast, mittleres Keimblatt. Zu den beiden primären Keimblättern kommt noch ein drittes, das sich zwischen ihnen ausbreitet. Bei den Eiern des Lanzettfisches, deren Verhältnisse so übersichtlich sind, erheben sich zu beiden Seiten neben der Mittellinie symmetrische Falten des Entoderms, die eine spaltförmige Fortsetzung der Gastrulahöhle umschließen. Die Falten schnüren sich in der Folge ab und sind

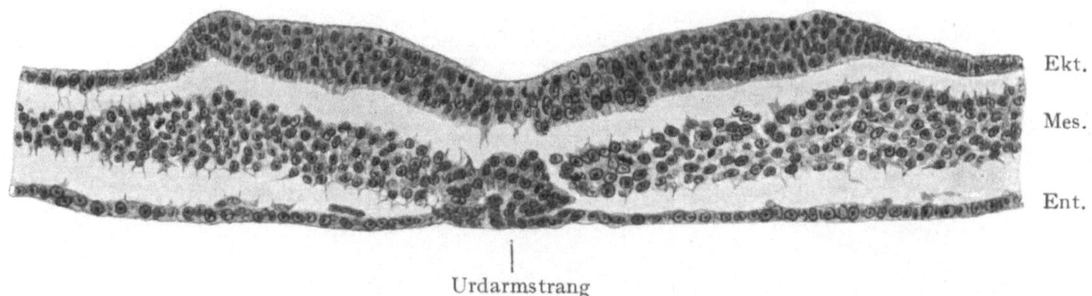

Abb. 171. Querschnitt durch das hintere Ende eines Katzenembryo von etwa 14 Ursegmenten. Unter der Neuralplatte ist der Urdarmstrang am Dotterentoderm (Ent.), dessen erkennbare Höhle (Urdarm) im Begriff ist, sich in die Dotterentodermhöhle (Ergänzungshöhle) zu eröffnen. Mesoblast ganz ungegliedert, hängt links deutlich mit der Wand des Urdarmes zusammen (gastrales Mesoderm). Vergrößerung 170fach. Bezeichnungen wie in Abb. 169.

nun zwischen Ektoderm und Entoderm eingeschlossen. Die Spalte geht dabei nicht verloren, sie bleibt vielmehr als Leibeshöhle oder Cölom (κοίλωμα Hohlraum) erhalten (Abb. 173). Bei den höheren Wirbeltieren entsteht das mittlere Keimblatt keineswegs erst nach vollständiger Ausbildung der beiden primären Blätter, sondern es beginnt schon zu erscheinen, ehe die oben geschilderten Vorgänge ihr Ende erreicht

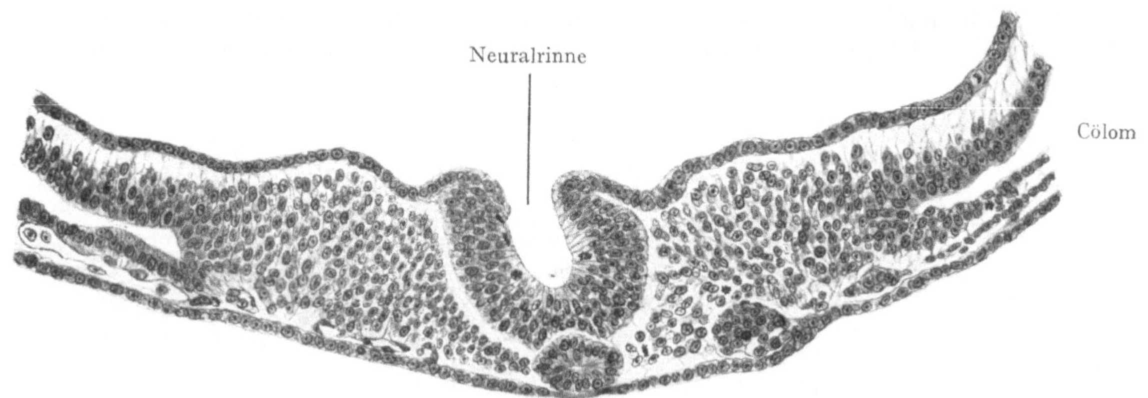

Abb. 172. Querschnitt durch das hintere Ende eines Katzenembryo. Neuralrinne ist noch weit offen. Unter der Neuralrinne ist der Urdarmstrang mit Lumen, darunter die Dotterentodermschicht. Im Mesoderm ist erst in den seitlichen Teilen die Cölomspalte zu erkennen. Gefäßanlagen im visceralen Teil des Mesoderm. Gezeichnet bei 170facher Vergrößerung.

haben. Von den Amphibien schließt sich ein Teil (Triton) näher an Amphioxus an, indem sich der Mesoblast aus der Urdarmwand als doppelte Falte ausstülpt, zwischen deren Teilen die Cölomspalte auftritt. Ein anderer Teil (Frosch) läßt das Mittelblatt in der Art entstehen, daß sich der Entoblast in zwei Teile spaltet, von welchen der innere auch fernerhin als Auskleidung des Urdarmes funktioniert, während der äußere den Mesoblast darstellt. Das im Anfang solide Mittelblatt erfährt in der Folge eine Trennung in zwei Blätter, den parietalen und visceralen Mesoblast, zwischen denen sich die Cölomspalte ausbreitet (Abb. 174). Hier entsteht die Cölomhöhle also nicht durch Ausstülpung einer doppelwandigen Falte, sondern durch eine Spaltbildung in dem ursprünglich soliden Mesoblast (Schizocölom, σχίζειν spalten). Der parietale Mesoblast schließt sich dem Ektoblast, der viscerale dem Entoblast enge an. Man kann dann den Ektoblast plus parietalem Mesoblast als Hautplatte, den Entoblast plus visceralem Mesoblast als Darmplatte bezeichnen.

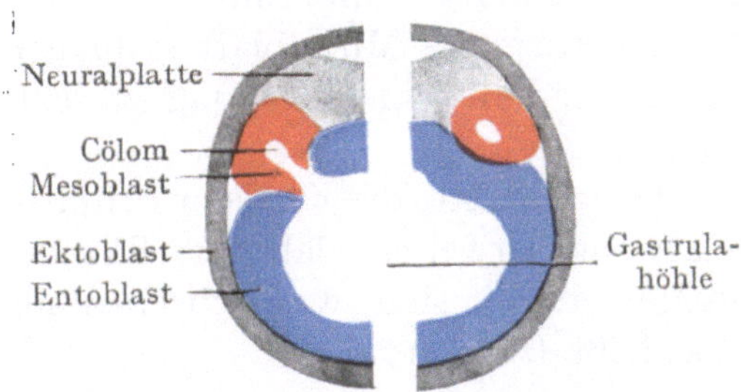

Abb. 173. Amphioxus, Schema der Bildung des mittleren Keimblattes. Links früheres, rechts späteres Stadium.

Bei den Amnioten entsteht das Mesoderm zu der Zeit, wenn die Urmundrinne, der Gastrulaknoten und der Urdarmstrang an der Keimscheibe gebildet ist. Aus dem Gebiet der Urmundrinne mit ihren vorderen und hinteren knotenförmigen Verdickungen, und von den Seitenteilen des von dem vorderen Knoten ausgehenden Urdarmstranges bilden sich Mesodermzellmassen, die sich zwischen Ektoblast und Entoblast einschieben (Abb. 170). Die Cölomhöhle bildet sich durch Spaltbildung in dieser ursprünglich soliden Zellmasse (Schizocölom). Das von den Seitenteilen des Urdarmstranges entstammende Mesoderm wird auch gastrales Mesoderm (beim Amphioxus ist nur gastrales

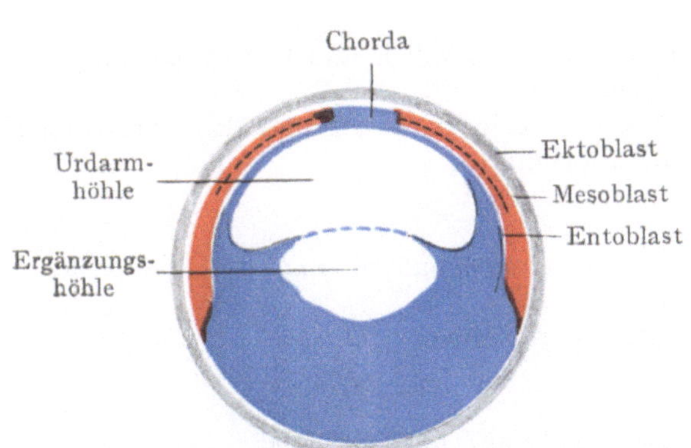

Abb. 174. Mesoblastbildung bei Amphibien, schematisch. Die Stelle des Cölomswischen parietalem und visceralem Mesoblast ist durch eine unterbrochene Linie angedeutet.

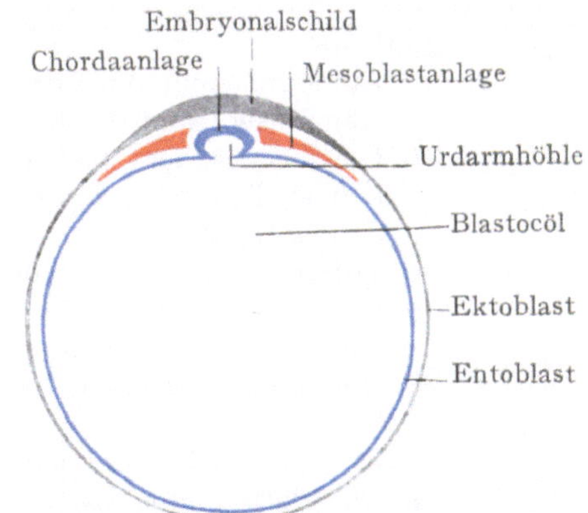

Abb. 175. Schematischer Querschnitt durch das Ei eines Amnioten; Keimblätterbildung. Mit Benutzung einer Abbildung von Bonnet (1912).

Mesoderm vorhanden), das aus dem Gebiet der Urmundrinne gebildete Mesoderm wird peristomales Mesoderm genannt (auch beim Frosch schon vorhanden).

Diese Mesodermzellen verbreiten sich von ihren Ursprungsorten erst in einzelnen Gebieten, von denen besonders ein die hintere Lippe der Urmundrinne sichelförmig umfassendes (Abb. 160) auffällt; es ist dies die vom Flächenbild oben S. 157 erwähnte Trübung am hinteren Ende des Primitivstreifens. Schließlich fließen die sämtlichen Anlagen des Mesoderms zu einem Blatt zusammen, das in der Flächenansicht als die oben erwähnte Parietalzone erscheint. In der Folge spaltet sich die erst einfache Zellenlage in die beiden Teilblätter, den parietalen und visceralen Mesoblast, zwischen denen die Cölomspalte auftritt, die also hier auch meist als Schizocölom entsteht.

Verfolgt man die geschilderten Vorgänge bei den Amnioten auf Durchschnitten, dann sieht man, daß im Bereich des Primitivstreifens alle drei Keimblätter in der Mittellinie miteinander zusammenhängen (Abb. 179, 180), was auch nicht anderes sein kann, da der Urmund von Anfang an diejenige Stelle ist, an der äußeres und inneres Blatt ineinander übergehen, an der auch das mittlere Blatt seinen Ursprung nimmt. Wie Durchschnitte der Eier von Anamniern lehren, geschieht dies dort, wo sich der Urmund bereits zum Entoderm umgeschlagen hat. Auch bei Amnioten hängt der Ursprung des Mittelblattes inniger mit dem äußeren Blatt zusammen, mag dies primär der Fall sein, oder mag er sich erst sekundär demselben angeschlossen haben (Abb. 170).

Querschnitte, die vor dem Primitivstreifen durch die Keimscheibe eines Amnioten gelegt sind, erweisen, daß dort Ektoderm und Dach des Urdarmes durch eine lineare Spalte getrennt sind, was sich ebenfalls an das bei niederen Wirbeltieren Beobachtete anschließt (Abb. 172).

Aus den Keimblättern bilden sich die den Körper zusammensetzenden Gewebe, und man glaubte früher daß die Entstehung eines bestimmten Gewebes auch stets streng an ein bestimmtes Keimblatt gebunden sei, daß es sich nicht aus zweien in gleicher Weise entwickeln könne. Man sprach von einer Spezifität der Keimblätter. Eine so strenge Scheidung ist jedoch nicht haltbar, immerhin ist aber doch eine weitgehende Spezialisierung vorhanden, die besonders bei teratologischen und pathologischen Beobachtungen zur Geltung kommt, bei denen sich zeigt, daß sich durch irgendwelche Umstände verlagerte Keime hartnäckig in der ihnen von Haus aus zukommende Weise verhalten und fortbilden, auch wenn sie an eine hierfür im ganzen ungeeignete Stelle geraten.

Es seien in folgendem die Organe aufgezählt, wie sich ihre Entstehung auf die einzelnen Keimblätter verteilt.

I. Ektoblast.
1. Epidermis und ihre sämtlichen Anhangsorgane, nämlich alle Horngebilde (Haare, Nägel usw.) und die Epithelien der Hautdrüsen.
2. Die Oberflächen- und Drüsenepithelien des Anfangs und Endes des Verdauungskanals; Epithel des Anfangs des Sinus urogenitalis.
3. Zahnschmelz.
4. Vorderlappen der Hypophyse.
5. Das gesamte Nervensystem mit Neuroglia und Ependym, inklusive Sympathicus und Mark der Nebenniere.
6. Die Sinnesepithelien, das Pigmentepithel der Retina.
7. Die Kristallinse.
8. Endteil des Urnierenganges.
9. Die glatten Muskeln der Knäueldrüsen der Haut und der Iris.
10. Das Epithel des Amnion und amniogenen Chorion.

II. Entoblast.
1. Chorda dorsalis.
2. Epithel des Darmkanals und seiner kleinen und großen Anhangsdrüsen (Schilddrüse, Thymus, Leber, Pankreas).
3. Epithel des gesamten Respirationsapparates und der in ihm befindlichen Drüsen.
4. Epithel der Harn- und Nabelblase und der Allantois.

III. Mesoblast (und Mesenchym).
1. Die gesamte Muskulatur des Körpers, gestreifte wie glatte (mit Ausnahme der vom Ektoderm stammenden Muskeln der Knäueldrüsen und der Iris).
2. Epithel der Vorniere, der Urniere, der Dauerniere, des Urnierenganges. Epithel der Eierstöcke und Hoden und ihrer Ausführungsgänge (mit Ausnahme des kaudalen Endes des primären Harnleiters).
3. Die Auskleidung der aus dem Cölom hervorgehenden Spalträume (Peritoneum, Pleura, Pericardium); ferner der Subarachnoidal- und Subduralräume.
4. Epithel der Nebennierenrinde.
5. Die gesamte Bindesubstanz des Körpers, nämlich Bindegewebe, elastisches Gewebe, Fettgewebe, Knorpel, Knochen, Zahnbein.
6. Lymphknoten und Leukocyten, Erythrocyten.
7. Blut- und Lymphgefäße.

Die ersten Tage der Entwicklung des menschlichen Eies.

Die bisher beschriebenen Entwicklungsvorgänge sind, wie schon erwähnt wurde, vom menschlichen Ei nicht bekannt. Was Zeit und Ort dieser anlangt, so kommen Keibel und Elze (1908) zu der Annahme, „daß die Befruchtung des menschlichen Eies wahrscheinlich unmittelbar nach seinem Austritt aus dem Graafschen Follikel, auf dem Eierstock oder spätestens im Anfangsteil der Tube erfolgt. Seine Furchung macht dann das Ei ganz oder teilweise durch, während es die Tube durchwandert. An Größe dürfte es in dieser Zeit kaum oder nur sehr wenig zunehmen. Ist das Ei im Uterus angekommen, so hat es dort entweder noch die letzten Stadien der Furchung durchzumachen, oder diese sind schon abgelaufen und es setzt sich alsbald in der Uterusschleimhaut fest. Dies kann nicht wohl vor dem vierten oder fünften Tage nach seinem Austritt aus dem Ovar geschehen, denn nach unseren Erfahrungen an Säugern werden wir annehmen müssen, daß die Durchwanderung der Tube wie Grosser (1924) wohl mit Recht annimmt, etwa 8—10 Tage dauert. Mit großer Wahrscheinlichkeit werden wir mit Spee annehmen dürfen, daß das Ei des Menschen sich ähnlich wie das des Meerschweinchens in die Schleimhaut des Uterus „einfrißt".

Die weitere Fortbildung bringt nun die Anlage der fundamentalsten Systeme des werdenden Embryonalkörpers; diese entstehen mit großer Schnelligkeit, gleichsam als beeilte sich die Fruchtblase, die Ausgangspunkte für einen ruhigen Ausbau des Körpers zu schaffen. Nicht bei allen Tieren geht dabei die Entwicklung ganz in gleichem Schritt und es erscheint eine Anlage bei dem einen etwas früher, bei dem anderen etwas später. Da es sich hier in letzter Linie um den menschlichen Embryo handelt, so wird der Gang seiner Entwicklung maßgebend sein müssen, während die Verhältnisse bei anderen Wirbeltieren nur zur Erklärung und Ergänzung heranzuziehen sind. Das menschliche Material fehlt auch von jetzt ab nicht mehr, in den frühesten Stadien ist es freilich noch sehr spärlich, so daß man ohne den Vergleich der wenigen Objekte mit den anderen Wirbeltieren nicht auskommen kann. Je später, auf um so festerem Boden steht die Untersuchung, so daß dann die übrigen Wirbeltiere nur noch zur Erklärung schwieriger verständlicher Vorgänge verglichen werden müssen.

Drittes Stadium.

(Zweite Entwicklungswoche des menschlichen Eies).

Chorda dorsalis, Auftreten des Nervensystems, der Gefäße, des Blutes. Eihüllen.

Sehe ich einstweilen von den Verhältnissen des menschlichen Eies noch ab, dann zeigt die Flächenansicht einer Amniotenkeimscheibe (vgl. Abb. 154—163) den Primitivstreifen im ganzen noch eben so, wie im zweiten Stadium, nur beginnt er sich erst relativ, dann absolut zu verkürzen. Vor ihm tritt in der Mittellinie eine flache Rinne auf, die Rückenfurche (Abb. 182), die sich sodann zur Neuralrinne (Medullarrinne, Neuralfurche) vertieft. Sie verbreitert sich an ihrem vorderen Ende und gabelt sich an ihrem hinteren, um die Gegend des Blastoporus zwischen sich zu fassen. Zu beiden Seiten von ihr ist die Oberseite der Embryonalanlage erst leicht zur Neuralplatte (Medullarplatte) verdickt, dann erhebt sie sich zu den Neuralwülsten (Medullarwülsten). Schon gegen das Ende des vorigen Stadiums sind um das kaudale

Ende der Anlage unregelmäßige Flecken aufgetreten; sie vermehren sich jetzt und bilden eine halbmondförmige Zone, die den Embryo von hinten her immer weiter umfaßt. Sie stellt die erste Anlage des Gefäßsystems dar und wird Zona vasculosa (Abb. 161) genannt. Zu diesen Erscheinungen kommt noch die Erhebung einer Falte (Amnionfalte), welche zuerst vor dem Kopfende erscheint, von da aus aber den Embryo allmählich ganz umzieht (Abb. 190), so daß dieser wie in die Eioberfläche eingesunken erscheint. Zuletzt schlagen die Falten über dem Embryo zusammen und umgeben ihn mit einer zarten Hülle.

Die genauere Untersuchung zeigt ferner, daß in diesem Stadium außer der ersten Bildung des Nerven- und Gefäßsystems auch die Chorda dorsalis ihren Anfang nimmt.

a) Chorda dorsalis.

Die Vorgänge, die sich bei der Bildung des Mesoblasts abspielen, gehen in erster Linie, wie gesagt, vom Blastoporus, der Urmundrinne und dem Urdarmstrang aus, zu gleicher Zeit schicken sich auch die beiden primären Keimblätter an, in die weitere Entwicklung einzutreten. An die Bildung des mittleren Keimblattes schließt sich unmittelbar die der Bildung der Chorda dorsalis an, die die Grundlage für die Wirbelsäule darstellt. Beim Lanzettfisch buchtet sich das Dach des Urdarmes in der Mitte zwischen den beiden Anlagen des Mesoderms ein, was im weiteren zur Einfaltung und endlich zur Abschnürung eines soliden Zellstranges führt, eben der Chorda dorsalis. Ganz ähnlich ist der Vorgang bei den Amphibien, indem auch bei ihnen der

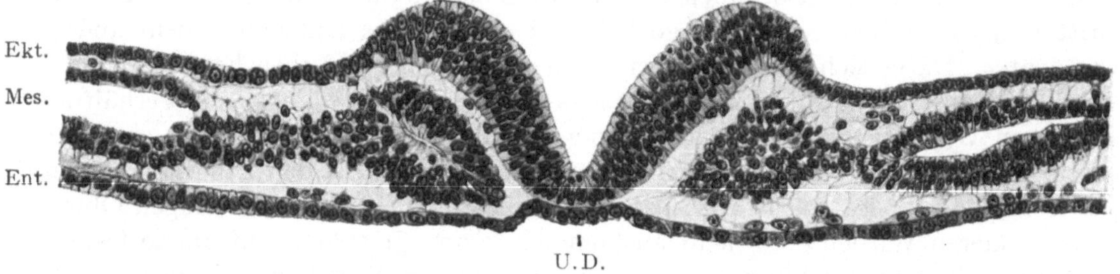

Abb. 176. Querschnitt durch einen Katzenembryo von etwa 14 Ursegmenten. Die Neuralrinne des Ektoblast ist prachtvoll entwickelt. Unter ihr ist die Urdarmplatte (U.D.) ohne sicher erkennbare Grenze in die Dotterentodermlage eingefügt (Ent.). In dem linken Ursegment des Mesoblast ist eine feine spaltförmige Cölomhöhle zu sehen, die sich aber nicht in die seitlich sich anschließende Urogenitalplatte fortsetzt. In den Seitenteilen des Mesoblast (bei Mes.) ist die Cölomhöhle deutlich zu erkennen. Vergrößerung 170fach.

Protentoblast, nämlich die Decke des Urdarmes zwischen den beiden Mesodermanlagen, sich faltet und schließlich als solider Strang abschnürt. Bei den Amnioten ist es nicht anders. Nach der Eröffnung der Gastrulahöhle in die Ergänzungshöhle bleibt das Urdarmdach unter dem Ektoderm als eine axial stehende Platte (Chordaplatte) stehen, die sich beiderseits in den Mesoblast und den Dotterentoblast fortsetzt (Abb. 182). In einem weiter fortgeschrittenen Stadium wird sie rinnenförmig und verliert dabei ihre seitlichen Verbindungen zu Mesoblast und Dotterentoblast (Abb. 171). Endlich bildet sie sich durch Einfaltung zu einem Stab um, der im Anfang ein enges Lumen zeigt, das jedoch in der Folge schwindet. Damit ist die Chorda dorsalis angelegt. Der Entoblast schiebt sich unter ihr von beiden Seiten her medianwärts und mit der Abschnürung der Chorda verwachsen seine Ränder zuletzt in der Mittellinie miteinander, womit die definitive Darmanlage abgeschlossen ist (Abb. 178). Der nach der Chordabildung überbleibende Urdarmanteil und der Dotterentoblast sind so miteinander verschmolzen, daß sie nun den einheitlichen Enteroblast bilden, aus dem sich im ganzen das Epithel des Darmrohres mit allen Anhangsgebilden entwickelt. Vorn sowohl wie hinten wächst die Chordaanlage über den eigentlichen Urdarmstrang noch

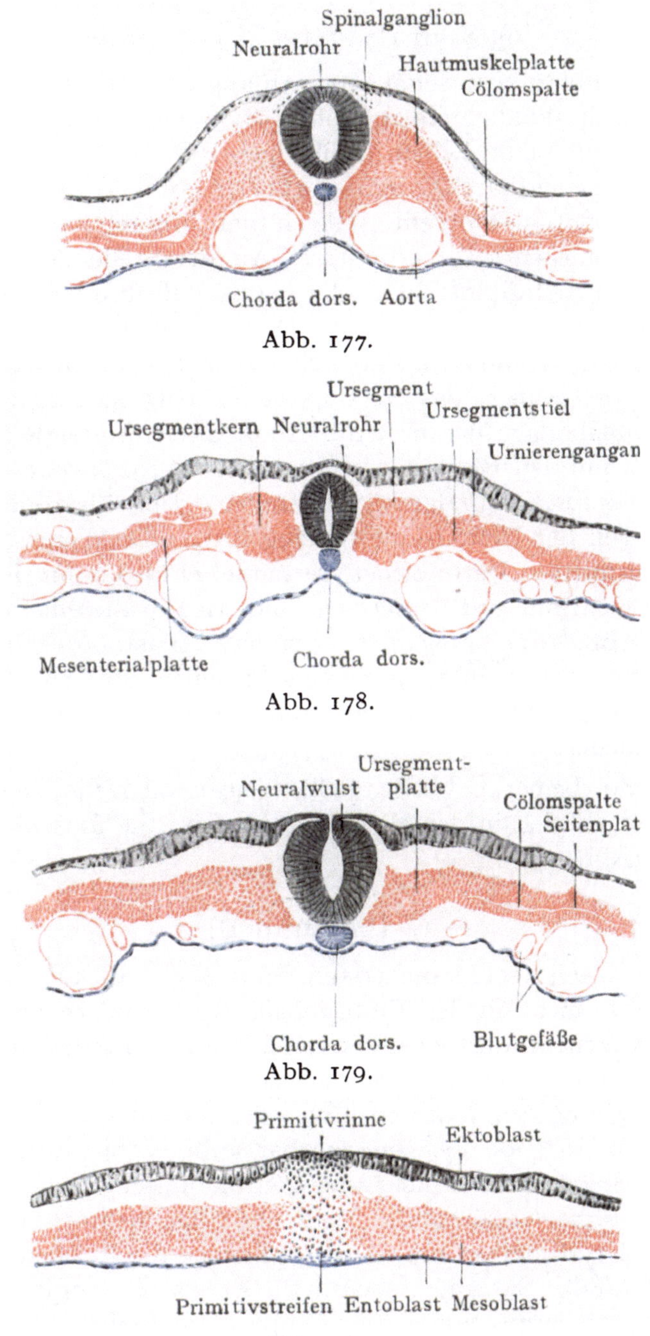

Abb. 177.

Abb. 178.

Abb. 179.

Abb. 180.

Abb. 177—180. Wenig schematisierte Querschnitte einer und derselben Hühnerkeimscheibe. Vorn in der Mitte, hinten und durch den Primitivstreifen. Abb. 179. Neuralrohr kurz vor dem Schluß.

hinaus; am Vorderende ergänzt sie sich durch Zellen, die der verdickte Teil des Dotterentoblasts vor dem Kopfende der Chordaplatte, die auch an der Mesodermbildung beteiligt ist, liefert; am Hinterende nimmt sie Zellen aus dem anfänglich undifferenzierten

Zellmaterial auf, das in der vorderen Umrandung des Blastoporus zum Endwulst (Schwanzknospe) angehäuft ist. Dieses Material wird außerdem zur Bildung des Mesoblasts (siehe oben) und zur Neuralplatte (siehe unten) verbraucht.

b) Neuralplatte, Neuralrohr.

Das äußere Keimblatt war schon von Anfang an axial höher, als seitlich; seine Zellen verlängern sich nun zu einem hohen Cylinderepithel, das zu beiden Seiten unvermittelt an die kubischen Zellen des übrigen Ektoblasts angrenzt. Sie bilden die in der Flächenansicht sichtbare Neuralplatte (Abb. 171), so genannt, weil aus ihr das Centralnervensystem hervorgeht. Gleich von Anfang an sieht man sie vorne, wo sich das Gehirn anlegen soll, verbreitert. An der Stelle der erwähnten Neuralrinne knickt sich die Neuralplatte winkelig ein, so daß ihre beiden Hälften erst flach, dann immer steiler ansteigen (Abb. 176). Dabei verdickt sie sich zu den Neuralwülsten (Abb. 172, 177) dadurch, daß sich ihre Zellen in mehrere Lagen schichten. Das vordere Ende der Anlage des Nervensystems tritt bald schnabelförmig aus der Fläche der Embryonalanlage heraus (Abb. 190), das Hinterende verlängert sich und greift, wie erwähnt, um den Blastoporus herum (Abb. 192), wobei die Zellen des Endwulstes zum Aufbau der Neuralanlage beitragen. Der Blastoporus ist somit jetzt in den hintersten Teil der Neuralrinne hineingeraten. Da dieser sich, wie bereits bekannt ist, in den primitiven Darm öffnet, verbindet er also nunmehr, allerdings nur für kurze Zeit, die Nervenrinne mit dem Darm und wird in diesem Stadium als Canalis neurentericus (Abb. 167) bezeichnet. Urmund, Blastoporus und Canalis neurentericus sind also die gleiche Bildung in verschiedenen Stadien. Bei niederen Vertebraten kann auch bei geschlossenem Neuralrohr (siehe unten) dieser mit dem hinteren Darmende kommunizieren.

Wie vorgreifend bemerkt werden soll, neigen sich die Neuralfalten einander immer mehr zu, bis sie sich in der Mittellinie treffen. Sie umschließen nun ein Rohr. das Neuralrohr (Abb. 177—180).

c) Gefäße und Blut.

In der gleichen Zeit treten die ersten Spuren des Cirkulationssystems auf, die jedoch, wie erwähnt, nicht in der Embryonalanlage, sondern außerhalb von ihr erscheinen. Man untersucht dies wieder am leichtesten an der ausgebreiteten Keimscheibe eines Hühnereies. Bei ihm werden schon am ersten Tage der Bebrütung in der Mesoblastverdickung am hinteren Ende des Primitivstreifens unregelmäßig gezackte, aus Zellen bestehende Flecken sichtbar (Abb. 158), die sich bald in eine aus platten Zellen bestehende Randschicht und von ihr umschlossene Rundzellen sondern. Die Randschicht ist die Gefäßwand. Die Rundzellen nehmen Hämoglobin auf und wandeln sich so in Erythrocyten um. Nun erscheinen die Flecken leicht blutig gefärbt (Blutinseln Abb. 189). Sie treten sodann zu Netzen zusammen und verbreiten sich von ihrer Ursprungsstelle aus auf der Area opaca im Bogen nach vorn, bis sie sich endlich vor dem Kopfende zu einem Ringe schließen, der die ganze Embryonalanlage umgibt (Area vasculosa). Auf Durchschnitten zeigt sich, daß die Gefäßanlagen dem visceralen Mesoblast angehören (Abb. 178).

Bei Säugetieren entstehen die Gefäße und Erythrocyten ganz in der gleichen Art (Abb. 161—163); auch bei ihnen sind die Gefäße nichts anderes als von flachen, epithelial angeordneten Zellen des visceralen Mesoblasts umschlossene Hohlräume, die auf der der Cölomspalte zugekehrten Seite des Blattes auftreten. Sie breiten sich über die Oberfläche der Fruchtblase aus, ohne vorerst in die Embryonalanlage selbst einzudringen. Sie umkleiden sich bald mit einer von den umgebenden Zellen gelieferten Hülle, die bestimmt ist, die Gefäßwand zu vervollständigen. In späteren Stadien bilden sich die Blutzellen auch in anderen Organen (Leber, Milz, lymphoide

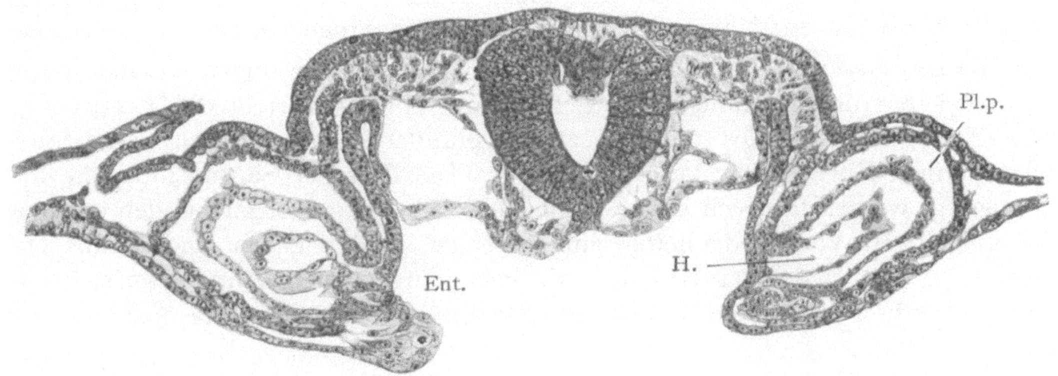

Abb. 181. Querschnitt durch einen Embryo der Katze von etwa 14 Ursegmenten. Der Schnitt geht durch die paarige Herzanlage (H), die durch die Darmbucht getrennt ist. Vergleiche die schematische Zeichnung Nr. 193. Das Neuralrohr ist fast geschlossen, vom Ektoblast abgeschnürt. Unten hängt es mit den mittleren Teilen des Entoblast zusammen. Die Herzanlage besteht aus der Endokardlage = der Zellage, die die Höhle auskleidet, in der der Verweisungsstrich endet. In einer Entfernung davon ist die Zellage des visceralen Mesoblast, die die Muskelwand des Herzens zu liefern hat. Pl.p. = vollkommen abgeschlossene Pleuraperikardialhöhle. Gezeichnet bei 190facher Vergrößerung. Zur Reproduktion um etwa $^1/_4$ verkleinert.

Organe, Knochenmark). Aber längere Zeit geschieht eine Proliferation von Blutzellen aus den innersten Wandzellen (Endothelzellen) der Gefäße, in dem sich durch mitotische Teilung aus ihnen an verschiedenen Stellen kleine Häufchen von Zellen bilden, die dann in das Lumen der Gefäße abgestoßen werden. Eine reichliche Vermehrung der kernhaltigen Blutzellen, während sie im Blute cirkulieren, findet auch noch längere Zeit hindurch in indirekter Teilung statt. Ob die Blutzellen in letzter Linie von dem Entoblast abstammen, ist noch nicht mit Sicherheit erkannt.

d) Eihüllen.

Bei den Eiern der Amphibien, die in das Wasser abgelegt werden, geht die Entwicklung ohne weitere Komplikationen vor sich. Sie werden von dem Oolemma und den auf diesem liegenden Gallerthüllen umschlossen. Die kleine Embryonalanlage von dotterreichen Eiern schmiegt sich anfänglich der großen Eikugel an, während sich später, wenn der Embryo heranwächst, das Massenverhältnis umkehrt, so daß nun die verkleinerte in Zellen eingeschlossene Dottermasse, nachdem sie vom Entoblast umwachsen ist, in die Höhle des primitiven Darmes hineinragt (Abb. 153). Ist die Dottermasse sehr groß, so daß sie durch eine außen am Ei sichtbare Furche von der oben liegenden Embryonalanlage abgegrenzt ist, und eine Ausstülpung der Darmhöhle bildet, so bezeichnet man diesen Anhang als Dottersack.

Allmählich wird der Dotter ganz aufgezehrt, der Dottersack verschwindet und zieht sich ganz in die Darm- und Körperwand zurück. Deshalb besitzen auch die in Rede stehenden Tiere keinen Nabel. Hat die Larve eine gewisse Größe erreicht, dann sprengt sie durch ihre Bewegungen die Hüllen und wird frei. Sie kann sich durch feinste Flimmerhaare der äußeren Zellen fortbewegen.

1. Amnion. Bei den Amnioten entsteht der Dottersack in gleicher Weise wie bei den Amphibien. Die Sauropsiden verbrauchen den Dotter ebenfalls bei der Vergrößerung des Embryos, bei den Säugern geschieht die Verkleinerung der mit Flüssigkeit gefüllten Höhle des primitiven Darmes ganz ebenso, als wenn sie Dottermaterial enthielte, nur belegt man bei ihnen den Dottersack gewöhnlich mit dem Namen Nabelblase. Dieselbe verschwindet niemals ganz in der Darmwand, sie wird daran durch die am Nabel sich abspielenden Vorgänge verhindert.

Im übrigen liegen die Verhältnisse bei den Amnioten weniger einfach, da bei ihnen besondere Hüllmembranen zum Schutz und zur Ernährung des Embryos gebildet werden, was zweifellos mit den stark veränderten allgemeinen Verhältnissen der intrauterinen Entwicklung zusammenhängt. Die Eier der Sauropsiden, die nach außen abgelegt werden und sich in der Luft entwickeln, zeigen sogar bei den einzelnen Spezies mancherlei Verschiedenheiten im einzelnen, doch ist das Endresultat stets das gleiche, so daß wieder das Hühnerei als Paradigma dienen kann. Man sieht, wie sich bei ihm schon am ersten Bebrütungstage im Bereich der Area pellucida eine

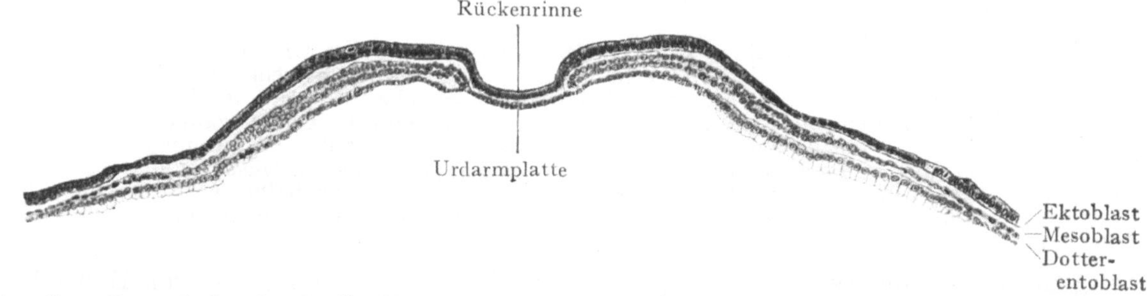

Abb. 182. Querschnitt durch die Keimscheibe eines Kaninchenembryo. Neben der Rückenrinne ist der Ektoblast zur Bildung der Neuralwülste verdickt. Unter der Rückenrinne liegt die Urdarmplatte, die sich nach Eröffnung der Urdarmhöhle mit dem Dotterentoblast vereint hat. In der Medianebene wird alsbald dorsalwärts die Chordaausstülpung beginnen. Seitlich an der Urdarmplatte hängen die gastralen Mesodermbildungen, in denen teilweise schon die Spaltung in zwei Blätter (visceraler und parietaler Mesoblast) und damit die durch Spaltbildung entstehende Cölomhöhle (Schizocölom) zu erkennen ist. Gezeichnet bei 105facher Vergrößerung. Zur Reproduktion um etwa $^1/_4$ verkleinert.

halbmondförmige Falte (Proamnionfalte) erhebt, die vor der Kopfregion die Embryonalanlage umzieht. Da der Mesoblast dorthin noch nicht vorgedrungen ist, besteht sie zunächst aus Ektoblast und Entoblast. Später dringt der Mesoblast in sie hinein, auch die Cölomspalte setzt sich in sie fort, wobei sich der Entoblast mit dem visceralen Mesoblast aus ihr zurückzieht, so daß jetzt die Falte, die man nun Amnionfalte nennt, aus dem Ektoblast und parietalem Mesoblast besteht (Abb. 183). Von der Kopfregion aus umzieht sie sodann den Embryo immer weiter, indem sich der Ektoblast mit dem parietalen Mesoblast erhebt, während sich Entoblast und visceraler Mesoblast nicht an der Faltenbildung beteiligen. Es entsteht dadurch in der Umgebung der Embryonalanlage eine beträchtliche Erweiterung der Cölomhöhle, das Exocölom. Schon am zweiten Bebrütungstage legt sich die Amnionfalte kappenartig über das Vorderende der Hirnanlage herüber (Kopfkappe, Kopfscheide); in der Folge entstehen ähnliche Falten zu beiden Seiten der Embryonalanlage, zuletzt hinter dem Schwanzende eine Schwanzkappe (Schwanzscheide) (Abb. 183). Sie verwachsen nun von vorne nach hinten in der Amnionnaht. Zuletzt ist nur noch ein rundliches Loch über dem kaudalen Ende des Embryos übrig, der Amnionnabel, der sich endlich ebenfalls schließt. Die Stelle des Amnionnabels kann bei den verschiedenen Spezies kopfwärts, in der Mitte des Rückens oder schwanzwärts liegen. In der Naht löst sich sodann die Verbindung, so daß jetzt der Embryo in einer blasigen Hülle liegt, dem Amnion[1], das seinen Zusammenhang mit dem die Außenwand des Eies bildenden Hautblatt verloren hat (Abb. 184). Am Rand der Embryonalanlage geht das Amnion ringsum in deren Körperwand über und man nennt die Stelle des Überganges den Hautnabel. Die weit engere Öffnung, welche aus der Darmhöhle des Embryos in den anhängenden Dottersack führt, wird als Darmnabel bezeichnet (Abb. 184).

Zwischen der Schwanzknospe und dem Abgang des Amnion findet man eine Stelle, an der Entoblast und Ektoblast unmittelbar aneinander stoßen, die Aftermembran (Kloakenhaut Abb. 202). Sie steht am hinteren Ende der verschwindenden Primitivrinne und geht später bei Bildung des Afters verloren.

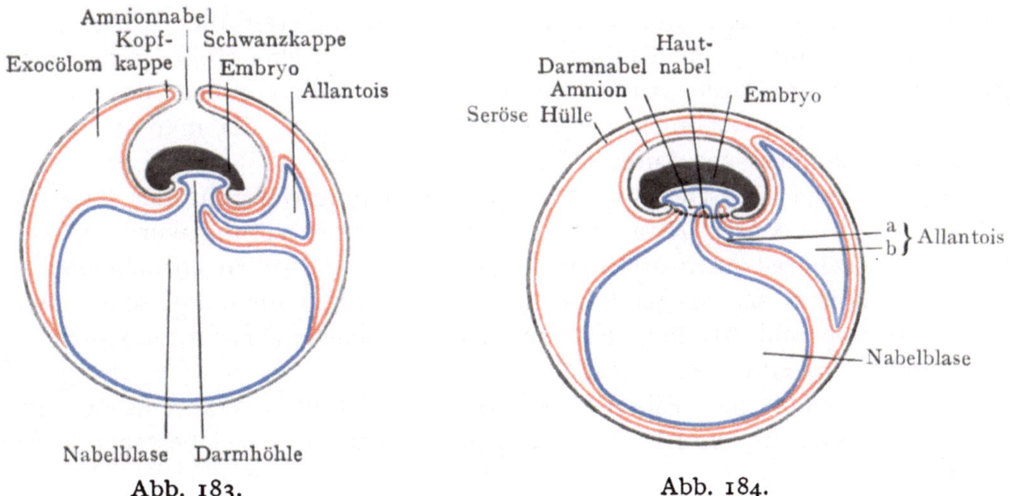

Abb. 183 und 184. Medianschnitte von Hühnerkeimen, Amnion und Allantois, 183 früheres, 184 späteres Stadium (mit Benützung Hertwigscher Abbildungen). In Abb. 184 ist a der kleine rudimentäre Entoblastteil der Allantois der Säuger, b der große des Hühnchens.

Die Außenwand des Eies, von der sich das Amnion gesondert hat, ist glatt, sie liegt der Eimembran als seröse Hülle (Amniogenes Chorion) (Bonnet) dicht an (Abb. 184).

Die Amnionhöhle enthält eine eiweißhaltige Flüssigkeit, das Fruchtwasser, Liquor amnii.

2. Allantois (von ἄλλας Wurst, wursthautähnlich). Während der Entstehung des Amnion wulstet sich beim Hühnchen noch am zweiten Bebrütungstag am kaudalen Ende des Keimes der viscerale Mesoblast zu einem kleinen Höcker, in den der Entoblast einwächst. Es entsteht dadurch eine kleine säckchenförmige Ausstülpung, die aus den beiden Schichten, Entoblast und visceraler Mesoblast, besteht. Dies ist der Harnsack, die Allantois. Sie wächst später stark und legt sich an die seröse Hülle, das Amnion und den Dottersack an (Abb. 184). Zuletzt schiebt sie sich sogar um das noch nicht verbrauchte Eiweiß herum, das sie ganz umschließt. Ihre Funktion ist eine dreifache; erstens dient sie zur Aufnahme des vom Embryo ausgeschiedenen Harnes, zweitens beteiligt sie sich an der Ernährung des Embryos durch

[1] Ἄμνιον, eigentlich Opferschale. Die Haut wurde schon im Altertum bei Gelegenheit der Opferung trächtiger Schafe beobachtet.

Stoffaufnahme aus dem Eiweiß, das allmählich ganz aufgezehrt wird, und drittens dient sie der Respiration durch Gasaustausch, den sie reichlich in ihrer Wand ausgebreiteten Gefäße vermitteln.

Letzteres ist ganz besonders wichtig. Die Gefäße auf dem Dottersack, die zuerst auch den Gasaustausch vermitteln, schrumpfen natürlich schnell, da der Dotter zum Aufbau des Embryo verbraucht wird, und die Dotterblase mit wachsendem Embryo immer kleiner wird, während das Sauerstoffbedürfnis zunimmt. Da tritt eben die Allantois ein, die mit wachsendem Embryo an Ausdehnung zunimmt, und durch ihre Lage dicht unter der Schalenhaut reichlich Sauerstoff aufnehmen kann, um die Respiration zu besorgen.

Bei den Säugetieren bedingt die beträchtliche Kleinheit der Eier und ihr Verhältnis zum Uterus mancherlei Verschiedenheiten in der Ausbildung der Eihüllen. Der Prozeß der Bildung des Amnion geht bei einer Anzahl von ihnen ganz in der gleichen Weise vor sich, wie beim Hühnchen, bei anderen aber entsteht es dadurch, daß sich gleich anfangs im Embryonalknoten (S. 160) eine Höhle bildet, deren Boden zum Schild, deren Decke zum Amnion wird. Offenbar gehört das menschliche Ei zu diesen letzteren, da auch die jüngsten Embryonen, die man kennt, bereits ein vollständig geschlossenes Amnion besitzen (Abb. 186—188). Gewisse Modifikationen, welche die beim Menschen vorhandene Entstehungsweise in der Tierreihe zeigen, sollen hier nicht weiter betrachtet werden, ihre Beschreibung würde zu weit führen. Das Wesentliche ist auch aus den Abbildungen 168 a—f zu entnehmen.

Die Allantois der Säuger bildet sich nur in ihrem mesoblastischen Teil fort, um der Ernährung und Atmung des Embryos zu dienen, der entoblastische Teil bleibt klein und rudimentär (Abb. 184).

3. Chorion (χόριον Eihaut; eigentlich nur Haut). Während der Bildung des Amnion ist auch die aus Ektoblast und parietalem Mesoblast bestehende Außenwand des Eies nicht untätig. Beim Hühnchen freilich bleibt sie glatt und liegt, wie schon erwähnt, als seröse Hülle der Eimembran dicht an. Bei den Säugern nennt man sie Chorion. Bei ihnen, die sich, abgesehen von den Monotremen, intrauterin entwickeln, schickt sie sich schon sehr zeitig an, die für die Ernährung unbedingt nötige Verbindung mit der Uterusschleimhaut zu gewinnen, indem sie sehr zahlreiche, verzweigte und hohle Zotten aussendet, die ihre ganze Oberfläche wie mit einem Pelz bedecken (Abb. 188). Sie senken sich in die Uterusschleimhaut ein und nehmen in der Folge gefäßhaltige Fortsätze des mesodermalen Teiles der Allantois auf. In Verbindung mit den Änderungen, welche die Uterusschleimhaut erleidet, wird auf diese Dinge später noch ausführlich zurückzukommen sein.

Menschliche Eier aus der zweiten Entwicklungswoche.

Von den wenigen menschlichen Eiern, welche aus dieser frühen Zeit wissenschaftlich durchforscht werden konnten, ist zwar das Alter noch nicht genau zu bestimmen, doch ist es immerhin erlaubt, sie in die zweite Embryonalwoche zu setzen (Abb. 166, 167). Die Länge der Keimscheibe beträgt 1,5—2 mm. Sie ist zuerst flach ausgebreitet, noch oval, nachher in der Mitte schwach schuhsohlenartig eingeschnürt und am kaudalen Ende ventralwärts umgebogen. Vor dem Primitivstreifen ist eine flache Neuralrinne deutlich, die Nervenplatte ist noch wenig scharf gegen die Umgebung abgesetzt. Der Blastoporus steht anfänglich noch beinahe in der Mitte der Keimscheibe, von ihm geht der Primitivstreifen nach hinten. In der Folge rückt der

Blastoporus (Canalis neurentericus) immer mehr kaudalwärts, der Primitivstreifen verkümmert (Abb. 167). Die Chorda dorsalis ist in den Entoblast eingeschaltet. Der allererste Anfang einer Kopfdarmbucht (siehe unten) erscheint. Die Embryonalanlage ist noch völlig gefäßlos, Gefäß- und Blutanlagen finden sich nur in der Wand

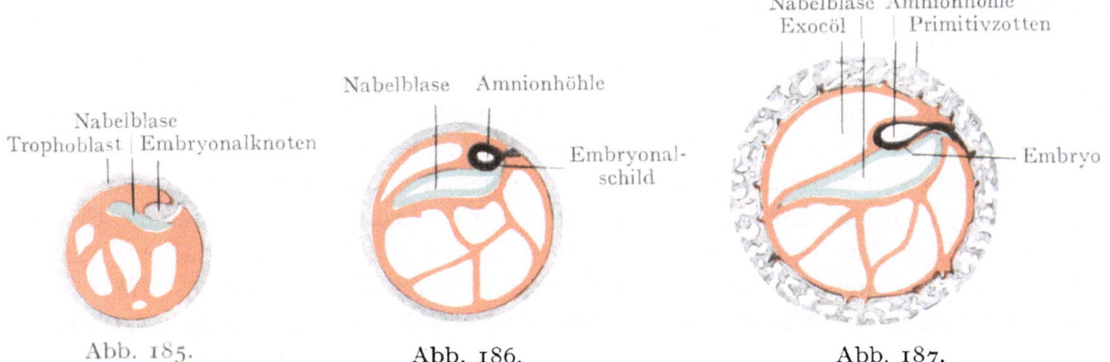

Abb. 185—187. Hypothetische Bilder von der ersten Entwicklung des menschlichen Eies nach Strahl.

des Nabelbläschens und zwar in vorspringenden Mesoblastbuckeln (Abb. 188). Das Nabelbläschen, das mit einer orangefarbenen transparenten Flüssigkeit (Éternod) gefüllt ist, steht mit dem Darm durch einen sehr weiten Darmnabel in Verbindung. Ein Allantoisgang ist vorhanden, aber ohne eine blasige Erweiterung an seinem Ende

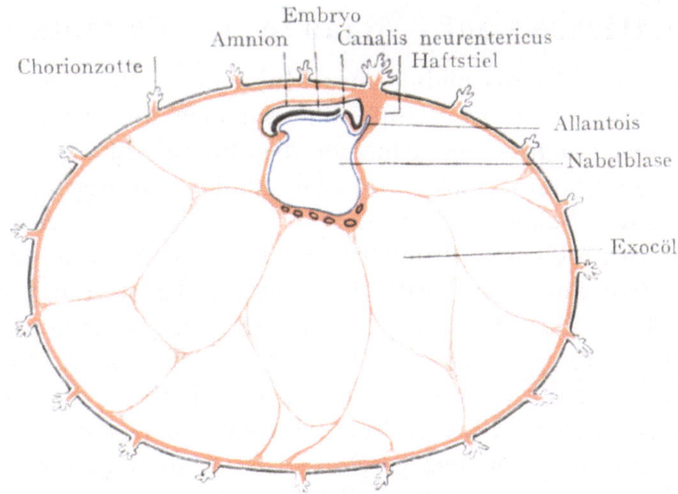

Abb. 188. Schematische Abbildung einer jungen menschlichen Fruchtblase mit Benützung einer Abbildung von Éternod (1909) und von Keibel und Elze (1908).

und ganz rudimentär. Seine mesoblastische Umhüllung ist dagegen sehr verdickt und ist mit dem unmittelbar benachbarten Mesoblast des Amnion zum Haftstiel (Bauchstiel) zusammengeflossen (Abb. 188). Dieser haftet am Chorion und dient später als die Straße, auf welcher die Allantoisgefäße in das Chorion einwandern. Eine Aftermembran kommt zur Ausbildung.

Das Amnion ist eine ziemlich enge und vollkommen geschlossene Blase. Man wird nicht fehl gehen, wenn man, wie oben schon bemerkt, annimmt, daß es von Anfang an geschlossen war, daß sich also seine Bildung in der Art abspielt, daß im

Embryonalknoten sofort eine Höhle entsteht, die niemals nach außen durchbricht (S. 172). Auffallend ist die überaus große Exocölomhöhle, in der der Embryo mit seinen Adnexen ganz excentrisch liegt, durch den kurzen Haftstiel mit dem Chorion an einer eng umschriebenen Stelle verbunden. Der Raum wird von Balken mesoblastischen Gewebes durchsetzt (Magma reticulare, Giacomini), dessen Balken einerseits mit dem parietalen, andererseits mit dem visceralen Mesoblast in Verbindung stehen. Im übrigen ist sie mit einer eiweißhaltigen Flüssigkeit gefüllt. Das Chorion trägt Zotten, die im Anfang noch ziemlich einfach, in der Folge immer reicher verzweigt erscheinen. Sehr bemerkenswert ist die verhältnismäßig weit vorgeschrittene Ausbildung des Mesoblastgewebes sowohl an den Adnexen des Eies, wie am Chorion und der von mesoblastischen Strängen durchzogenen Exocölomhöhle. Es hängt dies und die große Weite der Eihöhle offenbar mit den Ernährungsverhältnissen des Embryo zusammen. Das ihm von Haus aus mitgegebene Ernährungsmaterial ist minimal und er muß so schnell wie möglich und so viel wie möglich Nahrungsstoffe von der Mutter her beziehen. Die Exocölomhöhle wird durch die von außen einströmende Ernährungsflüssigkeit erheblich ausgedehnt und das Mesoderm bereitet sich vor, den Gefäßapparat aufzunehmen, den der Embryo zur Aufrechterhaltung seines Stoffwechsels zu bilden im Begriff steht.

Viertes Stadium.

(Menschliches Ei um die Wende der zweiten und dritten Entwicklungswoche).

Fortentwicklung von Nervensystem und Darmkanal. Ursegmente, Herz und Dotterkreislauf. Anfänge des Placentarkreislaufes.

Betrachtet man die Keimscheibe eines Hühnchens, die flach ausgebreitet und deshalb leicht zu untersuchen ist, dann fällt es gleich am Anfang dieses Stadiums auf, daß nahe dem Kopfende des Embryo die Neuralwülste kräftig hervortreten, während sie sich weiter kaudalwärts abflachen und verbreitern. Die Erhebung der Wülste schreitet in der Folge nach vorn und hinten immer weiter fort; nach dem kaudalen Ende zu, wo sich der Primitivstreifen in die Nervenanlage hineinschiebt, biegen sie weit seitlich aus. Im Laufe der weiteren Entwicklung neigen sich diese Wülste von der Stelle aus, an der ihre stärkere Erhebung begonnen hat, immer weiter gegeneinander (Abb. 172), sie nähern sich bis zur Berührung und schließen sich endlich zum Neuralrohr. Während des ganzen in Rede stehenden Stadium ist jedoch die Verwachsung noch auf eine kurze Strecke im Gebiete des späteren Mittel- und Endhirnes beschränkt. Vor dem geschlossenen Rohr haben sich aber die Neuralwülste einander schon so weit genähert, daß sie nur durch einen in der vorderen Mittellinie liegenden schmalen Schlitz voneinander getrennt sind, der sich lediglich an der vorderen Spitze der Neuralanlage etwas erweitert zeigt; man bezeichnet diese Erweiterung als vorderen Neuroporus (Abb. 189). Schon vor dem völligen Verschluß erkennt man aber im kranialen Teil der Anlage des Nervensystems den Anfang der Hirngliederung, indem sich der vorderste Teil als Archencephalon blasenförmig gegen die übrigen mehr röhrenförmig gestalteten Teile des Deuterencephalon abhebt.

Unmittelbar hinter diesem letzteren und vor dem noch deutlich sichtbaren Blastoporus treten neben den Neuralwülsten vierseitige Körper auf, die durch helle lineare Zwischenräume voneinander getrennt sind, die Ursegmente (Abb. 189, 192). Sie vermehren sich in kaudaler Richtung fortdauernd an Zahl, wobei sich die zuerst gebildeten immer schärfer gegen die Umgebung abgrenzen und sich von ihr abheben.

Das Kopfende des Embryos ist schon im vorigen Stadium schnabelförmig aus der Keimhaut hervorgetreten, es hebt sich nun nach hinten zu immer weiter ab, wodurch ein handschuhfingerartiger, vom Entoblast ausgekleideter Binnenraum, die Kopfdarmbucht (Abb. 199, 200) (in Abb. 199 eben angedeutet), entsteht. Sie öffnet sich mit einem bogenförmigen Rand in den Dottersack. Dieser Rand ist anfänglich ohne Besonderheit, sehr bald aber zeigt er sich jederseits von einem erst schmäleren, dann breiteren, getrübten Feld umsäumt, dem optischen Ausdruck der Parietalhöhle, der Ursprungsstelle des Herzens. Das Aussehen einer Säugetierkeimscheibe ist im wesentlichen das gleiche.

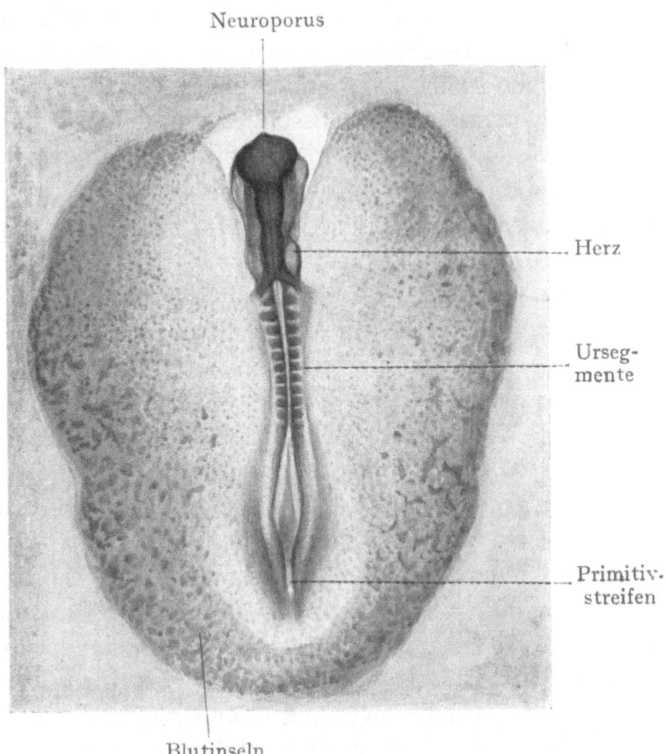

Abb. 189. Hühnerkeimscheibe mit 11 Ursegmenten.

Bei einer genaueren Betrachtung der Entwicklungsvorgänge im vierten Stadium ist zuerst des Verhaltens der schon vorhandenen Organe zu gedenken, soweit sie wesentliche Veränderungen zeigen.

1. Nervensystem. Bei der Betrachtung von Medianschnitten sieht man, daß das erwähnte Archencephalon vor dem Ende der Chorda dorsalis gelegen ist, während das Deuterencephalon noch auf ihr liegt (Abb. 199, 200). Querschnitte tun dar, daß der erwähnte Verschluß des Rohres in der dorsalen Mittellinie eintritt. In dem Augenblick, in welchem er perfekt wird, ist der Ektoblast mit der Nahtstelle noch durch Zellen verbunden, dann aber löst sich die Verbindung, und der Ektoblast geht nun glatt über dem Rohr hinweg (Abb. 181). Sodann schiebt sich zwischen beiden auch mesoblastisches Gewebe ein und drängt das Rohr von dem Epidermisblatt ab. Alsbald nach dem Verschluß des Rohres besitzen die Zellen, die es auskleiden, einen epithelialen Charakter, während die übrigen, bald in mehreren Schichten liegenden Zellen, vorerst noch eine mehr indifferente Beschaffenheit zeigen, was sich jedoch dann bald ändert.

2. Darmrohr. Die Fortentwicklung des Darmrohres geht in der Weise vor sich, daß sich, wie gesagt, der Kopfteil des Embryo immer weiter abhebt, wobei sich die vordere Darmbucht immer stärker vertieft. Betrachtet man einen Embryo in diesem Stadium von der Bauchseite her, dann sieht man, daß der Eingang der handschuhfingerartigen Darmbucht von einer bogenförmigen Falte, der vorderen Darmpforte, umrandet wird. Die beiden Seiten der Falten nähern sich einander von vorn nach hinten gegen die Mittellinie hin und verwachsen schließlich in ihr, auf

diese Weise die Darmbucht immer mehr vertiefend. Am kaudalen Ende des Embryo spielt sich ganz der gleiche Vorgang ab, es entsteht die hintere (Schwanz-) Darmbucht und die hintere Darmpforte (Abb. 202). Bei Säugetieren geschieht dies letztere früher, beim Hühnchen später, bei ersteren sind gegen Ende des in Rede stehenden Stadiums die ersten Spuren davon zu sehen, bei letzterem noch gar nicht. Der größte Teil des Darmes ist noch weit in den Dottersack oder die Nabelblase geöffnet und zeigt sich einstweilen nur als eine unter der Chorda dorsalis befindliche vertiefte Längsrinne, die Darmrinne.

3. Ursegmente[1]. Von den im vierten Stadium neu auftretenden Gebilden fallen zunächst die erwähnten Ursegmente in die Augen.

Bis jetzt war der Mesoblast eine ununterbrochen ausgebreitete Schicht, nun aber tritt die Segmentierung auf, welche dem Körper des Embryos, ebenso wie dem des geborenen Menschen, ein so charakteristisches Gepräge verleiht und zwar gehört sie primär ganz ausschließlich dem Mesoblast an. Bei Amphioxus erscheint sie außerordentlich früh, indem die aus dem Entoblast sich bildenden Mesoblastausstülpungen in einzelne Abteilungen zerfallen; sie wandeln sich sehr bald zu ringsum geschlossenen Säckchen um (Abb. 173), von denen aus sich dann die Segmentation auf den übrigen Mesoblast fortsetzt. Bei höheren Wirbeltieren beschränkt sich die Segmentation auf die unmittelbar neben der Anlage des Nervensystems befindliche Gegend, während der weiter lateral liegende Teil des Mesoblasts unsegmentiert bleibt. Die an die Achsengebilde sich anschließende Region zwischen Ektoblast und Entoblast wird jederzeit von einer verdickten Mesoblastpartie eingenommen, den Ursegmentplatten (Abb. 179), die sich seitlich in eine weniger dicke Schicht, die Seitenplatten, fortsetzt. Die Ursegmentplatten zerfallen in einzelne würfelförmige Abteilungen, die Ursegmente (Abb. 176), dadurch, daß sich in ihrem Bereich das Mesoblastgewebe verdichtet, in den Zwischenräumen dagegen auflockert und ganz verschwindet.

Die Ursegmente sind anfänglich solid, sie bestehen aus spindelförmigen Zellen, die nach einem Mittelpunkt konvergieren. Bald entsteht in diesem Mittelpunkt eine Höhle, die sich von der Cölomspalte zwischen visceralem und parietalem Mesoblast in sie hinein fortsetzt. Sodann schnürt sich die Höhle von der Cölomspalte in der Art ab, daß eine Brücke zwischen dem Ursegment und dem seitlichen Teil der Mesoblastanlage die Spalte verliert und solid wird. Ein Querschnitt zeigt jetzt das abgerundete vierseitige Ursegment mit seiner Ursegmenthöhle, daran anschließend eine solide Platte, von der dann beiderseits die mit einer Cölomspalte versehenen Seitenplatten ausgehen. Die Ursegmenthöhle füllt sich bald wieder mit Zellen, die von der Wand der Höhle abgegeben werden, dem Ursegmentkern (Abb. 178).

Die Ursegmente enthalten das Material für die Bildung der Muskulatur (weshalb man auch die Ursegmenthöhle als Myocöl bezeichnet) und des Mesenchyms (siehe unten). Die erwähnte Brücke enthält den Keim des Urogenitalapparates, sie wird Ursegmentstiel (Urogenitalplatte) genannt (Abb. 176, 178). An seinem lateralen Ende biegen visceraler und parietaler Mesoblast ineinander um. Diese Stelle findet in der Folge zur Bildung des Mesenteriums Verwendung, man nennt sie deshalb Mesenterialplatte.

Das erste Ursegment erscheint schon zu einer Zeit, in der die Neuralrinne und die Chorda dorsalis noch nicht vollständig ausgebildet sind. Die spätere Entwicklung

[1] Somiten; Urwirbel. Bonnet bezeichnet mit dem Namen Urwirbel die vierseitigen Stücke neben dem Neuralrohr und versteht unter Ursegmenten diese nebst der Urogenitalplatte und den an sie angrenzenden Teilen der Seitenplatten.

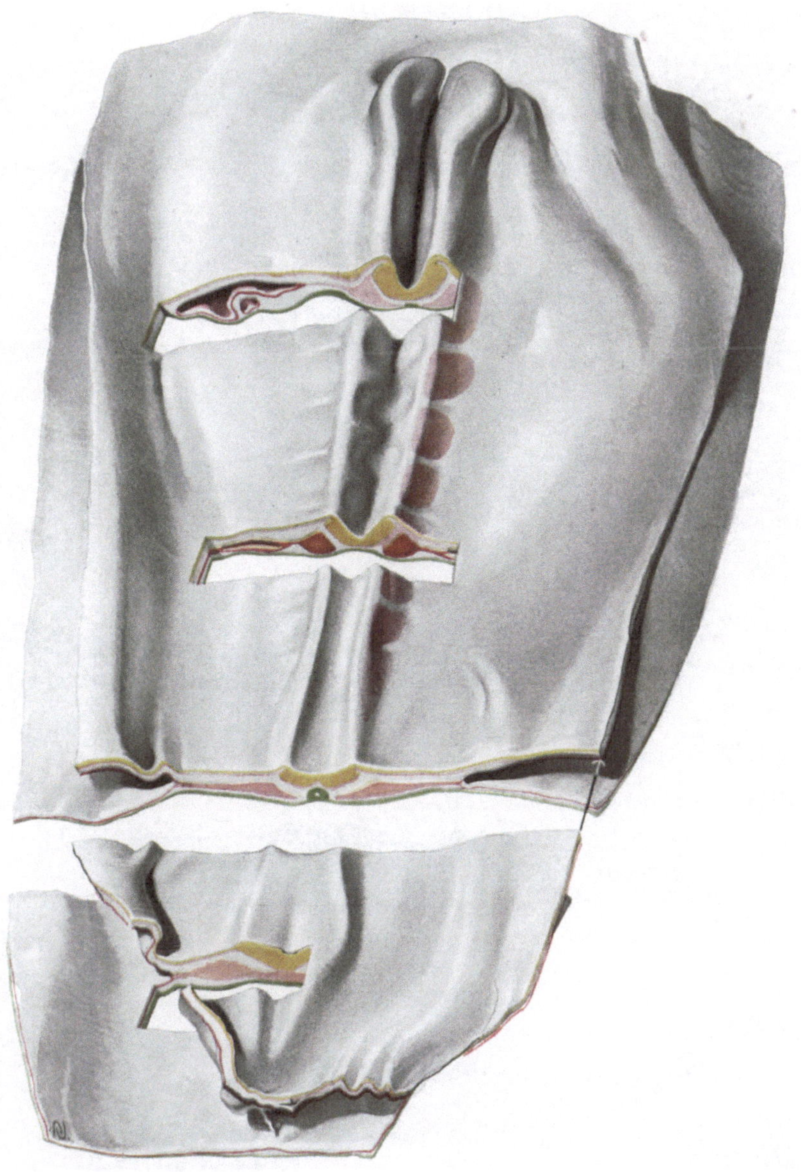

Abb. 190. Graphische Rekonstruktion des schrägbeschauten Oberflächenbildes eines Katzenembryo von sieben Ursegmenten mit vollkommen offener Neuralrinne. Vorn ragen die kolbig verdickten Enden der Neuralwülste frei heraus, da eine Falte sich unter das Kopfende zu schieben beginnt. An verschiedenen Stellen ist der Embryo angeschnitten oder durchgeschnitten, und an den Schnittflächen sind die durch Farben schematisch behandelten, aber in den Verhältnissen durchaus korrekten Schnittbilder eingezeichnet, damit man lernen kann, das Bild eines Embryo mit den Schnittbildern in richtige Beziehung zu bringen, was gerade bei der Entwicklungsgeschichte sehr große Schwierigkeiten macht. Im Gebiete des noch nicht ganz fertig abgegrenzten ersten Ursegmentes ist das Gebiet der Neuralrinne und die linke Seite des Embryo angeschnitten und man sieht mit der gelben Farbe bezeichnet den Ektoblast, darunter den rot gefärbten Mesoblast. In eine Höhle (Cölomspalte, Pleuraperikardialhöhle) des Mesoderms ragt ein Wulst von dem visceralen Blatte her, in dem ein Lumen die paarige Herzanlage bezeichnet. Der Entoblast ist grün, die Chorda dorsalis ist unter der Neuralrinne angedeutet. Weiter folgend sind die Ursegmente auf der rechten Seite rötlich durchschimmernd gezeichnet. Auf der linken Seite sind die Niveaudifferenzen, die durch die Ursegmente an der Oberfläche entstehen, zu erkennen. Die Neuralrinne zeigt deutliche Eindellungen im Bereich der Segmente. Im Gebiete des fünften Ursegmentes ist wieder ein Stück herausgeschnitten. Das Ursegment ist wohl abgegrenzt, hängt durch die dünne Urogenitalspalte mit dem Teil des Mesoblastes zusammen, in dem sich die spaltförmige Cölomhöhle befindet. An der dritten Stelle ist der Embryo quer durchgeschnitten und das hintere Ende nach hinten gerückt, damit man die Schnittfläche übersehen kann. Die Neuralrinne ist flach. Unter ihr ist der mit einem Lumen versehene Urdarmstrang, wie das Entoderm mit grüner Farbe bezeichnet. In dem roten Mesoblast ist seitlich das Exocölom als große Spalte zu sehen. Am vierten Schnitt ist das Gebiet der Urmundsrinne getroffen, die sich im Gebiet der Neuralplatte, wie die Oberflächenzeichnung deutlich erweist, noch weiter nach vorn erstreckt. Die graphische Rekonstruktion ist von Herrn A. Vierling angefertigt bei 64facher Vergrößerung. Zur Reproduktion ist sie um $^1/_4$ verkleinert. Einzelheiten der Schnitte sind in der Abb. 191, 192 zu vergleichen, in der von demselben Stadium die Schnitte mit den Zellen genau gezeichnet sind.

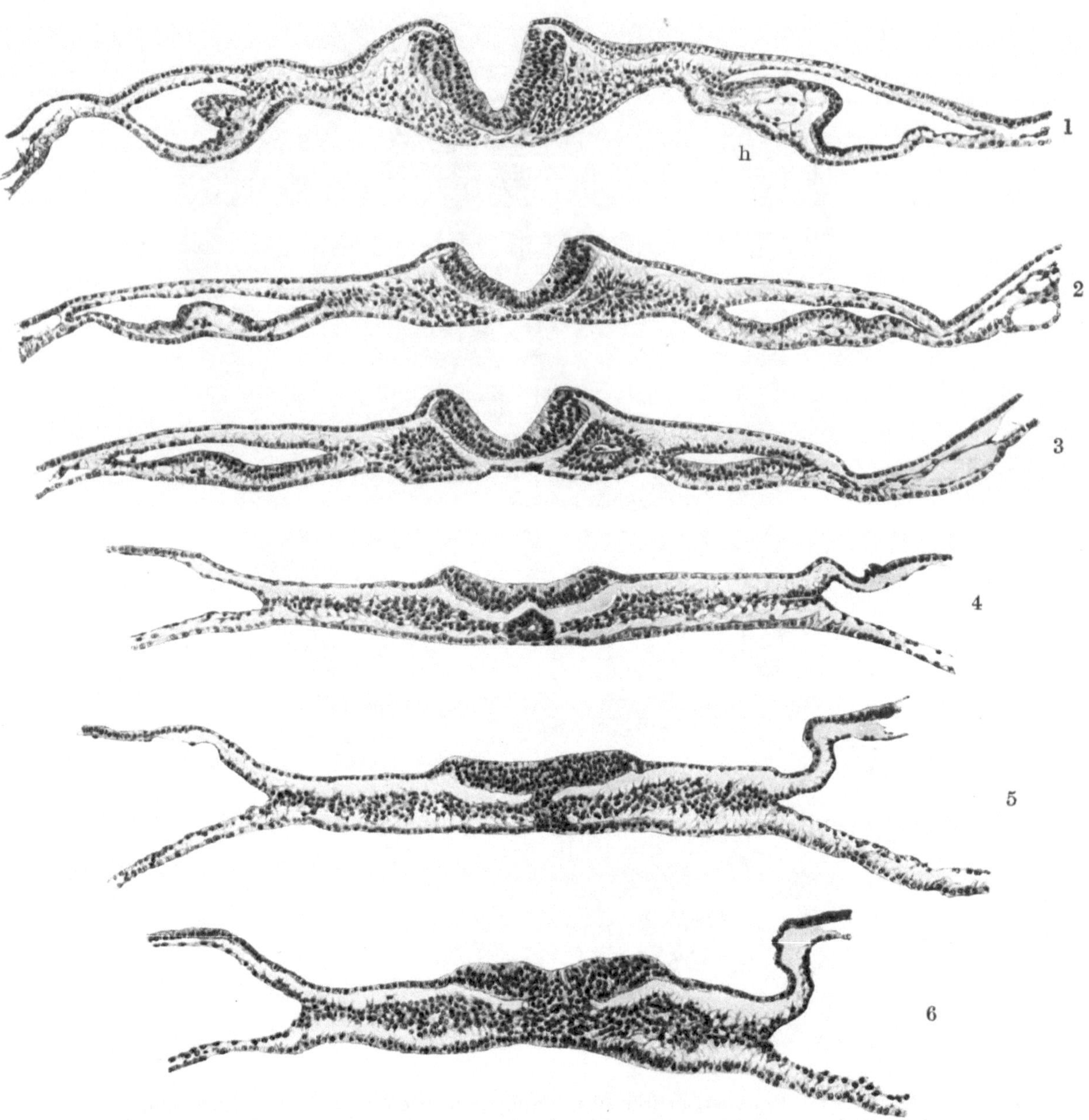

Abb. 191. Sechs Querschnitte durch den nebenstehenden Embryo der Katze an den mit Strichen bezeichneten Stellen.

Schnitt 1. Die Neuralrinne ist sehr tief und in der Vertiefung von mehrreihigem sehr verdickten Ektoblast bekleidet. Der Mesoblast ist in der Stammzone noch ungegliedert. Am Rande des Schnittes ist die Cölomspalte weit geöffnet zu sehen, setzt sich aber nicht in das Exocölom fort, sondern ist als Pleuroperikardialhöhle lateral verschlossen. In der Wand des visceralen Mesoblast ist die paarige Herzanlage zu sehen (h), in deren Bereich der Mesoblast stark verdickt ist; inmitten dieser in die Cölomhöhle weit hineinragenden Vorwulstung ist der Endokardschlauch des Herzens deutlich zu sehen. Der Entoblast ist abgesehen von der Verdickung an dieser Stelle gleichförmig.

Schnitt 2. Die Neuralrinne ist schon abgeflacht. In dem Mesoblast der Stammzone ist auf der rechten Seite in der um einen Mittelpunkt radiär angeordneten Zellmasse schon die erste Anlage eines Ursegmentes zu sehen. Der Schnitt geht durch das kaudale Ende der Pleuroperikardialhöhle, an der an derselben Stelle wie in 1. noch ein kleiner Rest der Herzanlage zu sehen ist.

Schnitt 3. Unter der Neuralrinne ist auf beiden Seiten das erste wohl entwickelte Ursegment zu sehen. Links ist deutlich zu sehen, daß die Pleuroperikardialhöhle noch nicht zu Ende ist. In der Mediangegend ist am Entoblast die wohl abgegrenzte Urdarmplatte zu erkennen; zu den Kanten, die von ihr gebildet werden, lassen sich die Mesoblastzellen hin verfolgen, den ehemaligen Zusammenhang als gastraler Mesoblast bezeichnend.

Schnitt 4. Die Neuralrinne ist stark abgeflacht, daß von einer Neuralplatte zu reden ist. Im lateralen Teil des Mesoblast ist die Cölomhöhle zu erkennen, die in das Exocölom übergeht. Unter der Neuralplatte ist der Urdarmstrang mit der kleinen Urdarmhöhle zu erkennen, unter ihm geht der Dotterentoblast als vollkommen kontinuierliche Schicht verschieden hoher Zellen durch die ganze Keimscheibe. Der Mesoblast, der keine Ursegmente mehr gebildet hat, hängt teilweise mit dem Urdarmstrang zusammen.

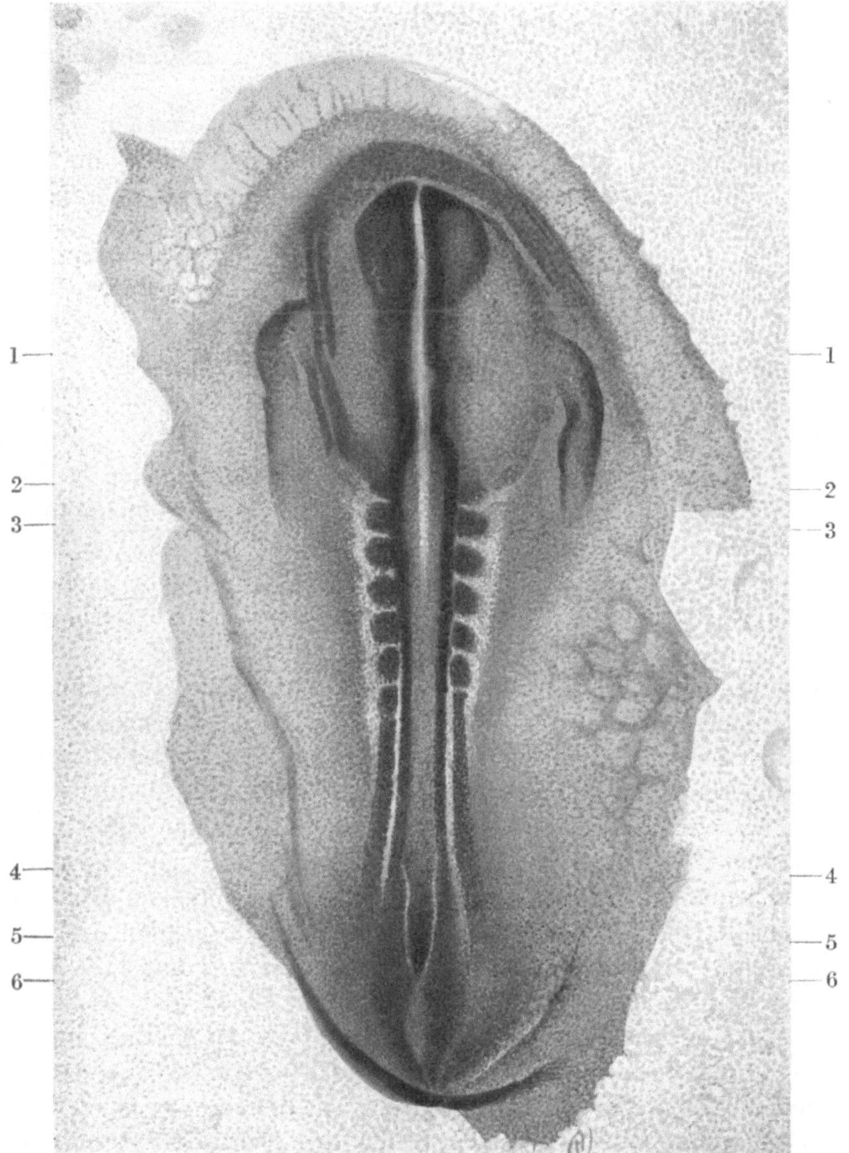

Abb. 192. Keimscheibe der Katze mit 7 Ursegmenten. Dieser Embryo wurde leicht angefärbt, bei durchfallendem Licht aufgehellt, in Xylol gezeichnet bei 42facher Vergrößerung. Zur Reproduktion um etwa $^1/_3$ verkleinert. Da der Kopfteil schon etwas ventralwärts gekrümmt war, ist die Zeichnung gewissermaßen im gestreckten Zustand des Embryo gezeichnet. Das Neuralrohr ist in ganzer Ausdehnung noch nicht geschlossen, wie die danebenstehenden Querschnitte beweisen, die der Nummer nach an den Stellen angefertigt sind, an denen die mit Zahlen versehenen Striche stehen. Wenn man ein Lineal an die entsprechenden Striche legt, dann hat man genau die Stelle, an der der abgebildete Schnitt gelegt ist. Die beiden nach hinten ziehenden Wülste, rechts und links von der Kopfgegend, sind die paarigen Herzanlagen. Rechts sind in der Area opaca der Keimscheibe, die Anlagen der teilweise netzartig zusammengeflossenen Blutinseln zu sehen. Die sieben Ursegmente sind auf der linken Seite etwas vollständiger abgegrenzt (der siebente Kaudale) als auf der rechten Seite. Das ungegliederte Mesoderm der Stammzone ist nach hinten weit zu verfolgen. Zwischen denen nach hinten divergierenden Neuralwülsten ist die Gegend der Urmundsrinne mit ihren Resten. Vorn und hinten ist der Embryo begrenzt durch die Kopf- bzw. Schwanzkappe.

Schnitt 5. Die Neuralrinne hat in der Medianlinie noch Reste der Urdarmrinne (Primitivrinne) aufgenommen, denn man sieht, daß sich Mesoblastzellen vom Ektoblast ablösen. Seitlich sind im Mesoblast die Cölomhöhlen wohl zu erkennen. Wir sind am hinteren Ende des Urdarmstranges.

Schnitt 6. Ganz deutlich ist die Urmundrinne in der Mitte der äußeren Keimlage zu erkennen, sowohl am oberen Grenzkontur, der zwei seichte Rinnen, eine äußere (Neuralrinne) und eine innere (Urmundrinne, Primitivrinne) zeigt, als auch an den zahlreichen auswandernden Zellen, die zu Mesoblastzellen wurden (peristomaler Mesoblast). Über die Cölomhöhle und das Dotterentoderm (Dotterentoblast) ist nichts Besonderes zu sagen. Das Cölom ist hier wie im vorhergehenden Schnitt fast ganz Exocölom.

Gezeichnet bei 110facher Vergrößerung. Zur Reproduktion um etwa $^1/_4$ verkleinert.

zeigt, daß dies im Bereich der letzten Hirnbläschen und der Schädelbasis geschieht. Vor dem zuerst auftretenden Ursegment bildet sich kein weiteres, dort besteht der Mesoblast nur aus locker miteinander verbundenen Sternzellen (Kopfplatten), die sich ganz allmählich in dem Kopf diffus ausbreiten. Hinter ihm setzt sich die Segmentierung, allmählich fortschreitend mit der Ausbildung der Anlage des Centralnervensystems, fort, bis sie das Hinterende des Embryos erreicht. Lange bevor sich die letzten Ursegmente gebildet haben, sind die ersten schon in die weitere Entwicklung eingetreten, von der im nächsten Abschnitt gesprochen werden wird. Die vorderen Gebiete des Embryos bilden sich eine Zeitlang schneller um als die hinteren.

4. Herz und Dotterkreislauf. Bei den Säugetieren tritt die erste Spur der Herzanlage ungefähr gleichzeitig mit den ersten Ursegmenten in der hinteren Kopfregion auf, dort wo die Kopfdarmbucht anfängt sich zu bilden; bei den Vögeln erscheint sie nur wenig später. Zu beiden Seiten der eigentlichen Embryonalanlage entsteht eine Höhle des Mesoblasts, die nach hinten anfangs noch mit der Cölomhöhle zusammenhängt, in der Folge aber sich von ihr sondert, die Parietalhöhle (Halshöhle, Pleuraperikardialhöhle. Primitiver Herzbeutel). Ihr Dach wird von der Hautplatte, ihr Boden von der Darmplatte gebildet. An der lateralen Seite fließen parietaler und visceraler Mesoblast zu einer einfachen Lamelle zusammen und erst jenseits von ihr beginnt sodann das Exocöl. An dem Boden der Höhle ist der Mesoblast zur Herzplatte verdickt, aus der sich das Herz entwickelt. Dies geschieht in der Art, daß sich diese Herzplatte beiderseits von dem Entoblast abhebt und daß sich sodann aus Zellen, die in der Spalte zwischen beiden zurückbleiben, ein Epithelschlauch formt, der die Herzplatte in die Parietalhöhle hineintreibt. Das Herz legt sich also paarig an (Abb. 193, 194). Je mehr sich die Falten, die die vordere Darmbucht zu bilden haben, einander nähern, um so mehr rücken auch die Herzanlagen beider Seiten gegen die Mittellinie hin. Endlich berühren sich die beiden Anlagen (Abb. 195) ihre Zwischenwand verschwindet und damit ist ein einfacher, aus ganz platten Epithelzellen bestehender, gestreckter Schlauch entstanden, der in der Medianebene an der ventralen Seite der Kopfdarmhöhle liegt. Die in der Mittellinie vereinigten Herzplatten bilden dort vor und hinter dem Epithelschlauch je eine einfache Lamelle, das obere und untere Herzgekröse, Mesocardium ventrale und dorsale (Abb. 196). Ganz zum Schluß verschwindet das ventrale Herzgekröse, während sich das dorsale zeitlebens erhält. Das Herz ragt nun frei in die Parietalhöhle hinein.

Der Epithelschlauch bleibt als Auskleidung des Herzens während des ganzen Lebens erhalten; die Muskulatur des Herzens bildet sich aus der verdickten Herzplatte, welche jedoch in dieser Zeit vom Epithelschlauch noch durch einen Zwischenraum getrennt ist. Schon sehr frühe, beim Hühnchen schon am zweiten Tage der Bebrütung, ehe noch Muskelfasern deutlich sind, beginnen rhythmische Kontraktionen des Herzens aufzutreten, die in der ersten Zeit eine helle plasmatische Flüssigkeit ohne eine bestimmte Stromrichtung bewegen, da ja das Blut, außerhalb des Embryonalschildes gebildet, erst später in den Embryo hineingelangt.

Bei den Tieren (Frosch usw.), bei denen während der Entwicklung keine Abhebung und Abschnürung des Embryo von dem Dotter oder wie bei den Säugern von der zum Teil riesengroßen Nabelblase stattfindet, wird das Herz nicht paarig, sondern von Anfang an unpaar angelegt. Beim Hühnchen ist es durch besondere Störung des Entwicklungsganges sogar gelungen vielfache Herzanlagen und Herzen zu erzeugen (Gräper).

Die im Embryo ziemlich gleichzeitig mit dem Herzen erscheinenden Blutgefäße entstehen nach der einen Ansicht dadurch, daß sie von der Area opaca her in den Embryo einwachsen (His 1882), nach einer anderen so, daß sie von der Anlage des Herzens aus vorsprossen (Rabl 1887), nach einer dritten in der Art, daß sie sich in loco bilden (P. Mayer 1886/87, Rückert 1887—1903). Aus anfänglich schlingen-

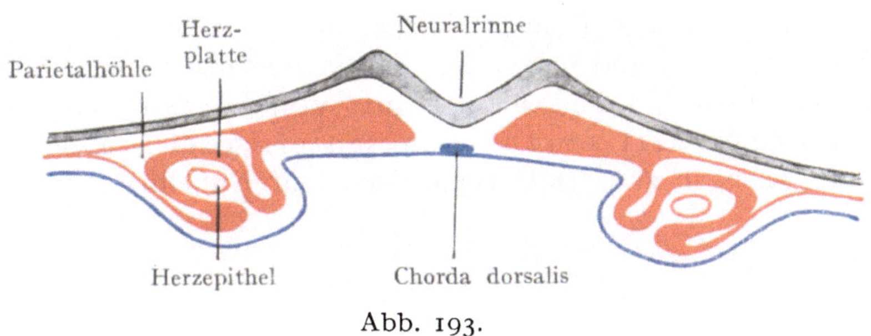

Abb. 193.

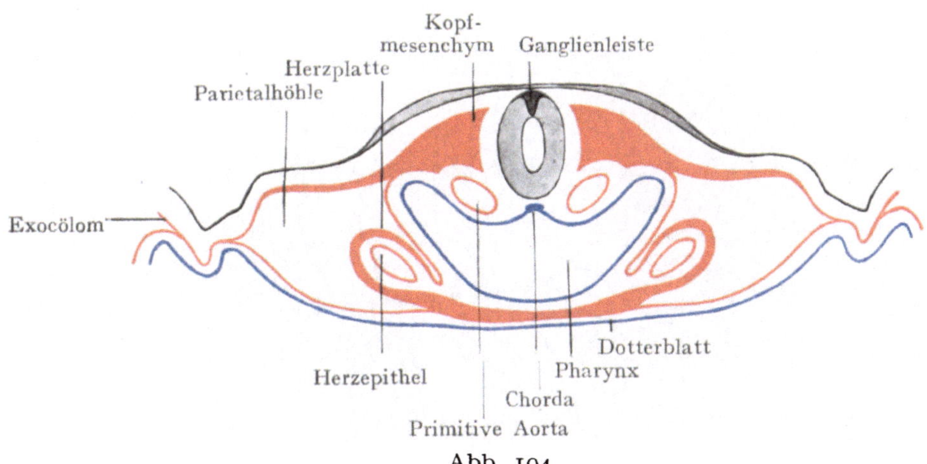

Abb. 194.

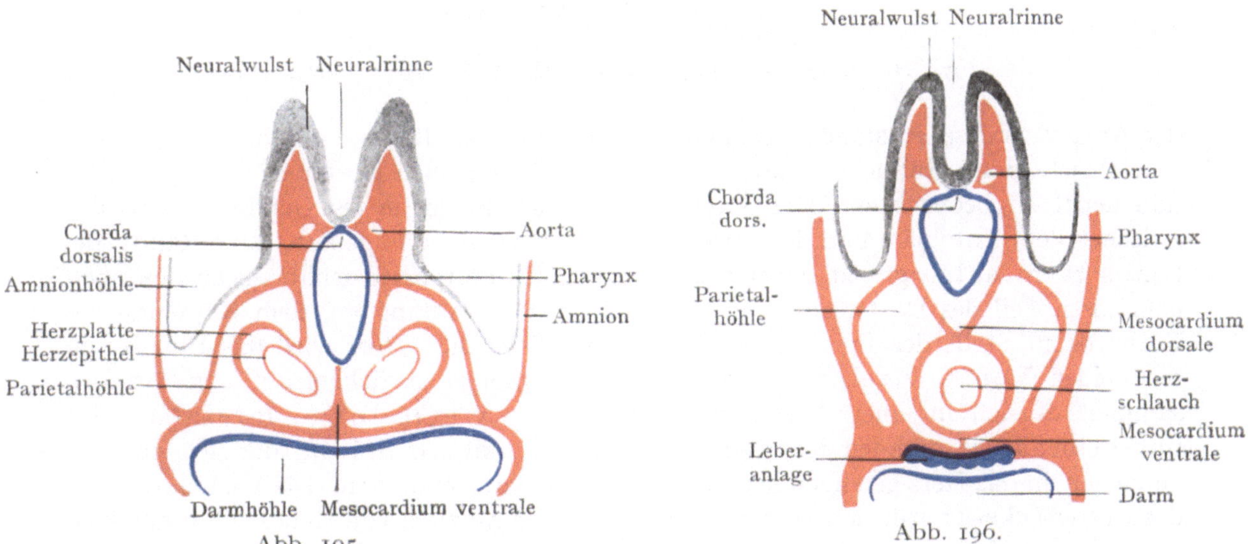

Abb. 195. Abb. 196.

Abb. 193—196. Schematische Querschnittsbilder der Herzentwicklung mit Benützung Bonnetscher Figuren.

oder netzförmigen Anlagen differenzieren sich die Stämme; diese treiben dann wieder Sprossen vor, die sich zu den Wänden der kleineren Gefäße umwandeln. Ist erst das Ganze ausgebildet, dann stellt das Herz einen S-förmig gebogenen Schlauch dar (Abb. 189), von dessen kranialer Spitze eine Arterie (Truncus arteriosus) entspringt, in dessen kaudales Ende ein venöses Gefäß (Truncus venosus) einmündet. Der Arterienstamm zerfällt nach ganz kurzem Verlauf in zwei Schenkel, welche die Kopfdarmhöhle jederseits bogenförmig umziehen und dann zu beiden Seiten der Mittellinie hinter der Darmrinne und neben der Chorda dorsalis bis zum Schwanzende des Embryo verlaufen. Dies sind die beiden primitiven Aorten. Von ihren Collateralästen sind im Anfang die Artt. omphalo-mesentericae die größten und wichtigsten (Abb. 197). Sie gelangen zum Dottersack, bzw. zur Nabelblase, wo sie mit den in

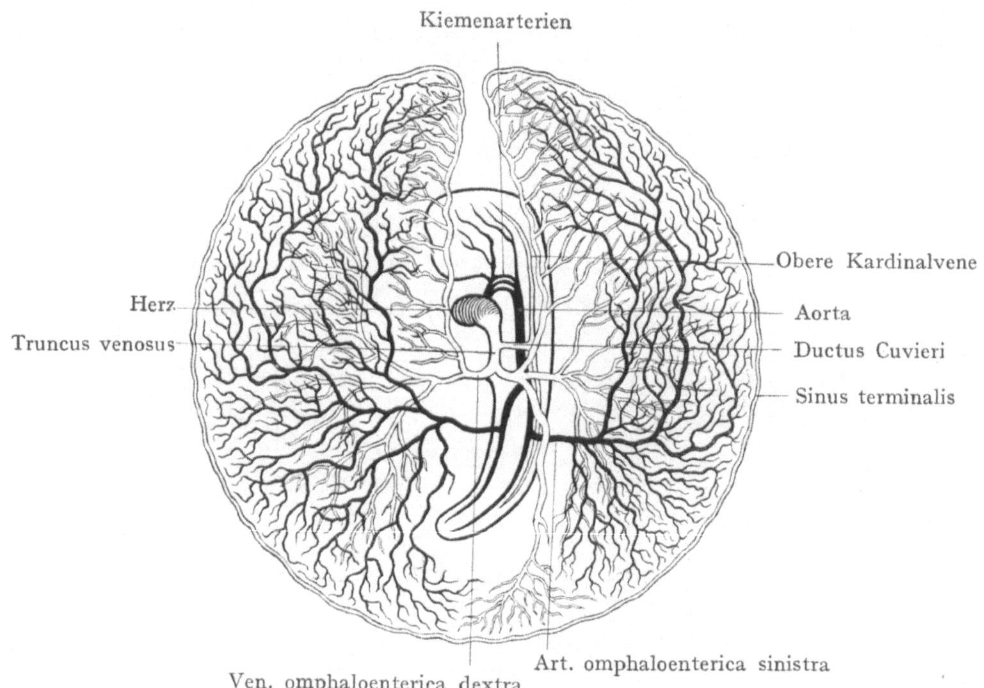

Abb. 197. Hühnerkeimscheibe; Dotterkreislauf (Foster - Balfour 1876).

der Area vasculosa entstandenen Gefäßen verbunden sind. So entsteht der Dotterkreislauf. Beim Hühnchen sind die Gefäße auf dem großen Dotter flach ausgebreitet und leicht zu beobachten. Die Arterien lösen sich in ein enges Gefäßnetz auf, das zwischen dem Entoblast und dem visceralen Mesoblast seine Lage hat. Eine Randvene, Sinus terminalis, grenzt den Gefäßhof an seiner Peripherie scharf gegen den noch gefäßlosen Teil des Dottersackes ab. Der Ring ist im Anfang vor dem Kopfende des Embryos an Stelle des Proamnion (S. 170) unvollständig. Dort wird das Blut durch die beiden Venae vitellinae antt. in den Embryo zurückgeleitet. Im übrigen sammelt es sich in einer Anzahl anderer Venen Vv. vitellinae laterales und posteriores; sie münden jederseits in einen ganz kurzen Stamm, die sich zu dem einfachen, in das Herz gelangenden Truncus venosus vereinigen. Die Vaskularisation des Dottersackes breitet sich immer weiter aus, bis er gänzlich von Gefäßen umschlossen ist. Wir sind übrigens mit diesen Dingen schon weit über das in Rede stehende Stadium hinausgeraten.

Bei der Ausbildung der bestimmten, immer wieder neugebildeten größeren Gefäßstämme kann man mechanische Ursachen durch bevorzugten Blutstrom erkennen. Während z. B. in der Area vasculosa in der Anlage die aus den Blutinseln entstehenden Gefäßnetze annähernd gleiches Kaliber haben, bilden sich dort später, wenn der Anschluß an die pulsatorische Kraft des Herzens erreicht ist, einige Stämme, die für die Stromrichtung günstig liegen, als Hauptgefäße mit größerem Lumen und dickerer Wand aus, während ungünstig gelegene klein bleiben oder sich auch ganz zurückbilden. Da sich diese mechanischen Bedingungen während der Entwicklung der Organe usw. vielfach ändern, ist auch ein Umbau des Gefäßsystems während der Ontogenese zu erwarten; damit hängen dann auch zahlreiche Varietäten des Gefäßverlaufes zusammen, wenn auch durchaus noch nicht alle mechanischen Bedingungen so erforscht sind, daß wirklich befriedigende Erklärungen gefunden sind (Thoma).

Bei den intrauterin sich entwickelnden Säugetieren ist der Nabelblasenkreislauf, abgesehen von einigen weniger ins Gewicht fallenden Modifikationen, im wesentlichen ganz der gleiche, nur wird bei einer Anzahl von ihnen ein Randsinus nicht ausgebildet. Ist er aber vorhanden, dann ist er arterieller Natur, nicht venöser, wie beim Hühnchen. Dies hängt damit zusammen, daß bei diesem der Dotterkreislauf bestimmt ist, die dem reichlichen Dotter entnommenen Nährmaterialien in der Vene zu sammeln und dem Embryonalkörper zuzuführen, während die Nabelblase der Säugetiere mit ihrem flüssigen Inhalt sehr bald jede nutritive Bedeutung verliert.

5. Placentarkreislauf. Schon in ganz früher Zeit sendet das Ende der beiden Aorten je eine Arterie zur Allantois, die Artt. umbilicales, die sich in deren Wand verzweigen. Ihr Inhalt kehrt durch gleichnamige Venen wieder in den Embryo zurück. Diese Gefäße übernehmen bald unter dem Namen Nabel- oder Placentarkreislauf eine höchst wichtige Funktion, von der bei der Betrachtung der Embryonalhüllen im ganzen die Rede sein wird.

Menschliche Embryonen um die Wende der zweiten und dritten Entwicklungswoche.

Von menschlichen Keimen sind ebenso wie für das vorhergehende Stadium auch für das in Rede stehende nur wenige bekannt geworden. Auch ist die Schätzung des Alters noch rein approximativ und entbehrt der vollen Sicherheit. Ihre Länge wächst bis etwa 2,5 mm heran, der innere Bau erfährt in den wenigen Tagen, die seit dem vorigen Stadium vergangen sind, tiefgreifende Änderungen. Die Neuralwülste werden immer höher, die Neuralrinne entsprechend tiefer, nur am kaudalen Ende ist die Rinne noch flach und grenzt sich nicht deutlich gegen den Ektoblast ab. Das vordere Ende der Anlage des Centralnervensystems beginnt sich ventralwärts zu krümmen. Vorn und hinten ist die Neuralrinne bis zum Schluß des Stadiums weit offen. Am Gehirnteil erkennt man bereits drei Abteilungen, die bis in die Gegend des vierten Ursegmentes zurückreichen. Hinten umgreifen die Neuralwülste den noch immer sichtbaren Canalis neurentericus. Bei dem Vorhandensein von etwa acht Ursegmenten beginnt die Neuralrinne in der Mitte ihrer Länge sich zum Rohr zu schließen; gegen

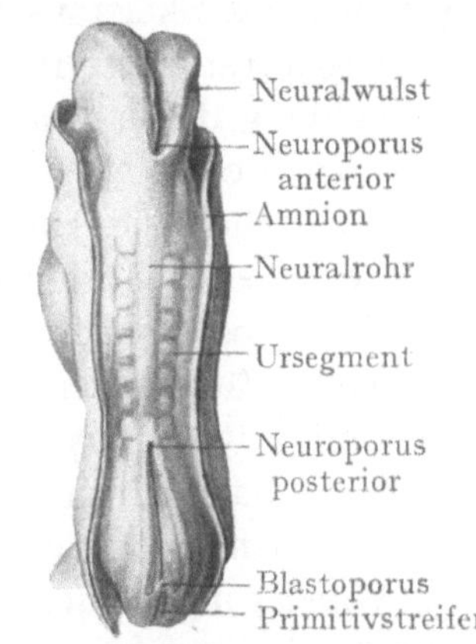

Abb. 198. Menschlicher Embryo von 2,1 mm Länge (Éternod). Nach dem Modell von Ziegler.

Ende des Stadiums ist der Verschluß schon etwas weiter fortgeschritten. Der Primitivstreifen wird immer kürzer, er ist nach unten abgebogen (Abb. 198).

Die Kopfdarmbucht vertieft sich mehr und mehr, sie wird durch die primäre Rachenhaut verschlossen (Abb. 201); die Schwanzdarmbucht erscheint, eine Aftermembran ist vorhanden. Zwischen beiden Buchten ist der Embryo noch flach ausgebreitet und es öffnet sich der Darm weit in die große Nabelblase. Die ersten Spuren des Kiemenapparates treten auf; von ihm wird weiter unten zu sprechen sein. Die Chorda dorsalis ist flach ausgebreitet; hinten ist sie noch in den Entoblast eingeschaltet, vorn beginnt sie sich von ihm abzuheben.

Die Ursegmente, die zu Anfang des Stadiums erscheinen, haben sich bis zum Schluß auf etwa zwölf Stück vermehrt. Bei jungen Keimlingen beobachtet man eine Ursegmenthöhle, die noch mit der Cölomspalte in Verbindung steht. Diese letztere kommt in ihrem kaudalen Teil erst jetzt zur Ausbildung.

Die Parietalhöhle ist weit und mit der Cölomspalte nicht in Verbindung. Das Herz ist zuerst paarig, später ein einfacher Schlauch, der sich immer stärker S-förmig krümmt. Der von ihm abgehende Truncus arteriosus teilt sich in die beiden Aorten, die in einem Bogen die Kopfdarmbucht umziehen und dann neben der Mittellinie herablaufen. Artt. und Vv. omphalomesentericae und umbilicales sind vorhanden, die ersteren verbreiten sich auf dem Nabelbläschen, die letzteren gelangen in dem Haftstiel zum Chorion, wo ihre Zweige Schlingen in die Zotten hineinsenden.

Von Amnion, Chorion und Allantois ist nichts Neues zu berichten, ihre weitere Entwicklung soll später zusammenfassend in einem besonderen Kapitel (Eihäute) besprochen werden. Der Haftstiel ist noch kurz.

Fünftes Stadium.

(Menschliche Embryonen der ersten Hälfte der dritten Woche.)

Anfänge des Kopfes, Änderung am Schwanzende. Auftreten der Anlagen der großen Darmdrüsen. Vorniere und Urniere. Fortbildung des Herzens. Gefäße.

Bis jetzt zielte die Entwicklung darauf hin, die elementarsten Grundlagen für eine Organisation zu schaffen, indem die Anfänge des Darmsystems, des Nervensystems, des Skeletsystems, des Blutes und Gefäßsystems, sowie in den Ursegmenten die Ausgangspunkte für das Muskel- und Bindegewebssystem entstanden. Der Weiterentwicklung dieser fundamentalen, für den ganzen Körper in gleicher Weise wichtigen Bauelemente gesellen sich jetzt die Anfänge von örtlich begrenzten Organen zu. Nun entstehen die Anlagen, welche zur Bildung des Kopfes führen, auch am Schwanzende erfolgen wichtige Umwandlungen und zwischen kranialem und kaudalem Ende des Embryos erscheinen ebenfalls Gebilde von einschneidender Bedeutung.

Die Flächenbetrachtung eines Hühnerkeimes vom zweiten Bebrütungstage in der Länge von etwa 2,5 mm zeigt das Kopfende stark abgehoben, die Zahl der Ursegmente hat sich auf 17 bis 18 vermehrt. Das Neuralrohr ist bis auf den hintersten Teil, in den der stark reduzierte Primitivstreif noch immer eingreift, geschlossen; die Gliederung seines kranialen Endes ist deutlich. An beiden Seiten des Kopfes sind die Anfänge der Augen- und Ohrbildung aufgetreten. Die Kopfdarmbucht schließt sich immer mehr. Das Herz ist S-förmig gekrümmt, die Gefäße des Dotterkreislaufes sind deutlich ausgeprägt. Eine Reihe von wichtigen Neuerwerbungen und Änderungen vorhandener Anlagen erkennt man im Oberflächenbild nicht, sie werden erst an Schnittserien deutlich. Gegen das Ende des Stadiums beginnt der Kopf sich auf die linke Seite zu drehen. Das Amnion überzieht den Kopf des Embryo, eine Schwanzfalte erhebt sich.

Säugetierembryonen erscheinen bei der Flächenbetrachtung den Vogelembryonen sehr ähnlich. Das Archencephalon ist nach vorne abgeknickt, was auch beim Hühnerembryo, anfänglich allerdings weniger deutlich, zu sehen ist. Die Verhältnisse des Amnion sind je nach der Art der Entwicklung dieser Eihülle (S. 172) verschieden.

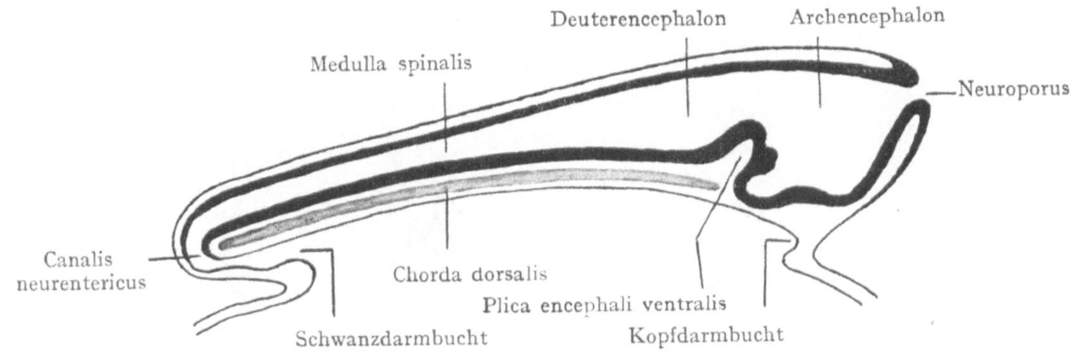

Abb. 199.

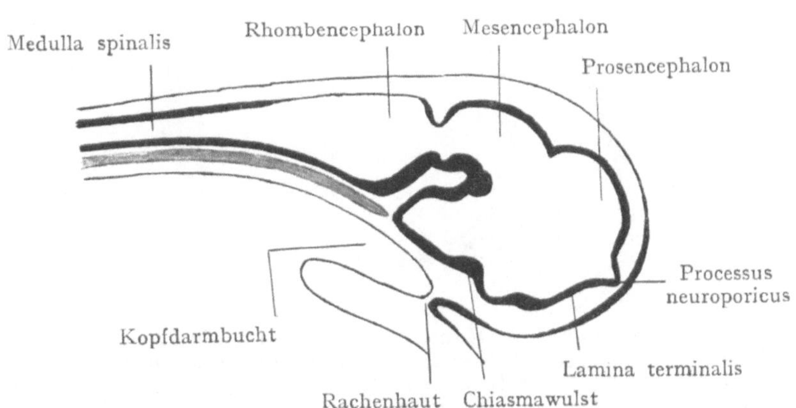

Abb. 200.

Abb. 199 und 200. Schematische Medianschnitte des Neuralrohres; 199 frühere, 200 etwas spätere Zeit (Kupffer 1905).

Ich wende mich sogleich zu einer genaueren Betrachtung.

a) Kopf. Schon das vorige Stadium erweist, daß das kraniale Ende des Embryos gleich von Anfang an gewisse Besonderheiten darbietet. Es hebt sich aus der Fläche des Eies heraus, das Neuralrohr erweitert sich, die Kopfdarmbucht schließt mit einer blinden Kuppel ab, die Ursegmente und die Chorda dorsalis erstrecken sich zwar in das kraniale Ende der Embryonalanlage hinein, erreichen aber ihre Spitze nicht. Dies alles erlaubt es jedoch noch nicht, von einem Kopfe zu sprechen, dazu müssen erst noch die Anfänge der Sinnesorgane und des Gesichtes kommen.

Was den Kopfteil des Centralnervensystems anlangt, so kann man schon vor dem vollständigen Verschluß des Neuralrohres, wie gesagt, Archencephalon und Deuterencephalon unterscheiden; das letztere reicht bis in den Bereich des vierten Ursegmentes zurück. Der Verschluß dehnt sich in kranialer Richtung immer weiter aus, bis zuletzt für eine gewisse Zeit nur noch der im Gipfelpunkt stehende vordere Neuroporus als eine kleine, trichterförmige Öffnung übrig bleibt (Abb. 199). Endlich verstreicht auch er, und nun ist das Neutralrohr in seinem Gehirnteil vollständig geschlossen und trennt sich, ebenso wie die weiter hinten gelegenen Teile von dem Epidermisblatt durch eingeschobenes Mesoblastgewebe ab. Die Stelle des Neuroporus erkennt man erst noch als einen kurzen Fortsatz des Gehirns, Processus neuroporicus (Abb. 200), bis auch er verschwindet. Das Wachstum des Gehirns überholt währenddessen dasjenige der ventral von ihm gelegenen Teile, wodurch es kommt,

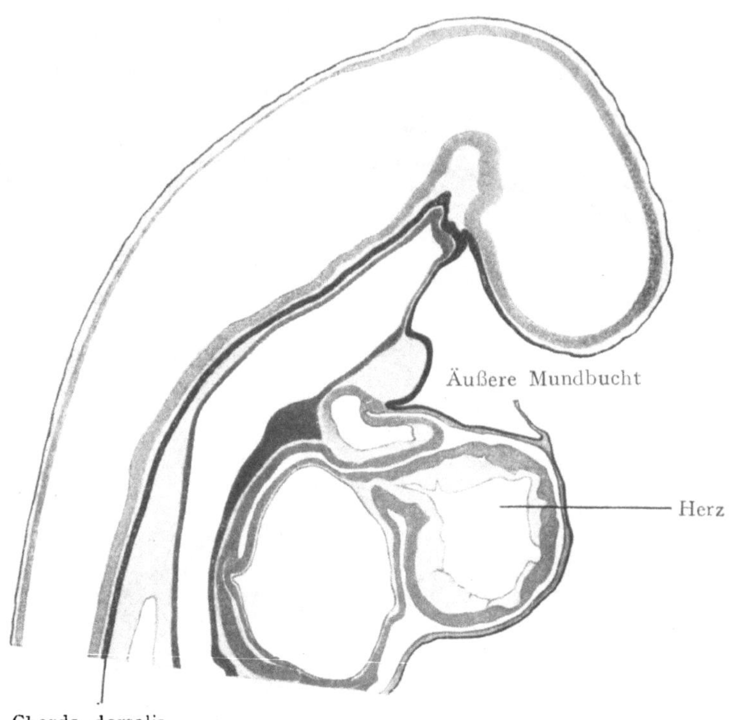

Abb. 201. Kopf und Herzgegend eines Kaninchenembryo im Medianschnitt nach einer Wachsplattenrekonstruktion. Vergrößerung 58fach, zur Reproduktion um $^1/_4$ verkleinert. Die Zelllagen sind nur durch Tönungen angegeben, Zellen sind nicht, ebensowenig die Kerne gezeichnet. Die Epidermis ist tiefschwarz. Über dem Herz und unter dem Gehirn (hellgrau) die äußere Mundbucht, die von dem mit Entoderm (dunkelgrau) bekleideten Vorderdarm durch die Rachenmembran, in der Ektoderm und Entoderm dicht aneinanderliegen, getrennt ist. Unmittelbar vor dem Ansatz der Rachenmembran am Kopfe liegt die Hypophysentasche, mit deren hinterer Wand die Chorda dorsalis (schwarz) verschmolzen ist. Am unteren Ansatz der Rachenmembran ist unmittelbar über dem Herzen das verdickte mediane Gebiet der Schlundbogengegend. Darunter liegt der Truncus arteriosus der Herzanlage, und dorsal davon liegt eine stark verdickte Region des Entodermes, die buckelförmig in das Lumen des Vorderdarmes hineinragt; dies ist die beim Kaninchen ungewöhnlich ausgedehnte Anlage der Glandula thyreoidea.

daß das Neuralrohr schon vor dem vollständigen Verschluß des Neuroporus die erwähnte Abknickung erfährt, indem sich das Archencephalon um das vordere Ende der Chorda dorsalis ventralwärts krümmt. Die ventrale Knickungsstelle wird als Plica encephali ventralis (Abb. 199) bezeichnet. An der dorsalen Seite der Hirnanlage zieht sich das Gebiet zwischen Archencephalon und Deuterencephalon in die Länge. Man kann dadurch jetzt drei Abteilungen unterscheiden, welche als vorderes, mittleres und hinteres Hirnbläschen, oder als Vorderhirn, Prosencephalon, Mittelhirn, Mesencephalon und Rautenhirn, Rhombencephalon, benannt werden (Abb. 200). Den höchsten Punkt der Krümmung, welche Scheitelkrümmung genannt wird, nimmt das Mesencephalon ein. Die Wand des Hirnbläschens ist zwar jetzt schon nicht mehr ganz gleichmäßig, aber im ganzen noch sehr dünn, die Hohlräume, welche sie umschließen und welche bestimmt sind, in der Folge das Ventrikelsystem zu bilden, sind weit. Bereits sehr frühe, noch ehe es zu der Abgliederung von Prosencephalon und Mesencephalon gekommen ist, sendet das Kopfende des Neuralrohres jederseits einen blasenförmigen Divertikel aus, die primitive Augenblase, die bei ihrem weiteren Wachstum durch einen hohlen Stiel, den Augenblasenstiel, mit dem Gehirnbläschen in Verbindung bleibt (s. unten Abb. 230). Die Augenblase liefert die Netzhaut, während der Augenblasenstiel die Bahn für den vom Gehirn auswachsenden Sehnerven darstellt.

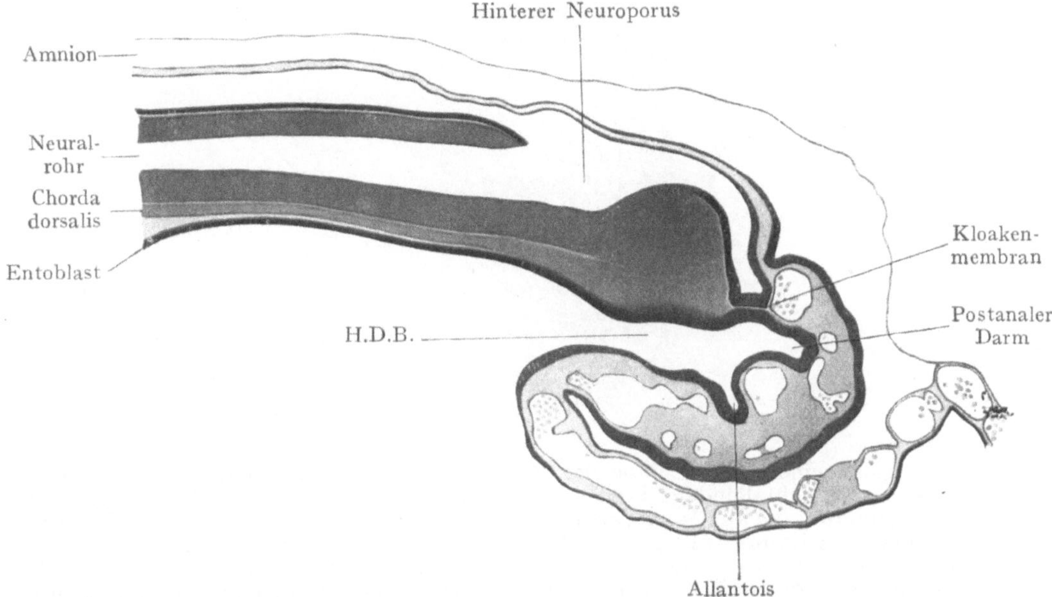

Abb. 202. Medianer Längsschnitt, der aus einer Sagittalserie konstruiert ist, vom hinteren Ende eines Maulwurfembryo. Gezeichnet bei 140facher Vergrößerung. Zur Reproduktion um $^1/_3$ verkleinert. Ektoblast und Entoblast sind mit tief dunkler Tönung angegeben, Mesoblast, je nach der dichteren oder dünneren Lage der Zellen hell- oder dunkelgrau. Unmittelbar hinter dem hinteren Neuroporus liegt der Endwulst, der im wesentlichen durch Mesoblast gebildet ist. Hinter ihm die Kloakenmembran. Gleich dahinter erhebt sich die Amnionschwanzkappe. Unter dem Endwulst ist die hintere Darmbucht (H.D.B.), die den postanalen Darmabschnitt und die erste Ausstülpung der Allantois zeigt. Die Gefäße sind durch helle Räume mit wenigen Blutkörperchen im Lumen angegeben.

Das Auge ist das einzige Sinnesorgan, dessen empfindender Teil sich direkt aus dem Centralnervensystem entwickelt, die des Geruchs- und Gehörorganes bilden sich von der Epidermis aus, indem deren Zellen an beschränkter Stelle schlanker werden und sich zur Riechplatte und Hörplatte verdicken. Die erstere erscheint früher, die letztere später. In der Folge sinken sie grubenförmig ein und werden dadurch zur Riechgrube und Hörgrube. Die Anlagen des Riechorganes stehen ursprünglich weit vorne zu beiden Seiten des Neuroporus, später rücken sie dann auf die ventrale Seite des Vorderhirns (Abb. 211). Die Anlage des Gehörorgans findet man neben dem Hinterhirn, dorsalwärts von der zweiten Schlundplatte (siehe unten). Die Weiterentwicklung der Riechplatte erfolgt erst in späteren Stadien. Die Hörgrube vertieft sich rasch, schnürt sich von dem Epidermisblatt ab und liegt dann als ovales, allseitig geschlossenes Hörbläschen (Abb. 205) zwischen Ektoblast und Medullar-

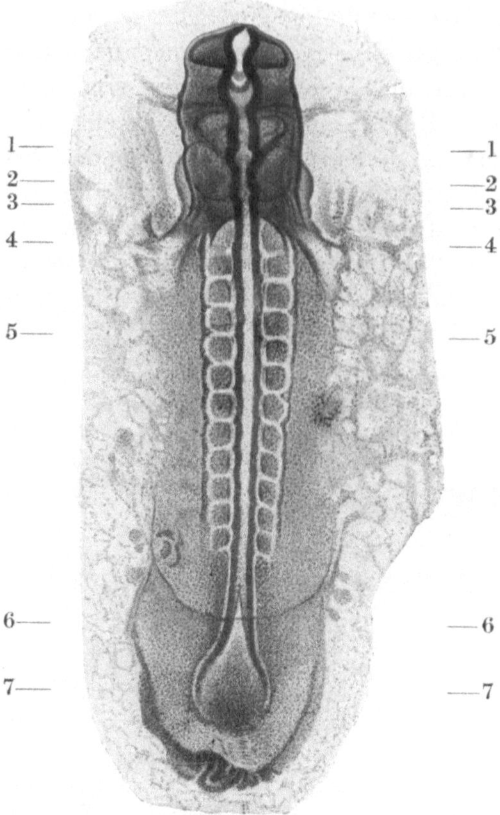

Abb. 203. Totalansicht einer Keimscheibe der Katze von zwölf Ursegmenten. Das leicht angefärbte Präparat bei durchfallendem Licht, aufgehellt in Xylol, bei 31facher Vergrößerung gezeichnet. Zur Reproduktion auf $^1/_4$ verkleinert. Der schon stark ventral gebogene Kopf ist aufgebogen gezeichnet, der Embryo also gestreckt. Das Neuralrohr ist fast vollkommen geschlossen, nur im kaudalen Ende ist es noch offen, wie die danebenstehenden Schnitte desselben Embryo beweisen. Am vorderen Ende des Neuralrohres sind die beiden primären Augenblasen ausgestülpt. Der vordere Teil des Kopfes ist beinahe bis zu der undeutlich erkennbaren Herzanlage (2—3) abgehoben. In das kaudale Ende der Herzanlage münden die beiden wohl erkennbaren, von der Dotterblase herkommenden Gefäße, die schon mit den netzartigen Dottergefäßen Verbindung haben. Die zwölf Ursegmente sind vortrefflich abgegrenzt, das parietale Mesoderm ist ungegliedert. Hinten weichen die Ränder der offenen Neuralrinne weit auseinander, um zangenförmig die Reste der Urmundsrinne usw. zwischen sich zu fassen.

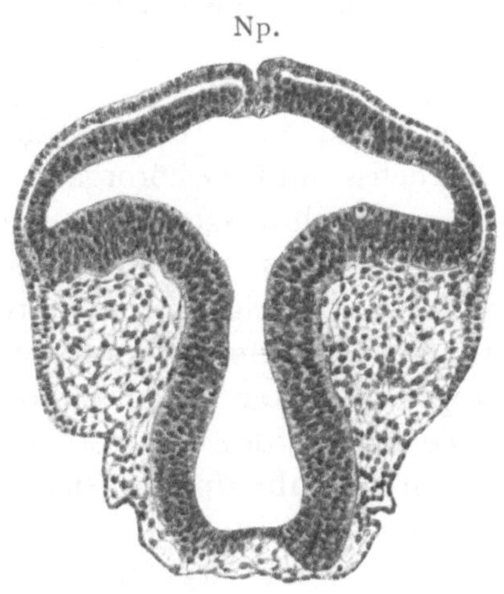

Schnitt 1.

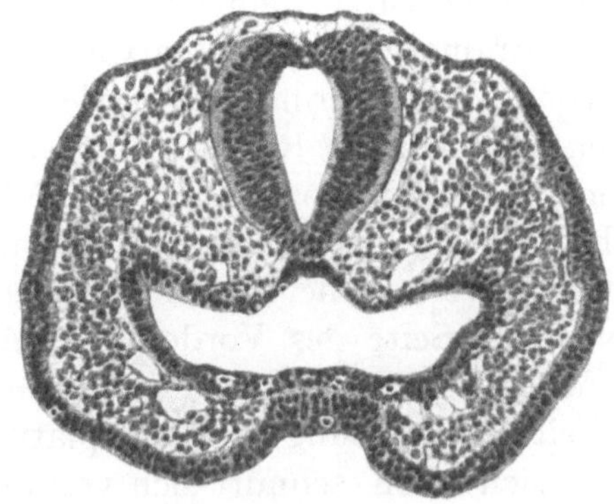

Schnitt 2.

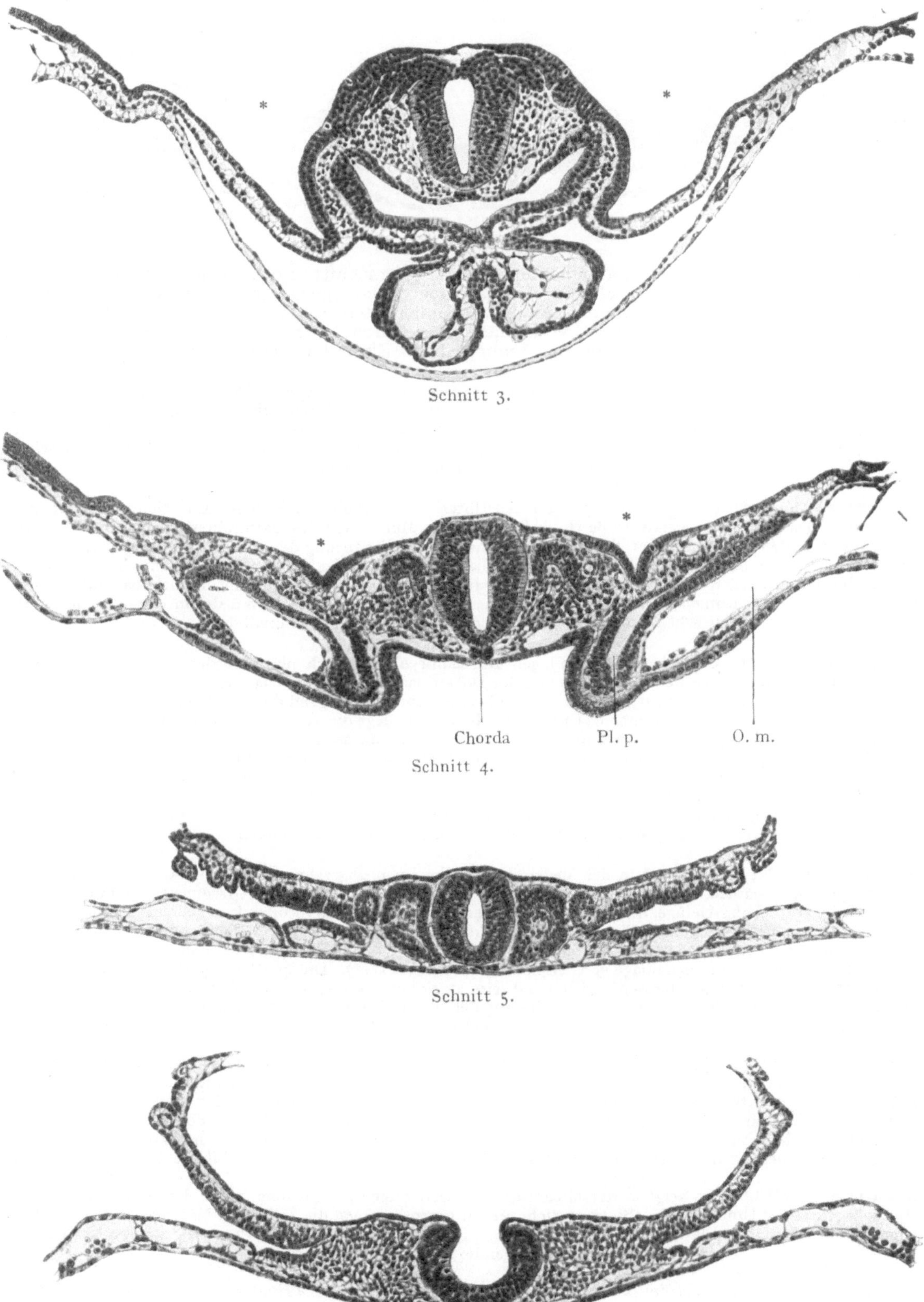

Schnitt 6.

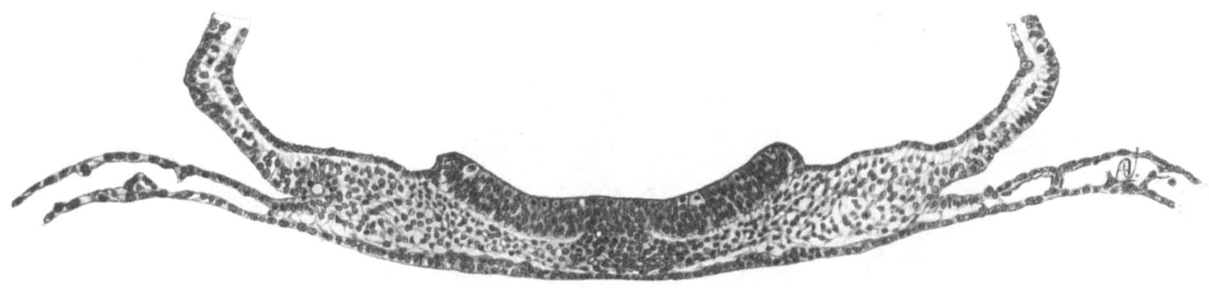

Schnitt 7.

Abb. 204 (Schnitt 1—7). Sieben aufeinanderfolgende Querschnitte r des Katzenembryo (Abb. 203) von zwölf Ursegmenten. Die Schnitte sind an den Stellen gefestigt, wo in Abb. 203 die mit entsprechenden Zahlen bezeichneten schwarzen Linien stehen. Gezeichnet bei 130facher Vergrößerung, zur Reproduktion um $^1/_5$ verkleinert. Die hintersten Schnitte sind aus Bruchstücken zusammengesetzt, da der Embryo beim Einbetten verletzt wurde.

Schnitt 1. Querschnitt durch das vordere Kopfende. Der vordere Neuroporus (Np) ist fast geschlossen, aber noch deutlich zu erkennen. Die beiden fast ganz symmetrisch getroffenen primären Augenblasen, als große Ausstülpungen des Vorderhirns, liegen ganz dicht am Ektoblast, dessen Verdickung auf beiden Seiten, unter den Augenblasen, die Linsenplakoden darstellen. Diffuser Mesoblast mit vereinzelten Gefäßen füllt den Zwischenraum zwischen Gehirn und Ektoblast.

Schnitt 2. Querschnitt des vollkommen von der Unterlage abgehobenen Kopfes. Das Neuralrohr ist ganz geschlossen. Die darunter liegende große Höhle ist die innere Mundbucht des Darmrohres. Genau in der Mittellinie liegt unter dem Neuralrohr der Teil des Entoderms, der zur Ergänzung der Chorda dorsalis verwendet wird. Dort befindet sich auch die Hypophysenanlage, Rathkesche Tasche. Ventral von der Höhlung der Mundbucht ist eine an der äußeren Kontur eingebuchtete Stelle, in der Ektoblast und Entoblast unmittelbar aufeinanderliegen — wo die Rachenmembran gebildet wird. Die seitlich davon liegenden Wülste, in denen auch Gefäße zu sehen sind, sind Teile des Gesichtes und der Schlundbögen.

Schnitt 3. Querschnitt durch die Herzanlage. Der Embryo liegt noch platt auf der Keimscheibe, ist aber rechts und links durch eine tiefe Furche (*) von der Dotterblase abgegrenzt. Das geschlossene Neuralrohr zeigt zu beiden Seiten bis zum Ektoblast, mit ihm noch teilweise zusammenhängend die Ganglienleisten, die sich später vollkommen vom Neuralrohr abtrennen. Unter dem Neuralrohr liegt die von rechts nach links breite Spalte des Darmrohres. In der Mittellinie seiner dorsalen Wand ist die Chorda noch nicht abgeschnürt. Die beiden unter dem Darmrohr liegenden Bildungen sind die paarigen Herzanlagen, im Begriff miteinander zu verschmelzen. Rechts ist das von plattem Epithel ausgekleidete Lumen wohl zu sehen, auf der linken Seite ist das Lumen kollabiert. Bekleidet ist die Herzanlage von dem visceralen Mesoblast, der dort stark verdickt ist. Die Cölomhöhle, in der das Herz liegt, ist rechts und links abgeschlossen (Pleuroperikardialhöhle). Unten, die äußere Kontur der Zeichnung bildend, ist der ganz platte Entoblast.

Schnitt 4. Das Neuralrohr liegt in der Medianlinie vollkommen abgeschnürt. Von der Ganglienleiste liegen nur wenige Zellen seitlich, oben zwischen Neuralrohr und Ektoblast. Von dem Ursegment hat nur noch die dorsale Seite epitheliales Gefüge, die ventral von der noch erkennbaren Myocölhöhle liegenden Zellen lösen sich schon zu Mesenchymgewebe auf. Unter dem Neuralrohr liegt die abgeschnürte Chorda dorsalis, unmittelbar darauf folgt der Ektoblast, der eine deutliche Darmrinne zeigt, deren Ecken korrespondieren mit der Rinne, die im Ektoblast die Embryonalanlage von den Seitenteilen abgrenzt (*). Die spaltförmige Pleuroperikardialhöhle (Pl. p.) ist lateral noch abgeschlossen und hat teilweise stark verdickte epitheliale Wand. Lateral davon liegen die weiten Räume der Dottergefäße (O. m.), die auf der linken Seite des Bildes deutlich Blutkörperchen enthalten.

Schnitt 5. Der Schnitt durch den Embryo zeigt eine vollkommen platte Form; ähnlich so sehen alle Schnitte durch die Ursegmente dieser Gegend aus. Neben dem Neuralrohr sind die Ursegmente, deren Höhle von den Zellen des Ursegmentkernes fast vollkommen angefüllt ist. Seitlich von ihnen ist der dorsalwärts gerichtete Urnierengang (primäre Harnleiter), der aus der dort liegenden Urogenitalplatte entstanden ist. Die sich lateral anschließenden Mesoblastblätter fassen zwischen sich die Cölomhöhle, an deren unteren Wand die zahlreichen Gefäße zu sehen sind. Unter dem Neuralrohr ist die noch nicht ganz fertig gebildete Chorda dorsalis.

Schnitt 6. Das Ektoderm zeigt in der Mitte noch die weit offene Neuralrinne, unter der noch der Urdarmstrang liegt mit der Urdarmhöhle. Bis ganz dicht an ihn heran kommen die Zellen des Mesoblast, der noch vollkommen ungegliedert ist, da hier, wie die Vergleichung mit der Totalansicht (Abb. 203) zeigt, keine Ursegmente sind. Das seitlich liegende Cölom ist hier Exocölom.

Schnitt 7. Die weit offene Neuralrinne enthält in der Mitte das Gebiet der Primitivrinne, das aber hier deutlich als ganz geringe rundliche Erhebung hervorragt, also Primitivknoten oder besser schon Endwulst genannt werden muß. Ganz deutlich strömen an dieser Stelle aus dem Gebiet Mesoblastzellen heraus, die sich gleichmäßig ausbreiten und Exocölom mit parietalem und visceralem Blatte zeigen; in letzterem sind zahlreiche Gefäße.

rohr. Aus ihm sproßt zugleich ein Fortsatz hervor, der Ductus endolymphaticus (Recessus labyrinthi), auf den später zurückzukommen sein wird. Dicht neben dem Ohrbläschen kann man schon frühe ein Ganglion acusticum unterscheiden (Abb. 222).

Die Kopfdarmbucht, von der bei Betrachtung des vorigen Stadiums die Rede war, stößt mit ihrer Kuppel an das nach vorn umgebogene vorderste Gehirnbläschen. Ihre Wand ist von ungleicher Dicke, und zwar ist sie vorn in der Mitte sehr dünn (Rachenhaut) (Abb. 201), sie besteht dort nur aus Ektoblast und Entoblast, auch ist sie daselbst grubenförmig zu der in die Breite gezogenen Mundbucht eingesunken (Abb. 209). Gegen das Ende des Stadiums reißt die Rachenhaut ein, so daß sich jetzt der bis dahin vollständig geschlossene Kopfdarm durch die primitive Mundhöhle nach außen öffnet. Zu beiden Seiten der Mundbucht ist die Wand dicker und es beginnt jetzt dort die Bildung des Kiemenapparates, der bei wasserlebenden Wirbeltieren zum größeren Teil bestimmt ist, der Kiemenatmung zu dienen. Bei landlebenden Tieren und dem Menschen wird er zwar ebenfalls angelegt, da sie aber nach der Geburt die Lungenatmung benutzen, wird er später in anderer Weise verwendet. Auch während der ganzen Zeit der Entwicklung der Säuger und des Menschen dient der Kiemenapparat niemals der Atmung. Seine Anlage gestaltet sich von Anfang an je weiter kaudal, um so rudimentärer, auch bilden sich einzelne Teile, wenn sie schon angelegt werden, wieder ganz zurück. Bei der Anlage entstehen spaltförmige Ausbuchtungen des Kopfdarmes, die in dorsoventraler Richtung in die Wand vordringen, die Kiementaschen (Schlundtaschen; innere Kiemenfurchen). Mit ihnen korrespondieren ähnliche Einsenkungen der äußeren Oberfläche, die Kiemenfurchen (Schlundfurchen; äußere Kiemenfurchen), die etwas später auftreten. Die Wand wird dadurch an diesen Stellen sehr dünn, sie besteht nur aus Ektoblast und Entoblast. Bei den wasserlebenden Tieren, auch bei den landlebenden bis zu den Vögeln hinauf, reißt sie schließlich ein, bei den Säugetieren pflegt sie sich zu erhalten[1]. Kranial und kaudal vor den Kiemenfurchen und Taschen verdickt sich die Wand wulstförmig zu den Kiemenbogen (Schlundbogen, Visceralbogen), die nun wie die Arme einer Kneifzange die Kopfdarmhöhle umfassen (Abb. 209, 210). Die erste Tasche entsteht etwa gleichzeitig mit dem Ohrbläschen, die übrigen folgen. Die Bogen, wie die sie trennenden Furchen, nehmen kaudalwärts an Länge ab. Beim Menschen kommen fünf Kiementaschen und fünf Kiemenbogen zur Entwicklung. In dem Bindegewebe eines jeden Kiemenbogen bildet sich in späterer Zeit ein Knorpelstab als Skelet aus; ferner eine Arterie und ein Nerv, und aus dem Rest des Kiemenbogencöloms entwickeln sich auch Muskeln.

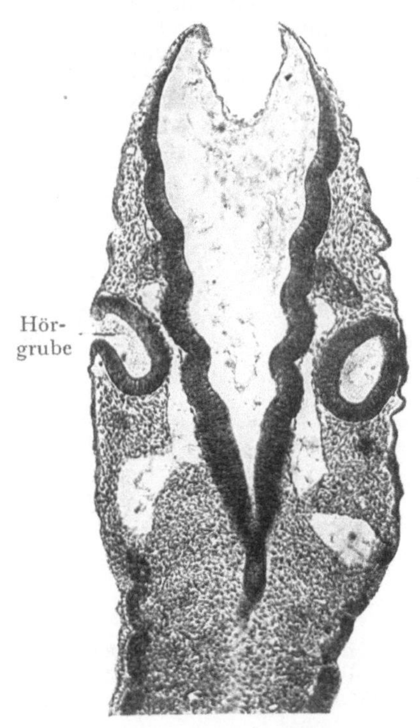

Abb. 205. Anlage des Gehörorganes vom Huhn. Nach Photographie. Links Hörgrube, rechts Hörbläschen schon geschlossen, aber noch mit der Epidermis in Verbindung.

[1] Beim Menschen ist die Wand der zweiten Tasche besonders dünn und leicht verletzlich. Man findet sie deshalb an manchen nicht ganz tadellos erhaltenen Präparaten zerrissen.

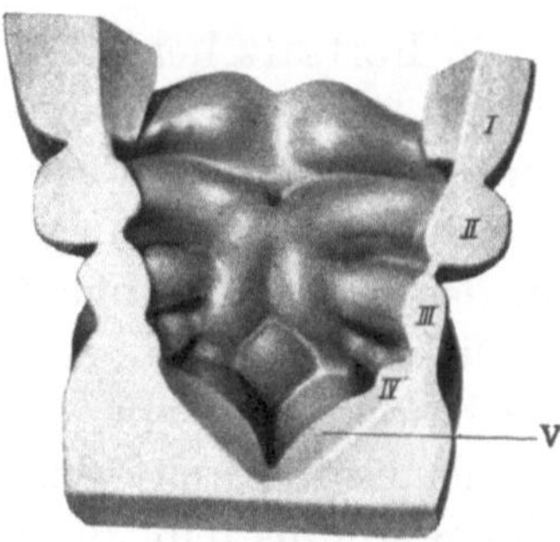

Abb. 206. Kiemenbogen (Schlundbogen), Kiemenfurchen am Mundbogen. Die dorsalen Teile der Schlundbogen und der Kopf sind entfernt (Schnittflächen). Am medianen Rande der Vereinigungsstelle der zweiten Schlundbogen (Copula) bezeichnet die schwarze Stelle die Anlage der Glandula thyroidea. I—V Zahl der Schlundbogen. Menschlicher Embryo. Plattenrekonstruktion 100fach vergrößert, gezeichnet bei 60facher Vergrößerung. Zur Reproduktion um die Hälfte verkleinert.

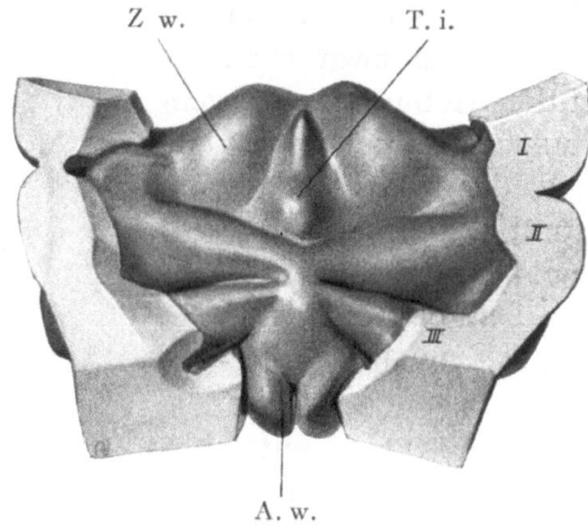

Abb. 207. Mundboden, ebenso, von einem älteren menschlichen Embryo. I—III Schlundbogen. T. i. Tuberculum impar. Z. w. seitliche Zungenwülste. A. w. Aryhaemoidwülste. Plattenrekonstruktion bei 150facher Vergrößerung, gezeichnet bei 66facher Vergrößerung, zur Reproduktion um die Hälfte verkleinert.

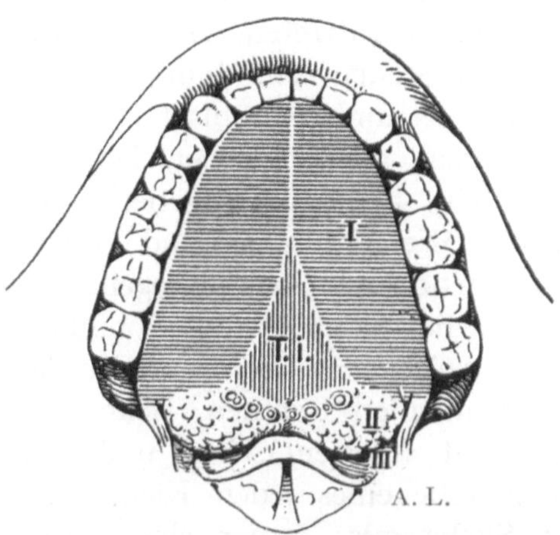

Abb. 208. Mundboden vom Erwachsenen. Zunge, Zähne, Lippe, Kehlkopfeingang. Das Gebiet des Tuberculum impar ist vertikal schraffiert. Das der seitlichen Zungenwülste ist horizontal schraffiert. II und III bezeichnet den Anteil der zweiten und dritten Mundbogen an der Bildung der Zunge. A. L. Aditus laryngis.

Die beiden ersten Schlundbogen werden auch bei den wasseratmenden Tieren nicht zur Atmung benützt, aus ihnen bildet sich vielmehr das Visceralskelet. Der erste gabelt sich in zwei Teile, den Oberkieferfortsatz und den Unterkieferfortsatz, von denen der erstere kranialwärts gegen die Augenanlage aufsteigt, während der letztere die Mundbucht an ihrer unteren Seite umzieht (Abb. 210, 211).

Die Anlage des Gesichtes wird vervollständigt durch den Stirnwulst (Stirnnasenfortsatz), der schon entsteht, wenn sich noch nicht alle Kiemenbogen differenziert haben (Abb. 211). Er bildet sich als eine Mesoblastverdickung, die quer über die Mittellinie hinweg die beiden Riechplatten brückenartig miteinander verbindet. Aus ihm entwickeln sich später die Mittelteile der Nase und der Oberlippe.

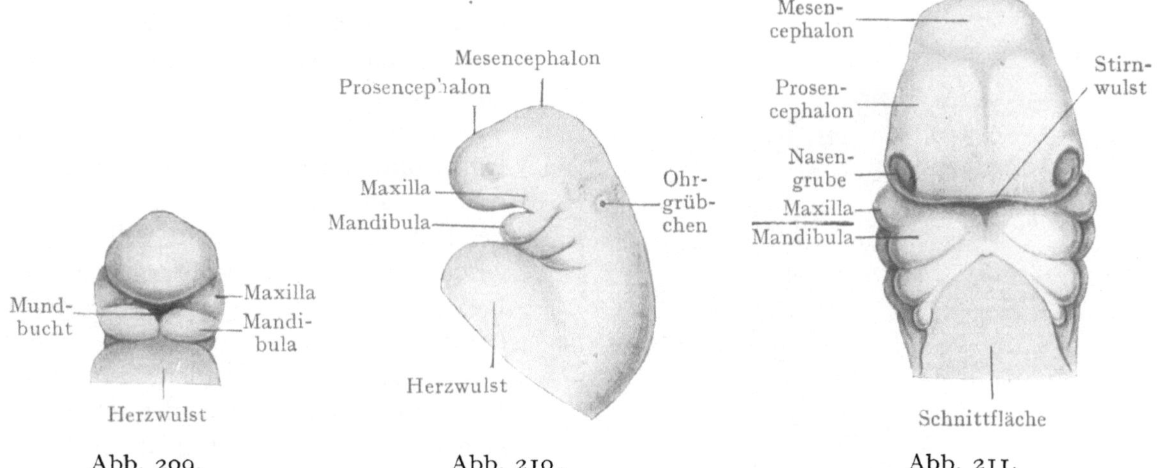

Abb. 209. Abb. 210. Abb. 211.

Abb. 209, 210, 211. Entwicklung der Kiemenbogen und Anfänge des Gesichtes (Rabl 1902). Abb. 209. Kopf eines etwa 2,5 mm langen menschlichen Embryos von vorn. Abb. 210 derselbe im Profil. Abb. 211 Kopf eines etwa 8,3 mm langen menschlichen Embryos von vorn.

Die Mundbucht ist nach dem Gesagten also umgrenzt von dem Stirnfortsatz, den beiden Oberkieferfortsätzen, und den beiden Unterkieferfortsätzen. Von den späteren Formen des Gesichtes erkennt man freilich in diesem Stadium noch nichts.

Wichtigste Derivate der Schlundbogen, Schlundtaschen und Schlundfurchen.

Erster Schlundbogen (Mandibularbogen). Oberkiefer und Wangengegend; Meckelscher Knorpel: aus ihm später Amboß, Hammer, Unterkiefer. Vorderer Teil der Zunge.

Zweiter Schlundbogen (Hyoidbogen). Steigbügel, Reichertscher Knorpel: aus ihm später Processus styloides, Ligamentum stylohyoideum, kleines Zungenbeinhorn. Hinterer Teil der Zunge.

Dritter Schlundbogen (er und die folgenden werden als Branchialbogen zusammengefaßt). Großes Zungenbeinhorn. Der Zungenbeinkörper und der mittlere Teil der Zunge bilden sich aus der Copula (s. unten).

Erste Schlundfurche. Äußerer Gehörgang. Seine Umgebung bildet die Ohrmuschel. Die übrigen Schlundfurchen bilden sich zurück.

Erste Schlundtasche. Paukenhöhle und Tuba auditiva. Das Trommelfell bildet sich aus der Verschlußmembran zwischen erster Kiementasche und -Furche.

Zweite Schlundtasche. Recessus pharyngeus (?), Tonsillarbucht, Fossa supratonsillaris.

Dritte Schlundtasche. Thymus und Epithelkörperchen.

Vierte Schlundtasche. Rudimentäre Thymusanlage, Epithelkörperchen.

Fünfte Schlundtasche. Ultimobranchialer Körper.

b) Schwanzende. Am kaudalen Ende des Embryo verkürzt sich der Primitivstreifen, wie schon vom vorigen Stadium bekannt ist, immer mehr. Am vorderen Ende des Primitivstreifens liegt der Canalis neurentericus (S. 168), vor dem auch die Chorda dorsalis ihr Ende findet. Am hinteren Ende des Primitivstreifens ist die Aftermembran entstanden, die nach dem Schwinden des Mesoderms in ihrem Bereich nur aus Ektoblast und Entoblast besteht. Zwischen dem Canalis neurentericus und der Aftermembran verdickt sich die Substanz zur Schwanzknospe (Abb. 202). Da diese aus dem Primitivstreifen hervorgeht, enthält sie ein Material, welches allen drei Keimblättern angehört. Durch das Heranwachsen der Schwanzknospe und die Krümmung des ganzen Schwanzendes nach vorn wird der After, der erst nach hinten gerichtet war, an die ventrale Seite der Embryonalanlage gedrängt. Ist erst die Schwanzknospe entstanden, dann ist damit der letzte Rest des Primitivstreifens verschwunden. Auch der Canalis neurentericus verstreicht, wodurch die Trennung des Neuralrohres vom Darmrohr vollzogen ist. Das Neuralrohr ist in seinem hintersten Teil an der Dorsalseite noch nicht vollständig geschlossen; es ist dort noch im Neuroporus posterior geöffnet (Abb. 204).

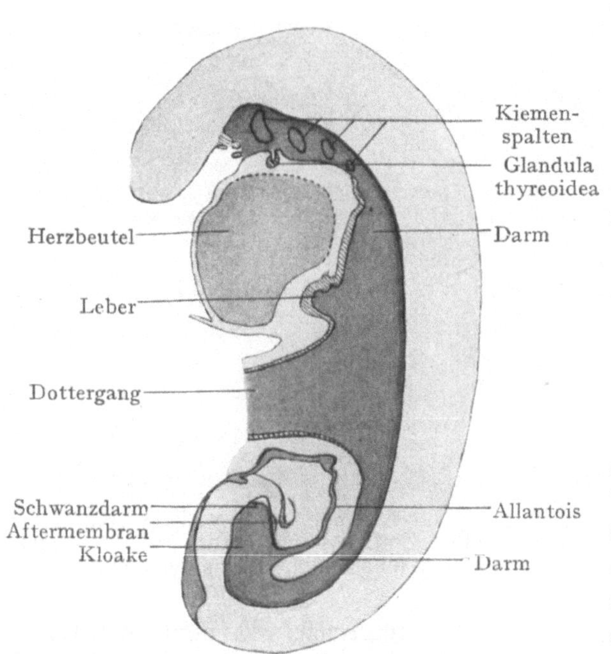

Abb. 212. Medianschnitt des Darmkanales eines 2,5 mm langen menschlichen Embryos (Thompson 1904). Etwas vereinfacht nach Lewis (bei Keibel-Mall 1911).

c) Rumpf. In dem zwischen Kopf und Schwanzteil des Embryo gelegenen Rumpfgebiet geht die Entwicklung des Nervensystems den schon im vorigen Stadium (S. 179) eingeschlagenen Weg weiter, indem sich das Neuralrohr immer mehr schließt; man nennt jetzt das Lumen des Rohres den Centralkanal. Die Wand des Rohres ist keineswegs gleichmäßig, sie erscheint vielmehr zu beiden Seiten verdickt, oben und unten aber dünn (Abb. $205,_2$). Die dünnen Teile bestehen aus einer einfachen Lage kubischer Zellen, in den verdickten Teilen erkennt man noch deutlicher als im vorigen Stadium eine Schicht cylindrischer Epithelzellen (Ependym), die den Centralkanal auskleidet und eine mehrfache Schicht rundlicher Zellen, die spätere graue Substanz des Rückenmarkes. In der Linie, in der das Epidermisblatt in die Neuralplatte umbiegt, sondert sich in dem Augenblick, in dem sich das Neuralrohr schließt, eine Zellanhäufung (Abb. $205,_3$), die beiderseits ein längsverlaufendes Band, die Ganglienleiste, bildet. Sie erstreckt sich vom Ohrbläschen bis zum kaudalen Ende des Neuralrohres hinab. Die Leisten lösen sich vollständig vom Neuralrohr (Abb. 177) und schieben sich zwischen dieses und die Ursegmente ein. Bald erscheinen sie perlschnurartig, indem segmentale Verdickungen und Einschnürungen miteinander abwechseln, sodann verschwinden die letzteren ganz, und es entsteht eine segmentale Reihe einzelner Spinalganglien (Abb. 262).

Was den Darmkanal anlangt, so schließt sich dieser immer mehr, indem sich die Kopfdarmbucht, jetzt Vorderdarm genannt, und die Schwanzdarmbucht, der Hinterdarm, auf Kosten des zwischen beiden liegenden Teiles vertieft. Immerhin aber steht das Mittelstück (Mitteldarm) noch in weiter Kommunikation mit dem Dottersack (Abb. 212). Aus dem Vorderdarm stülpen sich jetzt Divertikel aus, welche bestimmt sind, wichtige Anhangsorgane zu bilden. Noch im Bereich des Kopfes tritt in der Mitte zwischen den beiden zweiten Schlundbogen eine flache, nach vorne gerichtete Aussackung des Darmrohres auf, die erste Spur der Glandula thyreoidea (Abb. 206, 212). Ihr Eingang steht unmittelbar hinter einer kleinen Erhöhung, dem Tuberculum impar, das sich in der Mittellinie zwischen ersten und zweiten Schlundbögen einschiebt [1]. Sie verlängert sich bald zu einem Zapfen mit einem langen Stiel (Ductus thyreoglossus) (Abb. 259).

Ein etwas weiter kaudalwärts, etwa in der Höhe des ersten Rumpfsegmentes, gelegenes Divertikel, welches sich sogleich in zwei Äste teilt, ist die Lungenknospe (Abb. 226), die erste Spur des Respirationsorganes.

Noch weiter hinten, da wo der Vorderdarm in den Stiel des Dottersackes umbiegt, findet man zwischen dem Darmrohr und dem Herzbeutel ein verdicktes Mesodermlager, das Septum transversum (Abb. 273), in das sich gegen das Ende des Stadiums vom Darmrohr aus ein Divertikel einstülpt. Dies ist die erste Spur der Leberanlage. Ganz zuletzt beginnt sie schon in die weitere Entwicklung einzutreten.

Am Hinterende des Darmes geht, wie im vorigen Stadium, die Allantois als ein enger Kanal ab, der sich zwischen den beiden Nabelarterien in den Bauchstiel hinein erstreckt, und hinter der Aftermembran tritt der Darm noch als ein ganz kurzes flaches Blindsäckchen (Schwanzdarm, postanaler Darm) in den Schwanz des Embryos vor (Abb. 202, 212).

Die Entstehung der Ursegmente schreitet in regelmäßiger Weise fort, bis gegen Ende des Stadiums etwa 23 vorhanden sind. Die vordersten drei bis fünf liegen noch im Bereich des Kopfes, die übrigen gehören dem Rumpfe an. Die am ersten ausgebildeten sind in ihrer Entwicklung am weitesten fortgeschritten, die letzten sind am weitesten zurück, so daß man an der Querschnittserie eines und desselben Embryo die verschiedensten Stadien ihrer Ausbildung beobachten kann (Abb. 205_{1-7}). Diese geht in der Art vor sich, daß der dorsolaterale Teil der Zellen eine epitheliale Anordnung gewinnt, während der medioventrale im Gegenteil sich auflockert und in vielgestaltige Zellen zerfällt. Die epitheliale Platte wird als Hautmuskelplatte (Abb. 177) bezeichnet, da aus ihr die Haut des Rückens und die willkürlichen Muskeln hervorgehen. Sie sondert sich bald in zwei Schichten, von denen die oberflächliche (Cutisplatte, Dermatom) für den Aufbau der Haut, die tiefer gelegene, Myotom genannt, für den Aufbau der Muskulatur benutzt wird. Der gelockerte Teil des Ursegmentes breitet sich unter lebhafter Vermehrung seiner Zellen weithin aus; seine medianwärts gewanderten Elemente umhüllen Neutralrohr, Chorda dorsalis und primitive Aorten, seine lateralwärts gewanderten dringen gegen die Anlagen des Exkretionssystems vor. Schließlich umgeben die sternförmigen Zellen alle Anlagen von Organen. Sie werden als Mesenchym (*μέσος* inmitten; *ἐγχέω* hineingießen) bezeichnet. Dieses ist ein überaus wichtiges Bauelement, da aus ihm die gesamte Bindesubstanz des Körpers (Bindegewebe, Knorpel, Knochen usw.) hervorgeht.

[1] Bei manchen Tieren besteht die erste Anlage der Glandula thyreoidea als ein in die Mundhöhle hinein ragendes Höckerchen (Tuberculum thyreoideum), das sich aber bald wieder abflacht und dann besteht die Anlage als eine epitheliale Einziehung an der oben genannten Stelle. Gelegentlich scheint beim Menschen auch ein Tuberculum thyreoideum vorzukommen.

Das axiale Mesenchym, also dasjenige, das Chorda und Neuralrohr umgibt, wird durch die von der Aorta ausgehende Arterienzweige für eine gewisse Zeit in Segmente zerlegt, die Sklerotome (σκληρός hart). Sie bilden die Ausgangspunkte für die Entwicklung der Wirbel. Auch aus dem Verband des parietalen und visceralen Mesoblasts lösen sich Mesenchymzellen ab, die zuletzt mit dem axialen Mesoblast zusammenfließen. Sie stellen die Grundlage für die seitlichen Leibeswände dar. Endlich löst sich auch die Cutisplatte zu sternförmigen Zellen auf, um in ihre Aufgabe, die Lederhaut des Rückens zu bilden, eintreten zu können. Im Bereich des Vorderkopfes, wo es nicht zur Ausbildung von Ursegmenten kommt (S. 176), besteht nach wie vor die Anlage der Bindesubstanz lediglich aus locker gefügten Mesenchymzellen.

Vorniere und Urniere. Bei den am niedersten stehenden Wirbeltieren (Amphioxus, Myxinoiden) wird ein Harnorgan angelegt, das, wie es scheint, während des ganzen Lebens zu funktionieren hat, bei den übrigen Anamniern wird dieses Organ

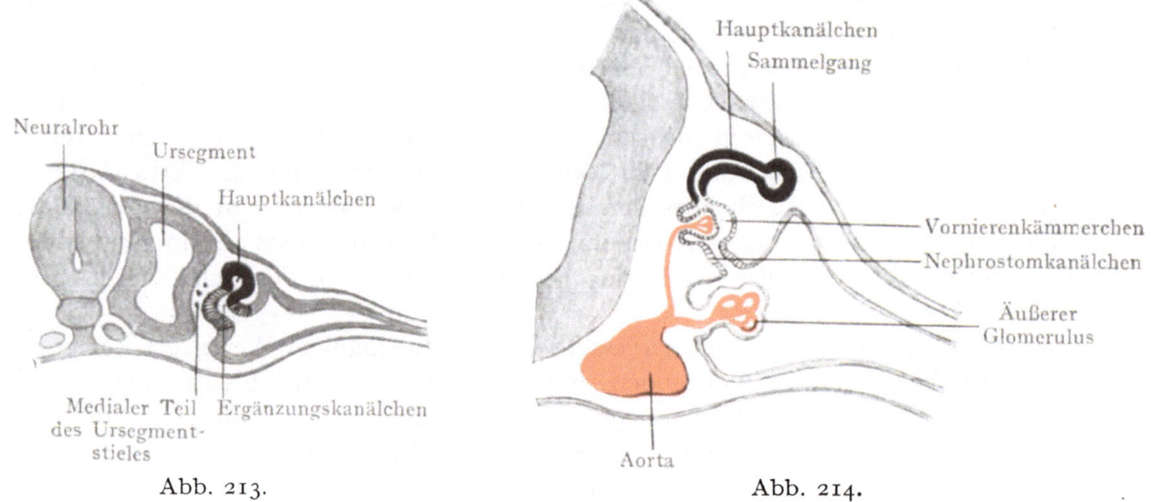

Abb. 213, 214. Schemata der Entwicklung der Vorniere (Felix bei Keibel-Mall 1911). 213 früheres, 214 späteres Stadium.

zwar auch gebildet, es wird aber in der Folge durch ein zweites abgelöst. Bei den Amnioten kommen zwar die beiden Anlagen auch zur Entwicklung, sie werden aber schließlich durch ein drittes Organ ersetzt, das nur dem ausgebildeten Individuum zu dienen hat. Man sieht, daß bei ihnen, also auch beim Menschen, drei Nierenanlagen hintereinander auftreten, welche man als Vorniere (Kopfniere, Pronephros. νεφρός Niere), Urniere (Wolffscher Körper, Mesonephros.) und Nachniere (bleibende Niere, Dauerniere, Metanephros) benennt. Die Vorniere geht rasch verloren, ja sie kommt beim Menschen wohl überhaupt nicht mehr zu einer richtigen physiologischen Funktion, die Urniere aber bildet sich keineswegs vollständig zurück, beträchtliche Teile von ihr machen vielmehr einen Funktionswechsel durch und stellen sich in den Dienst des Genitalsystems; auch für sie wird von manchen Seiten das Vorhandensein einer sekretorischen Funktion überhaupt bezweifelt. Alle drei Nierenanlagen entstehen aus dem Material der erwähnten Brücke, dem Ursegmentstiel (S. 176), die das Ursegment mit den Seitenplatten verbindet.

Kommt die Vorniere bei einem Wirbeltiere zu voller Ausbildung, dann entwickelt sie sich (Felix 1904, 1911) in der Art, daß jeder Ursegmentstiel eine nach dem Ektoblast hin gerichtete Ausstülpung treibt, das Hauptkanälchen. Dieses biegt sich kaudalwärts um und verschmilzt mit dem nächstfolgenden Kanälchen. Es entsteht dadurch ein Längskanal, der Sammelgang, der schließlich in die Kloake mündet. Nun trennt sich der Stiel vom Ursegment. Sein medialer Teil löst sich in Mesenchymgewebe auf, sein lateraler Teil bleibt in Verbindung mit der Seitenplatte, seine Lichtung steht durch das Ergänzungskanälchen mit der Leibeshöhle in Verbindung. Das Hauptkanälchen verlängert sich sodann, das Ergänzungskanälchen erweitert sich in seinem medialen Teil zum Vornierenkämmerchen, um darin einen Glomerulus aufzunehmen, dessen zuführendes Gefäß direkt von der Aorta abgegeben wird. Der eng bleibende laterale Teil des Ergänzungskanälchens wird nun als Nephrostomkanälchen (στόμα Mündung) bezeichnet. Ein äußerer Glomerulus gehört nicht eigentlich zur Vornierenanlage (Abb. 213, 214). Die Mündung des Nephrostomkanälchens kann mit Flimmerhaaren besetzt sein.

Bei menschlichen Embryonen kommen diese Dinge keineswegs zu voller Entwicklung, diese verläuft vielmehr abgekürzt und unvollständig. Die erste Spur zeigt sich bei Embryonen von 9—10 Ursegmenten in den erwähnten Ursegmentstielen (S. 176), in voller Ausbildung findet man die Vorniere erst bei solchen von etwa 23 Ursegmenten, dann beginnt die rasch verlaufende Rückbildung. Die Anlagen erstrecken sich ungefähr vom 7. bis 18. Ursegment und es sind nur die kranialsten segmental gut getrennt, die weiter kaudal gelegenen sind jederseits zu einem Längswulst vereinigt. In den Vorkämmerchen kommt es beim Menschen niemals zur Ausbildung eines Glomerulus. Äußere Glomeruli kommen erst spät zu ganz rudimentärer Entwicklung. Der Sammelgang legt sich mit seinem kaudalen Teil sehr nahe an das Epidermisblatt an, vielleicht bezieht er von ihm sogar Zellmaterial zu seinem Aufbau. In dem in Rede stehenden Stadium erreicht er die Kloake noch nicht, dies geschieht erst im folgenden.

Die Bedeutung der Vorniere liegt für die Amnioten nicht in ihrer Eigenschaft als Sekretionsorgan, da ihr diese Funktion gänzlich abgeht, sondern in der Bildung des Sammelganges, der nicht mit dem übrigen verschwindet, sondern bei Bestand bleibt, um auch der zweiten Nierenbildung, der Urniere, als Ausführungsgang zu dienen.

Die Urniere entsteht im wesentlichen in der gleichen Weise, wie die Vorniere, indem aus dem Ursegmentstiel das Hauptkanälchen und das Ergänzungskanälchen wird; auch ein Urnierenkämmerchen fehlt nicht, ebensowenig das Nephrostomkanälchen. Ein Glomerulus, der, wie erwähnt, dem Kämmerchen der menschlichen Vorniere fehlt, ist in dem der Urniere stets vorhanden, was trotz aller sonstigen Ähnlichkeit die Unterscheidung beider Anlagen sicherstellt. Ein zweiter wichtiger Unterschied ist der, daß die Kanälchen, wie erwähnt, keinen eigenen Gang bilden, sondern sich an den neben ihnen liegenden Vornierengang anlegen, mit ihm verschmelzen und sich schließlich in ihn öffnen. Der Gang ist dadurch jetzt zum Urnierengang (Wolffscher Gang) geworden.

Bei der Bildung der Urniere bleiben die den einzelnen Körpersegmenten zugehörigen Abschnitte des Blastems nicht getrennt, sie vereinigen sich vielmehr zu einem Strang, dem nephrogenen Strang (Mittelplatte, Urnierenblastem), der sich, am kranialen Ende beginnend, schließlich von den Seitenplatten vollständig trennt. Er liegt dann frei zwischen den Ursegmenten und den Seitenplatten und hat den Urnierengang an seiner dorsolateralen Seite (Abb. 178). Ist er frei geworden, dann zerfällt der nephrogene Strang in mehr oder minder deutlich segmental angeordnete Zellballen, in denen sich sodann die erwähnte Ausbildung der Kanälchen vollzieht, und zwar in der Art, daß im Bereich eines Segmentes ihrer mehrere entstehen, die dann den Anschluß an den Urnierengang suchen.

In dem in Rede stehenden Stadium sind beim menschlichen Embryo erst wenige Urnierenkanälchen in die Entwicklung eingetreten.

Gefäßsystem. 1. Herz. Ist das Herz zu einem einfachen Schlauch geworden, dann besteht es aus einer arteriellen Abteilung, die die Arterie absendet und einer venösen, die die Venen aufnimmt. Beide Abteilungen gehen erst ohne Grenze ineinander über. Das Herz beginnt sofort sich S-förmig zu krümmen; es ist dazu durch sein starkes Wachstum gezwungen, das zu der relativ kleinen Pleuroperikardialhöhle, die es umschließt, nicht im Verhältnis steht. Die Krümmung wird immer stärker, so daß endlich eine mit ihrem Gipfel nach rechts gerichtete Schleife entsteht, deren beide Schenkel, durch eine schmale Furche voneinander getrennt, aufeinander liegen. Während im Anfang die Herzanlage einem stehenden S entsprach, gleicht es jetzt einem etwas verbogenen liegenden ~, dessen Form man in der Art der Abb. 215 modifizieren könnte. Freilich gibt das Schema die wirklichen Verhältnisse nur sehr unvollkommen wieder, da zugleich der dunkle (venöse) Schenkel des S hinter den hellen (arteriellen) geschoben ist (Abb. 215)[1]. Zugleich mit diesen Änderungen in Lage und Krümmung gehen Änderungen in der Weite des Lumens einher, und zwar findet man vier Erweiterungen, die durch zwischenliegende Engen voneinander getrennt werden. Vom arteriellen Ende aus gezählt sind es die folgenden: 1. Bulbus arteriosus, 2. Ventriculus, 3. Atrium, 4. Sinus venosus. Der Arterienbulbus geht einerseits allmählich in den Truncus arteriosus über, andererseits ist er durch eine scharfe Einsenkung (Fretum[2] Halleri) gegen den Ventrikel abgegrenzt. Dieser grenzt sich wieder durch eine tiefere Einschnürung, die man als Ohrkanal (Canalis auricularis) bezeichnet, gegen den Vorhofsteil ab. Die Grenze dieses letzteren gegen den Sinus venosus ist anfänglich wenig scharf, später wird sie durch eine äußerlich erkennbare Furche deutlicher (Abb. 216).

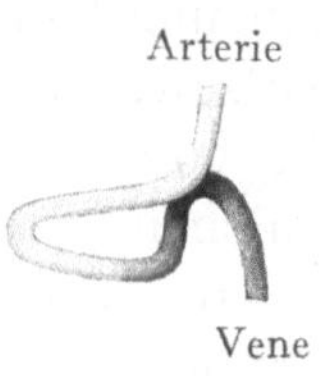

Abb. 215. Schema des Herzschlauches, arterielle Abteilung hell, venöse dunkel.

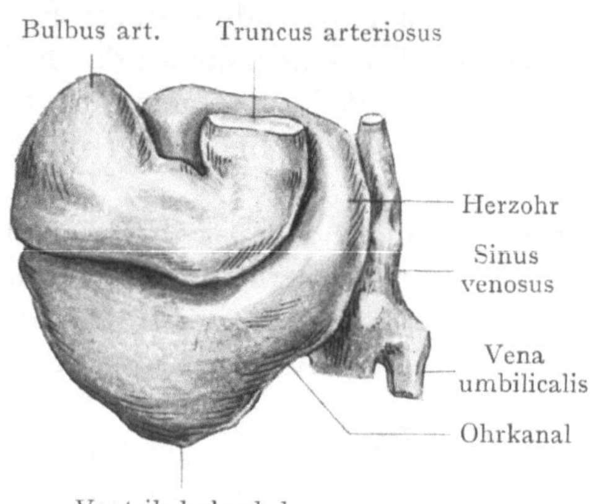

Abb. 216. Herz eines menschlichen Embryos von 1,5 mm Länge (Thompson 1907).

Der Vorhofteil beginnt gegen Ende des Stadiums zu beiden Seiten Ausstülpungen zu bilden, die äußerlich als buckelförmige Vortreibungen erscheinen, die Herzohren. Der Sinus venosus ist in die Breite gezogen, und es münden in die erweiterten Seitenteile jederseits die zum Herzen gelangenden Venen ein, nämlich der Ductus Cuvieri, die Vena omphalomesenterica und Vena umbilicalis.

Noch immer ist der das Lumen begrenzende Epithelschlauch bedeutend enger,

[1] Weit leichter als durch eine Beschreibung kann man sich das wirkliche Verhalten durch das Zurechtbiegen eines Stückchens Wachsstock oder Bleidraht klarmachen.

[2] Fretum, Meerenge.

als die äußere Wand, welche die schon sehr frühe erscheinende Muskulatur zu liefern hat. Beide werden durch ein wasserreiches Gallertgewebe miteinander verbunden.

2. Gefäße. Vom ausgebildeten Körper ist es bekannt, daß die Gefäße lediglich im Dienst der Gewebe entstehen und vergehen. Die ganze Art und Weise ihrer Funktion als Träger des ernährenden Blutes bringt es mit sich, daß sie sich ganz nach Bedürfnis in den Geweben entwickeln. Im Embryo ist es nicht anders; ist ein Körperteil in Bildung begriffen, dann wuchert in ihn ein Capillarnetz ein, um den Stoffwechsel einzuleiten und in Gang zu erhalten. Gewebs- und Organanlagen mit lebhaftem Stoffwechsel erhalten die Capillaren früher und in größerer Zahl als solche mit geringerem Stoffwechsel, wo sie spärlicher auftreten, selbst ganz ausbleiben können. Im Anfang sind die Capillarnetze allein vorhanden, da die das Herz verlassenden Gefäße bei der gedrängten Kleinheit der ganzen Embryonalanlage sogleich an ihre Endbezirke gelangen. Erst wenn der Embryo an Größe und Masse zunimmt, differenzieren sich Zufluß- und Abflußwege, die das Blut zu den Stellen hinführen, an denen es gebraucht wird, und an denen dann zeitlebens die ursprüngliche capillare Beschaffenheit erhalten bleibt. Die Differenzierung geschieht in der Art, daß gewisse Ketten von Capillargefäßen sich erweitern, ihre kollateralen Verbindungen mit dem übrigen Netz verlieren und sich mit accessorischen Wänden umgeben. Da die Entstehung und das Wachstum der Körperteile und Organe sich in typischer Weise vollzieht, bilden sich Arterien und Venen im allgemeinen ebenfalls typisch, doch begreift man bei der Art der Entstehung, daß gelegentlich auch einmal ein von der Norm mehr oder weniger abwechselnder Verlauf eines Gefäßes sich ausbilden kann, und die große Zahl der Varietäten im Gefäßsystem ist ja bekannt. (Vgl. Evans 1911.)

Zu der in Rede stehenden Zeit ist sowohl das Arterien- wie das Venensystem in der Fortbildung begriffen. Der vom vorigen Stadium bekannte Aortenbogen liegt jederseits an der ventralen Seite des Schlundes, umzieht diesen in dem ersten Schlundbogen und geht dann in die dorsal vom Schlund gelegene Aorta descendens über (Abb. 197). In gleichem Schritt mit der Ausbildung der folgenden Schlundbogen entwickeln sich auch in diesen Äste, die einen gleichen Verlauf wie der erste Arterienbogen haben, so daß am Ende des Stadiums zwei Kiemenbogenarterien voll ausgebildet sind, eine dritte in der Anlage vorhanden ist. Zu gleicher Zeit beginnen die beiden absteigenden Aorten Seitenzweige auszusenden, die intersegmental in den Zwischenräumen zwischen zwei Ursegmenten abgehen, erst ventrale zur Darmwand und zum Dottersack (Artt. omphalomesentericae S. 184), wenig später auch dorsale zur Leibeswand. Ihnen gesellen sich endlich noch laterale hinzu, die zur Urniere gelangen.

Während die Venae omphalomesentericae und umbilicalis schon früher vorhanden waren, treten bei Embryonen mit 13—14 Ursegmenten die dem Körper selbst angehörigen Venenstämme auf, und zwar die Venae cardinales anteriores (Abb. 197). Sie liegen zwischen den Ursegmenten und dem parietalen Mesoblast. Erst am Schluß des Stadiums, bei etwa 23 Ursegmenten, entstehen die Venae cardinales posteriores, die vom kaudalen Ende des Embryos her aufsteigend mit den Vv. cardinales anteriores zusammenmünden, wodurch jederseits der Ductus Cuvieri gebildet wird, ein kurzer Stamm, der in querem Verlauf in den Sinus venosus einmündet (Abb. 197), während die V. omphalomesenterica und V. umbilicalis von unten her in ihn gelangen (s. unten).

Menschliche Embryonen der ersten Hälfte der dritten Woche.

Wenn ich zum Schluß noch ganz kurz das Aussehen eines menschlichen Embryos schildere, wie es sich am Ende des fünften Stadiums darstellt, dann ist zu sagen,

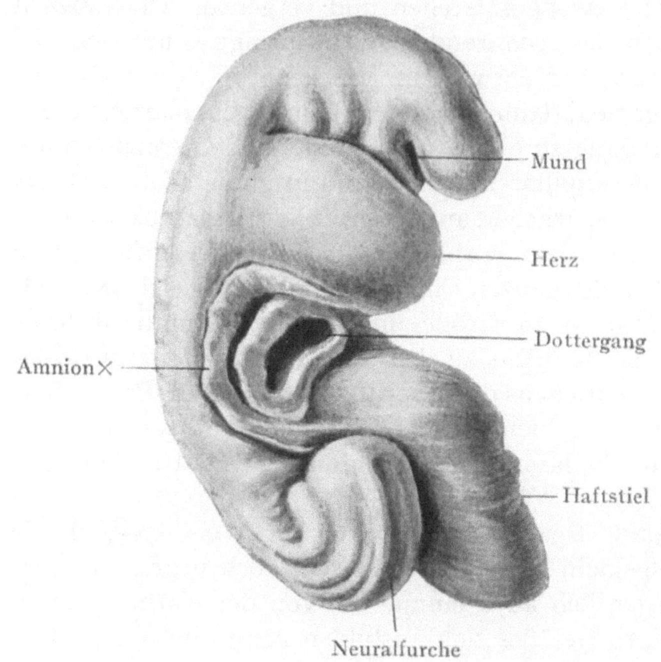

Abb. 217. Embryo aus der ersten Hälfte der dritten Embryonalwoche (Thompson 1904).

daß seine Länge um 3 mm herum beträgt, doch schwankt sie augenscheinlich in relativ weiten Grenzen. Der Körper ist einigermaßen spiralig um seine Längsachse gedreht,

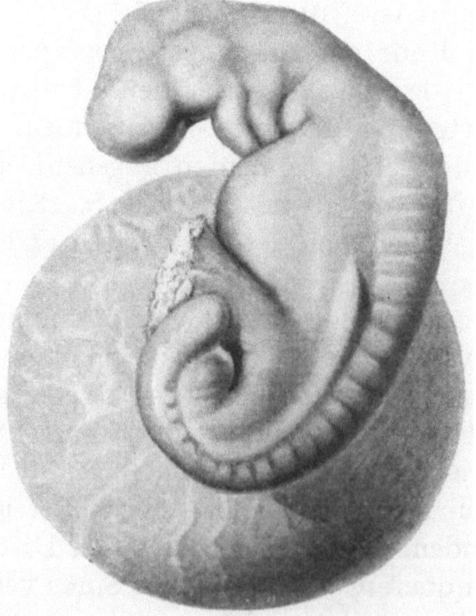

Abb. 218. Menschlicher Embryo des ersten Monats. An dem Embryo hängt der kugelige Dottersack. Kiemenbogen, Anlagen der Extremitäten in Form einer Leiste vor der Reihe der Ursegmente, von denen etwa 23 deutlich zu sehen sind, Schwanz. Vergrößerung 20fach.

zeigt im ganzen eine Krümmung mit dorsaler Konvexität [1]. Außerdem ist die Scheitelkrümmung vorhanden, eine Nackenkrümmung, wie sie im nächsten Stadium auftritt, ist kaum angedeutet. Das kaudale Ende ist stark nach vorn umgebogen. Der Dottersack ist noch groß und steht mit dem Darmrohr in weiter Kommunikation. Unter ihm verläßt der dicke Haftstiel die Nabelöffnung. In der Seitenansicht erkennt man das Herz als starke Hervorragung (Herzwulst). Er reicht bis in das Gebiet der dritten Schlundbogen in die Höhe. Von diesen letzteren sind drei vorhanden und ebensoviele Kiemenfurchen. Dorsal von der zweiten Schlundfurche führt eine kleine rundliche Öffnung in die Gehörgrube. Der vordere Neuroporus ist geschlossen, die drei primären Gehirnbläschen sind mehr oder weniger deutlich zu erkennen; am Hinterende klafft das Neuralrohr noch im Neuroporus posterior. Neben dem Neuralrohr sieht man die Ursegmente durchschimmern, es sind ihrer etwa 23 vorhanden. Das Darmrohr ist in der primitiven Mundhöhle nach außen geöffnet.

Von Extremitäten ist noch nichts zu sehen.

Sechstes Stadium.

Weitere Entwicklung des Kopfes und Schwanzendes. Pankreas. Weitere Ausbildung des Gefäßsystems. Extremitäten.

(Menschlicher Embryo in der zweiten Hälfte der dritten und am Anfang der vierten Woche.)

Die augenfälligste Änderung dieses Stadiums ist das Auftreten der Extremitäten, doch fehlt es auch nicht an anderen Fortbildungen, die des Zusammenhanges

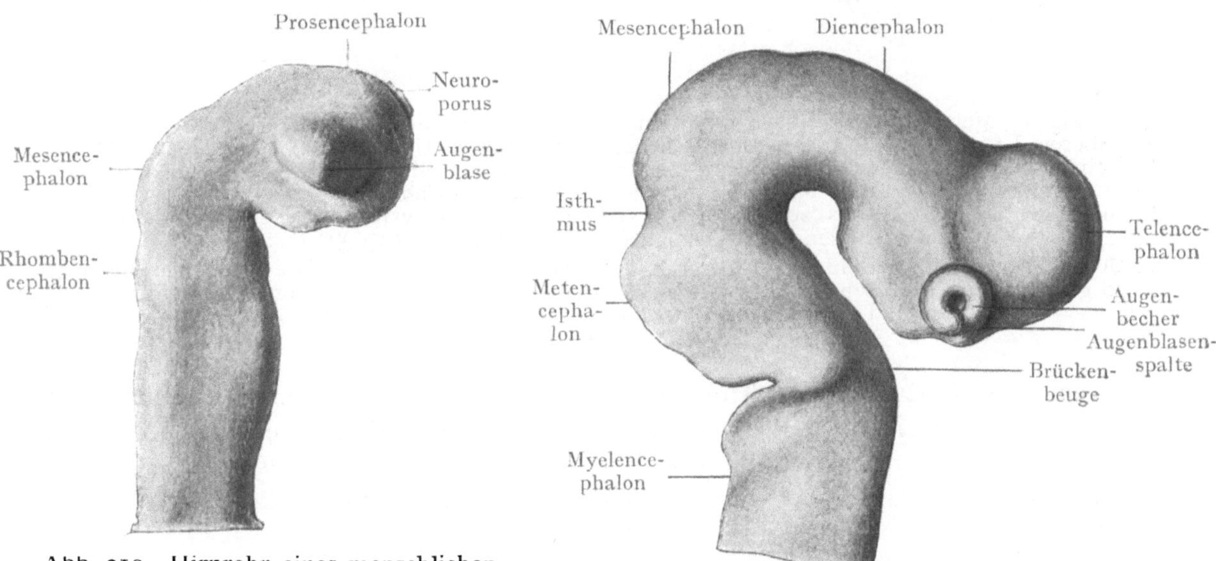

Abb. 219. Hirnrohr eines menschlichen Embryos von 3,2 mm Länge. Profilansicht (His 1904).

Abb. 220. Hirnrohr eines menschlichen Embryos von 6,9 mm Länge. Profilansicht (His 1904).

wegen zum Teil schon bei der Beschreibung des fünften Stadiums vorweg genommen wurden.

[1] Bei jüngeren menschlichen Embryonen, die durch Abort gewonnen sind, wird öfters eine Einknickung der Rückengegend nach vorne gefunden. Sie ist als kadaveröse Erscheinung zu betrachten (Keibel 1905). Man hat den Eindruck, als ob der Zug des relativ schweren Dottersackes die durch leichte Maceration erweichte Embryonalanlage eingeknickt habe.

a) Kopf. Am Gehirn scheint sich einstweilen äußerlich nicht viel zu ändern (Abb. 219), es zeigt zuerst nach wie vor die drei Bläschen, die nicht einmal sehr deutlich voneinander gesondert sind, nur wird die erst ungefähr rechtwinkelige Scheitelkrümmung etwas spitzwinkeliger. Der Kopf neigt sich im ganzen immer mehr nach vorn, wodurch die Nackenkrümmung entsteht. Sie ist vorerst aber noch nicht sehr stark ausgesprochen.

Gegen Ende des Stadiums teilt sich das erste und dritte Gehirnbläschen durch je eine Einschnürung in zwei, so daß jetzt also fünf Bläschen vorhanden sind (Abb. 220). Das vorderste ist das Endhirn, Telencephalon, das folgende das Zwischenhirn, Diencephalon, dann folgt das unveränderte Mittelhirn, Mesencephalon. Dieses

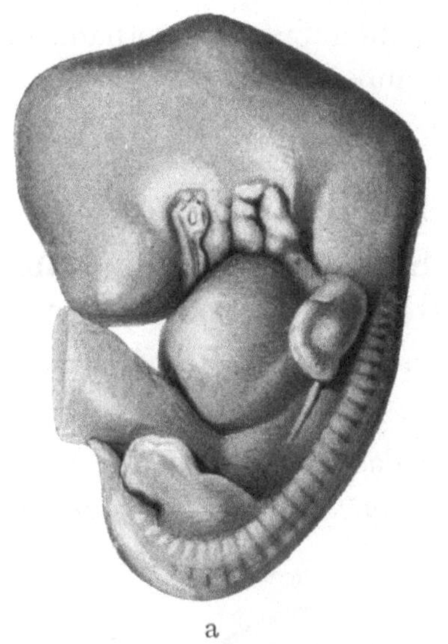

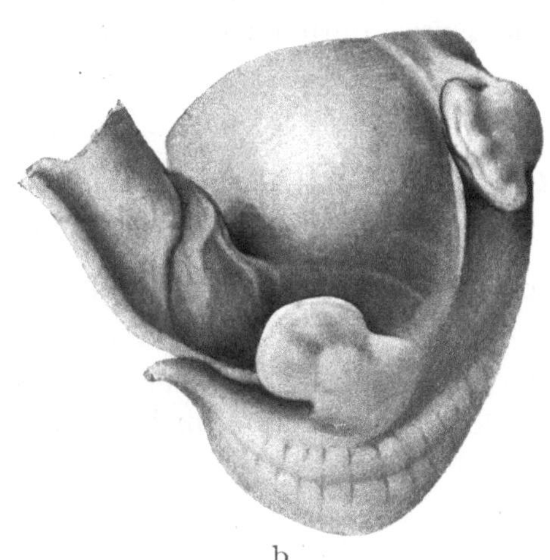

a b

Abb. 221. a) Menschlicher Embryo aus dem zweiten Monat mit Milchleiste. Unter der Anlage der oberen Extremität zieht vor den deutlich erkennbaren Ursegmenten die Milchleiste als epitheliale Leiste nach der unteren Extremität hin. Auf der Mitte dieses Weges ungefähr hört die zugespitzte Leiste auf; der sich auf den Schnitten durch diesen Embryo fortsetzende Milchstreifen ist beinahe bis zur unteren Extremität hin zu verfolgen, aber an diesem Oberflächenbild nicht zu erkennen. Vergrößerung etwa $5^1/_2$fach.

b) Menschlicher Embryo, ein wenig älter als a. Der Kopf ist fortgelassen und der Embryo ist so gedreht, daß man sehen kann, wie sich die Milchleiste unter der oberen Extremität fortsetzt und dann zugespitzt endet. Vergrößerung etwa $5^1/_2$fach.

wird von den Derivaten des Rhombencephalon durch eine stärkere Einschnürung abgesetzt, den Isthmus. Auf ihn folgt das Hinterhirn, Metencephalon und das Nachhirn, Myelencephalon. Die Bläschen bilden die Ausgangspunkte für die definitive Gehirnorganisation, nur der Isthmus besitzt keine größere selbständige Bedeutung.

Die Derivate der fünf Gehirnbläschen sind die folgenden:

1. Telencephalon. Ventraler Teil: Pars optica hypothalami, Infundibulum, Hypophysis hinterer Lappen, Tractus opticus, Chiasma, Lamina terminalis.

Dorsaler Teil: Corpus striatum, Rhinencephalon, Hemisphaeria cerebri.

Ventriculi laterales.

2. Diencephalon. Ventraler Teil: Pars mamillaris hypothalami, Tuber cinereum hinterer Teil.

Dorsaler Teil: Thalamus, Epithalamus, Corpus pineale, Metathalamus, Corpora geniculata.

Ventriculus tertius.

3. Mesencephalon. Ventraler Teil: Pedunculi cerebri.
Dorsaler Teil: Corpora quadrigemina.
Aquaeductus.
4. Isthmus. Pedunculi cerebri hinterer Teil, Brachia conjunctiva cerebelli, Velum medullare anterius.
Aquaeductus.
4. Metencephalon. Ventraler Teil: Pons.
Dorsaler Teil: Cerebellum.
Ventriculus quartus.
5. Myelencephalon. Ventraler Teil: Medulla oblongata, ventraler Teil.
Dorsaler Teil: Medulla oblongata, dorsaler Teil, Lamina chorioidea epithelialis.
Ventriculus quartus.

Eine genauere Untersuchung erweist, daß auch im Innern das Gehirn sich anschickt, in seine weitere Entwicklung einzutreten. Die Decke der Rautengrube, d. h. die dorsale Wand des Rhombencephalon, verdünnt sich bedeutend. Am seitlichen Teil des Bodens dieses Bläschens beobachtet man sechs Grübchen, die durch Kämme voneinander getrennt sind, die Neuromeren[1] (Abb. 222). Dieselben stehen in Beziehung zu gewissen Hirnnerven, und zwar die beiden vordersten zum N. trigeminus, die dritte zum N. facialis, dritte und vierte zum N. acusticus, die vierte zum N. abducens, die fünfte zum N. glossopharyngeus, die sechste zum N. vagus (Broman 1895, Streeter 1911). Sie erhalten sich noch während des folgenden Stadiums und verschwinden erst am Anfang des zweiten Monats vollständig. Es sind auch schon die Ganglien der genannten Nerven, soweit sie solche besitzen, entstanden; am frühesten tritt das Ganglion des Acusticofacialis (S. 191) auf, ihm folgt sogleich das Ganglion semilunare des N. trigeminus, aber auch die des N. glossopharyngeus und vagus sind nachzuweisen.

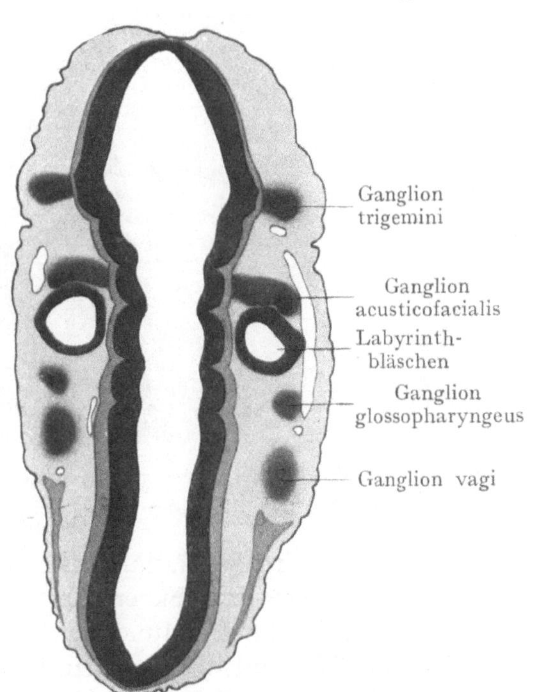

Abb. 222. Neuromeren.

Was die Sinnesorgane anlangt, so kommt der S. 187 erwähnte Augenblasenstiel erst jetzt zur Ausbildung. Dieser setzt sich nicht in der Mitte des Bläschens an, sondern an seiner ventralen Seite. Ganz zum Schluß des Stadiums beginnt sich die Epidermis, die den Gipfel der Augenblase deckt, zu verdicken, wodurch die Bildung der Linse eingeleitet wird. Die Hörgrübchen schnüren sich immer weiter ab, endlich sind sie von der Epidermis vollständig getrennt und zu dem auf S. 187 schon erwähnten Hörbläschen (Abb. 222) geworden. Die erste Spur des Ductus endolymphaticus (S. 191) ist schon nachzuweisen, wenn der Zusammenhang des Hörbläschens mit der Epidermis noch nicht vollständig gelöst ist, er stellt eine Ausbuchtung dar, die an der medialen Seite der dorsalen Wand des Bläschens hervorsproßt (Abb. 235, 243).

[1] Auch sekundäre Neuromeren genannt. Primäre Neuromeren nennt man Abteilungen der noch nicht zum Kanal geschlossenen Neuralplatte, die durch leichte Furchen voneinander getrennt sind.

Die Riechplatte erfährt im vorliegenden Stadium keine wesentliche Änderung, sie ist ein jetzt gut begrenztes Feld mit konvexer Oberfläche.

Der Kiemenapparat vervollständigt sich, es sind vier Schlundtaschen nachweisbar; die Wand, welche sie von den Schlundfurchen trennt, ist sehr dünn. Der Oberkieferfortsatz, der im vorigen Stadium nur schwach angedeutet war, wird deutlicher, er legt sich jederseits an die Unterseite des Stirnfortsatzes an. Es treten in der Umgebung der Schlundspalten Zellanhäufungen auf, die später eine Bedeutung gewinnen.

Die primitive Mundhöhle zeigt noch einen Rest der zerrissenen Rachenhaut, die nach Art einer Leiste von der Schädelbasis herabhängt [1]. Dieser Rest ist insofern von gewissem Wert, als er noch für kurze Zeit anzeigt, wo die Grenze der früheren Mundbucht und der Kopfdarmbucht gelegen war.

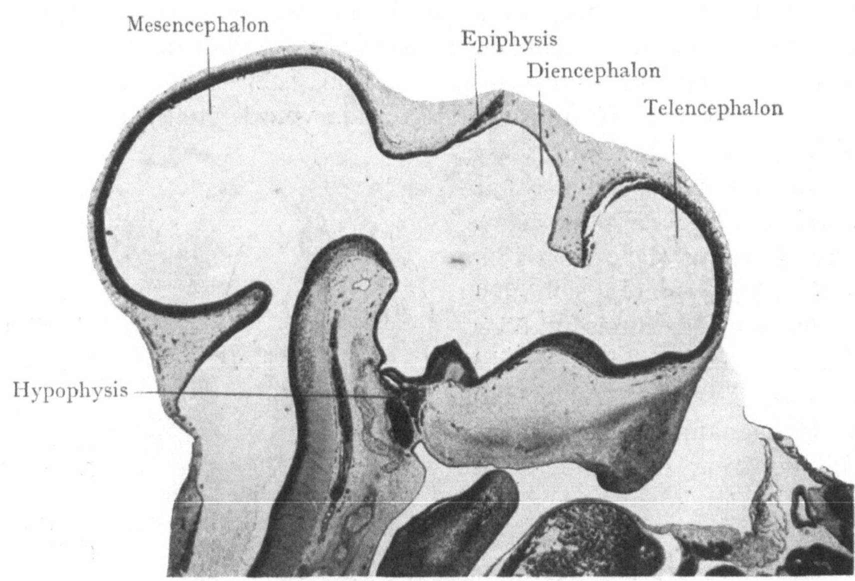

Abb. 223. Medianschnitt durch den Kopf eines Hühnerembryos. Nach Photographie. Epiphyse, Hypophyse.

Schon im vorigen Stadium tritt die erste Spur der Hypophysenanlage auf, die jetzt deutlicher wird. Sie erscheint als eine Tasche [2], die sich dicht vor der Rachenhaut von dem Dache der Mundbucht gegen die Gehirnbasis hin vorstülpt. Sie ist also ektodermaler Herkunft und ist dazu bestimmt, den vorderen Lappen des Hirnanhanges zu bilden (Abb. 223). Der hintere Lappen des Organs ist eine Ausbuchtung des Gehirns, er wird erst im nächsten Stadium deutlich.

b) Schwanzende. Der Neuroporus posterior schließt sich, weil jetzt die letzten Reste des Primitivstreifens verschwinden. Das in seinem Endteil verjüngte Neuralrohr reicht nun bis zur Spitze des Schwanzes, der aus der Schwanzknospe entstanden ist. Er nimmt eine vorwärts gekrümmte Stellung ein. Die Chorda dorsalis dringt weit in den Schwanz vor, die Ursegmente erreichen seine distalsten Teile noch nicht. Der Darm bildet die Kloake (Abb. 212). Mit diesem Namen belegt man denjenigen Raum der hinteren Darmbucht, in dem der Darmkanal, sowie die Ausführungsgänge des Harn- und Geschlechtsapparates zusammenmünden. Streng genommen gibt

[1] Rachenhautrest; primitives Gaumensegel.

[2] Rathkesche Tasche.

es also eine Kloake in den bisher betrachteten Stadien, selbst in dem in Rede stehenden Stadium noch nicht, da die einmündenden Kanäle noch nicht ausgebildet sind, doch pflegt man den hinter der Abgangsstelle der Allantois gelegenen Darmteil auch jetzt schon als Kloake zu bezeichnen. Sie wird gegen außen an ihrer ventralen Seite durch die dünne Aftermembran[1] abgeschlossen, vom Rumpf her öffnet sich in sie das Darmrohr und die Allantois, auf beiden Seiten erreicht sie der Urnierengang, an ihrer dorsalen Seite liegt die Chorda dorsalis und das Ende des Neuralrohres, an ihrem Hinterende setzt sie sich in den noch wohl ausgebildeten Schwanzdarm fort.

c) Rumpf. Am Rumpf zeigt sich das Neuralrohr als ein Rohr von gleichmäßigem Kaliber, das sich erst, wie gesagt, an seinem kaudalen Ende verjüngt. Die Kerne der Zellen, welche die Wand des Rohres zusammensetzen, erschienen bisher im ganzen oval, sie werden jetzt kugelig und vermehren sich beträchtlich. Eine Sonderung der

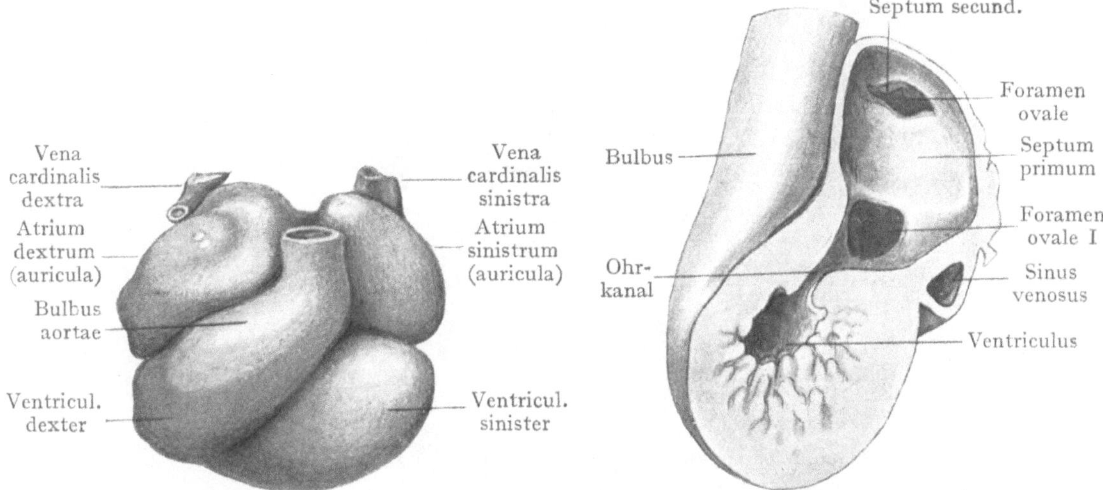

Abb. 224. Modell des Herzens eines 4,9 mm langen menschlichen Embryos (Ingalls 1907).

Abb. 225. Sagittalschnitt des Modelles des Herzens eines menschlichen Embryos von 9 mm größter Länge (Tandler bei Keibel-Mall 1911).

Zellen nach ihrer späteren Funktion bahnt sich an, wird aber erst im nächsten Stadium deutlicher. Die Spinalganglien sind noch nicht vollständig voneinander geschieden.

Die Umwachsung der Chorda dorsalis mit Mesenchymzellen schreitet fort.

Die Zahl der Ursegmente vermehrt sich auf etwa 35.

Der Darm verschließt sich immer mehr; am Ende der dritten Woche ist die Öffnung, die ihn mit dem Dottersack verbindet, zu einem kleinen runden Loch verengt. Man nennt die Verbindungsstelle den Darmnabel (Abb. 184). Mit dem Engerwerden der Kommunikationsöffnung verengert sich auch der vom Darm ausgehende Teil des Dottersackes zu einem engen Kanal, der den blasenförmig gebliebenen Sack mit dem Darm verbindet. Man bezeichnet jetzt die mit Flüssigkeit gefüllte Blase als Nabelblase, den Kanal als Nabelblasengang. Der Hautnabel, d. h. die Stelle, an der die Hautbedeckung des Embryos in das Amnion übergeht, ist noch weit (Abb. 184), doch beginnt er sich ebenfalls zu verengern. Am Lumen des Darmes erscheint gegen Ende des Stadiums eine spindelförmige Erweiterung, aus der sich der Magen entwickelt (Abb. 226).

[1] Kloakenhaut.

Was die Anhangsorgane des Darmes betrifft, so ist von der Anlage der Glandula thyreoidea nichts Neues zu berichten. Die einfache Lungenknospe beginnt sich zu teilen und schärfer von der Speiseröhre abzugliedern, mit der sie erst in weiter Verbindung gestanden hatte. Die Leberanlage gewinnt durch den fortschreitenden Verschluß des Darmnabels mehr Platz, sie kann ein Netzwerk solider Zellsprossen bilden, dessen Lücken von weiten Blutgefäßen eingenommen werden, die von der Vena omphalomesenterica ausgehen. Die Leberanlage umschließt jetzt als eine halbmondförmige Masse den vorderen Umfang des Darmrohres. Am Ende der dritten Woche treibt sie eine kaudale Knospe, die erste Spur der Gallenblase (Abb. 226).

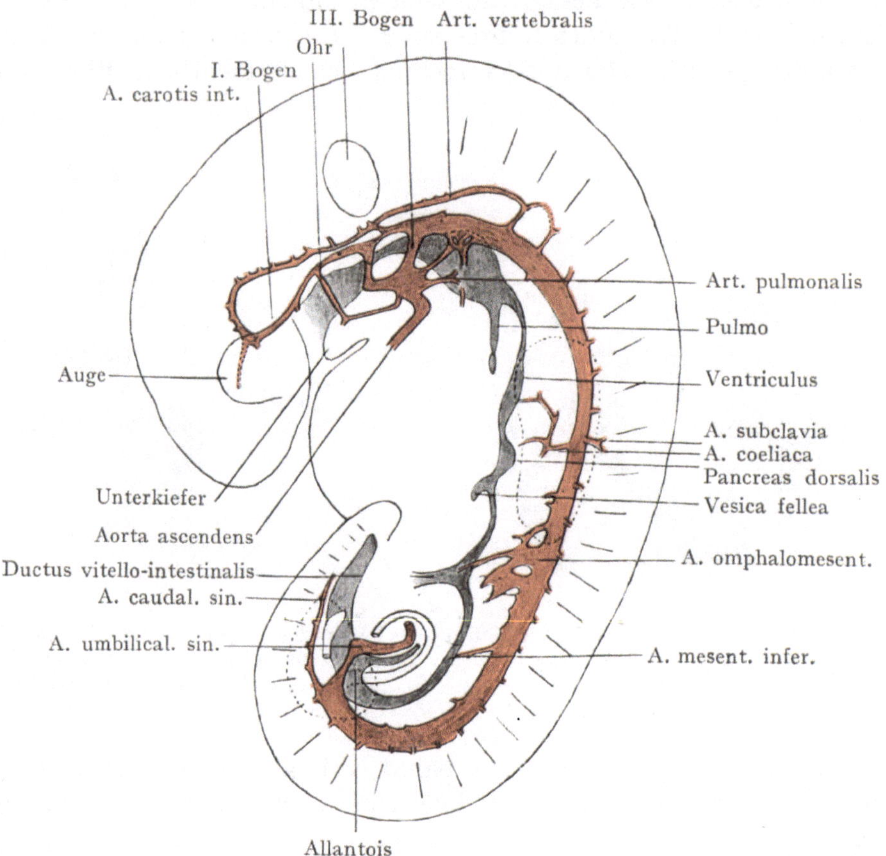

Abb. 226. Darstellung der Arterien des Embryos von Ingalls (1907). Es ist nur die erste (I. Bogen) und die dritte Kiemenarterie (III. Bogen) bezeichnet, die anderen sind danach leicht aufzufinden.

Eine Ausbuchtung an der Rückseite des Darmes zwischen dem Magen und der nach vorne gerichteten Leberanlage ist die dorsale Anlage der Bauchspeicheldrüse. Eine zweite ventrale Anlage dieser Drüse kommt etwas später zur Entwicklung.

Die Ausbildung der Urniere schreitet fort, ihr kraniales Ende steht in der Höhe der Leberanlage; der Urnierengang hat, wie oben schon erwähnt wurde, die Kloake erreicht. Ob die Vorniere schon im Verschwinden begriffen ist, läßt sich nicht mit voller Sicherheit feststellen.

Gefäßsystem. 1. Herz. Entsprechend der großen funktionellen Bedeutung des Herzens, das dem Embryo die Mittel für seine Fortentwicklung zuzutragen hat, macht seine Weiterbildung in allen Teilen rasche Fortschritte. Die Schleife, die der arterielle Teil bildet, liegt nicht mehr quer, sie stellt sich schon frühzeitig aufrecht (Abb. 224, vgl. Abb. 216); zugleich erweitert sich sein Hohlraum, zuerst der früher untere, jetzt linke Teil der Schleife, der in den ziemlich engen Ohrkanal übergeht, dann auch der früher obere, jetzt rechte, dem der Bulbus angehört. Die tiefe Einknickung zwischen beiden Schenkeln bleibt im Wachstum zurück und wird immer seichter, so daß die beiden Schenkel zu einem einfachen Hohlraum, dem Ventrikel, zusammenfließen. An der Unterseite des Ventrikels deutet eine leichte Furche die Stelle an, an der der Gipfel der Schleife gelegen war, sie ist auch die Stelle, an der die Scheidewand entstehen wird, die den Ventrikel in einen rechten und linken Teil zu trennen bestimmt ist.

Dieses Septum wird dadurch höher, daß die Höhlungen zu seinen beiden Seiten tiefer werden, indem außen am Herzen Substanz angebaut wird und die das Lumen des Herzens begrenzende Wand in seinem spongiösen Gefüge zu einer kompakten Lage zusammengedrängt wird. Jedoch bleibt im Innern des Ventrikels die Wand nicht glatt, da auf ihr Trabekel erscheinen, also hervorragende Leisten, zwischen denen tiefer werdende Höhlungen verschiedener Gestalt einsinken (Aschoff, Benninghoff 1923).

Im Innern des Vorhofteiles hat die Bildung einer Scheidewand schon Ende der dritten Woche als eine sichelförmige Falte begonnen, die sich erst an der hinteren und oberen Wand des Vorhofes erhebt und dann auch auf die Vorderwand übergreift, man nennt sie primitive Vorhofsscheidewand, Septum primum (Abb. 225). Ihre Stelle ist auch äußerlich als eine Furche kenntlich. Die Herzohren vergrößern sich zu ballonartigen Auftreibungen (Abb. 224).

Die Kommunikationsöffnung zwischen Sinus venosus und Vorhof verschiebt sich nach rechts. Zugleich erhebt sich an der rechten Seite dieser Öffnung eine Falte, die rechte Sinusklappe, ihr folgt dann eine etwas kleinere linke. Sie haben die Funktion den Rückfluß des Blutes vom Vorhof in den Sinus zu verhindern. Reste von ihnen erhalten sich auch im extrauterinen Leben als Valvula vena cavae inf. (Eustachii) und Valvula sinus coronariae (Thebesii).

Mit dem Wachstum des ganzen Embryos ändert sich auch die Lage des Herzens. Zuerst stand es in der Höhe des Kiemenapparates, wo es bei den Fischen auch zeitlebens verbleibt. Bei den höheren Wirbeltieren und beim Menschen drängt der vergrößerte Schlundbogenapparat das Herz im ganzen abwärts. Zugleich übt aber der kraniale Teil des Centralnervensystems, der sich mit seiner nächsten Umgebung stark verlängert, einen Zug auf den benachbarten venösen Teil des Herzens aus, wodurch derselbe wieder gehoben wird. Betrachtet man das Herz von vorne, dann sieht man, wie hinter dem Ventrikel ein immer größeres Stück des Vorhofes zum Vorschein kommt (vgl. Abb. 216 und 224). Die stärkste Erhebung aber erfahren der Sinus venosus und die in ihn einmündenden Venen. Zuerst war er kaudal vom Vorhof zu finden, jetzt liegt er dorsal von ihm und die beiden Ductus Cuvieri, die ihn erst in rein querem Verlauf erreichten, steigen nunmehr steil abwärts.

2. Gefäße. Während des sechsten Stadiums erfährt das Gefäßsystem eine reiche Ausbildung. Man findet zum Schluß vier vollständige Schlundbogenarterien, von diesen die erste jedoch bereits der Rückbildung anheimgefallen ist. Der Bogen, der später die Art. pulmonalis zu liefern hat, ist in der Entwicklung begriffen. Eine Arterie steigt von der Aorta aus an der lateralen Seite der Hypophyse zum Gehirn auf, die A. carotis interna; sie verzweigt sich schon in ihre wichtigsten Äste. Die dorsalen Segmentalarterien sind bis zum zweiten Sakralsegment gebildet, aus dem sechsten Segment geht ein Stämmchen zur Anlage der oberen Extremität. Aus der Reihe der ventralen Segmentalarterien heben sich drei stark heraus, die Artt. coeliaca, omphalo-

mesenterica und mesenterica inferior. Die Umbilicalarterien entspringen in der Höhe des dritten Lumbalsegmentes aus der Aorta; sie verlaufen medial von den Urnierengängen (Ingalls 1907).

Den Arterien entsprechen Venen, die in die Vv. cardinales einmünden; diese vereinigen sich nach wie vor jederseits zum Ductus Cuvieri, der auch die V. umbilicalis aufnimmt.

Extremitäten. Ihr Auftreten ist ein äußerst unscheinbares, indem ihre erste Spur jederseits aus einer niederen Leiste (Extremitätenleiste, Wolffsche Leiste), besteht, die an der Oberfläche der lateralen Körperwand herabläuft. An ihrem oberen und unteren Ende verdickt sie sich zu je einem kleinen, aus Mesenchymzellen bestehenden Höcker, während der Zwischenteil verschwindet. Der kraniale Höcker, die Anlage der oberen Extremität, erscheint zuerst, der kaudale, die Anlage der unteren Extremität, etwas später. Auch während der ganzen weiteren Entwicklung geht die obere Extremität der unteren stets voran. Die obere Extremität erscheint im Bereich der unteren Hals- und oberen Brustsegmente, die untere in dem der lumbalen und oberen Sakralsegmente, beide Anlagen stehen also weiter kranial als die ausgebildeten Gliedmaßen.

Menschliche Embryonen in der zweiten Hälfte der dritten und am Anfang der vierten Woche.

Die Zeitbestimmung ist bei menschlichen Embryonen noch immer etwas unsicher und man kann das Alter eines solchen keineswegs bis auf den Tag bestimmen. Hat er das Ende des Stadiums erreicht, dann ist er etwa 5 mm lang und so stark gekrümmt, daß die Mundbucht direkt auf dem deutlich vortretenden Herzen liegt. Auch der Schwanz ist stark gerollt. Die Scheitelkrümmung ist schärfer abgesetzt als die Nackenkrümmung. Die leicht spiralige Drehung des vorigen Stadiums ist verschwunden. Die gekrümmte Haltung des Embryos erklärt sich dadurch, daß das Wachstum des Centralnervensystems weit rascher fortschreitet, als das der ventral liegenden Körperteile, an denen besonders noch jede Spur eines Halses fehlt. Das Neuralrohr ist deshalb gezwungen, sich gekrümmt um die vorderen Teile herumzulegen (Abb. 227).

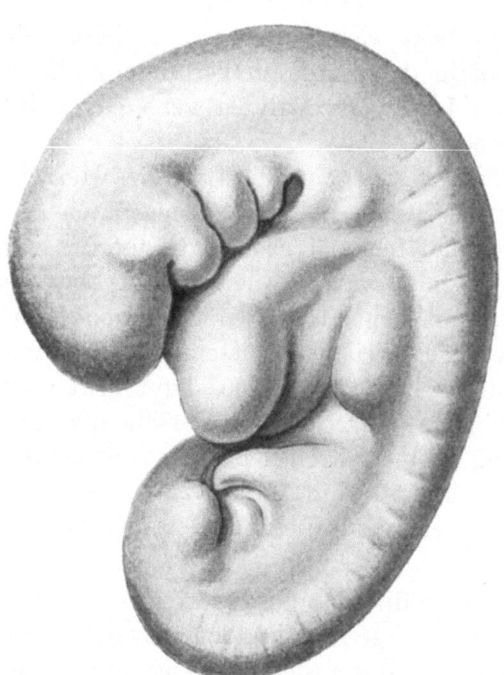

Abb. 227. Menschlicher Embryo von 4,9 mm Länge. (Ingalls 1907).

Auge und Riechfeld sind deutlich, von dem bereits abgeschlossenen Ohrbläschen sieht man nichts als eine leichte Erhebung an der Körperoberfläche. Drei bis vier Schlundbogen sind sichtbar, der Oberkieferfortsatz wird deutlicher. Von den Ursegmenten sind etwa 35 Paare gebildet. Die Extremitäten sind als kurze Stummel sichtbar. Die Nabelblase ist noch groß, der Nabelblasenstiel ist dünn. Der Embryo wird vom Amnion noch eng umschlossen.

Siebentes Stadium.

Fortbildung der vorhandenen Anlagen. Auftreten der Nebennieren, der Milchleiste. Entstehung der Leibeswand. Erste Spur der Geschlechtsdrüsen. Beginn der äußeren Genitalien. Nabelstrang.

(Menschliche Embryonen vom Ende des ersten Monats.)

Bis zum Ende des ersten Monats ist der Embryonalkörper im Rohbau fertiggestellt. Ganz ebenso aber, wie bei der Errichtung eines Hauses auch später noch kleine Änderungen und Zusätze gemacht werden, so kommt auch bei der weiteren Entwicklung des Embryos noch an einer Stelle etwas hinzu, an anderer wird etwas weggenommen. Die Natur geht dabei sehr rasch und energisch zu Werke und wartet

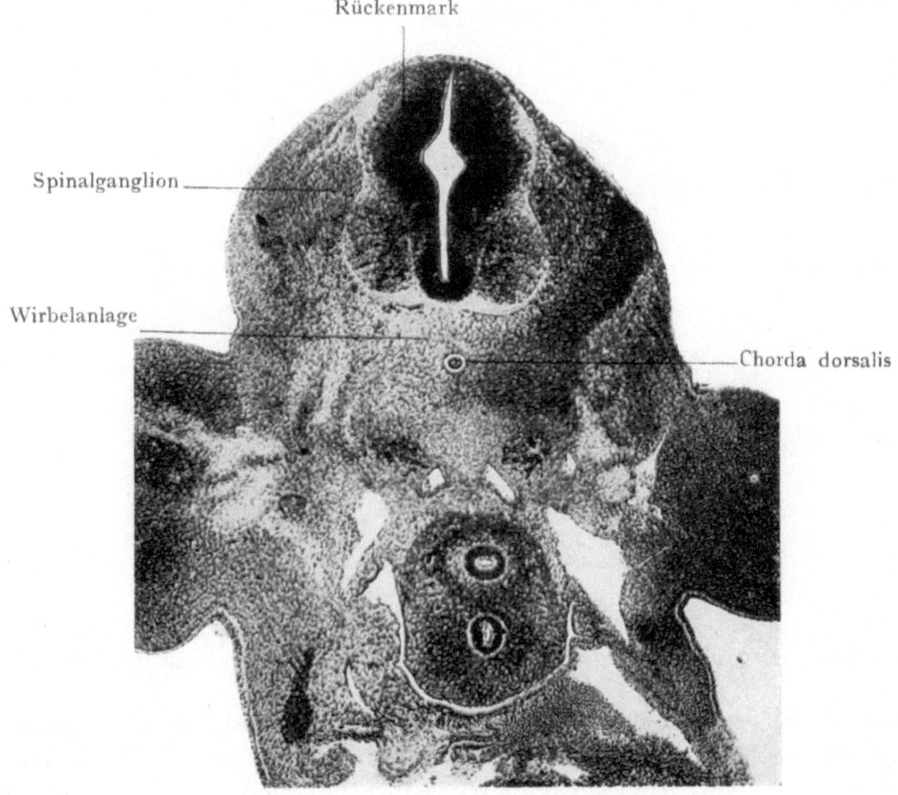

Abb. 228. Querschnitt eines menschlichen Embryos von 9,5 mm Länge. Nach Photographie. Rückenmark, Spinalganglion, Wirbel.

nicht bis zur vollkommenen Fertigstellung des Rohbaues, sie beginnt vielmehr, während er noch in Arbeit ist, mit der inneren Ausgestaltung, so daß in der jetzt zu besprechenden Zeit die Entstehung elementarer Bildungen und feinerer Einzelheiten allenthalben ineinander greift.

Betrachtet man die Stufe, die die verschiedenen Systeme und Organe des Körpers jetzt erreicht haben, dann ist über sie das Folgende zu sagen:

Das Centralnervensystem ist in seine beiden großen Abteilungen gegliedert, das Rückenmark und das Gehirn. Das erstere reicht bis zur Schwanzspitze (Abb. 238). Es nimmt von seinem kranialen Anfang aus im allgemeinen allmählich an Dicke ab, doch ist bereits eine Cervikal- und eine Lumbalanschwellung kenntlich, aus denen die Nerven für die eben angelegten Extremitäten kommen. Das Rückenmark besteht aus zwei dicken seitlichen Teilen, die in der Mittellinie durch eine dorsale und eine ventrale dünne Kommissur miteinander verbunden werden, die Deckplatte und die Bodenplatte (Abb. 228). Die Seitenteile sind nicht von ganz gleichmäßiger Stärke, sondern zeigen sich durch eine schwächere dorsale, sensible und eine mächtigere ventrale, motorische Zellenanhäufung in zwei Längsanschwellungen zerlegt, deren Grenze im Innern des Centralkanales durch eine schwach angedeutete Grenzfurche, Sulcus limitans, markiert wird. Die dorsale Anschwellung nennt man Flügelplatte, die ventrale Grundplatte. Der Centralkanal erscheint auf dem Querschnitt in die Länge gezogen und zeigt die Form einer Lanzenspitze, deren seitliche Ecken durch die Grenzfurchen gebildet werden. Die Spinalganglien sind gut abgegrenzt, sie senden ihre Nervenfasern in die Flügelplatte hinein; aus der Grundplatte treten

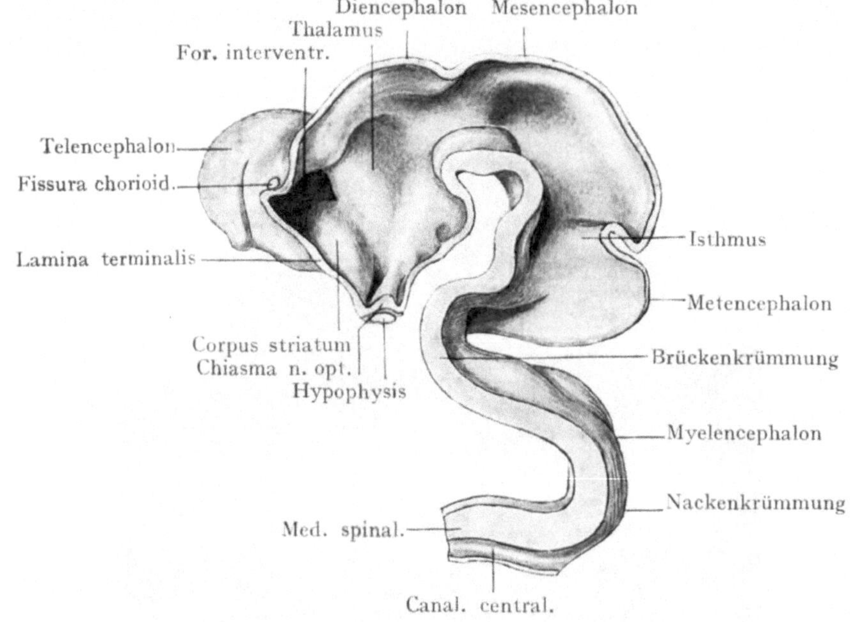

Abb. 229. Hirnanlage. Medianschnitt. Nach einem Modell von His-Ziegler.

die motorischen Fasern aus und legen sich in ihrem Verlauf an das Spinalganglion an, ganz wie dies auch später der Fall ist; sehr weit in die Peripherie aber sind die Nerven noch nicht zu verfolgen. Im Rückenmark selbst hat sich bereits eine Randschicht von longitudinalen Faserzügen gebildet, aus denen später die Stränge (Fasciculi) werden, weiter nach innen sind die Zellen dicht gehäuft, man bezeichnet diesen Teil als Mantelschicht (Abb. 228).

Beim Übergang in das Gehirn klappen sich die verdickten Seitenteile des Rückenmarkes von der Rückenseite her auseinander, die Grundplatte wird dadurch nur wenig verändert, die Deckplatte aber zieht sich sehr stark in die Breite und bildet jetzt die erwähnte Lamina epithelialis. Erst weiter vorn treten auch an der Decke des Hirnrohres nervöse Elemente auf. Die Grenzfurche zwischen sensiblem und motorischem Anteil des Centralnervensystems verliert sich nicht, sie ist noch bis in das Zwischenhirn hinein nachzuweisen.

Betrachtet man das Gehirn im ganzen, dann findet man, daß die Abknickung des vorderen Teiles gegen den hinteren mit der Spitze in der Scheitelkrümmung immer stärker wird. Am Anfang dieses Stadiums ist, wie bereits bekannt, die Bildung der fünf Bläschen vollendet. Sie bilden den Ausgangspunkt für seine ganze Zukunft und zögern nicht, sogleich in ihre weitere Entwicklung einzutreten. Der bedeutsamste Fortschritt ist die allmählich immer deutlicher werdende Anlage der Großhirnhemisphären als seitliche blasenförmige Ausbuchtungen des Telencephalon (Abb. 229). Der in der Mitte zwischen ihnen unter der Stelle des ehemaligen Neuroporus gelegene Teil des Endhirns bleibt im Wachstum für immer zurück, aus ihm wird später nur eine dünne Platte, die Lamina terminalis. Der Hohlraum der Hemisphärenblasen steht mit dem großen Hohlraum der Gehirnanlage durch eine weite Kommunikationsöffnung in Verbindung; es ist dies das Foramen interventriculare Monroi.

An der Hirnbasis erscheint neben der Lamina terminalis eine leichte Vertiefung, die erste Spur des Riechhirns. Dahinter liegt eine Einsenkung, der Recessus opticus, von dem der schon bekannte hohle Stiel der Augenblase ausgeht. Dann folgt ein über die Mittellinie hinweggehender Querwulst, aus dem sich das Chiasma nervorum opticorum entwickelt; dahinter ist wieder eine kleine, median stehende Ausbuchtung zu sehen, das Infundibulum, das gegen die von der Mundbucht aufsteigende Hypophysenanlage heruntertritt. Nun kommt die tiefe Einknickung des Gehirns, der an der Dorsalseite die Scheitelkrümmung entspricht. Die hinter ihr gelegenen Teile der Hirnbasis zeichnen sich gegen die weiter vorn gelegenen durch eine erheblichere Dicke aus.

An der Dorsalseite des Gehirns tritt im Bereich des Zwischenhirns die erste Spur der Epiphyse auf (Abb. 223), eines rudimentären Organes, das zwar beim Menschen keine wesentlichen Umwandlungen erfährt, trotz seiner Kleinheit aber als Drüse mit innerer Sekretion von Bedeutung ist. Das Dach des Mittelhirns ist noch dünn, an dem des Hinterhirns bemerkt man ganz am Ende des ersten Monats eine quergestellte Leiste, aus der das Kleinhirn hervorgeht. Von der Lamina epithelialis, die das Dach des Nachhirns bildet, war vorhin schon die Rede.

Der innere Bau der Gehirnwände hat natürlich bis zum Ende des ersten Monats auch wichtige Umwandlungen erfahren, und zwar ist das unmittelbar an das Rückenmark anschließende Nachhirn am weitesten fortgeschritten. Es ist auch der weitaus größte Teil des ganzen Gehirns. Schon im vorigen Stadium waren an ihm Ganglien nachzuweisen, die den Spinalganglien an die Seite zu setzen sind, und jetzt treten auch die Anfänge der zugehörigen motorischen Wurzeln aus. Die Neuromeren (S. 203) sind noch immer kenntlich, doch sind sie in langsamem Verschwinden begriffen. Wie im Rückenmark, so bilden auch im Gehirn die eintretenden sensiblen Fasern Längszüge der Randschicht, die kranialwärts und kaudalwärts verlaufen. Die motorischen Ganglien stellen jederseits einen Längswulst in der Mantelschicht der Grundplatte dar, der aber bereits in zwei Teile zerfällt, die späteren Ursprungsgebiete einerseits des N. hypoglossus und abducens, andererseits des N. trigeminus, facialis, glossopharyngeus und vagus. „Der Koordination dienende Bildungen, wie der Pons, die Olive und das Cerebellum sind noch unentwickelt und das Vorderhirn zeigt außer der beginnenden Gliederung in Ependym-, Mantel- und Randschicht, noch wenig Differenzierung; es ist ein noch ziemlich einfaches dünnwandiges Rohr. So entspricht diese Entwicklungsperiode einem wenig ausgebildeten Nervensystem, indem man nur die Einrichtungen, welche für die einfachen cerebrospinalen Reflexe nötig sind, vorfindet." (Streeter, bei Keibel-Mall 1911.)

Der Grenzstrang des Sympathicus entsteht durch Auswanderung von Zellen des ventralen Randes der Spinalganglien. Sie gelangen jederseits neben die

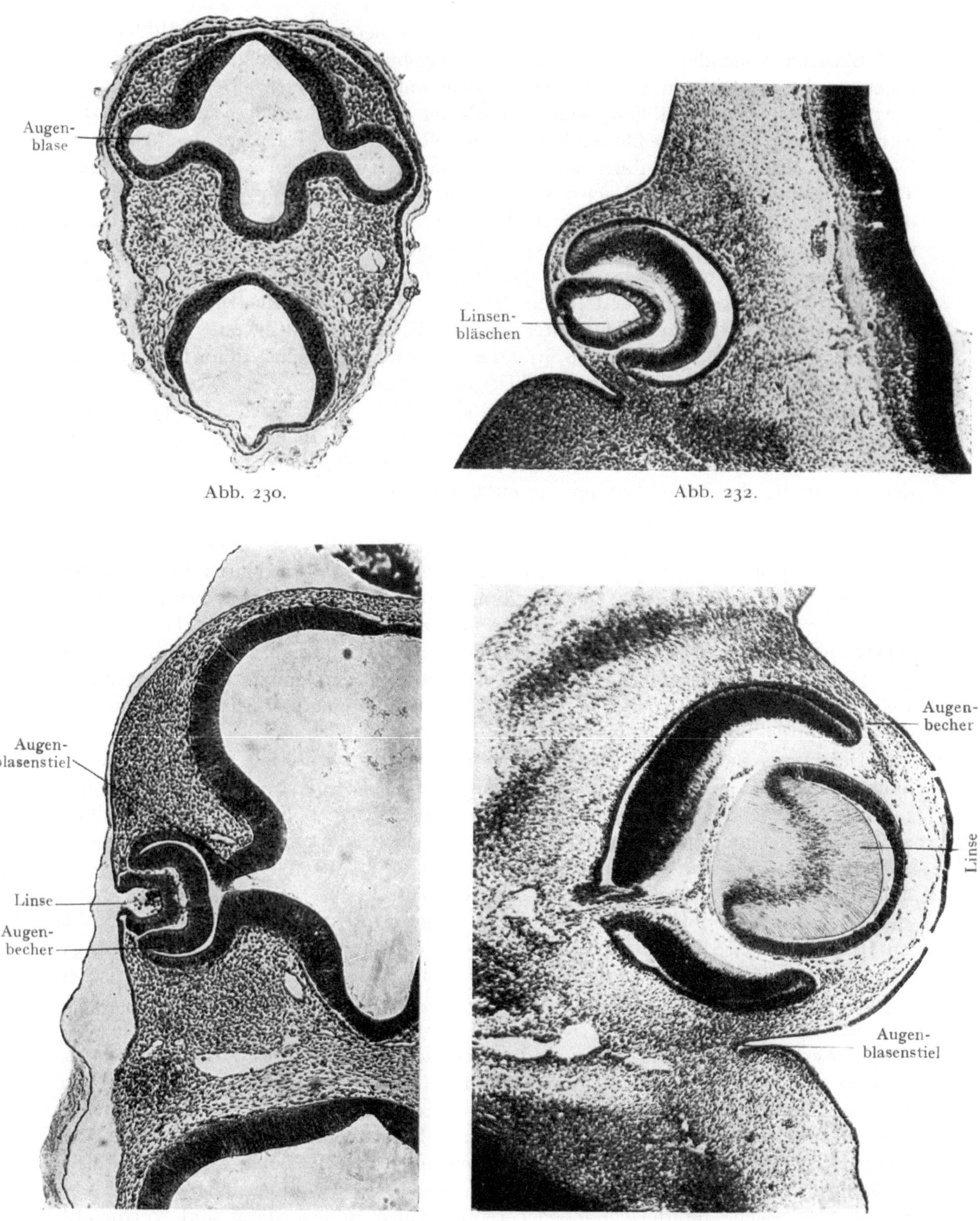

Abb. 230—233. Stadien der Augenentwicklung. Nach Photographien. Abb. 230 u. 231 vom Kaninchen, Abb. 232 vom Schwein, Abb. 233 vom Rind. In Abb. 231 hängt das Linsenbläschen noch durch einen dünnen Stiel mit der Epidermis zusammen.

Aorta, wo sie Ende des ersten Monats bereits einen zusammenhängenden Längsstrang bilden. Der Weg, den die Zellen bei ihrer Wanderung zurückgelegt haben, bleibt auch später in den Rami communicantes, die den Grenzstrang mit den Spinalganglien verbinden, kenntlich.

Was die Sinnesorgane anlangt, so macht die Anlage des Auges bedeutsame Fortschritte. Am Schluß des vorigen Stadiums war die Augenblase (primäre Augenblase) mit ihrem Augenblasenstiel und über ihrem Gipfel eine Verdickung des Epidermisblattes vorhanden (Abb. 230). Diese letztere gestaltet sich bald zu einer säckchenartigen

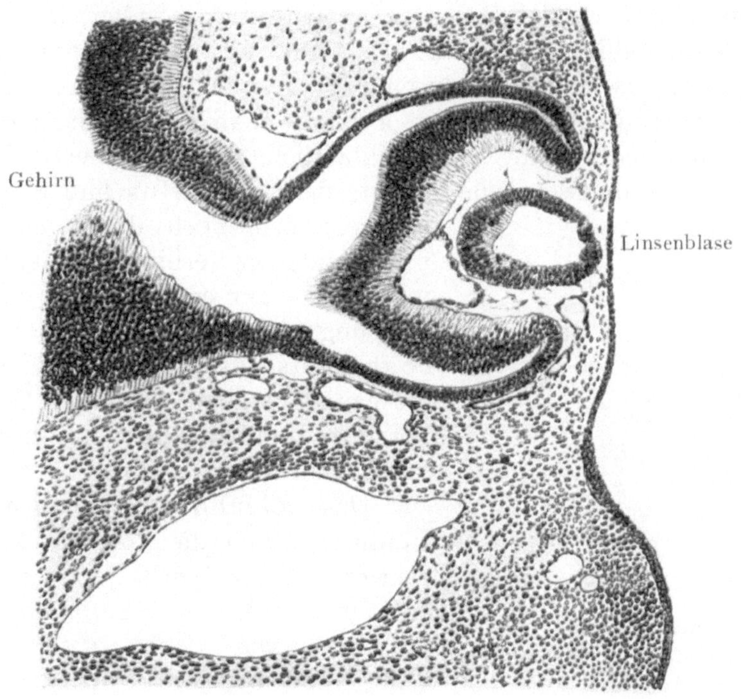

Abb. 234. Augenbecher mit Stiel (Verbindung zum Gehirn). Mensch. Gezeichnet bei 100facher Vergrößerung, zur Reproduktion um etwa $^1/_{10}$ verkleinert. Das äußere Blatt des Augenbechers ist dünn und enthält bereits Pigment in den Zellen. Am Becherrande verdickt sich die innere Lage, die zur Retina wird. In der Pupillaröffnung liegt die vollkommen von der Epidermis abgeschnürte Linsenblase, deren hintere Wand bereits zu Linsenfaserzellen auszuwachsen beginnt. Seitlich von der Linsenblase beginnen Bindegewebsmassen zwischen vorderem Pol der Linse und der Epidermis einzuwachsen zur Bildung der primitiven Cornea. Zwischen Linsenblase und Retinalblatt des Augenbechers sind die Vasa hyaloidea (Glaskörpergefäße) zu sehen. Die großen und kleinen Lücken in dem Bindegewebe sind Gefäße.

Vertiefung, dem Linsensäckchen. Dieses schließt sich zum Linsenbläschen, das sich endlich von der Epidermis vollständig abschnürt (Abb. 231, 232, 234). Die kubischen Zellen, die die Wand des Bläschens bilden, sind nur am Anfang ringsum ganz gleichartig, sehr bald verdicken sich die der proximalen Wand. (Zellen, die man im Hohlraum des Bläschens beobachtet, sind ohne Bedeutung, sie degenerieren später.) Sogleich wandern Mesoblastzellen in den Spalt zwischen Epidermis und Linsenbläschen ein, doch sind sie am Ende des ersten Monats noch sehr spärlich.

Im gleichen Schritt mit der Linsenbildung stülpt sich die Augenblase in sich selbst ein und bildet dadurch den doppelwandigen Augenbecher (sekundäre Augenblase). Die äußere Wand des Bechers ist dünner, sie stellt die Anlage des Pigmentepithels (Pigmentblatt) dar und nimmt gegen Ende des Stadiums in der Tat auch schon die ersten Pigmentkörnchen auf. Die innere Wand des Bechers ist dicker, sie bildet die Anlage der Retina (Retinablatt). Zugleich mit der Einstülpung des Augenbechers von vorn erfolgt eine solche auch von unten her (Abb. 220), die sich auch noch auf den Augenblasenstiel erstreckt, es ist dies die fetale Augenspalte. In diese dringen Gefäße und mesoblastische Elemente ein, um in die Höhlung des Augenbechers zu gelangen. Der Raum für sie wird dadurch gewonnen, daß schon vor ihrem Eindringen das Linsenbläschen vom Retinablatt, dem es anfänglich dicht anlag, durch eine faserige Ausscheidung des Retinablattes abgehoben wird. Diese bilden die Grundlage des Glaskörpers (Abb. 233, 234).

Vom inneren Ohr war bisher ein ovales Säckchen mit einer Ausstülpung, dem Ductus endolymphaticus oder Recessus labyrinthi, vorhanden; jetzt wird der Anfang zur definitiven Ausbildung gemacht. Die Bogengänge beginnen als taschenartige Ausbuchtungen zu erscheinen, wodurch das Säckchen seine glatte Rundung verliert; an einer Rekonstruktion sieht es aus, als habe man Dellen hineingedrückt, etwa so, wie an einem weichen Filzhut. Der einheitliche Hohlraum wird ferner durch eine einspringende Falte in zwei Teile zerlegt, den Utriculus und Sacculus, die freilich zur Zeit noch durch eine weite Öffnung miteinander in Verbindung stehen. Am Sacculus macht sich der erste Anfang einer weiteren Ausstülpung bemerklich, die später zum Ductus cochlearis auswachsen wird (Abb. 235). Auch die Entwicklung des äußeren Ohres beginnt sich vorzubereiten, worüber nachher noch mehr zu sagen sein wird.

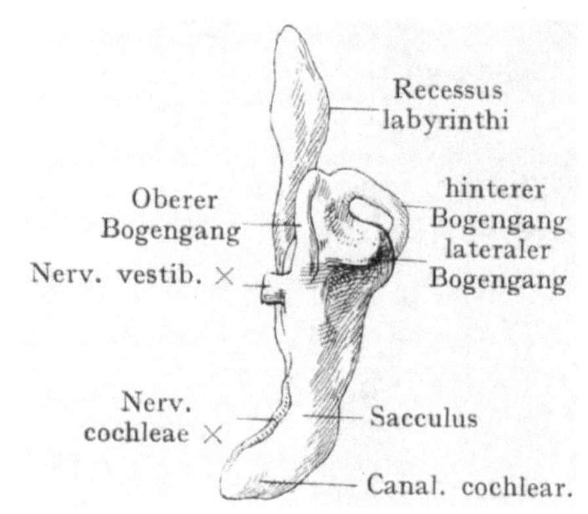

Abb. 235. Ohrenentwicklung nach Modell von His jun.-Ziegler.

Das Riechorgan war noch im vorigen Stadium durch die konvexe Riechplatte repräsentiert. Diese wird jetzt flach, dann sinkt sie zur Riechgrube ein, von der schon S. 192 die Rede war (Abb. 211). Sie wird immer tiefer, und an ihrer medialen Wand erscheint eine Rinne, die Anlage des Organon vomeronasale Jacobsoni.

Das Einsinken der Riechgrube wird für die Bildung des Gesichtes dadurch von Bedeutung, daß mit ihr die Trennung des Stirnwulstes in einen mittleren und zwei seitliche Nasenfortsätze Hand in Hand geht (Abb. 249). Der unpaarige mittlere grenzt rechts und links an die beiden Riechgruben, der seitliche zieht sich jederseits zwischen der Riechgrube und dem Oberkieferfortsatz herab. Die beiden Riechgruben stehen noch weit seitlich, noch weiter das Auge, so daß man von ihm in der Ansicht von vorn noch nichts sieht. Es dauert freilich nicht lange, bis die beiden Anlagen mehr gegen die Mittellinie hinrücken.

Was den Schlundbogenapparat anlangt, so ist der Mandibularbogen mit seinem Ober- und Unterkieferfortsatz kräftig ausgebildet (Abb. 243); er legt sich an den mittleren Nasenfortsatz an und verhindert dadurch den seitlichen Nasenfortsatz bis zur primitiven Mundöffnung herabzusteigen. Auch der Hyoidbogen ist wohl entwickelt, die auf ihn folgenden Branchialbogen aber bleiben im Wachstum zurück. Sie haben sich in die Tiefe auf den Boden einer Grube, des Sinus cervicalis, zurückgezogen, in der der dritte noch deutlich ist, während man den vierten kaum mehr wahrnimmt. Der Sinus cervicalis wird hinten und unten von einem kräftigen Wulst, der Retrobranchialleiste, umzogen (Abb. 243), vom Hyoidbogen sproßt ein Fortsatz aus, der den Sinus deckt; er entspricht dem Kiemendeckel, Operculum, der Fische.

Die Oberfläche der beiden ersten Schlundbogen ist, da wo sie mit ihren dorsalen Enden um die erste Schlundfurche zusammenfließen, nicht mehr glatt, sondern wird höckerig (Abb. 221, 243). Sehr bald sind an jedem drei Anschwellungen wahrzunehmen, die in der Folge für die Entwicklung des äußeren Ohres benützt werden. Die erste Kiemenfurche liefert den äußeren Gehörgang, die Trennungsmembran zwischen Furche und Tasche einen wesentlichen Teil des Trommelfells, die erste Kiementasche bildet die Tuba auditiva und die Paukenhöhle. Die übrigen Schlundfurchen und -taschen werden nicht weiter benützt, sie verschwinden. Mit ihnen schwinden auch nach kurzem Bestand die Kiemenspaltenorgane (epibranchiale Plakoden), kleine Verdickungen

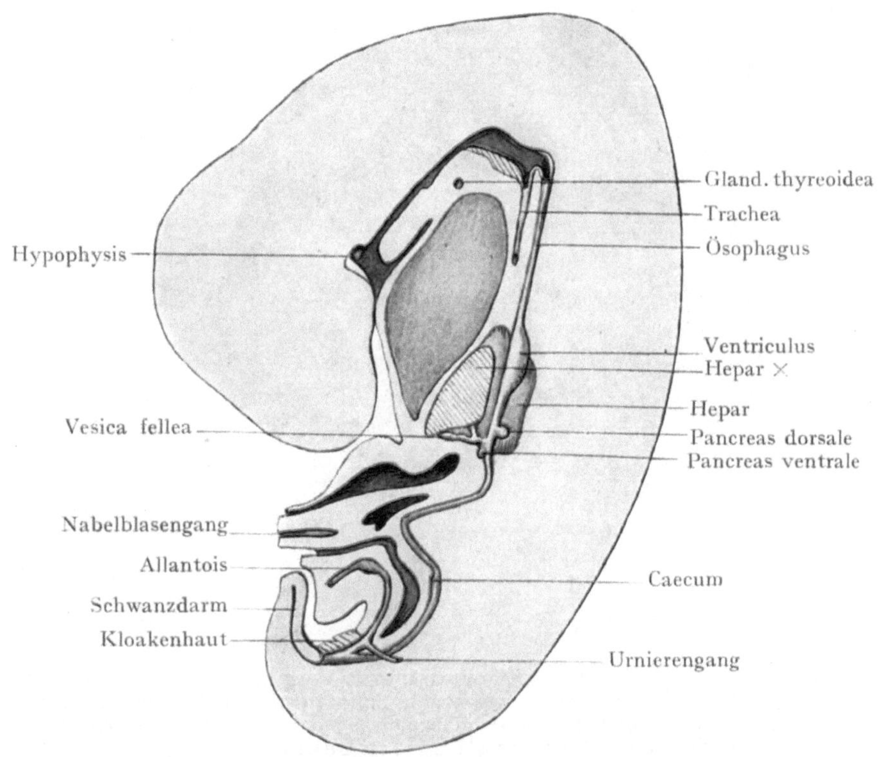

Abb. 236. Medianschnitt eines menschlichen Embryos von 7,6 mm Länge, Darmkanal (Lewis bei Keibel-Mall 1911). Von der Leber ist der linke Teil abgeschnitten (Hepar ×).

des Ektoblasts, die in unmittelbarer Berührung mit den Ganglien des N. facialis, glossopharyngeus und vagus entstanden waren. Sie sind als abortive Sinnesorgane aufzufassen, die allem Anschein nach einem Teil der bei den Fischen hoch entwickelten Seitenlinie entsprechen.

Ein Hals fehlt dem vierwöchentlichen Embryo noch vollständig, doch ist durch die Umwandlung der Branchialbogen das Verschwinden der Schlundfurchen und durch ihr Zurückbleiben im Wachstum die Einleitung zur Bildung dieses Körperabschnittes gegeben.

Der Darmkanal hat in seiner Entwicklung beträchtliche Fortschritte gemacht (Abb. 236). Die von der Mundbucht ausgehende Hypophysenanlage freilich ist noch die gleiche weit geöffnete Tasche, wie bisher. Die Speiseröhre ist länger geworden, der Magen besitzt anfänglich noch eine rein spindelförmige Gestalt, erst ganz zuletzt buchtet sich die dorsale Wand als Fundus etwas stärker aus. Zugleich beginnt der

Magen sich mit dieser dorsalen Wand etwas nach links hin zu drehen. Das auf ihn folgende Darmstück, das Duodenum, läßt am Ende des Stadiums schon eine schwache ventralkonvexe Krümmung erkennen. In dieses münden die Ausführungsgänge von Leber und Bauchspeicheldrüse. Das darauf folgende Darmrohr bildet eine große, ventral konvexe Schleife, von deren Gipfel der Nabelblasengang abgeht. Dieser schnürt sich aber im Laufe des Stadiums ab, so daß nun der Darm nicht mehr mit der Nabelblase in Verbindung steht. Der kaudale Schenkel der Schleife weist eine divertikelartige Erweiterung auf, die Anlage des Caecum und des Processus vermiformis. Die Schleife wird immer länger und findet endlich in der Bauchhöhle keinen Platz mehr, so daß sie, in eine Fortsetzung der Cölomhöhle eingeschlossen, in den Nabelstrang

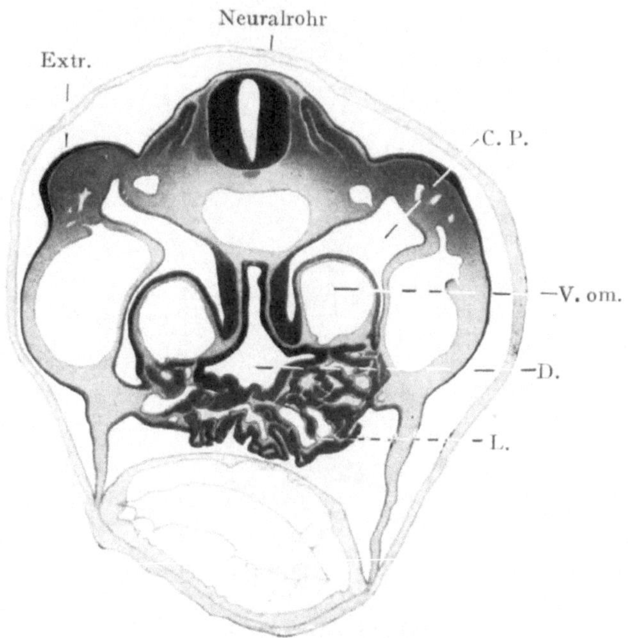

Abb. 237. Querschnitt durch den Rumpf eines Embryo vom Maulwurf. Die Zellen sind mit ihren Kernen nicht angegeben, sondern alles nur durch Schattierungen hervorgehoben, etwa wie man es bei ganz schwacher Vergrößerung sieht. Gezeichnet bei 80facher Vergrößerung. Zur Reproduktion um etwa $^1/_4$ verkleinert. Entwicklung der Leber. Zu beiden Seiten des Neuralrohres sind die Hautmuskelplatten zu erkennen. Unter dem Neuralrohr Chorda dorsalis und Aorta descendens. L. = Leberausstülpung aus dem Darmrohr, das hinten nahe an die Aorta heranreicht. Vorn bis nahe an das Herz heranreichend die Leberzellschläuche mit zahlreichen Gefäßlücken. C. P. = Cölomhöhle (Cavum peritonei). Zu beiden Seiten des schlitzförmigen Darmrohres ist das viscerale Blatt des Peritoneums stark verdickt. V. om. = Vena omph. mes. D. = Darmrohr.

vordringt. Sie bildet jetzt also eine physiologische Nabelhernie. Dabei dreht sich die Schleife spiralig um ihre Längsachse, so daß der ursprünglich kaudal gelegene Schleifenschenkel mit der Cäkalanschwellung an die kraniale Seite zu liegen kommt. Der Enddarm verläuft gestreckt, er mündet in die Kloake, wie bisher. Diese letztere ist noch immer durch die Aftermembran verschlossen. Der Schwanzdarm atrophiert zu einem soliden Strang, schließlich verschwindet er ganz.

Das Lumen des Darmes ist im allgemeinen eng, im Duodenum, im Rectum und an anderen Stellen kann es sogar durch eine epitheliale Wucherung ganz verschlossen sein. Das Darmgekröse bildet eine relativ dicke Platte; es muß natürlich den Biegungen und Drehungen des Darmrohres überall hin folgen. Dabei bleibt sein Ansatz an der hinteren Bauchwand kurz, während sein Ansatz am Darm natürlich so lang ist, wie der Darm selbst.

Von den Anhangsorganen des Darmkanales hat die Anlage der Schilddrüse ihren Zusammenhang mit dem Mundhöhlenepithel gänzlich verloren. Der Stiel, der sie mit ihm verband, ist immer länger und dünner geworden und schließlich ganz verschwunden. Die Drüse selbst erscheint zweilappig.

Die Anlage des Respirationsorganes setzt sich von der Speiseröhre immer besser ab, der Kehlkopf ist in seine Entwicklung im Anschluß an den Schlundbogen-

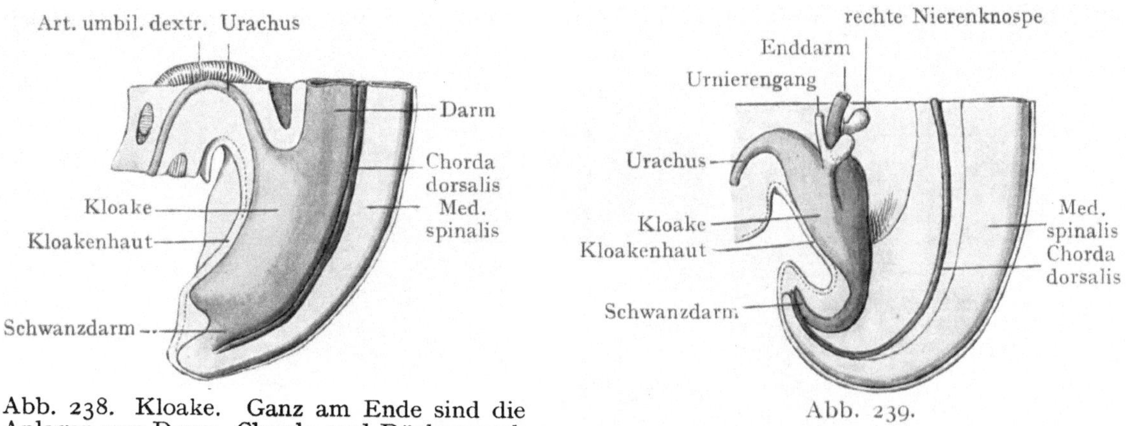

Abb. 238. Kloake. Ganz am Ende sind die Anlagen von Darm, Chorda und Rückenmark undeutlich geschieden.

Abb. 239.

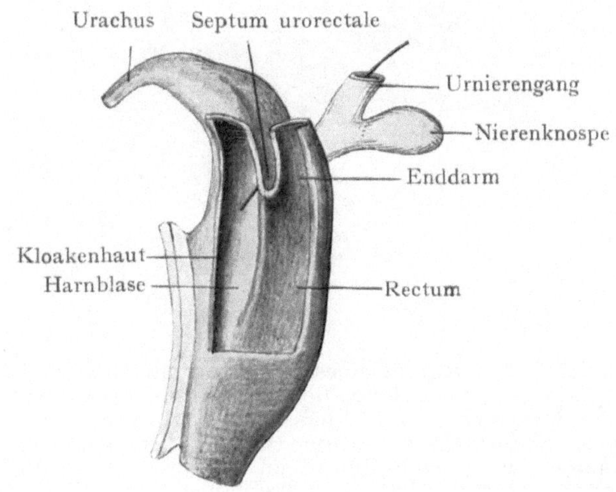

Abb. 240.

Abb. 238, 239, 240. Entwicklungsvorgänge am kaudalen Ende des menschlichen Embryos (Keibel-Ziegler). Abb. 240. Die linke Wand der Kloake ist abgetragen. Septum urorectale und beginnende Trennung von Mastdarm und Harnblase.

apparat eingetreten, die Luftröhre verlängert sich, die beiden Hauptbronchien beginnen sich zu verästeln.

Die Leber nimmt an Größe rasch zu (Abb. 241) und erstreckt sich zu beiden Seiten des Darmes immer weiter rückwärts. Ihr Ausführungsgang ist noch kurz, ebenso die Anlage des Ductus cysticus und der Gallenblase; die letztere besitzt noch kein Lumen, sie ist eine solide Knospe.

Die ventrale Anlage der Bauchspeicheldrüse entsteht in dem Winkel, den die Leberknospe und der Darm miteinander bilden; sie ist noch klein und mündet entweder unmittelbar neben dem Gallengang oder sogleich mit ihm vereinigt in den

Darm. Die dorsale Anlage der Drüse ist am Schluß des Stadiums schon mehr herangewachsen, sie mündet etwas kranialwärts vom Gallengang in den Darm.

Urogenitalsystem. Reste der Vorniere sind während des ganzen Stadiums noch zu bemerken, man findet sie in der Höhe des 8. Ursegmentes, vom 9. bis etwa zum 26. reicht die Urniere. In der Höhe des 27. Ursegmentes sendet der Urnierengang eine Sprosse aus, die Knospe der bleibenden Niere (Metanephros). Sie geht erst in ein gerundetes, angeschwollenes Ende über (Abb. 239), dieses verbreitert sich aber bald und nimmt damit schon die Form des späteren Nierenbeckens an. Umgeben

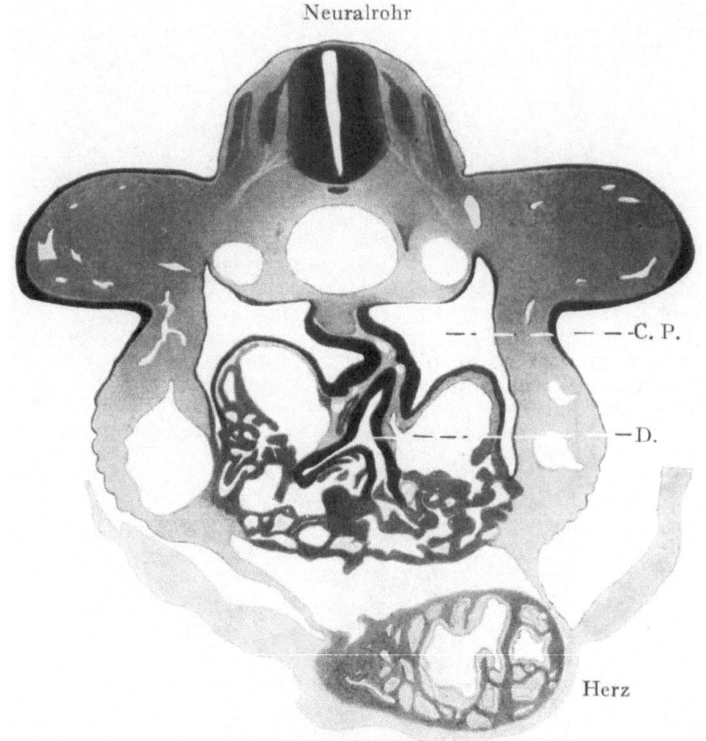

Abb. 241. Querschnitt durch den Rumpf eines Embryo vom Maulwurf (Talpa europ.). Leberentwicklung. Technik wie Abb. 237. Neben dem Neuralrohr liegen die Spinalganglien. Ventrale und dorsale Wurzeln des Spinalnerven sind links (im Bilde) zu erkennen. Die Nerven sind hell, die Spinalganglien dunkel. Unter dem Neuralrohr Chorda dorsalis und Aorta descendens, daneben die beiden Venae cardinales. Zu beiden Seiten ragen stark hervor die Wülste der oberen Extremitäten. Von der Darmrinne stülpen sich die Lebergänge mit Leberzellbalken in das ventrale Mesenterium aus, das mit der vorderen Bauchwand und der Trennungswand der Perikardialhöhle (Herz) breit verwachsen ist. Gezeichnet bei 80facher Vergrößerung, Reproduktion um $^1/_4$ verkleinert. D. = Darmrohr. C. P. = Cavum peritonei.

ist das Ende der Nierenknospe von dem Nierenblastem, einem verdichteten Mesenchym, aus welchem sich später die secernierenden Teile der Dauerniere entwickeln (metanephrogenes Gewebe). Es ist dies das kaudale Ende des nephrogenen Stranges, aus dessen höher gelegenen Teilen sich die Urniere entwickelt hat (S. 197). Die Nierenknospe ist nur dazu bestimmt, die Ausführungsgänge zu bilden, während das Blastem, in ähnlicher Weise wie das Urnierenblastem wesentliche Teile des secernierenden Anteiles der definitiven Niere zu bilden hat.

Mittlerweile hat sich auch der Raum der Kloake, der auf dem Durchschnitt eine von beiden Seiten her komprimierte ovale Form zeigt, in zwei Teile geschieden, die nur noch an ihrem Ende dicht über der Aftermembran miteinander in Verbindung stehen. Die Trennung erfolgt durch Herabwachsen einer frontalen Scheidewand, des Septum urorectale (Abb. 240). Der hintere, engere Teil ist die Fortsetzung des Darmrohrs, der Mastdarm, der vordere weitere Teil bildet die Anlage von Harnblase und Harnröhre. In ihn mündet der Urnierengang, mittelbar also auch die Nierenknospe. Eine Trennung der beiden Mündungen voneinander erfolgt später. Vom Gipfel der Harnblasenanlage geht der Stiel der Allantois (Urachus) (Abb. 238 bis 240) aus. Von den Urnierengängen her erhält die epitheliale Harnblasenanlage eine mesodermale Umhüllung. Abgesehen von dem Urachus, dem späteren Ligamentum vesicoumbilicale medium, entsteht die Blase also durch Abspaltung von dem Enddarm; ihr Epithel stammt also vom Entoblast.

Ganz am Schluß des ersten Monats tritt an der medialen Seite der ventralen Oberfläche der Urniere eine Verdickung des Cölomepithels und des unter ihr liegenden Gewebes in Form eines Längsstreifens auf, die erste Spur der Geschlechtsdrüse.

Auch die Nebenniere beginnt am Ende der vierten Embryonalwoche deutlich zu werden. Zuerst entstehen Verdickungen des Cölomepithels neben der Wurzel des Darmgekröses, die sich sodann zu einem einheitlichen Zellkörper vereinigen. Es handelt sich dabei jedoch nur um die Nebennierenrinde, das Mark, das nicht dem Cölomepithel entstammt, sondern sympathischer Herkunft ist, erscheint erst später.

Die Chorda dorsalis ist bei einem vierwöchentlichen Embryo voll ausgebildet, sie reicht von der Hypophysentasche, mit deren hinteren Wand sie ohne Grenze zusammenhängt, bis zum Ende des Schwanzes. Sie bildet einen cylindrischen, wohlbegrenzten, soliden Zellstrang, der von einer strukturlosen Scheide umschlossen wird. Nur am kaudalen Ende ist sie vom Neuralrohr und dem Schwanzdarm, so lange dieser existiert, nicht ganz scharf getrennt (Abb. 238). Die ersten Spuren des Skeletes erscheinen als Verdichtungen des Mesenchyms, einzelne Skeletteile sind schon bis zum Vorknorpelstadium fortgeschritten.

Die aus den Ursegmenten hervorgegangenen Myotome der Brust- und Lendengegend haben begonnen an beiden Enden zu wuchern, wodurch sie sich immer mehr verbreitern. Ihr ventrales Ende wird um die Peripherie des Körpers herum vorgeschoben; dabei werden sie begleitet von den segmentalen Arterien und Nerven, sowie von den Fortsetzungen der Sklerotome, die zwischen ihnen liegen. Es ist damit der Anfang der Entstehung der Leibeswand gemacht, während bis jetzt die vordere Bedeckung des Embryonalkörpers nur aus dem Ektoblast und den spärlichen mesodermalen Elementen der Cölomwand bestand. Eine vollständige Umwachsung bis zur vorderen Mittellinie erfolgt freilich erst im dritten Monat. Aus dem vergrößerten und verbreiterten dorsalen Ende des Myotoms geht später die Rückenmuskulatur hervor.

Gefäßsystem. 1. Herz. Am Herzen macht weniger die äußere Form als die innere Ausbildung bemerkenswerte Fortschritte. Die Scheidewandbildung, die schließlich das Herz in zwei vollständig voneinander getrennte Abteilungen zerlegt, geht in der in Rede stehenden Zeit von drei Anlagen aus, und zwar im Vorhof, im Ventrikel und im Truncus arteriosus. Die Vorhofsscheidewand, Septum primum, die schon im vorigen Stadium erschienen war (Abb. 225), hat die Atrioventrikularöffnung eben erreicht. Sie wird von mehreren Lücken durchbrochen, von denen jedoch schließlich nur eine einzige als Kommunikationsöffnung zwischen beiden Vorhöfen übrig bleibt. Schon ehe das Septum primum ganz ausgebildet ist, hat sich an seiner rechten Seite eine ringförmige, ziemlich dicke Falte erhoben, das Septum secundum (Abb. 225), das mit der primären Scheidewand verwächst. Die weite Öffnung des Septum secundum steht etwas weiter rückwärts, wie die engere des Septum primum, so daß sie zum Teil von dieser letzteren verdeckt wird. Die beiden Anlagen bilden in der Folge im Verein die definitive Vorhofsscheidewand, der verdickte Rand des Septum secundum erhält sich als Limbus foraminis ovalis, seine Öffnung stellt das definitive Foramen ovale dar, der vor die Öffnung geschobene Teil des Septum primum bildet die Valvula foraminis ovalis.

Auch im Ventrikel hat jetzt die Bildung der Scheidewand weitere Fortschritte gemacht wie oben geschildert; sie ragt als eine plumpe Leiste von unten und hinten in den Herzraum hinein (Abb. 242). Ende des ersten Monats ist sie noch nicht vollständig, erst später vereinigt sich mit ihr die gleich zu erwähnende dritte Scheidewand.

Die dritte Scheidewandbildung im Truncus arteriosus geht in der Art vor sich, daß in ihm ein vorderer und ein hinterer Endokardwulst entsteht, der in das Innere des Gefäßes vorspringt (Abb. 242). Beide stoßen endlich aufeinander und verwachsen, wodurch sie das erst einfache Gefäßrohr in zwei, die Aorta und Pulmonalis, trennen.

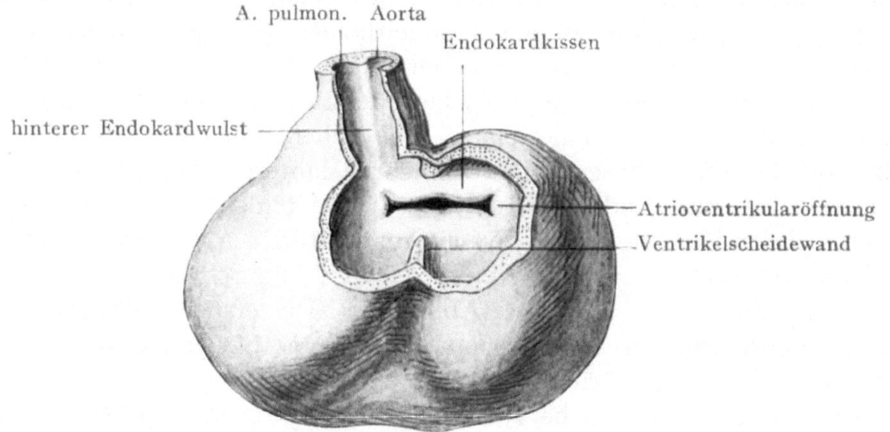

Abb. 242. Herz eines 7,5 mm langen menschlichen Embryos, an der Vorderwand geöffnet. Die noch einfache Atrioventrikularöffnung teilt sich in der Folge und bildet dadurch das Ostium venosum dextrum und sinistrum (Kollmann 1907).

Nach unten hin verbindet sich das Septum mit der Kammerscheidewand; am Ende des ersten Monats aber ist diese Verbindung natürlich noch nicht erreicht, da zu dieser Zeit einerseits die Trennung der Arterien noch nicht vollständig durchgeführt, andererseits auch die Kammerscheidewand noch nicht ganz ausgebildet ist.

Die Entwicklung der Klappeneinrichtungen des Herzens ist in dem in Rede stehenden Stadium noch nicht sehr weit vorgeschritten. Das Endokard, das, wie bekannt, anfänglich von dem Muskelmantel durch einen nicht unbeträchtlichen Zwischenraum getrennt war (S. 180, 198), hat sich diesem angelegt; doch ist dies nicht geschehen im Ohrkanal und im Bulbus arteriosus, dort sind vielmehr aus gallertartigem Bindegewebe bestehende Wülste übrig geblieben, die Endokard und Myokard voneinander trennen (Abb. 242). Im Ohrkanal bezeichnet man sie als vorderes und hinteres Endokardkissen. Auf sie stößt schon in diesem Stadium vom Vorhof her das Septum primum und in nicht ferner Zeit wird es im Verein mit der Ventrikelscheidewand diese in zwei Teile teilen, aus denen sich der Klappenapparat einerseits des rechten, andererseits des linken Ostium venosum entwickelt. Im Bulbus ist zuerst ein ringförmiger Endokardwulst vorhanden, der sich sodann in vier Wülste, einen vorderen, hinteren und zwei seitliche, teilt. Zu einer weiteren Ausbildung kommt es erst, wenn die Längsteilung des Truncus arteriosus in Aorta und Pulmonalis vollendet ist, was zu Ende des ersten Monats noch nicht der Fall ist.

2. Gefäße[1]. Das Arteriensystem ist am Schluß des ersten Fetalmonats reich entwickelt, bildet jedoch nicht in allen Stücken den Vorläufer des definitiven Zustandes (vgl. Abb. 226). Es sind Gefäße vorhanden, die später wieder verschwinden, manche Äste, die später ganz getrennt voneinander sind, besitzen einen gemeinsamen Stamm, getrennt entstandene Arterien treten in Zusammenhang und noch manches andere. Besonders die Kopfarterien gleichen dem Verhalten im ausgebildeten Körper noch nicht sehr. Von den Schlundbogenarterien sind drei Paare vorhanden, das dritte, vierte und sechste. Die fünften Arterienbogen sind nach ganz kurzem Bestand wieder verschwunden, auch der erste ist nicht mehr nachzuweisen und vom zweiten sind nur geringe Reste übrig geblieben[2]. Eine Art. vertebralis cerebralis geht in der Gegend des sechsten Bogens dorsalwärts zum Centralnervensystem und vereinigt sich an dessen Basis mit der der anderen Seite zur A. basilaris. Die schon vorhandene A. carotis interna (S. 207) bildet mit den Teilästen der A. basilaris eine Schlinge (Abb. 226). Aus ihrer der Gehirnbasis zugewandten Seite geht eine Anzahl von Ästen zum Gehirn, die man zum Teil bereits mit den bleibenden Arterien identifizieren kann. Von der dem Gehirn abgewandten Seite der Schlinge gehen keine Äste aus. Eine A. carotis externa ist zwar schon nachweisbar, aber entsprechend der geringen Ausbildung des Gesichtes noch sehr unbedeutend. Eine A. vertebralis cervicalis entspringt gemeinsam mit der A. subclavia, sie tritt mit der A. vert. cerebralis in Zusammenhang. Die Rumpfwand wird nach wie vor von den Segmentalarterien versorgt, es sind ihrer 26 vorhanden; aus der sechsten entspringt die A. subclavia; sie durchbohrt den Plexus brachialis und löst sich in ein Netz feiner Gefäße auf. Erst nach dem Ursprung der Armarterie vereinigen sich die beiden Aortenwurzeln zu einem einfachen unpaarigen Stamm, der bis ans Ende der Wirbelsäule zu verfolgen ist.

Was die Eingeweidearterien anlangt, so entspringt die A. coeliaca als kurzer Stamm in der Höhe der 12. Segmentalarterie; eine A. mesenterica superior ist nicht sicher nachzuweisen, eine A. mesenterica inf. entspringt ebenfalls als kurzes Gefäß gegenüber der 21. Segmentalarterie. Die A. omphalomesenterica ist zweiwurzelig; sie entspringt zwischen der 12. und 14. Segmentalarterie aus der Aorta und verläuft auf der rechten Seite des Darmes in einer Gekrösfalte zum Stiel des Dottersackes. „Der Ursprung der Artt. umbilicales liegt etwa im Gebiet der 24. Segmentalarterien. Ihr Anfangsstück umgreift die Leibeshöhle, dann liegen sie zu beiden Seiten des Allantoisganges in der ventralen Körperwand, die sie gegen die Leibeshöhle zu leicht vorbuchten. Von dem primären Ursprung aus der ventralen Wand der Aorta läßt sich nichts mehr nachweisen. Aus den Umbilicales entspringen kurz nach dem Abgang von der Aorta die Artt. iliacae." Sie verhalten sich wie die Aa. subclaviae mit dem Unterschied, daß sie den Plexus lumbosacralis nicht durchbohren, da dieser noch nicht weit genug vorgewachsen ist.

Von den Venen hat die in der Einzahl vorhandene Vene der Lungenanlage insofern eine besondere Stellung, als sie direkt in den Winkel zwischen unterer und

[1] Zu ihrer Schilderung dient besonders ein von Elze (1907) beschriebener Embryo von etwa 28 Tagen.

[2] Nach neueren sehr sorgsamen Untersuchungen bei Eidechsen ist es wahrscheinlich geworden, daß von der ersten Schlundbogenarterie übrig bleibt die Arteria Vidiana (Canalis pterygeoidei), von der zweiten die Arteria stapedialis, die sich beim Menschen zurückbildet und ganz verschwindet (Hafferl).

hinterer Vorhofsscheidewand in das Herz mündet. Sie zerfällt später in zwei Äste, jeder dieser wieder in zwei, so daß im ganzen ihrer vier entstehen. Nun werden Stamm und Äste stark gedehnt und schließlich in die Vorhofswand einbezogen. Dies ist aber erst nach dem in Rede stehenden Stadium der Fall (siehe unten).

Die in den Ductus Cuvieri mündenden Venen sind die Cardinalvenen. Die V. cardinalis anterior ist die stärkere, da sie das Blut des in der Entwicklung relativ stark fortgeschrittenen Kopfes, des Kiemenapparates und der oberen Extremität aufnimmt. Die Venen dieser Teile bestehen zum Teil aus reichen Geflechten, zum Teil sind sie auch nur einfache Stämmchen. Die schwächere V. cardinalis posterior sammelt die den segmentalen Aortenästen entsprechenden Venen; außerdem nimmt sie die Vene der noch sehr wenig entwickelten unteren Extremität auf, sowie die aus der Urniere stammenden Äste. Eine später entstehende Verbindung der beiden hinteren Cardinalvenen miteinander ist noch nicht vorhanden.

Die symmetrisch entstandenen Vv. omphalomesentericae und umbilicales sind in ihrer Weiterentwicklung durch die Ausbildung der Leber maßgebend beeinflußt worden. Die Vv. omphalomesentericae verlaufen durch diese und lösen sich dabei in ein reiches Netz kleiner Gefäße auf, dem die linke ganz zum Opfer fällt, während von der rechten noch ein größerer Stamm übrig bleibt, um in das rechte Horn des Sinus venosus des Herzens zu münden. Die Vv. umbilicales waren erst über die obere Fläche der Leber hin zum Herzen gelangt, später verbinden sie sich mit dem den Vv. omphalomesentericae angehörigen Netz im Inneren der Leber, wobei der oberflächlich liegende Teil ganz verschwindet. Jetzt gelangen also zur Leber vier Venen, zwei Vv. omphalomesentericae und zwei Vv. umbilicales, die sämtlich miteinander durch das Netz in der Leber in Verbindung stehen. Teile der rechten wie der linken V. omphalomesenterica veröden und es bleibt von ihnen nur ein einfacher Stamm übrig, der sich aus Stücken beider Venen zusammensetzt. Die rechte V. umbilicalis geht völlig in dem Lebergeflecht auf, nur die linke bleibt bei Bestand. Diese mündet dann mit der einfachen V. omphalomesenterica zusammen (vgl. Abb. 267).

Von den Körpervenen wird weiter unten berichtet werden.

Vom Lymphgefäßsystem sind kaum die ersten Spuren vorhanden.

Die Milz tritt als eine schlecht abzugrenzende Verdickung des dorsalen Mesogastriums auf.

Von den Extremitäten ist die obere so weit herangewachsen, daß man bereits den Arm gegen die Handplatte einigermaßen abgrenzen kann. Die untere Extremität ist noch stummelförmig.

Menschliche Embryonen am Ende des ersten Monats.

Die Nacken-Steißlänge des Embryos beträgt am Ende des ersten Monats bis zu 9,0 mm. Die Zahl der Ursegmente ist 38—40, von denen drei dem Kopf, die übrigen dem Rumpf angehören. Im äußeren Aussehen hat sich gegen das vorige Stadium manches geändert. Scheitel- und Nackenkrümmung sind stark ausgesprochen, das Vorderhirn liegt dem Herzwulst auf. Die Lamina epithelialis, die die Rautengrube deckt, erscheint als eine äußerst durchsichtige, schleierartige Platte. Augen- und Ohrenanlagen bilden kleine Vorwölbungen, die erstere erkennt man an der durch das Auftreten des Pigmentes hervorgerufenen, noch ganz schwachen Färbung. Die Riechgruben sind weit, sie erscheinen fast rüsselförmig. Von den Schlundbogen ist nur der erste mit dem Oberkieferfortsatz und der zweite deutlich sichtbar, die anderen sind im Sinus cervicalis versteckt. Der Rumpf ist stark gekrümmt, er läuft in den noch immer vorhandenen freien Schwanz aus. Dieser ist jetzt sogar auf der Höhe seiner Entwicklung; er enthält mehr Ursegmente als der entsprechende Kaudalteil des ausgebildeten Menschen. Der Herzwulst tritt stark hervor; unter ihm entsteht eine zweite Anschwellung, der Leberwulst. Die kleinen Extremitätenanlagen sind sehr charakteristisch (Abb. 243).

Medial von den Extremitäten verläuft, etwa parallel dem dorsalen Kontur des Embryo eine schmale Epidermisverdickung, die im kranialen Teil als deutliche Leiste hervorragt (Milchleiste). Der längere kaudale Abschnitt, der nicht als Leiste, nur als schwache Epithelverdickung zu erkennen ist, wird Milchstreifen genannt (Abb. 221). Aus ihr entwickeln sich später die Milchdrüsen.

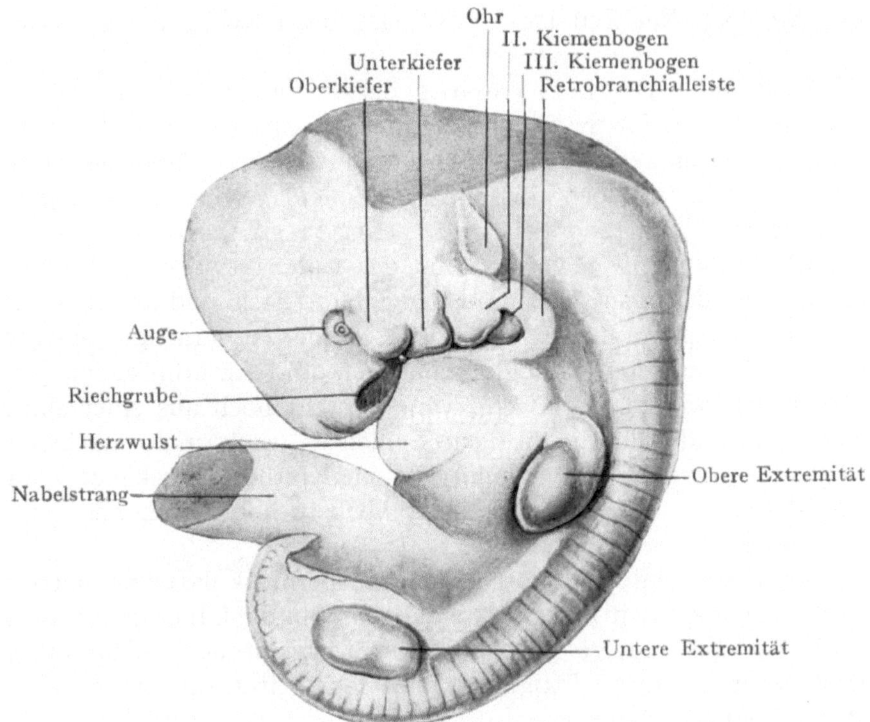

Abb. 243. Menschlicher Embryo vom Ende des ersten Monats, 8,3 mm lang (Rabl 1902).

In der Umgebung der Kloake beginnt jetzt die Differenzierung der äußeren Genitalien, doch werden diese erst im zweiten Fetalmonat deutlicher.

Die Proportionen weichen von denen der späteren Zeit noch außerordentlich ab. Der Kopf ist ungemein groß; seine Länge beträgt nahezu die Hälfte des ganzen Körpers; es ist dies auf die sehr bedeutende Ausbildung des Gehirns zurückzuführen. Der menschliche Embryo ist dadurch ganz besonders ausgezeichnet und leicht von Säugetierembryonen zu unterscheiden. Die Sinnesorgane und der Kiemenapparat treten gegen das Gehirn stark zurück. Das Fehlen des Halses zwingt den Kopf, sich bis auf das Herz herab zu beugen. Dieses steht noch sehr hoch, es überragt kranialwärts die Höhe des Ansatzes der oberen Extremität. Die Krümmung des Rumpfes ist wie bisher auf die beträchtliche Längenentwicklung des Rückenmarkes zurückzuführen; wenn sie auch noch sehr beträchtlich ist, so beginnt sie doch schon etwas geringer zu werden.

Der kurze Haftstiel der vorigen Stadien hat begonnen, sich zu verlängern und gestaltet sich zum Nabelstrang um (Abb. 243). Wie bekannt, besteht der Haftstiel aus einer mesodermalen Brücke, die das kaudale Ende des Embryos mit dem Chorion verbindet. An seine dorsale Seite grenzt das Amnion, an seine ventrale der Nabelblasengang und die Nabelblase. Er enthält die Allantois mit ihren Gefäßen, die die Chorionzotten aufsuchen. Beim Heranwachsen des Embryos wird die Amnionhöhle geräumiger, und die Verbindung mit dem Chorion zieht sich in die Länge. Das Amnion legt sich um den ganzen Haftstiel nebst der Nabelblase herum und faßt beide zum Nabelstrang (Nabelschnur), Funiculus umbilicalis, zusammen. Dieser enthält also den unscheinbaren Allantoisgang mit seinen stark entwickelten Gefäßen, die man nun als Nabelgefäße, Vasa umbilicalia, bezeichnet, sowie den Nabelblasengang, alles eingeschlossen in ein gallertiges Bindegewebe (Whartonsche Sulze) und umhüllt vom Amnion. Zur Zeit ist der Nabelstrang noch kurz und verhältnismäßig sehr dick.

Die histologische Differenzierung des Embryonalkörpers ist zu Ende des ersten Monats noch nicht allzuweit fortgeschritten. Ein großer Teil von ihm besteht noch aus dichtgedrängten Zellen von indifferentem Aussehen. Die Epidermisbedeckung stellt in weiter Ausdehnung noch eine einfache Zellenlage dar, die sich jedoch an einzelnen Stellen schon in eine doppelt und mehrfach geschichtete umgewandelt hat. Das Bindegewebe ist durchweg vom Typus des Gallertgewebes, ein Skelet ist noch nicht erschienen, nur liegen die Zellen an der Schädelbasis und an Stelle der späteren Wirbelkörper dichter gedrängt. Die Chordascheide ist kräftiger entwickelt. Die Füllung der Gefäße mit den hämoglobinhaltigen und kernführenden Erythrocyten macht sie deutlich kenntlich. Die Gefäßwand besteht noch aus einer einfachen Lage platter Zellen, während sich die übrigen Schichten noch nicht nachweisen lassen. Kanäle und Gänge sind von einem cylindrischen Epithel ausgekleidet, was ihre Erkennung sehr erleichtert. Die Glomeruli der Urniere heben sich aus der Umgebung gut sichtbar heraus.

Die aus den Ursegmenten hervorgehende Körpermuskulatur ist noch nicht quergestreift, sie setzt sich zur Zeit nur aus spindelförmig in die Länge gezogenen Elementen zusammen, die für ihre spätere physiologische Tätigkeit noch nicht adaptiert sind. Die Herzmuskulatur hat diese Tätigkeit schon sehr zeitig aufgenommen, sie arbeitet kräftig und regelmäßig.

Weiter entwickelt zeigt sich das Centralnervensystem, wie dies oben (S. 228) erwähnt wurde. Die peripherischen Nerven fallen als unverhältnismäßig dicke, fibrillär gebaute Stränge auf, denen zahlreiche länglich ovale Kerne beigemischt sind. Das Trabekelnetz der Leber ist durch seine bestimmte histologische Differenzierung besonders auffallend.

Entwicklungsanomalien des ersten Monats. Die Ursachen der Mißbildungen überhaupt sind verschieden, ein nicht geringer Teil ist zweifellos auf Erblichkeit zurückzuführen, auch wenn sie erst in späterer Zeit in die Erscheinung treten, ein anderer ist vom Embryo selbst erworben. Haben die Keimzellen eine nicht normale molekulare Zusammensetzung, dann muß diese mit unseren unvollkommenen Untersuchungsmitteln nicht notwendig nachweisbar sein, bei gröberen Abweichungen ist dies aber sehr wohl möglich. S. 138 war davon die Rede, daß es zweikernige Eizellen gibt, auch übermäßig grobe zweischwänzige Spermien kommen vor. Entstehen im Anschluß an anormale Keimzellen Störungen, dann erweisen sich diese stets als überaus eingreifend, da sie naturgemäß sehr große Teile des späteren Körpers betreffen. In erster Linie sind hervorzuheben Teilungen der Embryonalanlage in der Medianebene. Erfolgt eine totale Teilung, dann entstehen zwei völlig voneinander getrennte Zwillinge, die sich völlig normal entwickeln können Man nennt sie eineiige Zwillinge. Sie besitzen ein gemeinsames Chorion, zwei Amnien und eine gemeinsame Placenta mit zwei Nabelschnüren. Sie sind stets von einerlei Geschlecht und sind sich auch im übrigen meist zum Verwechseln ähnlich. Sehr interessant ist, daß beim südamerikanischen Gürteltier immer ein Ei während der Entwicklung in eine große Zahl von normal entwickelten Embryomen zerteilt wird, die immer gleichen Geschlechtes sind. Zweieiige Zwillinge gehören nicht hierher; bei ihnen handelt es sich um zwei verschiedene Eier, weshalb alle Eihäute, auch die Placenten, getrennt sind Sie sind oft verschiedenen Geschlechts und können sich so unähnlich sein, wie zu verschiedenen Zeiten geborene Geschwister [1]. Beim Menschen kommt es nicht immer zu einer vollständigen Trennung in der Mittellinie, oft ist diese nur eine teilweise. Es kommt dann zu Doppelbildungen, für die Kästner (1912) zu dem Schluß gelangt, daß sie wahrscheinlich aus zweikernigen, doppelt befruchteten Eiern entstehen, die selbst wiederum aus derselben Mutterzelle durch mehr oder minder vollkommene Teilung im Ovarium hervorgegangen sind, oder aus einer Eizelle und ihrem abnorm großen und nicht abgetrennten ersten Richtungskörperchen, oder endlich aus einem einfach befruchteten Ei, in das die erste Furche abnorm tief eingeschnitten hat. Und ferner, daß die am Anfang der Furchung vorhandene Distanz der Kerne, die in Beziehungen steht zur Menge des vorhandenen Eiprotoplasmas, also der Grad der Teilung, dafür maßgebend ist, ob die Doppelbildung zu eineiigen Zwillingen oder zu einer zusammenhängenden Doppelmißbildung führt. Sollte, was weniger wahrscheinlich ist, noch später die Teilung einer einfachen Anlage möglich sein, so wäre die beginnende Keimblasenbildung das äußerste Stadium dafür. Die Doppelbildungen können in verschiedener Weise auftreten; entweder spaltet sich der Keim nach Art eines Y oder nach Art eines griechischen Λ, oder nach Art eines X. Im ersteren Fall ist das kraniale Ende doppelt, das kaudale einfach (Pygopagus) (πάγος das Geronnene, Feste). Vereinigung der Steißgegend mit zwei Nabelsträngen, Ischiopagus; mit einem Nabelstrang, Ileothoracopagus; eine noch weitergehende Verwachsung, Dicephalus, einheitlicher Körper mit zwei getrennten Köpfen; Diprosopus mit zwei Gesichtern oder nur mit 4 oder 3 Augen, mit doppelter Nase); im zweiten Fall ist das kraniale Ende einfach (Craniopagus, Vereinigung am Schädeldach; Cephalothoracopagus, Vereinigung bis zur Brust herab), das kaudale getrennt (Dipygus, Gesicht, Thorax und Bauch gemeinsam, Beckenende getrennt); im dritten Fall ist eine Vereinigung nur in der Mitte der Länge des Rumpfes vorhanden (Prosopothoracopagus, einfache, untere Gesichtshälfte, einfacher Hals und Thorax; Thoracopagus, gemeinsamer Thorax; Sternopagus, gemeinsames Brustbein; Xiphopagus, nur gemeinsamer Schwertfortsatz). Die Mißbildung geht jedoch im Innern des Körpers stets viel weiter, als es bei äußerer Beobachtung den Anschein hat, so ist beim Diprosopus oft die Wirbelsäule weit nach unten hin getrennt, beim Xiphopagus hängen meist auch die beiden Lebern zusammen u. dgl. mehr.

Das Verhalten der Extremitäten bei Doppelmißbildungen ist je nach der Innigkeit der Verbindung wechselnd; es können vier obere und vier untere Extremitäten vorhanden sein, oder ihrer drei, oder nur zwei, die dann je einer Hälfte des Keimes angehörten.

Die Lebensfähigkeit derartiger Mißbildungen ist eine sehr beschränkte, die meisten sterben schon während der Geburt ab, nur Pygopagen und Xiphopagen haben die Aussicht, ein höheres Lebensalter zu erreichen, auch von Ischiopagen ist es bekannt, daß sie mehrere Monate, selbst Jahre alt wurden (Kästner 1912).

Sind Doppelbildungen nicht symmetrisch ausgebildet, dann spricht man von Parasiten, die dem besser entwickelten Individualteil anhängen. Sie können das eine Mal die Körperteile mehr oder weniger gut erkennen lassen, das andere Mal können sie äußerlich wie eine formlose Geschwulst erscheinen, die erst bei genauerer Untersuchung Einzelheiten erkennen läßt. Parasiten können an irgend einer Stelle des Schädels befestigt sein, auch am Hals, an der Brust, dem Bauch, dem Rücken, dem Becken. An einer Extremität können sie nicht auftreten, da die Entstehung der Mißbildung weit vor ihrer Anlage zurückliegt. Für gewisse Formen glaubt man daran denken zu sollen, daß der Parasit aus einer aus dem Gesamtverband ausgeschalteten Furchungszelle entstanden sein könnte, für andere hat man noch keine Erklärung gefunden.

Der Situs inversus (Situs transversus, Transpositio viscerum), bei dem eine vollständige Umkehrung der Lage sämtlicher Organe der Körperhöhlen des Rumpfes vorhanden ist, wird darauf zurückgeführt, daß der Embryo in früher Entwicklungszeit dem Dotter nicht seine linke Seite, wie gewöhnlich, sondern seine rechte zukehrt, ob mit Recht, müssen weitere Untersuchungen

[1] Bei Drillingen kann natürlich ein Ei beteiligt sein, welches zwei Feten erzeugt, ebenso bei den überaus seltenen Vierlingen usw.

lehren. Bei Amphibien ist es gelungen, künstlich Doppelmißbildungen und Situs inversus zu erzeugen (Spemann).

Die weitaus größte Mehrzahl der anderen auf die Entwicklungsvorgänge des ersten Monats zurückzuführenden Anomalien besteht in Hemmung der normalen Fortbildung. Anlagen, die in dieser Zeit erscheinen sollen, bleiben aus; es bildet sich keine Augenblase, keine Ohrenblase, keine Leberknospe oder keine Gallenblasenanlage, keine Pankreasknospe, keine Nierenknospe, keine Nebenniere. Vorhandene Anlagen entwickeln sich nicht weiter; so bleibt die Ausbildung der Herzscheidewände auf einer frühen Entwicklungsstufe stehen. Die Trennung zwischen Speise- und Luftröhre fehlt oder ist mehr oder weniger unvollständig, so daß zwischen beiden eine Fistel entsteht oder eine Cyste zurückbleibt. Der Stiel der Nabelblase bleibt eine Strecke weit erhalten und entwickelt sich als handschuhfingerartiges Divertikel weiter [Diverticulum ilei (Meckelii)]. Teile des Schwanzdarmes bleiben bei Bestand und geben Anlaß zur Entstehung größerer oder kleinerer Cysten. Der epitheliale Verschluß des Darmrohres erhält sich längere Zeit, was eine Stenose oder Atresie zur Folge haben kann. Die Neuralrinne bleibt offen. Meist geschieht dies dort, wo der Verschluß normalerweise am spätesten erfolgt; im Bereich des Rückenmarks nennt man sie Rhachischisis oder Spina bifida, im Bereich des Gehirns Cranioschisis. Die Spina bifida hängt vermutlich zuweilen mit einem Offenbleiben des Canalis neurentericus zusammen, so daß der Darm dann das Kreuzbein durchsetzt und dorsal mündet. Von den Arterien der Kiemenbogen bleiben solche, welche normalerweise verschwinden, wegsam und geben dann Veranlassung zu interessanten Varietätenbildungen. Sehr selten bleibt die Vereinigung der beiden absteigenden Aorten ganz aus oder ist unvollständig.

Die Entwicklung der Extremitäten, der oberen oder der unteren, kann auf der jetzt erreichten Stufe stehen bleiben, so daß die primitiven stummelförmigen Knospen sich unverändert erhalten (Amelia μέλος Glied), oder es bilden sich nur Hände oder Füße aus, welche dicht am Rumpfe sitzen (Phocomelia Phoca, Robbe, also robbenähnlich).

Diesen Hemmungsbildungen steht eine Vermehrung von Anlagen gegenüber; die Anlage der Leber kann sich verdoppeln, ebenso eine der Pankreasanlagen; die Zahl der normal entstehenden Lungenlappen kann sich vermehren. Die Aussprossung der Bronchien kann eine andere sein, wie gewöhnlich. Von den Anlagen der Nebennierenrinde können kleine Teile abgesprengt werden, die sich später an entfernten Stellen finden, besonders in der Gegend der Geschlechtsdrüsen, deren Anlage in ihrem ersten Anfang der der Nebennieren unmittelbar benachbart war.

Zweiter Embryonalmonat.

Die Schnelligkeit[1], mit welcher sich im ersten Monat die Entwicklungsvorgänge abgespielt haben, mäßigt sich im zweiten, obgleich die Umwandlungen und Neubildungen immer noch rasch genug vor sich gehen, denn letztere fehlen nicht, doch treten sie einigermaßen den ersteren gegenüber zurück.

Die einzelnen Umformungen sollen in der gleichen Reihenfolge, wie im letztbeschriebenen Stadium betrachtet werden.

Centralnervensystem (vgl. S. 186). Das Rückenmark reicht noch bis zur Schwanzspitze, beginnt jedoch in seinem kaudalsten Teil zu verkümmern. Im Innern sind schon zeitig alle Teile ausgebildet, die Vorder- und Hintersäulen, die Vorder-, Seiten- und Hinterstränge. Der Centralkanal ist noch immer weit und auf dem Querschnitt von ungefähr rhombischer Form. Die ihn auskleidenden Ependymzellen sondern sich scharf von der Mantelschicht.

Im Gehirn gehen bedeutsame Umwandlungen vor sich, was schon dadurch bewiesen wird, daß sich sein äußeres Aussehen im zweiten Embryonalmonat beträchtlich ändert. Schon zu Ende des ersten Monats hat sich das Gehirn im Bereich des Mesencephalon immer stärker abgeknickt, wodurch sich die ventralen Teile der vorderen und hinteren Gehirnbläschen einander immer mehr nähern. Dazu kommt jetzt

[1] Bei Tieren, welche einer nur kurzen Zeit zu ihrer Entwicklung bedürfen, (z. B. Huhn, Maus, 21 Tage) spielen sich die Vorgänge, zu welchen der menschliche Keimling Wochen braucht, in Tagen ab.

noch eine schwanenhalsähnliche Biegung im Bereich der späteren Brücke, die Brückenbeuge (Abb. 244), die ihre Konvexität nach der ventralen Seite wendet. Dorsal entspricht der Krümmung eine tiefe Einknickung des Gehirnrohres, so daß dort Myelencephalon und Metencephalon nahezu aufeinander liegen. Die Oberfläche des Mesencephalon nimmt eine viereckige Gestalt an, wodurch sich die gegenseitige Lage der Vierhügel vorbereitet. Am kaudalen Ende des Zwischenhirndaches wird die Anlage der Epiphyse als eine rundliche Ausbuchtung deutlicher. Die Großhirnhemisphären des Telencephalon werden größer und beginnen sich nach hinten zu krümmen, wodurch sie eine nierenförmige Gestalt annehmen (Abb. 245). Die an der Basis des Gehirns schon am Ende des vorigen Stadiums sichtbar gewordenen Einzelheiten bilden sich weiter aus, das Chiasma nervorum opticorum erscheint gegen Ende des zweiten Monats. Die Hypophyse besteht aus ihren beiden Lappen; der vordere, der aus dem dorsalen Epithel der Mundbucht entstanden ist, schnürt sich von dieser letzteren ab, der hintere, dem Telencephalon angehörige, legt sich in eine Rinne des vorderen und ist nun mit ihm eng verbunden.

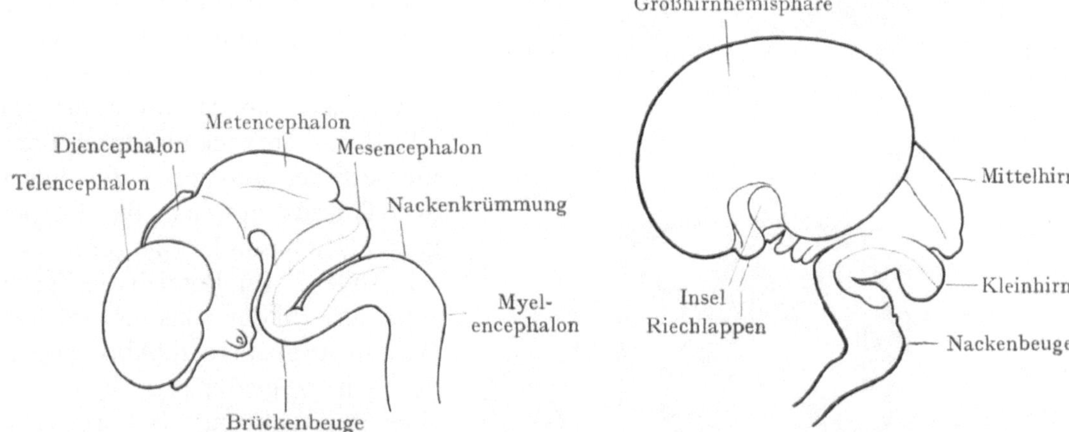

Abb. 244. Profilansicht des Gehirnes eines $7^1/_2$ Wochen alten menschlichen Embryos (His 1888).

Abb. 245. Profilansicht des Gehirnes eines Embryos im dritten Monat (His-Ziegler).

Auch im Inneren des Hirnrohres wird die Gliederung eine reichere. Das Ependymdach des Rhombencephalon faltet sich nach innen zur Plica chorioidea, aus der sich in der Folge der Plexus chorioides entwickelt. Zu beiden Seiten der Basis dieses Gehirnteiles entstehen Ausbuchtungen, Recessus laterales. Die Kleinhirnanlage verdickt sich und wölbt sich nach innen vor. Auch der Boden des Mesencephalon wulstet sich, während sein Dach noch dünn bleibt. Die Deckplatte des Diencephalon ist dünn, von ihr aus bildet sich eine ähnliche Falte, wie an der des Rhombencephalon; sie enthält gefäßhaltiges, mesodermales Gewebe und ist ebenfalls bestimmt, sich zu einem Plexus chorioides zu gestalten (Abb. 246, 247). Zu beiden Seiten des Zwischenhirns springt eine Erhöhung in das Innere vor, der Thalamus (Abb. 246). An den Unterteil seiner Vorderseite schließt sich unmittelbar eine ähnliche Erhöhung an, die jedoch bereits dem Telencephalon angehört, das Corpus striatum (Abb. 247). Über diesem führt das enger gewordene und unregelmäßig begrenzte Foramen interventriculare (Monroi) in den Hohlraum des Telencephalon hinein.

Die innere Struktur der Gehirnanlage macht im Laufe des zweiten Monats beträchtliche Fortschritte in der Art, daß sich vom Rückenmark aus nach vorne hin fortschreitend immer mehr Nervenkerne und Bahnen ausbilden. Im Rhombencephalon erkennt man Raphe, Formatio reticularis, Fasciculus longitudinalis medialis, Tractus solitarius, Tractus spinalis trigemini, ganz am Schluß tritt die mediale accessorische Olive in die Erscheinung. Im Gegensatz hierzu ist das an der Decke des Rhombencephalon befindliche Kleinhirn bis Ende des zweiten Monats in seiner Organisation noch nicht sehr weit vorgeschritten. Die Decke des Mesencephalon ist noch dünn, während die Grundplatten stark verdickt sind und auch die Flügelplatten zu Ende des zweiten Monats stark heranwachsen. Im Diencephalon tritt zuerst die Grundplatte (Hypothalmus) in die weitere Entwicklung ein. Man findet schon Bahnen, die Verbindungen mit der ganzen Umgebung herstellen. Gegen Ende des zweiten Monats haben sich auch die Hauptbahnen des Thalamus entwickelt, unter denen die Fibrae acusticae, die Fasern des Tractus opticus, die Corpora geniculata besonders hervorgehoben sein sollen. Im Bereich des Telencephalon bildet das Riechhirn (Rhinencephalon) (Abb. 245) ein deutlich abgegrenztes Feld, mit einer Ausbuchtung als Fortsetzung des Ventrikelsystems. Es bleibt jedoch in seinem Wachstum dem der Hemisphären (Pallium) gegenüber zurück. Die Hemisphären sind in ihrer inneren Differenzierung noch wenig fortgeschritten, doch sind in der achten Woche in dem kernärmeren inneren Teil der Wand immerhin schon Pyramidenzellen nachweisbar.

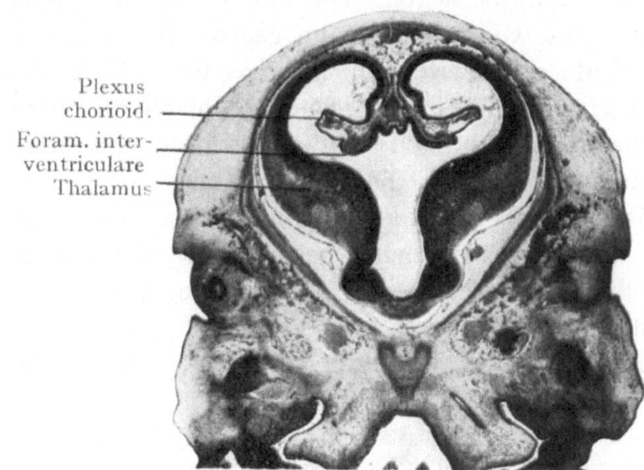

Abb. 246. Bildung des Plexus chorioideus im Diencephalon beim Schweinsembryo. (Nach Photographie.)

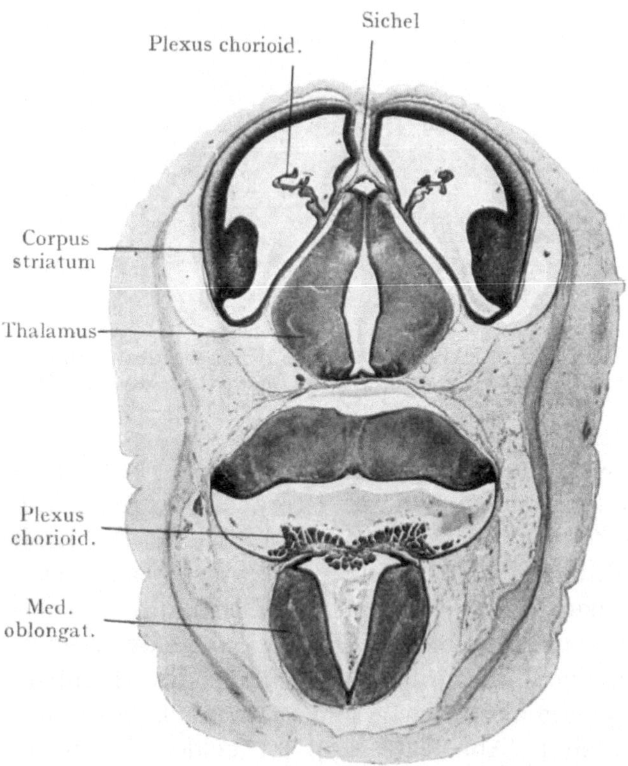

Abb. 247. Weiterentwicklung der Plexus chorioidei beim Schweinsembryo. (Nach Photographie.) Wegen der Krümmung des Gehirnrohres hat der Schnitt oben seine vorderen, unten die hinteren Teile getroffen.

Peripherische Nerven (Abb. 248). Von den Spinalnerven sind schon zu Ende der vierten Woche die Hauptteile kenntlich, bis Ende des zweiten Monats sind alle wesentlichen Zweige vorhanden, auch die Rami communicantes zum Sympathicus sind deutlich. Die Plexus cervicobrachialis und lumbosacralis sind vorhanden, und ihre Äste werden nach Maßgabe der Ausbildung der einzelnen Muskelindividuen ausgesandt. Der N. phrenicus ist bereits nachzuweisen. Auch die Gehirnnerven machen im zweiten Fetalmonat beträchtliche Fortschritte. Am N. hypoglossus findet man Ramus descendens und Ansa entwickelt, der N. accessorius ist in der Entwicklung weit fortgeschritten. Vom N. vagus gehen N. laryngeus sup. und inf. ab, vom N. glossopharyngeus der N. tympanicus. Der N. acusticus zerfällt schon in seine Äste, der

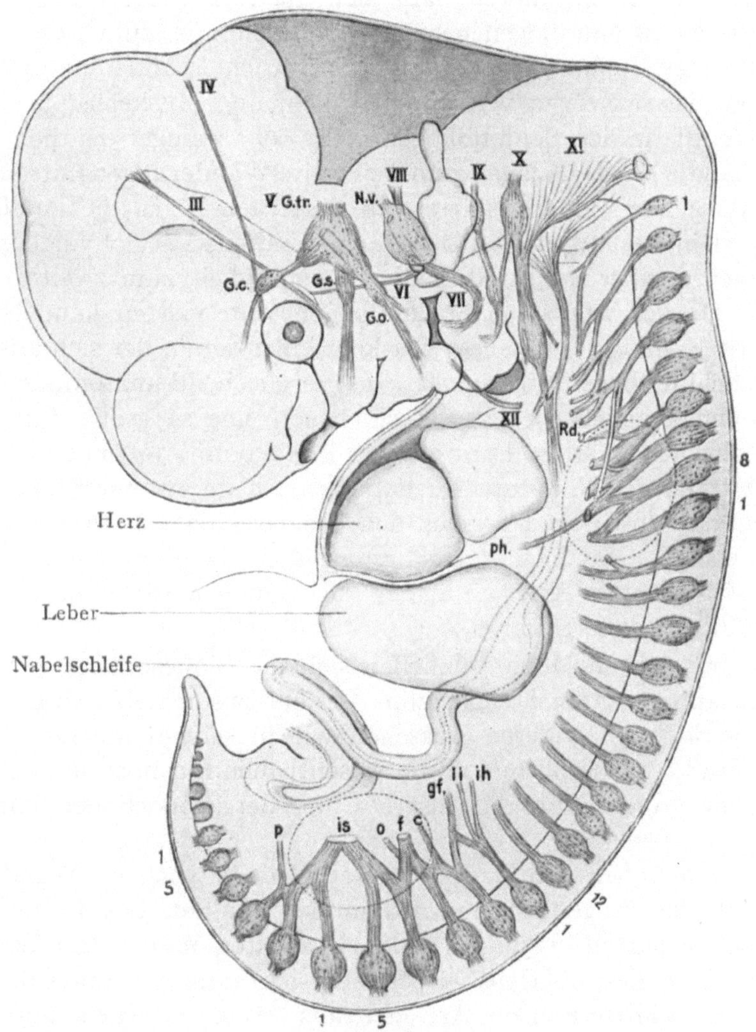

Abb. 248. Peripherisches Nervensystem eines menschlichen Embryos, Nackensteißlänge 10,2 mm (His 1888).

III—XII dritter bis zwölfter Gehirnnerv. 1, 8; 1, 12; 1, 5; 1, 5; 1; erster und letzter Cervikal-, Dorsal-, Lumbal-Sakralnerv und erster Steißnerv. G. tr. Ganglion trigemini. G. c. Ganglion ciliare. G. s. Ganglion sphenopalatinum. G. o. Ganglion oticum. N. v. Nervus vestibuli. R. d. Ramus descendens hypoglossi. ph. Nervus phrenicus ih. Nervus iliohypogastricus. ii. Nervus ilioinguinalis. gf. Nervus genitofemoralis. c. Nervus cutaneus femoralis lateralis. f. Nervus femoralis. o. Nervus obturatorius. is. Nervus ischiadicus. p. Nervus pudendus. An den unter der Leber liegenden Magen schließt sich die Duodenalschleife an. Die punktierten Kreise bezeichnen die Lage der oberen und unteren Extremität.

N. facialis besitzt die Chorda tympani und den N. petrosus superficialis major. Sein sensibler Anteil ist verhältnismäßig groß, er wird erst später vom motorischen stark überflügelt. Das äußere Knie des Facialis ist vorhanden, das innere erst angedeutet, es bildet sich erst später durch Wachstumsverschiebungen stärker aus. Das Ganglion semilunare n. trigemini und die drei von ihm ausgehenden Äste waren schon früher deutlich, in der sechsten Woche erkennt man auch die hauptsächlichsten Zweige dieser Äste. Die Augenmuskelnerven sind gut ausgebildet, sie senken sich schon frühzeitig in die Zellhaufen ein, aus denen in der Folge die Augenmuskeln hervorgehen. Von N. opticus und olfactorius wird nachher zu sprechen sein.

Die vergleichend-anatomisch festgestellte Tatsache, daß bestimmten Schlundbogen bestimmte Gehirnnerven zugehören, läßt sich auch entwicklungsgeschichtlich nachweisen. Zum ersten Schlundbogen gehört der Trigeminus, zum zweiten der Facialis, zum dritten der Glossopharyngeus und zu sämtlichen anderen Schlundbogen der Vagus. Die von diesen Nerven versorgte Muskeln und Muskelgruppen stammen von der Muskelplatte, die in den Schlundbogen mehr oder weniger deutlich vorhanden ist. Freilich machen diese Muskelanlagen zum Teil weite Wanderungen mitsamt den Nerven, so daß sie sich von der Bildungsstätte weit entfernen, z. B. die mimische Gesichtsmuskulatur mit dem Facialis, dessen Beziehung zum Musc. stylohyoideus und hinterem Bauch des Biventer aber unmittelbar die Zugehörigkeit zum zweiten Schlundbogen erkennen läßt. Da der Vagus die Schlundbogen vom vierten kaudalwärts versorgt, muß er auch den Kehlkopf mit seinen Muskeln innervieren, der sich aus dem Material vom 4. bis 7. Schlundbogen entwickelt, was vergleichend-anatomisch (Gegenbaur) erwiesen ist, wenn auch entwicklungsgeschichtlich eine so große Zahl von Schlundbogen nicht mehr in typischer Form zur Anlage kommt (Märtens, Göppert).

Der Grenzstrang des N. sympathicus bildet sich im zweiten Monat immer besser aus und sendet Äste und Ganglien nach den Eingeweiden von Brust und Bauch. Die sympathischen Ganglien des Kopfes wandern aus dem Ganglion semilunare des N. trigeminus aus, in der gleichen Art, wie früher die Ganglien des Grenzstranges aus den Spinalganglien ausgewandert waren.

Gesicht. Im zweiten Monat schließen sich die Sinnesorgane, die Stirnfortsätze und der Kiemenapparat immer enger zum Gesicht zusammen (Abb. 249) und es ist am Ende der Periode im äußeren Aussehen wie in seinem inneren Aufbau so weit fortgeschritten, daß es sich von nun an im wesentlichen nur noch um eine weitere Entfaltung der Einzelheiten und um die Ausgestaltung der Proportionen handelt (Abb. 249 bis 255b).

Das Auge macht im Laufe des zweiten Monats wichtige Wandlungen durch. Das Pigmentblatt des Augenbechers wird immer dunkler, das Retinablatt verdickt sich erheblich, ohne jedoch bis zum Schluß des zweiten Monats eine deutliche Schichtung zu zeigen. Der Augenblasenstiel schließt sich ganz am Ende des Monats zum N. opticus, in dessen Mitte nun die Art. centralis retinae vorwärts läuft. Die Nervenfasern sind in ihm aber noch nicht in ganzer Ausdehnung zu erkennen. Im Linsenbläschen werden die Zellen der proximalen Wand immer höher (Abb. 233), bis sie schließlich an die niedrig bleibenden der vorderen Wand anstoßen, wodurch der Binnenraum schwindet und die Linse zu einem soliden Organ umgewandelt wird. Sie ist von einer zarten strukturlosen Haut umgeben, der Linsenkapsel, die sich im Laufe der weiteren Entwicklung durch Ausscheidung seitens der Mesodermzellen in der Umgebung der Linse verdickt.

Gleich nach der Bildung des Augenbechers beginnen die umgebenden Mesenchymzellen um ihn eine etwas verdichtete Schichte zu bilden, in die Gefäße bis in die unmittelbare Nähe des Augenbechers vordringen. Nun verdichtet sich ihr äußerer, gefäßarmer Teil immer mehr und ist schon zu Anfang der sechsten Woche als Sclera zu erkennen. Am Schluß des zweiten Monats ist auch die Cornea (primitive Cornea) nachzuweisen. In den Glaskörperraum dringen die durch die fetale Augenspalte eintretenden Gefäße vor (Abb. 233). Ein Teil dieser verzweigt sich auf dem

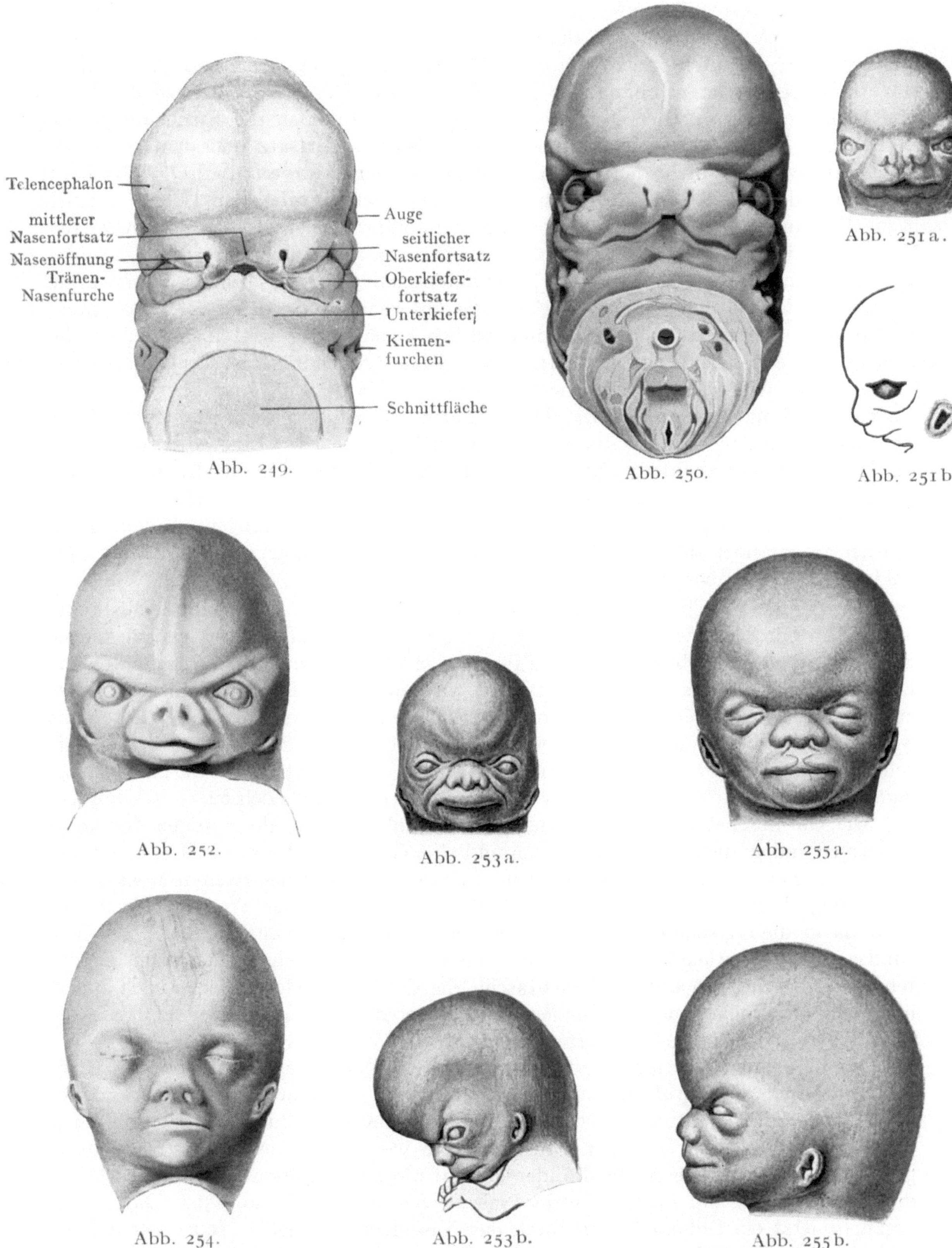

Abb. 249—255. Entwicklung des Gesichtes. 249 Alter 30—31 Tage (Rabl 1902). 250 Alter 35—37 Tage. 251 von einem 15 mm langen Embryo aus der zweiten Hälfte des zweiten Monats (Retzius 1904). 252 aus dem dritten Monat. 253 von einem 18 mm langen Embryo (Retzius). 254 etwas älter als 255 b. 255. 42,6 mm langer Fetus aus dem dritten Monat (Retzius).

Retinablatt (A. centralis retinae), ein anderer Teil gelangt durch den Glaskörper bis zur Linse (A. hyaloidea), um diese, die ihrer ektodermalen Herkunft wegen ganz gefäßlos ist, zu ernähren und zu weiterem Wachstum zu befähigen. Ende des zweiten Monats ist der hintere Umfang der Linse von einem Gefäßnetz überzogen.

Auch die accessorischen Teile des Sehapparates treten in die Erscheinung. Es ist bekannt (S. 204), daß sich zwischen dem Oberkieferfortsatz und dem seitlichen Nasenfortsatz eine Furche herabzieht, es ist die Tränennasenfurche (Abb. 249). Zu Anfang des zweiten Monats verdickt sich das Epithel auf ihrem Grund, wächst in die Tiefe und schnürt sich dann als rundlicher solider Strang ab, der erst im dritten Monat eine Lichtung bekommt und dann den Tränennasengang darstellt. Im zweiten Monat erreicht sein unteres Ende die Nasenhöhle nicht ganz, aus seinem oberen Ende sprossen die Tränenröhrchen hervor, zuerst das untere und dann das obere. Das untere ist länger; gelegentlich können auch überzählige Kanälchen auftreten, die jedoch die Conjunctiva ebenfalls noch nicht erreichen. Eine Tränendrüse ist noch nicht vorhanden. Die Augenlider entstehen als wulstige Hautfalten, sind aber am Ende des zweiten Monats noch sehr kurz. Die Augenmuskeln differenzieren sich aus ihrer gemeinsamen Anlage und rücken in ihre definitive Lage ein. Eine sog. Kopfhöhle, wie bei niederen Wirbeltieren, aus deren epithelialer Wand, wie bei der Rumpfmuskulatur aus dem Myokard, die Augenmuskeln entstehen, kommt beim Menschen nicht vor. Ob in dieser Gegend gelegentlich auftretende, winzige Höhlungen, die von einem Epithel ausgekleidet sind, als Überreste solcher Kopfhöhle anzusehen sind, ist noch unklar (K. W. Zimmermann).

Das innere Ohr bildet im Laufe des zweiten Monats die Bogengänge vollständig aus, indem nur der freie Rand der taschenartigen Ausbuchtungen des Gehörsäckchens als Gang bei Bestand bleibt, während der übrige Teil verschwindet. Die Spalte, die Utriculus und Sacculus voneinander trennt, wird enger, der Ductus cochlearis besitzt zu Ende des zweiten Monats eine ganze Spiralwindung. Im Inneren des Gehörorgans wächst das im allgemeinen niedere Epithel an gewissen Stellen zu einer hohen Cylinderzellenschicht aus, der Anlage der Sinnesepithelien, die bereits nahe Beziehungen zu dem N. acusticus haben. Der Ductus endolymphaticus besitzt noch ein weites Lumen.

Die Ohrmuschel beginnt sich aus den Aurikularhöckern des vorigen Stadiums zu formen, indem diese zusammenfließen und eine Grube, die Fossa conchae, umgeben (Abb. 275, 249—255). Von dieser geht in der zweiten Hälfte des zweiten Monats eine rohrförmige Vertiefung nach innen, der äußere Gehörgang. Das Trommelfell ist sehr dick, da in die Verschlußmembran der ersten Kiemenfurche aus der Nachbarschaft Bindegewebe eingewachsen ist. Die Paukenhöhle besteht aus einer dorsalwärts gerichteten Verlängerung der ersten Kiementasche, die Gehörknöchelchen liegen noch außerhalb von ihr, vollkommen in Bindegewebe eingebettet; eine von der Paukenhöhle abgrenzbare Tubenanlage existiert noch nicht.

Nasen- und Mundhöhle. Die Riechgrube entfernt sich nicht von der Hirnbasis, während die Stirnfortsätze heranwachsen, sie erscheint daher immer stärker in die Tiefe zurückgezogen. Erst ist sie seitwärts gewandt, durch die Vergrößerung und Verbreiterung des seitlichen Stirnfortsatzes wird sie immer weiter nach vorne gedrängt. Nun verwachsen die Ränder der Stirnfortsätze miteinander und es bleibt die Verschmelzung nur im Bereich des Nasenloches aus (Abb. 249, 250). Das Riechorgan ist jetzt ein Blindsack, der durch das Nasenloch zugänglich, sonst allseitig geschlossen ist. Eine Kommunikation mit der primitiven Mundhöhle entsteht erst in der Folge dadurch, daß um die Mitte des zweiten Monats die Trennungswand zwischen ihr und der Nasenhöhle, die Membrana bucconasalis, in der die Epithelien ohne dazwischen gelagertes Bindegewebe dicht aufeinander liegen, schwindet, wodurch eine schlitzförmige Öffnung entsteht, die primitive Choane, die hinter der Anlage des Zwischenkiefers in die Mundhöhle mündet. Das Organon vomeronasale Jacobsoni (S. 214) hat sich zu einem Kanälchen vertieft, das sich an die Nasenscheidewand anlegt. In den späteren Monaten der Fetalentwicklung verkümmert es und

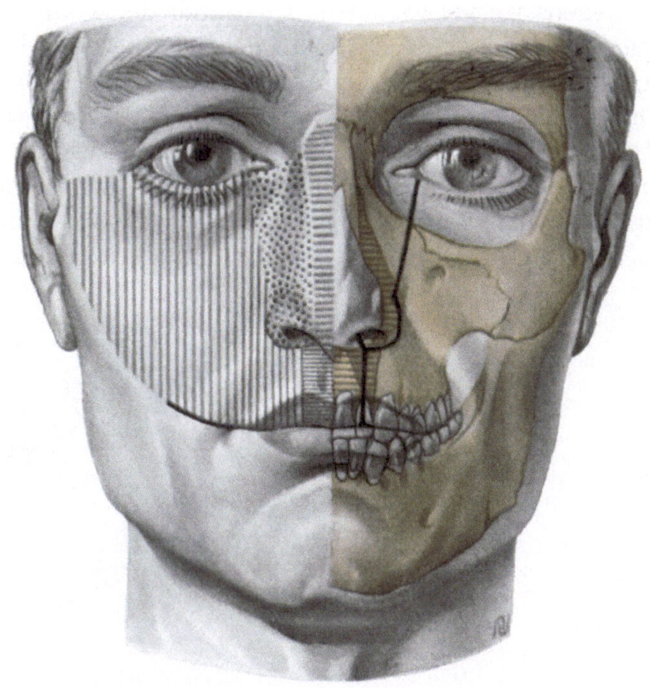

Abb. 256. Schema über die Beteiligung der Gesichtsfortsätze an der Bildung des Gesichtes (zugrunde gelegt sind die Angaben des Schemas von Inouye). Das Gebiet der Area triangularis (His, Fortsetzung des mittleren Nasenfortsatzes stirnwärts) ist horizontal breit schraffiert. Das Gebiet des mittleren Nasenfortsatzes ist enger schraffiert und bildet das mittlere Gebiet der Lippe und die Nasenscheidewand und den medialen Teil des Os incisivum. Punktiert ist das Gebiet des seitlichen Nasenfortsatzes, vertikal schraffiert das Gebiet des Oberkieferfortsatzes. Der schwarze Strich, der vom rechten Mundwinkel in die Wange hineingeht, deutet die Ausdehnung der embryonalen Mundspalte an. An deren Ende würde sich beim Embryo die Anlage der Glandula parotis befinden. Im fertigen Zustand des ausgebildeten Gesichtes würde an der Stelle ungefähr sich die Einmündung des Ductus parotideus befinden. Auf der linken Seite des Gesichtes ist der Schädel eingezeichnet, an dem der Zwischenkiefer (Os prae- oder intermaxillare) horizontal schraffiert eingetragen ist. Die schwarze Linie bedeutet die ungefähre Richtung der Spaltbildungen, die durch ungenügende Verwachsung der Trennungsfurchen der gesichtsbildenden Anteile entstehen können. Der vom Auge absteigende Teil der schwarzen Linie bedeutet die sog. seitliche Gesichtsspalte. Natürlich können in ein normales Gesicht nie ganz präzise die Spalten eingetragen werden, da eben die Mißbildung wesentliche Veränderungen an dem Gesicht hervorruft. Der um den Nasenflügel bis in das Nasenloch hineingehende Teil der schwarzen Linie bedeutet die mangelnde Verwachsung der unteren Teile des seitlichen Nasenfortsatzes mit dem mittleren Nasenfortsatz. Der untere Teil der schwarzen Linie zeigt den Verlauf der sog. Hasenscharte, wobei die Anlage des Zwischenkiefers (Os incisivum, prae-intermaxillare) ungefähr in der Mitte des lateralen Schneidezahnes zerteilt werden kann.

verschwindet in der Mehrzahl der Fälle vollständig, während es bei einer Anzahl von Tieren als Nebengeruchsorgan erhalten bleibt. Regelmäßig ist auch beim Menschen ein dicker Ast der Riechnerven zu dem Epithel des Jacobsonschen Organs hin zu verfolgen.

Der seitliche Nasenfortsatz überschreitet nach unten hin die Gegend des Nasenloches nicht. Der mittlere, der als Nasenscheidewand die beiden Riechsäcke voneinander trennt, läuft jederseits in einen Fortsatz aus, den Processus globularis (Abb. 257). Dieser stößt an die Spitze des Oberkieferfortsatzes an und vereinigt sich mit ihr (Abb. 250). Die beiden Processus globulares werden sodann nach der Mittellinie hin immer mehr zusammengeschoben und vereinigen sich zum Zwischenkiefer und dem mittleren Teil der Oberlippe, während ihre seitlichen Teile von den Oberkieferfortsätzen gebildet werden. In der sechsten Woche tritt sodann jederseits eine vom Oberkieferfortsatz entstehende Leiste auf, die Gaumenleiste, die im dritten Monat mit der der Gegenseite verwächst und dadurch den Gaumen bildet (s. unten).

Nach dem Gesagten beteiligen sich also an der Bildung des Obergesichtes folgende Teile: 1. die Augen, welche von der Kopfseite immer weiter nach vorne rücken (Abb. 249 bis 255); 2. die Ohren, die am Ende des zweiten Monats noch außerordentlich tief stehen; 3. der mittlere Nasenfortsatz, der die Nasenscheidewand, den Zwischenkiefer und den mittleren Teil der Oberlippe (Philtrum) bildet; die zuerst noch bestehende mediane Kerbe an Stelle der Vereinigung der beiden Proc. globulares verschwindet und wird durch ein Tuberculum labii super. ersetzt: ganz selten kann sich die ursprüng-

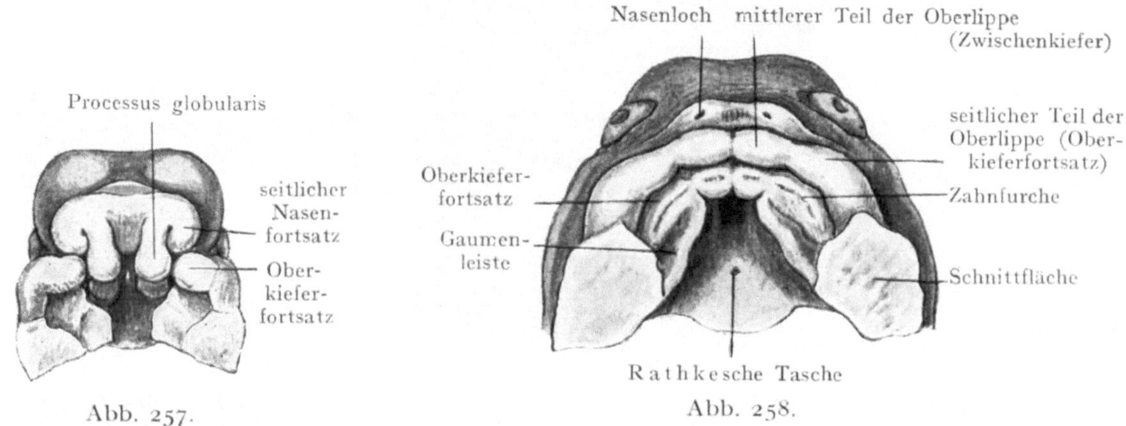

Abb. 257, 258. Bildung der Oberlippe und des Gaumens. 257 früheres, 258 späteres Stadium. (His 1885.)

liche Kerbe als eine mediane Spalte erhalten; 4. der seitliche Nasenfortsatz, aus dem die seitlichen Nasenwände nebst dem angrenzenden Teil der Wange entsteht; 5. der Oberkieferfortsatz, aus dem der größte Teil der Wangengegend, der seitliche Teil der Oberlippe und der Gaumen hervorgeht.

Das Untergesicht kommt in weit einfacherer Weise zustande; die Anlage des Unterkiefers und der Unterlippe ist schon vorhanden, wenn die Unterkieferfortsätze des ersten Kiemenbogens miteinander verwachsen sind, was bereits am Ende des ersten Monats der Fall ist.

Die Zunge, von der bis jetzt noch nicht die Rede war, reicht in ihren Anfängen weit zurück. Ihre erste Spur erscheint schon in der dritten Woche als ein kleiner Wulst, Tuberculum impar (Abb. 206, 207), an der Stelle der Vereinigung der beiden Mandibularbogen, an dessen hinterem Umfang der Gang der medianen Schilddrüsenanlage in die Tiefe dringt. Ihr folgen zugleich zu beiden Seiten die seitlichen Zungenwülste auf den der Mundhöhle zugekehrten Flächen der ersten Schlundbögen, die mit dem Tuberculum impar zusammenfließen und nun die vordere Zungenanlage bilden, die sich rasch vergrößert. Hinter dem Tuberculum impar tritt zwischen den beiden Hyoidbogen eine mediane Hervorragung (Copula) auf, von der die Bildung des hinteren Teiles der Zunge, des Zungengrundes, ausgeht. Zuerst sind vordere und hintere Anlage der Zunge noch durch eine V-förmige Furche voneinander getrennt, in deren nach hinten gerichteten Spitze das Foramen coecum — der Rest des Ductus thyreoglossus — steht. Im zweiten Monat haben sich die beiden Anlagen vereinigt, jetzt sind auch bereits die Nerven in die Zunge hinein zu verfolgen und die Muskulatur hat sich gebildet. Die Oberfläche des Zungenrückens ist noch glatt, die Papillen erscheinen erst von der Mitte des dritten Monats ab.

Von den Drüsen der Mundhöhle ist die Glandula parotis im zweiten Monat als eine röhrenförmige Anlage zu erkennen, ebenso die Gl. submandibularis; diese letztere als anfänglich solide Epithelknospe, die von einer dicken Lage embryonalen Bindegewebes umgeben ist, der späteren, gerade bei dieser Drüse so deutlichen Kapsel (Moral). Die übrigen Drüsen erscheinen im dritten Monat.

Ober- und Unterlippe sind anfänglich von den Alveolarteilen der Kiefer nicht getrennt. Bald aber erscheint an ihrem freien Rand eine bogenförmige Furche, die Lippenfurche, die die Trennung bewirkt. Gegen Ende des zweiten Monats wuchert dann das Epithel der Alveolarteile als Zahnleiste in die Tiefe. Ihre Stelle ist an der freien Oberfläche der Kiefer für kurze Zeit als eine leichte Einsenkung, die Zahnfurche (Abb. 258), kenntlich. In die einzelnen Zahnanlagen zerfällt die Zahnleiste zur Zeit noch nicht, dies geschieht erst im dritten Monat.

Hals. Nun ist auch die Zeit gekommen, in der der bis dahin noch fehlende Hals erscheint. Dies geschieht dadurch, daß sich das Herz kaudalwärts verschiebt und daß die kaudalen Schlundbogen in ihrem Wachstum immer mehr zurückbleiben. Der Sinus cervicalis (S. 214) wird immer tiefer und enger, zuletzt schließt er sich vollständig.

Darmkanal. Die Speiseröhre verlängert sich mit der Entstehung des Halses beträchtlich, der Magen verschiebt sich weiter kaudalwärts. Zugleich setzt sich die im vorigen Stadium begonnene Drehung fort, so daß sein Blindsack nach links, sein Pylorusteil nach rechts sieht; auch ist er nicht mehr so steil aufgerichtet, wie im Anfang, sondern mehr quergestellt. Die Änderungen in seiner Lage hängen offenbar mit der Verlängerung der gut fixierten Speiseröhre und mit der Weise, in der sich die Leber ausbildet, zusammen (Broman 1904). Die Gegend der Cardia ist durch die Entstehung des Magenblindsackes schon Anfang des zweiten Monats deutlich geworden, der Pylorus bildet sich gegen Ende desselben aus. Der physiologische Nabelbruch besteht noch immer. Der Dünndarm verlängert sich von der Mitte des zweiten Monats ab und bildet Windungen. Am Ende des zweiten Monats sind nach Mall (1897) sechs Schlingen zu beobachten, die auch postembryonal noch nachzuweisen sind. Der Wurmfortsatz des Blinddarmes bildet sich aus. Der Dickdarm beschreibt einen kranialwärts konvexen Bogen, dessen Gipfel der späteren Flexura coli sinistra entspricht. Die Afteröffnung ist noch immer durch die Aftermembran verschlossen.

Was den inneren Bau des Darmrohres betrifft, so ist das Epithel ein cylindrisches, auch in der Speiseröhre. Sein Wachstum ist zu Anfang des zweiten Monats so stark, daß das Lumen des Duodenums, selbst noch der angrenzenden Teile des Jejunums, stellenweise verschlossen wird. Die Ringmuskulatur legt sich, von oben beginnend, im zweiten Monat an, die Längsmuskelschicht folgt erst erheblich später. Auch von Zotten und Drüsen ist noch nichts zu sehen.

Die Anhangsorgane des Darmkanales erfahren im zweiten Monat eine weitere Fortbildung.

Abkömmlinge der Schlundtaschen. Bei menschlichen Embryonen entstehen fünf Kiementaschen, von denen die fünfte sehr unscheinbar ist (Abb. 259).

Aus der ersten bildet sich die primäre Paukenhöhle. Die zweite geht zum guten Teil im Schlundkopf auf, aus ihrer dorsalen Ecke aber entsteht die Tonsilla palatina. Dies geschieht jedoch erst Anfang des dritten Monats. Zuerst wachsen blinde Epithelsprossen aus, die später hohl werden. In ihrer Umgebung findet sich weiterhin lymphoides Gewebe an, alles dies aber erst in den späteren Zeiten der Embryonalentwicklung.

Die Wände der drei übrigen Schlundtaschen lassen im zweiten Monat an ihrer ventralen und dorsalen Seite aus ihrem Epithel besondere Organe hervorgehen. Das Epithel der dritten Tasche sendet ventral ein schlauchförmiges Divertikel aus, das sich kaudalwärts verlängert, die Anlage der Thymusdrüse. Ihre Veränderungen im weiteren Verlauf der Entwicklung, die sogleich erwähnt sein sollen, gehen in der Art vor sich, daß zuerst das Lumen des dickwandigen Rohres verschwindet und daß es sich zu einem keulenförmigen Strang umgestaltet, dessen angeschwollenes kaudales Ende dem Herzbeutel entgegenwächst. Solide Epithelsprossen, die im dritten Monat zuerst an diesem Ende entstehen, umgeben sich mit Mesenchymzellen, die sich zu lymphoidem Gewebe umwandeln. Die ursprüngliche epitheliale Anlage schwindet zuletzt bis auf geringe Reste, die sog. Hassallschen Körperchen, während das lymphoide Gewebe allein übrig bleibt. Eine ähnliche Anlage der vierten Kiementasche bleibt meist rudimentär, nur gelegentlich bildet sie sich in echtes Thymusgewebe um. Die fünfte Kiementasche sendet ebenfalls ein ventrales Divertikel aus, den ultimobranchialen Körper (postbranchialer Körper), der mit der Anlage der Schilddrüse in nahe topographische Beziehung kommt, aber kein Schilddrüsengewebe bildet, wie es von manchen Seiten angenommen wird, sondern allmählich schwindet.

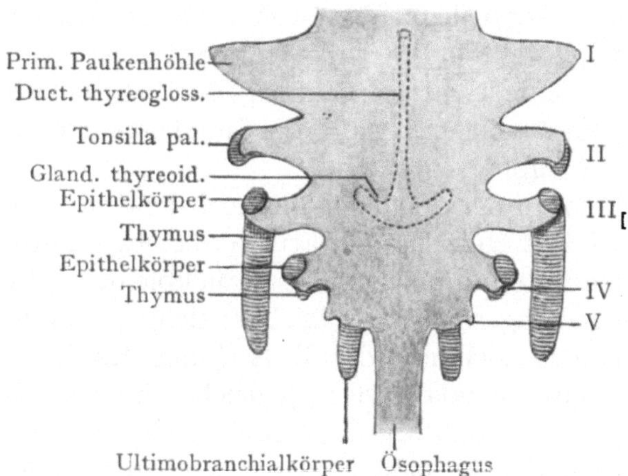

Abb. 259. Schema eines Ausgusses der Schlundhöhle und der Kiementaschen von der dorsalen Seite aus gesehen. I—V = erste bis fünfte Kiementasche.

Zu gleicher Zeit mit den Anlagen der ventralen Seite entstehen aus dem Epithel der dorsalen Seite der dritten und vierten Schlundtasche je ein Epithelkörperchen (Parathyreoidea), deren Zellen später zu Strängen auswachsen. Sie bleiben auch beim Erwachsenen ganz kleine, etwa pfefferkorngroße Gebilde. Trotzdem aber müssen sie als Organe angesehen werden, die für Leben und Gesundheit von großer Wichtigkeit sind. Mit der Thymusanlage bleiben sie nicht in näherer Verbindung, sie schließen sich in der Folge topographisch der Gl. thyreoidea an. An der dorsalen Seite der fünften rudimentären Kiementasche ist eine ähnliche Anlage nicht zu beobachten.

Die Herkunft des Glomus caroticum ist noch unklar, es besteht die Möglichkeit, daß er ebenfalls einer Schlundtasche entstammt, oder als chromaffines Gewebe entsteht.

Die Schilddrüse hat den Zusammenhang mit der Mundhöhle schon im vorigen Stadium (S. 217) verloren. Nur die Eingangsöffnung des Ductus thyreoglossus erhält sich gewöhnlich als Foramen caecum an der Grenze von Zungenrücken und Zungengrund. Weitere Reste des Ganges können zeitlebens als Lobus pyramidalis oder als isolierte Läppchen (Nebenschilddrüsen) bei Bestand bleiben. Auch kann von der kranialen Spitze des Lobus pyramidalis ein Strang bis zum Foramen caecum verfolgt werden, der stellenweise ein Lumen oder Thyreoideagewebe enthält. Die Hauptmasse der Drüse nimmt eine hufeisenförmige Gestalt an. Die Anlage treibt solide Sprossen, die sich noch im zweiten Monat netzförmig miteinander verbinden; später werden die Teile des Netzes durch einwachsendes Bindegewebe getrennt, erlangen ein Lumen und bilden sich zu den allseitig geschlossenen Bläschen des fertigen Organs um.

Respirationsorgan. Schon in den vorhergehenden Stadien ist die Trennung von Ösophagus und Trachea dadurch erfolgt, daß oberhalb der Lungenknospe von den Seiten des Darmrohres symmetrische Leisten in das Lumen einspringen, die zuletzt miteinander verwachsen und dadurch ein vorderes Rohr, die Luftröhre, von einem hinteren, der Speiseröhre, trennen. An ihrem kranialen Ende schwellen diese Leisten zu Wülsten an, den Arytänoidwülsten, die als rudimentäre sechste Kiemenbogen anzusehen sind. Kaudal von ihnen hört die Verwachsung der Leisten auf. Am Ende des ersten Monats besteht der Kehlkopf aus den beiden großen Arytänoidwülsten

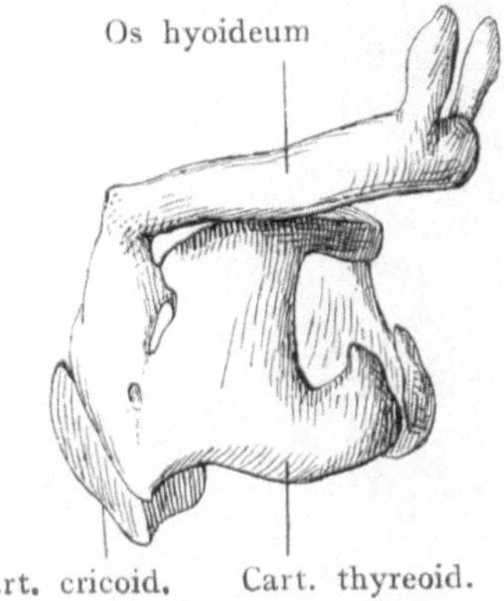

Abb. 260. Kehlkopf und Zungenbein eines Schafsembryos (Kallius ppt.). Oberes Horn der Cart. thyr. und großes Horn des Zungenbeines gehen ineinander über. Schildknorpel vorne noch weit offen, auch seitlich noch zwei Öffnungen.

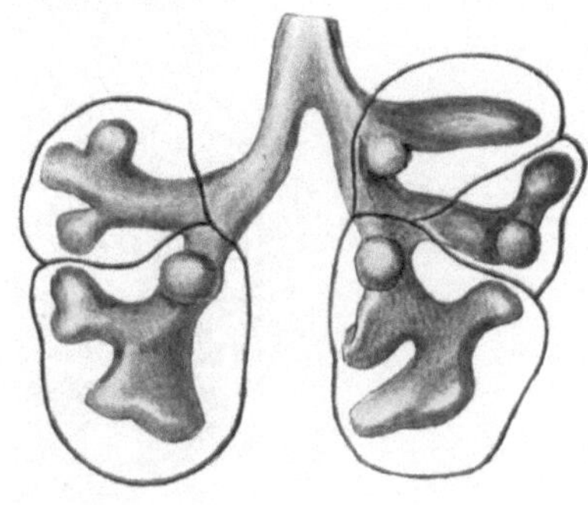

Abb. 261. Lunge eines fünfwöchentlichen menschlichen Embryos von hinten (Merkel 1902). Bronchialbaum in der Bildung begriffen. Die schwarzen Linien geben die äußeren Konturen der beiden Lungen an.

(Abb. 207), an dessen bereits die Tubercula corniculata und cuneiformia kenntlich sind, sowie aus einem quergestellten Wulst dicht hinter dem Zungengrund der sehr plumpen Anlage der Epiglottis und der Plicae aryepiglotticae, die sich kaum von der Zungenanlage abheben. Der Kehlkopf ist in dieser Zeit im Verhältnis zum Gesamtkörper sehr groß und steht noch sehr hoch. Die Epitheloberflächen sind bis auf eine minimale Öffnung miteinander verklebt. Zu Ende des zweiten Monats tritt der Ventriculus laryngis auf, die Stimmbänder bilden sich erst im dritten Monat aus.

Vom Beginn des zweiten Monats ab treten die Knorpel des Kehlkopfes auf. Anfangs sind sie nur Verdichtungen des Bindegewebes, dann aber erscheinen Knorpelkerne, die sich in der Folge immer mehr ausbreiten. Zuerst wird der Ringknorpel als gleichmäßig hoher Ring deutlich; erst in der Mitte des zweiten Monats verbreitert sich sein dorsaler Teil zur Platte. Ihm folgt der Schildknorpel. Er entsteht aus den Skeletanlagen des vierten und fünften Schlundbogens in engem Anschluß an das Zungenbein, das dem zweiten und dritten Schlundbogen entstammt. Die kleinen Hörner des Zungenbeines sind zuerst erheblich größer als die großen und diese letzteren gehen, nach unten bogenförmig umbiegend, direkt in die oberen Hörner des Schildknorpels über (Abb. 260). Im dritten Monat vereinigen sich die oberen und unteren Teile der beiden Platten des Schildknorpels in der Mittellinie. Eine große Lücke, die zuerst zwischen beiden bleibt, bekommt zu ihrem Verschluß einen eigenen unpaarigen Knorpelkern. Dies geschieht erst im dritten Monat. Die anderen Knorpel erscheinen später, in der Epiglottis tritt die Knorpelgrundsubstanz erst in der 20. Woche auf. Vergleichend-anatomische Untersuchungen zeigen, daß das gesamte Knorpelskelet der Lunge, der Trachea, des Ringknorpels, der ein funktionell besonders gestalteter Trachealknorpel ist, und der Arytänoidknorpel von der Cartilago lateralis der niederen Verte-

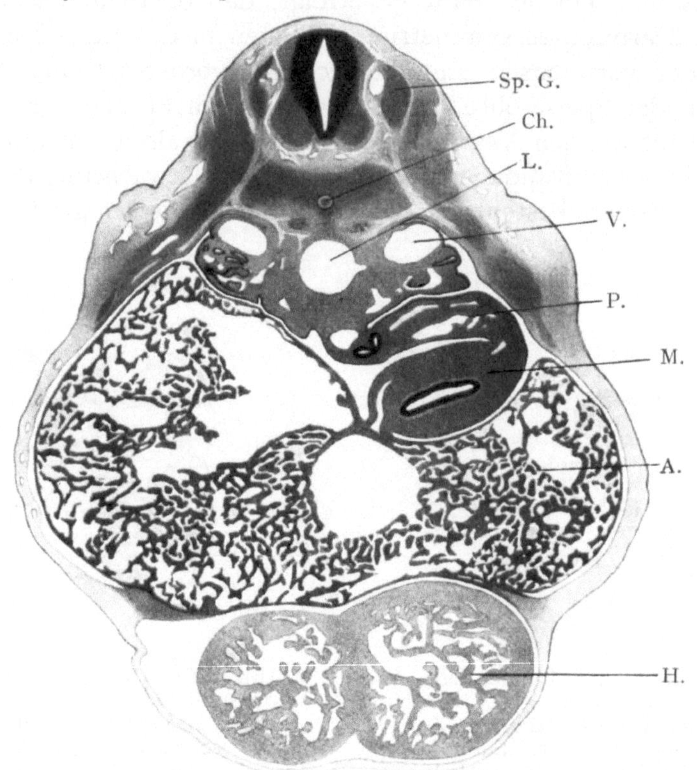

Abb. 262. Querschnitt durch den Rumpf eines menschlichen Embryo. Technik wie Abb. 237. Gezeichnet bei 35facher Vergrößerung. Zur Reproduktion etwa um $^1/_4$ verkleinert. Neben dem Neuralrohr die Spinalganglien (Sp. G.). Ch. = Chorda dorsalis. A. = Aorta. V. = Urnierenvenen, davor geringe Teile der Urniere. P. = Pankreasanlage im dorsalen Mesenterium des Magens (M.). Vorn am Magen hängt die Leber (L.). Die Verbindung vom Magen zur Leber ist das Ligamentum hepatogastricum. Die Leber, deren Zellbalken ein reiches Netz bilden, in dessen Maschen die Gefäße freigelassen sind, ist von einer feinen Spalte des Cavum peritonei umgeben. Vorn ist die Leber noch breit mit dem Zwerchfell verwachsen, das die Höhle, in der das Herz (H.) liegt, gegen die Leber abtrennt. Am Herzen sind die beiden Ventrikel zu erkennen.

braten, und somit vom siebenten Schlundbogen abstammen. Vielleicht ist der Knorpel des Kehldeckels ein Rest des sonst verloren gegangenen sechsten Schlundbogens (Henle, Gegenbaur) Die Muskeln erscheinen am Anfang des zweiten Monats; zuerst ist die Anlage gleichmäßig, in der zweiten Hälfte des zweiten Monats beginnen sich die einzelnen Muskeln zu differenzieren. Ausgebildete Muskelfasern findet man erst zu Beginn des dritten Monats.

Die Luftröhre ändert sich nicht mehr; sie bildet nur allmählich ihren definitiven Bau aus. Ende des zweiten Monats sind schon die Knorpelringe als stärkere Zellanhäufungen kenntlich, noch vor ihnen findet man die ersten Spuren der Muskeln in der Paries membranacea.

In der Lunge sind zu Anfang der fünften Woche die Hauptbronchien angelegt, der Bronchialbaum wird im weiteren Verlauf der Entwicklung durch dichotomische Teilung immer reicher. Die äußere Oberfläche der Lunge zeigt sich schon in der fünften Woche in ihre Lappen gesondert, die jedoch vorerst ein knolliges Aussehen haben. Eine Basis besitzt die Lunge noch nicht, sie ist vielmehr nach unten zugeschärft, wie es die Lage und Größe von Herz und Leber mit sich bringt (Abb. 261).

Die Leber wird zwar in ihrer Form stark von der Umgebung beeinflußt, wie dies auch beim geborenen Menschen der Fall ist, doch kann man schon in der dritten Embryonalwoche den rechten und linken Leberlappen erkennen, den Lobus caudatus Anfang der vierten Woche, den Lobus quadratus erst weit später, da sowohl die Vena umbilicalis wie die Gallenblase, die ihn beiderseits abgrenzen, bis in den dritten Monat hinein ihre definitive Lage noch nicht haben. Während des zweiten Monats wächst die Leber stark in die Breite. Die Gallenblase, die bis zur vierten Woche im ventralen Mesenterium eingebettet war, rückt in ihre Lage an der Leberbasis ein.

In seinem histologischen Bau besteht das Leberparenchym in der vierten Woche aus dem schon bekannten (S. 206) Netzwerk von Epithelbalken, in dessen Maschen von Bindegewebe umgebene Gefäße liegen. Sie senden Sprossen aus, die wieder miteinander verwachsen, wodurch das Netz vergrößert wird. Außer den eigentlichen Leberzellen enthalten die Leberbalken auch blutbildende Zellen, die jedoch nicht entoblastischer, sondern mesenchymatischer Herkunft sind. Sie bestehen aus Nestern von rundlichen Zellen, die sich zu hämoglobinhaltigen Blutzellen umwandeln. Anfangs des zweiten Monats beginnen sie zu erscheinen, von der Mitte des Embryonallebens an nehmen sie an Zahl allmählich ab (Mollier).

Die Bauchspeicheldrüse setzt sich, wie bekannt (S. 217), aus einer ventralen und einer dorsalen Anlage zusammen. Die erstere verschiebt sich beim Wachstum des Duodenum nach hinten, so daß jetzt die ursprünglich dorsale Anlage kranialwärts von der ventralen liegt. In der siebenten Woche verschmelzen beide Anlagen zu einem gemeinsamen Körper und zugleich beginnen die Gänge sich zu verzweigen. Später verliert der dorsale Gang den Zusammenhang mit dem Duodenum, und es führt der ventrale allein in den Darm, doch sind die Fälle nicht eben selten, in welchen auch der dorsale Gang als Ductus pancreaticus minor erhalten bleibt.

Die Milz erscheint Ende des ersten Monats im dorsalen Mesogastrium nächst dem Magenfundus als ein schlecht abgegrenzter Zellenhaufen. Der dorsalen Pankreasanlage ist sie zwar nahe benachbart, hat aber genetisch nichts mit ihr zu tun, sondern ist mesoblastischer Abkunft. Im zweiten Monat grenzt sie sich schärfer ab, im dritten erhebt sie sich aus der Wand des Netzbeutels und gewinnt bald ihre definitive Form. Die indifferent erscheinenden Zellen, aus denen die Milz anfänglich besteht, leiten sich aus dem Mesenchym des Mesogastriums und den tieferen Schichten des deckenden Cölomepithels ab. Vom zweiten Monat beteiligt sich die Milz an der Bildung roter Blutkörperchen. Ihre definitive Struktur gewinnt sie erst im letzten Drittel der Embryonalentwicklung.

Urogenitalsystem. Die Dauerniere schreitet in ihrer Entwicklung rasch fort, aus der Nierenknospe sprossen die Sammelröhren hervor, die sich teilen. Auf jedem blinden Ende sitzt eine Partie des Nierenblastems wie eine Kappe auf, deren Außenschicht das Bindegewebe der Niere liefert, während die Innenschicht sich zu den Anlagen der secernierenden Harnkanälchen umwandelt. Zuerst erscheint ein ganz kurzes Kanalstück mit blasenförmigem Ende; dieses letztere biegt sich löffelförmig ein (Abb. 263), nimmt in seine Höhlung den Glomerulus auf und bildet sich zu dessen

Kapsel um. Der Kanal verlängert sich stark und nähert sich seiner definitiven Verlaufsweise immer mehr (Abb. 264). Die Neubildung von Kanälchen geht während des ganzen Embryonallebens und über dieses hinaus ganz in gleicher Weise fort. Der Ureter, der als Knospe des Urnierenganges entstanden war, trennt sich durch Wachstumsverschiebung von diesem und öffnet sich jetzt kranialwärts von ihm in die Harnblase.

Die Urniere steht im zweiten Monat auf der Höhe ihrer Entwicklung, sie reicht von den Lungen ab bis in das Becken hinein. Sie wird von der Urnierenfalte gedeckt, welche auch die entstehende Genitaldrüse und die Gänge der Gegend enthält. Kranialwärts endet die Falte am Zwerchfell als Zwerchfellsband der Urniere, kaudalwärts als Leistenband, welches sich zum Eingang in den Inguinalkanal erstreckt (Abb. 280). Die Ausbildung der Urniere ist bei den verschiedenen Säugetieren sehr verschieden. Während z. B. beim Schwein eine sehr große Urniere vorhanden ist, die fast über die ganze Bauchhöhle sich erstreckt, ist die Urniere bei der Maus auf

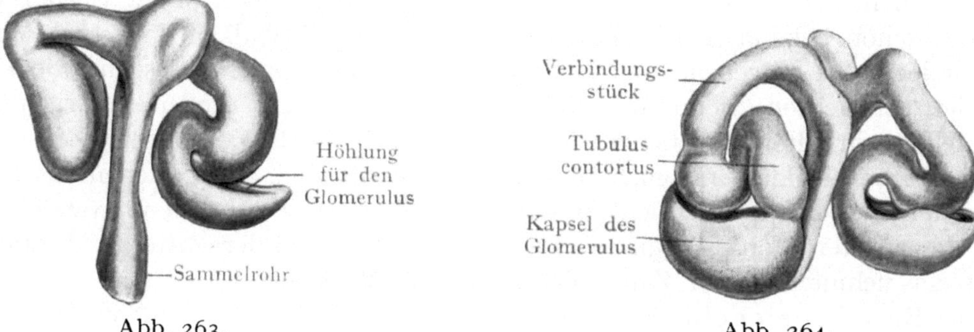

Abb. 263. Abb. 264.

Abb. 263 und 264. Entwicklung der Harnkanälchen. 263 früheres, 264 späteres Stadium. (Störk 1904.)

wenige Kanälchen beschränkt. Beim Menschen ist die Urniere etwa von mittlerer Ausdehnung.

Die am Schluß des ersten Monats auftretende Genitalleiste (S. 224) wird höher und es treten in dem mittleren Teil ihrer Länge im Epithel größere helle Zellen auf, die Urgeschlechtszellen. Dort schwillt die Leiste zur Geschlechtsdrüse an. In ihr vollzieht sich in der zweiten Hälfte des zweiten Monats die Umwandlung zum Hoden oder zum Eierstock. In die Tiefe wachsen Keimstränge hinein, die sich beim Hoden zu den Samenkanälchen fortbilden, während sie sich beim Eierstock weniger scharf abgrenzen und durch einwucherndes Bindegewebe in die Primärfollikel zerteilt werden. Ende des zweiten Monats ist es möglich, das Geschlecht der Genitaldrüse zu unterscheiden.

Während dieser Vorgänge bildet sich lateral vom Urnierengang aus einer Rinne des Cölomepithels durch Verwachsung von deren Rändern ein Gang mit trichterförmiger Eingangsöffnung, der Müllersche Gang (Abb. 280), der den Urnierengang in seinem unteren Teil überkreuzt und schließlich den Sinus urogenitalis erreicht. Vor ihrem kaudalen Ende vereinigen sich die beiden Müllerschen Gänge bald zu einem einzigen, in der Mittellinie gelegenen, der dann auch mit einer einzigen Öffnung zwischen denen des Urnierenganges in den Sinus urogenitalis mündet. Von der weiteren Benützung des Müllerschen Ganges wird weiter unten zu sprechen sein.

Von den Nebennieren war bis jetzt nur die Anlage der Rinde vorhanden, jetzt nähern sich dieser auch Elemente, die von dem benachbarten Grenzstrang des Sympathicus abgegeben werden. Sie wandern gruppenweise in die Rindenanlage ein und bilden dort in der Folge die Marksubstanz mit ihren charakteristischen Zellen und Ganglien. Bei niederen Wirbeltieren bleiben beide Anlagen dauernd getrennt. Anfänglich liegt die Nebenniere der Niere nicht an, die beiden Organe berühren sich erst von der Mitte des zweiten Monats ab.

Skelet. Die ersten Spuren des Skelets treten schon zu Ende des ersten Monats (S. 219) in der Form von Blastemverdichtungen auf. Diese werden in der Folge durch Knorpel und dieser wird durch Knochen abgelöst. Der zweite Monat fördert die Ausbildung des Knochengerüstes beträchtlich. Das Mesenchym, das die Chorda dorsalis umgibt, verdichtet sich zu den Wirbelanlagen in der Art, daß sich jeder Wirbelkörper aus den aneinander stoßenden Teilen je zweier aufeinanderfolgender Sklerotome bildet; dadurch kommt es, daß die Wirbel mit den Myotomen alternieren. Die Differenzierung beginnt in der Halsgegend und erreicht allmählich, aber noch im zweiten Monat, das kaudale Ende der Wirbelsäule. Von den Wirbeln gehen die dorsal gerichteten Neuralbogen und die ventral gerichteten Rippenbogen aus. Die Chorda, die die Säule der Wirbelkörper in ihrer ganzen Länge durchzieht (Abb. 228 etc.), bildet sich in diesen zurück, während sie in den lockerer gewebten Intervertebralscheiben weniger zurückgeht. Sie ist dort dazu bestimmt, den Nucleus pulposus zu bilden. Schon in der ersten Hälfte des zweiten Monats setzt die Verknorpelung ein. Am Ende dieses Monats sind auch Querfortsätze und Gelenkfortsätze vorhanden. Nun bildet der Wirbel eine einheitliche Knorpelanlage, jedoch noch ohne dorsalen Schluß, da sich die Neuralbogen erst im dritten Monat vereinigen und den Dornfortsatz aussenden.

Eine Ausnahmestellung nehmen gleich von Anfang an die beiden Drehwirbel ein. Der Wirbelkörper des Atlas verbindet sich bald mit dem Epistropheus, und der vordere Bogen des ersten Halswirbels entsteht aus dessen hypochordaler Spange, einer Gewebsbrücke, die die beiden ventralen Enden der Neuralbogen beider Seiten vor dem Wirbelkörper über die Mittellinie hinweg verbindet. Auch an den nächsten Halswirbeln treten solche Spangen auf, verschwinden aber dort rasch wieder, und werden zur Bildung der Wirbelkörper verbraucht.

Die Rippenanlagen bilden sich unabhängig von den Wirbeln im zweiten Monat in den Myosepten. Sie wachsen rasch vorwärts und die ventralen Enden der sieben oberen Rippen vereinigen sich zur Sternalleiste. Im dritten Monat stoßen die Sternalleisten in der vorderen Mittellinie zusammen und verwachsen von oben nach unten zum Brustbein. In dem alsbald knorpeligen Sternum ist in der Mittellinie noch eine Zeitlang die paarige Anlage zu erkennen. Die falschen Rippen nehmen an der Bildung der Sternalleisten nicht teil, sie legen sich schon im zweiten Monat an die jedesmal nächst obere Rippe an, wie dies während des ganzen Lebens bleibt. Die elfte und zwölfte Rippe bleiben frei.

Auch an den Hals-, Lenden- und Kreuzwirbeln entstehen Rippenanlagen. An den Halswirbeln verwachsen sie mit den Wirbelkörpern und Querfortsätzen, wobei das Foramen transversarium ausgespart bleibt; an den Lenden- und Kreuzwirbeln verschmelzen sie vollständig mit den Querfortsätzen.

Der Schädel entsteht aus dem Mesenchym, das das Gehirn und die Anlagen der Sinnesorgane umschließt und sich weiterhin bis in die Kiemenbogen hinein verbreitet. Die Chorda erstreckt sich im Schädel noch bis in die Frontalebene der Ohranlage, und die Entwicklung des chordalen Teiles des Schädels schließt sich ganz an die Verhältnisse des Rumpfes an; wie dort bilden sich Ursegmente und Muskelplatten, selbst ein Cölom fehlt nicht, wenn auch alle diese Dinge rasch wieder verschwinden. Ihre

Anwesenheit beweist, daß der Hinterkopf eigentlich als vorderster Teil der Wirbelsäule anzusehen ist, den sich der Schädel erobert hat, dazu gezwungen durch die gewaltige Entfaltung des Gehirns. Die Verknorpelung beginnt in der Umgebung der Chorda und hat bis zum Ende des zweiten Monats schon beträchtliche Fortschritte gemacht.

In den Schlundbogen ist zwar das Blastemstadium am Ende des zweiten Monats teilweise schon überschritten, doch soll die weitere Entwicklung des Kiemenskelets weiter unten im Zusammenhang betrachtet werden.

In den Extremitäten geht mit der Ausbildung der äußeren Form auch die Ausbildung des Skeletes Hand in Hand. In der oberen Extremität tritt schon in der vierten Woche, in der unteren in der fünften Vorknorpel auf, der sich rasch weiterbildet. Mit Ende des zweiten Monats ist in beiden Extremitäten das ganze Skelet schon vorhanden. Eine besondere Erwähnung verdient das Schlüsselbein, da es das erste Skeletstück des ganzen Körpers ist, das verknöchert. Schon in der siebenten Embryonalwoche entsteht der Knochen aus indifferent aussehenden bindegewebigen Zellen. An ihn schließt sich sodann an beiden Enden Knorpel an, von dem aus das weitere Wachstum erfolgt. Phylogenetisch ist der größte Teil der Clavicula als Deckknochen entstanden.

Aus dem zwischen den Knochenanlagen und in ihrer nächsten Umgebung vorhandenen Bindegewebe bildet sich der gesamte Bandapparat.

Die willkürliche Muskulatur des Körpers entwickelt sich in gleichem Schritt mit dem Skelet zum Teil aus den Myotomen (S. 195), zum Teil aus einem besonderen Vormuskelblastem, das mit den Myotomen nicht in Zusammenhang steht. Die Muskeln entstehen zwar ganz selbständig (Harrison 1909), doch treten sie sogleich mit den sie versorgenden Nerven in Verbindung. Verschieben sie sich in ihrer weiteren Ausbildung, dann nehmen sie ihren Nerven mit sich und man kann dann aus seinem Verlauf den Weg erkennen, den der Muskel zurückgelegt hat (z. B. Diaphragma und N. phrenicus). Ferner erkennt man die Entstehung einer Muskelgruppe aus einer einfachen Anlage daran, daß der versorgende Nerv ein einheitlicher ist, der sich später in so viele Zweige teilt, als Muskelindividuen entstehen (z. B. der N. facialis und die von ihm versorgten Muskeln).

Jeder Muskel erhält im allgemeinen einen einzigen Nerven, treten mehrere in ihn ein, dann deutet dies entweder darauf hin, daß er ursprünglich aus mehreren Teilen bestand, oder daß sekundär in ihn neue Nervenzweige gelangt sind. Dabei ist natürlich nicht auf die Möglichkeit Rücksicht genommen, daß ein Muskel auch noch sympathische Nervenzweige bekommen kann.

Die Ausbildung der Muskulatur schreitet noch schneller fort, wie die des Skelets, sie ist bis zum Ende des zweiten Monats nahezu vollendet.

Die von der Fascia lumbodorsalis gedeckten Rückenmuskeln entstehen aus dem dorsalen Teil der Myotome, aus ihrem ventralen Teil bilden sich die Prävertebralmuskeln (M. longus, capitis, colli, rectus cap. ant.), sowie die Mm. serratus post., sup. und inf., intercostales, Bauchmuskeln und M. quadratus lumborum. Die Myotome wachsen mit den Rippen in die Körperwand vor, überschreiten sie aber in der Bauchgegend. Ende des zweiten Monats haben die Bauchmuskeln die Medianlinie noch nicht ganz erreicht.

Die Dammuskeln bilden sich aus einem Blastem, aus dem zuerst ein Sphincter urogenitalis entsteht; dieser zerfällt im dritten Monat erst in den Sphincter ani und urogenitalis, der letztere zersplittert sich später wieder in die einzelnen Muskelindividuen. Der M. levator ani entsteht aus anderer Quelle.

Ein Vormuskelblastem erstreckt sich von der Zunge aus an der Vorderseite des Halses herab; aus ihm entstehen die unteren Zungenbeinmuskeln, die Scaleni, Levator scapulae, Serratus anterior und das Zwerchfell. Dieses steht erst sehr hoch, noch über der ersten Rippe in der Höhe des fünften Cervikalsegmentes, gelangt aber rasch absteigend bald in seine definitive Lage.

Sternocleidomastoideus und Trapecius entstehen gemeinsam in der Occipitalgegend und wachsen von da aus abwärts.

Die Muskeln des Kopfes bilden sich aus verschiedenen Blastemmassen; die Augenmuskeln aus einer solchen hinter dem Bulbus, von den Muskeln des Visceralskelets gehen die Kaumuskeln aus einem Blastem hervor, das dem ersten Schlundbogen, also dem Unterkiefer, angehört, die vom Facialis versorgten Muskeln aus dem zweiten Kiemenbogen, die Muskeln des Kehlkopfes und Schlundkopfes dürften auf den dritten und vierten Kiemenbogen zurückzuführen sein.

Die Extremitätenmuskeln gehen aus Zellen hervor, die von den ventralen Teilen mehrerer Myotome aus in die Extremitätenanlagen einwandern. Während bei den niederen Wirbeltieren richtige Knospen von den Myotomen in die Extremitäten einwachsen, lösen sich bei den Säugetieren und beim Menschen nur vereinzelte Zellen und Zellstränge von den Myotomen, um sich in der Extremität zu verteilen. Ihre ersten Andeutungen findet man schon am Ende des ersten Monats, am Ende des zweiten ist alles fertig, nur bedürfen einige Muskeln an Hand und Fuß noch der Differenzierung. Die Muskeln, die ihren Ansatz an Teilen des Rumpfes finden, gehen von der Extremitätenanlage aus, sie schieben sich von ihr aus proximal in ihre definitive Lage ein, wie z. B. Latissimus dorsi, Iliopsoas usw.

Gefäßsystem. 1. Herz. Der zweite Monat bringt eine weitgehende Fortbildung des Herzens. Die Scheidewandbildung in Vorhof und Ventrikel (S. 220) wird zum Schluß gebracht, indem dieselben aufeinander treffen. Das Herz ist dadurch vollständig in seine beiden Abteilungen getrennt, abgesehen von dem Foramen ovale des Vorhofes, das erst mit der Geburt verschlossen wird. Die Trennung der Aorta von der Pulmonalis wird vollständig durchgeführt, und es stößt die Scheidewand der Arterien schließlich auf die Kammerscheidewand, mit der sie sich verbindet.

Die Binnenräume der Vorhöfe erobern auf Kosten der angrenzenden Gebiete immer mehr Platz. In den rechten Vorhof wird die Sinuswand einbezogen; dabei verschieben sich die Mündungen der beiden Hohlvenen, die eine an die obere, die andere an die untere Wand des Vorhofes. Die Sinusklappen wandeln sich zu den Valvulae venae cavae (Eustachii) und sinus coronarii (Thebesii) um (S. 207). Die einfache Vena pulmonalis wird in die Wand des linken Vorhofes einbezogen, so daß nun die beiden Lungenvenenäste, welche sich in dem gemeinsamen Stamm vereinigt hatten, getrennt in den Vorhof münden.

Die Endokardkissen des Ohrkanales (S. 220) haben sich mit Fertigstellung der Scheidewand in solche des rechten und des linken Herzens geteilt, sie wandeln sich zu den Atrioventrikularklappen um und nähern sich rasch dem definitiven Zustand durch Ausbildung der Klappensegel, Chordae tendineae und Papillarmuskeln. Mit der Teilung der Arterie in Aorta und Pulmonalis sind auch die Endokardwülste des Bulbus durchgeschnürt worden, so daß jetzt in jeder der beiden Arterien ihrer drei stehen. Erst noch sehr dick, verdünnen sie sich bald und werden zu den Semilunarklappen.

2. Gefäße. Die Ausbildung des Arteriensystems geht im zweiten Monat seiner definitiven Gestaltung entgegen (Abb. 265, 266). Die drei vorhandenen Schlund-

bogenarterien (3, 4 und 6) sind im Anfang des zweiten Monats noch symmetrisch, bald aber werden vierte und sechste unsymmetrisch. Die beiden sechsten senden je eine A. pulmonalis in die Lungen; der lateral von deren Ursprung befindliche Teil des linken Arterienbogens erhält sich als Ductus arteriosus, der in die Aorta mündet, der entsprechende Teil des rechten verschwindet vollkommen. Der vierte Bogen erweitert sich links zum Bogen der Aorta, rechts bleibt er kleiner und wird zur A. subclavia dextra; der hinter dem Schlund befindliche Teil geht verloren, und damit auch der Zusammenhang mit der Aorta descendens. Die A. subclavia sinistra ist ein Seitenzweig der Aorta. Der dritte Arterienbogen bleibt beiderseits erhalten, er wandelt sich zum Anfangsteil der A. carotis internaum; die A. carotis communis entsteht aus dem kurzen Stück, das den dritten und vierten Arterienbogen miteinander verbindet.

Die definitive Form der Aorta descendens ist Ende des zweiten Monats mit Ausnahme des kaudalsten Teiles hergestellt, dieser folgt im dritten Monat.

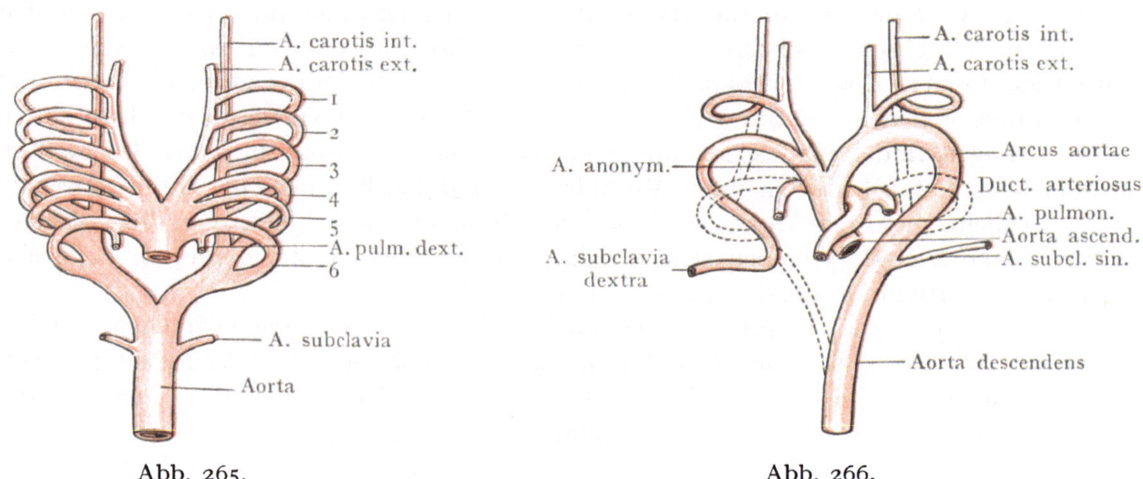

Abb. 265. Abb. 266.

Abb. 265 und 266. Schemata der Entwicklung der großen Arterienstämme (Kollmann 1907). 265. Indifferentes Stadium. 1—6 erste bis sechste Kiemenarterie. Abb. 266. Definitive Ausbildung.

Die Arterien des Halses und Kopfes bilden sich in gleichem Schritt mit den von ihnen versorgten Teilen aus. Die kurze Carotis communis verlängert sich mit dem Absteigen des Herzens. Die Carotis interna sendet in dieser Zeit eine A. stapedial aus, welche das Blastem des späteren Steigbügels durchsetzt und sich dann in einen Ramus supraorbitalis, maxillaris und mandibularis teilt. In der achten Woche bildet sich zwischen ihr und der erst sehr kleinen Carotis externa eine Anastomose aus, wodurch dieser letzteren die genannten Zweige zugeteilt werden, während der Stamm der A. stapedial. schwindet. Sein anfänglicher Verlauf verhindert den Steigbügel, sich zu einem soliden Stück auszubilden, er bedingt seine Durchlochung.

Die dorsalen Äste der Aorta descendens sind die Intercostal- und Lumbalarterien; sie rücken im zweiten Monat in ihre definitive Lage ein. Der Ursprung der A. intercostalis suprema aus der A. subclavia ist eine sekundäre Erwerbung. Längsanastomosen, welche die vorderen Enden der dorsalen Äste verbinden, bilden sich zur A. mammaria interna, epigastrica superior und inferior aus.

Die lateralen Äste der Aorta sind die Urnierenarterien, von ihnen gehen Zweige zu den Geschlechtsdrüsen, Nebennieren und Dauernieren.

Von den zahlreichen ventralen Ästen bleiben nur A. coeliaca, mesenterica superior und inferior übrig. Sie verlassen die Aorta ursprünglich höher oben, wandern aber an ihr kaudalwärts, bis sie ihre definitive Abgangsstelle erreicht haben. Auch der Ursprung der A. umbilicalis verschiebt sich in kaudaler Richtung.

Die Extremitäten werden zuerst von Arteriennetzen durchzogen, aus denen sich der bleibende Zustand ausbildet. An der oberen Extremität ist dies am Ende des zweiten Monats geschehen. Die untere Extremität erhält als Hauptarterie erst die A. ischiadica, die den gleichnamigen Nerven begleitet. Gegen Ende des zweiten Monats vergrößert sich die erst unbedeutende A. femoralis und ersetzt die zu einem kleinen Ast herabsinkende A. ischiadica am Oberschenkel. Eine von der A. femoralis im zweiten Monat abgegebene A. saphena begleitet den gleichnamigen Nerven; von ihr bleibt später nur das Anfangsstück als A. genus suprema erhalten.

Bei der Entwicklung der Stämme der Körpervenen werden mehrfach die ursprünglichen Gefäße durch neuentstehende ergänzt, wobei zugleich vorhandene entweder ganz untergehen oder teilweise in den Dienst der neu auftretenden gestellt werden. Was zuerst die besonders wichtigen

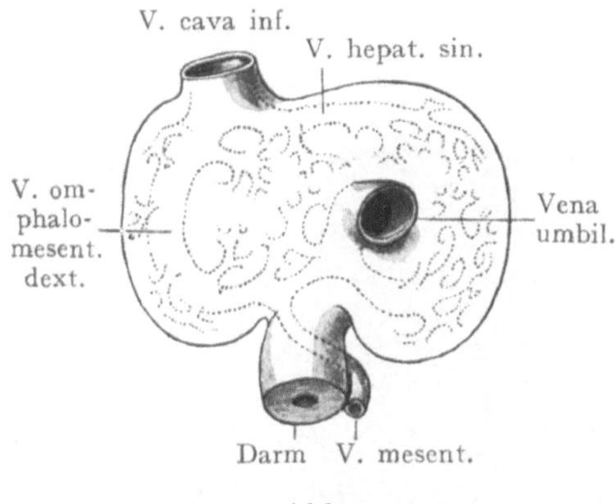

Abb. 267.

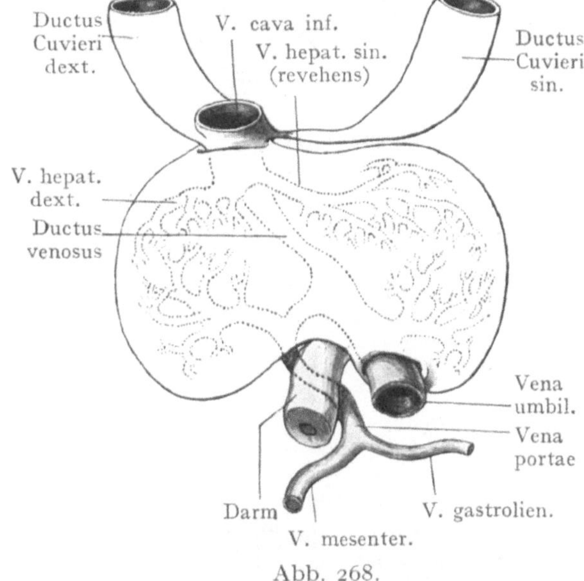

Abb. 268.

Abb. 267 und 268. Entwicklung des Pfortaderkreislaufes. 267 früheres, 268 späteres Stadium.

Vv. omphalomesentericae und umbilicales anlangt, so wurde schon oben (S. 221) erwähnt, daß nur je eine von ihnen übrig bleibt. Die Nabelblase hat sich zurückgebildet, der Darm aber ist gewachsen. Die von ersterer kommenden Venenzweige verkümmern demgemäß, die vom Darmrohr (und der Milz) kommenden, Vena gastrolienalis und mesenterica, vergrößern sich dagegen (Abb. 267, 268). Ein rechter und linker Ast speist als Vv. advehentes das erwähnte Netz (S. 221) in der Leber. Die aus diesem Netz hervorgehenden Vv. revehentes sammeln sich in einem Stamm, der mit der Vena cava zusammentrifft, unmittelbar bevor diese in das Herz mündet. Damit ist der Pfortaderkreislauf entstanden und man bezeichnet den Stamm der V. omphalomesenterica von jetzt an als Pfortader (Abb. 268). Die Nabelvene tritt mit dem linken Ast der Pfortader in Verbindung und setzt sich von ihm aus als Ductus venosus (Arantii) bis zu der Stelle fort, an der sich die V. revehens mit der V. cava vereinigt. Die V. umbilicalis ist im zweiten Monat schon ganz erheblich stärker als die V. portae, die von dem noch recht dünnen Darm-

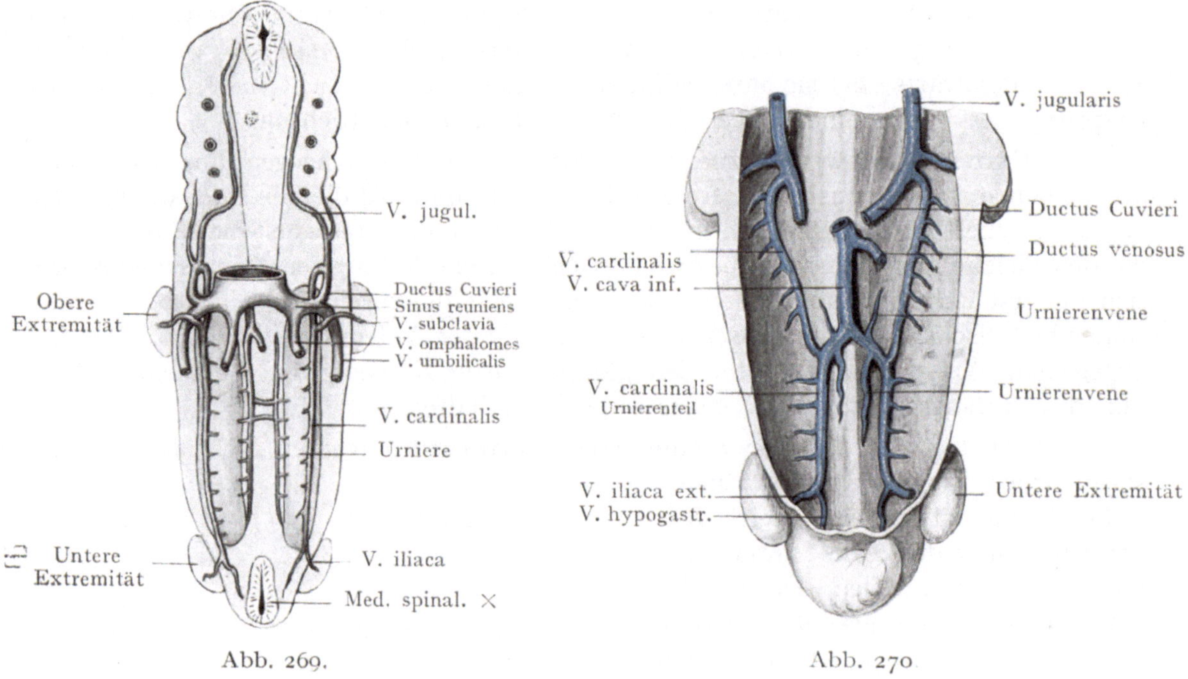

Abb. 269. Abb. 270

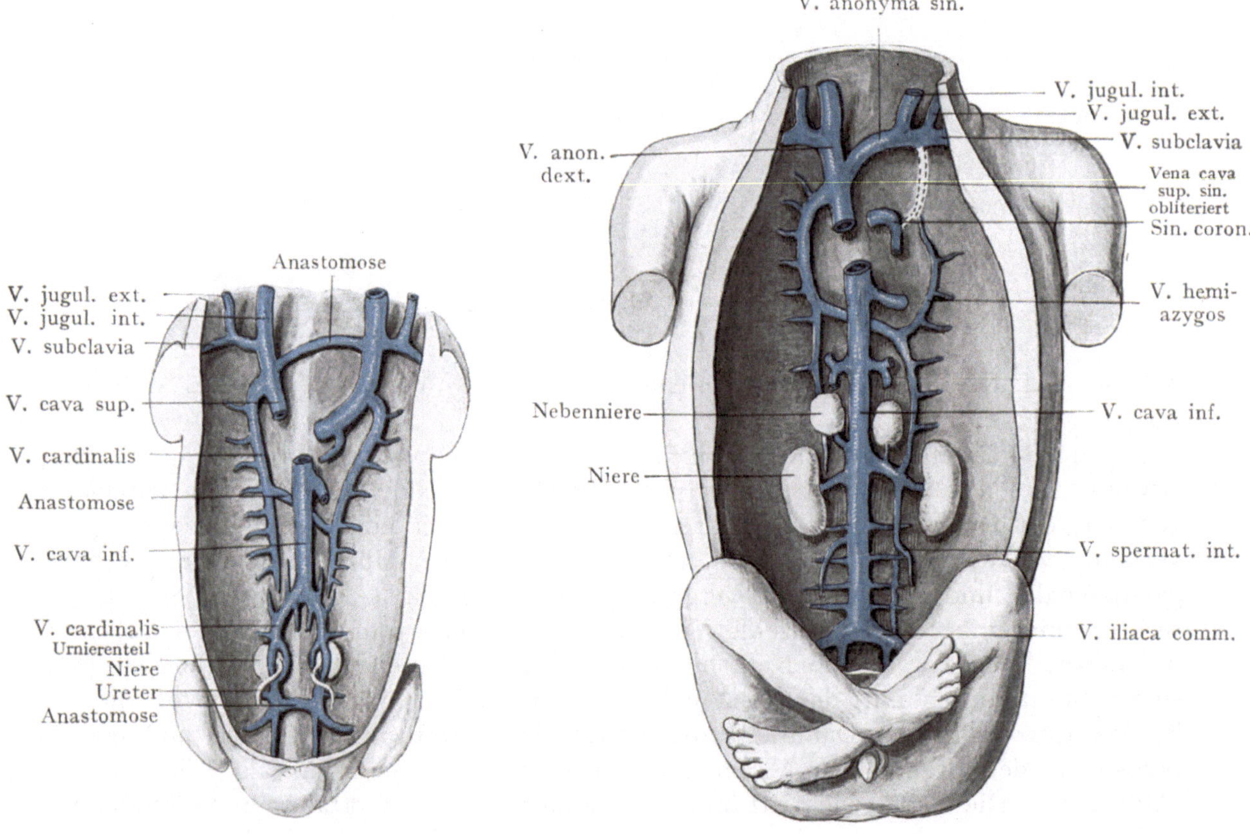

Abb. 271. Abb. 272.

Abb. 269—272. Schematische Figuren der Entwicklung der Körpervenen (Kollmann 1907).

rohr herkommt. Sie liefert deshalb mehr Blut in die Leber wie diese, und es sieht aus, als wären die beiden Pfortaderzweige Äste der Nabelvene und nicht der Pfortader. Dieses Verhältnis bleibt bei Bestand, so lange der Placentarkreislauf vorhanden ist, also bis zur Geburt; dann verödet die Nabelvene, und ihr Rest wird jetzt vom Nabel bis zum linken Pfortaderast als Lig. teres hepatis, von da an bis zur V. cava inferior als Lig. venosum bezeichnet. Die Pfortader wird mit dem Beginn der Tätigkeit des Darmes nach der Geburt immer stärker und tritt somit in ihre alten Rechte wieder ein.

Von den anderen Körpervenen (Abb. 269—271) sind anfänglich die Vv. cardinales vorhanden, die sich jederseits im Ductus Cuvieri vereinigen (S. 222). Außerdem besitzen die Urnieren ein wohlentwickeltes Venensystem, dessen Äste sich in eine Anastomose zwischen den beiden Vv. cardinales ergießen. Im Bereich des Kopfes ent-

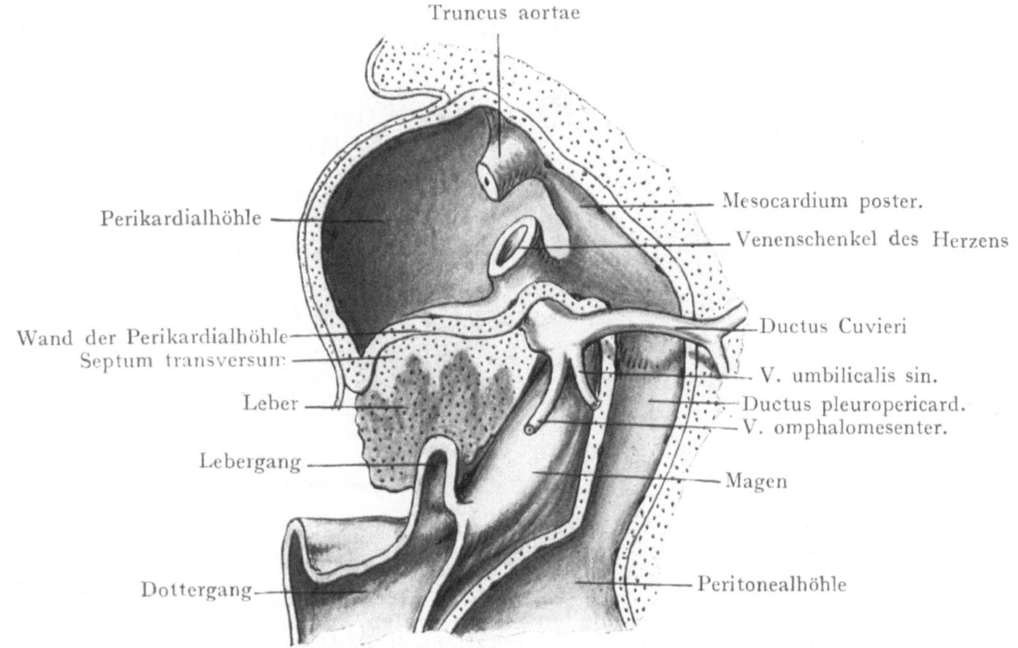

Abb. 273. Septum transversum und Cölomhöhle (Kollmann 1907).

steht schon zeitig eine V. capitis lateralis, die allmählich den oberen Teil der V. cardinalis anterior ersetzt. Aus ihr bildet sich der obere Teil der V. jugularis interna, während ihr unterer den noch vorhandenen Abschnitt der V. cardinalis benützt. In der Mitte des zweiten Monats erscheint auch die V. jugularis externa, die an ihrem Ende mit der V. jugularis interna und V. subclavia zusammenmündet. Diese letztere bildet sich in gleichem Schritt mit dem Heranwachsen der oberen Extremität aus. Die Cuvierschen Gänge nehmen den gemeinsamen Stamm auf, der aus dem Zusammenfluß der Vv. jugularis und subclavia entstanden ist. Mit dem Herabsteigen des Herzens haben sich die Gänge immer steiler gestellt und werden nunmehr als Vv. cavae superiores bezeichnet. Sie sind zwar symmetrisch angelegt, doch gelangt nur die V. cava dextra in geradem Verlauf zum Herzen, das Endstück der V. cava sinistra krümmt sich und liegt vor der Mündung in den Vorhof im Sulcus coronarius posterior cordis, wobei es die Herzvenen aufnimmt. Die linke Hohlvene geht immer mehr zurück, sie sendet ihr Blut durch eine Anastomose, die V. anonyma sinistra, in die V. cava dextra; von ihr bleibt nur das erwähnte, die Herzvenen aufnehmende

Endstück als Sinus coronarius cordis übrig. Mit dem Schwinden der V. cava sinistra schwindet auch die Einmündung der V. cardinalis sinistra in dieses Gefäß.

Die Vena cava inferior ist dazu bestimmt, den Teil der Vv. cardinales inferiores zu ersetzen, der das Blut aus der unteren Körperhälfte ableitet. Ihr kranialer Teil tritt als ein aus der Leber kommendes Ästchen auf und ergießt sich in den Sinus venosus des Herzens. Sehr bald gewinnen die erwähnten Anastomosen der Cardinalvenen eine Verbindung mit der V. cava inferior. Der Weg zum Herzen ist nun für das aus der unteren Körperhälfte abfließende Blut durch die untere Hohlvene ein direkterer als durch die Cardinalvenen und wird deshalb von nun an benutzt. Dadurch erweitert sich die Hohlvene, während der an diese angrenzende Teil der Cardinalvenen verkümmert und ganz verloren geht.

Von den Cardinalvenen bleibt schließlich nur der Teil übrig, der die Venen der Brustwand sammelt. Da die linke Cardinalvene ihre Mündung nach oben hin ver-

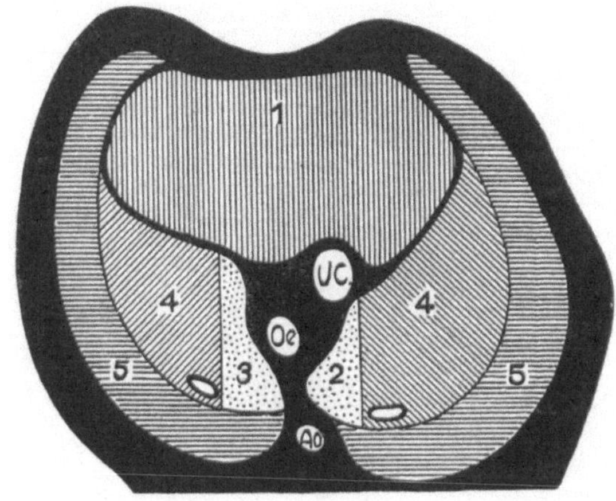

Abb. 274. Zwerchfell von einem 21 cm langen menschlichen Embryo nach J. Broman. Ao. = Aorta, V. C. = Vena cava inf., Oe. = Ösophagus. 1. Der perikardiale Teil, vom Septum transversum gebildet. 2. und 3. Teile, die vom Mesenterium herzuleiten sind. Diese entsprechen den sog. kaudalen Begrenzungsfalten. 4. Teile, die von den medialen Blättern der Urnierenfalten (Membranae pluro-peritoneales) herzuleiten sind. Hinten und medial in diesen Teilen ist die Lage der letzten (schon obliterierten) Kommunikationsöffnungen schematisch bezeichnet. 5. Teile, die bei der Thoraxvergrößerung von der Körperwand isoliert werden.

loren hat, sendet sie ihr Blut durch eine Anastomose in die gleichnamige Vene der rechten Seite. Man bezeichnet sie jetzt als V. hemiazygos, während die rechte, deren Einmündung in die V. cava bei Bestand bleibt, den Namen V. azygos bekommt.

Der Verlauf der Extremitätenvenen gleicht im zweiten Monat dem der späteren Zeit noch keineswegs, sie bilden sich erst in der Folge zu der vom geborenen Menschen bekannten Anordnung aus.

Trennung der Höhlen des Rumpfes voneinander. Zwerchfell. Die Anfänge der zu schildernden Vorgänge liegen weit zurück, ihre Fertigstellung trifft mit dem Ende des zweiten Embryonalmonats zusammen. Vom vierten Embryonalstadium wissen wir, daß das Herz von der Parietalhöhle umschlossen wird, der Darm liegt in der Leibeshöhle. Beide Höhlen entstehen getrennt voneinander, vereinigen sich jedoch bald durch Vermittelung zweier taschenförmiger Divertikel, die von der dorsalen Seite der Parietalhöhle ausgehen. Am Ende der vierten Woche existiert dann eine einzige zusammenhängende Leibeshöhle, bestehend aus der Parietalhöhle, der den Darm beherbergenden Peritonealhöhle und den paarigen Röhren (Ductus pleuropericardiaci), die beide verbinden (Abb. 273). In diese letzteren sprossen die Anlagen der beiden Lungen hinein. Der Abschluß des Herzbeutels von den Pleurasäcken und der Abschluß dieser letzteren von der Peritonealhöhle durch das Zwerchfell steht in nächster Beziehung zu dem Verlauf der in das Herz mündenden Venen, die sich im Septum transversum oberhalb der Leberanlage (S. 195) sammeln. Die Ductus Cuvieri verlaufen erst in querer Richtung, später verschiebt sich das Herz und das an die Unterseite der Parietalhöhlenwand befestigte Septum transversum caudalwärts. Die Ductus Cuvieri werden dadurch gezwungen, eine schräg absteigende Lage einzunehmen, wobei sie jederseits das sie deckende Blatt des Septum transversum in eine Falte aufheben. Diese Falten nähern sich einander durch aktives Wachstum immer mehr und vereinigen sich zuletzt mit dem vor der Wirbelsäule liegenden Wulst, der die Speiseröhre, die Luftröhre und die großen Gefäße enthält. Der Wulst ist dadurch zu dem hinteren Mediastinum geworden. Durch die Vereinigung ist Anfang des zweiten Monats die das Herz umschließende Perikardialhöhle von den beiden Pleurahöhlen abgeschlossen worden. Die Leber ist mittlerweile durch vordringende Peritonealtaschen vom Septum transversum immer mehr gesondert worden, ohne jedoch vor allem an der hinteren Leibeswand jemals den Zusammenhang mit ihm vollständig zu verlieren; das Septum selbst verdünnt sich. Hinter seinem dorsalen Rand hängen die Pleurahöhlen mit der Peritonealhöhle noch immer zusammen, ihre Trennung erfolgt durch pfeilerartige Falten (Uskowsche Pfeiler), die sich auf den absteigenden Urnieren erheben und schließlich mit dem Septum transversum zur Anlage des Zwerchfelles verschmelzen.

Embryonen aus dem zweiten Embryonalmonat.

Die Länge des Embryos ist im zweiten Monat bis zu etwa 20 mm herangewachsen, die Ursegmente scheinen immer weniger durch, anfänglich, weil das Integument immer dicker und derber wird, zuletzt weil die Ursegmente immer mehr in ihre Umwandlungsprodukte aufgehen. Die starke Krümmung des Rückens nimmt ab, auch der Kopf richtet sich mit der Entstehung des Halses mehr auf, wenn er auch allerdings noch immer ziemlich stark vorwärts gebeugt ist.

Die äußere Umwandlung des Kopfes ist, wie die innere, eine tiefgreifende. Aus dem noch gar nicht menschenähnlich aussehenden Schlundbogenapparat (Abb. 275) und den Stirnfortsätzen hat sich Gesicht und Hals herausgebildet. Wenn der letztere auch noch sehr kurz ist, so ist doch der Sinus cervicalis spurlos verschwunden und wenn auch das Gesicht noch sehr der Weiterentwicklung bedarf, so tritt doch das spezifisch Menschliche in ihm bereits deutlich in die Erscheinung. Die Nase erhebt sich schon und beginnt ihrer definitiven Form zuzustreben, die Augen stehen freilich noch weit seitlich und die Ohröffnung noch sehr tief (Abb. 249—255). Der Gehirnteil des Kopfes ist noch sehr groß, was dem kleinen Gesichtsteil gegenüber stark in die Augen fällt (Abb. 276). Die Scheitelgegend glättet sich immer mehr und läßt von den einzelnen Gehirnabteilungen bei äußerer Betrachtung immer weniger erkennen.

Die Streckung des Rückens ist darauf zurückzuführen, daß das Wachstum des Rückenmarkes den in den Körperhöhlen liegenden Gebilden gegenüber weniger rasch zunimmt. Brust und Bauch werden immer größer, das Herz steigt herab, die Lungen haben begonnen sich zu vergrößern, die Leber wird immer voluminöser. Sie wölbt den Bauch stark vor und schon im Anfang des zweiten Monats übertrifft der Leberwulst den Herzwulst an Größe.

Der freie Schwanz ist noch in der ersten Woche des zweiten Monats stark ausgebildet, dann verkleinert er sich rasch (Abb. 276), und es verschwinden seine rudimentär gewordenen Wirbel im Gesäß. Äußerlich bleibt nur ein Kaudalhöcker übrig, von dem ein dünner, quastenförmiger Schwanzfaden ausgeht, der zuletzt abgestoßen wird. Auch bei Tieren, die einen langen äußeren Schwanz besitzen, ist die Abschnürung von Schwanzknospen oder -fäden zu beobachten. In der Kloakengegend fällt ein stark vorspringender Genitalhöcker (Kloakenhöcker) auf, der die Ausbildung der äußeren Genitalien einleitet (Abb. 276).

Besonders auffallend ist die beträchtliche Fortbildung der Extremitäten. Aus den flossenartigen Anlagen vom Ende des ersten Monats bilden sich im zweiten Arm

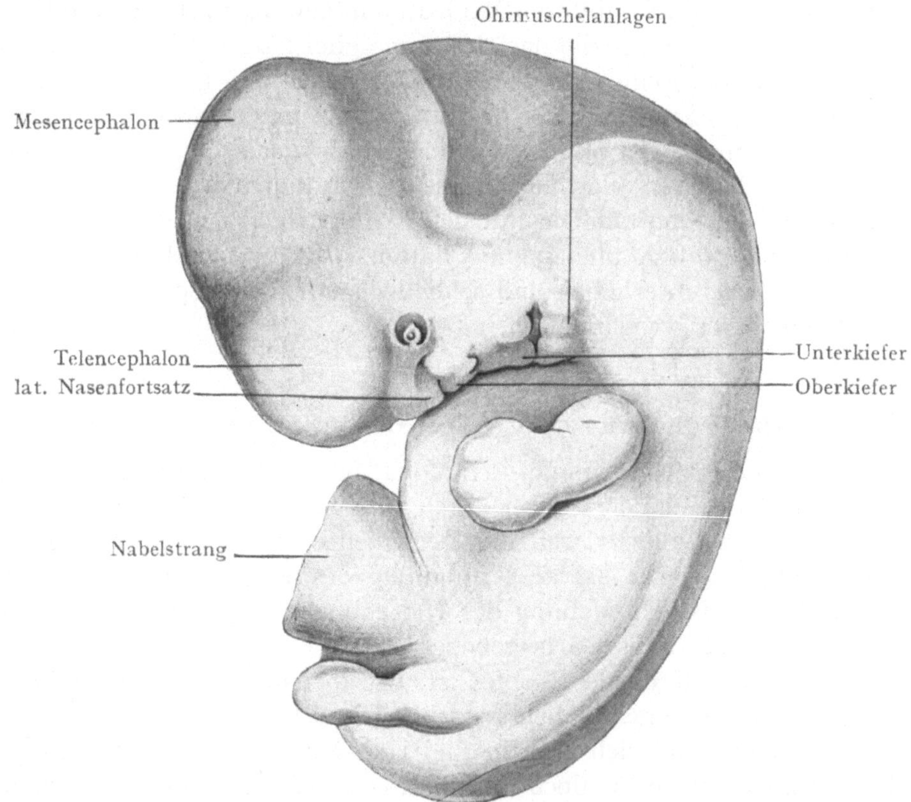

Abb. 275. Menschlicher Embryo vom Anfang des zweiten Monats (Rabl 1902).

und Bein aus. Schon in der ersten Woche des zweiten Monats ist die Hand zu erkennen. In der verbreiterten Platte, die sie darstellt, treten bald Furchen auf, die die Fingerstrahlen erkennen lassen (Abb. 275). Erst sind diese letzteren durch dünne Hautfalten schwimmhautähnlich miteinander verbunden. Diese verschwinden dann und die Finger beginnen gegen Ende des zweiten Monats als dicke Stummel frei zu werden. Bei der Verlängerung des Armes tritt auch der Ellenbogen hervor und zuletzt wird schon die Schulter deutlich. Die untere Extremität bildet sich in gleicher Weise aus, doch immer etwas später wie die obere. Am Ende des zweiten Monats erkennt man Ferse und Knie. Auch bei der unteren Extremität ist zuerst die Großzehenseite direkt nach oben hin gewendet. Im zweiten Monat werden dann die Extremitäten so rotiert, daß der Ellenbogen sich kaudalwärts, das Knie kranialwärts wendet.

Die Proportionen weichen von den definitiven noch beträchtlich ab. Der Kopf ist noch immer unverhältnismäßig groß, das Beckenende ist wenig entwickelt. Die Extremitäten sind noch kurz.

Die histologische Differenzierung hat gewaltige Fortschritte gemacht. Das Bindegewebe beginnt fibrillären Charakter anzunehmen. Das Skelet ist zum großen Teil knorpelig, es hat sogar schon mit der Knochenbildung begonnen. Die glatten Muskeln zeigen sich, wo sie vorhanden sind, schon gut entwickelt, die gestreiften Muskeln haben begonnen, sich fibrillär zu differenzieren. Von der Ausbildung des Nervensystems, von der Struktur der Nieren und der Geschlechtsdrüsen wurde bei deren Besprechung bereits berichtet. Die übrigen Drüsen, soweit ihre Anlagen schon vorhanden sind, machen Fortschritte, ohne daß jedoch die spezifische Struktur bereits hervorträte.

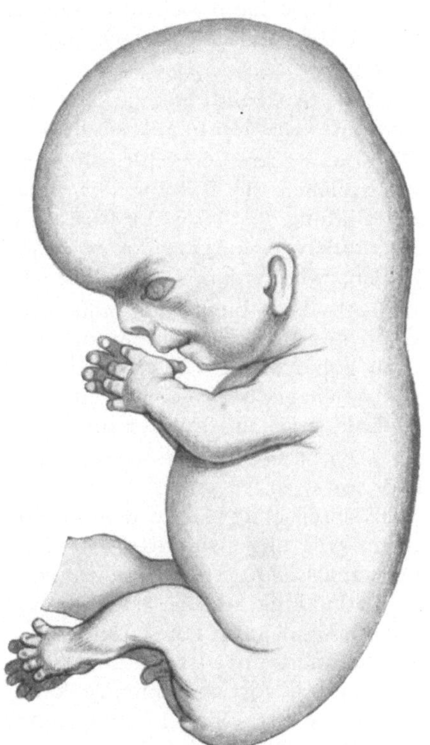

Abb. 276. Menschlicher Embryo vom Ende des zweiten Monats (His 1885). Schwächer vergrößert als Abb. 275.

Entwicklungsstörungen des zweiten Monats. Da der zweite Monat der Anlage und Fortbildung der meisten wichtigen Organe und Systeme gewidmet ist, so können Störungen in ihrer Entwicklung nicht später ihren Anfang nehmen, als in diesem Zeitraum, denn wenn sie sich einmal regulär gebildet haben, sind sie nur noch Erkrankungen, aber nicht mehr Entwicklungsfehlern zugänglich. In der überwiegend größten Anzahl der Fälle handelt es sich um eine Hemmung der normalen Weiterentwicklung, wobei viele Fälle beobachtet werden, in denen es nicht bei einer einzigen Störung bleibt, sondern in denen mehrere, manchmal viele zugleich auftreten. Man wird dabei zumeist an eine weitgehende Anomalie in der Anlage des ganzen Keimes denken müssen, die auf die ersten Tage der Entwicklung, vielleicht schon auf die Struktur von Spermium und Ei zurückgeht.

Störungen in der Bildung des Gesichtes sind sehr häufig. Die seitliche Lippenspalte (Hasenscharte) beruht auf dem Ausbleiben der Vereinigung des mittleren Nasenfortsatzes mit dem angrenzenden Oberkieferfortsatz und des Oberkieferfortsatzes mit dem Proc. globularis des mittleren Stirnnasenfortsatzes. Bleiben beide Verwachsungen aus, dann reicht die Hasenscharte bis in das Nasenloch. Die seitliche Nasenspalte trennt den mittleren und seitlichen Nasenfortsatz bis zur Riechgrube hinauf voneinander. Ein Offenbleiben der Spalte, welche den seitlichen Nasenfortsatz vom Oberkieferfortsatz trennt, bedingt die schräge Gesichtsspalte. Als quere Gesichtsspalte bezeichnet man das Offenbleiben der Spalte zwischen Oberkiefer- und Unterkieferfortsatz, sie erstreckt sich vom Mundwinkel aus seitwärts, gelegentlich bis gegen das Ohr hin. Die ursprüngliche Größe der Mundspalte kann man daran erkennen, daß die erste Anlage des Ductus parotideus wie die jeder Drüse dort beginnt, wo der Ausführungsgang im ausgebildeten Zustand der Drüse einmündet, d. h. hier am Ende der embryonalen Mundspalte. Um die Entfernung der Mündung des Ductus parotideus von der definitiven Mundspalte hat sich der embryonale Mund verkleinert. Eine mediane Spalte der Oberlippe wird durch Mangel der Verwachsung der beiden Processus globulares hervorgerufen, eine solche der Unterlippe hat ihren Grund in einer mangelhaften Verwachsung beider Unterkieferfortsätze. Die Spaltungen können ganz oberflächlich bleiben, ja es kommt sogar vor, daß statt einer Spalte nur eine Art Raphe gefunden wird, die wie eine Narbe in der Lippe oder der Wangengegend erscheint. Von der seitlichen Gesichtsspalte kann als kleiner Rest nur eine Spaltung (Colobom) des unteren Augenlides vorhanden sein. Andererseits können sich an die Lippenspalten solche des Gaumens anschließen, indem der Gaumenfortsatz im Wachstum zurückbleibt und die Vereinigung mit den in der Mittellinie befindlichen Teilen nicht erreicht. Die Spalte kann sich mehr oder weniger weit nach hinten erstrecken, sie kann auch den weichen Gaumen durchsetzen (Wolfsrachen). Auch hier kommen Verschiedenheiten vor, indem zuweilen eine Vereinigung vorn und hinten erreicht wird, so daß nur in der Mitte des Gaumens ein Loch vorhanden ist, das Mund- und Nasenhöhle verbindet, oder der weiche Gaumen ist richtig ausgebildet, oder nur er ist betroffen. Der geringste Grad der Mißbildung ist ein gespaltenes Zäpfchen (Uvula fissa). Umgekehrt kann die Verwachsung der Ober- und Unterkieferfortsätze weitergehen, wie gewöhnlich, so daß eine sehr kleine Mundöffnung die Folge ist, dieselbe kann sogar ganz geschlossen sein.

Die Augenanlagen können in der Mittellinie sehr nahe zusammenrücken, selbst ganz verschmelzen; dadurch werden die Nasenfortsätze am normalen Herabsteigen gehindert und wandeln sich nun über dem einfachen Auge zu einer rüsselförmigen Hervorragung um (Cyclopie). Mit der Cyclopie kann sich auch eine Mißbildung des Gehirns verbinden, so eine Verwachsung der beiden Hemisphären zu einer hufeisenförmigen Masse, doch kommt diese Mißbildung auch ohne Cyclopie vor.

Die Augenlidbildung kann ausbleiben, wobei dann auch natürlich kein Conjunktivalsack entsteht. Die Hornhaut ist in solchen Fällen nicht durchsichtig.

Das äußere Ohr fehlt selten, öfter findet man es aus Höckern gebildet, entsprechend denen, von welchen die Bildung der Ohrmuschel ausgeht. Eine abnorme Lagerung der Höcker führt zur Bildung gestielter Aurikularanhänge, die zumeist von der Gegend des Tragus ausgehen. Der äußere Gehörgang kann verschlossen sein, das Trommelfell kann seine ursprüngliche Lage beibehalten, es kann sehr dick sein. Die Gehörknöchelchen können abnorm sein.

Am Hals bleibt der Sinus cervicalis als Halsfistel erhalten. Dieselbe geht vom vorderen Rand des M. sternocleidomastoideus aus, meist dicht über dem Sternoklavikulargelenk, zuweilen auch höher oben. Sie erreicht die Wand des Pharynx. Ein Durchbruch in dessen Binnenraum ist pathologisch. Bleiben Teile der ursprünglichen Kiemenfurchen bei Bestand, dann geben sie Veranlassung zur Entstehung von Cysten.

Am Ende des ersten und im zweiten Monat entstehen die zahlreichen Mißbildungen des Herzens; unter ihnen ist hervorzuheben die Hemmung in der Ausbildung der Scheidewände. Sehr selten bleibt sie in den Vorhöfen oder Ventrikeln ganz aus; etwas öfter sieht man aber bei ihnen eine unvollständige Entwicklung. Das Septum primum erreicht die Endokardkissen des Ohrkanals nicht, so daß an seinem unteren Ende die beiden Vorhöfe durch ein Loch miteinander in Verbindung stehen; oder die Valvula foraminis ovalis ist unvollständig. Auch die Kammerscheidewand kann einen Defekt zeigen, der meist auf unvollständige Verwachsung der Arterienscheidewand mit der Kammerscheidewand zurückzuführen ist. Durch eine abnorme Stellung des Septum aorticopulmonale kann die eine der beiden Arterien, meist die A. pulmonalis enger bleiben, wie gewöhnlich. Die Stellung kann sogar so weit von der Norm abweichen, daß die Aorta von dem rechten, die Pulmonalis von dem linken Ventrikel ausgeht, doch ist dies sehr selten. Die Zahl der Semilunarklappen kann eine geringere oder größere sein, als in der Norm. Die Lage der Teile des Darms kann auf jeder Entwicklungsstufe Halt machen.

Der Abschluß der Bauchhöhle von einer der Pleurahöhlen kann wegen mangelnder Verwachsung der ventralen und dorsalen Anlage des Zwerchfelles ausbleiben. Es treten Baucheingeweide in die Brusthöhle ein (Hernia diaphragmatica spuria). Diese Hernie ist nicht zu verwechseln mit einer Hernia diaphragmatica vera, die im späteren Fetalleben dadurch entsteht, daß auf der einen Seite des Zwerchfelles die Muskelbildung ausbleibt, so daß die nur bindegewebige Platte durch den intraabdominalen Druck in die Brusthöhle eingestülpt wird, die vortretenden Baucheingeweide sehen dann aus, als seien sie von einem Bruchsack umschlossen. Auch der Abschluß der Perikardialhöhle von den Pleurahöhlen kann in größerem oder geringerem Grade, einseitig oder doppelseitig, ausbleiben.

Die Bildung der Extremitäten kann bedeutende Störungen erleiden. Außer den schon auf den ersten Monat zurückzuführenden Mißbildungen (S. 224) kann einer oder der andere Knochen verkümmert sein oder ganz fehlen. Die Mißbildung kann sich dabei distalwärts auf Hand und Fuß erstrecken. Die unteren Extremitäten können miteinander verschmelzen (Sympodia, Sirenenbildung), die Trennung der Finger und Zehen kann ausbleiben (Schwimmhautbildung, knöcherne Verwachsung). Umgekehrt kann ein Finger- oder Zehenstrahl sich spalten, wodurch überzählige Finger entstehen, besonders trifft eine solche Mißbildung die randständigen Finger, vor allem Daumen und große Zehe. Eine größere Zahl von Phalangen, wie gewöhnlich kommt vor, besonders wieder an Daumen und großer Zehe, auch eine Minderzahl von solchen wird beobachtet. Angeborene Luxationen, wie man sie am Schulter- und Kniegelenk, am häufigsten am Hüftgelenk beobachtet, sind wohl nicht als Fehler der ersten Bildung, sondern als später erworbene pathologische Erscheinungen aufzufassen.

Dem zweiten Embryonalmonat gehört auch das ganze Heer der Muskel-, Gefäß- und Nervenvarietäten an, deren Erklärung in dem einen Fall leicht ist, in dem anderen schwierig, selbst unmöglich sein kann. Hervorzuheben ist besonders die nicht häufig zu beobachtende abnorme Benützung der Kiemenbogenarterien für den bleibenden Kreislauf (doppelseitig symmetrischer Aortenbogen, rechtsseitiger Aortenbogen und anderes), sowie Erhaltenbleiben einer linksseitigen Vena cava superior. Auch im Bereich der übrigen großen Arterien und Venen wurden Hemmungsbildungen beobachtet, die sehr seltene doppelte Aorta, eine Aorta mit Septum, Erhaltenbleiben der A. ischiadica, saphena, Varietäten im Bereich der V. cardinalis inferior und Cava inferior.

Fetalzeit vom dritten Monat bis zur Geburt.

Mit dem Ablauf des zweiten Monats ist die innere Ausbildung der Frucht weit fortgeschritten und ihre äußere Form ist eine rein menschliche geworden. Der Embryo hat sich dadurch zum Fetus (vom altlat. feo, erzeugen) umgewandelt (Abb. 276). Der dritte Monat hat das zu vollenden, was der zweite noch übrig gelassen hat; ist er zu Ende, dann bleibt dem Fetus nur noch die Aufgabe, die letzten Einzelheiten der definitiven Ausbildung entgegenzuführen und bis zur extrauterinen Lebensfähigkeit heranzuwachsen.

Eine genauere Beschreibung der während der Fetalzeit sich abspielenden Entwicklungsvorgänge soll in folgendem nicht gegeben werden, es wird sich bei der Beschreibung der Organe in den späteren Abteilungen des Buches die Gelegenheit bieten, das Nötige beizubringen. Hier sind lediglich einige orientierende Angaben zu machen, und nur wenige Prozesse bedürfen einer genaueren Darstellung. Das Muskelsystem ist so gut wie fertig angelegt, das Skeletsystem ist in voller Fortbildung begriffen, auch das Gefäßsystem ist in seiner Entwicklung weit fortgeschritten.

a) Kopf.

I. Gehirn. Es mag vorausgeschickt sein, daß sich das Rückenmark schon bei einem Fetus vom Ende des dritten Monats dem des Erwachsenen ganz gleich gebaut zeigt, doch sind die Markscheiden der Nervenfasern noch nicht gebildet, diese treten vom fünften Monat ab auf; bei der Geburt sind sie noch nicht alle vorhanden. In der Medulla oblongata sondern sich die Kerne und Stränge vom dritten bis sechsten Monat immer weiter, bis der definitive Bau erreicht ist. Das Kleinhirn wölbt sich im dritten Monat nach außen und bildet zuerst den Mittelteil, sodann die Hemisphären aus. Die Vierhügel grenzen sich in der Zeit vom dritten bis fünften Monat gegeneinander ab. Um die Mitte des intrauterinen Lebens verwachsen die einander zugekehrten Flächen der Thalami an einer umschriebenen Stelle miteinander (Massa intermedia). Die Corpora mamillaria werden im dritten Monat kenntlich. Die Großhirnhemisphären erstrecken sich im sechsten Monat rückwärts bis über die Vierhügel, dann dehnen sie sich immer weiter nach hinten aus, bis sie das ganze Gehirn bedecken (Abb. 277). Die medialen Oberflächen der beiden Hemisphären platten sich oberhalb des Thalamus gegenseitig aneinander ab. In ihrem dem Scheitel zugekehrten Teil werden sie durch die Sichel voneinander getrennt, in dem kaudalen Teil verwachsen sie an der Berührungsstelle miteinander. Die Verwachsung beginnt vom Ende des dritten Monats ab vorn und schreitet nach hinten bis über die Gegend der Epiphyse fort. Die Vereinigungsstelle wird von Nervenfasern quer durchwachsen und bildet die große Kommissur des Balkens, Corpus callosum (Abb. 277). Longitudinale

Fasern ganz am unteren Rand der medialen Hemisphärenfläche bilden das Gewölbe, Fornix; die Gewölbe beider Seiten sind miteinander und mit der Unterseite des Balkens eine Strecke weit verwachsen. Nach vorne werden sie durch das Septum pellucidum von diesem getrennt und steigen jederseits als Columnae fornicis zu den Corpora mamillaria ab, weiter hinten biegen sie nach beiden Seiten als Crura fornicis ab, um in das Unterhorn abzusteigen. Der Ventriculus septi pellucidi entsteht durch Zerfall und Verflüssigung von Zellen in der ursprünglich soliden Masse (Hochstetter).

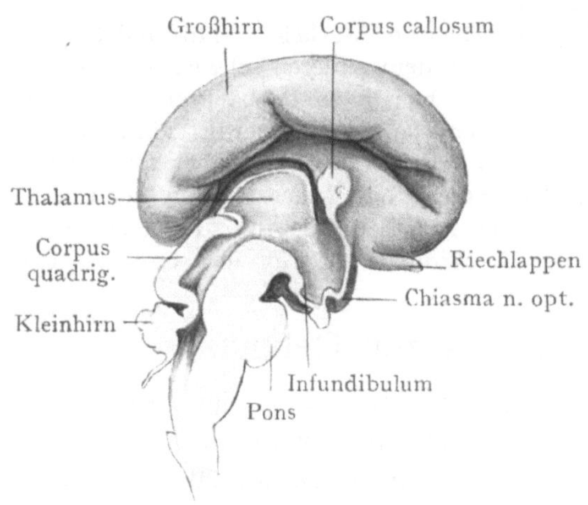

Abb. 277. Medianschnitt des Gehirns eines viermonatlichen Fetus (Marchand 1891). Entwicklung des Balkens.

Die Wand der Hemisphären verdickt sich beträchtlich und auf ihrer äußeren Oberfläche entsteht ein System von Totalfurchen oder Fissuren, an die sich in späterer Zeit die übrigen Sulci und Gyri anschließen. Die Fissuren sind: Fissura lateralis, Fissura hippocampi, Fissura chorioidea, Fissura calcarina, Fissura parietooccipitalis. Sie sind sehr konstant, während die späteren Furchen und Wülste zahlreichen Variationen unterliegen.

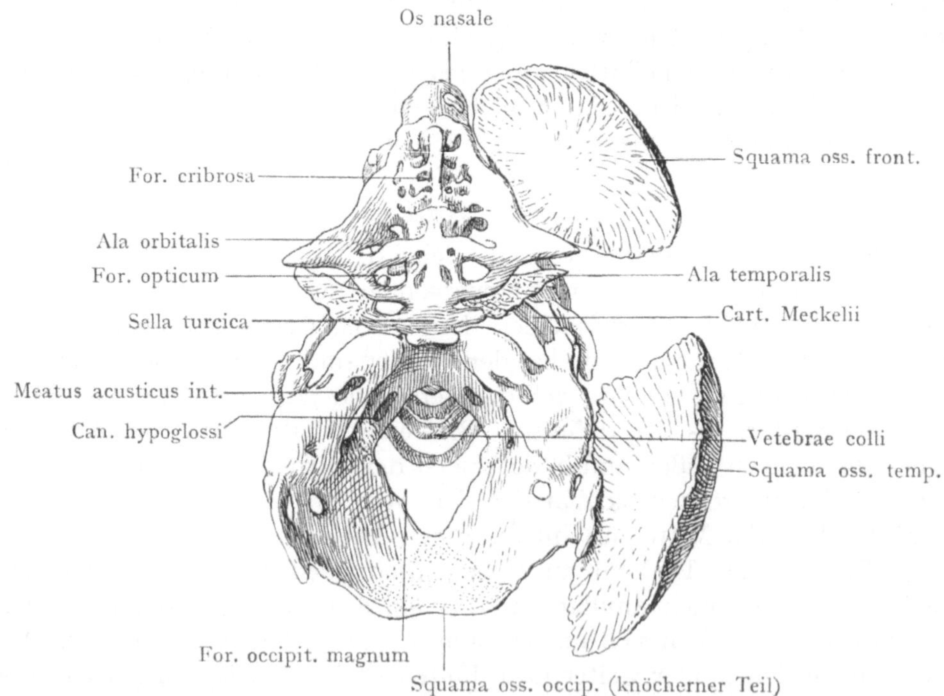

Abb. 278. Knorpeliges Primordialkranium eines Embryos von 8 cm Scheitelsteißlänge. Os nasale, Squama ossis frontis und Squama ossis temporalis sind Hautknochen. Ala temporalis ossis sphenoidei und Mittelteil der Squama ossis occipitalis verknöchert (Hertwig-Ziegler).

Das Gehirn des Neugeborenen ist in seinem Aussehen dem des Erwachsenen völlig gleich, im Inneren aber ist noch manches nachzuholen. Die Markscheidenbildung beginnt zum großen Teil erst nach der Geburt.

Die Plexus chorioidei bilden sich aus, die Hirn- und Rückenmarkshäute sondern sich aus der zwischen Skelet und Centralnervensystem befindlichen Bindegewebsmasse.

II. Skelet. Das knöcherne Skelet des Kopfes entwickelt sich aus drei verschiedenen Quellen: 1. vom knorpeligen Primordialkranium aus, 2. von dem Knorpelgerüst des Schlundbogenapparates, und 3. ohne knorpelige Grundlage aus der Haut oder Schleimhaut (Bindegewebsknochen, Hautknochen, Belegknochen). Die knorpeligen Skeletanlagen umschließen das Centralnervensystem nur in seinem kaudalsten Teil nach Art eines Wirbels ringförmig. Weiter vorn bildet der Knorpel allein die Schädelbasis, die Decke aber läßt er frei, diese wird von Bindegewebsknochen gebildet. Daß der kaudalste Teil des Schädels den Wirbeln nahe verwandt ist, geht auch daraus hervor, daß sich die Chorda dorsalis noch in den Kopf hinein erstreckt, sie reicht dort bis zur späteren Sattellehne. Dabei verläuft sie aber in der Gegend des Clivus eine Strecke weit ventral, also außerhalb des Knorpels der Schädelbasis. Im kaudalen und kranialen Teil des Clivus liegt sie im Knorpel (Tourneux). Man unterscheidet deshalb eine Pars chordalis der Schädelbasis von einer Pars praechordalis. Seitlich gehören zu der ersteren eine Pars otica und postotica. Die prächordale Partie besteht aus einer Pars orbitotemporalis und ethmoidalis.

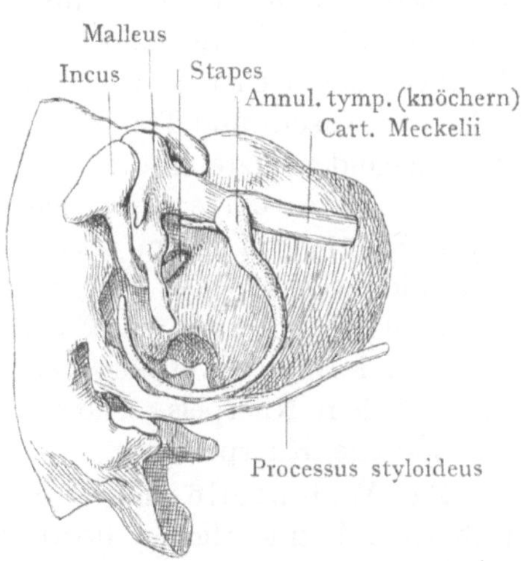

Abb. 279. Entwicklung der Gehörknöchelchen des Embryos der Abb. 278.

Die Verknorpelung der Schädelbasis beginnt im zweiten Monat und es steht das knorpelige Primordialkranium in der ersten Hälfte des dritten Monats auf der Höhe seiner Entwicklung (Abb. 278). Die an verschiedenen Stellen entstandenen Knorpelkerne sind zu dieser Zeit zu einer einzigen ungetrennten Anlage zusammengeflossen, in der man jedoch das Hinterhauptsbein mit dem untersten Teil seiner Schuppe (der obere ist Hautknochen) erkennt, sowie Clivus, Sella turcica, Alae orbitales des Keilbeins (die Alae temporales sind schon in die Verknöcherung eingetreten). Seitlich stehen die Ohrkapseln, die das häutige Labyrinth umschließen. Den vorderen Abschluß bildet die Nasenkapsel mit der Lamina cribrosa und der Nasenscheidewand. Die Muscheln bestehen vorerst nur aus Schleimhautfalten, erst vom vierten Monat ab wachsen in diese Knorpelanlagen hinein. Die Dächer der Augenhöhlen sind nur zum kleineren Teil als knorpelige Fortsätze der Lamina cribrosa angelegt, zum größeren Teil bilden sie sich als Bindegewebsknochen. Die Knorpelanlage der Schädelbasis erscheint von einer Anzahl verhältnismäßig sehr weiter Löcher durchsetzt, die von den Nerven und Gefäßen zum Durchtritt benutzt werden, ganz so, wie es am fertigen Schädel der Fall ist.

Das Visceralskelet besteht aus Knorpelstäben in den Schlundbogen, die beim Menschen weniger regelmäßig ausgebildet sind, wie bei niederen Tieren. Der Stab des ersten Kiemenbogens ist von Anfang an in zwei Stücke gegliedert, ein langes, distales (Meckelscher Knorpel), die erste Grundlage des Unterkiefers und Hammers (Abb. 279), und ein ganz kleines proximales, aus welchem sich der Amboß bildet. Der Hammer wird erst frei, wenn die Unterkieferanlage verkümmert, um einem Bindegewebsknochen Platz zu machen. Aus dem Knorpelstab des zweiten Kiemenbogens (Reichertscher Knorpel) bildet sich der Processus styloides des Schläfenbeins und das kleine Horn des Zungenbeins. Die zwischen beiden gelegene Partie wandelt sich zu dem bindegewebigen Ligamentum stylohyoideum um. Aus einem besonderen Kern des zweiten Bogens entsteht der Steigbügel; erst ringförmig und von der A. stapedial. durchbohrt (S. 244), nimmt er von der zweiten Hälfte des dritten Monats ab mit dem Schwinden dieser Arterie bald seine definitive Gestalt an. Bei der Geburt haben die Gehörknöchelchen bereits ihre definitive Größe erreicht. Aus der Knorpeleinlage des dritten Kiemenbogens entsteht das große Horn des Zungenbeines. Die Zungenbeinhörner beider Seiten werden durch eine Copula, den Zungenbeinkörper, miteinander verbunden. Aus den Knorpeln des vierten und fünften Bogens bildet sich der Schildknorpel (S. 237).

Stelle ich nun die Knochen des Schädels nach ihrer Herkunft noch übersichtlich zusammen, dann ist zu sagen:

Rein knorpelig präformiert sind: Das Siebbein; von ihm bleibt die knorpelige Nasenscheidewand zeitlebens im ursprünglichen Zustand, auch die Knorpel der äußeren Nase sind als Reste der knorpeligen Primordialkranium aufzufassen; ferner die untere Muschel, die Gehörknöchelchen. Reine Bindegewebsknochen sind: Scheitelbeine, Stirnbein, Nasen- und Tränenbein, Oberkiefer, Jochbein und Gaumenbein, Pflugschar. Die Anlage der letzteren bringt den von ihr umschlossenen Teil des knorpeligen Nasenseptums zur Atrophie. Gemischter Herkunft sind folgende Knochen: Os occipitale, dessen Schuppe in ihrem oberen Teil Hautknochen ist; Os temporale, die Schuppe ist Bindegewebsknochen; ebenso der Ring des Os tympanicum, der in der Folge mit dem Schläfenbein verwächst; Os sphenoidale: die medialen Lamellen der Proc. pterygoidei sind Bindegewebsknochen; Mandibula: Belegknochen auf der Außenseite des Meckelschen Knorpels, schon Ende des zweiten Monats nachzuweisen; hierzu noch accessorische Knorpelkerne.

III. Weichteile des Kopfes. Die Sinnesorgane bedürfen in der Fetalzeit noch einer beträchtlichen Fortbildung.

Sehapparat. Erst im sechsten Monat sind die Schichten der Retina deutlich, die Sinneszellen, die ihre Herkunft auf das Ependym der Gehirnventrikel zurückführen, wandeln sich am spätesten in ihre definitive Gestalt um; erst nach der Geburt ist Innen- und Außenglied der Stäbchen und Zapfen fertiggestellt. Die im N. opticus vom Centrum zur Peripherie verlaufenden Fasern erreichen die Netzhaut, andere, welche von der Netzhaut ausgehen, gelangen in das Gehirn. Das Zellmaterial des ehemaligen Augenbecherstieles wandelt sich zu Gliazellen um, die den Sehnerven durchsetzen. Der hinterste Teil der Retina von dem Sehnerveneintritt bis zur Fovea centralis ist beim Neugeborenen definitiv fertig, die vorderen Teile wachsen noch weiter. Zu Anfang des dritten Monats beginnen sich erst die Iris, dann der Ciliarkörper aus dem Mesenchymgewebe am vorderen Ende des Augenbechers zu sondern. Die Muskeln der ersteren werden vom Augenbecher geliefert, sie sind also ektoblastischer Herkunft, der M. ciliaris entstammt dem Mesenchym, er ist also mesoblastischer Herkunft. Der Glaskörper besteht aus einer epithelialen und einer mesodermalen Anlage. Er wird durchsetzt von der A. hyaloidea, welche die in den Glaskörper selbst seitlich eindringenden Äste bald verliert (S. 230). Der Stamm gelangt in geradem Verlauf an die Rückseite der Linse; von dort aus umhüllen ihre Äste die ganze Linse mit einem Gefäßnetz (Tunica vasculosa lentis), das mit Zweigen in Verbindung tritt, die vom Cirkulus iridis major abgegeben werden. Die Pupille wird somit von einer blutgefäßhaltigen Bindegewebsplatte (Pupillarmembran) verschlossen. Vom siebenten Monat ab verkümmert die A. hyaloidea mit allen ihren Gefäßen und beim Neugeborenen ist das Ganze mit der Pupillarmembran verschwunden.

Die Ränder der Augenlider verkleben im dritten Monat miteinander durch Epithelwucherung, doch löst sich der Verschluß noch vor der Geburt, während bei vielen Säugetieren, wahrscheinlich wegen des mangelhaft entwickelten Sehvermögens, diese Lösung erst nach der Geburt zustande kommt. Die Tarsaldrüsen entstehen nach Art der Talgdrüsen, die Tränendrüsen werden im dritten Monat vom Epithel der Conjunctiva aus gebildet, die Tränenwege vervollständigen sich von dem schon vorhandenen Kanalstück aus.

Gehörapparat. Die Schnecke, die am Ende des zweiten Monats erst eine Spiralwindung hatte, verlängert sich allmählich bis zu ihrer vollständigen Ausbildung. Die Epithelauskleidung des inneren Ohres geht langsam ihrer definitiven Gestaltung entgegen, die Zellen der Nervenendstellen bilden sich zu langen Prismen um, das übrige Epithel plattet sich ab. In der Schnecke ist die Membrana tectoria zwar schon im dritten Monat nachzuweisen, doch dauert es lange, bis das ganze Cortische Organ als fertiggestellt angesehen werden kann. Erst wird die Schnecke von einer einfachen Kapsel umgeben, die in der Folge Fortsätze zwischen und in die Windungen hineinsendet. Im sechsten Monat ist die ganze Ohrkapsel fertig, ihre Verknöcherung hat im fünften Monat begonnen. Der von embryonalem Bindegewebe angefüllte Zwischenraum zwischen der Ohrkapsel und den epithelialen Abkömmlingen des Labyrinthbläschens wird durch fast vollständiges Schwinden des Bindegewebes zu dem Perilymphraum.

Das Mittelohr stand als Kiementasche erst in weiter Verbindung mit dem Schlund. Zu Anfang des dritten Monats schnürt es sich von diesem ab und steht jetzt nur noch durch den Gang der Ohrtrompete mit ihm in Zusammenhang. Die Paukenhöhle selbst ist ein enger Spalt. In den späteren Monaten schrumpft das Gallertgewebe, in das die außerhalb der Paukenhöhle in dem Kiemenbogen entstandenen Gehörknöchelchen eingebettet waren; die Schleimhaut der Paukenhöhle legt sich an sie an und verbindet sie mit deren Wand das ganze Leben hindurch mit mesenteriumartigen Falten. Dieselben können sehr leicht die Ursache für Eiterretentionen im Mittelohr werden. Der M. tensor tympani entsteht zu Ende des zweiten Monats mit dem M. tensor veli palatine vom ersten Kiemenbogen aus, er wird demgemäß vom N. trigeminus innerviert; der M. stapedius bildet sich Mitte des dritten Monats vom zweiten Kiemenbogen aus, er erhält deshalb seinen Nerven vom N. facialis.

Die Ohrmuschel hebt sich im sechsten Monat vom Kopf ab; von ihren Teilen sind Tragus, Crus helicis und aufsteigender Teil der Helix Produkte des ersten Kiemenbogens, die übrigen Teile solche des zweiten. An der Stelle, wo aufsteigender und absteigender Schenkel der Helix zusammentreffen, entsteht als eine vorübergehende Erscheinung eine Einknickung, am freien Rand der Helix eine Spitze (Darwinsche Spitze), die der Spitze der Säugetierohren entspricht; auch sie verschwindet normalerweise wieder. Die Ohrknorpel treten im dritten Monat auf, der Tubenknorpel im vierten. Die kleinen Muskeln der Ohrmuschel gehören ihrer Herkunft nach dem zweiten Kiemenbogen an, sie werden also vom N. facialis innerviert.

Die Nasenhöhle hat sich von der Mundhöhle durch die Gaumenbildung getrennt. Dies ist zu Ende des dritten Monats mit der Verschmelzung der Zäpfchenanlagen beendigt. In der Nase selbst bestehen die Siebbeinzellen erst noch aus engen Spalten; von den Nebenhöhlen treten Kiefer- und Keilbeinhöhle Mitte des dritten Monats auf, bleiben aber während des Fetallebens sehr klein. Die Stirnhöhlen beginnen erst nach der Geburt sich auszubilden. Die Drüsen der Nase legen sich im dritten bis vierten

Monat an. Die Knorpel der Nasenflügel trennen sich im sechsten Monat vom übrigen Knorpelskelet. Die äußere Nase ist klein und die Nasenlöcher sehen nach vorn (Abb. 255a); vom Ende des zweiten Monats ab sind sie durch Epithel verklebt und werden erst im fünften Monat durchgängig. Mit dem Größerwerden der äußeren Nase nähern sich die Nasenlöcher immer mehr der horizontalen Stellung.

Mundhöhle. Die Lippenränder sind nach außen glatt, nach innen sind sie von Zotten bedeckt, die erst nach der Geburt schwinden. Die Entwicklung der Zähne, die schon Ende des zweiten Monats einsetzt, soll zusammen mit deren fertigem Bau in der Eingeweidelehre geschildert werden, auch von den übrigen Mundhöhlenorganen wird dort im ganzen die Rede sein.

Entwicklungsstörungen im Bereich des Kopfes, die erst in der Fetalzeit hervortreten, werden mit jedem Tag seltener. Das Gehirn freilich kann bei seiner in relativ spätere Zeit hineinreichenden Entwicklung noch mancherlei Mißbildungen erleiden. Es können Hemmungsbildungen verschiedener Art auftreten, so kann sich das Großhirn mangelhaft ausbilden, was zu Mikrocephalie Veranlassung gibt, auch das Kleinhirn kann stark zurückbleiben. Die Bildung des Corpus callosum kann ganz oder teilweise ausbleiben; diese Abnormität braucht keine bemerkbaren Störungen im Verhalten des geborenen Menschen hervorzurufen. Zahlreiche fetale Erkrankungen werden durch äußeren Druck auf das Gehirn, oder durch abnorme Gefäßverteilung oder durch Flüssigkeitsansammlung im Ventrikelsystem (Hydrocephalie) hervorgerufen.

Anomalien der Schädelentwicklung entstehen zumeist im Anschluß an Anomalien der Weichteile, so bei Mikrocephalie, Hydrocephalie, bei Mißbildungen der Augen, Ohren usw., doch können sich gewisse Nähte vorzeitig schließen und dadurch dem Schädel eine fremdartige Form verleihen.

Die fetale Augenspalte kann offen bleiben oder sich mangelhaft schließen. Es entsteht dann ein Colobom, eine Spaltbildung, deren geringster Grad sich auf die Iris beschränkt, deren höhere Grade auch den Ciliarkörper, die Chorioides, die Retina, selbst den Glaskörper betreffen können. Dabei können Cysten entstehen, es kann auch der Bulbus im ganzen kleiner bleiben. Mikrophthalmie kommt aber auch ohne Colobom vor. Die Pupillarmembran kann auch nach der Geburt erhalten bleiben; öfters sieht man Teile von ihr als lappenförmige Anhänge des Pupillarrandes persistieren, auch die A. hyaloidea kann fortbestehen. Die Lidspalte kann sehr eng sein, die epitheliale Verklebung der Lidränder kann sich in eine bindegewebige Verwachsung umwandeln.

Mißbildungen des äußeren Ohres, die auf die Fetalmonate zurückzuführen sind, bestehen in einer Persistenz der Knickung der Helix (Faunenohr), oder in einer Persistenz der Darwinschen Spitze. Die Ohrtrompete kann verschlossen sein. Die Resorption des Gallertgewebes um die Paukenhöhle kann ausbleiben, wodurch die Gehörknöchelchen zum Teil außerhalb von ihr liegen.

Sind Nase und Mund glücklich über den zweiten Monat weggekommen, dann sind nur noch wenige Entwicklungsstörungen zu fürchten. Die Knorpel der Nasenscheidewand und diejenigen der Nasenflügel können rudimentär sein, letztere auch fehlen. In der Mundhöhle ist es die Entwicklung der Zähne, welche abnorm verlaufen kann. Die Speicheldrüsen können an ungewohnter Stelle liegen, die Zunge kann abnorm klein, abnorm groß, ihre Spitze kann gespalten sein.

b) Hals.

Der vordere Teil ist am Beginn der Fetalzeit dem Nackenteil gegenüber noch immer recht kurz. Zungenbein und Kehlkopf sind stark zusammengeschoben und der letztere steht sehr hoch, noch um den fünften Monat liegt der Kehldeckel hinter dem weichen Gaumen. Mit der Verlängerung des Halses, die während des ganzen Fetallebens andauert, senkt sich der Kehlkopf immer mehr. Im dritten Monat beginnt die Umformung zum definitiven Zustand, die Arytänoidwülste bleiben im Wachstum zurück, die Knorpel bilden sich allmählich aus, die Muskeln sondern sich immer mehr voneinander. Schon im dritten Monat beginnt der Ventriculus laryngis sichtbar zu werden. Die epitheliale Verklebung des Lumens löst sich, die Drüsen erscheinen um die Mitte des intrauterinen Lebens. Die Glandula thyreoidea geht ihrer definitiven Ausbildung immer mehr entgegen, die Spitze der Gl. thymus ragt noch beim Neugeborenen bis zum Isthmus der Schilddrüse empor.

Entwicklungsstörungen im Bereich des Halses. Die Bildung der Cartilago epiglottica, die um den fünften Monat erfolgen soll, kann ausbleiben. Die Epithelverklebung im Innern des Kehlkopfes löst sich unvollständig, wodurch eine Stenose entsteht. Der Ventriculus laryngis kann eine sehr beträchtliche Größe erreichen, so daß er den lateralen Kehlsäcken der Anthropoiden gleicht. Die Schilddrüse kann zu groß oder zu klein sein, sie kann ganz fehlen. Im letzteren Fall ist Kretinismus die Folge. Nicht selten fehlt der Isthmus oder ein Horn der Drüse. Abgesprengte Teile von ihr (Nebenschilddrüsen) werden vom Zungengrund bis herab zum Aortenbogen gelegentlich gefunden. Es kann auch die ganze Drüse in die Brusthöhle hinein verlagert sein.

c) Brust.

Die beiden Brustbeinhälften schließen sich im dritten Monat zusammen, und die Brustwand bildet sich vollständig aus.

An der Lunge beginnt Anfang des dritten Monats der obere Lappen des rechten Flügels schneller zu wachsen als der linke, und allmählich gewinnen dann beide Lungen ihre definitive Form. Die dichotomische Teilung der Bronchien hört auf, es entstehen aber noch engere Collateraläste. Im sechsten Monat ist die Verzweigung des Bronchialbaumes beendet, auch der Bau der Bronchialwand ist schon der definitive, ebenso sind die Drüsen erschienen. An den Enden der Bronchien erscheinen nun die Alveolen, deren Zahl sich in den letzten Monaten bedeutend vermehrt. Das bindegewebige Stroma, in das der Bronchialbaum eingebettet ist, ist anfangs reichlich, in der Folge wird es immer spärlicher.

Die Ausbildung des Herzens ist bereits im wesentlichen fertiggestellt und es handelt sich im weiteren nur noch um eine feinere Modellierung der inneren und äußeren Oberfläche und um eine genauere histologische Differenzierung der Herzwand. Nicht anders verhält es sich mit den großen Gefäßstämmen der Brust.

Entwicklungsstörungen im Bereich der Brust. Die beiden Hälften des Brustbeines bleiben ganz oder teilweise getrennt (Fissura sterni). Größere Spalten sind selten, kleine sehr häufig, z. B. ein rundes Loch im Corpus sterni, ein ebensolches im Processus xiphoides ein gespaltener Schwertfortsatz. Das Herz kann durch eine größere Spalte vorfallen (Ectopia cordis), dabei kann der Herzbeutel fehlen; auch seitliche Spalten der Thoraxwand kommen vor, diese aber sind nicht auf Entwicklungshemmungen zurückzuführen, sondern sind pathologischer Natur.

d) Bauch und Becken.

Noch mehr als beim geborenen Menschen hängen beim Fetus die Räume von Bauch und Becken miteinander zusammen und besonders in den früheren Fetalmonaten erscheint das Becken nur wie ein wenig bedeutendes Anhängsel des Bauches. Für die Eingeweide, die das Becken später beherbergt, ist sein Raum erst bei weitem zu klein, sie liegen zum größten Teil in der geräumigeren Bauchhöhle.

Das voluminöseste Organ der Bauchhöhle ist die symmetrisch gebaute Leber; sie füllt den oberen Bauchraum ganz aus; außer ihr nehmen nur die Niere und Nebenniere einen nicht unerheblichen Platz ein; Darmkanal, Milz und Pankreas treten gegen sie ganz zurück. Im vierten Monat beginnt die Sekretion der Galle, die sich nun in den Dünndarm ergießt und ihn im Laufe der weiteren Monate ausdehnt. Der Magen ist fast rechtwinkelig gebogen, indem sein Körper, der sich stark verlängert, nahezu vertikal, sein Pylorusteil horizontal steht. Diese Stellung behält der Magen im ganzen bei, da er aber in seiner Lage keineswegs fixiert ist, kann sich diese gelegentlich auch etwas ändern. Die Pylorusklappe wird erst in den späteren Monaten deutlich, noch beim Neugeborenen ist sie schwach entwickelt. Die Form des Duodenum ist schon im vierten Monat kenntlich, der Dünndarm verlängert sich unter Bildung stärkerer Windungen mehr und mehr, der physiologische Nabelbruch schlüpft im dritten Monat in die Bauchhöhle zurück. Der Anfangsteil des Dickdarmes tritt über den Dünndarm hinweg auf die rechte Körperseite, von dort wendet er sich schräg nach links, um unter der Milz im Winkel kaudalwärts umzubiegen. Das Colon descendens ist damit schon deutlich vom Anfangsteil des Dickdarmes abgegrenzt, Colon ascendens und transversum sind zuerst noch nicht zu unterscheiden. Die Ausbildung des ersteren erfolgt später in der Art, daß das anfänglich sehr hoch unter der Leber liegende Caecum absteigt, wobei sich der angrenzende Teil des Dickdarmes in die Länge zieht. Der Wurmfortsatz kommt schon im dritten Monat zum Vorschein. In der ersten Hälfte des vierten Monats verlängert sich der untere Teil des Colon descendens zur Schlinge des Colon sigmoides.

Mesenterium. In der bisherigen Darstellung ist die Beschreibung der Mesenterialbildungen ganz unberücksichtigt geblieben, um dieselben hier im Zusammenhang zu besprechen.

Das Cölom ist, wie bekannt die Spalte, die sich, jederseits von den Ursegmenten ausgehend, um den Körper herumzieht und dadurch die Brust- und Baucheingeweide von der Körperwand isoliert. In der hinteren Mittellinie sind die Cölomspalten beider Seiten durch eine anfangs breite Bindegewebsplatte voneinander getrennt, auch in der vorderen Mittellinie stoßen ihre beiden Enden an ein Blatt, das den Darm mit der Körperwand verbindet, es ist dies das hintere und vordere Gekröse, Mesenterium dorsale und ventrale. (Beide hängen ursprünglich mit den entsprechenden Herzgekrösen zusammen.) Das ventrale Gekröse verschwindet in seinem kaudalen Teil vom Nabel, von der Vena umbilicalis abwärts schon bald nach seiner Entstehung, während sich das dorsale in seiner ganzen Länge während des ganzen Lebens erhält.

Haben sich in der Brusthöhle Herzbeutelhöhle und Pleurahöhle voneinander getrennt, dann ist ihre Entwicklung im wesentlichen vollendet, in der Bauchhöhle aber bedingt die Wandlung in der Lage des Darmes und seiner Anhangsorgane weitere Komplikationen, welche jedoch schon einsetzen, lange bevor die Trennung der Brust- und Bauchhöhle durch das Zwerchfell durchgeführt ist.

Wir wissen, daß der Darm bei seiner Verlängerung die Nabelschleife bildet (Abb. 280), die die Bauchhöhle verläßt, um als physiologischer Nabelbruch in den Nabelstrang einzutreten. Über der Nabelschleife befindet sich der Magen, von dem nach der Wirbelsäule zu das Mesogastrium dorsale, nach der vorderen Bauchwand hin das Mesogastrium ventrale ausgeht. In das erstere ist das Pankreas und die Milz eingelagert, in das letztere die sehr voluminöse Leber. Aus dem hinteren Mesogastrium bildet sich in der Folge das Ligamentum gastrolienale und das große Netz; eine von der Milz ausgehende Verwachsung des Bauchfelles mit dem Zwerchfell stellt das Ligamentum phrenicolienale dar. Aus dem vorderen Mesogastrium wird das vom Magen und Duodenum zur Leber ziehende Omentum minus und das von der Leber zur vorderen Bauchwand verlaufende Ligamentum falciforme hepatis, dessen freien unteren Rand die Vena umbilicalis (später Ligamentum teres hepatis) einnimmt. Das Omentum minus, das erst, ganz wie das Ligamentum falciforme, eine sagittale Stellung hatte, kommt mit der Drehung des Magens in eine frontale Lage (Abb. 282).

Das Ligamentum coronarium hepatis hat eine ganz andere Bedeutung; es ist der Rest der unteren Abteilung des Septum transversum, in dem sich die Leber entwickelt hatte, während die obere das Zwerchfell bildete. Das kurzfaserige Band

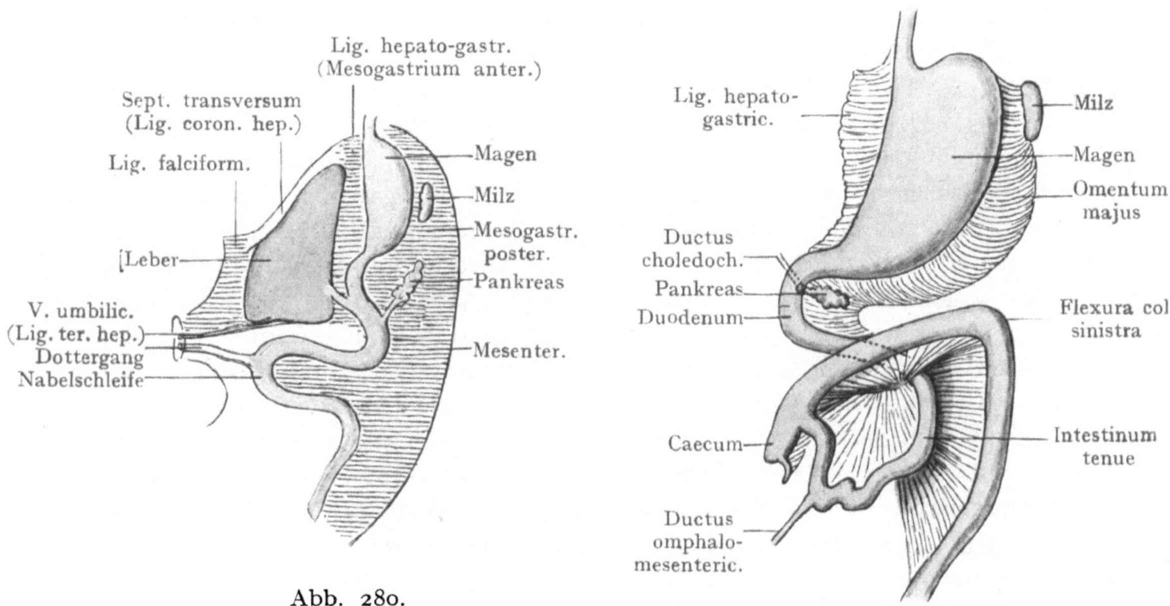

Abb. 280.

Abb. 280—283. Schematische Darstellungen der Entwicklung des Mesenteriums. 280. Frühes Entwicklungsstadium, Profilansicht. 281. Späteres Stadium, Ansicht von vorne. 282. Bildung des Netzbeutels, Medianschnitt der Bauchhöhle. 283. Zustand beim geborenen Menschen (mit Benützung einer Merkel-Henleschen Figur).

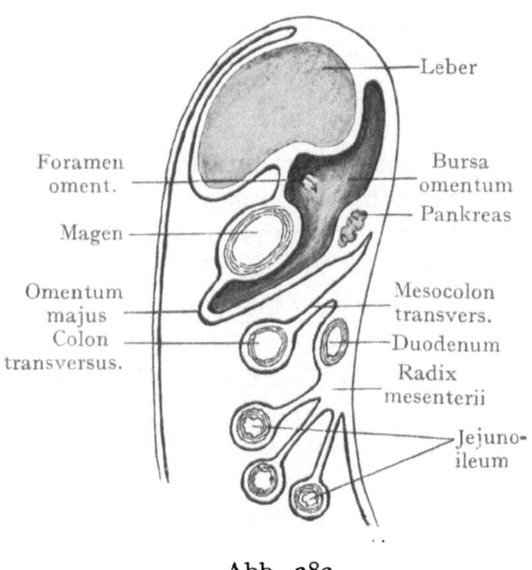

Abb. 282.

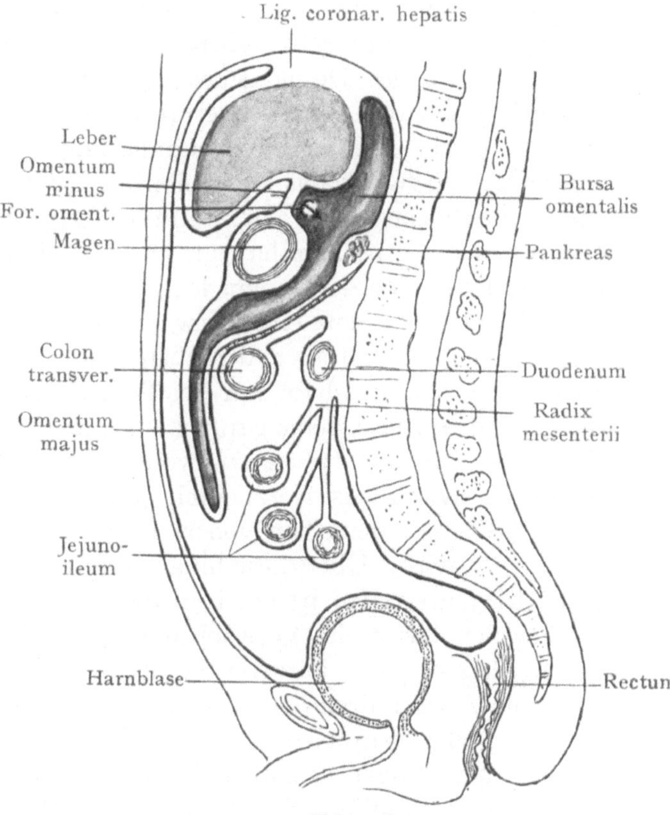

Abb. 283.

wird von Bauchfellfalten überzogen, welche von vorne und hinten vordringend, die obere Fläche der Leber eine Strecke weit vom Zwerchfell isolieren.

Wird bei der Drehung des Magens (S. 216, 235) seine große Kurvatur nach unten gelagert, dann muß natürlich das Mesogastrium posterius dieser folgen. Es entsteht dadurch eine Tasche, in deren Vorderwand der Magen, in deren Rückwand die Bauchspeicheldrüse liegt, deren Eingang nach der rechten Seite hin verschoben ist (Abb. 282). Durch aktives Wachstum des Bauchfelles zieht sich die Tasche zu einem Beutel aus, zum Netzbeutel, Bursa omentalis, der jetzt mit aufeinanderliegenden Wänden, wie ein schlaffes Segel, in die Bauchhöhle herabdrängt (Abb. 283). Anfänglich nur klein, wächst er in den letzten Monaten des intrauterinen Lebens immer stärker, so daß er dann bis gegen das Becken herabreicht und den ganzen Dünndarm deckt. Man bezeichnet das von der großen Kurvatur des Magens herabhängende Gebilde als Omentum majus. Der Raum des Netzbeutels wird schon frühzeitig durch eine Bauchfellfalte, welche von der A. coeliaca und ihren Ästen aufgehoben wird, in zwei Abteilungen geteilt, eine rechte, Bursa omenti minoris, welche hinter dem Magen und dem kleinen Netz liegt und eine linke Bursa omenti majoris, welche zwischen den Platten des großen Netzes absteigt. Diese letzteren Platten verwachsen kürzere oder längere Zeit nach der Geburt ganz oder zum Teil miteinander, wodurch die Bursa zum Verschwinden gebracht wird. Der Zugang zur Bursa omenti minoris zwischen Leber und Duodenum ist das Foramen omentale (Winslowi) (Abb. 282, 283).

Die der Rückwand der Bauchhöhle zugekehrte Wand des Netzbeutels, die Körper und Schwanz der Bauchspeicheldrüse enthält, verwächst schon im dritten und vierten Monat mit jener, etwas später folgt dann auch das Duodenum und der Kopf des Pankreas, so daß es jetzt den Anschein hat, als hätten diese Teile niemals ein freies Mesenterium gehabt, während doch die sie deckende Bauchfellplatte ursprünglich die rechtsseitige Oberfläche ihres freien Mesenteriums war.

Vom Ende des Dünndarmes her setzt sich das gemeinsame Gekröse, Mesenterium commune, ohne Unterbrechung auf den Dickdarm fort, man bezeichnet es als Mesocolon. Bei der Lageveränderung, welche der Dickdarm in seinem Anfangsteil erleidet, wird auch das Mesocolon nach rechts herübergezogen, legt sich mit seiner rechten Oberfläche an die Rückwand der Bauchhöhle an und verwächst mit ihr, so daß es auch hier den Anschein hat, als habe der Dickdarm dort niemals ein freies Gekröse besessen. Das Colon descendens legt sich links ebenfalls an die Bauchwand, wobei ganz wie an der anderen Seite eine Verwachsung der linken Oberfläche seines Mesocolon mit dieser eintritt, so daß auch der absteigende Teil des Dickdarmes sein freies Gekröse verliert. Ein solches bleibt nur der Schleife des Colon sigmoides erhalten. Das Colon transversum ist durch seine ganze Lage daran gehindert mit der Rückwand der Bauchhöhle in Verbindung zu treten, wohl aber greift der Verwachsungsvorgang, welcher die hintere Wand des Netzbeutels anheftet, auf das Mesocolon transversum über, so daß dieses mit derselben von rechts nach links fortschreitend bis zur Flexura coli sinistra verwächst. Über diese hinaus erstreckt sich die Verwachsung bis zum Zwerchfell als Ligamentum phrenicocolicum.

Zuweilen bleibt die Verwachsung der aufeinander liegenden Platten des Bauchfelles in längerer oder kürzerer Strecke aus, wodurch die sog. Recessus peritonei entstehen. Auch Falten des Bauchfelles, die von Gefäßen aufgehoben werden, können solche Recessus veranlassen.

Von den übrigen Organen der Bauchhöhle ist, abgesehen von den noch zu besprechenden Genitalien, nur wenig zu berichten. Die Milz erhält die Einkerbungen

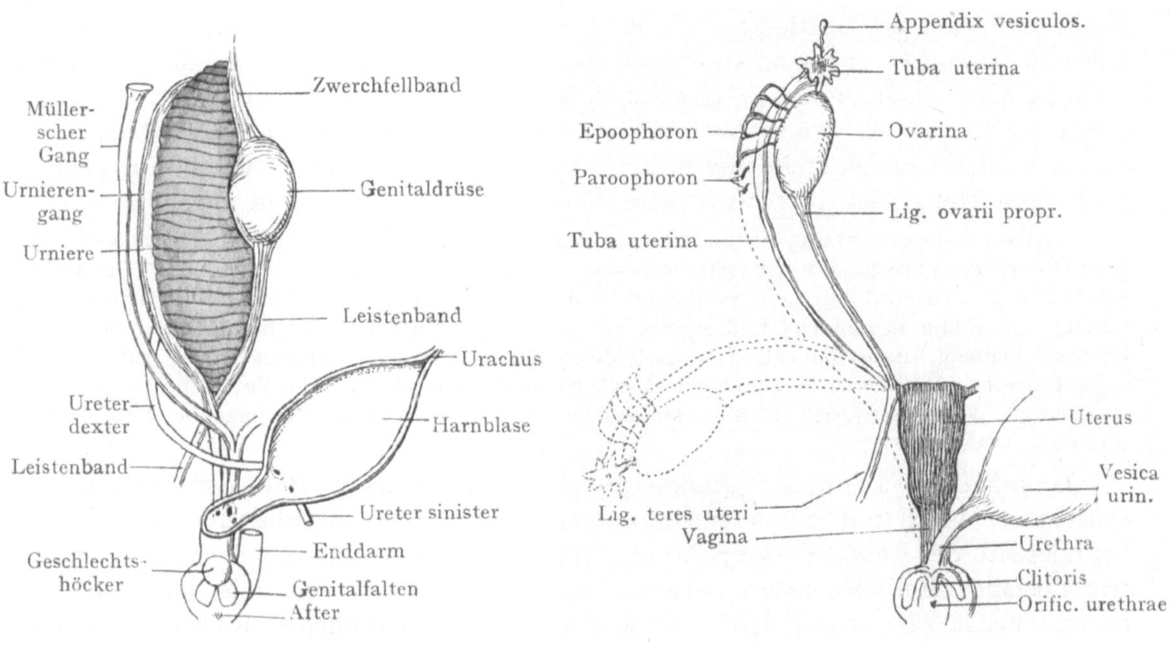

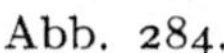
Abb. 284.

Abb. 285.

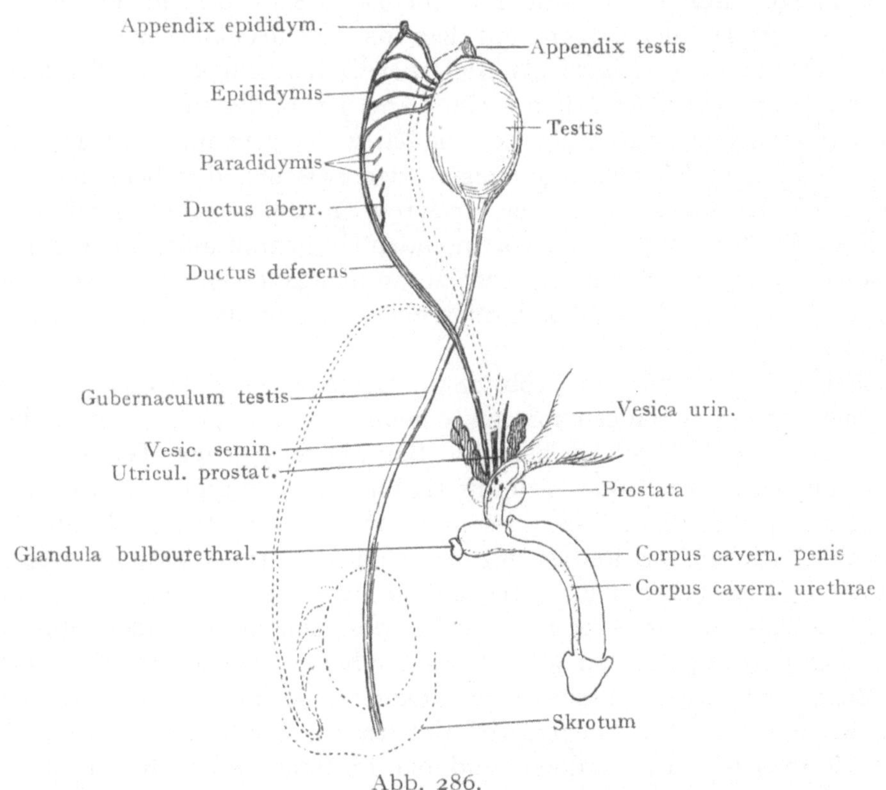

Abb. 286.

Abb. 284—286. Schematische Figuren der Entwicklung des Genitalapparates. 284. Indifferenter Zustand. 285. Weibliches Geschlecht. 286. Männliches Geschlecht.

ihres Randes im dritten bis vierten Monat, die Nebennieren wachsen stark heran; zuerst berührten sie die Nieren noch nicht, aber noch im zweiten Monat treten sie mit ihnen in Kontakt. Schon in der Mitte des dritten Monats haben sie ihre definitive Stellung allen Nachbarorganen gegenüber erreicht. Sie wachsen zu dieser Zeit stark heran, so daß sie an Größe die benachbarten Nieren übertreffen. Dann bleiben sie an Größe hinter diesen mehr und mehr zurück. Ihre histologische Ausbildung beginnt im vierten Monat, ist aber noch beim Neugeborenen kaum völlig abgeschlossen.

Entwicklungsstörungen im Bereich des Bauches. Ob ein sog. Sanduhrmagen kongenital vorkommt, ist noch nicht vollkommen sichergestellt, aber sehr wahrscheinlich. Das Darmrohr kann abnorm verkürzt oder verlängert sein, eine Verlängerung findet man nicht selten im Bereich des Colon descendens und sigmoides. Der physiologische Nabelschnurbruch kann bei Bestand bleiben. Eine mangelhafte Ausbildung der vorderen Bauchwand kann zum Vorfall einer größeren Menge von Baucheingeweiden (Eventration) führen. Die Verwachsungsvorgänge im Bereich der Mesenterien können ausbleiben, so daß sich das ursprüngliche Mesenterium commune erhält.

Geschlechtsapparat. Abgesehen von dem inneren Bau der Geschlechtsdrüse, der jedoch nur durch eingehendere Untersuchung erschlossen werden kann, befindet sich der Geschlechtsapparat am Anfang des dritten Monats noch in indifferentem Zustand. Bei allen Feten erscheint er ganz gleichartig, und es ist kaum möglich zu entscheiden, ob er sich nach der weiblichen oder männlichen Richtung hin entwickeln wird. Man könnte jedoch sehr wohl behaupten, daß alle Individuen weiblich angelegt sind, indem der zur Zeit vorhandene Bau eigentlich auf dieses Geschlecht berechnet ist. Wie bekannt, besitzt der Fetus die Urniere mit dem Urnierengang, der in die Kloake mündet und auf ihrer medialen Seite liegend die Geschlechtsdrüse (S. 219, 240). Der Teil der Urniere, auf dem die Geschlechtsdrüse liegt, tritt mit dieser in nähere Verbindung und wird als Sexualteil bezeichnet. An der lateralen Seite des Urnierenganges zieht der Müllersche Gang herab, der sich in seinem unteren Teil mit dem Urnierengang kreuzt, um sich medial von jenem mit dem der anderen Seite zu einem unpaarigen Kanal zu vereinigen, der zwischen den beiden Urnierengängen ebenfalls in die Kloake gelangt. Die Urnieren- und Müllerschen Gänge liegen vom unteren Ende der Urniere ab in der vortretenden Urogenitalfalte; sind dann die Müllerschen Gänge zu einem einfachen Kanal zusammengeflossen dann zeigen sie sich eng mit den beiderseits flankierenden Urnierengängen zum Genitalstrang zusammengefaßt (Abb. 284).

Weibliches Geschlecht (Abb. 285). Der Müllersche Gang stellt den speziell für die Ableitung der Geschlechtsprodukte gebildeten Gang dar, er wird aber nur beim weiblichen Geschlecht als solcher benützt. Sein oberer paariger Teil wird zum Eileiter, der untere unpaarige Teil bildet sich zur Gebärmutter und Scheide um. Die Verwachsung dieses unpaarigen Teiles beginnt etwa in der Mitte, schreitet in kaudaler und kranialer Richtung fort und ist mit dem Ende des dritten Monats vollendet. Schon ehe dies der Fall ist, erkennt man das kraniale Ende des Uterus daran, daß jetzt von ihm das Leistenband der Urniere ausgeht, das sich zum runden Mutterband umwandelt. Der unpaarige Kanal wächst stärker heran, wie der paarige, und schon im vierten Monat tritt seine Teilung in den kürzeren kranialen Uterus und die längere kaudale Scheide vor. Im Inneren der Gebärmutter gibt noch später eine medianstehende Epithelleiste der vorderen und der hinteren Wand Kunde von ihrer Verschmelzung aus zwei Teilen. Die Scheide ist zu dieser Zeit ohne Lumen, da es von Epithelzellen vollständig ausgefüllt ist. Die Muskulatur von Uterus und Scheide erscheint im vierten Monat.

Die Urniere mit ihrem Ausführungsgang bildet sich zurück, von ihr bleiben nur Rudimente übrig. Vom Sexualteil erhalten sich einige Querkanälchen, die in ein Längskanälchen, den Rest des Urnierenganges einmünden, als Epoophoron; es entspricht dem Kopf des männlichen Nebenhodens. Weiter kaudal bleibt vom Urnierengang neben Uterus und Scheide zuweilen ein weiteres Stück des Urnierenganges als Gartnerscher Gang eine Zeitlang bei Bestand. In gewissen Fällen kann er sich lebenslänglich erhalten, wie es bei manchen Säugetieren regelmäßig ist. Appendices vesiculosi (Hydatiden) sind gestielte, blasenförmige Anhänge des breiten Mutterbandes, die ebenfalls auf den Urnierengang zurückzuführen sind. Als Paroophoron bezeichnet man Reste des kaudalen Teiles der Urniere, die jedoch schon vom vierten Monat ab verschwinden können. Wenn sie sich erhalten, rücken sie nach der Tubenecke des Uterus hin.

Von den beiden Bändern der Urniere verschwindet das Zwerchfellband vollständig, das Leistenband aber bleibt bei Bestand. Es verbindet sich mit den Müllerschen Gängen dort, wo sie sich zu dem Uterovaginalkanal zusammenlegen wollen. Dadurch wird es in zwei Teile geteilt, das kraniale Ligamentum ovarii proprium, das nach der Rückbildung der Urniere vom Ovarium ausgeht und die seitliche Ecke des Fundus uteri erreicht, und das Ligamentum teres uteri, das von dieser Ecke entspringt und zur Leistengegend absteigt, um durch den Leistenkanal in die große Schamlippe zu gelangen. Das Ligamentum latum uteri ist eine gekrösartige Falte des Bauchfelles, die Gefäße des Genitalapparates enthält, auch kleinere Bauchfellfalten der Gegend haben die gleiche Bedeutung

Männliches Geschlecht (Abb. 286). Bei ihm verschwindet der Müllersche Gang wieder, ohne daß er irgendwelche Verwendung findet. Die secernierenden Samenkanälchen treten mit dem Blastem des Rete testis in Verbindung, welches genetisch zum Hoden gehört. Die aus ihm entstehenden Stränge, welche später ein Lumen erhalten, verbinden sich auf der anderen Seite mit den Kanälchen des Sexualteiles der Urniere. Vom vierten Monat ab schlängeln sich diese letzteren stark und stellen dann die Coni vasculosi des Nebenhodenkopfes dar. Der Urnierengang, in den die Coni einmünden, wächst auch beträchtlich in die Länge und bildet den gewundenen Nebenhodenkanal, der sich in den gestreckt verlaufenden Samenleiter fortsetzt, der seinerseits mit dem Ductus ejaculatorius auf dem Colliculus seminalis in den Sinus urogenitalis mündet. Dicht vor dem Beginn des Ductus ejaculatorius bildet der Samenleiter einige erst solide Divertikel, welche später eine Lichtung bekommen; die größten von ihnen sind die Samenbläschen.

Auch beim männlichen Geschlecht begegnet man Rudimenten der nicht verwendeten Anlagen. Vom kranialen Ende des Müllerschen Ganges bleibt häufig ein kleiner lappenförmiger Rest als Appendix testis auf dem oberen Umfang der Hodendrüse übrig. Das kaudale unpaarige Ende dieses Ganges erhält sich regelmäßig als Vesicula prostatica, sie mündet zwischen den beiden Samenleitern in den Sinus urogenitalis. Ein Appendix epididymidis ist ein gestieltes Bläschen auf dem Kopf des Nebenhodens; es geht aus dem obersten Ende des Urnierenganges hervor. Ductuli aberrantes des Nebenhodenkanales sind Reste des Harnteiles der Urniere, ebenso ganz isolierte Kanalstückchen, die man als Paradidymis bezeichnet.

Das Leistenband der Urniere wandelt sich in das Gubernaculum testis um, von welchem unten noch zu sprechen sein wird.

After, Sinus urogenitalis und äußere Genitalien. In der Kloake münden Enddarm, Schwanzdarm, die Allantois, die beiden Urnierengänge und der Müllersche

Gang. Im zweiten Monat ist die Kloakenmembran noch vorhanden, der Geschlechtshöcker springt kräftig vor und an seiner Unterseite findet man eine Längsrinne (Urethralrinne), die beiderseits von je einer Falte, der Geschlechtsfalte, flankiert wird. Nun entsteht die Afteröffnung und die Urogenitalöffnung als das Endresultat eines längere Zeit währenden Prozesses, dessen Anfänge bis in die vierte Embryonalwoche zurückreichen. Im Inneren der Kloake erhebt sich auf beiden Seiten eine Längsleiste (Abb. 240), die schließlich mit der der Gegenseite zusammenstößt und mit ihr zum Septum urogenitale verwächst. Die Verwachsung schreitet in kranio-kaudaler Richtung fort. Von der äußeren Körperoberfläche aus spielt sich ganz der gleiche

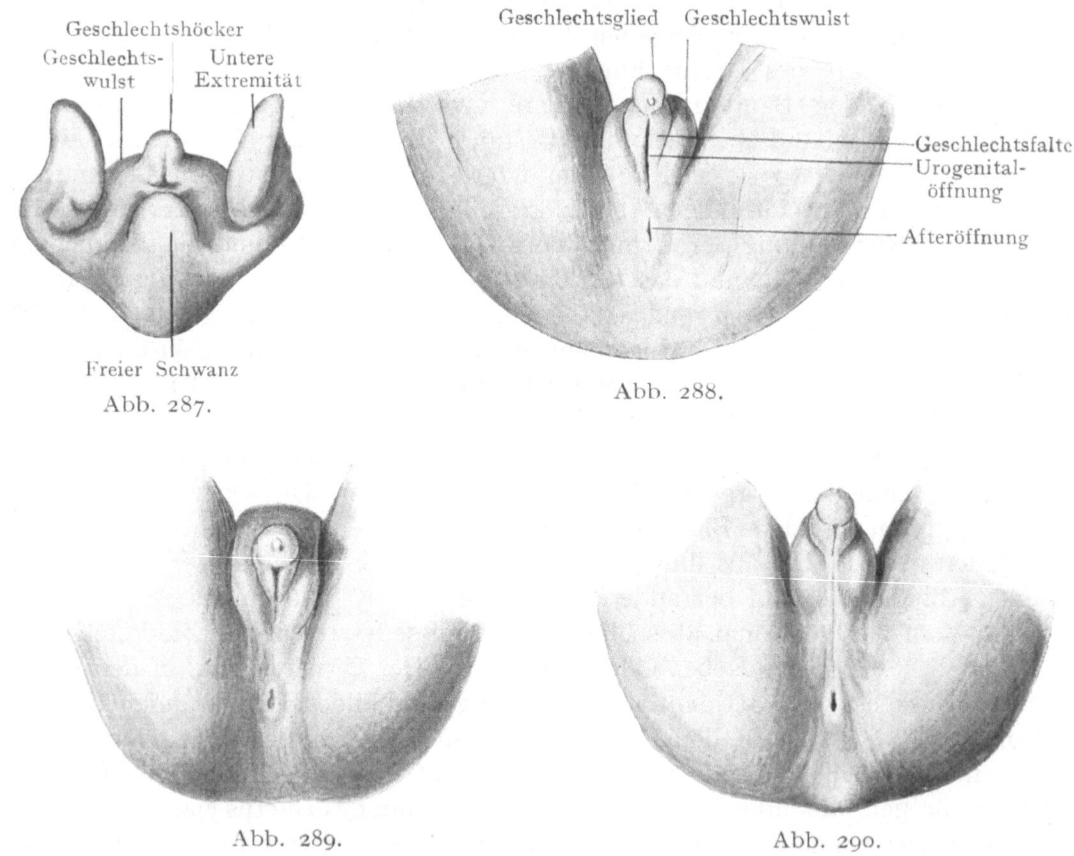

Abb. 287. Abb. 288.

Abb. 289. Abb. 290.

Abb. 287—290. Entwicklung der äußeren Genitalien. 287. Frühestes Stadium. 288. Noch indifferenter Zustand; auf dem Geschlechtsglied ist ein kleines Epithelhörnchen zu sehen. 289. Weibliche Form; ebenfalls noch ein Epithelhörnchen vorhanden. 290. Männliche Form.

Vorgang ab, dort sinkt eine Grube in Form eines median stehenden Schlitzes ein, die durch seitliche miteinander zusammenstoßende Falten in eine Analgrube und eine Urogenitalgrube getrennt wird. Endlich trifft das entodermale und das ektodermale Septum zusammen, und der Durchbruch erfolgt in der Urogenitalgrube noch im zweiten Monat, in der Analgrube erheblich später.

Der Mastdarm und die Afteröffnung erleiden keine wesentlichen Umgestaltungen mehr, der vordere Teil der ehemaligen Kloake aber bildet sich noch weiter aus. Von ihm erhebt sich der Allantoisgang; sein oberer Abschnitt bleibt ein enger Kanal, der zur Nabelöffnung und noch ein Stück weit aus dieser heraus verläuft, man nennt ihn Urachus (Abb. 238—240). Der untere Abschnitt erweitert sich zur spindelförmigen

Harnblase, von deren Gipfel eben der Urachus ausgeht. In die Blase münden jetzt die beiden Ureteren (Abb. 284), die ursprünglich jederseits aus dem Ende des Urnierenganges hervorgewachsen waren. Sie haben sich von diesem getrennt und sind kranialwärts in die Höhe gerückt. Die Harnblase, die beiden Urnierengänge und zwischen ihnen das unpaarige Ende der Müllerschen Gänge münden in den untersten Abschnitt des vorderen Teiles der Kloake, der nunmehr den Namen Sinus urogenitalis führt.

Die äußeren Genitalien, die zuerst aus dem Geschlechtshöcker und den von ihm ausgehenden Geschlechtsfalten bestehen, werden bald von einem Wulst, dem Geschlechtswulst, von vorn her halbmondförmig umfaßt (Abb. 287, 290). Damit ist beim weiblichen Geschlecht die Anlage bereits vollendet und es bedarf nur noch einer Ausbildung der Einzelheiten. Der Geschlechtshöcker wächst nicht im Verhältnis zum Gesamtkörper, sondern wird relativ immer kleiner, er bildet sich dadurch zur Clitoris aus. Die Geschlechtsfalten werden zu den kleinen Schamlippen; ihr Zusammenhang mit der Clitoris wird als Frenulum clitoridis bezeichnet; eine Hautfalte, die sich, von den kleinen Schamlippen ausgehend, über dem Rücken der Clitoris erhebt, ist das Praeputium clitoridis. Die Geschlechtswülste werden zu den großen Schamlippen. Der Sinus urogenitalis, jetzt Vestibulum vaginae, wird von den Geschlechtsfalten, jetzt kleinen Schamlippen umfaßt, in ihn münden Harnröhre und Scheide (Abb. 289).

Beim männlichen Geschlecht treten vom dritten Monat ab größere Umwandlungen der äußeren Genitalien ein. Das Geschlechtsglied setzt sein Wachstum gleichmäßig fort, wird also relativ erheblich größer, als beim weiblichen Fetus; es bildet den Penis. Die Geschlechtsfalten, die beim Vorwachsen des Penis an seine Unterseite zu liegen kommen, verwachsen miteinander in der Mittellinie, von der Wurzel des Penis beginnend, wodurch die ursprüngliche Urethralrinne zu einem engen und langen Kanal, der Harnröhre, umgestaltet wird. Dieselbe ist nichts anderes als der Sinus urogenitalis, nun vielmehr Canalis urogenitalis. Die äußere Öffnung der Harnröhre ist anfänglich schlitzförmig und liegt auf der Unterseite des Penis (Abb. 290); im Laufe der Verwachsung rückt sie immer weiter vor bis sie endlich die definitive Harnröhrenmündung auf der Spitze der Eichel darstellt. Ein Präputium entsteht wie beim weiblichen Geschlecht als eine Hautfalte, das bei diesem doppelte Frenulum wird beim männlichen Fetus in die Verwachsung einbezogen und stellt eine einfache Hautfalte an der Unterseite der Eichel dar. Auch die Geschlechtswülste beteiligen sich an der medianen Verwachsung. Dieselbe beginnt an diesen von der Wurzel des Penis aus und schreitet gegen die Afteröffnung hin fort. Dadurch entsteht der Hodensack.

Die Spur der stattgehabten Verwachsungen bleibt bei beiden Geschlechtern zeitlebens als eine mediane Raphe sichtbar, beim weiblichen ist sie natürlich kurz und erstreckt sich von der Afteröffnung nur bis zum hinteren Ende der großen Schamlippen, beim männlichen reicht sie über den Hodensack und die Unterseite des Penis hin bis zur Harnröhrenmündung.

Descensus ovariorum et testiculorum.

Der letzte Vorgang bei der Entwicklung der Genitalien, der einer Besprechung bedarf, ist das Absteigen der Geschlechtsdrüsen und was damit zusammenhängt. Im dritten Monat wachsen die Dauernieren, die Nebennieren und die Leber immer stärker heran, während umgekehrt die Urnieren zu atrophieren beginnen. Ihr kraniales Ende wird durch den unteren Nierenpol herabgedrängt, so daß sich das ganze Organ schief, fast quer stellt. Die an den Urnieren durch eine mesenteriumartige Falte (Mesorchium, Mesovarium) befestigten Genitaldrüsen steigen mit ihnen aus ihrer ursprünglichen Lage neben den oberen Lendenwirbeln herunter und liegen nun im großen Becken.

Von ihnen geht, wie bekannt, das Leistenband aus, das beim weiblichen Geschlecht zum Ligamentum uteri teres und Ligamentum ovarii proprium, beim männlichen zum Gubernaculum testis wird (Abb. 285, 286). Dies erstreckt sich durch die Bauchwand hindurch bis in den Genitalwulst hinein, wo es an der Haut fixiert ist. Neben ihm schiebt sich im dritten Monat ein handschuhfingerartiger Fortsatz des Bauchfelles (Processus vaginalis peritonei) durch die Bauchwand vor, der ebenfalls in den Genitalwulst vordringt.

Beim weiblichen Geschlecht ist damit die fetale Verschiebung vollendet, die Ovarien bleiben im großen Becken bis nach der Geburt liegen und werden erst während der Kinderjahre mit den übrigen inneren Genitalien in das immer mehr heranwachsende und geräumiger werdende kleine Becken aufgenommen. Das Ligamentum uteri teres wächst in gleichem Schritt mit den übrigen Teilen des Genitalapparates und gibt keine Veranlassung zu irgendwelchen Umwandlungen, der Processus vaginalis peritonei verschwindet schon im vierten Fetalmonat gewöhnlich, kann sich aber auch als Diverticulum Nuckii zeitlebens erhalten.

Beim männlichen Geschlecht sind die Verhältnisse anders, bei ihm wächst der Processus vaginalis peritonei bis in den Grund des Hodensackes hinein und bleibt bei Bestand. Ist der Hoden in das große Becken gelangt, dann bleibt er dort bis zum sechsten Monat liegen, dann aber beginnt er sich distalwärts zu bewegen, um durch die Bauchwand hindurch in den Hodensack abzusteigen. Er gleitet dabei an der dorsalen Wand des Processus vaginalis peritonei bis in den Grund des Hodensackes herab. Der linke Hoden pflegt seine Wanderung meist etwas früher zu vollenden, wie der rechte, vielleicht weil er durch das stärker gefüllte Colon sigmoideum herabgedrängt wird (Broman). Es hat den Anschein, als wenn der Hauptgrund des Absteigens in einer aktiven Verkürzung des Gubernaculum testis zu sehen wäre, da dieses am Boden des Hodensackes befestigt ist, muß der bewegliche Hoden in diesen eintreten. Daß noch andere Ursachen für den Descensus verantwortlich zu machen sind, ist absolut sicher, aber noch nicht genügend aufgeklärt.

Mit der Geburt ist normalerweise der Descensus testiculorum beendet, der Processus vaginalis peritonei ist noch offen. Dieser obliteriert erst im zweiten Lebensjahr, und es bleibt nur sein den Hoden unmittelbar umschließende Teil als Tunica vaginalis propria erhalten.

Beim Absteigen des Hodens werden von ihm seine Gefäße und Nerven mitgenommen, sie bilden im Leistenkanal und Hodensack im Verein mit dem Ductus deferens und den Hüllen den Samenstrang, Funiculus spermaticus. Dieser wird nebst dem Hoden umhüllt von den Schichten der Bauchwand, die beim Vortreten des Processus vaginalis peritonei und des Gubernaculum testis vorgestülpt werden. Das Subkutangewebe bildet die Tunica dartos, die oberflächliche Fascie der Bauchmuskeln die Fascia cremasterica, die Muskulatur steuert zu den Hüllen den vom M. obliquus internus abdominis stammenden M. cremaster bei, die Fascia transversalis die Tunica vaginalis communis.

Entwicklungsstörungen des Urogenitalapparates und der Dammgegend. Wenn dieselben auch vielfach erst später deutlich werden, so geht doch ihre erste Ursache oft in eine sehr frühe Entwicklungszeit zurück.

Beim Heranwachsen der Nieren kommt nicht ganz selten eine Vereinigung bei ihnen zustande: eine Hufeisenniere, wenn die beiden unteren Pole miteinander verwachsen, eine S-förmig gekrümmte, wenn von zwei auf der gleichen Körperseite liegenden Nieren der untere Pol der einen mit dem oberen Pol der anderen sich vereinigt, eine vollkommene Verschmelzung beider Nieren zu einem kuchenartig gestalteten Organ. Die Niere kann ihr Aufsteigen in die Bauchhöhle früher oder später unterbrechen, sie verbleibt im kleinen Becken oder auf der Linea terminalis. Eine derartige Lage kann für die schwangere Frau ein Geburtshindernis werden. Der Ureter kann sich auf jeder Strecke seines Verlaufes, schon von der Blase aus, verdoppeln. Der Urachus bleibt wegsam und öffnet sich dann beim geborenen Kind, wenn der Nabelschnurrest abgefallen ist, als Harnfistel nach außen.

Bilden sich gewisse Ursegmente nicht in normaler Weise aus, dann bleibt die vordere Bauchwand unterhalb des Nabels dünn, und es entsteht durch den intraabdominalen Druck ein Bauchbruch, der mehr oder weniger Baucheingeweide enthält. Nicht selten ist diese Anomalie mit einer mangelhaften Ausbildung der vorderen Beckengegend verbunden. Die vordere Wand der Harnblase fehlt (Ectopia vesicae), ebenso der vordere Verschluß des Beckens. Die Spaltbildung erstreckt sich häufig auf das Geschlechtsglied (Epispadie). Dies ist also ein außerordentlich früh einsetzende Mißbildung.

Die inneren Genitalien können bei beiden Geschlechtern ganz rudimentär bleiben. Beim weiblichen Geschlecht werden überzählige Eierstöcke beobachtet. Die Ausbildung der Müllerschen Gänge kann auf den verschiedensten Stufen Halt machen. Die Anlage eines solchen kann beiderseitig oder einseitig ganz fehlen. Bleibt die Verwachsung der beiden aus, dann bilden sich zwei völlig voneinander getrennte Uterushälften oder eine einfache Cervix mit doppeltem Uteruskörper oder selbst nur eine leichte Einkerbung des Fundus uteri. Es kann auch bei äußerlich normal aussehendem Uterus im Innern eine Scheidewand vorhanden sein, die ihn ganz oder teilweise in zwei Binnenräume teilt. Bei derartigen Anomalien kann die eine Uterushälfte und ihr Eileiter verkümmern. Die Verschmelzung der Müllerschen Gänge kann auch nur im Gebiet der Scheide ausbleiben, was dann ihre vollständige oder teilweise Verdoppelung zur Folge hat.

Durch Erhaltenbleiben der Epithelverklebung und Durchwachsung mit Bindegewebe kann die Scheide verschlossen sein.

Beim männlichen Geschlecht kann der Nebenhoden mit dem Ductus deferens fehlen, die Samenblasen können unentwickelt bleiben. Die Müllerschen Gänge können sich in gewisser Ausdehnung erhalten, so daß ein mehr oder minder gut ausgebildeter Uterus, selbst die Eileiter erhalten sind.

Ein Persistieren des Processus vaginalis peritonei beim weiblichen Geschlecht kommt vor, er kann dann eine Hernie aufnehmen, welche in die große Schamlippe absteigt. Ein Absteigen des Eierstockes durch den Leistenkanal ist beobachtet worden.

Beim männlichen Geschlecht ist ein mangelnder Descensus etwas oft Vorkommendes. Ein Hoden, häufiger der rechte, kann in der Bauchhöhle oder im Leistenkanal liegen bleiben; natürlich können auch beide Hoden ihren Abstieg einstellen (Kryptorchismus). Ist letzteres der Fall, dann ist Sterilität die gewöhnliche Folge, weil der Hoden nicht zur Ausbildung der Spermien kommt, also im unreifen Zustand beharrt. Der Hoden kann sich auch neben den Hodensack unter die Haut des Dammes oder des Oberschenkels verirren. Bleibt der Processus vaginalis peritonei mit oder ohne Kryptorchismus erhalten, was oft geschieht, dann bildet er einen Bruchsack, in den Baucheingeweide herabsteigen können (Hernia inguinalis congenita).

Was den Damm und die äußeren Genitalien anlangt, so können sie auf der frühesten Entwicklungsstufe stehen bleiben. Es erhält sich dann eine Kloake, die nach außen abgeschlossen ist. In gewissen Fällen kann nur der Durchbruch der Afteröffnung ausbleiben, wenn nämlich die epitheliale Kloakenmembran mit Bindegewebe durchwächst und ein dünneres oder dickeres Septum bildet. Der Mastdarm kann in einem solchen Fall mit den vorderen Teilen der Kloake in Verbindung bleiben und in Vagina oder Urethra münden.

Die mediane Verwachsung der äußeren männlichen Genitalien ist eine unvollständige, so daß an der Unterseite des Penis eine sehr verschieden lange Spalte zu finden ist von einer Teilung des Hodensackes und einem vollständigen Erhaltenbleiben des Sinus urogenitalis an, bis zu einer engen nur auf die Unterseite der Eichel gerückten Harnröhrenmündung (Hypospadie). Auch beim weiblichen Geschlecht kann die Harnröhre weiter offen bleiben, wie gewöhnlich und in die Scheide münden. Eine vollständige Spaltung des Penis oder der Clitoris in einen rechten und linken Teil ist sehr selten. Beim weiblichen Geschlecht können sich die äußeren Genitalien mehr dem männlichen Typus nähern, die Clitoris kann größer werden, als gewöhnlich, es kann auch eine dem männlichen Typus ähnliche Verwachsung stattfinden. Gleichen die äußeren Genitalien, oft auch Teile der inneren und die sekundären Geschlechtscharaktere (Brustdrüsen, Kehlkopf, Haarwuchs) dem anderen Geschlecht und sind nur die eigentlichen Geschlechtsdrüsen ganz entschieden dem einen zugehörig, dann spricht man von Pseudohermaphroditismus. Unter echtem Hermaphroditismus (Ambogenie) versteht man die gleichzeitige Anwesenheit männlicher und weiblicher Geschlechtsdrüsen, wobei einerseits ein Hoden, andererseits ein Eierstock zur Entwicklung gelangt ist. An den Hoden schließt sich dann ein Nebenhoden und Ductus deferens an, an den Eierstock ein Eileiter.

e) Extremitäten.

Am Anfang des dritten Monats sind sie noch ziemlich kurz. Die Finger sind kurz und dick, der Unterarm ebenfalls. An der Vola manus erscheinen Tastballen, die bald stark hervortreten, nachher sich aber wieder zurückbilden. Um die Mitte des dritten Monats treten die queren Furchen auf, die die Fingerglieder voneinander absetzen, ebenso die Furchen der Hohlhand. Am Beginn des dritten Monats grenzt sich die Nagelanlage durch eine ringförmige Furche ab. Die unteren Extremitäten folgen, wie bisher, etwas später. Bei ihnen stehen die Sohlen anfänglich noch so schief, daß sie sich aneinander legen, selbst beim Neugeborenen sind sie noch nicht horizontal gestellt. Die Extremitäten wachsen im dritten Monat rasch heran. Ihre Muskeln bilden sich im vierten Monat so weit aus, daß sie nun deutliche Bewegungen ausführen können, die im fünften Monat so stark werden, daß sie auch von der Mutter gefühlt werden. Die oberen Extremitäten erreichen schon Ende des dritten Monats ihre für das weitere Fetalleben definitive Proportion, die unteren Extremitäten sind erst im fünften Monat soweit, sie bleiben während des ganzen Fetallebens kürzer als die oberen (vgl. Retzius 1904).

f) Integument.

Die Verhornung der obersten Zellschicht der Epidermis (Periderm) nimmt mit ihrer stärkeren Schichtung zu. Vom dritten Monat ab zerfällt die bindegewebige Grundlage der Haut in Corium und Subkutangewebe. Im vierten Monat wird die Haut relativ derber, an seinem Ende werden die ersten Härchen an der Brauengegend, der Oberlippe und dem Kinn sichtbar; ihre Anfänge liegen aber einen Monat weiter zurück. Sie entstehen als zapfenförmige Fortsätze der Epidermis, die in die Tiefe wachsen. Ihr unterstes Ende wird durch die Anlage der Papille nach Art des Bodens einer Flasche wieder eingedrückt. Die Talgdrüsen treten im Anschluß an die Haare auf. Allmählich verbreitet sich das Haarkleid über den ganzen Körper. Die erste Haargeneration bildet einen sehr zarten, aber gleichmäßigen Pelz, der mit wenigen Ausnahmen (Vola, Planta) den ganzen Körper bedeckt (Lanugo). Sie verschwindet wieder, noch während des Fetallebens, und macht einer zweiten Platz, in der der Unterschied zwischen Kopf- und Körperhaaren hervortritt. Nach der Geburt tritt eine dritte Generation auf. Im fünften Monat beginnen die Talgdrüsen Sekret abzusondern, das sich mit den abgestoßenen Epidermisschuppen zu einer schmierigen Masse (Vernix caseosa) verbindet; diese wird jedoch erst später reichlicher und häuft sich dann an den geschütztesten Stellen (Achselhöhle, Leistengegend) an. Die Knäueldrüsen legen sich Ende des vierten Monats als solide Epithelzapfen mit keulenförmig verdicktem Ende an; eine Lichtung bekommen sie im sechsten Monat. Um dieselbe Zeit werden die Anlagen der Milchdrüsen zapfenförmig, im achten Monat verzweigen sie sich und erhalten eine Lichtung. Die Entwicklung des hornigen Nagels beginnt im fünften

Monat, zu derselben Zeit treten die Papillen der Haut auf, auch die sensiblen Nervenendigungen erscheinen, zuerst die Lamellenkörperchen, später die Tastkörperchen. Nachdem schon im fünften Monat die ersten Fetttraubchen entstanden sind, findet sich im sechsten reichlicheres Subkutanfett ein, wodurch der bis dahin sehr magere Fetus an Fülle gewinnt. Zu Ende des siebenten Monats ist endlich die Entwicklung so weit fortgeschritten, daß der Fetus, wenn er jetzt geboren wird, am Leben bleiben kann. In den letzten Monaten wächst der Fetus noch weiter und produziert immer reichlicheres Subkutanfett.

Entwicklungsstörungen. Die in der Haut, aber auch sonst im Körper (z. B. Auge) zu beobachtende Pigmentbildung bleibt vollständig aus (Albinismus), Die Hornschicht der Epidermis ist besonders dick und schuppt wenig ab (Ichthyosis); die Haarbildung ist abnorm, sie kann sich verzögern, selbst ganz ausbleiben (Atrichie). Die erste Haargeneration erhält sich und wächst weiter (Pseudohypertrichosis, Bonnet), oder es kann auch eine spätere Haargeneration entweder universell oder partiell ungewöhnlich stark heranwachsen (Hypertrichosis). Die Lederhaut kann abnorm weich und schlaff oder auch abnorm fest und derb sein.

Am Ende des dritten Monats besitzt der Fetus eine Scheitelsteißlänge von etwa 7 cm, eine Gesamtlänge von 9 cm, er ist also ganz bedeutend gewachsen. Am Ende des vierten Monats beträgt die Scheitelsteißlänge etwa 13 cm, die Gesamtlänge 16 cm, Ende des fünften Monats Scheitelsteißlänge 20 cm, Gesamtlänge 25 cm, Ende des sechsten Monats Gesamtlänge 30 cm, des siebenten 35 cm, des achten 40 cm, des neunten 45 cm, des zehnten 50 cm.

„Die reife Frucht ist 48—54 cm lang und 3000—3600 g schwer. Die Schulterbreite beträgt 12 cm, die Hüftbreite 9,5—10 cm. Rumpf und Glieder sind voll und rund. Die Haut erscheint hellrosarot und ist nur noch an Schultern und Oberarmen von einem leichten Flaum von Wollhaaren bedeckt. An der Haut haftet in wechselnder Ausdehnung und Stärke eine weißliche, fette Schmiere, die Vernix caseosa. Der Kopf ist bedeckt mit meist dunklen Haaren von 3—4 cm Länge. Die Knorpel der Nase und der Ohren fühlen sich hart an. Die Nägel sind fest und überragen an den Fingern die Spitzen. Die Hoden liegen im Hodensack.“ (Runge 1909.) Die Proportionen weichen von denen des erwachsenen Körpers noch bedeutend ab; der Kopf ist verhältnismäßig sehr groß, die Augen stehen noch weit auseinander, die Nase ist breit, aber nicht hoch. Der Rumpf ist lang und von faßförmiger Gestalt, da das Becken noch schmal ist. Die Beine sind noch relativ kurz, so daß die Körpermitte nahezu mit dem Nabel zusammenfällt, während sie beim Erwachsenen in der Gegend der Schambeinsymphyse liegt. Der Knochenkern in der unteren Epiphyse des Oberschenkels, den man gerne für die Bestimmung des Reifegrades eines neugeborenen Kindes benützt, ist im größten Durchmesser etwa 0,5 cm lang.

Eihüllen.

Von der Beschreibung des dritten Stadiums (S. 171) ist bekannt, daß der Embryo erstens in ein Amnion eingeschlossen ist, das am Hautnabel mit der Körperbedeckung zusammenhängt, daß er zweitens von einem Chorion umgeben wird, das die äußere Oberfläche des Eies darstellt und mit Zotten besetzt ist und daß er drittens eine Allantois besitzt, deren Gefäße in einen Teil der Chorionzotten einwuchern und daß weiter von seinem Nabel das Nabelbläschen ausgeht. Über die Verbindung des Eies mit der Mutter und über die weitere Ausbildung der Embryonalanhänge wurde noch nicht gesprochen, dies soll jetzt geschehen.

Wenn das befruchtete Ei den Eileiter durchwandert hat, befindet es sich etwa am Ende der Furchung. Es setzt sich sogleich irgendwo an der vorderen oder hinteren Wand des Uteruskörpers fest. Die Einbettung (Implantation) in die angeschwollene und gelockerte Schleimhaut geschieht wohl in der Regel in der Zeit, in der sich die Schleimhaut zur Menstruation anschickt. Ist das Ei implantiert, dann werden aber die zur eigentlichen Menstruation führenden Wandlungen gehemmt und sie wird nicht zu Ende geführt. Erfolgt der Eintritt des befruchteten Eies in den Uterus in einer anderen Zeit, dann setzt es sich aller Wahrscheinlichkeit nach nicht fest, sondern wird ausgestoßen und geht verloren oder erleidet zum mindesten pathologische Veränderungen. Die Implantation erfolgt in der Art, daß sich das Ei aktiv in die Schleimhaut

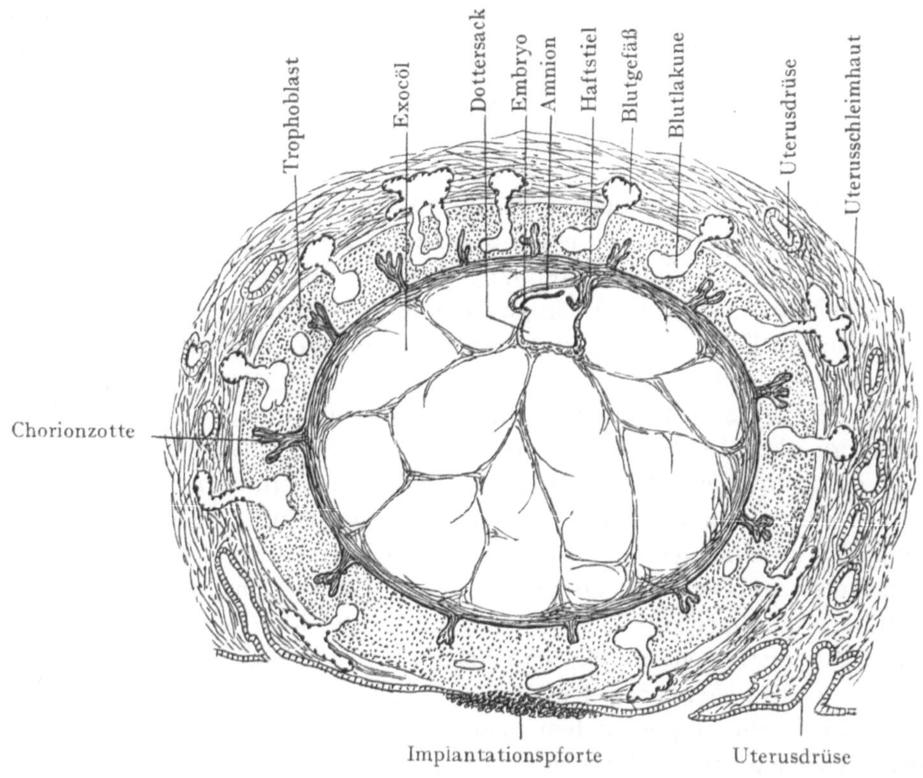

Abb. 291. Schematischer Durchschnitt durch das implantierte Ei. (Mit Benutzung einer Figur von Éternod 1909.)

unter Gewebszerstörung derselben einfrißt, was sich dadurch erklärt, daß der das Ei umgebende Trophoblast (S. 161) verdauende Eigenschaften besitzt, die ihn befähigen, mütterliche Gewebsbestandteile aufzulösen und für die Ernährung des Eies nutzbar zu machen. Durch den Reiz des sich festsetzenden Eies wird die Schleimhaut des ganzen Uteruskörpers noch dicker und wulstet sich um dieses. Seine Eintrittsöffnung in die Schleimhaut wird erst durch einen Gerinnungspfropf (Abb. 291), dann durch die vorwachsende Schleimhaut geschlossen. Jetzt liegt also das Ei in einer ringsum geschlossenen Eikammer.

Die Uterusschleimhaut wird nach der Implantation mit dem Namen Membrana decidua (abfallende oder hinfällige Haut) bezeichnet, weil sie bei der Geburt fast vollständig verloren geht (Abb. 293). An der Eikammer unterscheidet man eine Decidua basalis (Decidua serotina), auf welcher das Ei aufliegt und welche die

Grundlage für die spätere Placenta bildet, eine Decidua capsularis (Decidua reflexa), die das Ei umgibt und nennt die übrige den Uteruskörper auskleidende Schleimhaut Decidua parietalis (Bonnet) (Decidua vera). Die Schleimhaut der Cervix geht nicht in die Deciduabildung ein, nur vergrößern sich ihre Drüsen stark und produzieren einen Schleimpfropf, der die Uterushöhle nach außen abschließt.

Die Decidua parietalis ist in den ersten Monaten eine lockere, stark durchfeuchtete, fast einen Centimeter dicke Schicht mit flach höckeriger Oberfläche. Sie setzt sich aus zwei Schichten zusammen, einer Pars compacta und Pars spongiosa. Die kompakte Schicht ist dem Lumen der Uterushöhle zugewandt; sie enthält die trichterförmig erweiterten Anfänge der Drüsen, erweiterte Gefäße und schon von der zweiten Woche an die charakteristischen Deciduazellen, große, helle Elemente von rundlicher oder polygonaler Gestalt, die von den Bindegewebszellen der Schleimhaut abstammen. Ihre Bedeutung bedarf noch der Aufklärung. Die spongiöse Schicht, die unter der kompakten folgt, zeigt die in ihr liegenden Drüsenabschnitte kammartig erweitert und mit Sekret gefüllt; das Bindegewebe zwischen ihnen ist stark reduziert. Die letzten der Muscularis aufruhenden und in sie vordringenden Teile der Uterindrüsen bleiben eng und sind stark geschlängelt.

Zwischen der Decidua parietalis und der noch kleinen Eikammer bleibt anfänglich ein mit Schleim gefüllter Raum; mit der Vergrößerung des Eies aber legen sich Decidua parietalis und capsularis enge aneinander, so daß schon zu Ende des dritten Monats der Zwischenraum zwischen beiden verschwindet und mit ihm auch das deckende Epithel, sowie die Anfänge der Drüsen. Für einige Zeit gelingt es indessen noch, die beiden Membranen voneinander zu trennen.

Der auf die Uteruswand durch das wachsende Ei ausgeübte Druck bewirkt eine Verdünnung der Decidua parietalis auf 1—2 mm. Zugleich werden die Deciduazellen der Pars compacta vom vierten Monat ab kleiner und spindelförmig, die Drüsenkammern der Pars spongiosa platten sich zu schmalen mit ebenfalls stark abgeplattetem Epithel ausgekleideten Spalten ab. Bei der Geburt erfolgt die Trennung der Decidua in dieser wenig festen Schicht, der Hauptteil der Schleimhaut wird geboren und nur der Teil bleibt übrig, der auf und in der Muscularis sitzt. Von diesem Teil wird dann während des Wochenbettes die Regeneration der Schleimhaut eingeleitet.

Die Decidua capsularis beteiligt sich schon frühzeitig nicht mehr an der Ernährung des Eies, sie wird funktionslos, verliert ihre Blutgefäße, verdünnt sich immer mehr und verschwindet im sechsten bis siebenten Monat vollständig.

Die Decidua basalis bildet einen wesentlichen Teil der Placenta, von ihr wird sogleich noch mehr zu sagen sein.

Was das Ei selbst anlangt, so schwimmt es zuerst in der von ihm gebildeten Detritusmasse mütterlichen Gewebes. Es ist umgeben von dem erwähnten Trophoblast (Abb. 291), einer dicken Schicht, die zuerst nur aus einer ektodermalen Masse von gleichförmigen Zellen besteht, dann aber bald aus einer inneren Lage deutlich begrenzter Zellen (Langhanssche Zellen) und einer die äußere Oberfläche des Eies bildenden syncytialen Lage. Nur die Elemente der inneren Lage teilen sich mitotisch, in der äußeren beobachtet man wohl hie und da einen amitotischen Zerfall der Kerne, doch ergänzt sie sich hauptsächlich durch Aufnahme von Zellen der inneren Lage. Durch die lösende Tätigkeit des Trophoblasts werden die Gefäße der die Eikammer einschließenden Uterusschleimhaut arrodiert und es ergießt sich Blut in lakunäre Räume, die das Ei umgeben. Das andringende Blut zerteilt die Trophoblastschale in einzelne Stränge und Balken (Primärzotten). Wenn erst die Blutlakunen entstanden sind, hört die Zerstörung mütterlichen Gewebes auf und die Nährstoffe werden vom Ei jetzt dem mütterlichen Blut entnommen. Nun wächst in die Primärzotten Mesodermgewebe ein, wodurch sie sich zu Sekundärzotten umwandeln, etwa in der dritten Woche wuchern sodann in dieses aus der Allantois abstammende Blutgefäße ein. Die Zotten verzweigen sich und lassen das ganze Ei wie von einem Pelz überzogen erscheinen. Der Trophoblast verbleibt auch an der Oberfläche der Chorionzotten, sie und überhaupt die ganze Oberfläche des Chorion sind also von einer tieferen Lage deutlich getrennter Zellen und einem oberflächlichen Syncytium überzogen (Abb. 292). Nach dem jeweiligen Funktionszustand besitzt dieses letztere einen Bürstensaum oder läßt ihn vermissen. Die Funktion ist die gleiche wie früher, sie dient dem Stoffwechsel zwischen Mutter und Kind, und man kann in der syncytialen Schicht Produkte des Stoffwechsels (z. B. Fettkörnchen) nachweisen.

Auf der Seite des Chorion, die der in Rückbildung begriffenen Decidua capsularis zugekehrt ist, erhalten sich die Zotten nicht, und es zeigt die Chorionplatte (s. unten) selbst nicht unerhebliche Reduktionserscheinungen, unter denen besonders der Verlust des Epithels und der Zotten hervorzuheben ist. Schon Ende des dritten Monats erscheint das Chorion unter der Decidua capsularis kahl, während auf der der Decidua basalis zugekehrten Seite die Zotten nicht nur bei Bestand bleiben, sondern sich auf das reichste verzweigen. Man unterscheidet jetzt ein Chorion laeve und ein Chorion frondosum (villosum).

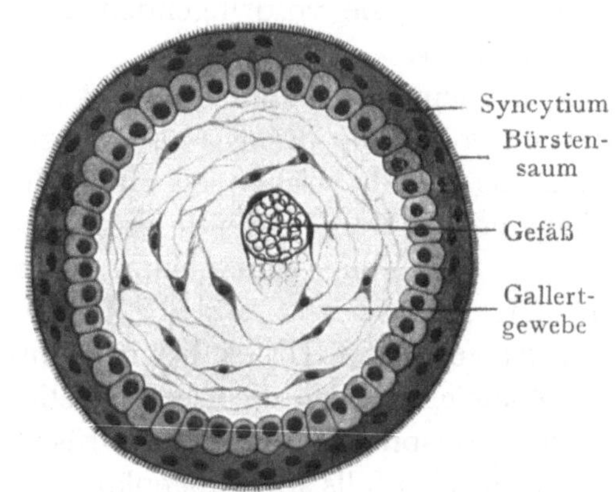

Abb. 292. Schematischer Querschnitt einer Chorionzotte.

Die Spitzen der Zottenbäume werden durch Zellsäulen, die vom Trophoblast ausgehen, an der Oberfläche der Decidua basalis befestigt (Haftzotten) (Abb. 293), doch ist die Befestigung vorerst noch keine sehr feste und kann durch die Kontraktionen der Uterusmuskulatur bei einem Abortus leicht getrennt werden, so daß dann das Ei in ganz unversehrtem Zustand ausgestoßen wird.

Das glashelle Amnion legt sich in der Mitte des zweiten Monats an das Chorion an und überzieht auch den Nabelstrang bis zum Hautnabel hin, an dem es in die Körperhaut übergeht. Es besteht aus einer dünnen Bindegewebsmembran und trägt an seiner dem Fetus zugekehrten Innenseite ein einfaches kubisches Epithel; nur an der Übergangsstelle in die Epidermis des Fetus wird es mehrschichtig. Mit dem Chorion ist das Amnion durch eine dünne Schicht gallertigen Bindegewebes verklebt, dem Rest des im Exocölom junger Embryonen vorhandenen Magma reticulare (S. 174). Die Verwachsung mit dem Chorion ist während der ganzen Fetalzeit so locker, daß sie noch an ihrem Ende leicht mechanisch getrennt werden kann.

Die Amnionshöhle ist von Fruchtwasser (Liquor amnii) ausgefüllt, einer Flüssigkeit, die nur ein Prozent fester Bestandteile enthält; es ist ein Sekretionsprodukt des Amnionepithels, zu dem in den letzten Monaten wohl eine geringe Menge fetalen Harns kommt. Am Ende der Schwangerschaft beträgt seine Menge etwa ein Liter, sie schwankt jedoch nicht unbeträchtlich. Es sind dem Fruchtwasser abgestoßene Epidermisschuppen und Wollhaare beigemischt. Von dem Wasser trinkt der Fetus, so daß Haare in seinem Darminhalt zu finden sind. In der ersten Zeit ist die

Höhle so geräumig, daß sie der Fetus nicht ausfüllt, sondern im Fruchtwasser schwimmt.

Das Nabelbläschen, das im Anfang ein sehr ansehnliches, mit reichlichen Gefäßen versehenes Gebilde war, wird immer rudimentärer und hängt an dem zu einem dünnen Faden verkümmerten Nabelblasenstiel. Wenn sich erst das Amnion an das Chorion anlegt, wird es zwischen beiden eingeklemmt (Abb. 293). An den reifen Eihüllen erscheint es als ein flachgedrücktes, rundes oder ovales Körperchen von

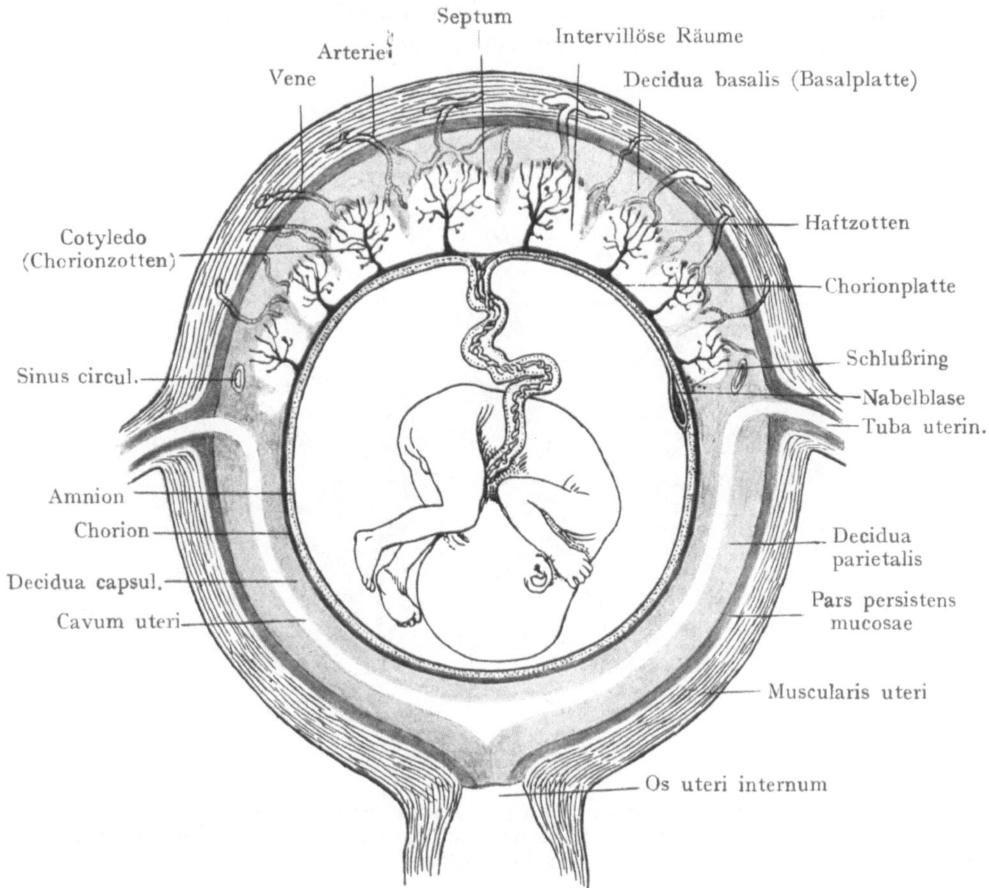

Abb. 293. Schematischer Längsschnitt eines schwangeren Uterus. Der Fetus ist kleiner gezeichnet, als er in Wirklichkeit sein müßte.

weißlicher Farbe. Es liegt an sehr wechselnder Stelle und ist gewöhnlich nur bei aufmerksamster Präparation zu finden.

Placenta. Chorion frondosum und Decidua basalis bilden miteinander die Placenta (Mutterkuchen), an der man demgemäß eine Placenta fetalis und Placenta materna unterscheidet. Sie ist ein scheibenförmiges, schwammiges Organ, von roter Blutfarbe, das zur Zeit der Geburt eine Dicke von etwa drei Centimetern aufweist. In ihr durchdringen sich sehr bald Gebilde von fetaler und von mütterlicher Herkunft so innig, daß eine Unterscheidung nicht überall leicht ist, und es spielen sich histologische Umwandlungen wesentlich degenerativer Natur ab, die eine sichere Definition stellenweise sehr erschweren. Man kann sich daher auch nicht wundern, daß gar manche Fragen noch einer endgültigen Beantwortung harren.

Die Placenta fetalis hat als Grundlage eine kräftige Platte (Chorionplatte), die aus fibrillärem Bindegewebe mit sternförmigen Zellen besteht und aus den von der Platte ausgehenden Zottenbäumchen, deren Äste immer reichlicher und schlanker werden, deren weite und dünnwandige Gefäße bis unmittelbar unter das Epithel heranreichen. Das Epithel der Zotten ändert sich im Laufe der Schwangerschaft in der Art, daß die Zellen der tiefen (Langhansschen) Schicht zur Bildung des Syncytiums allmählich ziemlich aufgebraucht werden. In der letzten Zeit ist sie deshalb nicht mehr kontinuierlich, sondern besteht nur aus vereinzelten Zellen. Das Epithel der Chorionplatte wird durch eine Fibrinoidmasse (Langhansscher Fibrinoidstreifen) ersetzt. Die Haftzotten werden reichlicher und verbinden sich unter Verlust

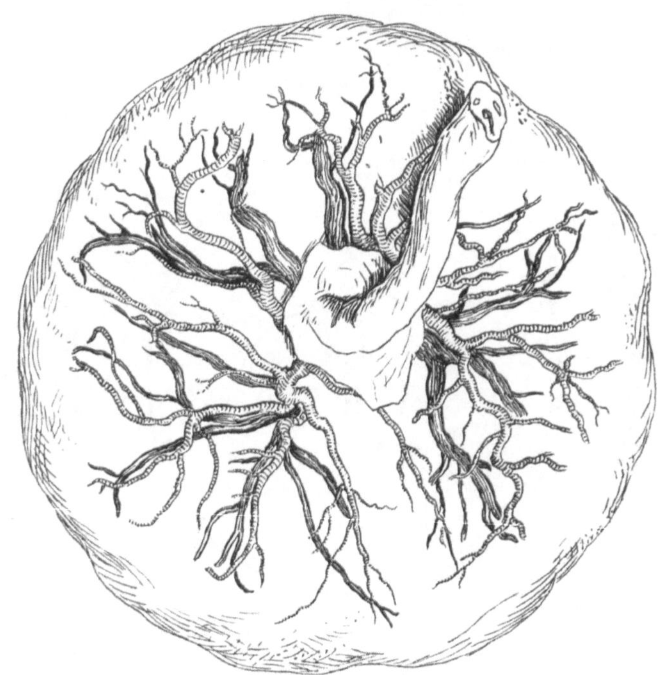

Abb. 294. Placenta des ausgetragenen Kindes. Fetale Seite. Das Amnion ist rings um den abgehenden Nabelstrang abgeschnitten. Die Arterien sind quergestreift, die Venen längsgestreift schraffiert.

des Epithels, das ihre Spitzen deckt, bindegewebig mit der Decidua basalis, so daß es schließlich nicht mehr möglich ist, an dieser Stelle eine scharfe Grenze zwischen fetalem und mütterlichem Gewebe zu ziehen.

Die Blutgefäße, die die Zottenbäumchen zu versorgen haben, werden durch den Nabelstrang zur Placenta geleitet. Sie verästeln sich auf der von dem Amnion glatt überzogenen fetalen Seite des Organs (Abb. 294). Die kleineren Arterien und Venen verlaufen keineswegs immer aneinander angeschlossen, wohl aber taucht immer in je eine Cotyledo ein Arterien- und Venenzweig, meist unmittelbar nebeneinander, ein.

Die Placenta materna ist das Umwandlungsprodukt der Decidua basalis. Diese letztere verhält sich anfänglich ganz ebenso, wie die Decidua im allgemeinen, sie besteht aus einer kompakten und einer spongiösen Schicht. Die erstere bildet die Basalplatte, die den Bau der Compacta zeigt, sowie aus eingelagerten Fibrinoidstreifen (Rohrscher und Nitabuchscher Streifen), die als Zerfallsprodukte decidualer Gewebe zu deuten sind. Sie enthält Kerne, Trophoblastelemente, Reste der Zellsäulen der Haftzotten und beherbergt mütterliche und fetale Gefäße, welch letztere von degenerierten Chorionzotten ausgehen.

Von der Basalplatte erheben sich plattenartige Septen gegen die Chorionplatte hin, ohne sie jedoch im allgemeinen zu erreichen (Abb. 293). Sie sind Teile der Decidua, welche der lösenden Wirkung des vordringenden Trophoblasts nicht zum Opfer gefallen sind und besitzen demgemäß auch den Bau der Compacta. Es entstehen auf diese Art wabenartige miteinander kommunizierende Räume; in jeden derselben ragt je eines der von der Chorionplatte ausgehenden Zottenbäumchen hinein. Die mütterlichen Gefäße, die die Basalplatte durchsetzen, werden durch die Tätigkeit des Trophoblasts arrodiert (S. 161) und öffnen sich frei in die durch die Septen begrenzten Räume

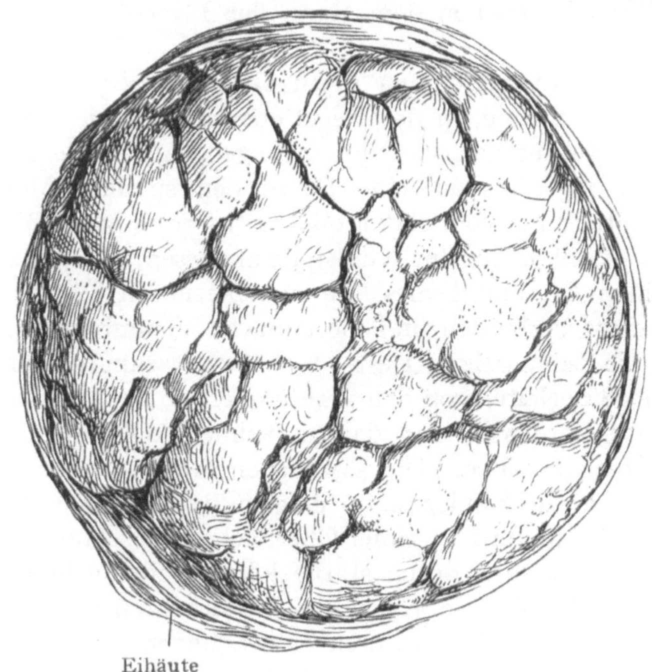

Abb. 295. Placenta der Abb. 250. Mütterliche Seite. Abgrenzung der Cotyledonen.

(intervillösen Räume). Die in dieselben hineinhängenden Chorionzotten werden also von mütterlichem Blut umspült und treten vermöge ihrer Trophoblastbedeckung mit ihm in regsten Stoffwechsel, wobei besonders hervorzuheben ist, daß eine direkte Verbindung von mütterlichem und fetalem Blut nirgends existiert. Die Arterien öffnen sich in den Septen oder dicht neben ihnen, die Venen gehen mehr von der Mitte der Abteilungen ab.

Die von den Septen abgegrenzten Abteilungen heißen Cotyledonen (von *κοτύλη*, ausgehöhlter Gegenstand); sie sind von verschiedener Größe und 15—20 an Zahl. Nach dem Gesagten existieren ebenso viele Zottenstämme, wie es Cotyledonen gibt (Abb. 250).

Der Rand der Placenta bedarf noch einiger Worte. In der ersten Zeit der Ausbildung geht von ihm das Flächenwachstum des Organs aus, indem der Trophoblast in die Decidua eindringt und sie unter Vernichtung mütterlichen Gewebes in einen der Decidua basalis und einen der Decidua capsularis zufallenden Teil spaltet. Wie das Flächenwachstum in späterer Zeit, nachdem die lösende Tätigkeit des Trophoblasts ihr Ende gefunden hat, vor sich geht, ist noch nicht genügend festgestellt. In der weiterentwickelten Placenta zeigt sowohl der fetale, wie der mütterliche Teil gewisse Eigentümlichkeiten. Dem fetalen Teil gehört der subchoriale Schlußring (Winklersche Schlußplatte) (Abb. 293) an, eine nicht ganz konstante, ringförmige, 1—2 cm breite Zellplatte, die den Rest des an der übrigen Placenta geschwundenen Epithels der Chorionplatte darstellt. Er geht nach der Mitte des Organs zu in die Fibrinoidbedeckung der Chorionplatte über, peripherisch setzt er sich in den Epithelbelag des Chorion laeve fort. Was den mütterlichen Teil anlangt, so erreichen die von der Basalplatte aufsteigenden Septen gegen den Rand hin die Chorionplatte. Die mütterlichen Venen schließen sich in der Peripherie der Placenta meist zu einem nicht ganz vollständigen Blutleiter (Sinus circularis, Randsinus) (Abb. 293) zusammen, der im Winkel zwischen dem Rand der Placenta und dem Chorion laeve seinen Platz hat.

Der Nabelstrang (Nabelschnur) (Funiculus umbilicalis) (Abb. 293, 294) ist ein linksgewundener Strang, in der Regel ebenso lang wie der Fetus selbst; doch fehlt es nicht an Abweichungen von dieser Regel. Am Ende der Schwangerschaft pflegt er nicht ganz fingerdick zu sein. Da in den späteren Monaten seine Länge größer ist, als die Entfernung vom Nabel bis zur Insertion in der Placenta, legt er sich in Schlingen, die nicht selten einzelne Kindsteile umfassen, ja sogar abschnüren können. Er enthält die beiden Aa. umbilicales, die sich bei ihrem Übergang in die Placenta durch eine Anastomose verbinden und die einfache V. umbilicalis. Außerdem findet man in ihm auch die fadenartigen Reste des Allantoisganges und des Dotterganges, letztere zuweilen noch begleitet von den verkümmerten Nabelblasengefäßen. Je näher der Reife, um so weniger kann man darauf rechnen, diese Reste aus früherer Entwicklungszeit erhalten zu sehen. Die sämtlichen Gebilde, die den Nabelstrang zusammensetzen, sind in ein Bindegewebe eingehüllt, das noch viel Gallerte enthält (Whartonsche Sulze) und wird an seiner Oberfläche, wie schon erwähnt, vom Amnion überzogen. Zuweilen entstehen durch starke lokale Schlängelungen der Nabelgefäße knotenartige Verdickungen des Nabelstranges (falsche Knoten), in selteneren Fällen kommt es auch vor, daß der Fetus durch eine Schlinge des Stranges durchschlüpft, wodurch dann ein wahrer Knoten entsteht, der für das Kind verhängnisvoll werden kann, wenn er sich zuzieht. Die Insertion des Nabelstranges in der Placenta erfolgt in der Regel in deren Mitte (Insertio centralis), er kann sich aber auch an ihrem Rande einsenken (Insertio marginalis). Es kommt sogar vor, daß er in einiger Entfernung von dem Rande in den Eihäuten endet (Insertio velamentosa) und von dort seine Gefäße auf die Placenta abschickt.

Geburt. Degenerative Prozesse in den Eihäuten, die schon früher bemerklich waren, häufen sich in der letzten Zeit der Schwangerschaft immer mehr. Die Fibrinoidentartung mütterlicher Gewebe nimmt zu und schränkt die intervillösen Räume ein, das Epithel der Chorionzotten und diese selbst degenerieren und die Ernährung des Fetus leidet Not. Das ganze Ei wirkt auf den Uterus nach Art eines Fremdkörpers und er sucht sich desselben endlich durch energische, für die Mutter schmerzhafte Kontraktionen (Wehen) zu entledigen. Die Fruchtblase tritt durch den Muttermund hervor und wird endlich durch die Zusammenziehungen der Uterusmuskulatur gesprengt (Blasensprung), wobei das Fruchtwasser abfließt. Endlich treiben die Wehen das Kind durch den Riß der Eihäute aus, es ist geboren. Die Nabelschnur wird nun unterbunden und durchtrennt. In den Nabelschnurarterien sind wulstartige Verdickungen der innersten Lagen vorhanden, die durch Kontraktion der Wandmuskulatur einen Verschluß der Arterien veranlassen können, so daß z. B. beim Abreißen der Nabelschnur bei einer sog. Sturzgeburt kein Verbluten des Kindes einzutreten braucht. Nach einer kurzen Pause setzen die Wehen von neuem ein, um auch die Eihäute nebst der Placenta zu entleeren (Nachgeburt). Durch Abreißen der mütterlichen Gefäße ist die Lösung der Placenta mit einer mehr oder minder starken Blutung verbunden. Die Lösung erfolgt im ganzen Uteruskörper im Bereich der Pars spongiosa deciduae (S. 273); Fetzen derselben werden noch in den ersten Tagen nach der Geburt ausgestoßen.

Die ganze Innenfläche des Uterus stellt nun eine Wundfläche dar, auf der sich dann von den übrig gebliebenen Resten der Schleimhaut und der Drüsen aus wieder eine neue Schleimhaut mit Epithelbedeckung bildet. Die während der Schwangerschaft außerordentlich hypertrophisch gewordene Muskulatur der Gebärmutter bildet sich zurück.

Der Zusammenhang zwischen der Fruchtblase und der Uteruswand ist keineswegs bei allen Säugetieren so, wie beim Menschen beschaffen. Bei den niederstehenden Beuteltieren kommt es nicht einmal zur Ausbildung von Chorionzotten, geschweige denn zu der einer Placenta; das Verhalten ihrer Eier nähert sich sehr dem der Sauropsiden. Bei anderen (z. B. Schwein) entstehen zwar Zotten, aber es bildet sich keine umschriebene Placenta (Semiplacenta diffusa). Bei wieder anderen (Wiederkäuer) trägt das Chorion Zotten, welche jedoch nicht zu einem einfachen Organ zusammengefaßt sind, sondern sich in einzelnstehenden Cotyledonen über das Chorion hin zerstreut zeigen (Semiplacenta multiplex). Die Raubtiere besitzen zwar eine wahre Placenta, dieselbe ist aber gürtelförmig angeordnet. Zahlreiche andere Spezies haben eine scheibenförmige Placenta wie der Mensch (Insektenfresser, Nager, Fledermäuse, Affen). Ebenso, wie die Bildung der fetalen Teile ist auch die Bildung der mütterlichen und der Zusammenhang zwischen beiden verschieden. Bei den niederer stehenden Formen bleibt die Uterusschleimhaut vollständig erhalten und der Stoffwechsel wird durch eine Flüssigkeit (Embryotrophe) vermittelt, die sich aus Transsudaten, Sekreten und Zerfallsprodukten des Uterusepithels zusammensetzt. Der Zusammenhang zwischen Fruchtblase und Uterus ist noch ein sehr lockerer. Dann findet man Verhältnisse, die sich denen der menschlichen Placenta mehr und mehr nähern. Die Einzelheiten bedürfen vielfach noch einer eingehenden Untersuchung, da fast bei jeder Säugetierspezies Besonderheiten in der Bildung der Placentation zu beobachten sind.

Entwicklungsstörungen. Es kommt vor, daß das Ei überhaupt nicht den Uterus erreicht, sondern sich (sehr selten bereits auf dem Ovarium) meistens in der Tube ansiedelt. Die Einbettung erfolgt in gleicher Weise, wie im Uterus, da aber die Wand der Tube doch einen von der des Uterus beträchtlich abweichenden Bau hat, so kommt es meist nicht zur Bildung einer Decidua, die Zotten durchdringen die ganze Muskelwand der Tube, und wenn kein zeitiger Abortus erfolgt, kann es zu verschiedenen Zufällen, besonders zur Tubenruptur mit schwerer, selbst tödlicher Blutung kommen.

Es kann sich aber auch nach einer solchen Ruptur oder bei einer sog. Ovarialschwangerschaft der Embryo in der Bauchhöhle vollständig weiter entwickeln bis zum reifen Kinde. Da das Kind dann nicht per vias naturales geboren werden kann, stirbt es ab, die Flüssigkeiten werden größtenteils resorbiert, und durch Ablagerung von Kalksalzen in den kindlichen Körper und Teilen der Eihäute kann es zu einem Steinkind (Lithopädion) umgewandelt werden, das dann dauernd in dem Abdomen der Mutter verbleibt.

Der Sitz der Placenta innerhalb des Uterus kann tiefer sein, wie gewöhnlich, so daß sie den inneren Muttermund ganz oder teilweise bedeckt (Placenta praevia). Eine solche Lage birgt schwere Gefahren für Mutter und Kind.

Die Chorionzotten können abnorm wuchern und cystisch entarten (Blasenmole). Eine allgemeine Entartung hat den Tod der Frucht zur Folge.

Von ganz besonderer Bedeutung sind wegen der Häufigkeit des Vorkommens Störungen in der Funktion und der Bildung des Amnion. Die Menge des Fruchtwassers kann vermehrt sein (Hydramnion). Tritt eine solche Vermehrung sehr frühzeitig auf, dann kann der Flüssigkeitsdruck die zarte Embryonalanlage völlig vernichten, bei späterem Auftreten ist dies nicht mehr zu fürchten; die Flüssigkeitsmenge kann aber die Form weit überschreiten, sie kann bis zu zehn Liter ansteigen. Die Menge des Fruchtwassers kann auch vermindert sein. Dadurch kann das Wachstum des Embryos stark behindert werden, und es können erhebliche Entwicklungsfehler entstehen (Gehirnabnormitäten, Cyclopie, Kiemenbogenanomalien, Anomalien der Extremitätenentwicklung). Die Oberflächen des Körpers und des Amnions liegen bei Fruchtwassermangel stellenweise so eng aneinander, daß die Gefahr einer Verwachsung beider besteht, die naturgemäß am leichtesten an hervorragenden Punkten, wie Kopf und Extremitäten, zustande kommt. Bei Verwachsungen in breiterer Fläche können Verzerrungen und schwere Verunstaltungen des ganzen Körpers oder einzelner Teile, besonders des Kopfes, entstehen, handelt es sich um eng umschriebene Stellen, dann ziehen sich die Verbindungen bei späterer Vermehrung des Fruchtwassers zu langen Fäden aus, welche dann imstande sind Finger und Zehen, selbst ganze Extremitäten zu amputieren; es ist sogar die Abschnürung des Kopfes beobachtet worden, bei der großen Schwierigkeit die vielfachen Formen der Mißbildungen des Embryos zu erklären wird allzuoft als Erklärungsgrund das Auftreten solcher Stränge angegeben, ohne daß wirklich positiver Anhalt dazu vorliegt.

Sachregister.

F.

G.

H.

I.

J.

K.

L.

M.

N.

O.

P.

R.

S.

T.